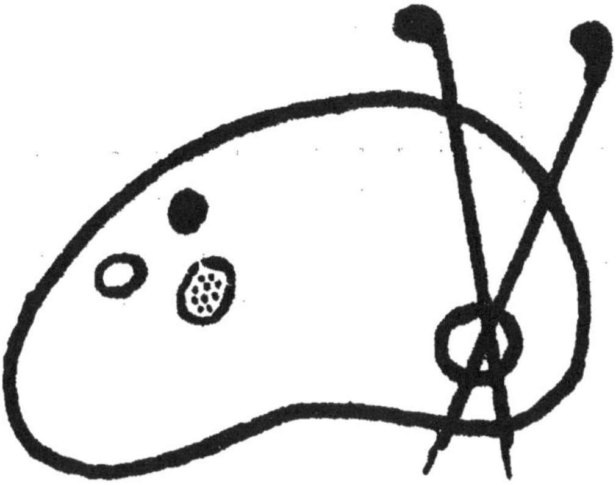

Couvertures supérieure et inférieure
en couleur

LINNÉ FRANÇOIS.

TOME SECOND.

LINNÉ FRANÇOIS,

OU

TABLEAU DU RÈGNE VÉGÉTAL

D'APRÈS LES PRINCIPES ET LE TEXTE DE CET ILLUSTRE NATURALISTE,

CONTENANT les Classes, Ordres, Genres et Espèces; les caractères naturels et essentiels des Genres; les phrases caractéristiques des Espèces; la citation des meilleures Figures; le climat et le lieu natal des Plantes; l'époque de leur floraison; leurs propriétés et leurs usages dans les Arts, dans l'Économie rurale et la Médecine:

AUQUEL ON A JOINT L'ÉLOGE HISTORIQUE DE LINNÉ PAR VICQ-D'AZYR.

TOME II.

A MONTPELLIER,
Chez AUGUSTE SEGUIN, Libraire.

1809.

RÈGNE VÉGÉTAL.

CLASSE VI.

HEXANDRIE.

I. MONOGYNIE.

Table Synoptique ou *Caractères Artificiels Génériques.*

* I. *Fleurs à calice et corolle.*

427. ANANAS, *BROMELIA.* *Cor.* à trois divisions profondes. *Cal.* à trois segmens profonds, supérieur. *Baie* à trois loges.

428. TILLANDSE, *TILLANDSIA.* *Cor.* à trois pétales. *Cal.* à trois segmens profonds, inférieur. *Sem.* à aigrettes.

429. BURMANNE, *BURMANNIA.* *Cor.* à trois pétales. *Cal.* d'un seul feuillet, inférieur, à trois faces, ailé, coloré.

430. TRADESCANTE, *TRADESCANTIA.* *Cor.* à trois pétales. *Cal.* à trois feuillets, inférieur. *Filamens* barbus.

475. BURSÈRE, *BURSERA.* *Cor.* à trois pétales. *Cal.* à trois feuillets, inférieur. *Caps.* en baie, à une semence.

481. FRANKÈNE, *FRANKENIA.* *Cor.* à cinq pétales. *Cal.* d'un seul feuillet, inférieur. *Caps.* à une loge, à plusieurs semences.

478. LORANTHE, *LORANTHUS.* *Cor.* à six divisions profondes. *Étamines* insérées au sommet des pétales. *Baie* à une semence.

479. HILLE, *HILLIA.* *Cor.* à six divisions peu profondes. *Cal.* à six feuillets, supérieur. *Fruit* à deux loges, à plusieurs semences.

472. RICHARDE, *RICHARDIA*. *Cor.* à six divisions peu profondes. *Cal.* à six segmens peu profonds, supérieur. Trois *Semences*, nues.

476. ÉPINE-VINETTE, *BERBERIS*. *Cor.* à six pétales. *Cal.* à six feuillets, inférieur. *Baie* à deux semences.

456. LÉONTICE, *LEONTICE*. *Cor.* à six pétales. *Cal.* à six feuillets, inférieur. *Baie* boursouflée.

474. PRINOS, *PRINOS*. *Cor.* à six divisions peu profondes. *Cal.* à six segmens peu profonds, inférieur. *Baie* à six semences.

480. CANARINE, *CANARINA*. *Cor.* à six divisions peu profondes. *Cal.* à six feuillets, supérieur. *Caps.* à six loges.

473. SAPOTILLIER, *ACHRAS*. *Cor.* à douze divisions peu profondes. *Cal.* à six feuillets, inférieur. *Baie* à douze semences.

477. CAPURE, *CAPURA*. *Cor.* à six divisions peu profondes. *Cal.* nul. *Ovaire* supérieur. *Baie* ?

† *Portlandia hexandra.*

† *Lythra aliquot.*

† *Fumaria cucullaria.*

* II. *Fleurs à calice en spathe, ou à écailles.*

432. HÉMANTHE, *HÆMANTHUS*. *Cor.* supérieure, à six divisions profondes. *Collerette* à six feuillets, très-grande.

434. LEUCOIE, *LEUCOIUM*. *Cor.* supérieure, à six pétales, en cloche. *Étamines* égales.

433. GALANTHE, *GALANTHUS*. *Cor.* supérieure, à six pétales: trois *Pétales* intérieurs plus courts, échancrés.

436. NARCISSE, *NARCISSUS*. *Cor.* supérieure, à six pétales. *Nectaire* en cloche, débordant les étamines.

437. PANCRACE, *PANCRATIUM.* *Cor.* supérieure, à six pétales. *Nectaire* en cloche, terminé par les étamines.

439. AMARYLLIS, *AMARYLLIS.* *Cor.* supérieure, à six pétales, en cloche. *Étamines* inégales.

438. CRINUM, *CRINUM.* *Cor.* supérieure, à six divisions peu profondes, tubulée à la base. *Étamines* écartées.

431. PONTÉDÈRE, *PONTEDERIA.* *Cor.* supérieure, à six divisions peu profondes, labiée.

440. BULBOCODE, *BULBOCODIUM.* *Cor.* inférieure, à six pétales, à onglets très-longs supportant les étamines.

435. TUBALGE, *TULBAGIA.* *Cor.* inférieure, à six pétales, dont trois inférieurs. *Nectaire cylindrique*, supportant extérieurement les pétales.

442. AIL, *ALLIUM.* *Cor.* inférieure, à six pétales ovales, assis.

441. APHYLLANTHE, *APHYLLANTHES.* *Cor.* inférieure, à six pétales. *Spathes* en écailles, séparant les corolles.

450. HYPOXE, *HYPOXIS.* *Cor.* supérieure, à six pétales. *Spathes* en écailles.

* III. *Fleurs nues.*

466. ALSTROÉMÈRE, *ALSTROEMERIA.* *Cor.* supérieure, à six pétales, dont deux inférieurs tubulés à leur base.

467. HÉMÉROCALLE, *HEMEROCALLIS.* *Cor.* inférieure, à six divisions profondes. *Étamines* inclinées.

465. AGAVE, *AGAVE.* *Cor.* supérieure, à six divisions profondes, à limbe droit, plus court que les filamens.

464. ALOËS, *ALOË.* *Cor.* inférieure, à six divisions peu profondes. *Filamens* insérés sur le réceptacle.

462. ALÉTRIS, *ALETRIS.*	*Cor.* inférieure, à six divisions peu profondes, ridées.
460. TUBÉREUSE, *POLYANTHES.*	*Cor.* inférieure, à six divisions peu profondes, à tube courbé.
459. MUGUET, *CONVALLARIA.*	*Cor.* inférieure, à six divisions peu profondes. *Baie* à trois semences.
461. HYACINTHE, *HYACINTHUS.*	*Cor.* inférieure, à six divisions peu profondes. Trois *Pores nectarifères* au sommet de l'ovaire.
454. ASPHODÈLE, *ASPHODELUS.*	*Cor.* inférieure, à six divisions profondes. *Nectaire* à six valvules, supportant les étamines.
455. ANTHÉRIC, *ANTHERICUM.*	*Cor.* inférieure, à six pétales planes.
451. ORNITHOGALE, *ORNITHOGALUM.*	*Cor.* inférieure, à six pétales. *Filamens* alternativement dilatés à leur base.
452. SCILLE, *SCILLA.*	*Cor.* inférieure, à six pétales caducs-tardifs. *Filamens* filiformes.
453. CYANELLE, *CYANELLA.*	*Cor.* inférieure, à six pétales, dont les extérieurs sont pendans.
458. SANG-DRAGON, *DRACÆNA.*	*Cor.* inférieure, à six pétales. *Baie* à trois semences.
457. ASPERGE, *ASPARAGUS.*	*Cor.* inférieure, à six pétales. *Baie* à six semences.
446. GLORIEUSE, *GLORIOSA.*	*Cor.* inférieure, à six pétales renversés en dehors, très-longs.
447. ÉRYTHRONE, *ERYTHRONIUM.*	*Cor.* inférieure, à six pétales renversés en dehors, dont trois alternes et intérieurs offrent à leur base deux tubercules.

445. UVULAIRE, *UVULARIA.* *Cor.* inférieure, à six pétales droits, offrant à leur base une fossette nectarifère.

444. FRITILLAIRE, *FRITILLARIA.* *Cor.* inférieure, à six pétales ovales, offrant à leur base une fossette nectarifère.

443. LIS, *LILIUM.* *Cor.* inférieure, à six pétales. *Onglets* des pétales repliés en demi-canal.

448. TULIPE, *TULIPA.* *Cor.* inférieure, à six pétales, en cloche. *Style* nul.

463. YUQUE, *YUCCA.* *Cor.* inférieure, à six pétales très-ouverts. *Style* nul.

449. ALBUCE, *ALBUCA.* *Cor.* inférieure, à six pétales. Trois *Étamines* sans anthères. *Stigmate* entouré de trois pointes.

* IV. *Fleurs incomplètes.*

469. ORONCE, *ORONTIUM.* *Spadice* à plusieurs fleurs. *Follicule* à une semence.

468. ACORE, *ACORUS.* *Spadice* à plusieurs fleurs. *Caps.* à trois loges.

470. ROTANG, *CALAMUS.* *Cal.* à six feuillets. *Péricarpe* à écailles en recouvrement, tournées en arrière, à une semence.

471. JONC, *JUNCUS.* *Cal.* à six feuillets. *Caps.* à une loge.

482. PÉPLIDE, *PEPLIS.* *Cal.* à douze segmens peu profonds. *Caps.* à deux loges.

II. DIGYNIE.

484. ATRAPHAXE, *ATRAPHAXIS.* *Cal.* à deux feuillets. *Cor.* à deux pétales. Une *Semence* comprimée.

483. RIZ, *ORYZA.* *Cal.* bâle à une fleur. *Cor.* à deux bâles. Une *Semence* oblongue.

III. TRIGYNIE.

* I. *Fleurs inférieures.*

492. COLCHIQUE, *COLCHICUM*. *Cal.* en spathe. *Cor.* monopétale par le tube, à six pétales par le limbe.

489. MÉLANTHE, *MELANTHIUM*. *Cal.* nul. *Cor.* à six pétales, supportant les étamines.

490. MÉDÉOLE, *MEDEOLA*. *Cal.* nul. *Cor.* à six pétales. *Baie* à trois coques.

493. HÉLONIAS, *HELONIAS*. *Cal.* nul. *Cor.* à six pétales. *Caps.* à trois loges.

491. TRILLI, *TRILLIUM*. *Cal.* à trois feuillets. *Cor.* à trois pétales. *Baie* à trois loges.

488. TROSCART, *TRIGLOCHIN*. *Cal.* à trois feuillets. *Cor.* à trois pétales. *Caps.* s'ouvrant à la base.

485. PATIENCE, *RUMEX*. *Cal.* à trois feuillets. *Cor.* à trois pétales. Une *Semence* à trois faces.

487. SCHEUCHZÈRE, *SCHEUCHZERIA*. *Cal.* à six feuillets. *Cor.* nulle. Trois *Capsules*, à une semence.

* II. *Fleurs supérieures.*

486. FLAGELLAIRE, *FLAGELLARIA*. *Cal.* à six feuillets. *Cor.* nulle. *Péricarpe* à une semence.

IV. TÉTRAGYNIE.

494. PÉTIVÈRE, *PETIVERIA*. *Cal.* à quatre feuillets. *Cor.* nulle. Une *Semence* à arête en hameçon.

V. POLYGYNIE.

495. FLUTEAU, *ALISMA*. *Cal.* à trois feuillets. *Cor.* à trois pétales. Plusieurs *Capsules* comprimées.

HEXANDRIE.

I. MONOGYNIE.

427. ANANAS, *BROMELIA.* * *Plum. Gen.* 46, tab. 8. *Lam. Tab. Encyclop.* pl. 223. ANANAS. *Tournef. Inst.* 653, tab. 426, 427 et 428. KARATAS. *Plum. Gen.* 10, tab. 33.

CAL. *Périanthe* à trois côtés, petit, supérieur, persistant, à trois *segmens* ovales.

COR. Trois *Pétales*, étroits, lancéolés, droits, plus longs que le calice.

Un *Nectaire* adhérent au-dessus de la base de chaque pétale.

ÉTAM. Six *Filamens*, en alêne, plus courts que la corolle, insérés sur le réceptacle. *Anthères* droites, en fer de flèche.

PIST. *Ovaire* inférieur. *Style* simple, filiforme, de la longueur des étamines. *Stigmate* obtus, divisé peu profondément en trois parties.

PÉR. *Baie* arrondie, à ombilic.

SEM. Nombreuses, couchées, légèrement alongées, obtuses.

Calice à trois segmens peu profonds, supérieur. *Corolle* à trois pétales, à la base desquels est insérée une *Glande nectarifère*. *Baie* à trois loges.

1. ANANAS commun, *B. Ananas*, L. à feuilles ciliées, épineuses, piquantes; à fleurs en épi chevelu.

Carduus Brasilianus, foliis Aloës; Chardon du Brésil, à feuilles d'Aloës. *Bauh. Pin.* 384, n.° 5. *Lob. Ic.* 1, p. 375, f. 1. *Lugd. Hist.* 1841, f. 1. *Bauh. Hist.* 3, P. 1, p. 94, f. 1. *Commel. Hort.* 1, p. 109, tab. 57.

Cette espèce présente plusieurs variétés, relativement à la forme et à la couleur du fruit.

1. *Ananas*, Ananas. 2. Fruit, son écorce extérieure. 3. *Fruit*: ambrosiaque, sucré, acide, piquant. 4. La *Pulpe* fournit un mucilage sucré, acide; l'*Écorce*, de l'huile essentielle. 6. L'Ananas, qu'on ne sert qu'à la table des gens riches, fournit un aliment médicamenteux, agréable et sain, mais que sa rareté et son prix soustraisent à l'usage ordinaire.

Dans l'Amérique Méridionale. ♃ *Cultivé dans les serres chaudes.*

2. ANANAS Pinguin, *B. Pinguin*, L. à feuilles ciliées, épineuses, piquantes; à fleurs en grappe terminale.

Plukn. tab. 258, f. 3 et 4. *Dill. Elth.* tab. 240, f. 311.

A la Jamaïque, aux Barbades. ♃

3. ANANAS Karatas, *B. Karatas*, L. à feuilles droites; à fleurs sans tige, assises, agrégées.
Jacq. Amer. 90, tab. 178, f. 26.
Dans l'Amérique Méridionale. ♃

4. ANANAS lingulé, *B. lingulata*, L. à feuilles à dents de scie, épineuses, obtuses; à fleurs en epis alternes.
Plum. Ic. 64, f. 1.
Dans l'Amérique Méridionale. ♃

5. ANANAS à tige nue, *B. nudicaulis*, L. à feuilles radicales rées, épineuses : celles de la tige très-entières.
Plum. Ic. 62.
Dans l'Amérique Méridionale. ♃

6. ANANAS nain, *B. humilis*, L. à tige très-courte; à fleurs agrégées, assises; à aisselles des feuilles produisant des stolones.
On ignore son climat natal.

7. ANANAS Acanga, *B. Acanga*, L. à fleurs en panicule diffus; à feuilles ciliées, épineuses, pointues, recourbées.
Moris. Hist. sect. 4, tab. 22, f. 7.
Au Brésil. ♃

428. TILLANDSE, *TILLANSIA.* † *Lam. Tab. Encyclop.* pl. 224. CARAGUATA. *Plum. Gen.* 10, tab. 33. RENALMIA. *Plum. Gen.* 37, tab. 38.

CAL. *Périanthe* d'un seul feuillet, oblong, droit, persistant, à trois *segmens* peu profonds, oblongs, lancéolés, pointus.

COR. Monopétale, tubulée. *Tube* long, ventru. *Limbe* à trois divisions peu profondes, obtus, droit, petit.

ÉTAM. Six *Filamens*, de la longueur de tube de la corolle. *Anthères* aiguës, dans le cou de la corolle, couchées.

PIST. *Ovaire* oblong, pointu des deux côtés. *Style* filiforme, de la longueur des étamines. *Stigmate* obtus, divisé peu profondément en trois parties.

PÉR. *Capsule* longue, à trois côtés obtus, pointue, le plus souvent à une loge, à trois battans.

SEM. Plusieurs, attachées à une aigrette capillaire très-longue.

Calice à trois segmens peu profonds, persistant. *Corolle* à trois divisions peu profondes, en cloche. *Capsule* à une seule loge, renfermant des *Semences* à aigrette.

1. TILLANDSE à utricule, *T. utriculata*, L. à chaume en panicule.
Visci modo arboribus Indicis adnascens; Plante naissant aux Indes sur les arbres à la manière du Gui. *Bauh. Pin.* 423, n.° 5. *Lob. Ic.* 2, p. 240, f. 2. *Lugd. Hist.* 1829, f. 2.
Dans l'Amérique Méridionale, sur les arbres. ♃

2. TILLANDSE à dents de scie, *T. serrata*, L. à feuilles à dents de scie, épineuses en dessus; à fleurs en épi chevelu.

Plum. Ic. 71, f. 1.

Dans l'Amérique Méridionale.

3. TILLANDSE lingulée, *T. lingulata*, L. à feuilles lancéolées, lingulées, très-entières, ventrues à la base.

Jacq. Amer. 92, tab. 62.

Dans l'Amérique Méridionale, sur les vieux arbres. Parasite.

4. TILLANDSE à feuilles menues, *T. tenuifolia*, L. à feuilles filiformes, très-entières; à fleurs en épi simple, lâche.

Jacq. Hort. tab. 263.

Dans l'Amérique Méridionale, sur les arbres.

5. TILLANDSE paniculée, *T. paniculata*, L. à feuilles radicales très-courtes; à chaume presque nu; à rameaux peu divisés, ascendans.

Plum. Ic. 237.

Dans l'Amérique Méridionale.

6. TILLANDSE à plusieurs épis, *T. polystachia*, L. à chaume à épis en recouvrement, latéraux.

Dans l'Amérique Méridionale.

7. TILLANDSE à un seul épi, *T. monostachya*, L. à feuilles linéaires, creusées en gouttière, inclinées; à chaume simple, en recouvrement; à épi simple.

Plum. Ic. 238, f. 1.

Dans l'Amérique Méridionale.

8. TILLANDSE recourbée, *T. recurvata*, L. à feuilles en alêne, rudes, inclinées; à chaume à une seule fleur; à bâle renfermant deux fleurs.

Sloan. Jam. tab. 121, f. 1.

A la Jamaïque, sur les arbres.

9. TILLANDSE usnée, *T. usneoïdes*, L. filiforme, rameuse, tortillée, rude.

Plukn. tab. 26, f. 5.

En Virginie, à la Jamaïque, au Brésil, sur les arbres.

429. BURMANNE, *BURMANNIA.* † *Lam. Tab. Encyclop.* pl. 225.

CAL. *Périanthe* long, d'un seul feuillet, en prisme, coloré, à trois angles longitudinaux membraneux; *orifice* petit, à trois divisions peu profondes.

COR. Trois *Pétales*, ovales, oblongs, très-petits, placés sur l'orifice du calice.

ÉTAM. Six *Filamens*, très-courts. *Anthères* dans l'orifice du calice, très-courtes, une ou deux ensemble, séparées par une pointe recourbée.

PIST. *Ovaire* comme cylindrique, moitié plus court que le calice. *Style* filiforme, de la longueur de la corolle. Trois *Stigmates*, obtus, concaves.

PÉR. *Capsule* enveloppée par le calice, comme en cylindre, à trois côtés, à trois loges, à trois battans, s'ouvrant par les angles.

SEM. Nombreuses, très-petites.

Calice prismatique, coloré, à trois segmens peu profonds, à angles membraneux. *Corolle* à trois pétales. *Capsule* à trois loges renfermant chacune des *Semences* petites.

1. BURMANNE distique, *B. disticha*, L. à épis deux à deux.

Burm. Zeyl. 50, tab. 20, f. 1.

A Zeylan dans les marais.

2. BURMANNE à deux fleurs, *B. biflora*, L. à fleurs deux à deux.

En Virginie dans les marais.

430. TRADESCANTE, *TRADESCANTIA.* * *Lam. Tab. Encyclop.* pl. 226. EPHEMERUM. *Tournef. Inst.* 367, tab. 193.

CAL. *Périanthe* à trois *feuillets*, ovales, concaves, ouverts, persistans.

COR. Trois *Pétales*, arrondis, planes, très-ouverts, grands, égaux.

ÉTAM. Six *Filamens*, filiformes, de la longueur du calice, droits, garnis de poils articulés. *Anthères* en forme de rein.

PIST. *Ovaire* ovale, à trois côtés obtus. *Style* filiforme, de la longueur des étamines. *Stigmate* à trois côtés, tubulé.

PÉR. *Capsule* ovale, couverte par le calice, à trois loges, à trois battans.

SEM. En petit nombre, anguleuses.

Calice à trois feuillets. *Corolle* à trois pétales. *Filamens* barbus, à poils articulés. *Capsule* à trois loges.

1. TRADESCANTE de Virginie, *T. Virginica*, L. droite, lisse; à fleurs entassées.

Moris. Hist. sect. 15, tab. 2, f. 4.

En Virginie. ♃

2. TRADESCANTE du Malabar, *T. Malabarica*, L. droite, lisse; à pédunculés solitaires, très-longs.

Rheed. Mal. 9, p. 123, tab. 63.

Au Malabar.

3. TRADESCANTE nerveuse, *T. nervosa*, L. à hampe ne portant qu'une seule fleur.

A Surate. ♃

4. TRADESCANTE genouillée, *T. geniculata*, L. couchée, velue.
Jacq. Amer. 94, tab. 64.
Dans l'Amérique Méridionale.

5. TRADESCANTE axillaire, *T. axillaris*, L. à tige rameuse; à fleurs assises, latérales.
Plukn. tab. 174, f. 3.
Dans l'Inde Orientale.

6. TRADESCANTE à crête, *T. cristata*, L. rampante, lisse; à spathes à deux feuillets, en recouvrement.
Jacq. Hort. tab. 137.
A Zeylan. ⊙

7. TRADESCANTE papilionacée, *T. papilionacea*, L. rampante, lisse; à spathes à trois feuillets, en recouvrement.
Burm. Ind. 17, tab. 7, f. 11.
Dans l'Inde Orientale. ⊙

431. PONTÉDÈRE, *PONTEDERIA*. † *Lam. Tab. Encyclop.* pl. 225.

CAL. *Spathe* commun, oblong, s'ouvrant sur le côté.

COR. Monopétale, tubuleuse, à deux divisions profondes. *Lèvre supérieure* droite, à trois divisions profondes, l'extérieure égale. *Lèvre inférieure* renversée, à trois divisions profondes, égales.

ÉTAM. Six *Filamens*, insérés sur la corolle, dont trois en alêne, plus longs, dans l'orifice du tube de la corolle : les trois autres insérés à la base du même tube. *Anthères* droites, oblongues.

PIST. *Ovaire* oblong, inférieur. *Style* simple, incliné. *Stigmate* un peu épais.

PÉR. *Capsule* charnue, conique, élargie et courbée au sommet, à trois loges, à trois angles, à trois sillons.

SEM. Plusieurs, arrondies.

Corolle monopétale, à six divisions peu profondes, à deux lèvres. Trois *Étamines* insérées sur le tube de la corolle. *Capsule* à trois loges.

1. PONTÉDÈRE ovale, *P. ovata*, L. à feuilles ovales; à fleurs en tête.
Rheed. Mal. 11, p. 67, tab. 34.
Au Malabar, dans les lieux aquatiques.

2. PONTÉDÈRE en gaine, *P. vaginalis*, L. à feuilles en cœur; à grappe inclinée.
Plukn. tab. 215, f. 4.
Dans l'Inde Orientale, dans les lieux aquatiques. ♃

3. PONTÉDÈRE en cœur, *P. cordata*, L. à feuilles en cœur ; à fleurs en épi.

Moris. Hist. sect. 15, tab. 4, f. 8. *Plukn.* tab. 349, pl. 11.

En Virginie, dans les lieux aquatiques. ♃

4. PONTÉDÈRE en fer de hallebarde, *P. hastata*, L. à feuilles en fer de hallebarde ; à fleurs en ombelle.

Moris. Hist. sect. 15, tab. 4, f. 7. *Plukn.* tab. 220, f. 8.

Dans l'Inde Orientale. ♃

432. HÉMANTHE, *HÆMANTHUS*. * *Tournef. Inst.* 657, tab. 433. *Lam. Tab. Encyclop.* pl. 228.

CAL. *Collerette* très-grande, portant une ombelle, à six *feuillets*, droits, oblongs, persistans.

COR. Monopétale, droite, à six *divisions* profondes, droites, linéaires. *Tube* très-court, anguleux.

ÉTAM. Six *Filamens*, en alêne, insérés sur le tube de la corolle, plus longs que la corolle. *Anthères* couchées, oblongues.

PIST. *Ovaire* inférieur. *Style* simple, de la longueur des étamines. *Stigmate* simple.

PÉR. *Baie* arrondie, à trois loges.

SEM. Solitaires, à trois faces.

Collerette à six feuillets, renfermant plusieurs fleurs. *Corolle* supérieure, à six divisions profondes. *Baie* à trois loges.

1. HÉMANTHE écarlate, *H. coccineus*, L. à feuilles en forme de langue, planes, lisses.

Moris. Hist. sect. 4, tab. 21, f. 16. *Barrel.* tab. 1041 et 1042.

Au cap de Bonne-Espérance. ♃

2. HÉMANTHE cilié, *H. ciliaris*, L. à feuilles en forme de langue, ciliées.

Breyn. Cent. tab. 39.

Au cap de Bonne-Espérance. ♃

3. HÉMANTHE pourpre, *H. puniceus*, L. à feuilles lancéolées, ovales, ondulées, droites.

Moris. Hist. sect. 12, tab. 12, f. 11. *Dill. Elth.* tab. 140, f. 167.

A la Guiane. ♃

4. HÉMANTHE caréné, *H. carinatus*, L. à feuilles linéaires, en carène.

Au cap de Bonne-Espérance. ♃

433. GALANTHE, *GALANTHUS*. * *Lam. Tab. Encyclop.* pl. 230.

CAL. *Spathe* oblong, obtus, comprimé, s'ouvrant sur le côté aplati, se flétrissant.

COR. Trois *Pétales*, oblongs, obtus, concaves, peu serrés, ouverts, égaux.

Nectaire comme cylindrique, moitié plus court que les pétales; à trois feuillets semblables aux pétales, parallèles, échancrés, obtus.

ÉTAM. Six *Filamens*, capillaires, très-courts. *Anthères* oblongues, pointues, terminées par une soie, rapprochées.

PIST. *Ovaire* arrondi, inférieur. *Style* filiforme, plus long que les étamines. *Stigmate* simple.

PÉR. *Capsule* ovale, arrondie, à trois côtés obtus, à trois loges, à trois battans.

SEM. Plusieurs, arrondies.

Corolle à trois pétales concaves. *Nectaire* à trois pétales, petits, échancrés. *Stigmate* simple.

1. GALANTHE des neiges, *G. nivalis*, L. les pétales alternes en cœur.

Leucoium bulbosum, trifolium, minus; Leucoie bulbeux, à trois feuilles, plus petit. *Bauh. Pin.* 56, n.° 4. *Matth.* 860, f. 1. *Dod. Pempt.* 230, f. 1. *Lob. Ic.* 1, p. 123, f. 2. *Clus. Hist.* 1, p. 169, f. 1. *Lugd. Hist.* 1526, f. 1. *Camer. Epit.* 956. *Bauh. Hist.* 2, p. 591, f. 1. *Reneal. Spec.* 97 et 96. *Jacq. Aust.* tab. 330.

A Montpellier, à Paris, en Bourgogne. ♃ Vernale.

434. LEUCOIE, *LEUCOIUM.* * *Lam. Tab. Encyclop.* pl. 230. NARCISSO-LEUCOIUM. *Tournef. Inst.* 387, tab. 208.

CAL. *Spathe* oblong, obtus, comprimé, s'ouvrant sur le côté aplati, se flétrissant.

COR. En cloche, ouverte. Six *Pétales*, ovales, planes, comme collés à la base, un peu épais et roides au sommet.

ÉTAM. Six *Filamens*, sétacés, très-courts. *Anthères* oblongues, obtuses, à quatre angles, droites, écartées.

PIST. *Ovaire* arrondi, inférieur. *Style* en massue, obtus. *Stigmate* sétacé, droit, aigu, plus long que les étamines.

PÉR. *Capsule* en toupie, à trois loges, à trois battans.

SEM. Plusieurs, arrondies.

OBS. *Dans le* L. autumnale, *le Style est filiforme.*

Corolle en cloche, à six pétales renflés au sommet. *Stigmate* simple.

1. LEUCOIE printanier, *L. vernum*, L. à spathe à une seule fleur; à stigmate en massue.

Leucoium bulbosum, vulgare; Leucoie bulbeux, vulgaire. *Bauh. Pin.* 55, n.° 1. *Dod. Pempt.* 230, f. 2. *Lob. Ic.* 1, p. 123, f. 1. *Lugd. Hist.* 1525, f. 2, et 1527, f. 1. *Clus. Hist.* 1, p. 168,

f. 2. *Camer. Epit.* 957. *Bauh. Hist.* 2, p. 590, f. 1 et 2. *Theat. Flor.* tab. 21, f. 1 et 3. *Jacq. Aust.* tab. 312.

A Grenoble, à Lyon. ♃ Vernale.

2. LEUCOIE d'été, *L. æstivum*, L. à spathe à plusieurs fleurs; à style en massue.

Leucoium bulbosum, majus sive multiflorum; Leucoie bulbeux, plus grand ou à plusieurs fleurs. *Bauh. Pin.* 55, n.° 3. *Dod. Pempt.* 230, f. 3. *Lob. Ic.* 1, p. 122, f. 2. *Clus. Hist.* 1, p. 170, f. 1. *Lugd. Hist.* 1524, f. 1. *Camer. Epit.* 952. *Bauh. Hist.* 2, p. 592, f. 2. *Theat. Flor.* tab. 21, f. 2. *Jacq. Aust.* tab. 203.

A Montpellier, dans les prairies de Lattes. ♃ Vernale.

3. LEUCOIE d'automne, *L. autumnale*, L. à spathe à plusieurs fleurs; à style filiforme.

Leucoium bulbosum, autumnale; Leucoie bulbeux, d'automne. *Bauh. Pin.* 56, n.° 8. *Dod. Pempt.* 230, f. 4. *Lob. Ic.* 1, p. 124, f. 1. *Clus. Hist.* 1, p. 170, f. 2. *Lugd. Hist.* 1527, f. 2. *Bauh. Hist.* 2, p. 591, f. 1. *Theat. Flor.* tab. 21, f. 6. *Barrel.* tab. 904. *Renteal. Spec.* 101 et 100, f. 2.

En Portugal. ♃ Automnale.

435. TUBALGE, *TULBAGIA.* ☨

CAL. *Spathe* à deux valves, oblong, membraneux, renfermant des *Fleurs* pédunculées.

COR. Six *Pétales*, lancéolés, de la longueur du nectaire, insérés sur le tube, trois au milieu, trois près du limbe.

Nectaire d'un seul pétale, cylindrique: limbe en alêne, ouvert, à six divisions profondes.

ÉTAM. Six *Filamens*, très-courts, trois dans la gorge de la corolle, trois dans le tube. *Anthères* un peu alongées, aiguës.

PIST. *Ovaire* ovale, supérieur. *Style* cylindrique, court. *Stigmate* en toupie, creux.

PÉR. *Capsule* ovale, à trois côtés peu saillans, à trois loges.

SEM. Quelques-unes.

OBS. *Ce genre ne peut pas être réuni avec les* Narcisses, *à raison de son ovaire supérieur; il se rapproche davantage des* Hyacinthes *par sa corolle.*

Corolle en entonnoir, à six pétales. *Nectaire* couronnant la gorge de la corolle, à trois feuillets divisés peu profondément en deux parties, de la grandeur des pétales. *Capsule* au dedans de la fleur ou supérieure.

1. TUBALGE du Cap, *T. Capensis*, L. à feuilles radicales linéaires, lisses; à hampe deux fois plus longue que les feuilles.

Jacq. Hort. tab. 115.

Au cap de Bonne-Espérance. ♃

436. NARCISSE, *NARCISSUS*. * *Tournef. Inst.* 353, tab. 183. *Lam. Tab. Encyclop.* pl. 229.

CAL. *Spathe* oblong, obtus, comprimé, s'ouvrant sur le côté aplati.

COR. Six *Pétales*, ovales, pointus, planes, égaux, insérés extérieurement sur le tube, au-dessus de la base du nectaire.

Nectaire d'un seul feuillet, comme en cylindre, en entonnoir, coloré sur le limbe.

ÉTAM. Six *Filamens*, en alêne, insérés sur le tube du nectaire, plus courts que le nectaire. *Anthères* un peu alongées.

PIST. *Ovaire* arrondi, à trois côtés obtus, inférieur. *Style* filiforme, plus long que les étamines. *Stigmate* concave, obtus, divisé peu profondément en trois parties.

PÉR. *Capsule* arrondie, à trois côtés obtus, à trois loges, à trois battans.

SEM. Plusieurs, arrondies, garnies d'un appendice.

Corolle à six pétales égaux. *Nectaire* en entonnoir, d'un seul feuillet. *Étamines* insérées sur le tube du nectaire.

1. NARCISSE des Poëtes, *N. Poeticus*, L. à spathe à une seule fleur; à nectaire en roue, très-court, sec et roide, crénelé.

Narcissus albus, circulo purpureo; Narcisse à fleur blanche, avec un cercle pourpre. *Bauh. Pin.* 48, n.° 5. *Dod. Pempt.* 223, f. 1. *Lob. Ic.* 1, p. 112, f. 1. *Lugd. Hist.* 1517, f. 1. *Bauh. Hist.* 2, p. 600, f. 1. *Theat. Flor.* tab. 15, f. 3. *Barrel.* tab. 959. *Bul. Paris.* tab. 170.

Cette espèce offre une variété.

Narcissus medio purpureus, multiplex; Narcisse à fleur pourpre au milieu, multiple. *Bauh. Pin.* 54, n.° 7. *Clus. Hist.* 1, p. 161, f. 1. *Bauh. Hist.* 2, p. 602, f. 2.

Cette espèce présente six pétales dont trois extérieurs, trois intérieurs. Six anthères, dont trois supérieures, portées sur des filamens très-courts, opposés aux pétales extérieurs; trois inférieures, opposés aux pétales intérieurs. Les filamens des trois étamines inférieures, forment une saillie sensible le long du nectaire.

A Montpellier, Grenoble, Lyon, Paris, dans les prés. ♃ Vernale.

2. NARCISSE Faux-Narcisse, *N. Pseudo-Narcissus*, L. à spathe à une seule fleur; à nectaire en cloche, droit, crépu, froncé, de la longueur des pétales qui sont ovales.

Narcissus sylvestris, pallidus, calyce luteo; Narcisse des forêts, à fleur pâle, à calice jaune. *Bauh. Pin.* 52, n.° 8. *Dod. Pempt.* 227, f. 1. *Lob. Ic.* 1, p. 117, f. 2. *Camer. Epit.* 953. *Bauh. Hist.* 2, p. 593, f. 2. *Bellev.* tab. 243. *Barrel.* tab. 923 et 924.

Cette espèce présente deux variétés.

1.° *Narcissus sylvestris multiplex, calyce carens*; Narcisse sauvage à fleur multiple, sans calice. *Bauh. Pin.* 54, n.° 10.

2.° *Narcissus luteus sylvestris, duplici et triplici tubo aureo*; Narcisse à fleur jaune, sauvage, à tube double et triple, doré. *Bauh. Pin.* 54, n.° 12.

A Lyon, Grenoble, Paris, dans les bois et les prés. ♃ Vernale.

3. NARCISSE à deux couleurs, *N. bicolor*, L. à spathe à une seule fleur; à nectaire en cloche, évasé, crépu, de la longueur des pétales.

Narcissus albus, calyce flavo, alter; autre Narcisse à fleur blanche, à calice jaune. *Bauh. Pin.* 52, n.° 7. *Rud. Elys.* 2, p. 71, f. 9.

Aux Pyrénées.

4. NARCISSE mineur, *N. minor*, L. à spathe à une seule fleur; à nectaire presque conique, droit, crépu, à six divisions peu profondes, de la longueur des pétales qui sont lancéolés.

Narcissus parvus totus luteus; petit Narcisse à fleur entièrement jaune. *Bauh. Pin.* 53, n.° 11. *Clus. Hist.* 1, p. 165, f. 3. *Barrel.* tab. 976.

En Espagne. ♃

5. NARCISSE musqué, *N. moschatus*, L. à spathe à une seule fleur; à nectaire cylindrique, tronqué, ondulé, de la longueur des pétales qui sont oblongs.

Narcissus albus, calyce flavo, moscati odore; Narcisse à fleur blanche, à calice jaune, à odeur de musc. *Bauh. Pin.* 52, n.° 6. *Barrel.* tab. 921, 922, 941, 946, 953, 954.

En Espagne.

6. NARCISSE triandre, *N. triandrus*, L. à spathe ne portant le plus souvent qu'une seule fleur, en cloche, crénelé, moitié plus court que les pétales; à trois étamines.

Narcissus albus, oblongo calyce; Narcisse à fleur blanche, à calice oblong. *Bauh. Pin.* 53, n.° 12.

Aux Pyrénées. ♃

7. NARCISSE Oriental, *N. Orientalis*, L. à spathe le plus souvent à deux fleurs; à nectaire en cloche, à trois divisions peu profondes, échancré, trois fois plus court que les pétales.

Narcissus niveus, calyce flavo, odoris fragrantissimi; Narcisse à fleur très-blanche, très-odorante, à calice jaune. *Bauh. Pin.* 50, n.° 13.

Cette espèce présente deux variétés.

1.° *Narcissus Orientalis, calyce rotundo, aureo-luteo*; Narcisse Oriental, à calice arrondi, d'un jaune doré. *Bauh. Pin.* 50, n.° 5.

2.° *Narcissus*

2.° *Narcissus albus, major, odoratus*; Narcisse à fleur blanche; plus grand, odorant. *Bauh. Pin.* 49, n.° 1. *Rudb. Elys.* 2, p. 50, f. 1.

Dans l'Orient.

8. NARCISSE à trois lobes, *N. trilobus*, L. à spathe le plus souvent à plusieurs fleurs; à nectaire en cloche, à trois lobes, très-entier, moitié plus court que les pétales.

Narcissus angustifolius, pallidus, calyce flavo; Narcisse à feuilles étroites, à fleur pâle, à calice jaune. *Bauh. Pin.* 51, n.° 3. *Rudb. Elys.* 2, p. 61, f. 3.

Dans l'Europe Méridionale. ♃

9. NARCISSE odorant, *N. odorus*, L. à spathe le plus souvent à deux fleurs; à nectaire en cloche, à six divisions peu profondes, lisse, moitié plus court que les pétales; à feuilles demi-cylindriques.

Barrel. tab. 949 et 950.

A Montpellier, à Grenoble, à Naples. ♃

10. NARCISSE en gobelet, *N. calathinus*, L. à spathe à plusieurs fleurs; à nectaire en cloche, presque aussi long que les pétales; à feuilles planes.

Narcissus angustifolius, flavus, magno calyce; Narcisse à feuilles étroites, à fleur jaune, à calice grand. *Bauh. Pin.* 51, n.° 5. *Clus. Hist.* 1, p. 158, f. 1. *Bauh. Hist.* 2, p. 608, f. 1.

Dans l'Orient.

11. NARCISSE Tazette, *N. Tazetta*, L. à spathe à plusieurs fleurs; à nectaire en cloche, plissé, tronqué, trois fois plus court que les pétales; à feuilles planes.

Narcissus medio luteus, copioso flore, odore gravi; Narcisse à fleurs nombreuses, jaunes au milieu, à odeur forte. *Bauh. Pin.* 50, n.° 11. *Lob. Ic.* 1, p. 114, f. 2. *Clus. Hist.* 1, p. 154, f. 1. *Bauh. Hist.* 2, p. 603, f. 1. *Theat. Flor.* tab. 16 et 17. *Barrel.* tab. 915, 916, 917, 918, 919, 920, 925 et 926.

A Montpellier dans les prairies d'Arène, à Arsas. ♃ Vernale.

12. NARCISSE Bulbocode, *N. Bulbocodium*, L. à spathe à une seule fleur; à nectaire en toupie, plus grand que les pétales; à étamines inclinées.

Narcissus montanus alter, flore fimbriato; autre Narcisse des montagnes, à fleur frangée. *Bauh. Pin.* 53, n.° 3. *Lob. Ic.* 1, p. 118, f. 1 et 2, et 119, f. 1. *Clus. Hist.* 1, p. 166, f. 1 et 2. *Lugd. Hist.* 1521, f. 2, et 1522, f. 1. *Bauh. Hist.* 2, p. 598, f. 2. *Moris. Hist.* sect. 4, tab. 23, f. 7. *Theat. Flor.* tab. 21, f. 4 et 5.

En Orient.

13. NARCISSE tardif, *N. serotinus*, L. à spathe à une seule fleur; à nectaire à six divisions profondes, très-court; à feuilles en alêne.

Narcissus albus, autumnalis, minimus; Narcisse à fleur blanche, d'automne, très-petit. *Bauh. Pin.* 51, n.° 8. *Dod. Pempt.* 228, f. 2. *Lob. Ic.* 1, p. 122, f. 1. *Clus. Hist.* 1, p. 162, f. 1. *Lugd. Hist.* 1522, f. 2.

En Espagne, en Italie. ♃

14. NARCISSE Jonquille, *N. Jonquilla*, L. à spathe à plusieurs fleurs; à nectaire en cloche, court; à feuilles en alêne.

Narcissus Juncifolius, oblongo calyce, luteus, major; et *N. Juncifolius, luteus, minor*; Narcisse à feuilles de Jonc, à calice oblong, à fleur jaune, plus grand; et N. à feuilles de Jonc, à fleur jaune, plus petit. *Bauh. Pin.* 51, n.os 1 et 2. *Clus. Hist.* 1, p. 159, f. 1 et 2. *Lugd. Hist.* 1520, f. 2, et 1521, f. 1. *Theat. Flor.* tab. 18. *Bul. Paris.* tab. 171.

A Montpellier, à Grenoble. ♃ Vernale.

437. PANCRACE, *PANCRATIUM.* * *Lam. Tab. Encyclop.* pl. 228.

CAL. *Spathe* oblong, obtus, comprimé, s'ouvrant sur le côté aplati.

COR. Six *Pétales*, lancéolés, planes, insérés extérieurement sur le tube, au-dessus de la base du nectaire.

Nectaire d'un seul feuillet, comme en cylindre, en entonnoir, coloré supérieurement : à orifice ouvert, à douze divisions peu profondes.

ÉTAM. Six *Filamens*, en alêne, insérés sur les sommets du nectaire, et plus longs que lui. *Anthères* oblongues, couchées.

PIST. *Ovaire* inférieur, à trois côtés obtus. *Style* filiforme, plus long que les étamines. *Stigmate* obtus.

PÉR. *Capsule* arrondie, à trois faces, à trois loges, à trois battans.

SEM. Plusieurs, arrondies.

Corolle à six pétales. *Nectaire* à douze divisions peu profondes, portant les étamines.

1. PANCRACE de Zeylan, *P. Zeylanicum*, L. à spathe à une seule fleur; à pétales renversés.

Commel. Hort. 1, p. 75, tab. 38.

Dans l'Inde Orientale. ♃

2. PANCRACE du Mexique, *P. Mexicanum*, L. à spathe à deux fleurs.

Dill. Elth. tab. 222, f. 289.

Au Mexique. ♃

3. PANCRACE des Caribes, *P. Caribaeum*, L. à spathe à plusieurs fleurs; à feuilles lancéolées.

Commel. Hort. 2, p. 173, tab. 87.

A la Jamaïque, aux isles Caribes. ♃

4. PANCRACE maritime, *P. maritimum*, L. à spathe à plusieurs fleurs; à pétales planes; à feuilles en languette.

Narcissus maritimus; Narcisse maritime. *Bauh. Pin.* 54, n.° 13 *Dod. Pempt.* 229, f. 1. *Lob. Ic.* 1, p. 118, f. 1. *Clus. Hist.* 1, p. 167, f. 1. *Lugd. Hist.* 1579, f. 1. *Bauh. Hist.* 2, p. 611, la description; et 614, ic. 1, la figure. *Moris. Hist.* sect. 4, tab. 10, f. 25. *Theat. Flor.* tab. 13.

A Montpellier, sur les bords de la mer. ♃ Estivale.

5. PANCRACE de la Caroline, *P. Carolinianum*, L. à spathe à plusieurs fleurs; à feuilles linéaires; à étamines de la longueur du nectaire.

Catesb. Carol. 3, pag. et tab. 5.

A la Jamaïque, à la Caroline. ♃

6. PANCRACE d'Illyrie, *P. Illyricum*, L. à spathe à plusieurs fleurs; à feuilles en lame d'épée; à étamines plus longues que le nectaire.

Narcissus Illyricus, liliaceus; Narcisse d'Illyrie, liliacé. *Bauh. Pin.* 55, n.° 2. *Clus. Hist.* 1, p. 168, f. 1. *Lugd. Hist.* 1524, f. 2. *Bauh. Hist.* 2, p 613, f. 1.

En Illyrie?

7. PANCRACE d'Amboine, *P. Amboinense*, L. à spathe à plusieurs fleurs; à feuilles ovales, nerveuses, pétiolées.

Commel. Hort. 1, p. 77, tab. 39.

Cette espèce présente une variété à feuilles ovales, aiguës, pétiolées; à spathe à plusieurs fleurs plus petites, blanches, odorantes.

A Amboine.

438. CRINUM, *CRINUM*. * *Lam. Tab. Encyclop.* pl. 234.

CAL. *Collerette* en forme de spathe, à deux feuillets, oblongue; renfermant une ombelle, renversée après son épanouissement.

COR. Monopétale, en entonnoir. *Tube* oblong, comme cylindrique, recourbé. *Limbe* à six *divisions* profondes, lancéolées, linéaires, obtuses, concaves, renversées, dont *trois alternes* distinguées par un petit appendice en crochet.

ÉTAM. Six *Filamens*, en alêne, s'élevant de la base du limbe, de la longueur du limbe, rapprochés. *Anthères* oblongues, linéaires.

PIST. *Ovaire* inférieur. *Style* filiforme, de la longueur de la fleur. *Stigmate* très-petit, divisé peu profondément en trois parties.

PÉR. *Capsule* comme ovale, à trois loges.

SEM. Plusieurs.

Corolle monopétale, en entonnoir, à six divisions profondes dont trois alternes en crochet. *Ovaire* enveloppé par la base de la corolle. *Étamines* écartées.

1. CRINUM à larges feuilles, *C. latifolium*, L. à feuilles ovales, lancéolées, aiguës, sans pétioles, planes.

Rheed. Mal. 11, p. 77, tab. 39.

En Asie, dans les sables. ♃

2. CRINUM d'Asie, *C. Asiaticum*, L. à feuilles carenées.

Rheed. Mal. 11, p. 75, tab. 38. *Rumph. Amb.* 11, p. 155, tab. 69.

Au Malabar, à Zeylan, dans l'Amérique Méridionale. ♃

3. CRINUM de Zeylan, *C. Zeylanicum*, L. à feuilles rudes, dentées; à hampe légèrement comprimée.

Rumph. Amb. 5, p. 30, tab. 105.

Cette plante est décrite dans le *Species plantarum*, sous le nom d'Amaryllis de Zeylan, *Amaryllis Zeylanica*, L. à spathe à plusieurs fleurs; à corolles en cloche, égales; à étamines inclinées; à hampe arrondie, à deux tranchans.

Dans l'Inde Orientale. ♃

4. CRINUM d'Amérique, *C. Americanum*, L. à corolles terminées intérieurement par des crochets.

Commel. Rar. pag. et tab. 14. *Dill. Elth.* tab. 161, f. 195.

Cette espèce présente une variété gravée dans *Commelin Rar.* pag. et tab. 15.

Dans l'Amérique Méridionale. ♃

5. CRINUM d'Afrique, *C. Africanum*, L. à feuilles un peu lancéolées, planes; à corolles obtuses.

Pluka. tab. 195, f. 1.

En Éthiopie. ♃

439. AMARYLLIS, *AMARYLLIS.* * *Lam. Tab. Encyclop.* pl. 227. LILIO-NARCISSUS. *Tournef. Inst.* 385, tab. 207.

CAL. *Spathe* oblong, obtus, comprimé, échancré, s'ouvrant sur le côté aplati, se flétrissant.

COR. Six *Pétales*, lancéolés.

Nectaire : six écailles, très-courtes, situées au-delà de la base des filamens.

ÉTAM. Six *Filamens*, en alêne. *Anthères* oblongues, couchées et droites.

PIST. *Ovaire* arrondi, sillonné, inférieur. *Style* filiforme, ayant presque la longueur et la situation des étamines. *Stigmate* petit, divisé peu profondément en trois parties.

PÉR. *Capsule* comme ovale, à trois loges, à trois battans.

SEM. Plusieurs.

OBS. *L'inflexion des pétales, des étamines et des pistils, varie singulièrement dans les espèces de ce genre.*

Corolle à six pétales, en cloche. *Stigmate* à trois divisions peu profondes.

1. AMARYLLIS du Cap, *A. Capensis*, L. à spathe à une seule fleur, très-éloignée; à corolle égale; à étamines et pistils droits.

Moris. Hist. sect. 4, tab. 23, f. 9.

Au cap de Bonne-Espérance. ♃

2. AMARYLLIS jaune, *A. lutea*, L. à spathe à une seule fleur; à corolle égale; à étamines droites.

Colchicum luteum, majus; Colchique à fleur jaune, plus grand. *Bauh. Pin.* 69, n.° 1. *Dod. Pempt.* 228, f. 1. *Lob. Ic.* 1, p. 147, f. 2. *Clus. Hist.* 1, p. 164, f. 1. *Lugd. Hist.* 1522, f. 3. *Bauh. Hist.* 2, p. 661. *Theat. Flor.* tab. 14. *Barrel.* tab. 983.

A Montpellier. ♃ Automnale.

3. AMARYLLIS Atamasco, *A. Atamasco*, L. à spathe à une seule fleur; à corolle égale; à pistil incliné.

Moris. Hist. sect. 4, tab. 24, f. 4. *Plukn.* tab. 42, f. 3.

En Virginie. ♃

4. AMARYLLIS très-belle, *A. formosissima*, L. à spathe à une seule fleur; à corolle inégale; à trois pétales inclinés de même que les étamines.

Bauh. Hist. 2, p. 609 et 610, f. 1. *Theat. Flor.* tab. 12. *Barrel.* tab. 1035. *Dill. Elth.* tab. 162, f. 196.

Dans cette espèce, le spathe est divisé profondément au sommet en deux parties. La corolle est formée par six pétales inégaux, divisés en deux séries, dont trois plus larges, extérieurs: trois moins larges, intérieurs. La première série est composée d'un pétale extérieur, intermédiaire, et de deux intérieurs latéraux, tous redressés; la seconde série est formée de deux pétales extérieurs latéraux, et d'un intérieur, tous inclinés. La base du dernier pétale embrasse les filamens des étamines qui sont au nombre de six, inclinés de même que le pistil, et disposés sur deux rangs d'inégale grandeur. Les anthères versatiles, pourpres-noirâtres, sont insérées sur les filamens près de leur bord intérieur. La base des pétales et des filamens est verte, le reste d'un cramoisi foncé. Lorsque cette belle plante est exposée aux rayons du soleil, elle paroît toute couverte de poussière d'or. Cette Amaryllis est quelquefois à deux fleurs.

Dans l'Amérique Méridionale. Introduite dans les jardins d'Europe en 1593. ♃

5. AMARYLLIS Belladone, *A. Belladona*, L. à spathe à une seule fleur; à corolles en cloche, égales; à onglet renversé; à étamines inclinées.

Barrel. tab. 1039.

Aux Isles Caribes, aux Barbades, à Surinam. ♃

6. AMARYLLIS de la Reine, *A. Reginæ*, L. à spathe à plusieurs fleurs ; à corolles en cloche, égales, ondulées ; à étamines inclinées.
Barrel. tab. 1036. *Herm. Parad.* pag. et tab. 194.
Aux Isles Caribes.

7. AMARYLLIS ondulée, *A. undulata*, L. à spathe à plusieurs fleurs ; à corolles ouvertes ; à pétales ondulés, pointus, dilatés à la base.
Au cap de Bonne-Espérance. ♃

8. AMARYLLIS de Jernesey, *A. Sarniensis*, L. à spathe à plusieurs fleurs ; à corolles roulées ; à étamines droites.
Cornut. Canad. 157 et 158. *Barrel.* tab. 126.
Au Japon, à Jernesey. ♃

9. AMARYLLIS à longues feuilles, *A. longifolia*, L. à spathe à plusieurs fleurs ; à corolles en cloche, égales ; à étamines inclinées ; à hampe comprimée, de la longueur de l'ombelle.
Herm. Parad. pag. et tab. 195.
En Éthiopie. ♃

10. AMARYLLIS Orientale, *A. Orientalis*, L. à spathe à plusieurs fleurs ; à corolles égales ; à feuilles en forme de langue.
Moris. Hist. sect. 4, tab. 10, f. 35. *Barrel.* tab. 1037.
Dans l'Inde Orientale. ♃

11. AMARYLLIS mouchetée, *A. guttata*, L. à spathe à plusieurs fleurs ; à feuilles ciliées.
En Éthiopie.

440. BULBOCODE, *BULBOCODIUM.* * *Lam. Tab. Encyclop.* pl. 230.

CAL. Nul.

COR. Six *Pétales*, en entonnoir. *Onglets* très-longs, linéaires. *Gorge* réunissant les pétales. *Limbe* droit : pétales lancéolés, concaves.

ÉTAM. Six *Filamens*, en alène, insérés sur les onglets des pétales. *Anthères* couchées.

PIST. *Ovaire* ovale, en alène, supérieur, à trois côtés obtus. *Style* filiforme, de la longueur des étamines. Trois *Stigmates*, oblongs, droits, creusés en gouttière.

PÉR. *Capsule* pointue, à trois angles irréguliers, à trois loges.

SEM. Nombreuses.

Corolle en entonnoir, formée par six pétales, dont les onglets rétrécis portent les étamines. *Capsule* au dedans de la fleur ou supérieure.

1. BULBOCODE printanier, *B. vernum*, L. à feuilles lancéolées.
Colchicum vernum, Hispanicum ; Colchique printanier, d'Espagne.
Bauh. Pin. 69, n.° 2. *Bauh. Hist.* 2, p. 653, f. 1. *Bellev.* tab. 245.
Sur les Alpes du Dauphiné. ♃ Vernale.

441. APHYLLANTHE, *APHYLLANTHES.* † *Tournef. Inst.* 657, tab. 439. *Lam. Tab. Encyclop.* pl. 252.

CAL. *Bâles* à une valve, lancéolées, assez nombreuses, placées en recouvrement les unes sur les autres.

COR. Six *Pétales*, ovales, à limbe ouvert. *Onglets* grêles, droits, convergens en tube.

ÉTAM. Six *Filamens*, sétacés, plus courts que la corolle, insérés sur la gorge de la corolle. *Anthères* oblongues.

PIST. *Ovaire* supérieur, en toupie, à trois côtés. *Style* filiforme, de la longueur des étamines. Trois *Stigmates*, oblongs.

PÉR. *Capsule* en toupie, à trois angles, à trois loges.

SEM. Ovales.

OBS. *Ce genre ne diffère des Joncs que par la corolle.*

Corolle à six pétales. *Filamens* insérés sur la gorge de la corolle. *Capsule* au dedans de la fleur ou supérieure. *Bâles* du calice à une seule valve, en recouvrement.

1. APHYLLANTHE de Montpellier, *A. Monspeliensis*, L. à chaumes nus, simples, enveloppés à leur base par une gaine; à bâles à deux valves, renfermant deux fleurs.

Caryophyllus cæruleus, Monspeliensium; Œillet à fleur bleue, de Montpellier. *Bauh. Pin.* 209, n.° 8. *Lob. Ic.* 1, p. 454, f. 2. *Bauh. Hist.* 3, P. 2, p. 335 et 336, f. 1. *Moris. Hist.* sect. 5, tab. 25, f. 12.

A Montpellier, à Castelnaud, à Assas, à Lyon au Mont-Cindre. ♃ Vernale.

442. AIL, *ALLIUM.* * *Tournef. Inst.* 383, tab. 206. *Lam. Tab. Encyclop.* pl. 242. CEPA. *Tournef. Inst.* 382, tab. 205. PORRUM. *Tournef. Inst.* 382, tab. 204. SCORODOPRASUM. *Mich. Gen.* 24, tab. 24.

CAL. *Spathe* commun, arrondi, se flétrissant, à plusieurs fleurs.

COR. Six *Pétales*, oblongs.

ÉTAM. Six *Filamens*, en alêne, souvent de la longueur de la corolle. *Anthères* oblongues, droites.

PIST. *Ovaire* supérieur, court, à trois côtés peu saillans, marqués d'une ligne. *Style* simple. *Stigmate* aigu.

PÉR. *Capsule* très-courte, large, à trois lobes, à trois loges, à trois battans.

SEM. Plusieurs, arrondies.

Corolle à six pétales ouverts. *Spathe* enveloppant plusieurs fleurs entassées en ombelle. *Capsule* au dedans de la fleur ou supérieure.

* I. *Aulx à feuilles de la tige aplaties ; à ombelle portant des capsules.*

1. AIL Ampéloprase, *A. Ampeloprasum*, L. à tige garnie de feuilles aplaties, terminée par une ombelle sphérique, à étamines alternes à trois pointes ; à pétales rudes sur leur carène.

Allium sphæriceo capite, folio latiore, sive Scorodoprasum alterum ; Ail à tête sphérique, à feuille plus large, ou autre Scorodoprase. *Bauh. Pin.* 74, n.° 6. *Lugd. Hist.* 1549, f. 2. *Clus. Hist.* 1, p. 190, f. 1. *Camer. Epit.* 323. *Bauh. Hist.* 2, p. 558, f. 1. *Mich. Gen.* 25, n.° 2, tab. 24, f. 5. *Hall. Opusc.* 344, n.° 5.

Dans l'Orient, en Angleterre. ♃

2. AIL Poreau, *A. Porrum*, L. à tige garnie de feuilles aplaties, terminée par une ombelle sphérique ; à étamines alternes à trois pointes ; à racine entourant la base de la tige enveloppée de tuniques.

Porrum commune capitatum, et Porrum sativum latifolium ; Poreau commun en tête, et Poreau cultivé à larges feuilles. *Bauh. Pin.* 72, n.ºs 1 et 2. *Matth.* 417, f. 2. *Dod. Pempt.* 688, f. 1 et 2. *Lob. Ic.* 1, p. 154, f. 2, et 155, f. 1. *Lugd. Hist.* 1542, f. 1. *Bauh. Hist.* 2, p. 551, f. 2 et 3. *Moris. Hist.* sect. 4, tab. 15, f. 2. *Hall. Opusc.* 348, n.° 7.

Cette espèce n'est peut-être que la variété cultivée et dégénérée de la précédente ; les pétales sont rudes sur leur carène.

1. *Porrum*, Poreau ou Poireau. 2. Toute la plante. 3. Acre, douceâtre. 5. Impuissance, ulcères internes, consomption, scrophules. 6. Culinaire, très-répandu.

A Montpellier, en Suisse, dans les vignes.

3. AIL linéaire, *A. lineare*, L. à tige garnie de feuilles aplaties, terminée par une ombelle arrondie ; à étamines alternes à trois pointes, deux fois plus longues que la corolle.

Gmel. Sibir. 1, p. 56, tab. 13 et tab. 14, f. 1. *Hall. Opusc.* 352, n.° 9.

En Sibérie.

4. AIL rond, *A. rotundum*, L. à tige garnie de feuilles aplaties, terminée par une ombelle presque arrondie ; à étamines alternes à trois pointes ; à fleurs latérales, inclinées.

Clus. Hist. 1, p. 195, f. 1. *Hall. Opusc.* 350, n.° 8.

A Montpellier, à Paris. ♃ Estivale.

5. AIL Serpentin, *A. Victorialis*, L. à tige garnie de feuilles aplaties, terminée par une ombelle arrondie ; à étamines lancéolées, plus longues que la corolle ; à feuilles elliptiques.

Allium montanum, latifolium, maculatum ; Ail des montagnes, à larges feuilles, tacheté. *Bauh. Pin.* 74, n.° 9. *Matth.* 422, f. 2.

Clus. Hist. 1, p. 189, f. 2. *Lugd. Hist.* 1547, f. 1. *Camer. Epit.* 329. *Icon. Pl. Med.* tab. 12. *Jacq. Aust.* tab. 216. *Hall. Opusc.* 375, n.° 20.

2. *Victorialis longa*; Serpentin, Faux-Nard. 6. Mêmes vertus que l'Ail commun; inusité.

A Montpellier, *à Grenoble*. ♃ Estivale.

6. AIL velu, *A. subhirsutum*, L. à tige garnie de feuilles aplaties, terminée par une ombelle; à feuilles inférieures velues; à étamines en alêne.

Moly angustifolium, umbellatum; Moly à feuilles étroites, ombellé. *Bauh. Pin.* 75, n.° 8. *Clus. Hist.* 1, p. 192, f. 2. *Lugd. Hist.* 1592, f. 1. *Camer. Epit.* 498. *Bauh. Hist.* 2, p. 568, f. 2. *Hall. Opusc.* 363, n.° 18.

A Montpellier. ♃

7. AIL magique, *A. magicum*, L. à tige garnie de feuilles aplaties; terminée par une ombelle; à rameaux bulbifères aux aisselles; à étamines simples.

Moly latifolium, Liliflorum; Moly à larges feuilles, à fleur de Lis. *Bauh. Pin.* 75, n.° 1. *Dod. Pempt.* 685, f. 3. *Lob. Ic.* 1, p. 161, f. 2. *Clus. Hist.* 1, p. 191, f. 2. *Lugd. Hist.* 1593, f. 3, et 1594, f. 2. *Bauh. Hist.* 2, p. 568, f. 3. *Hall. Opusc.* 382, n.° 22.

A Montpellier. ♃

8. AIL oblique, *A. obliquum*, L. à tige garnie de feuilles aplaties, terminée par une ombelle; à étamines filiformes, trois fois plus longues que la fleur; à feuilles obliques.

Gmel. Sibir. 1, p. 49, tab. 9.

En Sibérie.

9. AIL rameux, *A. ramosum*, L. à tige garnie de feuilles un peu aplaties, terminée par une ombelle; à étamines en alêne, plus longues que la corolle; à feuilles linéaires, un peu convexes.

Gmel. Sibir. 1, p. 52, tab. 11, f. 1.

En Sibérie.

10. AIL rose, *A. roseum*, L. à tige garnie de feuilles aplaties, terminée par une ombelle en faisceau; à pétales échancrés; à étamines très-courtes, simples.

Magn. Bot. 11, tab. 1.

A Montpellier, *à Grenoble*. ♃

* II. *AILS à feuilles de la tige aplaties; à ombelle portant des bulbes.*

11. AIL cultivé, *A. sativum*, L. à tige garnie de feuilles aplaties, portant une bulbe composée de plusieurs bulbes réunies; à étamines alternes à trois pointes.

Allium sativum; Ail cultivé. *Bauh. Pin.* 73, n.° 1. *Dod. Pempt.* 682, f. 1. *Lob. Ic.* 1, p. 158, f. 1. *Lugd. Hist.* 1546, f. 1. *Camer. Epit.* 328. *Bauh. Hist.* 2, p. 554 et 555, f. 1 et suiv. *Hall. Opusc.* 331, n.° 1.

1. *Allium*, Ail. 2. Toute la plante, bulbe. 3. Acre, un peu caustique, orgastique, lactifère, sentant l'urine. 4. Extrait aqueux presque inerte, extrait spiritueux très-actif, en quantité inégale; huile essentielle: cette huile est une des plus actives que l'on connoisse. 5. Hystéricie, colique venteuse, hydropisie, toux, tænia, fièvres intermittentes, surdité, obstruction commençante, anorexie, maladies cutanées. 6. Aliment et assaisonnement, très-employé dans nos départemens méridionaux, où le peuple en consomme une grande quantité.

En Sicile. Cultivé dans les jardins potagers.

12. AIL Rocambole, *A. Scorodoprasum*, L. à tige garnie de feuilles aplaties, portant des bulbes; à feuilles crénelées; à gaines à deux tranchans; à étamines alternes à trois pointes.

Allium sativum alterum, seu Allioprasum caulis summo circumvoluto; autre Ail cultivé, ou Allioprase à sommité de la tige roulée. *Bauh. Pin.* 73, n.° 2. *Clus. Hist.* 1, p. 191, f. 1. *Bauh. Hist.* 2, p. 559, f. 1. *Hall. Opusc.* 334, n.° 2.

A Montpellier, à Grenoble. ♃

13. AIL des sables, *A. arenarium*, L. à tige garnie de feuilles aplaties, portant des bulbes; à gaines arrondies; à spathe émoussé; à étamines alternes à trois pointes.

Allium montanum, bicorne, latifolium, flore dilutè purpurascente; Ail des montagnes, à deux cornes, à larges feuilles, à fleur d'un pourpre clair. *Bauh. Pin.* 74, n.° 1. *Clus. Hist.* 1, p. 193, f. 1. *Bauh. Hist.* 2, p. 561, f. 2. *Hall. Opusc.* 336, n.° 3. *Flor. Dan.* tab. 290.

A Lyon, à Grenoble. ♃

14. AIL caréné, *A. carinatum*, L. à tige garnie de feuilles aplaties, portant des bulbes; à étamines en alêne.

Allium montanum, bicorne, angustifolium, flore dilutè purpurascente; Ail des montagnes, à deux cornes, à feuilles étroites, à fleur d'un pourpre clair. *Bauh. Pin.* 74, n.° 1, ligne 4. *Matth.* 418, f. 2. *Lob. Ic.* 1, p. 156, f. 1. *Clus. Hist.* 1, p. 193, f. 2. *Hall. Opusc.* 391, n.° 27, tab. 2, f. 2.

A Lyon, Paris, Grenoble. ♃ Estivale.

* III. *Aulx à feuilles de la tige arrondies ; à ombelle portant des capsules.*

15. AIL Sphérocéphale, *A. Sphærocephalon*, L. à tige garnie de feuilles arrondies, demi-cylindriques, terminée par une ombelle ; à étamines à trois pointes, plus longues que la corolle.

Michel. Gen. 25, n.° 2, tab. 24, f. 2.

A Montpellier, Paris, Lyon. ♃ Estivale.

16. AIL à petite fleur, *A. parviflorum*, L. à tige garnie de feuilles arrondies, terminée par une ombelle arrondie ; à étamines simples, plus longues que la corolle ; à spathe en alène.

A Paris. ♃ Estivale.

17. AIL descendant, *A. descendens*, L. à tige garnie de feuilles arrondies, terminée par une ombelle ; à péduncules extérieurs plus courts ; à étamines alternes à trois pointes.

Hall. Opusc. 355, n.° 11, tab. 2, f. 1.

En Suisse.

18. AIL musqué, *A. moschatum*, L. à tige garnie de feuilles arrondies, terminée par une ombelle formée par six fleurs ; à pétales aigus ; à étamines simples ; à feuilles très-étroites ou sétacées.

Moly moschatum, capillaceo folio ; Moly musqué, à feuille très-étroite. *Bauh. Pin.* 76, n.° 14. *Prodrom.* 28, n.° 2, f. 1. *Bauh. Hist.* 2, p. 565, f. 1. *Bellev. Opus.* tab. 2, et *Ic.* tab. 241. *Hall. Opusc.* 367, n.° 17.

A Montpellier, à Grenoble. ♃ Automnale.

19. AIL jaune, *A. flavum*, L. à tige garnie de feuilles arrondies ; terminée par une ombelle ; à fleurs pendantes ; à pétales ovales ; à étamines plus longues que la corolle.

Hall. Opusc. 385, n.° 24. *Jacq. Aust.* tab. 141.

A Grenoble, à Montpellier, à Paris. ♃ Estivale.

20. AIL pâle, *A. pallens*, L. à tige garnie de feuilles arrondies, terminée par une ombelle ; à fleurs pendantes, tronquées ; à étamines simples, de la longueur de la corolle.

Allium montanum bicorne, flore pallido, odoro ; Ail des montagnes à deux cornes, à fleur pâle, odorante. *Bauh. Pin.* 75, n.° 5. *Clus. Hist.* 1, p. 194, f. 2. *Colum. Ecphras.* 2, p. 6, tab. 7, f. 2. *Bauh. Hist.* 2, p. 561, f. 3.

A Grenoble, à Paris. Estivale.

21. AIL paniculé, *A. paniculatum*, L. à tige garnie de feuilles arrondies, terminée par une ombelle ; à péduncules capillaires ; à étamines simples ; à spathe très-long.

Hall. Opusc. 386, n.° 25.

A Lyon. ♃ Estivale.

22. AIL des vignes, *A. vineale*, L. à tige garnie de feuilles arrondies, terminée par une ombelle ; à étamines alternes à trois pointes.

Porreau sylvestre vinearum, et Allium campestre purpurascens ; Poreau sauvage des vignes, et Ail champêtre à fleur pourpre. *Bauh. Pin.* 72, n.° 7, et 74, n.° 10. *Fusch. Hist.* 737. *Dod. Pempt.* 683, f. 1. *Lob. Ic.* 1, p. 156, f. 2. *Hall. Opusc.* 338, n.° 4.

Cette espèce présente une variété.

Porrum sylvestre gemino capite ; Poreau sauvage à deux têtes. *Bauh. Pin.* 72, n.° 6. *Moris. Hist.* sect. 4, tab. 15, f. 4.

A Lyon, Grenoble, Paris. ♃ Estivale.

23. AIL oléracé, *A. oleraceum*, L. à tige garnie de feuilles arrondies, rudes, demi-cylindriques, sillonnées en dessous, portant des bulbes ; à étamines simples.

Allium montanum bicorne, flore exalbido ; Ail de montagne à deux cornes, à fleur blanchâtre. *Bauh. Pin.* 75, n.° 3. *Clus. Hist.* 1, p. 194, f. 1. *Bauh. Hist.* 2, p. 561, f. 1. *Hall. Opusc.* 387, n.° 26, tab. 1, f. 2.

Nutritive pour le Bœuf, le Mouton, la Chèvre.

A Naples, en Suède, en Allemagne.

* IV. *AILS à feuilles radicales ; à hampe nue.*

24. AIL penché, *A. nutans*, L. à hampe nue, à deux tranchans ; à feuilles linéaires, aplaties ; à étamines alternes à trois pointes.

Gmel. Sibir. 1, p. 55, tab. 12. *Hall. Opusc.* 347, n.° 6.

En Sibérie.

25. AIL Échalotte, *A. Ascalonicum*, L. à hampe nue, arrondie ; terminée par une ombelle arrondie ; à feuilles en alêne ; à étamines à trois pointes.

Cepa sterilis, Oignon stérile. *Bauh. Pin.* 72, n.° 7. *Math.* 420, f. 2. *Lugd. Hist.* 1539, f. 1. *Camer. Epit.* 327. *Moris. Hist.* sect. 4, tab. 14, f. 3.

A Montpellier, Grenoble. ♃

26. AIL vieillissant, *A. senescens*, L. à hampe nue, à deux tranchans, terminée par une ombelle arrondie ; à feuilles linéaires, lisses, convexes en dessous ; à étamines en alêne.

Allium montanum, foliis Narcissi, majus ; Ail des montagnes, à feuilles de Narcisse, plus grand. *Bauh. Pin.* 75, n.° 9. *Lugd. Hist.* 1593, f. 1. *Bauh. Hist.* 2, p. 564, f. 3. *Hall. Opusc.* 370, n.° 19.

A Montpellier. ♃

27. AIL odorant, *A. odorum*, L. à hampe nue, un peu arrondie, terminée par une ombelle ramassée en faisceau ; à feuilles linéaires, creusées en dessus en gouttière, anguleuses en dessous.

Dans l'Europe Méridionale, à Naples. ♃

28. AIL anguleux, *A. angulosum*, L. à hampe nue, à deux tranchans, terminée par une ombelle ramassée en faisceau; à feuilles linéaires, creusées en dessus en gouttière, anguleuses en dessous.

Allium montanum, foliis Narcissi, minus; Ail des montagnes, à feuilles de Narcisse, plus petit. *Bauh. Pin.* 75, n.° 10. *Clus. Hist.* 1, p. 196, f. 1. *Bauh. Hist.* 2, p. 564, f. 2.

A Montpellier, Lyon, Grenoble. ♃ Estivale.

29. AIL noir, *A. nigrum*, L. à hampe nue, arrondie, terminée par une ombelle sphérique: à feuilles linéaires; à pétales droits; à spathe divisé peu profondément en deux parties, pointu.

Bellev. tab. 240.

En Provence.

30. AIL du Canada, *A. Canadense*, L. à hampe nue, arrondie, terminée par une tête portant des bulbes; à feuilles linéaires.

Au Canada. ♃

31. AIL des ours, *A. ursinum*, L. à hampe nue, à trois faces, terminée par une ombelle ramassée en faisceau; à feuilles lancéolées, pétiolées.

Allium sylvestre, latifolium; Ail sauvage, à larges feuilles. *Bauh. Pin.* 74, n.° 8. *Fusch. Hist.* 739. *Dod. Pempt.* 683, f. 2. *Lob. Ic.* 1, p. 159, f. 1. *Lugd. Hist.* 1546, f. 2 et 3. *Camer. Epit.* 330. *Bauh. Hist.* 2, p. 565 et 566, f. 1. *Hall. Opusc.* 379, n.° 21. *Flor. Dan.* tab. 757.

Nutritive pour le Bœuf.

A Lyon, Grenoble, Paris, Montpellier, dans les bois. ♃ Vernale.

32. AIL à trois faces, *A. triquetrum*, L. à hampe nue; à feuilles à trois faces; à étamines simples.

Moly parvum, caule triangulo; Moly petit, à tige triangulaire. *Bauh. Pin.* 75, n.° 10. *Rudb. Elys.* 2, p. 159, f. 16.

A Montpellier, à Naples. ♃

33. AIL Oignon, *A. Cepa*, L. à hampe nue, renflée dans le milieu, plus longue que les feuilles qui sont cylindriques, fistuleuses.

Cepa vulgaris, Oignon vulgaire. *Bauh. Pin.* 71, n.° 1. *Dod. Pempt.* 687, f. 1. *Lob. Ic.* 1, p. 150, f. 1. *Lugd. Hist.* 1538, f. 1. *Camer. Epit.* 324. *Bauh. Hist.* 2, p. 547, f. 1. *Bul. Paris.* tab. 172. *Hall. Opusc.* 353, n.° 10.

1. *Cepa*, Ognon, Oignon. 2. Bulbe. 3. Pénétrant, irritant. 4. Extraits aqueux et spiritueux, en quantité inégale. 5. Œdème, leucophlegmatie, hydropisie, rhumatismes chroniques, teigne, dartres. 6. Aliment très-employé dans la cuisine. On cultive deux variétés d'Oignons; les uns plus âcres, à bulbes rouges; les autres plus doux, à bulbes blanches: ils s'adoucissent dans les pays chauds.

On ignore son climat natal. Cultivé dans les jardins potagers.

34. AIL Moly, *A. Moly*, L. à hampe nue, presque cylindrique, terminée par une ombelle ramassée en faisceau ; à feuilles lancéolées, sans pétioles.

Moly latifolium, luteum, odore Allii, primum ; Moly à larges feuilles, à fleur jaune, à odeur d'Ail, premier. *Bauh. Pin.* 75, n.° 4. *Bauh. Hist.* 2, p. 562, f. 1. *Hall. Opusc.* 383, n.° 23.

A Paris. ♃ Vernale.

35. AIL fistuleux, *A. fistulosum*, L. à hampe nue, de la longueur des feuilles qui sont fistuleuses, ventrues.

Cepa oblonga, Oignon oblong. *Bauh. Pin.* 71, n.° 2. *Dod. Pempt.* 687, f. 2. *Lob. Ic.* 1, p. 150, f. 2. *Hall. Opusc.* 360, n.° 13.

On ignore son climat natal. Cultivé dans les jardins ; très-ressemblant à l'Oignon, dont il a les propriétés.

36. AIL Ciboule, *A. schœnoprasum*, L. à hampe nue, de la longueur des feuilles qui sont cylindriques, en alêne ; à fleurs en ombelle, cylindriques.

Porrum sativum, Juncifolium ; Poreau cultivé, à feuilles de Jonc. *Bauh. Pin.* 72, n.° 5. *Dod. Pempt.* 689, f. 1. *Lob. Ic.* 1, p. 154, f. 1. *Lugd. Hist.* 1541, f. 1. *Camer. Epit.* 322. *Bauh. Hist.* 2, p. 553 et 554, f. 1. *Hall. Opusc.* 361, n.° 14. *Bul. Paris.* tab. 173.

Cette espèce présente une variété à hampe et à feuilles arrondies ; à têtes en pyramide, décrite et gravée dans *Gmelin Sibir.* 1, p. 59, tab. 15, f. 1. *Buxb. Cent.* 4, p. 27, tab. 45.

Nutritive pour le Bœuf.

Sur les Alpes du Dauphiné, de Provence. Cultivé dans les jardins.

37. AIL de Sibérie, *A. Sibiricum*, L. à hampe nue, arrondie ; à feuilles demi-cylindriques ; à étamines en alêne.

En Sibérie.

38. AIL très-menu, *A. tenuissimum*, L. à hampe nue, arrondie, creuse, terminée par des têtes lâches, formées par un petit nombre de fleurs ; à feuilles en alêne, filiformes.

Gmel. Sibir. 1, p. 61, tab. 15, f. 2 et 3.

En Sibérie.

39. AIL Faux-Moly, *A. Chama-Moly*, L. à hampe nue, très-courte ; à capsules pendantes ; à feuilles aplaties, ciliées.

Moly humile, gramineo folio ; Moly nain, à feuille graminée. *Bauh. Pin.* 75, n.° 9. *Columm. Ecphras.* 1, p. 325 et 326.

Marati en a fait un genre, sous la dénomination de *Saturnia*.

En Italie, à Naples.

OBS. *Linné* dans la première de son *Genera Plantarum*, avoit divisé les *Ails* en trois genres, en suivant la marche de *Tournefort* ; mais d'après la censure d'*Haller*, il n'en a fait dans la suite qu'un seul, qui comprend le Poreau, *Porrum*; l'Oignon, *Cepa*; et l'Ail, *Allium*, de *Tournefort*.

[*Quoique l'orthographe française exige qu'on écrive au pluriel* Aulx *et non pas* Ails, *nous avons cru devoir nous écarter de cette règle, pour conserver le nom générique* d'Ail *tant au singulier qu'au pluriel.*]

443. LIS, *LILIUM.* * *Tournef. Inst.* 369, tab. 195 et 196. *Lam. Tab. Encyclop.* pl. 246.

CAL. Nul.

COR. Six *Pétales*, en cloche, rétrécis à la base, droits, en carêne obtuse sur le dos, insensiblement plus ouverts et plus larges, obtus, épaissis et renversés au sommet.

Nectaire: ligne longitudinale, subulée, creusée depuis la base jusqu'au milieu de chaque pétale.

ÉTAM. Six *Filamens*, en alêne, droits, plus courts que la corolle. *Anthères* oblongues, couchées.

PIST. *Ovaire* oblong, comme cylindrique, marqué par six stries ou sillons. *Style* comme cylindrique, de la longueur de la corolle. *Stigmate* triangulaire, un peu épais.

PÉR. *Capsule* oblongue, à six sillons, creuse au *sommet*, à trois côtés, obtuse, à trois loges, à trois battans réunis a un pilier qui présente une espèce de grillage.

SEM. Nombreuses, disposées sur deux rangs, planes, moitié arrondies extérieurement.

OBS. *Dans quelques espèces, le* Nectaire *est barbu; dans d'autres, sans barbe. Dans quelques-unes, les* Pétales *sont totalement roulés; dans quelques autres, ils ne le sont point.*

Corolle en cloche formée par six pétales distincts, dont chacun offre sur sa longueur une ligne nectarifère. *Capsule* à battans réunis à un pilier qui présente comme une espèce de grillage.

1. LIS blanc, *L. candidum*, L. à feuilles éparses; à corolle en cloche; à pétales lisses sur la face interne.

Lilium album, flore erecto et vulgare; Lis blanc et vulgaire, à fleur droite. *Bauh. Pin.* 76, n.° 1. *Dod. Pempt.* 197, f. 1. *Lob. Ic.* 1, p. 163, f. 1. *Lugd. Hist.* 1492, f. 1. *Camer. Epit.* 570. *Bauh. Hist.* 2, p. 685, f. 1. *Icon. Pl. Med.* tab. 462.

Cette espèce présente deux variétés.

1.° *Lilium album, floribus dependentibus, seu peregrinum*; Lis blanc, à fleurs inclinées, ou Lis blanc étranger. *Bauh. Pin.* 76, n.° 2. *Lob. Ic.* 1, p. 163, f. 2. *Clus. Hist.* 1, p. 135, f. 1. *Miller Dict.* n.° 2, le désigne sous le nom de Lis étranger, *L. peregrinum*, à feuilles éparses; à corolles en cloche, inclinées; à pétales rétrécis à la base.

2.° *Lilii albi pulchri et ignoti species* ; espèce de Lis blanc, belle et inconnue. *Bauh. Pin.* 76, à la suite du n.° 2.

1. *Lilium album*, Lis. 2. Racine, Fleurs, Anthères. 3. *Fleur*, très-odorante, fatigante. *Racine* : mucilagineuse, presque inodore. 4. *Fleurs*, esprit recteur fugace : il se perd entièrement par l'exsiccation. 5. Tumeurs inflammatoires, (bulbe) extérieurement ; épylepsie, (anthères) intérieurement. 6. Les pétales du Lis blanc, conservés dans l'huile d'Olive, sont très-utiles contre les gerçures des mammelles des nourrices ; appliqués sur le sein, ils calment les douleurs et accélèrent la guérison.

Dans la Palestine, en Syrie, en Suisse. Cultivé dans les jardins. ♃ Vernale.

2. LIS bulbifère, *L. bulbiferum*, L. à feuilles éparses ; à corolles en cloche, droites ; à pétales rudes sur la face interne.

Lilium purpuro-croceum, majus ; Lis à fleur pourpre safranée, plus grand. *Bauh. Pin.* 76, n.° 1. *Math.* 630, f. 2. *Dod. Pempt.* 198, f. 1. *Lob. Ic.* 1, p. 164, f. 1. *Lugd. Hist.* 1493, f. 2. *Camer. Epit.* 616. *Bauh. Hist.* 2, p. 688, f. 1. *Bellev.* tab. 247. *Theat. Flor.* tab. 32.

Cette espèce présente sept variétés, relatives à la couleur des fleurs, et à la largeur des feuilles.

1.° *Lilium purpuro-croceum, flore pleno* ; Lis à fleur pourpre safranée, à fleur pleine. *Bauh. Pin.* 77, n.° 2.

2.° *Lilium purpuro-croceum, minus* ; Lis à fleur pourpre safranée, plus petit. *Bauh. Pin.* 77, n.° 3. *Dod. Pempt.* 198, f. 2. *Lob. Ic.* 1, p. 167, f. 1 et 2.

3.° *Lilium phœniceum* ; Lis à fleur pourpre. *Bauh. Pin.* 77, n.° 4. *Lob. Ic.* 1, p. 164, f. 2.

4.° *Lilium bulbiferum, latifolium, majus* ; Lis bulbifère, à larges feuilles, plus grand. *Bauh. Pin.* 77, n.° 1. *Lob. Ic.* 1, p. 165, f. 1 et 2. *Lugd. Hist.* 1494, f. 1. *Clus. Hist.* 1, p. 136, f. 1 et 2.

5.° *Lilium bulbiferum, angustifolium* ; Lis bulbifère, à feuilles étroites. *Bauh. Pin.* 77, n.° 2. *Lob. Ic.* 1, p. 166, f. 1.

6.° *Lilium bulbiferum, minus* ; Lis bulbifère, plus petit. *Bauh. Pin.* 77, n.° 3. *Dod. Pempt.* 199, f. 1. *Lob. Ic.* 1, p. 166, f. 2. *Lugd. Hist.* 1494, f. 2. *Clus. Hist.* 1, p. 137, f. 1.

7.° *Lilium bulbiferum, incanum* ; Lis bulbifère, blanchâtre. *Bauh. Hist.* 77, n.° 4.

En Provence, en Allemagne, en Suisse, en Sibérie. Cultivé dans les jardins. ♃ Vernale.

3. LIS pompone, *L. pomponicum*, L. à feuilles éparses, en alêne ; à fleurs renversées ; à pétales roulés.

Lilium

Lilium rubrum, angustifolium; Lis à fleur rouge, à feuilles étroites. *Bauh. Pin.* 78, n.° 1. *Clus. Hist.* 1, p. 133, f. 1. *Besler.* tab. 249.

Cette espèce présente deux variétés.

1.° *Lilium miniatum, odoratum, angustifolium*; Lis à fleur couleur de minium, odorante, à feuilles étroites. *Bauh. Pin.* 79, n.° 3. *Rudb. Elys.* 2, p. 176, f. 3.

2.° *Lilium brevi et gramineo folio*; Lis à feuille courte et graminée. *Bauh. Pin.* 79, n.° 2.

Sur les Pyrénées, en Sibérie. Cultivé dans les jardins. ♃

4. LIS de Chalcédoine, *L. Chalcedonicum*, L. à feuilles éparses, lancéolées; à fleurs renversées; à pétales roulés.

Lilium Byzantinum, miniatum; Lis de Byzance, à fleur couleur de minium. *Bauh. Pin.* 78, n.° 7. *Lob. Ic.* 1, p. 169, f. 2. *Clus. Hist.* 1, p. 131, f. 1. *Lugd. Hist.* 1500, f. 1. *Camer. Epit.* 617. *Bauh. Hist.* 2, p. 695. *Besler.* tab. 249. *Theat. Flora* tab. 34, 35 et 36.

Cette espèce présente deux variétés.

1.° *Lilium Byzantinum, miniatum, polyanthos*; Lis de Byzance à couleur de minium, à plusieurs fleurs. *Bauh. Pin.* 78, n.° 8. *Clus. Hist.* 1, p. 132, f. 1.

2.° *Lilium purpuro-sanguineum, flore reflexo*; Lis pourpre sanguin, à fleur renversée. *Bauh. Pin.* 78, n.° 9. *Math.* 631, f. 1. *Lob. Ic.* 1, p. 169, f. 1. *Clus. Hist.* 1, p. 132, f. 2.

En Carniole, en Perse. Cultivé dans les jardins. ♃

5. LIS superbe, *L. superbum*, L. à feuilles éparses, lancéolées; à fleurs en grappe en pyramide, renversées; à pétales roulés.

Catesb. Carol. 2, pag. et tab. 56.

Dans l'Amérique Septentrionale. ♃

6. LIS Martagon, *L. Martagon*, L. à feuilles en anneaux; à fleurs renversées; à pétales roulés en dehors.

Lilium floribus reflexis, montanum; Lis des montagnes, à fleurs renversées. *Bauh. Pin.* 77, n.° 1. *Dod. Pempt.* 201, f. 1. *Lob. Ic.* 1, p. 168, f. 2. *Clus. Hist.* 1, p. 134, f. 2. *Lugd. Hist.* 1493, f. 1. *Camer. Epit.* 571? *Bauh. Hist.* 2, p. 692, f. 2. *Theat. Flor.* tab. 37. *Icon. Pl. Med.* tab. 461. *Jacq. Aust.* tab. 351.

Les feuilles sont quelquefois éparses.

Cette espèce présente une variété.

Lilium floribus reflexis, alterum, lanugine hirsutum; autre Lis à fleur renversée, laineuse. *Bauh. Pin.* 78, n.° 2. *Lob. Ic.* 1, p. 168, f. 2. *Clus. Hist.* 1, p. 134, f. 1.

A Grenoble, au Mont-Pilat près de Lyon. ♃ Vernale.

7. LIS du Canada, *L. Canadense*, L. à feuilles en anneaux; à fleurs renversées; à corolles roulées en cloche.

Moris. Hist. sect. 4, tab. 20, f. 9. *Theat. Flor.* tab. 33. *Barrel.* tab. 125.

Au Canada. ♃

8. LIS du Kamschatka, *L. Kamschatcense*, L. à feuilles en anneaux; à fleur droite; à corolle en cloche; à pétales assis.

Au Canada, au Kamstchatka.

9. LIS de Philadelphie, *L. Philadelphicum*, L. à feuilles en anneaux; à fleurs droites; à corolles en cloche; à pétales à onglets.

Catesb. Carol. 2, pag. et tab. 58.

Cette espèce présente une variété, à feuilles en anneaux, courtes; à corolles en cloche; à onglets des pétales rétrécis; à fleurs droites: gravée dans *Miller Ic.* 165, f. 1.

Au Canada. ♃

444. FRITILLAIRE, *FRITILLARIA*. * *Tournef. Inst.* 376, tab. 201. *Lam. Tab. Encyclop.* pl. 245. CORONA IMPERIALIS. *Tournef. Inst.* 372, tab. 197 et 198.

CAL. Nul.

COR. En cloche, ouverte à la base, à six *pétales* oblongs, parallèles.

Nectaire: fossette creusée à la base de chaque pétale.

ÉTAM. Six *Filamens*, en alêne, rapprochés du style, de la longueur de la corolle. *Anthères* quadrangulaires, oblongues, droites.

PIST. *Ovaire* oblong, obtus, à trois côtés. *Style* simple, plus long que les étamines. *Stigmate* oblong, étalé, obtus.

PÉR. *Capsule* oblongue, obtuse, à trois lobes, à trois loges, à trois battans.

SEM. Plusieurs, planes, à moitié arrondies extérieurement, disposées sur deux rangs.

OBS. Fritillaria Tournefort: *Nectaire oblong; péricarpe lisse.*

Imperialis Tournefort: *Nectaire hémisphérique; péricarpe aigu sur les bords.*

Corolle en cloche, formée par six pétales, dont chacun offre sur son onglet une cavité nectarifère. *Étamines* de la longueur des pétales.

1. FRITILLAIRE Couronne impériale, *F. Imperialis*, L. à fleurs en grappe ornée d'une touffe de feuilles, nue inférieurement; à feuilles très-entières.

Lilium sive Corona Imperialis; Lis ou Couronne Impériale. *Bauh. Pin.* 79, n.° 1. *Dod. Pempt.* 202, f. 2. *Lob. Ic.* 1, p. 171, f. 2. *Clus. Hist.* 1, p. 127 et 128. *Lugd. Hist.* 1495, f. 2. *Bauh. Hist.* 2, p. 697, f. 1. *Moris. Hist.* sect. 4, tab. 19, f. 1. *Theat. Flor.* tab. 1 et 2.

Cette espèce présente une variété à fleur jaune.

En Perse, d'où elle fut apportée en Europe en 1570. Cultivée dans les jardins. ♃ Vernale.

2. FRITILLAIRE royale, *F. regia*, L. à fleurs en grappe ornée d'une touffe de feuilles, nue inférieurement; à feuilles crénelées.

Dill. Elth. tab. 93, f. 109.

Au cap de Bonne-Espérance. Cultivée dans les jardins. ♃

3. FRITILLAIRE naine, *F. nana*, L. à fleurs en grappe ornée d'une touffe de feuilles; à feuilles embrassant la tige sur deux rangs, lancéolées.

Au cap de Bonne-Espérance. ♃

4. FRITILLAIRE de Perse, *F. Persica*, L. à fleurs en grappe presque nue; à feuilles obliques.

Lilium Persicum; Lis de Perse. *Bauh. Pin.* 79, n.° 1. *Dod. Pempt.* 220, f. 1 et 2. *Lob. Ic.* 1, p. 170, f. 1 et 2. *Clus. Hist.* 1, p. 130, f. 1 et 2. *Lugd. Hist.* 1495, f. 1. *Bauh. Hist.* 2, p. 699, f. 2. *Moris. Hist.* sect. 4, tab. 19, f. 1.

En Perse, d'où elle fut apportée en Europe en 1573. Cultivée dans les jardins. ♃ Vernale.

5. FRITILLAIRE des Pyrénées, *F. Pyrenaica*, L. à feuilles inférieures opposées; à fleurs ordinairement séparées par une feuille.

Fritillaria flore minore; Fritillaire à fleur plus petite. *Bauh. Pin.* 64, n.° 13. *Bellev.* tab. 253.

Aux Pyrénées, en Russie. ♃

6. FRITILLAIRE Méléagre, *F. Meleagris*, L. à feuilles toutes alternes; à tige ne portant qu'une seule fleur.

Fritillaria præcox, purpurea, variegata; Fritillaire précoce, à fleur pourpre, marquetée. *Bauh. Pin.* 64, n.° 1. *Dod. Pempt.* 233, f. 1. *Lob. Ic.* 1, p. 136, f. 1. *Clus. Hist.* 1, p. 153, f. 1. *Lugd. Hist.* 1530, f. 3. *Bauh. Hist.* 2, p. 681, f. 1, et 682, f. 1. *Moris. Hist.* sect. 4, tab. 18, f. 1. *Bellev.* 251 et 252? *Theat. Flor.* tab. 38. *Reneal. Spec.* 147 et 146.

Cette espèce cultivée dans les jardins présente plusieurs variétés, relativement à la couleur du fond et des taches, qui imitent assez bien les teintes d'une Peintade, *Numidea Meleagris*, L.

1.° *Fritillaria alba, variegata*; Fritillaire à fleur blanche, marquetée. *Bauh. Pin.* 64, n.° 6.

2.° *Fritillaria alba, præcox*; Fritillaire à fleur blanche, précoce. *Bauh. Pin.* 64, n.° 7. *Moris. Hist.* sect. 4, tab. 18, f. 2.

3.° *Fritillaria serotina, atro-purpurea*; Fritillaire tardive, à fleur pourpre-noirâtre. *Bauh. Pin.* 64, n.° 8. *Dod. Pempt.* 233, f. 2. *Lob. Ic.* 1, p. 136, f. 2. *Clus. Hist.* 1, p. 152, f. 1.

A Lyon, Grenoble, Mâcon. ♃ Vernale.

445. UVULAIRE, *UVULARIA*. * *Lam. Tab. Encyclop.* pl. 247.

CAL. Nul.

COR. Six *Pétales*, oblongs, lancéolés, aigus, droits, très-longs.
Nectaire : fossette oblongue, creusée à la base de chaque pétale.

ÉTAM. Six *Filamens*, très-courts, un peu élargis. *Anthères* longues, droites, moitié plus courtes que la corolle.

PIST. *Ovaire* arrondi. Un seul *Style*, filiforme, plus long que les étamines, à moitié divisé en trois parties. *Stigmates* simples, renversés.

PÉR. *Capsule* ovale, oblongue, aiguë, triangulaire, à trois loges.

SEM. Plusieurs, arrondies, comprimées.

Corolle à six pétales droits, offrant chacun à leur base une fossette nectarifère. *Filamens* très-courts.

1. UVULAIRE embrassante, *U. amplexifolia*, L. à feuilles embrassant la tige.

Polygonatum latifolium, ramosum ; Muguet à larges feuilles, rameux. *Bauh. Pin.* 303, n.° 7. *Matth.* 841, f. 1. *Clus. Hist.* 1, p. 276, f. 2. *Camer. Epit.* 936. *Bauh. Hist.* 3, p. 530, f. 1. *Moris. Hist.* sect. 13, tab. 4, f. 11. *Barrel.* tab. 719 et 720.

Sur les Alpes du Dauphiné, de Suisse. ♃ Vernale. *Alp.*

2. UVULAIRE perfoliée, *U. perfoliata*, L. à feuilles perfoliées.

Polygonatum latifolium, perfoliatum, Brasilianum ; Muguet à larges feuilles, perfolié, du Brésil. *Bauh. Pin.* 303, n.° 6. *Moris. Hist.* sect. 13, tab. 4, f. 12. *Cornut. Canad.* 38 et 39. *Barrel. Ic.* 723 ?

En Virginie, au Canada.

3. UVULAIRE à feuilles assises, *U. sessilifolia*, L. à feuilles assises ou sans pétioles.

Au Canada.

446. GLORIEUSE, *GLORIOSA*. * *Lam. Tab. Encyclop.* pl. 247.

CAL. Nul.

COR. Six *Pétales*, oblongs, lancéolés, ondulés, très-longs, entièrement renversés.

ÉTAM. Six *Filamens*, en alêne, plus courts que la corolle, droits, étalés. *Anthères* couchées.

PIST. *Ovaire* arrondi. *Style* filiforme, plus long que les étamines, incliné. *Stigmate* triple, obtus.

PÉR. *Capsule* ovale, transparente, à trois loges, à trois battans.

SEM. Plusieurs, arrondies, disposées sur deux rangs.

OBS. *Ce genre a de l'affinité avec l'*Erythronium.

Corolle à six pétales ondulés, renversés. *Style* oblique.

1. GLORIEUSE superbe, *G. superba*, L. à feuilles produisant des vrilles.

Rheed. Mal. 7, tab. 107, f. 37. *Plukn.* tab. 116, f. 3.

Au Malabar. ♃

2. GLORIEUSE simple, *G. simplex*, L. à feuilles aiguës.

Au Sénégal.

447. ÉRYTHRONE, *ERYTHRONIUM*, * *Lam. Tab. Encyclop.* pl. 244. DENS CANIS. *Tournef. Inst.* 378, tab. 202.

CAL. Nul.

COR. Six *Pétales*, oblongs, lancéolés, aigus, couchés alternativement vers la base, insensiblement plus ouverts, renversés depuis leur partie moyenne.

Nectaire : deux tubercules, obtus, calleux, adhérens près de la base de chaque pétale alterne et intérieur.

ÉTAM. Six *Filamens*, en alêne, très-courts. *Anthères* oblongues.

PIST. *Ovaire* en toupie. *Style* simple, droit, plus court que la corolle. *Stigmate* triple, étalé, obtus.

PÉR. *Capsule* arrondie, plus étroite à la base, à trois loges, à trois battans.

SEM. Plusieurs, ovales, pointues.

Corolle à six pétales, en cloche. *Nectaire* formé par deux callosités saillantes, insérées à la base des trois pétales intérieurs.

1. ÉRYTHRONE Dent de Chien, *E. Dens Canis*, L. à hampe ne portant qu'une seule fleur pendante ; à deux feuilles radicales, ovales, lancéolées.

Dens Canis latiore rotundioreque folio ; Dent de Chien à feuille plus large et plus ronde. *Bauh. Pin.* 87, n.° 1. *Matth.* 779, f. 2. *Dod. Pempt.* 203, f. 1. *Lob. Ic.* 1, p. 196, f. 1. *Clus. Hist.* 1, p. 266, f. 1. *Lugd. Hist.* 1566, f. 1, et 1567, f. 2. *Camer. Epit.* 848. *Bauh. Hist.* 2, p. 680, f. 1. *Moris. Hist.* sect. 4, tab. 5, f. 1. *Theat. Flor.* tab. 40.

Cette espèce présente plusieurs variétés, relativement à la couleur de la fleur blanche, pourpre ou jaune ; et à la forme des feuilles.

1.° *Dens Canis angustiore longioreque folio* ; Dent de Chien à feuille plus étroite et plus longue. *Bauh. Pin.* 87, n.° 2. *Lob. Ic.* 1, p. 196, f. 2. *Clus. Hist.* 1, p. 266, f. 2. *Lugd. Hist.* 1567, f. 1. *Moris. Hist.* sect. 4, tab. 5, f. 2.

2.° Érythrone à feuilles ovales, oblongues, lisses, tachées de noir ; à fleur jaune, décrite par *Gronovius Virg.* 151.

A Montpellier, Grenoble, Lyon. ♃ Vernale.

448. TULIPE, *TULIPA*. *Tournef. Inst.* 373, tab. 199 et 200. *Lam. Tab. Encyclop.* pl. 244.

CAL. Nul.

COR. En cloche, à six *Pétales*, ovales, oblongs, concaves, droits.

ÉTAM. Six *Filamens*, en alêne, très-courts. *Anthères* quadrangulaires, oblongues, droites, écartées.

PIST. *Ovaire* grand, oblong, à trois côtés arrondis. *Style* nul. *Stigmate* persistant, à trois lobes, à trois angles saillans, divisés peu profondément en deux parties.

PÉR. *Capsule* à trois faces, à trois loges, à trois battans ciliés sur les bords, ovales.

SEM. Plusieurs, aplaties, disposées sur deux rangs, à moitié arrondies, séparées par un tissu floconeux uniforme dans sa structure.

Corolle à six pétales, en cloche. *Pistil* sans style.

1. TULIPE sauvage, *T. sylvestris*, L. à fleur un peu inclinée; à feuilles lancéolées.

Tulipa minor, lutea, Italica et Gallica; Tulipe plus petite, à fleur jaune, d'Italie et de France. *Bauh. Pin.* 63, n.ºs 1 et 5. *Dod. Pempt.* 232, f. 1. *Lob. Ic.* 1, p. 125, f. 1. *Clus. Hist.* 1, p. 151, f. 1 et 2. *Lugd. Hist.* 1529, f. 2, et 1530, f. 1. *Bauh. Hist.* 2, p. 677, f. 1. *Bul. Paris.* tab. 174.

Cette espèce présente plusieurs variétés.

A Montpellier, Grenoble, Paris. ♃ Vernale.

2. TULIPE de Gesner, *T. Gesneriana*, L. à fleur droite; à feuilles ovales, lancéolées.

Tulipa præcox, lutea; Tulipe précoce, à fleur jaune. *Bauh. Pin.* 57, (presque tous les numéros du genre). *Matth.* 859, f. 4. *Dod. Pempt.* 231, f. 1 et 2. *Lob. Ic.* 1, p. 126, f. 1, et 127, f. 2 et suiv. *Clus. Hist.* 1, p. 138, f. 1, et 139, f. 1 et suiv. *Lugd. Hist.* 1524, f. 4, et 1529, f. 1. *Camer. Epit.* 915. *Bauh. Hist.* 2, p. 663, f. 2. *Bellev.* tab. 250. *Theat. Flor.* tab. 3, f. 1 et 2; et tab. 4, 5, 6, 7, 8, 9, 10 et 11. *Bul. Paris.* tab. 175.

La *Tulipe* offre une multitude innombrable de variétés.

En Cappadoce, d'où elle fut apportée en 1559 par Gesner; on l'a trouvée en Russie. ♃ Vernale.

3. TULIPE de Breyn, *T. Breyniana*, L. à tige portant plusieurs fleurs; à plusieurs feuilles linéaires.

Breyn. Cent. tab. 36.

En Éthiopie. ♃

449. ALBUCE, *ALBUCA*. *Lam. Tab. Encyclop.* pl. 241.

CAL. Nul.

COR. Six *Pétales*, ovales, oblongs, persistans : trois extérieurs étalés :

trois intérieurs réunis, un peu épaissis au sommet, en forme de rein, échancrés.

ÉTAM. Six *Filamens*, de la longueur de la corolle, à trois faces, dont trois *fertiles*, linéaires, plus larges à la base, plissés sur les bords au-dessus de la base, à *Anthères* versatiles : trois *stériles*, alternes, plus épais, plus longs, sans *Anthères*.

Nectaire formé par les sillons élargis de la base de l'ovaire, terminés par deux aiguillons latéraux, renfermés, rapprochés de la base la plus large des filamens fertiles.

PIST. *Ovaire* oblong, à trois faces, supporté par un pédicelle très-court. *Style* à trois faces, élargi dans sa partie supérieure. *Stigmate* intermédiaire, à trois faces, en pyramide, entouré de trois autres stigmates plus petits, en alêne, étalés.

PÉR. *Capsule* oblongue, obtuse, triangulaire, à trois loges, à trois battans.

SEM. Nombreuses, aplaties, couchées, plus larges extérieurement.

Corolle à six pétales, dont les trois intérieurs sont difformes. Six *Étamines* dont trois stériles. *Stigmate* entouré de trois pointes.

1. ALBUCE majeure, *A. major*, L. à feuilles lancéolées.
Moris. Hist. sect. 4, tab. 24, f. 7. *Cornut. Canad.* 160 et 161.
Au cap de Bonne-Espérance. ♃

2. ALBUCE mineure, *A. minor*, L. à feuilles en alêne.
Herm. Parad. pag. et tab. 209.
Au cap de Bonne-Espérance. ♃

450. HYPOXE, *HYPOXIS*. † *Lam. Tab. Encyclop.* pl. 229.

CAL. *Bâle* à deux valves.

COR. Monopétale, supérieure. *Limbe* à six *divisions* profondes, ovales, oblongues, ouvertes, persistantes.

ÉTAM. Six *Filamens*, capillaires, très-courts. *Anthères* oblongues, plus courtes que les pétales.

PIST. *Ovaire* inférieur, en toupie. *Style* filiforme, de la longueur des étamines. *Stigmate* un peu obtus.

PÉR. *Capsule* un peu alongée, plus étroite à la base, couronnée par la corolle qui persiste, à trois loges, à trois battans.

SEM. Plusieurs, arrondies.

Corolle à six divisions profondes, persistante, supérieure. *Capsule* rétrécie à la base. *Calice* bâle à deux valves.

1. HYPOXE droite, *H. erecta*, L. velue; à capsules ovales.
Plukn. tab. 350, pl. 12.
En Virginie, au Canada. ♃

2. HYPOXE couchée, *H. decumbens*, L. velue; à capsules en massue.
Plum. Ic. 108, f. 1?
Dans l'Amérique Méridionale. ♃

3. HYPOXE fasciculée, *H. fascicularis*, L. à tube des fleurs très-long.
Russel. Alep. 34, tab. 2.
A Alep. ♃

4. HYPOXE assise, *H. sessilis*, L. velue, sans tige; à fructifications presque radicales.
Dill. Elth. tab. 220, f. 287.
A la Caroline. ♃

451. ORNITHOGALE, *ORNITHOGALUM.* * *Tournef. Inst.* 378, tab. 203. *Lam. Tab. Encyclop.* pl. 242.

CAL. Nul.

COR. Six *Pétales*, lancéolés, droits inférieurement, ouverts au-dessus de leur partie moyenne, persistans, perdant leur couleur.

ÉTAM. Six *Filamens*, droits, alternativement dilatés à leur base, plus courts que la corolle. *Anthères* simples.

PIST. *Ovaire* anguleux. *Style* en alêne, persistant. *Stigmate* obtus.

PÉR. *Capsule* arrondie, anguleuse, à trois loges, à trois battans.

SEM. Plusieurs, arrondies.

OBS. *Dans quelques espèces, les* Filamens *sont aplatis, droits, alternes, divisés peu profondément au sommet en trois parties, dont l'intermédiaire soutient l'anthère; dans d'autres, ils sont alternes et simples.*

Corolle à six pétales, droite, persistante, ouverte au-dessus du milieu. *Filamens* alternes, dilatés vers leur base.

* I. *ORNITHOGALES dont tous les filamens sont en alêne.*

1. ORNITHOGALE à une seule fleur, *O. uniflorum*, L. à hampe garnie de deux feuilles; à péduncule portant une seule fleur.
Laxman. Nov. Act. Petropol. vol. 18, tab. 6, f. 3.
En Sibérie.

2. ORNITHOGALE jaune, *O. luteum*, L. à hampe anguleuse, garnie de deux feuilles; à péduncules ramassés en ombelle simple.
Ornithogalum luteum; Ornithogale à fleur jaune. *Bauh. Pin.* 71, n.° 3. *Dod. Pempt.* 222, f. 1. *Lob. Ic.* 1, p. 149, f. 1. *Lugd. Hist.* 1502, f. 3. *Bauh. Hist.* 2, p. 624, f. 1. *Flor. Dan.* tab. 378.
Nutritive pour le Cheval, le Mouton, la Chèvre.
En Europe, dans les champs. ♃ Vernale.

3. ORNITHOGALE très-petit, *O. minimum*, L. à hampe anguleuse, garnie de deux feuilles; à péduncules ramassés en ombelle rameuse.
Ornithogalum luteum, minus; Ornithogale à fleur jaune, plus petit.

Bauh. Pin. 71, n.° 4. *Clus. Hist.* 1, p. 189, f. 1. *Bauh. Hist.* 2, p. 624, f. 2. *Bellev.* tab. 244. *Flor. Dan.* tab. 612.

Cette espèce présente une variété décrite et gravée dans *Columna Ecphras.* 1, p. 323 et 324.

Nutritive pour le Mouton, la Chèvre.

A Grenoble, Paris, Montpellier. ♃ Vernale.

4. ORNITHOGALE des Pyrénées, *O. Pyrenaïcum*, L. à fleurs en grappe très-alongée; à filamens lancéolés; à péduncules portant les fleurs tres-ouverts, égaux, mais se rapprochant de la hampe lorsqu'ils portent les capsules.

Ornithogalum angustifolium, majus, floribus ex albo virescentibus; Ornithogale à feuilles étroites, plus grand, à fleurs d'un blanc verdâtre. *Bauh. Pin.* 70, n.° 3. *Lob. Ic.* 1, p. 93, f. 2. *Clus. Hist.* 1, p. 187, f. 1. *Lugd. Hist.* 1589, f. 2. *Bauh. Hist.* 2, p. 627, f. 1 et 2. *Renecal. Spec.* 93 et 90, f. 2. *Jacq. Aust.* tab. 103.

A Lyon, Paris, Montpellier. ♃ Estivale.

5. ORNITHOGALE de Narbonne, *O. Narbonense*, L. à fleurs en grappe alongée; à filamens lancéolés, membraneux; à péduncules écartés de la hampe; à fleurs très-ouvertes.

Ornithogalum majus, spicatum, flore albo; Ornithogale plus grand, en épi, à fleur blanche. *Bauh. Pin.* 70, n.° 6. *Dod. Pempt.* 222, n.° 2. *Lob. Ic.* 1, p. 94, f. 1. *Clus. Hist.* 1, p. 187, f. 2. *Lugd. Hist.* 1582, f. 3. *Camer. Epit.* 315, f. 2. *Bauh. Hist.* 2, p. 629, f. 1.

A Lyon, Montpellier. ♃ Vernale.

6. ORNITHOGALE à larges feuilles, *O. latifolium*, L. à fleurs en grappe très-alongée; à feuilles lancéolées, en lame d'épée.

Ornithogalum latifolium et maximum; Ornithogale à larges feuilles et très-grand. *Bauh. Pin.* 70, n.° 1. *Lugd. Hist.* 1583, f. 1.

En Arabie, en Egypte.

7. ORNITHOGALE chevelu, *O. comosum*, L. à fleurs en grappe très-courte; à bractées lancéolées, de la longueur des fleurs; à pétales obtus; à filamens en alêne.

Ornithogalum spicatum seu comosum, flore lacteo; Ornithogale en épi ou chevelu, à fleur couleur de lait. *Bauh. Pin.* 70, n.° 5. *Rudb. Elys.* 2, p. 135, f. 1.

On ignore son climat natal. Cultivé dans les jardins. ♃

8. ORNITHOGALE pyramidal, *O. pyramidale*, L. à fleurs en grappe conique; à fleurs nombreuses, ascendantes.

Ornithogalum angustifolium, spicatum, maximum; Ornithogale à feuilles étroites, en épi, très-grand. *Bauh. Pin.* 70, n.° 4. *Rudb. Elys.* 2, p. 134, f. 4.

En Portugal. ♃

* II. *Ornithogales dont les filamens alternes sont échancrés.*

9. ORNITHOGALE d'Arabie, *O. Arabicum*, L. à fleurs en corymbe; à péduncules plus courts que la hampe; à filamens presque échancrés.

Ornithogalum umbellatum, maximum; Ornithogale ombellé, très-grand. *Bauh. Pin.* 69, n.° 1. *Lob. Ic.* 1, p. 149, f. 2. *Clus. Hist.* 1, p. 186, f. 1. *Lugd. Hist.* 1583, f. 3? *Bauh. Hist.* 2, p. 629, f. 3. *Reneal. Spec.* 89 et 90, f. 1.

En Egypte, au cap de Bonne-Espérance, à Naples. ♃

10. ORNITHOGALE ombellé, *O. umbellatum*, L. à fleurs en corymbe; à péduncules plus hauts que la hampe; à filamens dilatés vers la base.

Ornithogalum umbellatum, medium, angustifolium; Ornithogale ombellé, moyen, à feuilles étroites. *Bauh. Pin.* 70, n.° 4. *Dod. Pempt.* 221, f. 1. *Lob. Ic.* 148, f. 2. *Lugd. Hist.* 1582, f. 2. *Camer. Epit.* 315, f. 1. *Bauh. Hist.* 2, p. 630, f. 1. *Reneal. Spec.* 88 et 87. *Jacq. Aust.* tab. 343.

A Montpellier, Paris, Lyon. ♃ Vernale.

11. ORNITHOGALE penché, *O. nutans*, L. à fleurs en épi, tournées sur la hampe d'un seul côté, pendantes; à nectaire en cloche, formé par la réunion de la base des étamines.

Ornithogalum exoticum, magno flore minori innato; Ornithogale exotique, à grande fleur cohérente à une plus petite. *Bauh. Pin.* 70, n.° 12. *Math.* 859, f. 3. *Bauh. Hist.* 3, p. 631, f. 1.

En Italie, à Naples, en Suisse. Introduit dans les jardins en 1570.

12. ORNITHOGALE du Cap, *O. Capense*, L. à feuilles en cœur, ovales.

Commel. Hort. 2, p. 175, tab. 88.

Au cap de Bonne-Espérance. ♃

452. SCILLE, *SCILLA.* * *Lam. Tab. Encyclop.* pl. 238. LILIO-HYACINTHUS. *Tournef. Inst.* 371, tab. 196.

CAL. Nul.

COR. Six *Pétales*, ovales, très-ouverts, caducs-tardifs.

ÉTAM. Six *Filamens*, en alêne, moitié plus courts que la corolle. *Anthères* oblongues, couchées.

PIST. *Ovaire* arrondi. *Style* simple, de la longueur des étamines, caduc-tardif. *Stigmate* simple.

PÉR. *Capsule* comme ovale, lisse, à trois sillons à trois loges, à trois battans.

SEM. Plusieurs, arrondies.

Corolle à six pétales très-ouverts, caducs-tardifs. *Filamens* filiformes.

1. SCILLE maritime, *S. maritima*, L. à hampe nue ; à bractées brisées.

Scilla vulgaris radice rubrâ ; Scille vulgaire à racine rouge. *Bauh. Pin.* 73, n.° 1. *Fusch. Hist.* 782. *Dod. Pempt.* 691, f. 1. *Lob. Ic.* 1, p. 152, f. 1. *Clus. Hist.* 1, p. 172, f. 1. *Lugd. Hist.* 1579, f. 2. *Camer. Epit.* 374.

Cette espèce présente une variété.

Scilla radice albâ ; Scille à racine blanche. *Bauh. Pin.* 73, n.° 2. *Dod. Pempt.* 690, f. 2 et 3. *Lob. Ic.* 1, p. 151, f. 1 et 2. *Clus. Hist.* 1, p. 171, f. 1 et 2. *Lugd. Hist.* 1576, f. 1, et 1577, f. 1. *Bauh. Hist.* 2, p. 615, f. 1. *Icon. Pl. Med.* tab. 380.

1. *Squilla*, *Cepa maritima* ; Scille, S. rouge, S. blanche. 2. Racine ou Oignon. 3. Odeur pénétrante, tenant de celle de l'Oignon ordinaire ; saveur très-âcre et très-amère, quoique d'abord simplement mucilagineuse. La couleur de l'individu ne change rien dans les vertus de la Scille. 4. Extrait spiritueux, très-âcre ; extrait aqueux, en quantité inégale. 5. Asthme humide, toux humorale, cachexie, hydropisie, ictère, affections soporeuses. 6. La *Scille* est un des médicamens le plus anciennement connu. Il est très-actif : donné à propos, il produit des effets merveilleux.

En Espagne, en Italie, dans les sables sur les bords de la mer. ♃

2. SCILLE Lis-Hyacinthe, *S. Lilio-Hyacinthus*, L. à racine écailleuse.

Hyacinthus stellaris, foliis et radice Lilii ; Hyacinthe étoilée, à feuilles et racine du Lis. *Bauh. Pin.* 46, n.° 13. *Lob. Ic.* 1, p. 101, f. 1. *Lugd. Hist.* 1514, f. 3, et 1515, f. 1. *Bauh. Hist.* 2, p. 589, f. 1.

En Espagne, aux Pyrénées. ♃

3. SCILLE d'Italie, *S. Italica*, L. à fleurs en grappe conique, alongée.

Hyacinthus stellaris, spicatus, cinereus ; Hyacinthe étoilée, en épi, à fleur cendrée. *Bauh. Pin.* 46, n.° 6. *Clus. Hist.* 1, p. 184, f. 2. *Bauh. Hist.* 2, p. 582, f. 3.

A Naples. Cultivée dans les jardins. ♃

4. SCILLE du Pérou, *S. Peruviana*, L. à fleurs en corymbe conique, resserré.

Hyacinthus Indicus, bulbosus, stellatus ; Hyacinthe des Indes, bulbeuse, étoilée. *Bauh. Pin.* 47, n.° 1. *Clus. Hist.* 1, p. 173, f. 1, répétée pag. 182, f. 2. *Bauh. Hist.* 2, p. 584, f. 3. *Theat. Flor.* tab. 24, f. 1 et 4.

En Portugal. ♃

5. SCILLE agréable, *S. amœna*, L. à fleurs latérales, alternes, un peu inclinées ; à hampe anguleuse.

Hyacinthus stellaris, caruleus, amœnus; Hyacinthe étoilée, à fleur bleue, agréable. *Bauh. Pin.* 46, n.° 7. *Lugd. Hist.* 1516, f. 1. *Bauh. Hist.* 2, p. 582, f. 1. *Barrel.* tab. 184.

A Byzance, d'où il fut apporté en Europe en 1590.

6. SCILLE à deux feuilles, *S. bifolia*, L. à racine solide; à fleurs peu nombreuses, redressées.

Hyacinthus stellaris, bifolius, Germanicus; Hyacinthe étoilée, à deux feuilles, d'Allemagne. *Bauh. Pin.* 45, n.° 1. *Fusch. Hist.* 837 à 838. *Lob. Ic.* 1, p. 100, f. 2. *Lugd. Hist.* 1514, f. 2, et 1515, f. 2 et 3. *Bauh. Hist.* 2, p. 579, f. 2 et 3.

Cette espèce présente une variété.

Hyacinthus stellaris, trifolius; Hyacinthe étoilée, à trois feuilles. *Bauh. Pin.* 45, n.° 3. *Dod. Pempt.* 219, f. 2. *Lob. Ic.* 1, p. 99, f. 2. *Clus. Hist.* 1, p. 184, f. 3.

A Lyon, Grenoble, Montpellier, Paris. ♃ Vernale.

7. SCILLE du Portugal, *S. Lusitanica*, L. à fleurs en grappe alongée, conique; à pétales marqués par des lignes.

Hyacinthus stellatus, caruleus, staminulis ex viridi luteis; Hyacinthe étoilée, à fleur bleue, à étamines d'un vert jaunâtre. *Bauh. Pin.* 46, n.° 4. *Rudb. Elys.* 2, p. 34, f. 4.

En Portugal.

8. SCILLE Hyacinthe, *S. Hyacinthoïdes*, L. à fleurs en grappe très-alongée, et plus courtes que les péduncules qui sont colorés.

Bulbus eriophorus, Orientalis; Bulbe ériophore, Oriental. *Bauh. Pin.* 47, n.° 2. *Dod. Pempt.* 692, f. 2. *Lob. Ic.* 1, p. 110, f. 2. *Clus. Hist.* 1, p. 172, f. 2. *Lugd. Hist.* 1504, f. 2. *Bauh. Hist.* 2, p. 621, f. 1.

Dans l'Orient, à Naples. Cultivée dans les jardins. ♃

9. SCILLE automnale, *S. autumnalis*, L. à feuilles filiformes, linéaires; à fleurs en corymbe; à péduncules nus, ascendans, de la longueur de la fleur.

Hyacinthus stellaris, autumnalis, minor; Hyacinthe étoilée, d'automne, plus petite. *Bauh. Pin.* 47, n.° 15. *Dod. Pempt.* 219, f. 1. *Lob. Ic.* 1, p. 102, f. 1. *Clus. Hist.* 1, p. 185, f. 2. *Lugd. Hist.* 1503, f. 2, et 1513, f. 3. *Bauh. Hist.* 2, p. 574, f. 1 et 3.

A Lyon, Paris, Montpellier, Grenoble. ♃ Automnale.

10. SCILLE à une seule feuille, *S. unifolia*, L. à une seule feuille, arrondie, comme en épi sur le côté.

Bauh. Hist. 2, p. 622, f. 2.

En Portugal.

453. CYANELLE, *CYANELLA.* † *Lam. Tab. Encyclop.* pl. 239.

CAL. Nul.

COR. Six *Pétales*, réunis par les onglets, oblongs, concaves, ouverts, dont trois inférieurs penchés.

ÉTAM. Six *Filamens*, contigus à la base, très-courts, un peu ouverts; l'inférieur incliné, deux fois plus long. *Anthères* oblongues, droites, s'ouvrant au sommet par quatre dents obtuses.

PIST. *Ovaire* à trois côtés obtus. *Style* filiforme, incliné, de la longueur de l'étamine inférieure. *Stigmate* un peu aigu.

PÉR. *Capsule* arrondie, à trois sillons, à trois loges, à trois battans.

SEM. Plusieurs, oblongues.

Corolle à six pétales dont trois inférieurs pendans. *Étamine* inférieure inclinée, plus longue.

1. CYANELLE du Cap, *C. Capensis*, L. à péduncule partant de la racine, et portant une seule fleur.

Plukn. tab. 434, f. 2 (mauvaise).

Au cap de Bonne-Espérance. ♃

454. ASPHODÈLE, *ASPHODELUS.* * *Tournef. Inst.* 343, tab. 178. *Lam. Tab. Encyclop.* pl. 241.

CAL. Nul.

COR. Monopétale, à six *divisions* profondes, lancéolées, planes, ouvertes.

Nectaire : six valvules, très-petites, réunies en globe, insérées à la base de la corolle.

ÉTAM. Six *Filamens*, en alêne, voûtés en arc, insérés sur les valvules du nectaire : les *alternes* plus courts. *Anthères* oblongues, couchées, se redressant.

PIST. *Ovaire* arrondi, placé dans le nectaire. *Style* en alêne, ayant la situation des étamines. *Stigmate* tronqué.

PÉR. *Capsule* arrondie, charnue, à trois lobes, à trois loges.

SEM. Plusieurs, triangulaires, bossuées d'un côté.

OBS. *Dans quelques espèces les* Filamens *sont inclinés, dans d'autres ils sont voûtés en arc extérieurement.*

Corolle à six divisions profondes. *Nectaire* formé par six valvules qui couvrent l'ovaire.

1. ASPHODÈLE jaune, *A. luteus*, L. à tige garnie de feuilles striées, à trois faces.

Asphodelus luteus flore et radice; Asphodèle à fleur et racine jaunes. *Bauh. Pin.* 28, n.° 5. *Dod. Pempt.* 208, f. 1. *Lob. Ic.* 1, p. 91, f. 2. *Lugd. Hist.* 1590, f. 1 et 2. *Camer. Epit.* 372. *Bauh. Hist.* 2, p. 632, f. 2. *Jacq. Hort.* tab. 77.

En Sicile. Cultivé dans les jardins. ♂

2. ASPHODÈLE rameux, *A. ramosus*, L. à tige nue; à feuilles en lame d'épée, lisses, en carène.

Cette espèce présente deux variétés.

1.° *Asphodelus albus, ramosus, mas*; Asphodèle à fleur blanche, rameux, mâle. *Bauh. Pin.* 28, n.° 1. *Lob. Ic.* 2, p. 260, f. 1. *Clus. Hist.* 1, p. 196, f. 2. *Bauh. Hist.* 2, p. 625, f. 2.

2.° *Asphodelus albus, non ramosus*; Asphodèle à fleur blanche, non rameux. *Bauh. Pin.* 28, n.° 2. *Moris.* 451, f. 1. *Dod. Pempt.* 206, f. 1. *Lob. Ic.* 1, p. 91, f. 1. *Clus. Hist.* 2, p. 197, f. 1. *Camer. Epit.* 371. *Bauh. Hist.* 2, p. 625, f. 1.

A Montpellier dans le bois de Périer, en Dauphiné. ♃ Vernale.

3. ASPHODÈLE fistuleux, *A. fistulosus*, L. à tige nue; à feuilles resserrées, en alêne, striées, en partie fistuleuses.

Asphodelus foliis fistulosis; Asphodèle à feuilles fistuleuses. *Bauh. Pin.* 29, n.° 7. *Dod. Pempt.* 206, f. 2. *Lob. Ic.* 1, p. 48, f. 2. *Clus. Hist.* 1, p. 197, f. 2. *Lugd. Hist.* 1589, f. 1. *Bauh. Hist.* 2, p. 631, f. 2. *Plukn.* tab. 311, f. 1.

En Provence, à Naples, dans l'Isle de Crète. ♃

455. ANTHÉRIC, *ANTHERICUM.* * *Lam. Tab. Encyclop.* pl. 240. PHALANGIUM. *Tournef. Inst.* 368, tab. 193.

CAL. Nul.

COR. Six *Pétales*, oblongs, très-ouverts.

ÉTAM. Six *Filamens*, en alêne, droits. *Anthères* petites, couchées, à quatre sillons.

PIST. *Ovaire* à trois côtés irréguliers. *Style* simple, de la longueur des étamines. *Stigmates* obtus, à trois côtés.

PÉR. *Capsule* ovale, lisse, à trois sillons, à trois loges, à trois battans.

SEM. Nombreuses, anguleuses.

OBS. *Quelques espèces ont les* Filamens laineux; *dans quelques autres, les pétales ne tombent point.* Liliastrum Tournefort *a la corolle en cloche.* A. calyculatum, L. *a un calice à trois dents, et trois stigmates distincts, sans style. La caractère du genre est difficile à établir.*

Corolle à six pétales très-ouverts. *Capsule* ovale.

* I. *ANTHÉRICS-PHALANGIES à feuilles creusées en gouttière; à filamens des étamines le plus souvent lisses.*

1. ANTHÉRIC tardif, *A. serotinum*, L. à feuilles un peu aplaties; à hampe ne portant qu'une seule fleur.

Pseudo-Narcissus gramineo folio, sive Leuco-Narcissus æstivus; Faux-Narcisse à feuille graminée, ou Leuconarcisse d'été. *Bauh. Pin.* 51, n.° 9. *Rudb. Elys.* 2, p. 64, f. 9.

Sur les Alpes de Suisse. ♃

2. ANTHÉRIC Grec, *A. Græcum*, L. à feuilles aplaties; à hampe simple; à fleurs en corymbe; à filamens laineux.

En Orient. ♃

3. ANTHÉRIC à feuilles aplaties, *A. planifolium*, L. à feuilles aplaties; à hampe et filamens laineux.

En Portugal. ♃ Vernale.

4. ANTHÉRIC roulé, *A. revolutum*, L. à feuilles à trois côtés, rudes; à hampe rameuse; à corolles roulées.

Commel. Hort. 1, p. 67, tab. 34.

En Éthiopie. ♃

5. ANTHÉRIC rameux, *A. ramosum*, L. à feuilles aplaties; à hampe rameuse; à corolles aplaties; à pistil droit.

Phalangium parvo flore, ramosum; Phalangie à petite fleur, rameuse. *Bauh. Pin.* 29, n.° 3. *Math.* 607, f. 2. *Dod. Pempt.* 106, f. 1. *Lob. Ic.* 1, p. 47, f. 2. *Lugd. Hist.* 852, f. 3. *Camer. Epit.* 380. *Bauh. Hist.* 2, p. 635, f. 1. *Jacq. Aust.* tab. 161.

Nutritive pour la Chèvre.

A Lyon, Grenoble, Paris. ♃ Estivale.

6. ANTHÉRIC Liliago, *A. Liliago*, L. à feuilles aplaties; à hampe très-simple; à corolles aplaties; à pistil incliné.

Phalangium parvo flore, non ramosum; Phalangie à petite fleur, non rameuse. *Bauh. Pin.* 29, n.° 2. *Dod. Pempt.* 106, f. 2. *Lob. Ic.* 1, p. 48, f. 1. *Bauh. Hist.* 2, p. 635, f. 2.

A Lyon, Montpellier, Grenoble, Paris. ♃ Estivale.

7. ANTHÉRIC de Saint-Bruno, *A. Liliastrum*, L. à feuilles aplaties; à hampe très-simple; à corolles en cloche; à étamines inclinées.

Phalangium magno flore; Phalangie à grande fleur. *Bauh. Pin.* 29, n.° 1. *Math.* 607, f. 1. *Lugd. Hist.* 852, f. 2, et 1496, f. 1. *Bauh. Hist.* 2, p. 636, f. 1.

Sur les Alpes du Dauphiné, de Suisse. ♃ Vernale sur les Alpes calcaires: estivale sur les Alpes granitiques.

8. ANTHÉRIC en spirale, *A. spirale*, L. à hampe roulée en spirale.

Au cap de Bonne-Espérance. ♃

* II. *ANTHÉRICS-BULBINES à feuilles charnues; à filamens des étamines barbus.*

9. ANTHÉRIC ligneux, *A. frutescens*, L. à feuilles charnues, arrondies; à tige ligneuse.

Dill. Elth. tab. 231, f. 298.

Au cap de Bonne-Espérance. ♃

10. ANTHÉRIC à feuilles d'Aloës, *A. Aloïdes*, L. à feuilles charnues, en alêne, un peu aplaties.

Dill. Elth. tab. 272, f. 300.

Au cap de Bonne-Espérance. ♃

11. ANTHÉRIC à feuilles d'Asphodèle, *A. Asphodeloïdes*, L. à feuilles charnues, en alêne, demi-arrondies, roides.

Jacq. Hort. tab. 181.

En Éthiopie. ♃

12. ANTHÉRIC annuel, *A. annuum*, L. à feuilles charnues, en alêne, un peu arrondies; à hampe presque en grappe.

En Éthiopie. ☉

13. ANTHÉRIC hérissé, *A. hispidum*, L. à feuilles charnues, comprimées, hérissées.

Au cap de Bonne-Espérance. ♃

* III. *ANTHÉRICS-NARTHÉCIES à feuilles en lame d'épée.*

14. ANTHÉRIC brise-os, *A. ossifragum*, L. à feuilles en lame d'épée; à filamens laineux.

Pseudo-Asphodelus palustris, Anglicus; Faux-Asphodèle des marais, d'Angleterre. *Bauh. Pin.* 29, n.° 8. *Dod. Pempt.* 208, f. 1. *Lob. Ic.* 1, p. 92, f. 1. *Clus. Hist.* 1, p. 198, f. 1. *Lugd. Hist.* 993, f. 2. *Bauh. Hist.* 2, p. 633, f. 2. *Flor. Dan.* tab. 42.

Nutritive pour le Bœuf.

En Laponie, en Danemarck. ♃

15. ANTHÉRIC calyculé, *A. calyculatum*, L. à feuilles en lame d'épée; à calices à trois lobes; à filamens lisses; à fleurs à trois pistils.

Pseudo-Asphodelus Alpinus; Faux-Asphodèle des Alpes. *Bauh. Pin.* 29, n.° 10. *Clus. Hist.* 1, p. 198, f. 2. *Bauh. Hist.* 2, p. 634, la description; et 611, ic. 1, la figure. *Flor. Lapp.* n.° 137, tab. 10, f. 3.

Sur les Alpes du Dauphiné, de Suisse, à Montpellier. ♃ Estivale. *Alp.*

456. LÉONTICE, *LEONTICE.* † *Lam. Tab. Encyclop.* pl. 254. LEONTOPETALON. *Tournef.* tab. 484.

CAL. *Périanthe* promptement-caduc, à six *feuillets*, linéaires, ouverts, alternativement plus petits.

COR. Six *Pétales*, ovales, aigus, deux fois plus longs que le calice.

Nectaire: six écailles, demi-ovales, étalées, portées sur un pédicelle, insérées sur les onglets des pétales, égales.

ÉTAM. Six *Filamens*, filiformes, très-courts. *Anthères* droites, à deux loges, à deux battans, s'ouvrant à la base.

PIST.

PIST. *Ovaire* ovale, oblong. *Style* court, légèrement arrondi, inséré obliquement sur l'ovaire. *Stigmate* simple.

PÉR. *Baie* creuse, arrondie, pointue, boursouflée, à une loge, comme succulente.

SEM. En petit nombre, arrondies.

Corolle à six pétales. *Nectaire* à six feuillets, inséré sur les onglets des pétales, à limbe ouvert. *Calice* à six feuillets, promptement-caduc.

1. LÉONTICE Chrysogone, *L. Chrysogonum*, L. à feuilles pinnées; à pétiole commun simple.

Leontopetalo affinis, foliis quernis; congénère du Léontopétale, à cinq feuilles. *Bauh. Pin.* 324. *Moris. Hist.* sect. 3, tab. 15, fig. 7?

En Grèce, parmi les blés. ♃

2. LÉONTICE Léontopétale, *L. Leontopetalum*, L. à feuilles décomposées; à pétiole commun divisé peu profondément en trois parties.

Leontopetalon, Léontopétale. *Bauh. Pin.* 324. *Math.* 596, f. 1. *Dod. Pempt.* 69, f. 1. *Lob. Ic.* 1, p. 685, f. 2. *Lugd. Hist.* 1608, f. 1. *Camer. Epit.* 567. *Bauh. Hist.* 3, P. 2, p. 489, f. 1. *Moris. Hist.* sect. 3, tab. 15, f. 6. *Barrel.* tab. 1029 et 1030.

Dans l'Isle de Crète, à Naples, en Étrurie. ♃

3. LÉONTICE à feuilles de pygamon, *L. thalictroïdes*, L. à feuilles de la tige trois fois trois à trois; à feuilles florales deux fois trois à trois.

En Virginie. ♃

4. LÉONTICE léontopétaloïde, *L. leontopetaloïdes*, L. à feuilles simples, trois fois divisées peu profondément en plusieurs parties; à corolles monopétales, calyculées.

Amme. Act 8, p. 211, tab. 113.

Dans l'Inde Orientale.

457. ASPERGE, *ASPARAGUS.* * *Tournef. Inst.* 300, tab. 154. *Lam. Tab. Encyclop.* pl. 249.

CAL. Nul.

COR. Six *Pétales*, réunis par les onglets, oblongs, droits, tubulés; dont trois intérieurs alternes, recourbés au sommet, persistans.

ÉTAM. Six *Filamens*, filiformes, insérés sur les pétales, droits, plus courts que la corolle. *Anthères* arrondies.

PIST. *Ovaire* en toupie, à trois côtés. *Style* très-court. *Stigmate* formé par un point saillant.

PÉR. *Baie* arrondie, à ombilic ponctué, à trois loges.

SEM. Deux, rondes, anguleuses intérieurement, lisses.

OBS. *Celui qui regarde la fleur comme monopétale, peut avoir raison. La forme de la corolle varie selon les espèces; elle est droite dans quelques-unes, plane dans quelques autres, roulée dans d'autres. La fleur est pendante, quoique le pistil soit très court.*

Corolle à six pétales droits, réunis par les onglets, dont les trois intérieurs sont recourbés au sommet. *Baie* à trois loges renfermant chacune deux semences.

1. ASPERGE officinale, *A. officinalis*, L. à tige herbacée, droite, arrondie; à feuilles très-étroites ou sétacées, accompagnées de stipules.

Cette espèce présente trois variétés.

1.° *Asparagus maritimus, crassiore folio*; Asperge maritime, à feuille plus épaisse. *Bauh. Pin.* 490, n.° 3. *Dod. Pempt.* 703, f. 1. *Lob. Ic.* 1, p. 786, f. 2. *Clus. Hist.* 2, p. 179, f. 1. *Bauh. Hist.* 3, P. 2, p. 725 et 726, f. 1. *Bul. Paris.* 176. *Icon. Pl. Med.* tab. 105.

2.° *Asparagus sylvestris, tenuissimo folio*; Asperge sauvage, à feuille très-menue. *Bauh. Pin.* 490, n.° 2. *Math.* 373, f. 2. *Lugd. Hist.* 610, f. 2.

3.° *Asparagus sativa*; Asperge cultivée. *Bauh. Pin.* 489, n.° 1. *Fusch. Hist.* 38. *Matth.* 373, f. 1. *Lugd. Hist.* 610, f. 1.

1. *Asparagus*, Asperge. 2. Racine, Tige, Semence. 3. Tige aqueuse, douceâtre; *crue*, presque inodore; mangée *cuite*, même en petite quantité, communiquant aux urines une odeur particulière. 5. Dartres, rhumatismes, jaunisse, œdématie. 6. Aliment agréable et sain.

Nutritive pour le Bœuf, le Mouton, la Chèvre.

A Lyon, à Montpellier, à Paris, etc. dans les terrains sablonneux. L'espèce que nous cultivons, ne fut connue à Rome que du temps de Tibère. ♃ Vernale.

2. ASPERGE inclinée, *A. declinatus*, L. à tige sans piquans, arrondie; à rameaux inclinés; à feuilles très-étroites ou sétacées.

En Afrique.

3. ASPERGE en faucille, *A. falcatus*, L. à piquans solitaires, renversés; à rameaux arrondis; à feuilles en lame d'épée, en faucille.

Burm. Zeyl. 36, tab. 13, f. 2.

A Zeylan. ♄

4. ASPERGE rompue, *A. retrofactus*, L. à piquans solitaires; à rameaux arrondis, renversés, rompus en arrière; à feuilles sétacées, en faisceaux.

Plukn. tab. 375, f. 3.

En Afrique. ♄

5. ASPERGE d'Ethiopie, *A. Æthiopicus*, L. à piquans solitaires, renversés; à rameaux anguleux; à feuilles lancéolées, linéaires.

Au cap de Bonne-Espérance. ♄

6. ASPERGE d'Asie, *A. Asiaticus*, L. à piquans solitaires; à tige droite; à rameaux filiformes; à feuilles en faisceaux, sétacées.

Plukn. tab. 14, f. 4.

En Asie.

7. ASPERGE blanche, *A. albus*, L. à piquans solitaires; à rameaux anguleux, tortueux; à feuilles en faisceaux, à trois faces, caduques-tardives.

Asparagus aculeatus, spinis horridus; Asperge piquante, hérissée d'épines très-fortes. *Bauh. Pin.* 490, n.° 3. *Dod. Pempt.* 704, f. 2. *Lob. Ic.* 1, p. 788, f. 1. *Clus. Hist.* 2, p. 178, f. 2. *Lugd. Hist.* 613, f. 1.

En Espagne, en Portugal. ♄

8. ASPERGE piquante, *A. acutifolius*, L. à tige sans piquans, ligneuse, anguleuse; à feuilles roides, piquantes, persistantes, égales.

Asparagus foliis acutis; Asperge à feuilles aiguës. *Bauh. Pin.* 490, n.° 1. *Math.* 374, f. 1. *Dod. Pempt.* 703, f. 2. *Lob. Ic.* 1, p. 787, f. 1. *Clus. Hist.* 2, p. 177, f. 3. *Lugd. Hist.* 612, f. 1. *Camer. Epit.* 260. *Bauh. Hist.* 3, P. 2, p. 726, f. 3. *Bellev.* tab. 239. *Moris. Hist.* sect. 1, tab. 1, f. 1.

A Montpellier, à Assas, en Dauphiné. ♄

9. ASPERGE horrible, *A. horridus*, L. à tige ligneuse, sans feuilles, à cinq côtés; à piquans tétragones, comprimés, striés.

En Espagne. ♄

10. ASPERGE sans feuilles, *A. aphyllus*, L. à tige sans piquans, ligneuse, anguleuse; à feuilles en alêne, striées, inégales, divergentes.

Asparagus aculeatus alter, tribus aut quatuor spinis ad eumdem exortum; autre Asperge piquante, à trois ou quatre épines sortant d'un même point de la tige. *Bauh. Pin.* 490, n.° 2. *Dod. Pempt.* 704, f. 1. *Lob. Ic.* 1, p. 787, f. 2. *Clus. Hist.* 2, p. 178, f. 1. *Lugd. Hist.* 613, f. 2. *Moris. Hist.* sect. 1, tab. 1, f. 2.

En Sicile, à Naples, en Espagne, en Portugal. ♄

11. ASPERGE du Cap, *A. Capensis*, L. à épines quatre à quatre; à rameaux agrégés, arrondis; à feuilles sétacées.

Plukn. tab. 78, f. 3, et 15, f. 4.

Au cap de Bonne-Espérance. ♄

12. ASPERGE sarmenteuse, *A. sarmentosus*, L. à feuilles solitaires, linéaires, lancéolées; à tige tortueuse; à piquans recourbés.

Herm. Lugd. 62, tab. 63.

A Zeylan. ♄

13. ASPERGE verticillée, *A. verticillaris*, L. à feuilles verticillées ou en anneaux.

Buxb. Cent. 5, app. 47, tab. 37.

En Orient.

458. SANG-DRAGON, *DRACÆNA. Lam. Tab. Encyclop.* pl. 249.

CAL. Nul.

COR. Six *Pétales*, oblongs, un peu droits, égaux, réunis par les onglets.

ETAM. Six *Filamens*, insérés sur les onglets des pétales, en alêne, plus épais au milieu, membraneux à la base, à peine de la longueur de la corolle. *Anthères* oblongues, couchées.

PIST. *Ovaire* ovale, à six stries. *Style* filiforme, de la longueur des étamines. *Stigmate* obtus, divisé peu profondément en trois parties.

PÉR. *Baie* ovale, à six sillons, à trois loges.

SEM. Solitaires, ovales, oblongues, recourbées à la pointe.

OBS. *Ce genre se rapproche des* Asperges *par le caractère, mais il en diffère par le port.*

Corolle à six pétales droits. *Filamens* un peu épaissis dans le milieu. *Baie* à trois loges renfermant chacune une seule semence.

1. SANG-DRAGON en arbre, *D. Draco*, L. en arbre; à feuilles un peu charnues, épineuses au sommet.

Draco arbor; arbre Sang-Dragon. *Bauh. Pin.* 505, n.° 1. *Clus. Hist.* 1, p. 1, f. 1.

Dans l'Inde Orientale.

2. SANG-DRAGON de fer, *D. ferrea*, L. en arbre; à feuilles lancéolées, aiguës.

A la Chine. ♄

3. SANG-DRAGON terminal, *D. terminalis*, L. herbacé, produisant une tige; à feuilles lancéolées.

Rumph. Amb. 4, p. 79, tab. 34.

Dans l'Inde Orientale. ♄

4. SANG-DRAGON à lame d'épée, *D. ensifolia*, L. herbacé, à tige très-courte; à feuilles en lame d'épée.

Rumph. Amb. 5, p. 145, tab. 73.

Dans l'Inde Orientale. ♃

5. SANG-DRAGON à feuilles de gramen, *D. graminifolia*, L. herbacé, sans tige; à feuilles linéaires.
En Asie.

419. MUGUET, *CONVALLARIA.* † *Lam. Tab. Encyclop.* pl. 248. *a.* LILIUM CONVALLIUM. *Tournef. Inst.* 77, tab. 14. *b.* POLYGONATUM. *Tournef. Inst.* 78, tab. 14. *c.* UNIFOLIUM. *Dill. Gen.* tab. 7.

CAL. Nul.

COR. Monopétale, en cloche, lisse. *Limbe* obtus, ouvert, renversé, à six divisions peu profondes.

ÉTAM. Six *Filamens*, en alêne, insérés sur la corolle, plus courts que la corolle. *Anthères* oblongues, droites.

PIST. *Ovaire* arrondi. *Style* filiforme, plus long que les étamines. *Stigmate* obtus, à trois côtés.

PÉR. *Baie* arrondie, à trois loges, tachetée avant sa maturité.

SEM. Solitaires, arrondies.

OBS. *La* Baie *tachetée avant sa maturité, est un caractère commun à toutes les espèces.*

a. *La corolle est arrondie, en cloche et ouverte, dans l'espèce* 1.

b. *La corolle est tubulée et en cloche, dans les espèces* 2, 3, 4.

c. *On trouve une troisième unité de moins dans le nombre des parties de la fructification, dans l'espèce* 8.

d. *La corolle est à six divisions profondes, ouvertes et très-pointues, dans les espèces* 5, 6, 7.

Corolle à six divisions peu profondes. *Baie* tachetée avant sa maturité, à trois loges.

* I. *MUGUETS LILIUM CONVALLIUM de Tournefort, à corolles en cloche.*

1. MUGUET du mois de mai, *C. majalis*, L. à hampe nue.

Lilium convallium, latifolium, album et Alpinum : Lis des vallées, à larges feuilles, blanc et des Alpes. *Bauh. Pin.* 304, n.os 1, 2 et 3. *Dod. Pempt.* 205, f. 1. *Lob. Ic.* 1, p. 172, f. 2. *Lugd. Hist.* 838, f. 1. *Camer. Epit.* 618. *Bauh. Hist.* 3, P. 2, p. 531, f. 3. *Bul. Paris.* tab. 177. *Icon. Pl. Med.* tab. 94.

Corolle en grelot, à six divisions profondes, renversées. Filamens très-courts, insérés à la base de la corolle, entourés d'un petit cercle couleur de rose.

1. *Lilium convallium ;* Muguet des Parisiens. 2. Fleurs. 3. Odeur agréable. Le Muguet *sec* est presque sans odeur, un peu nauseux; sa saveur est très-amère, un peu âcre, persistante : il perd de son amertume en se desséchant. 4. Esprit recteur fugace; Gomme-résine fort analogue à l'Aloës. 5. Epilepsie, apoplexie, ozène, larmoiement.

Cette espèce présente une variété à fleur double.

Nutritive pour le Mouton, la Chèvre.

A Lyon, Grenoble, etc. ♃ Vernale.

* II. *MUGUETS POLYGONATUM de Tournefort, à corolles en entonnoir.*

2. MUGUET verticillé, *C. verticillata*, L. à feuilles en anneaux.

Polygonatum angustifolium, non ramosum; Muguet à feuilles étroites, non rameux. *Bauh. Pin.* 303, n.° 8. *Dod. Pempt.* 345, f. 2. *Lob. Ic.* 1, p. 805, f. 1. *Clus. Hist.* 1, p. 277, f. 1. *Lugd. Hist.* 1623, f. 2. *Bauh. Hist.* 3, P. 2, p. 531, f. 1. *Moris. Hist.* sect. 13, tab. 4, f. 14. *Flor. Dan.* tab. 86.

Cette espèce présente une variété.

Polygonatum angustifolium, ramosum; Muguet à feuilles étroites, rameux. *Bauh. Pin.* 304, n.° 9. *Clus. Hist.* 1, p. 277, f. 2. *Bauh. Hist.* 3, P. 2, p. 531, f. 2. *Moris. Hist.* sect. 13, tab. 4, fig. 15.

A Grenoble, au Mont-Pilat. ♃ Vernale.

3. MUGUET Sceau-de-Salomon, *C. polygonatum*, L. à feuilles alternes, embrassantes; à tige à deux tranchans; à péduncules aux aisselles des feuilles, portant une, deux ou trois fleurs.

Polygonatum latifolium, vulgare; Muguet à larges feuilles, vulgaire. *Bauh. Pin.* 303, n.° 1. *Dod. Pempt.* 346, f. 1. *Clus. Hist.* 1, p. 276, f. 1. *Camer. Epit.* 692. *Bauh. Hist.* 3, P. 2, p. 529, f. 2. *Barrel.* tab. 711, f. 1. *Flor. Dan.* tab. 377.

Dans cette espèce, la corolle est à six divisions peu profondes, égales, renversées, dont trois extérieures, trois intérieures; les filamens sont insérés sur le milieu de la corolle, et disposés en étoiles; les anthères en fer de flèche, rapprochées; les feuilles arrondies ou alongées.

1. *Sigillum Salomonis*; Sceau de Salomon, grand Sceau de Salomon. 2. Racine. 3. Odeur tirant un peu sur le bouc et sur le raifort; saveur douceâtre, fade, glutineuse. 6. Dans des temps de disette, les Suédois ont fait entrer la racine de Sceau de Salomon, dans le pain : ce pain étoit noir et un peu glutineux.

En Europe, dans les bois. ♃ Vernale.

4. MUGUET à plusieurs fleurs, *C. multiflora*, L. à feuilles alternes, embrassantes; à tige arrondie; à péduncules aux aisselles des feuilles, portant plusieurs fleurs.

Polygonatum latifolium, maximum; Muguet à larges feuilles, très-grand. *Bauh. Pin.* 303, n.° 2. *Dod. Pempt.* 345, f. 1.

Lob. Ic. 1, p. 637, f. 1. *Clus. Hist.* 1, p. 275, f. 1. *Camer. Epit.* 692. *Icon. Pl. Med.* tab. 172.

Nutritive pour le Bœuf, le Mouton, la Chèvre.

A Grenoble, Lyon, Paris. ♃ Vernale.

* III. *MUGUETS SMILACES de Tournefort, à corolles en roue.*

5. MUGUET à grappe, *C. racemosa*, L. à feuilles assises ou sans pétioles; à fleurs en grappe terminale, composée.

Cornut. Canad. 36 et 37. *Moris. Hist.* sect. 13, tab. 4, f. 9. *Plukn.* tab. 311, f. 2. *Barrel.* tab. 724.

En Virginie, au Canada. ♃

6. MUGUET étoilé, *C. stellata*, L. à feuilles embrassantes, nombreuses.

Cornut. Canad. 32 et 33. *Moris. Hist.* sect. 13, tab. 4, f. 7.

Au Canada. ♃

7. MUGUET à trois feuilles, *C. trifolia*, L. à feuilles embrassantes, trois a trois; à fleurs en grappe terminale, simple.

Gmel. Sibir. 1, p. 36, tab. 6.

En Sibérie, dans les forêts. ♃

8. MUGUET à deux feuilles, *C. bifolia*, L. à feuilles en cœur; à fleurs à quatre étamines.

Lilium convallium, minus; Lis des vallées, plus petit. *Bauh. Pin.* 304. *Dod. Pempt.* 205, f. 2. *Lob. Ic.* 1, p. 303, f. 1. *Lugd. Hist.* 1260, f. 1. *Camer. Epit.* 744. *Bauh. Hist.* 3, P. 2, p. 534, f. 1. *Barrel.* tab. 1212. *Bull. Paris.* tab. 179.

Nutritive pour le Mouton, le Bœuf, le Cheval, le Cochon, la Chevre.

A Lyon, Grenoble, Paris, Montpellier. ♃ Vernale.

460. TUBEREUSE, *POLYANTHES.* * *Lam. Tab. Encyclop.* pl. 243.

CAL. Nul.

COR. Monopétale, en entonnoir. *Tube* recourbé, oblong. *Limbe* ouvert, à six divisions ovales.

ÉTAM. Six *Filamens*, épais, obtus, dans la gorge de la corolle. *Anthères* linéaires, plus longues que les filamens.

PIST. *Ovaire* arrondi, dans le fond de la corolle. *Style* filiforme, en quelque sorte plus court que la corolle. *Stigmate* un peu épais, mellifère, divisé peu profondément en trois parties.

PÉR. *Capsule* arrondie, à trois côtés obtus, enveloppée par la base de la corolle, à trois loges, à trois battans.

SEM. Plusieurs, planes, disposées sur deux rangs, demi-arrondies.

Corolle en entonnoir, égale, à tube courbé. *Filamens* insérés sur la gorge de la corolle. *Ovaire* au fond de la corolle.

1. TUBÉREUSE des Jardiniers, *P. tuberosa*, L. à fleurs alternes.

Hyacinthus Indicus, tuberosus, flore Narcissi; Jacinthe des Indes, tubéreuse, à fleur de Narcisse. *Bauh. Pin.* 47, n.° 4. *Barrel.* tab. 1213.

Cette espèce présente une variété.

Hyacinthus Indicus, tuberosus, flore Hyacinthii Orientalis; Jacinthe des Indes, tubéreuse, à fleur de la Jacinthe d'Orient. *Bauh. Pin.* 47, n.° 3. *Clus. Hist.* 1, p. 176, f. 1.

A Java, à Zeylan. Généralement cultivée dans les jardins. ♃

461. HYACINTHE, *HYACINTHUS*. * *Tournef. Inst.* 344, tab. 180. *Lam. Tab. Encyclop.* pl. 238. MUSCARI. *Tournef. Inst.* 347, tab. 180.

CAL. Nul.

COR. Monopétale, en cloche. *Limbe* renversé, à six divisions peu profondes.

Nectaire : trois pores mellifères, au-dessus de l'ovaire.

ÉTAM. Six *Filamens*, en alène, plus courts. *Anthères* rapprochées.

PIST. *Ovaire* à trois côtés arrondis, à trois sillons. *Style* simple, plus court que la corolle. *Stigmate* obtus.

PÉR. *Capsule* arrondie, à trois faces, à trois loges, à trois battans.

SEM. Deux (le plus souvent), arrondies.

OBS. *Ce genre naturel, a été divisé en plusieurs genres qui ne sont pas naturels.*

a. Hyacinthus Tournefort : *a le tube de la corolle tubulé, oblong.*

b. Muscari Tournefort : *a la corolle presque arrondie.*

c. Quelques espèces ont la corolle à six divisions profondes, d'autres ont la corolle en entonnoir.

Corolle en cloche. Trois *Pores mellifères* au-dessus de l'ovaire.

1. HYACINTHE non écrite, *H. non scriptus*, L. à corolles en cloche, à six divisions profondes, roulées au sommet.

Hyacinthus oblongo flore, caeruleus, major; Hyacinthe à longue fleur bleue, plus grand. *Bauh. Pin.* 43, n.° 1. *Dod. Pempt.* 216, f. 1. *Lob. Ic.* 1, p. 103, f. 1. *Lugd. Hist.* 1507, f. 1 et 2. *Clus. Hist.* 1, p. 177, f. 1. *Bauh. Hist.* 2, p. 585 et 586, f. 1. *Bul. Paris.* tab. 180.

A Paris, en Espagne, en Italie, à Naples. ♃

2. HYACINTHE penchée, *H. cernuus*, L. à corolles en cloche, à six divisions profondes; à fleurs en grappe penchée.

Hyacinthus oblongo flore, suaviter rubente, minor; Hyacinthe à longue fleur, d'un rouge agréable, plus petite, *Bauh. Pin.* 44, n.° 8, à la ligne 5.

A Paris, en Espagne. ♃

3. HYACINTHE tardive, *H. serotinus*, L. à corolles en cloche, à six divisions profondes, dont trois extérieures bien séparées: les trois intérieures réunies ou peu divisées.

Hyacinthus obsoleto flore; Hyacinthe à fleur irrégulière, *Bauh. Pin.* 44, n.° 3. *Clus. Hist.* 1, p. 177, f. 2, et 178, f. 1.

En Espagne, à Naples. ♃

4. HYACINTHE verte, *H. viridis*, L. à corolles en cloche, à six divisions profondes, dont trois extérieures en alêne, très-longues.

Dans cette espèce les Étamines sont insérées deux à deux sur les divisions intérieures de la corolle, et les Antheres en fer de flèche.

Au cap de Bonne-Espérance. Cultivée dans les serres-chaudes. ♃

5. HYACINTHE améthyste, *H. amethystinus*, L. à corolles en cloche, à moitié divisées en six parties, cylindriques à la base.

Hyacinthus oblongo cæruleo flore, minor; Hyacinthe à longue fleur bleue, plus petite. *Bauh. Pin.* 44, n.° 8. *Bauh. Hist.* 2, p. 587, f. 2.

A Naples, en Russie. ♃

6. HYACINTHE Orientale, *H. Orientalis*, L. à corolles en entonnoir, à moitié divisées en six parties, ventrues à la base.

Hyacinthus Orientalis; Hyacinthe Orientale. *Bauh. Pin.* 44, depuis le n.° 1 jusque et compris le n.° 15. *Math.* 743, f. 1, et 744, f. 1. *Dod. Pempt.* 216, f. 2 et 3. *Lob. Ic.* 1, p. 104 et suiv. *Clus. Hist.* 1, p. 174, f. 1 et suiv. *Lugd. Hist.* 1507, f. 3, et 1508 et suiv. *Camer. Epit.* 800 et 801. *Bauh. Hist.* 2, p. 575, f. 1, et 766 et suiv. *Theat. Flor.* tab. 26 et 27. *Bul. Paris.* tab. 181.

En Russie, en Asie, en Afrique. Cultivée dans les jardins. ♃ Vernale.

7. HYACINTHE en corymbe, *H. corymbosus*, L. à corolles en entonnoir, disposées en corymbe, droites; à hampe plus courte que les feuilles.

Au cap de Bonne-Espérance. ♃

8. HYACINTHE Romaine, *H. Romanus*, L. à corolles en cloche, à moitié divisées en six parties, disposées en grappe; à étamines membraneuses.

Hyacinthus comosus, albus, Belgicus; Hyacinthe chevelue, à fleur blanche, de la Belgique. *Bauh. Pin.* 42, n.° 2. *Lob. Ic.* 1, p. 107, f. 1. *Lugd. Hist.* 1512, f. 3. *Bauh. Hist.* 2, p. 584, f. 1.

A Rome, à Naples. ♃

9. HYACINTHE Muscari, *H. Muscari*, L. à corolles ovales, toutes égales et semblables.

Hyacinthus racemosus, moschatus; Hyacinthe à fleurs en grappe, à odeur de musc. *Bauh. Pin.* 43, n.° 8. *Dod. Pempt.* 217, f. 2. *Lob. Ic.* 1, p. 109, f. 1 et 2. *Clus. Hist.* 1, p. 178, f. 2, et 179, f. 1 et 2. *Lugd. Hist.* 1503, f. 1, et 1513, f. 1. *Camer. Epit.* 373. *Bauh. Hist.* 2, p. 578, f. 1.

En Asie, cultivée dans les jardins. ♃ Vernale.

10. HYACINTHE monstrueuse, *H. monstrosus*, L. à corolles comme ovales.

Hyacinthus paniculâ caruleâ; Hyacinthe à panicule bleu. *Bauh. Pin.* 42, n.° 5. *Colum. Ecphras.* 2, p. 10 et 12. *Moris. Hist.* sect. 4, tab. 11, f. 2. *Theat. Flor.* tab. 25.

En Italie. ♃ Vernale.

11. HYACINTHE chevelue, *H. comosus*, L. à corolles anguleuses, cylindriques : les supérieures stériles ; à péduncules très-longs.

Hyacinthus comosus, major, purpureus; Hyacinthe chevelue, plus grande, à fleur pourpre. *Bauh. Pin.* 42, n.° 1. *Lob. Ic.* 1, p. 106, f. 2. *Lugd. Hist.* 1502, f. 1, et 1512, f. 1 et 2. *Camer. Epit.* 798. *Bauh. Hist.* 2, p. 374, f. 2. *Moris. Hist.* sect. 4, tab. 11, f. 1. *Bul. Paris.* tab. 182.

A Lyon, Montpellier. ♃

12. HYACINTHE botryde, *H. botryoïdes*, L. à corolles globuleuses, uniformes ; à feuilles creusées en gouttière, cylindriques, resserrées.

Hyacinthus racemosus, caruleus, major; Hyacinthe à grappe, à fleur bleue, plus grande. *Bauh. Pin.* 42, n.° 1. *Lob. Ic.* 1, p. 108, f. 1 et 2. *Clus. Hist.* 1, p. 181, f. 2. *Bauh. Hist.* 2, p. 573, f. 1. *Bellev.* tab. 242.

A Montpellier.

13. HYACINTHE à grappe, *H. racemosus*, L. à corolles ovales : les supérieures assises ou sans péduncules ; à feuilles lâches ou peu serrées.

Hyacinthus racemosus, caruleus, minor, Juncifolius; Hyacinthe à grappe, à fleur bleue, plus petite, à feuilles de Jonc. *Bauh. Pin.* 43, n.° 7. *Dod. Pempt.* 217, f. 1. *Lob. Ic.* 1, p. 107, f. 2. *Clus. Hist.* 1, p. 181, f. 1. *Lugd. Hist.* 1511, f. 1. *Bauh. Hist.* 2, p. 571, f. 1. *Jacq. Aust.* tab. 187.

A Paris, à Naples. ♃

14. HYACINTHE orchidée, *H. orchioïdes*, L. à corolles divisées profondément en six parties, dont trois extérieures plus courtes.

Buxb. Cent. 3, p. 10, tab. 16. *Jacq. Hort.* tab. 178.

En Éthiopie. ♃

15. HYACINTHE laineuse, *H. lanatus*, L. à corolles laineuses; à tige ramifiée.

On ignore son climat natal.

461. ALÉTRIS, *ALETRIS*. *Lam. Tab. Encyclop.* pl. 237.

CAL. Nul.

COR. Monopétale, en entonnoir, à six angles, très-ridée, à moitié divisée en six *parties*, lancéolées, pointues, ouvertes, droites, persistantes.

ÉTAM. Six *Filamens*, en alêne, de la longueur de la corolle, insérés à la base des divisions de la corolle. *Anthères* oblongues, droites.

PIST. *Ovaire* ovale. *Style* en alêne, de la longueur des étamines. *Stigmate* divisé peu profondément en trois parties.

PÉR. *Capsule* ovale, à trois faces, pointue, à trois loges.

SEM. Plusieurs.

OBS. *Les* Étamines *qui n'alternent point avec les divisions de la corolle, mais qui leur sont opposées, et la* Corolle *qui est très-ridée et comme farineuse, distinguent essentiellement ce genre.*

Corolle en entonnoir, ridée. *Étamines* insérées à la base des divisions de la corolle. *Capsule* à trois loges.

1. ALÉTRIS farineuse, *A. farinosa*, L. sans tige; à feuilles lancéolées, membraneuses; à fleurs alternes.

Plukn. tab. 437, f. 2.

Dans l'Amérique Septentrionale. ♃

2. ALÉTRIS du Cap, *A. Capensis*, L. sans tige; à feuilles lancéolées, ondulées; à fleurs en épi ovale, penchées.

Buxb. Cent. 2, p. 12, tab. 20.

Au cap de Bonne-Espérance. ♃

3. ALÉTRIS hyacinthe, *A. hyacinthoïdes*, L. sans tige; à feuilles lancéolées, charnues; à fleurs deux à deux.

Rheed. Malab. 11, p. 83, tab. 42?

Cette espèce présente deux variétés.

1.° Alétris de Zeylan, *A. Zeylanica*, sans tige; à feuilles radicales lancéolées, aplaties, redressées.

Plukn. tab. 256, f. 5.

2.° Alétris de la Guyane, *A. Guyanensis*, à feuilles toutes lancéolées, aplaties, redressées.

Commel. Hort. 2, p. 39, tab. 21. *Prælud.* 84, tab. 33.

A Zeylan, à la Guyane. ♃

4. ALÉTRIS odorante, *A. fragrans*, L. à tige; à feuilles lancéolées, lâches.

Commel. Hort. 2, p. 7, tab. 4; et 1, p. 93, tab. 49.

En Afrique. ♄

5. ALETRIS Uvaria, *A. Uvaria*, L. sans tige; à feuilles en lame d'épée, creusées en gouttière, carenées.

Commel. Hort. 2, p. 29, tab. 15.

Au cap de Bonne-Espérance. ♃

463. YUQUE, *YUCCA.* * *Lam. Tab. Encyclop.* pl. 243.

CAL. Nul.

COR. En cloche, réunie par les onglets, à six *divisions* profondes, ovales, très-grandes, ouvertes.

ÉTAM. Six *Filamens*, très-courts, épaissis au sommet, renversés. *Anthères* très-petites.

PIST. *Ovaire* oblong, à trois faces obtuses, plus long que les étamines. *Style* nul. *Stigmate* à trois sillons, obtus, percé, divisé en deux parties peu profondes.

PÉR. *Capsule* oblongue, divisée peu profondément en trois parties, à trois angles obtus, à trois loges, à trois battans.

SEM. Plusieurs, disposées sur deux rangs.

Corolle en cloche, ouverte. *Pistil* sans style. *Capsule* à trois loges.

1. YUQUE glorieuse, *Y. gloriosa*, L. à feuilles très-entières.

Yucca foliis Aloës; Yuque à feuilles d'Aloës. *Bauh. Pin.* 91; n.° 7. *Theat. Flor.* tab. 47. *Barrel.* tab. 1194.

A Naples, au Canada, au Pérou. ♄

2. YUQUE à feuilles d'Aloës, *Y. aloïfolia*, L. à feuilles crénelées, resserrées.

Plukn. tab. 256, f. 4. *Commel. Prælud.* 64, tab. 14. *Dill. Elth.* tab. 323, f. 416.

A la Jamaïque, à Vera-Crux. ♄

3. YUQUE sang-dragon, *Y. draconis*, L. à feuilles crénelées, penchées.

Draconi arbori affinis, Americana; congénère du Sang-Dragon, d'Amérique. *Bauh. Pin.* 506, n.° 3. *Commel. Prælud.* 67, tab. 16. *Dill. Elth.* tab. 324, f. 417.

Dans l'Amérique Méridionale. ♄

4. YUQUE filamenteuse, *Y. filamentosa*, L. à feuilles à dents de scie, produisant des fils sur les bords.

Thew. Ehret. tab. 37.

En Virginie. ♄

464. ALOËS, *ALOE.* * *Tournef. Inst.* 366, tab. 191. *Lam. Tab. Encyclop.* pl. 236.

CAL. Nul.

COR. Monopétale, droite, oblongue, à six divisions peu profondes. *Tube* bossué. *Limbe* ouvert, petit, nectarifère à sa base.

ÉTAM. Six *Filamens*, en alêne, insérés sur le réceptacle, surpassant en quelque sorte la corolle en longueur. *Anthères* oblongues, couchées.

PIST. *Ovaire* ovale. *Style* simple, de la longueur des étamines. *Stigmate* obtus, divisé peu profondément en trois parties.

PÉR. *Capsule* oblongue, à trois sillons, à trois loges, à trois battans.

SEM. Plusieurs, anguleuses.

Corolle droite, à gorge ouverte, à fond nectarifère ou fournissant un miel. *Filamens* insérés sur le réceptacle.

1. ALOÈS perfolié, *A. perfoliata*, L. à fleurs en corymbe, penchées, presque cylindriques.

Cette espèce présente des variétés nombreuses, à feuilles plus ou moins glauques, plus ou moins épineuses, plus ou moins larges, plus ou moins marquetées de taches blanches; à tige plus ou moins élevée; à fleurs plus ou moins rouges.

1. *Aloë Succotrina*, *Aloë Hepatica*, *Aloë Caballina*; Aloës Succotrin, Aloës Hépatique, Aloës Caballin. Ces trois variétés d'extrait d'Aloës que l'on vend dans les boutiques, ne sont que le même extrait différemment préparé. Le suc qui s'écoule des feuilles rompues, évaporé au soleil, donne l'Aloës le plus pur, le *Succotrin*. Si on pile les feuilles, qu'on les exprime et qu'on les fasse bouillir, on a l'Aloës *Hépatique*. Si on fait cuire jusqu'à dessication le marc, on a l'Aloës *Caballin*. 2. Suc épaissi. 3. Amer, nauseux, foiblement balsamique. 4. Il se dissout presque entier dans l'eau bouillante; mais lorsque l'eau vient à se refroidir, il se précipite beaucoup de résine. Ces trois variétés d'Aloës, donnent de la résine et un extrait aqueux. 5. Obstructions, hypochondrie, ictère, vers, ulcères, maladies cutanées, fièvres intermittentes rebelles, constipation; il est recommandé, presque comme un spécifique, contre les caries des côtes. 6. A raison de la propriété qu'on suppose à l'Aloës de tuer les vers, on l'a fait entrer dans les *brais*, dont on enduit les vaisseaux, et l'on prétend que ce n'est pas sans succès.

Aux Indes Orientales, en Afrique. Cultivé dans les jardins, où il fleurit rarement. ♃

2. ALOÈS perroquet, *A. variegata*, L. à fleurs en grappe, penchées, comme cylindriques; à limbes ouverts, égaux.

Till. Pis. pag. et tab. 7. *Commel. Praelud.* 79, tab. 28. *Rar.* pag. et tab. 47.

En Éthiopie. ♃

3. ALOÈS distique, *A. disticha*, L. à fleurs en grappes, pendantes, ovales, cylindriques, courbées.

Cette espèce présente trois variétés, relativement à la couleur des fleurs et à la forme des feuilles.

En Afrique, sur les rochers. ♄

4. ALOÈS spirale, *A. spiralis*, L. à fleurs en épi, ovales, crénelées, chargées de points élevés, durs; à segmens intérieurs réunis; à feuilles des tiges ovales, disposées sur six rangs de haut en bas.

Commel. Prælud. 83, tab. 32. *Dill. Elth.* tab. 13, f. 14.

En Afrique, dans les champs. ♄

5. ALOÈS à pouce écrasé, *A. retusa*, L. à fleurs en épi, à trois faces, à deux lèvres: la lèvre inférieure roulée.

Till. Pis. 6, tab. 5. *Commel. Hort.* 2, p. 11, tab. 6.

En Afrique, dans les endroits argilleux. ♃

6. ALOÈS visqueux, *A. viscosa*, L. à fleurs en épi, en entonnoir, à deux lèvres divisées en six parties, dont cinq sont roulées: la sixième droite.

Commel. Prælud. 82, tab. 31.

En Éthiopie, dans les champs. ♃

7. ALOÈS nain, *A. pumila*, L. à fleurs en épi, à deux lèvres: la lèvre supérieure droite: l'inférieure recourbée.

Cette espèce se divise en deux variétés principales.

1.° L'Aloës perlière, *A. margaritacea*, L. à feuilles ovales, en alêne, pointues, chargées de tubercules cartilagineux.

Commel. Hort. 2, p. 19, tab. 10.

2.° L'Aloës araignée, *A. arachnoïdea*, L. à feuilles courtes, aplaties, charnues, à trois côtés vers le sommet, garnies sur les bords de pointes pliantes.

Commel. Prælud. 78, tab. 27.

En Éthiopie, dans les champs. ♃

465. AGAVE, *AGAVE.* * *Lam. Tab. Encyclop.* pl. 235.

CAL. Nul.

COR. Monopétale, en entonnoir. *Limbe* égal, à six *divisions* profondes, lancéolées, droites.

ÉTAM. Six *Filamens*, filiformes, droits, plus longs que la corolle. *Anthères* linéaires, plus courtes que les filamens, versatiles.

PIST. *Ovaire* oblong, inférieur, aminci des deux côtés. *Style* filiforme, de la longueur des étamines, à trois côtés. *Stigmate* en tête, à trois côtés.

PÉR. *Capsule* oblongue, triangulaire, amincie des deux côtés, à trois loges, à trois battans.

SEM. Nombreuses.

Corolle droite, supérieure. *Filamens* plus longs que la corolle, droits.

1. AGAVE d'Amérique, *A. Americana*, L. à feuilles dentées, terminées par une longue épine; à hampe rameuse.

Aloë folio in oblongum mucronem abeunte; Aloës à feuille terminée par une longue épine. *Bauh. Pin.* 286, n.° 2. *Dod. Pempt.* 359, f. 2. *Lob. Ic.* 1, p. 374, f. 2. *Clus. Hist.* 2, p. 160, f. 2. *Lugd. Hist.* 1697, f. 1. *Bauh. Hist.* 3, P. 2, p. 701, f. 1. *Plukn.* tab. 258, f. 1.

Dans l'Amérique Méridionale, Introduite en Europe en 1561. Spontanée dans nos Départemens méridionaux.

2. AGAVE vivipare, *A. vivipara*, L. à feuilles dentées; à étamines de la longueur de la corolle.

Rumph. Amb. 5, p. 273, tab. 94. *Commel. Prælud.* 65, tab. 15.

Dans l'Amérique Méridionale.

3. AGAVE de Virginie, *A. Virginica*, L. à feuilles dentées, épineuses; à hampe très-simple.

En Virginie. ♃

4. AGAVE fétide, *A. fœtida*, L. à feuilles très-entières.

Plukn. tab. 258, f. 2.

A Curaçao. ♄

466. ALSTROEMÈRE, *ALSTROEMERIA.* * *Lam. Tab. Encyclop.* pl. 231. ALSTROEMERIÆ MONOGRAPHIA. *Amœn. Acad.* VI, p. 247, tab. 3.

CAL. Nul.

COR. Comme à deux lèvres, à six *pétales*, dont *trois extérieurs* en forme de coin, mousses et terminés en pointe: *trois intérieurs* alternes, lancéolés, dont deux inférieurs tubulés à la base.

ÉTAM. Six *Filamens*, en alêne, inclinés, inégaux. *Anthères* oblongues.

PIST. *Ovaire* inférieur, à six angles, tronqué. *Style* incliné, filiforme, de la longueur des étamines. Trois *Stigmates*, oblongs, divisé peu profondément en deux parties.

PÉR. *Capsule* arrondie, à six angles, piquante, à trois loges, à trois battans, concaves, à cloison opposée.

SEM. Plusieurs, arrondies, couvertes de points saillans, présentant en quelque sorte un ombilic au sommet.

Corolle à six pétales, comme à deux lèvres: deux pétales inférieurs tubulés à la base. *Étamines* inclinées.

1. ALSTROEMÈRE étrangère, *A. peregrina*, L. à tige droite.

Feuill. Peruv. 2, p. 711, tab. 5. *Amœnit. Acad.* 6, p. 247, tab. 3. *Jacq. Hort.* tab. 50.

Au Pérou, à Lima. ♃

2. ALSTROËMÈRE Ligta, *A. Ligta*, L. à tige ascendante.
Feuill. Peruv. 2, p. 710, tab. 4.
A Lima.

3. ALSTROËMÈRE Salsilla, *A. Salsilla*, L. à tige roulée en spirale.
Feuill. Peruv. 2, p. 713, tab. 6.
A Lima.

467. HÉMÉROCALLE, *HEMEROCALLIS.* * *Lam. Tab. Encyclop.* pl. 234. LILIO-ASPHODELUS. *Tournef. Inst.* 344, tab. 179.

CAL. Nul.

COR. En entonnoir, en cloche, à six divisions profondes. *Tube* court. *Limbe* ouvert, plus renversé au sommet.

ÉTAM. Six *Filamens*, en alène, de la longueur de la corolle, inclinés : les supérieurs plus courts. *Anthères* oblongues, droites.

PIST. *Ovaire* arrondi, sillonné, supérieur. *Style* filiforme, ayant la longueur et la situation des étamines. *Stigmate* à trois côtés obtus, droit.

PÉR. *Capsule* ovale, à trois lobes, à trois côtés, à trois loges, à trois battans.

SEM. Plusieurs, arrondies.

Corolle en cloche, à tube cylindrique. *Étamines* inclinées.

1. HÉMÉROCALLE jaune, *H. flava*, L. à corolles jaunes.
Lilium luteum, Asphodeli radice; Lis à fleur jaune, à racine d'Asphodèle. *Bauh. Pin.* 80, n.° 1. *Dod. Pempt.* 204, f. 1. *Lob. Ic.* 1, p. 92, f. 2. *Clus. Hist.* 1, p. 137, f. 2. *Lugd. Hist.* 1499, f. 1. *Bauh. Hist.* 2, p. 700, f. 1. *Jacq. Hort.* tab. 139.
En Suisse, en Hongrie, en Sibérie. Cultivée dans les jardins. ♃ Vernale.

2. HÉMÉROCALLE safranée, *H. fulva*, L. à corolles d'un jaune rougeâtre.
Lilium rubrum, Asphodeli radice; Lis à fleur rouge, à racine d'Asphodele. *Bauh. Pin.* 80, n.° 2. *Dod. Pempt.* 204, f. 2. *Lob. Ic.* 1, p. 93, f. 1. *Lugd. Hist.* 1499, f. 2; et 1590, f. 3. *Bauh. Hist.* 2, p. 701, f. 1.
En Suisse, en Provence. Cultivée dans les jardins. ♃ Vernale.

468 ACORE, *ACORUS. Lam. Tab. Encyclop.* pl. 252. CALAMUS AROMATICUS. *Mich. Gen.* 43, tab. 31.

CAL. *Spadice* cylindrique, très-simple, couvert de petites fleurs.
—— *Spathe* nul.
—— *Périanthe* nul, (à moins qu'on ne prenne le spadice pour périanthe).

COR.

COR. Six *Pétales*, obtus, concaves, peu serrés, un peu épaissis dans leur partie supérieure, et comme tronqués.

ÉTAM. Six *Filamens*, un peu épaissis, un peu plus longs que la corolle. *Anthères* un peu épaisses, didymes, terminales, adhérentes.

PIST. *Ovaire* bossué, un peu alongé, de la longueur des étamines. *Style* nul. *Stigmate* formé par un point saillant.

PÉR. *Capsule* courte, triangulaire, obtuse, amincie des deux côtés, à trois loges.

SEM. Plusieurs, ovales, oblongues.

Spadice cylindrique, couvert de petites fleurs. *Corolles* à six pétales, nues ou sans calices. *Pistil* sans style. *Capsule* à trois loges.

1. ACORE aromatique, *A. calamus*, L.

Cette espèce présente deux variétés.

1.° Acore vulgaire, *A. vulgaris*, L.

Acorus verus, seu Calamus aromaticus Officinarum; Acore vrai, ou Roseau aromatique des Boutiques. *Bauh. Pin.* 34, n.° 1. *Math.* 21, f. 1 et 2. *Dod. Pempt.* 249, f. 2 et 3. *Lob. Ic.* 1, p. 57, f. 1 et 2. *Lugd. Hist.* 1618, f. 1 et 2. *Bauh. Hist.* 2, p. 734, f. 1. *Icon. Pl. Med.* tab. 207.

2.° Acore vrai, *A. verus*, L.

Rheed. Mal. 11, p. 99, tab. 60. *Rumph. Amb.* 5, pag. 178, tab. 72, f. 1.

1. *Calamus vulgaris*, *C. aromaticus*, *Acorus verus*; Roseau aromatique, Acorus des Indes. 2. Racine. 3. Saveur amère, âcre, aromatique. 4. Beaucoup d'esprit recteur; peu d'huile essentielle; extrait spiritueux, très-aromatique; extrait aqueux, presque inerte. 5. Fièvres malignes, vertige, anorexie avec glaires. 6. En Lithuanie, on confit la racine de l'*Acorus* comme l'Angélique.

La première variété, en Europe; la seconde, aux Indes, dans les fossés aquatiques. ♃

469. ORONCE, *ORONTIUM.* † *Lam. Tab. Encyclop.* pl. 251.

CAL. *Spadice* cylindrique, très-simple, couvert de petites fleurs.

—— *Spathe* nul.

—— *Périanthe* nul, (à moins qu'on ne prenne pour calice la corolle.)

COR. Six *Pétales*, en rondache, arrondis, anguleux, persistans.

ÉTAM. Six *Filamens*, très-courts, en lame d'épée, entre chaque pétale. *Anthères* didymes, oblongues.

PIST. *Ovaire* arrondi, déprimé. *Style* nul. *Stigmate* arrondi, divisé peu profondément en deux parties.

PÉR. *Follicule* grêle, nidulé avec la corolle dans le spadice.

SEM. Une seule, ronde, fongueuse.

Spadice cylindrique, couvert de petites fleurs. *Corolles* à six pétales, nues ou sans calices. *Pistil* sans style. *Follicules* renfermant une seule semence.

1. ORONCE aquatique, *O. aquaticum*, L. à feuilles lancéolées, aiguës, très-entières, très-lisses, pétiolées.

Plukn. tab. 349, pl. 10. *Amænit. Acad.* 3, p. 17, tab. 1, f. 3.

En Virginie, au Canada, dans les marais. ♃.

470. ROTANG, *CALAMUS.* † *Lam. Tab. Encyclop.* pl. 770.

CAL. *Périanthe* persistant, à six *feuillets*, dont trois *extérieurs* plus courts, plus larges : trois *intérieurs* plus longs, plus étroits, pointus.

COR. Nulle, (à moins qu'on ne prenne le calice pour corolle.)

ÉTAM. Six *Filamens*, capillaires, plus longs que le calice. *Anthères* rondes.

PIST. *Ovaire* arrondi, supérieur. *Style* arrondi, roulé en spirale, filiforme, divisé peu profondément en trois parties. *Stigmates* simples.

PÉR. Membraneux, arrondi, couvert d'écailles placées en recouvrement et tournées en arrière, obtuses, à une loge, rempli premièrement de pulpe, et se desséchant ensuite.

SEM. Une seule, arrondie, charnue.

Calice à six feuillets. *Corolle* nulle. *Baie* sèche, renfermant une seule semence, couverte d'écailles placées en recouvrement et tournées en arrière.

1. ROTANG des Indes, *C. Rotang*, L. à tige très-épineuse; à fruits arrondis, rudes.

Cette espece présente huit variétés, décrites et gravées dans *Rumphius Amb.* tom. 5, pag. 88 et suiv. tab. 51 et suiv.

Aux Indes Orientales. ♄

471. JONC, *JUNCUS.* * *Tournef. Inst.* 246, tab. 127. *Lam. Tab. Encyclop.* pl. 250.

CAL. *Bâle* à deux valves.

—— *Périanthe* à six *feuillets*, oblongs, pointus, persistans.

COR. Nulle, (à moins qu'on ne prenne pour corolle le périanthe fraîchement coloré).

ÉTAM. Six *Filamens*, capillaires, très-courts. *Anthères* oblongues, droites, de la longueur du périanthe.

PIST. *Ovaire* à trois faces, pointu. *Style* court, filiforme. Trois *Stigmates*, longs, filiformes, velus, roulés en dedans.

PÉR. *Capsule* couverte, à trois faces, à une loge, à trois battans.
SEM. Quelques-unes, arrondies.

Calice à six feuillets. *Corolle* nulle. *Capsule* à une seule loge.

* I. JONCS *à chaumes nus.*

1. JONC piquant, *J. acutus*, L. à chaume presque nu, arrondi; terminé en pointe roide; à fleurs en panicule terminant presque la tige; à collerette à deux feuillets piquans.

Bauh. Hist. 2, p. 520, f. 3. *Moris. Hist.* sect. 8, tab. 10, f. 15.

A Montpellier, Paris, Lyon. ♃ Estivale.

2. JONC aggloméré, *J. conglomeratus*, L. à chaume nu, roide; à fleurs en têtes latérales, ou assises sur un côté du chaume vers le haut.

Juncus lævis, paniculâ non sparsâ; Jonc lisse, à panicule non épars. *Bauh. Pin.* 12, n.° 7. *Math.* 731, f. 2. *Lob. Ic.* 1, p. 84, f. 3. *Lugd. Hist.* 984, f. 1. *Camer. Epit.* 780. *Bauh. Hist.* 2, p. 520, f. 2.

Nutritive pour la Chèvre.

A Montpellier, Paris, Lyon, etc. ♃ Estivale.

3. JONC épars, *J. effusus*, L. à chaume nu, roide; à fleurs en panicule latéral ou assises sur un des côtés du chaume vers le haut.

Juncus lævis, paniculâ sparsâ, major; Jonc lisse, à panicule épars, plus grand. *Bauh. Pin.* 12, n.° 4. *Dod. Pempt.* 605, f. 2. *Lob. Ic.* 1, p. 84, f. 2. *Bauh. Hist.* 2, p. 520, f. 1.

Nutritive pour le Cheval, la Chèvre.

A Lyon, Montpellier, Paris. ♃ Estivale.

4. JONC recourbé, *J. inflexus*, L. à chaume nu, dont la pointe est membraneuse, recourbée; à fleurs en panicule latéral ou assises sur un des côtés du chaume vers le haut.

Juncus acumine reflexo, major; Jonc à pointe recourbée, plus grand. *Bauh. Pin.* 12, n.° 1. *Lugd. Hist.* 985, f. 2 et 3. *Bauh. Hist.* 2, p. 521, f. 1. *Barrel.* tab. 204.

Cette espèce présente deux variétés.

1.° *Juncus acumine reflexo, alter*; autre Jonc à pointe recourbée. *Bauh. Pin.* 12, n.° 2.

2.° *Juncus acutus, paniculâ sparsâ*; Jonc aigu, à panicule épars. *Bauh. Pin.* 11, n.° 4. *Lob. Ic.* 1, p. 85, f. 1.

A Lyon, Montpellier, Paris, etc. ♃ Estivale.

5. JONC filiforme, *J. filiformis*, L. à chaume nu, filiforme, penché; à fleurs en panicule latéral ou assises sur un des côtés du chaume vers le haut.

Juncus laevis, paniculâ sparsâ, minor; Jonc lisse, à panicule épars, plus petit. *Bauh. Pin.* 12, n.° 6. *Scheuzch. Gram.* 347, tab. 7, f. 11.

A Lyon, Paris. Estivale.

6. JONC à trois divisions, *J. trifidus*, L. à chaume nu; à trois feuilles et trois fleurs terminant la tige.

Juncus acumine reflexo, minor vel trifidus; Jonc à pointe recourbée, plus petit ou à trois divisions. *Bauh. Pin.* 12, n.° 3. *Prod.* 22, n.° 5, f. 2. *Bauh. Hist.* 2, p. 521 et 522, f. 1. *Flor. Dan.* tab. 107.

Sur les Alpes de Suisse, du Dauphiné, de Lapponie ♃ Estivale. *Alp.*

7. JONC rude au toucher, *J. squarrosus*, L. à chaume nu; à feuilles sétacées; à fleurs en têtes, ramassées, sans feuilles.

Gramen junceum, foliis et spicâ Junci; Gramen joncier, à feuilles et épi de Jonc. *Bauh. Pin.* 5, n.° 10. *Lob. Ic.* 1, p. 18, f. 1. *Bauh. Hist.* 2, p. 522, f. 2. *Moris. Hist.* sect. 8, tab. 9, f. 13.

Nutritive pour le Cheval.

A Montpellier, Paris, etc. ♃ Estivale.

* II. *Joncs à chaumes feuillés.*

8. JONC noueux, *J. nodosus*, L. à feuilles nouées, articulées; à pétales aigus.

Moris. Hist. sect. 8, tab. 9, f. 15. *Plukn.* tab. 92, f. 9.

Dans l'Amérique Septentrionale. ♃

9. JONC articulé, *J. articulatus*, L. à feuilles noueuses, articulées; à pétales obtus.

Cette espèce présente trois variétés.

1.° Jonc aquatique, *Juncus aquaticus.*

Gramen junceum, folio articulato, aquaticum; Gramen joncier, à feuille articulée, aquatique. *Bauh. Pin.* 5, n.° 9. *Prod.* 12, f. 1. *Lob. Ic.* 1, p. 12, f. 1. *Lugd. Hist.* 1001, f. 1. *Bauh. Hist.* 2, p. 521, f. 1.

2.° Jonc des forêts, *Juncus sylvaticus.*

Gramen junceum, folio articulato, sylvaticum; Gramen joncier, à feuille articulée, des bois. *Bauh. Pin.* 5, n.° 8.

3.° *Gramen junceum, folio articulato, cum utriculis*; Gramen joncier, à feuille articulée, avec des utricules. *Bauh. Prod.* 12, f. 2. *Moris. Hist.* sect. 8, tab. 9, f. 4.

En Europe, dans les marais. ♃ Estivale.

10. JONC bulbeux, *J. bulbosus*, L. à feuilles linéaires, creusées en gouttière; à capsules obtuses.

Barrel. tab. 114, f. 1, et tab. 747, f. 2. *Flor. Dan.* tab. 431.

Nutritive pour le Bœuf, le Cheval, le Mouton, la Chèvre.

A Montpellier, Lyon. Estivale.

11. JONC des crapauds, *J. bufonius*, L. à chaume dichotome; à feuilles anguleuses; à fleurs solitaires, assises.

Gramen nemorosum, calyculis paleaceis, erectum; Gramen des bois, à calices à paillettes, droit. *Bauh. Pin.* 7, n.° 5. *Math.* 687, f. 1. *Lob. Ic.* 1, p. 18, f. 2. *Lugd. Hist.* 1188, f. 1. *Bauh. Hist.* 2, p. 510, f. 2.

Cette espèce présente plusieurs variétés.

1.° *Gramen nemorosum, calyculis paleaceis, repens*; Gramen des bois, à calices à paillettes, rampant. *Bauh. Pin.* 7, à la suite du n.° 5, ligne 7.

2.° Gramen des crapauds, droit, à feuilles étroites, plus grand et plus petit. *Barr. Ic.* 263 et 264.

3.° *Gramen holosteum, Alpinum, minimum*; Gramen holoste, des Alpes, très-petit. *Bauh. Pin.* 7, n.° 6.

En Europe, dans les terrains inondés. ⊙ Estivale.

12. JONC à deux péduncules, *J. stygius*. L. à feuilles sétacées, un peu déprimées; à péduncules deux à deux, terminant le chaume; à bâles solitaires, renfermant le plus souvent deux fleurs.

En Suède, dans les marais. ♃

13. JONC de Jacquin, *J. Jacquini*, L. à feuilles en alêne; à fleurs en tête terminant le chaume, renfermant le plus souvent quatre fleurs.

Scheuzch. Gram. 323, tab. 7, f. 9. *Jacq. Vind.* 237, tab. 4, f. 2. *Aust.* 3, tab. 221.

Sur les Alpes de Suisse. ♃

14. JONC à deux bâles, *J. biglumis*, L. à feuilles en alêne; à bâle terminant le chaume, renfermant deux fleurs.

Flor. Dan. tab. 120.

Sur les Alpes de Suisse, d'Autriche. ♃

15. JONC à trois bâles, *J. triglumis*, L. à feuilles aplaties; à bâle terminant le chaume, renfermant trois fleurs.

Juncus exiguus, montanus, mucrone carens; Jonc petit, des montagnes, sans piquant. *Bauh. Pin.* 12, n.° 8. *Flor. Lapp.* n.° 115, tab. 10, f. 5.

Sur les Alpes du Dauphiné. ♃ Estivale. *Alp.*

16. JONC velu, *J. pilosus*, L. à feuilles aplaties, velues; à fleurs en corymbe rameux.

Gramen nemorosum, hirsutum, latifolium, majus; Gramen des bois, velu, à larges feuilles, plus grand. *Bauh. Pin.* 7, n.° 1. *Lob. Ic.* 1, p. 16, f. 1. *Moris. Hist.* sect 8, tab. 9, f. 1. *Bul. Paris*, tab. 184.

Cette espèce présente plusieurs variétés.

Nutritive pour le Cheval, le Mouton, la Chèvre, le Dindon.

En Europe, dans les bois. ♃ Vernale.

37. JONC couleur de neige, *J. niveus*, L. à feuilles aplaties, un peu velues; à fleurs en corymbe plus court que les feuilles.

Gramen hirsutum, angustifolium, minus, paniculis albis; Gramen velu, à feuilles étroites, plus petit, à panicules blancs. *Bauh. Pin.* 7, n.° 6. *Lugd. Hist.* 426, fig. 2. *Bauh. Hist.* 2, p. 492, f. 2. *Moris. Hist.* sect. 8, tab. 9, f. 39.

Sur les Alpes du Dauphiné, de Suisse. ♃ Estivale. *S-Alp.*

38. JONC des champs, *J. campestris*, L. à feuilles aplaties, un peu velues; à fleurs en épi, assises et pédunculées.

Gramen hirsutum, capitulis Psyllii; Gramen velu, à têtes d'Herbe aux puces. *Bauh. Pin.* 7, n.° 3. *Lob. Ic.* 1, p. 15, f. 2. *Lugd. Hist.* 429, f. 2. *Bauh. Hist.* 2, p. 493 et 494, f. 1.

Cette espèce présente plusieurs variétés.

1.° Jonc à feuilles aplaties, à chaume en panicule, à épis ovales. *Flor. Lapp.* n.° 127, tab. 10, f. 2.

2.° *Gramen hirsutum, capitulo globoso*; Gramen velu, à tête arrondie. *Bauh. Pin.* 7, n.° 4.

3.° *Juncoïdes latifolium, Alpinum, glabrum, paniculâ sublutéâ, splendente*; Juncoïde à larges feuilles, des Alpes, lisse, à panicule jaunâtre, brillant. *Scheuzch. Gram.* 314.

En Europe, dans les pâturages. ♃ Vernale.

39. JONC en épi, *J. spicatus*, L. à feuilles aplaties; à épi en grappe, incliné.

Flor. Lapp. n.° 125, tab. 10, f. 4. *Flor. Dan.* tab. 270.

Sur les Alpes de Lapponie.

472. RICHARDE, *RICHARDIA*. † *Lam. Tab. Encyclop.* pl. 254.

CAL. *Périanthe* d'un seul feuillet, droit, pointu, moitié plus court que la corolle, à six segmens profonds.

COR. Monopétale, en cylindre, en entonnoir. *Limbe* aigu, droit, à six divisions peu profondes.

ÉTAM. Six *Filamens*, tres-courts. *Anthères* arrondies, petites, insérées sur les divisions de la corolle.

PIST. *Ovaire* inférieur. *Style* filiforme, de la longueur des étamines, divisé supérieurement en trois parties profondes. *Stigmate* obtus.

PÉR. Nul.

SEM. Trois, rondes d'un côté, anguleuses de l'autre, élargies dans leur partie supérieure, bossuées.

OBS. *Ce genre dans l'ordre naturel doit être réuni avec les* Étoilées.

Calice à six segmens profonds. *Corolle* monopétale, presque cylindrique. Trois *Semences*.

1. RICHARDE rude, *R. scabra*, L. à feuilles lancéolées, ovales, très-entières; à pétioles courts, rudes.

A Vera-Crux. ♃

473. SAPOTILLIER, *ACHRAS.* † *Lam. Tab. Encyclop.* pl. 255. SAPOTA. *Plum. Gen.* 43, tab. 4.

CAL. *Périanthe* à six *feuillets*, ovales, concaves, droits : les *extérieurs* plus larges, plus courts : les *intérieurs* colorés.

COR. Monopétale, ovale, égalant le calice en hauteur. *Limbe* à six *divisions* peu profondes, comme ovales, planes.

Écailles situées dans la gorge de la corolle, égales à ses divisions, plus étroites, ouvertes, échancrées.

ÉTAM. Six *Filamens*, courts, en alêne, insérés sur la gorge de la corolle, alternes avec les divisions, roulés en dedans. *Anthères* aiguës.

PIST. *Ovaire* arrondi, déprimé. *Style* en alêne, plus long que la corolle. *Stigmate* obtus.

PÉR. *Pomme* arrondie, très-molle, à douze loges.

SEM. Solitaires, ovales, luisantes, marquées longitudinalement sur les bords par un hile terminé en onglet, pointues à la base.

Calice à six feuillets. *Corolle* ovale, à six divisions peu profondes, garnies intérieurement de six écailles alternes. *Pomme* à dix loges. *Semences* solitaires, marquées sur les bords par un hile terminé en onglet.

1. SAPOTILLIER mamelonné, *A. mammosa*, L. à fleurs solitaires; à feuilles en forme de coin, lancéolées.

Plukn. tab. 268, f. 2. *Jacq. Amer.* 56, tab. 182, f. 19.

1. *Sapotilla*, Sapotille. 2. Semences. 3. Colique néphrétique.

Dans l'Amérique Méridionale. ♃

2. SAPOTILLIER Sapote, *A. Sapota*, L. à fleurs solitaires; à feuilles lancéolées, ovales.

Jacq. Amer. 57, tab. 41.

Cette espèce présente une variété décrite et gravée dans *Sloane Jam.* tab. 169, f. 2.

Dans l'Amérique Méridionale. ♄

3. SAPOTILLIER à feuilles de saule, *A. salicifolia*, L. à fleurs entassées; à feuilles lancéolées, ovales.

Sloan. Jam. tab. 206, f. 2.

Dans l'Amérique Méridionale. ♃

474. PRINOS, *PRINOS*. † *Lam. Tab. Encyclop.* pl. 255.

CAL. *Périanthe* d'un seul feuillet, plane, très-petit, persistant, à six segmens peu profonds.

COR. Monopétale, en roue. *Tube* nul. *Limbe* plane, à six *divisions* profondes, ovales.

ÉTAM. Six *Filamens*, en alêne, droits, plus courts que la corolle. *Anthères* oblongues, obtuses.

PIST. *Ovaire* ovale, terminé par un *Style* plus court que les étamines, et par un *Stigmate* obtus.

PÉR. *Baie* arrondie, à six loges, beaucoup plus longue que le calice.

SEM. Solitaires, osseuses, obtuses, convexes d'un côté, anguleuses de l'autre.

OBS. *Ce genre diffère essentiellement des* Ilex *par le nombre. Il présente quelquefois une unité de moins dans le nombre de ses parties.*

Calice à six segmens peu profonds. *Corolle* monopétale, en roue. *Baie* renfermant six semences.

1. PRINOS verticillé, *P. verticillatus*, L. à feuilles dentées dans leur longueur.

Duham. Arb. 1, p. 62, tab. 23.

En Virginie, dans les marais. ♄

2. PRINOS lisse, *P. glaber*, L. à feuilles dentées au sommet.

Mill. Dict. tab. 83, f. 2.

Au Canada. ♄

475. BURSÈRE, *BURSERA*. *Lam. Tab. Encyclop.* pl. 256.

CAL. *Périanthe* à trois *feuillets*, arrondis, concaves, ouverts, petits, caducs-tardifs.

COR. Trois *Pétales*, ovales, planes, pointus, très-ouverts.

ÉTAM. Six *Filamens*, en alêne, droits, de la longueur du calice. *Anthères* oblongues, droites.

PIST. *Ovaire* ovale, de la longueur des étamines. *Style* très-court. *Stigmate* en tête.

PÉR. *Capsule* ovale, à trois angles irréguliers, à une loge, à trois battans charnus, succulens.

SEM. Une seule, en baie, comprimée, comme en cœur.

Calice à trois feuillets. *Corolle* à trois pétales. *Capsule* charnue, à une loge, à trois battans, renfermant une seule semence.

1. BURSÈRE gummifère, *B. gummifera*, L.

Plukn. tab. 151, f. 1. *Jacq. Amer.* 94, tab. 65.

Dans l'Amérique Méridionale. ♃

476. ÉPINE-VINETTE, *BERBERIS*. * *Tournef. Inst.* 614, tab. 385. *Lam. Tab. Encyclop.* pl. 253.

CAL. *Périanthe* à six *feuillets*, ouverts, ovales, rétrécis à la base, concaves : les alternes plus petits, colorés, caducs-tardifs.

COR. Six *Pétales*, arrondis, concaves, droits, ouverts, à peine plus grands que le calice.

Nectaire : deux corps, arrondis, colorés, adhérens à la base de chaque pétale.

ÉTAM. Six *Filamens*, droits, comprimés, obtus. Deux *Anthères*, adhérentes des deux côtés au sommet des filamens.

PIST. *Ovaire* comme cylindrique, de la longueur des étamines. *Style* nul. *Stigmate* arrondi, plus large que l'ovaire, ceint par une marge aiguë.

PÉR. *Baie* comme cylindrique, obtuse, à ombilic ponctué, à une loge.

SEM. Deux, oblongues, comme cylindriques, obtuses.

Calice à six feuillets. *Corolle* à six pétales, dont chacun présente à sa base deux glandes. *Pistil* sans style. *Baie* renfermant deux semences.

1. ÉPINE-VINETTE vulgaire, *B. vulgaris*, L. à péduncules en grappe.

Berberis dumetorum ; Épine-vinette des buissons. *Bauh. Pin.* 454, n.° 1. *Dod. Pempt.* 750, f. 1. *Lob. Ic.* 2, p. 182, f. 2. *Clus. Hist.* 1, p. 120, f. 2. *Lugd. Hist.* 138, f. 1. *Camer. Epit.* 86. *Bauh. Hist.* 1, P. 2, p. 52, f. 1. *Bul. Paris.* tab. 187. *Icon. Pl. Med.* tab. 86.

1. *Berberis*, Épine-vinette. 2. Baies, écorce de la racine, semences. 3. *Baies* : muqueuses, fortement acides, agréables ; *écorce* : inodore, très-amère, teignant la salive en jaune ; *semences* : un peu ameres. 5. Fièvres putride, bilieuse, inflammatoire, passion iliaque, dysur.e. 6. Confiture, Sirop. La racine teint en jaune; son écorce sert en Pologne, à teindre les cuirs en jaune très-agréable. En Lithuanie, on emploie le suc d'*Épine-vinette* comme le Citron, tant pour faire la limonade en été que pour le punch.

Nutritive pour le Bœuf, le Mouton, la Chèvre.

A Lyon, Grenoble.

2. ÉPINE-VINETTE de Crète, *B. Cretica*, L. à péduncules portant une seule fleur.

Berberis Alpina, Cretica ; Épine-vinette des Alpes, de Crète. *Bauh. Pin.* 454, n.° 3. *Alp. Exot.* 21 et 20. *Bauh. Hist.* 1, P. 2, p. 60, f. 1.

Dans l'isle de Crète. ♄

477. CAPURE, *CAPURA.* †

CAL. Nul.

COR. Monopétale, tubulée. *Tube* cylindrique. *Limbe* à six *divisions profondes*, arrondies : les extérieures alternes, plus étroites.

ÉTAM. *Filamens* comme nuls. Six *Anthères*, oblongues, dans le tube : les supérieures alternes.

PIST. *Ovaire* supérieur, tronqué, à trois côtés arrondis. *Style* cylindrique, très-court. *Stigmate* comme arrondi.

PÉR. *Baie?*

SEM. . . . . .

Ovaire supérieur. *Calice* nul. *Corolle* à six divisions peu profondes. *Étamines* dans le tube de le corolle. *Stigmate* globuleux. *Baie?*

1. CAPURE pourprée, *C. purpurata*, L. à feuilles opposées, à pétioles très-courts, ovales, très-entières, un peu aiguës.

Dans l'Inde Orientale. ♃

478. LORANTHE, *LORANTHUS.* † *Lam. Tab. Encyclop.* pl. 258.

CAL. *Périanthe du fruit* inférieur, formé par une marge entière, concave.

—— *Périanthe de la fleur*, supérieur ou formé par une marge entière, concave.

COR. Six *Pétales*, oblongs, roulés, égaux.

ÉTAM. Six *Filamens*, en alêne, adhérens à la base des pétales, de la longueur de la corolle. *Anthères* oblongues.

PIST. *Ovaire* oblong, placé entre les deux calices ou inférieur. *Style* simple, de la longueur des étamines. *Stigmate* obtus.

PÉR. *Baie* oblongue, à une loge.

SEM. Oblongue.

Ovaire inférieur. *Calice* double. *Corolle* à six divisions peu profondes, roulées. *Étamines* insérées au sommet des pétales. *Baie* renfermant une seule semence.

1. LORANTHE Scurrule, *L. Scurrula*, L. à péduncules ne portant qu'une seule fleur, entassés; à feuilles en ovale renversé.

Petiv. Gaz. tab. 63, f. 8.

A la Chine. ♄

2. LORANTHE à une seule fleur, *L. uniflorus*, L. à fleurs en grappe, très-simple.

Jacq. Amer. 98, tab. 69.

A Saint-Domingue, dans les forêts. ♄

3. LORANTHE Européen, *L. Europæus*, L. à fleurs en grappes simples, terminales; à fleurs dioïques.

Jacq. Austr. tab. 30.

En Autriche, en Sibérie, sur les arbres. Parasite. ♄

4. LORANTHE Américain, *L. Americanus*, L. à fleurs en grappes un peu rameuses, égales; à feuilles ovales.

Jacq. Amer. 97, tab. 67.

Dans l'Amérique Méridionale, sur les arbres. ♄

5. LORANTHE Occidental, *L. Occidentalis*, L. à fleurs en grappes, simples, irrégulières.

Sloan. Jam. tab. 200, f. 2.

Dans l'Amérique Méridionale, sur les arbres. ♄

6. LORANTHE chevre-feuille, *L. loniceroïdes*, L. à fleurs agrégées, en tête.

Plukn. tab. 213, f. 5.

En Asie, sur les arbres. ♄

7. LORANTHE Stelis, *L. Stelis*, L. à fleurs en grappes dichotomes; à péduncules à trois côtés; à fleurs égales.

A Cumana, sur les arbres. ♄

8. LORANTHE pentandre, *L. pentandrus*, L. à fleurs en grappes simples, à cinq étamines, à cinq divisions peu profondes; à feuilles alternes, pétiolées.

Dans l'Inde Orientale. ♄

9. LORANTHE en épi, *L. spicatus*, L. à fleurs en épis quadrangulaires.

Jacq. Amer. 97, tab. 68.

A Carthagène. Parasite. ♄

479. HILLE, *HILLIA. Lam. Tab. Encyclop.* pl. 257.

CAL. *Périanthe* supérieur, à six *feuillets*, oblongs, aigus, droits.

COR. Monopétale. *Tube* cylindrique, à six sillons, très-long. *Limbe* plane, à six *divisions* peu profondes, oblongues.

ÉTAM. Six *Filamens*, très-courts. *Anthères* oblongues, droites, dans la gorge de la corolle.

PIST. *Ovaire* inférieur, oblong, à six côtés irréguliers. *Style* filiforme, de la longueur du tube. *Stigmates* en tête.

PÉR. Oblong, comprimé, à deux loges.

SEM. Nombreuses, très-petites.

Calice à six feuillets. *Corolle* à six divisions peu profondes, très-longues. *Baie* inférieure, à deux loges renfermant chacune plusieurs semences.

2. HILLE parasite, *H. parasitica*, L. à feuilles opposées, ovales.
Jacq. Amer. 96, tab. 66.
Dans l'Amérique Méridionale. Parasite. ♄

480. CANARINE, *CANARINA.* * *Lam. Tab. Encyclop.* pl. 259.

CAL. *Périanthe* supérieur, à six *feuillets*, lancéolés, recourbés, persistans.

COR. Monopétale, en cloche, nerveuse, à six divisions peu profondes.
Nectaire : six valves, égales, couvrant le réceptacle, écartées.

ÉTAM. Six *Filamens*, en alêne, étalés extérieurement, formés par les valves du nectaire.

PIST. *Ovaire* inférieur, à six côtés. *Style* conique, court. *Stigmate* plus long que les étamines, en massue, divisé profondément en six parties.

PÉR. *Capsule* à six angles, obtuse, à six loges.

SEM. Nombreuses, petites.

Calice à six feuillets. *Corolle* à six divisions peu profondes, en cloche. Six *Stigmates*. *Capsule* inférieure, à six loges renfermant chacune plusieurs semences.

1. CANARINE Campanule, *C. Campanula*, L. à capsules à cinq loges; à feuilles opposées, en fer de hallebarde, dentées, pétiolées.
Plukn. tab. 276, f. 1. *Hort. Cliff.* 65, esp. 10, tab. 8.
Aux isles Canaries. ♃

481. FRANKÈNE, *FRANKENIA.* * *Lam. Tab. Encyclop.* pl. 262.
FRANCA. *Mich. Gen.* 23, tab. 22.

CAL. *Périanthe* d'un seul feuillet, comme cylindrique, à dix côtés, persistant, à *orifice* à cinq dents, aigu, ouvert.

COR. Cinq *Pétales*. *Onglets* de la longueur du calice. *Limbe* plane. *Lames* arrondies, étalées.
Nectaire : onglet creusé en gouttière, pointu, inséré sur les onglets de chaque pétale.

ÉTAM. Six *Filamens*, de la longueur du calice. *Anthères* arrondies, didymes.

PIST. *Ovaire* oblong, supérieur. *Style* simple, de la longueur des étamines. Trois *Stigmates* oblongs, droits, obtus.

PÉR. *Capsule* ovale, à une loge, à trois battans.

SEM. Plusieurs, ovales, très-petites.

OBS. *Selon le Syst. Végét. pag.* 283, *le* Stigmate *est divisé profondément en six parties.*

Calice à cinq segmens peu profonds, en entonnoir. *Corolle* à cinq pétales. *Stigmate* divisé profondément en six parties. *Capsule* à une seule loge, à trois battans.

1. FRANKÈNE lisse, *F. lævis*, L. à feuilles linéaires, entassées; ciliées à la base.

Polygonum maritimum, minus, foliis Serpylli; Persicaire maritime, plus petite, à feuilles de Serpolet. *Bauh. Pin.* 281, n.° 10. *Lob. Ic.* 1, p. 422. *Lugd. Hist.* 1124, f. 2. *Bauh. Hist.* 3, P. 2, p. 703, f. 3. *Mich. Gen.* 23, tab. 22, f. 1. *Barrel.* tab. 714 et 715.

A Montpellier. ♃ Vernale.

2. FRANKÈNE hérissée, *F. hirsuta*, L. à tiges hérissées; à fleurs en faisceaux, terminales.

Polygonum Creticum, Thymi folio; Persicaire de Crète, à feuille de Thym. *Bauh. Pin.* 281, n.° 7. *Mich. Gen.* 23, tab. 22, f. 2.

A Naples, dans l'isle de Crète.

3. FRANKÈNE poudreuse, *F. pulverulenta*, L. à feuilles en ovale renversé, mousses, comme couvertes de poussière en dessous.

Anthyllis marina, Chamæsyce similis; Anthyllide marine, ressemblante au Chamécyce. *Bauh. Pin.* 282, n.° 1. *Lob. Ic.* 1, p. 421, f. 1. *Clus. Hist.* 2, p. 186, f. 2. *Lugd. Hist.* 1381, f. 3; et 1382, f. 1.

A Montpellier. ♃ Vernale.

482. PÉPLIDE, *PEPLIS.* * *Lam. Tab. Encyclop.* pl. 262. GLAUCOÏDES. *Mich. Gen.* 21, tab. 18.

CAL. *Périanthe* d'un seul feuillet, en cloche, persistant, très-grand; à *orifice* à douze segmens peu profonds, à dents alternes, renversées.

COR. Six *Pétales*, ovales, très-petits, insérés sur la gorge du calice.

ÉTAM. Six *Filamens*, en alêne, courts. *Anthères* arrondies.

PIST. *Ovaire* ovale. *Style* très-court. *Stigmate* arrondi.

PÉR. *Capsule* en cœur, à deux loges, à cloison opposée.

SEM. Plusieurs, très-petites, à trois côtés.

OBS. La Corolle *manque quelquefois dans les fleurs d'une seule et même plante.*

Calice en cloche, à douze divisions peu profondes. *Corolle* à six pétales insérés sur le calice. *Capsule* à deux loges.

1. PÉPLIDE Pourpier, *P. Portula*, L. à fleurs apétales.

Alsine palustris, minor, Serpyllifolia; Morgeline des marais, plus petite, à feuilles de Serpolet. *Bauh. Pin.* 251, n.° 5. *Bauh. Hist.* 3, P. 2, p. 372, f. 3. *Bellev.* tab. 150. *Vaill. Paris.* 80, tab. 15, f. 5. *Loës. Prus.* 106, n.° 20. *Flor. Dan.* tab. 64.

A Lyon, Grenoble, Paris, etc. ⊙ Estivale.

2. PÉPLIDE tétrandre, *P. tetrandra*, L. à fleurs à quatre étamines, monopetales.

Jacq. Amer. 100, tab. 182, f. 29.

A la Jamaïque. ⊙

II. DIGYNIE.

483. RIZ, *ORYZA.* * *Tournef. Inst.* 513, tab. 296. *Lam. Tab. Encyclop.* pl. 264.

CAL. *Bâle* à une fleur, à deux valves, très-petites, pointues, comme égales.

COR. A deux valves, en nacelle, concaves, comprimées, la plus grande à cinq angles, munie d'une arête.

Nectaire (*Pétales* selon *Michelli*) à deux feuillets, plane, très-petit, sur un des côtés de l'ovaire: *Feuillets* rétrécis à la base, tronqués au sommet, promptement-caducs.

ÉTAM Six *Filamens*, capillaires, de la longueur de la corolle. *Anthères* divisées peu profondément à la base en deux parties.

PIST. *Ovaire* en toupie. Deux *Styles*, capillaires, renverses. *Stigmates* en massue, plumeux.

PÉR. Nul. La *Corolle* adhère à la semence, qui est ovale, oblongue, comprimée, amincie sur les bords, marquée sur les côtés de deux stries.

SEM. Une seule, grande, oblongue, obtuse, comprimée, marquée des deux côtés de deux stries.

Calice bâle à deux valves, renfermant une seule fleur. *Corolle* à deux valves, presque égales, adhérentes à la semence.

1. RIZ cultivé, *O. sativa*, L. à fleurs en panicule.

Oryza, Riz. *Bauh. Pin.* 24, n.° 1. *Dod. Pempt.* 509, f. 1. *Lob. Ic.* 1, p. 38, f. 2. *Lugd. Hist.* 407, f. 1. *Camer. Epit.* 192. *Bauh. Hist.* 2, p. 451, f. 1. *Moris. Hist.* sect. 8, tab. 7, f. 1.

1. *Oryza*, Riz. 2. Semences. 3. Farineuses, douceâtres, fades. 5. Diarrhee, dyssenterie. 6. Le Riz fournit la principale nourriture des Indiens et des Africains. Il entre dans l'*Arach* des premiers, avec le Sucre et le Coco : ils en préparent aussi une autre liqueur spiritueuse, que les Chinois appellent *Samsu*, et les Japonois *Sakki*. La paille de Riz qui est souple, sert à faire des tresses, des tissus, dont on forme des chapeaux légers à l'usage des femmes.

En Éthiopie. Cultivé dans l'Inde, le Piémont, en Espagne, en Sicile, dans l'Amérique Méridionale. ⊙

484. ATRAPHAXE, *ATRAPHAXIS.* * *Lam. Tab. Encyclop.* pl. 265.

CAL. *Périanthe* à deux *feuillets*, opposés, lancéolés, colorés, persistans.

COR. Deux *Pétales*, arrondis, sinués, plus grands que le calice, persistans.

ÉTAM. Six *Filamens*, capillaires, de la longueur du calice. *Anthères* arrondies.

PIST. *Ovaire* comprimé. *Style* nul. Deux *Stigmates* en tête.

PÉR. Nul. Le *Calice* dont les feuillets se rapprochent, renferme la semence.

SEM. Une seule, arrondie, comprimée.

OBS. *L'A.* undulata *diffère par son calice à quatre segmens profonds, ovales, concaves ; sans corolle ; par ses étamines lancéolées ; par son style divisé peu profondément en deux parties ; par sa semence arrondie.*

Calice à deux feuillets. *Corolle* à deux pétales sinués. *Stigmates* en tête. Une seule *Semence.*

1. ATRAPHAXE épineuse, *A. spinosa*, L. à rameaux épineux.
 Dill. Elth. tab. 40, f. 47. *Buxb. Cent.* 1, p. 19, tab. 30.
 En Médie, en Sibérie.

2. ATRAPHAXE ondulée, *A. undulata*, L. sans épines.
 Dill. Elth. tab. 32, f. 36.
 En Éthiopie. ♄

III. TRIGYNIE.

485. PATIENCE, *RUMEX.* * *Lam. Tab. Encyclop.* pl. 271. ACETOSA. *Tournef. Inst.* 502, tab. 287. LAPATHUM. *Tournef. Inst.* 504.

CAL. *Périanthe* à trois *feuillets*, obtus, renversés, persistans.

COR. Trois *Pétales*, ovales, semblables au calice et plus grand que lui, rapprochés, persistans.

ÉTAM. Six *Filamens*, capillaires, très-courts. *Anthères* droites, didymes.

PIST. *Ovaire* en toupie, à trois faces. Trois *Styles*, capillaires, renversés, saillans entre les fentes des pétales qui sont rapprochés. *Stigmates* grands, laciniés.

PÉR. Nul. Les *Pétales* rapprochés, à trois faces, renferment la semence.

SEM. Une seule, à trois faces.

OBS. *Le* R. digynus *présente une unité de moins dans toutes les parties de la fructification, excepté dans les étamines.*

Les Acetosæ *dans la Dioécie, présentent des fleurs mâles et femelles.*

R. spinosus *dans la Monoécie, présente des fleurs des deux sexes, avec les périanthes des fleurs femelles en crochet.*

R. Alpinus *est polygame.*

Dans quelques espèces, un grain calleux adhère extérieurement aux valvules des pétales.

Calice à trois feuillets. *Corolle* à trois pétales réunis, persistans. Une seule *Semence* à trois faces, enveloppée par la corolle.

* I. *PATIENCES à fleurs hermaphrodites, à valvules marquées par un grain.*

1. PATIENCE cultivée, *R. patientia*, L. à fleurs hermaphrodites; à valvules très-entières, dont une est marquée par un grain; à feuilles ovales, lancéolées.

Lapathum hortense, folio oblongo, sive secundum Dioscoridis; Oseille des jardins, à feuille oblongue, ou Oseille seconde de Dioscoride. *Bauh. Pin.* 114, n.° 1. *Dod. Pempt.* 648, f. 2. *Lugd. Hist.* 601, f. 1. *Icon. Pl. Med.* tab. 422.

A Montpellier, Grenoble. ♃

2. PATIENCE rouge, *R. sanguineus*, L. à fleurs hermaphrodites; à valvules très-entières, dont une est marquée par un grain; à feuilles en cœur, lancéolées.

Lapathum folio acuto, rubente; Oseille à feuille aiguë, rouge. *Bauh. Pin.* 650, f. 1. *Dod. Pempt.* [illegible], f. [illegible]. *Lob. Ic.* 1, p. 290, f. 1. *Lugd. Hist.* 603, f. 1. *Camer. Epit.* 229. *Bauh. Hist.* 2, p. 988 et 989, f. 1. *Icon. Pl. Med.* tab. 127.

1. *Lapathum sanguineum;* Oseille rouge. 2. Racine, Semences. 3. Austères. 5. Dyssenterie, ulcères, affections cutanées, ictère.

En Virginie. Cultivée dans les jardins. ♂

3. PATIENCE verticillée, *R. verticillatus*, L. à fleurs hermaphrodites; à valvules très-entières, toutes marquées par un grain; à feuilles lancéolées; à gaines cylindriques.

Plukn. tab. 254, f. 1.

En Virginie. ♃

4. PATIENCE Britannique, *R. Britannicus*, L. à fleurs hermaphrodites; à valvules très-entières, toutes marquées par un grain; à feuilles lancéolées; à gaines irrégulières.

En Virginie. ♃

5. PATIENCE frisée, *R. crispus*, L. à fleurs hermaphrodites; à valvules entières, marquées par un grain; à feuilles lancéolées, ondulées, aiguës.

Lapathum folio acuto, crispo; Oseille à feuille aiguë, frisée. *Bauh. Pin.* 115, n.° 2. *Munt. Brit.* 104, tab. 190.

Nutritive pour le Dindon.

A Lyon, Paris, Grenoble. ♃ Vernale.

6. PATIENCE

6. PATIENCE persicaire, *R. persicarioïdes*, L. à fleurs hermaphrodites; à valvules dentées, toutes marquées par un grain; à feuilles lancéolées.

En Virginie. ☉

7. PATIENCE d'Égypte, *R. Ægyptiacus*, L. à fleurs hermaphrodites; à valvules à trois divisions peu profondes, sétacées, dont une est marquée par un grain.

Til. Pis. 43, tab. 37, f. 1.

En Égypte. ☉

8. PATIENCE dentée, *R. dentatus*, L. à fleurs hermaphrodites; à valvules dentées, toutes marquées par un grain; à feuilles lancéolées.

Dill. Elth. tab. 158, f. 191.

En Égypte. ☉

9. PATIENCE maritime, *R. maritimus*, L. à fleurs hermaphrodites; à valvules dentées, marquées par un grain; à feuilles linéaires.

Lapathum minimum; Oseille très-petite. *Bauh. Pin.* 115, n.° 5. *Lob. Ic.* 1, p. 284, f. 2. *Bauh. Hist.* 2, p. 987, f. 3.

L'herbe colore en jaune.

A Paris, Lyon. ♃ Estivale.

10. PATIENCE étalée, *R. divaricatus*, L. à fleurs hermaphrodites; à valvules dentées, marquées par un grain; à feuilles en cœur, oblongues, aiguës.

Le synonyme de *Till. Pis.* 93, tab. 37, fig. 2, appliqué à cette espèce, est rapporté par *Reichard* à la Patience sinuée, *R. pulcher*, L.

A Paris. ♃ Estivale.

11. PATIENCE aiguë, *R. acutus*, L. à fleurs hermaphrodites; à valvules dentées, marquées par un grain; à feuilles en cœur, oblongues, pointues.

Lapathum folio acuto, plano; Oseille à feuille aiguë, aplatie. *Bauh. Pin.* 115, n.° 1. *Fusch. Hist.* 491. *Dod. Pempt.* 648, f. 1. *Lob. Ic.* 1, p. 284, f. 1. *Munt. Brit.* tab. 189.

1. *Lapathum acutum*, Patience aiguë. 2. Racine. 3. Amère, austère, styptique, nauseuse. 5. Dyssenterie, ulcères, gale.

A Lyon, Paris, Grenoble, etc. ♃ Estivale.

12. PATIENCE obtuse, *R. obtusifolius*, L. à fleurs hermaphrodites; à valvules dentées, marquées par un grain; à feuilles en cœur, oblongues, un peu obtuses, crénelées.

Lapathum folio minus acuto; Oseille à feuille moins aiguë. *Bauh. Pin.* 115, n.° 7. *Lob. Ic.* 1, p. 285, f. 1. *Camer. Epit.* 228. *Bauh. Hist.* 2, p. 984, f. 2. *Munt. Brit.* 68, tab. 187. *Icon. Pl. Med.* tab. 23.

A Paris, Grenoble. ♃ Estivale.

13. PATIENCE sinuée, *R. pulcher*, L. à fleurs hermaphrodites; à valvules dentées, dont une seule marquée par un grain; à feuilles radicales en forme de violon.

Bauh. Hist. 2, p. 988, f. 3. *Moris. Hist.* sect. 5, tab. 27, f. 13.

A Lyon, Paris, Grenoble, etc. ♃ Estivale.

* II. *PATIENCES à fleurs hermaphrodites ; à valvules nues ou qui ne sont point marquées par un grain.*

14. PATIENCE Tête-de-bœuf, *R. Bucephalophorus*, L. à fleurs hermaphrodites; à valvules dentées, nues; à pédicules aplatis, renversés, épaissis.

Acetosa Ocymi folio, Neapolitana; Oseille à feuille de Basilic, de Naples. *Bauh. Pin.* 114, n.° 12. *Column. Ecphras.* 1, p. 151 et 150, f. 2.

A Montpellier, en Italie. ⊙ Vernale.

15. PATIENCE aquatique, *R. aquaticus*, L. à fleurs hermaphrodites; à valvules très-entières, nues; à feuilles en cœur, lisses, aiguës.

Lapathum aquaticum, folio cubitali; Oseille aquatique, à feuille très-grande. *Bauh. Pin.* 116, n.° 1. *Lob. Ic.* 1, p. 285, f. 2. *Lugd. Hist.* 604, f. 3. *Bauh. Hist.* 2, p. 987, f. 1. *Munt. Brit.* tab. 1.

1. *Herba Britannica*, Patience equatique. 2. Racine. 3. Jaune, amère, austère. 5. Ulcères de mauvaise nature, tant intérieurement qu'extérieurement, dartres, gale. 6. Sa racine est propre à former des dentifrices.

En Europe, dans les lieux aquatiques. ♃ Estivale.

16. PATIENCE Lunaire, *R. Lunaria*, L. à fleurs hermaphrodites; à valvules lisses; à tige ligneuse; à feuilles comme en cœur.

Lob. Ic. 1, p. 808, f. 1. *Bauh. Hist.* 2, p. 994, f. 1. *Plukn.* tab. 252, f. 3.

Aux isles Canaries.

17. PATIENCE à vessies, *R. vesicarius*, L. à fleurs hermaphrodites, deux à deux; toutes les valvules très-grandes, membraneuses, renversées; à feuilles entières ou sans divisions.

Acetosa Americana, foliis longissimis pediculis donatis; Oseille d'Amérique, à feuilles portées sur des péduncules très-longs. *Bauh. Pin.* 114, n.° 6. *Bauh. Hist.* 2, p. 992, f. 2. *Moris. Hist.* sect. 5, tab. 28, f. 7. *Barrel.* tab. 1112.

En Afrique. ⊙

18. PATIENCE rose, *R. roseus*, L. à fleurs hermaphrodites distinctes; une valvule garnie d'une aile très-grande, en réseau; à feuilles rongées.

En Égypte. ⊙

19. PATIENCE de Mauritanie, *R. Tingitanus*, L. à fleurs hermaphrodites distinctes; à valvules en cœur, obtuses, très-entières; à feuilles en fer de hallebarde, ovales.

Lapathum maritimum, fœtidum; Oseille maritime, fétide. *Bauh. Pin.* 116, n.° 3. *Bauh. Hist.* 2, p. 988, f. 3. *Moris. Hist.* sect. 5, tab. 28, f. 8.

En Barbarie, en Espagne. ♃

20. PATIENCE à écussons, *R. scutatus*, L. à fleurs hermaphrodites; à feuilles en cœur, en fer de hallebarde; à tige arrondie.

Acetosa rotundifolia, hortensis; Oseille à feuilles rondes, des jardins. *Bauh. Pin.* 114, n.° 8. *Dod. Pempt.* 649, n.° 2. *Lob. Ic.* 1, p. 292, f. 1. *Lugd. Hist.* 605, f. 3. *Bauh. Hist.* 2, p. 991, f. 2. *Moris. Hist.* sect. 5, tab. 28, f. 9. *Icon. Pl. Med.* tab. 99. *Bul. Paris.* tab. 190.

Cette espèce présente une variété.

Acetosa scutata, repens; Oseille à écussons, rampante. *Bauh. Pin.* 114, n.° 10.

1. *Acetosa rotundifolia*, Oseille ronde. 2. Herbe. 4. Mucilage acide. 5. Fièvres inflammatoires, bilieuses, scorbut, toutes les acrimonies chaudes. 6. Alimentaire, culinaire.

En Dauphiné, en Provence, à Lyon. ♃ Estivale.

21. PATIENCE digyne, *R. digynus*, L. à fleurs hermaphrodites; à deux pistils.

Acetosa rotundifolia, Alpina; Oseille à feuilles rondes, des Alpes. *Bauh. Pin.* 114, n.° 9. *Moris. Hist.* sect. 5, tab. 36, fig. avant dernière. *Plukn.* tab. 252, f. 2. *Flor. Dan.* tab. 14.

Nutritive pour le Bœuf, la Chèvre.

Sur les Alpes du Dauphiné, de Suisse. ♃

* III. *PATIENCES à fleurs unisexuelles.*

22. PATIENCE des Alpes, *R. Alpinus*, L. à fleurs hermaphrodites stériles: les fleurs femelles à valvules très-entières, nues; à feuilles en cœur, obtuses, ridées.

Lapathum hortense rotundifolium seu montanum; Oseille des jardins à feuilles rondes ou Oseille des montagnes. *Bauh. Pin.* 115, n.° 2. *Lob. Ic.* 1, p. 287, f. 2. *Lugd. Hist.* 606, f. 3. *Bauh. Hist.* 2, p. 987, f. 3.

1. *Rhabarbarum Monachorum*; Rhubarbe des Moines, Rapontic. 2. Racine. 5. Dans tous les cas où l'on veut lâcher le ventre et donner du ton aux intestins, ou du moins affoiblir ce ton le moins qu'il est possible. 6. La racine teint en jaune.

Sur les Alpes du Dauphiné, de Suisse. ♃ Estivale.

F 2

23. PATIENCE épineuse, *R. spinosus*, L. à fleurs androgynes; à calices des fleurs femelles d'un seul feuillet; à valvules extérieures renversées, en crochet.

Beta Cretica, semine aculeato; Bette de Crète, à semence piquante. *Bauh. Pin.* 118, n.° 5. *Bauh. Hist.* 2, p. 963, f. 1.

Dans l'isle de Crète, à Naples. ☉

24. PATIENCE tubéreuse, *R. tuberosus*, L. à fleurs dioïques; à feuilles lancéolées, en fer de flèche; à rameaux ouverts.

Acetosa tuberosâ radice; Oseille à racine tubéreuse. *Bauh. Pin.* 114, n.° 5. *Dod. Pempt.* 649, f. 1. *Lob. Ic.* 1, p. 291, f. 1. *Lugd. Hist.* 605, f. 5. *Bauh. Hist.* 2, p. 991, f. 1. *Moris. Hist.* sect. 5, tab. 28, f. 6.

En Italie, à Naples.

25. PATIENCE divisée, *R. multifidus*, L. à fleurs dioïques; à feuilles en fer de hallebarde, garnies à la base de deux oreillettes palmées.

Boccon. Mus. 2, p. 164, tab. 126.

Sur les Alpes d'Étrurie, dans la Calabre, en Orient. ♃

26. PATIENCE Oseille, *R. Acetosa*, L. à fleurs dioïques; à feuilles oblongues, en fer de flèche.

Acetosa pratensis; Oseille des prés. *Bauh. Pin.* 114, n.° 1. *Dod. Pempt.* 648, f. 4. *Lob. Ic.* 1, p. 290, f. 2. *Lugd. Hist.* 604, f. 1. *Camer. Epit.* 230. *Bul. Paris.* tab. 191. *Icon. Pl. Med.* tab. 70.

Cette espèce présente deux variétés.

1.° *Oxalis crispa*; Oseille frisée. *Bauh. Hist.* 2, p. 990, f. 2.

2.° *Acetosa montana, maxima*; Oseille des montagnes, très-grande. *Bauh. Pin.* 114, n.° 2.

1. *Acetosa nostras*; Oseille ordinaire. Elle a les mêmes vertus que la Patience à écussons, mais elle est plus commune et plus usitée. 6. Aliment plutôt agréable que nourrissant. La racine sèche donne une couleur rouge.

Nutritive pour le Bœuf, le Mouton, le Cheval, le Cochon, la Chèvre, le Dindon.

En Europe, dans les prés. ♃ Estivale.

27. PATIENCE petite Oseille, *R. acetosella*. L. à fleurs dioïques; à feuilles lancéolées, en fer de hallebarde.

Acetosa arvensis, lanceolata; Oseille des champs, lancéolée. *Bauh. Pin.* 114, n.° 13. *Dod. Pempt.* 650, f. 1. *Lob. Ic.* 1, p. 291, f. 2. *Lugd. Hist.* 604, f. 2. *Camer. Epit.* 231. *Bauh. Hist.* 2, p. 292, f. 1. *Bul. Paris.* tab. 192.

Cette espèce présente trois variétés.

1.° *Acetosa lanceolata, angustifolia, repens*; Oseille lancéolée, à feuilles étroites, rampante. *Bauh. Pin.* 14, n.° 14.

2.° *Acetosa arvensis minima non lanceolata*; Oseille des champs très-petite non lancéolée. *Bauh. Pin.* 114, n.° 15.

3.° *Acetosa minor, erecta, lobis multifidis*; Oseille plus petite, droite, à lobes divisés peu profondément en plusieurs parties. *Boccon. Mus.* 164, tab. 26.

Nutritive pour le Bœuf, le Mouton, le Cheval, le Cochon; la Chèvre.

En Europe, dans les pâturages et les champs sablonneux. ♃

28. PATIENCE piquante, *R. aculeatus*, L. à fleurs dioïques; à feuilles lancéolées, pétiolées; à fruits renversés; à valvules ciliées.

Acetosa Cretica, semine aculeato; Oseille de Crète, à semence piquante. *Bauh. Pin.* 114, n.° 12. *Prodr.* 55, n.° 4, f. 1. *Bauh. Hist.* 2, p. 991, f. 3.

Dans l'isle de Crète, en Espagne.

29. PATIENCE très-touffue, *R. luxurians*, L. à fleurs dioïques; à feuilles en cœur, en fer de hallebarde; à tiges couchées, anguleuses.

Boccon. Mus. 165, tab. 126.

Sur les Alpes de Bologne. ♃

486. FLAGELLAIRE, *FLAGELLARIA*. *Lam. Tab. Encyclop.* pl. 266.

CAL. *Périanthe* à six *feuillets* égaux, ovales, persistans : les extérieurs plus aigus.

COR. Nulle.

ÉTAM. Six *Filamens*, filiformes, presque aussi longs que le calice. *Anthères* oblongues.

PIST. *Ovaire* ovale, très-petit. *Style* de la longueur des étamines, divisé peu profondément en trois parties. *Stigmates* simples, légèrement aplatis, persistans.

PÉR. *Drupe*, (*Baie* selon le *Syst. Veget.*) arrondie, à une loge, couronnée par la fleur.

SEM. *Noyau* arrondi.

Calice à six feuillets. *Corolle* nulle. *Baie* renfermant une seule semence.

1. FLAGELLAIRE des Indes, *F. Indica*, L. à feuilles terminées par une vrille.

Rheed. Malab. 7, p. 99, tab. 53. *Rumph. Amb.* 5, p. 120, tab. 59, f. 2.

A Java, au Malabar, à Zeylan. ♄

487. SCHEUCHZÈRE, *SCHEUCHZERIA.* * *Flor. Lapp.* tab. 10, f. 1. *Lam. Tab. Encyclop.* pl. 268.

CAL. *Périanthe* à six *segmens*, oblongs, aigus, renversés, ouverts, roides, persistans.

COR. Nulle.

ÉTAM. Six *Filamens*, capillaires, très-courts, flasques. *Anthères* droites, obtuses, très-longues, comprimées.

PIST. Trois *Ovaires*, ovales, comprimés, de la grandeur du calice. *Styles* nuls. *Stigmates* oblongs, obtus dans leur partie supérieure, adhérens extérieurement à l'ovaire.

PÉR. *Capsules* en nombre égal à celui des ovaires, arrondies, comprimées, boursouflées, renversées, écartées, à deux battans.

SEM. Solitaires, oblongues.

OBS. *Le nombre des ovaires et des capsules varie de trois à six, cependant il est ordinairement de trois.*

Calice à six segmens profonds. *Corolle* nulle. *Pistils* sans styles. Trois *Capsules* enflées, renfermant chacune une seule semence.

1. SCHEUCHZÈRE des marais, *S. palustris*, L. à feuilles alternes, très-étroites, aiguës, engainées et pliées en gouttière; à fleurs en grappe lâche et terminale.

Juncus floridus, minor; Jonc fleuri, plus petit. *Bauh. Pin.* 12, n.° 2. *Loes. Prus.* 114, n.° 28. *Flor. Lapp.* n.° 133, tab. 10, f. 1. *Flor. Dan.* tab. 76.

Sur les Alpes du Dauphiné. ♃

488. TROSCART, *TRIGLOCHIN.* * *Lam. Tab. Encyclop.* pl. 270. JUNCAGO. *Tournef. Inst.* 266, tab. 142. *Mich.* 43, tab. 31.

CAL. *Périanthe* à trois *feuillets*, arrondis, obtus, concaves, caducs-tardifs.

COR. Trois *Pétales*, ovales, concaves, obtus, semblables au calice.

ÉTAM. Six *Filamens*, très-courts. Six *Anthères*, plus courtes que la corolle.

PIST. *Ovaire* grand. *Styles* nuls. Trois ou six *Stigmates*, renversés, plumeux.

PÉR. *Capsule* ovale, oblongue, obtuse, à loges à nombre égal à celui des stigmates, à battans aigus, s'ouvrant à la base.

SEM. Solitaires, oblongues.

Calice à trois feuillets. *Corolle* à trois pétales en forme de calice. *Pistils* sans styles. *Capsule* s'ouvrant à la base.

1. TROSCART des marais, *T. palustre*, L. à capsules à trois loges, presque linéaires.

Gramen junceum spicatum, seu Triglochin; Gramen joncier en épi, ou Troscart. *Bauh. Pin.* 6; n.° 16. *Lob. Ic.* 1, p. 17, f. 1. *Lugd. Hist.* 431, f. 2; et 1006, f. 4. *Bauh. Hist.* 2, p. 508, f. 2. *Moris. Hist.* sect. 8, tab. 2, f. 18. *Barrel.* tab. 271. *Flor. Dan.* tab. 490.

Nutritive pour le Bœuf, le Mouton, le Cheval, le Cochon, la Chèvre.

En Europe, dans les prés aquatiques. ♂

2. TROSCART bulbeux, *T. bulbosum*, L. à racine bulbeuse, couverte de fibres.

Au cap de Bonne-Espérance. ♃

3. TROSCART maritime, *T. maritimum*, L. à capsules à six loges, ovales.

Gramen spicatum alterum; autre Gramen en épi. *Bauh. Pin.* 6, n.° 17. *Lob. Ic.* 1, p. 16, f. 2. *Bauh. Hist.* 2, p. 508, f. 3. *Flor. Dan.* tab. 306.

Nutritive pour le Cheval, le Bœuf, le Cochon, la Chèvre.

A Montpellier, sur les bords de la mer. ♃

489. MÉLANTHE, *MELANTHIUM*. † *Lam. Tab. Encyclop.* pl. 269.

CAL. Nul, (à moins qu'on ne prenne la corolle pour calice).

COR. Six *Pétales*, ovales, oblongs, ouverts, persistans, à onglets linéaires plus longs.

ÉTAM. Six *Filamens*, filiformes, droits, de la longueur de la corolle, insérés sur les onglets de la corolle. *Anthères* arrondies.

PIST. *Ovaire* conique, strié. Trois *Styles*, distincts, courbés. *Stigmates* obtus.

PÉR. *Capsule* ovale, à trois côtés, à trois sillons, à trois loges, formée par trois capsules réunies intérieurement.

SEM. Plusieurs, comprimées, demi-ovales.

Corolle à six pétales. *Filamens* insérés sur les onglets alongés des pétales.

1. MÉLANTHE de Virginie, *M. Virginicum*, L. à pétales à onglets.

Plukn. tab. 434, f. 8.

En Virginie. ♃

2. MÉLANTHE de Sibérie, *M. Sibiricum*, L. à pétales assis.

Gmel. Sibir. 1, p. 45, tab. 8.

En Sibérie. ♃

3. MÉLANTHE du Cap, *M. Capense*, L. à pétales ponctués; à feuilles en capuchon.

Au cap de Bonne-Espérance. ♃

4. MÉLANTHE des Indes, *M. Indicum*, L. à pétales linéaires, lancéolés ; à feuilles linéaires.

Dans l'Inde Orientale. ♃

490. MÉDÉOLE, *MEDEOLA.* * *Lam. Tab. Encyclop.* pl. 266.

CAL. Nul, (à moins qu'on ne prenne la corolle pour calice).

COR. Six *Pétales*, ovales, oblongs, égaux, ouverts, roulés.

ÉTAM. Six *Filamens*, en alêne, de la longueur de la corolle. *Anthères* versatiles.

PIST. Trois *Ovaires*, en cornet, terminés par les *Styles. Stigmates* recourbés, un peu épaissis.

PÉR. *Baie* arrondie, à trois loges, divisée peu profondément en trois parties.

SEM. Solitaires, en cœur.

Calice nul. *Corolle* à six pétales roulés. *Baie* renfermant trois semences.

1. MÉDÉOLE de Virginie, *M. Virginica*, L. à feuilles en anneaux ; à rameaux sans épines.

Plukn. tab. 328, f. 4.

En Virginie. ♄

2. MÉDÉOLE asperge, *M. asparagoïdes*, L. à feuilles pinnées ; à folioles alternes.

Till. Pis. 36, tab. 12, f. 1 et 2.

En Éthiopie. ♄

491. TRILLIE, *TRILIUM.* † *Lam. Tab. Encyclop.* pl. 267.

CAL. *Périanthe* à trois *feuillets*, ouverts, ovales, persistans.

COR. Trois *Pétales*, comme ovales, un peu plus grands que le calice.

ÉTAM. Six *Filamens*, en alêne, plus courts que le calice, droits. *Anthères* terminales, oblongues, de la longueur des filamens.

PIST. *Ovaire* arrondi. *Styles* filiformes, recourbés. *Stigmates* simples.

PÉR. *Baie* arrondie, à trois loges.

SEM. . . . . .

Calice à trois feuillets. *Corolle* à trois pétales. *Baie* à trois loges.

1. TRILLIE inclinée, *T. cernuum*, L. à fleur pédunculée, inclinée.

A la Caroline. ♃

2. TRILLIE droite, *T. erectum*, L. à fleur pédunculée, droite.

Solanum triphyllum, Brasilianum ; Morelle à trois feuilles, du Brésil. *Bauh. Pin.* 167, n.° 11. *Cornut. Canad.* 166 et 167. *Moris. Hist.* sect. 13, tab. 3, f. 7.

En Virginie.

3. TRILLIE assise, *T. sessile*, L. à fleur assise ou sans péduncule droite.

Plukn. tab. 111, f. 6.

En Virginie, à la Caroline. ♃

492. COLCHIQUE, *COLCHICUM*, *Tournef. Inst.* 348, tab. 181 et 182. *Lam. Tab. Encyclop.* pl. 267.

CAL. Nul, (à moins qu'on ne prenne pour calice les spathes).

COR. A six divisions profondes. *Tube* anguleux, partant de la racine. *Limbe* à divisions lancéolées, ovales, concaves, droites.

ÉTAM. Six *Filamens*, en alêne, plus courts que la corolle. *Anthères* oblongues, à quatre valves, couchées.

PIST. *Ovaire* enfermé dans la racine. Trois *Styles*, filiformes, de la longueur des étamines. *Stigmates* renversés, creusés en gouttière.

PÉR. *Capsule* à trois lobes réunis intérieurement par une suture, obtuse, à trois loges, à sutures s'ouvrant intérieurement.

SEM. Plusieurs, comme arrondies, ridées.

Calice en spathe. *Corolle* à six divisions profondes, à tube portant sur la racine. Trois *Capsules* adhérentes entr'elles, enflées.

1. COLCHIQUE d'automne, *C. autumnale*, L. à feuilles aplaties, lancéolées, droites.

Colchicum commune; Colchique commun. *Bauh. Pin.* 67, n.° 1. *Fusch. Hist.* 356 et 357. *Matth.* 778, f. 1. *Dod. Pempt.* 460, f. 2. *Lob. Ic.* 1, p. 143, f. 1. *Camer. Epit.* 845 et 846. *Bauh. Hist.* 2, p. 649, f. 1. *Bul. Paris.* tab. 193. *Icon. Pl. Med.* tab. 133.

1. *Colchicum*; Colchique, Tue-Chien, Mort-Chien. 2. Racine ou Bulbe. 3. Odeur forte, désagréable, âcre. 5. Hydropisie, asthme humide, leucophlegmatie, empâtemens des viscères. 6. On prépare avec la râpure de racine du Colchique, macérée dans du vinaigre et du miel, le fameux Oximel Colchique de *Storck*, qui est congénère avec la Scille.

En Europe, dans les prés. ♃ Automnale.

2. COLCHIQUE des montagnes, *C. montanum*, L. à feuilles linéaires, très-étalées.

Colchicum montanum, angustifolium; Colchique des montagnes, à feuilles étroites. *Bauh. Pin.* 68, n.° 4. *Lob. Ic.* 1, p. 145, f. 1. *Clus. Hist.* 1, p. 200, f. 2.

Sur les Alpes du Dauphiné. ♃ Estivale. *Alp.*

3. COLCHIQUE marqueté, *C. variegatum*, L. à feuilles ondulées, étalées.

Moris. Hist. sect. 4, tab. 3, f. 7.

Les corolles sont marquetées comme celles de la Fritillaire.

A Chio.

493. HÉLONIAS, *HELONIAS*. † *Lam. Tab. Encyclop.* pl. 268.

CAL. Nul.

COR. Six *Pétales*, oblongs, égaux, caducs-tardifs.

ÉTAM. Six *Filamens*, en alêne, un peu plus longs que la corolle. *Anthères* couchées.

PIST. *Ovaire* arrondi, à trois côtés. Trois *Styles*, courts, renversés. *Stigmates* obtus.

PÉR. *Capsule* arrondie, à trois loges.

SEM. Arrondies.

Calice nul. *Corolle* à six pétales. *Capsule* à trois loges.

1. HÉLONIAS à bulles, *H. bullata*, L. à feuilles lancéolées, nerveuses.

Moris. Hist. sect. 15, tab. 2, f. 1. *Plukn.* tab. 174, f. 5. *Amænit. Acad.* 3, p. 12, tab. 1, f. 1.

En Pensylvanie, dans les marais. ♃

2. HÉLONIAS asphodèle, *H. asphodeloïdes*, L. à feuilles de la tige sétacées.

Plukn. tab. 342, f. 3.

En Pensylvanie.

3. HÉLONIAS naine, *H. minuta*, L. à feuilles linéaires; à hampes rameuses.

Au cap de Bonne-Espérance.

IV. TÉTRAGYNIE.

494. PETIVÈRE, *PETIVERIA*. * *Plum. Gen.* 50, tab. 39. *Lam. Tab. Encyclop.* pl. 272.

CAL. *Périanthe* à quatre *feuillets*, linéaires, obtus, égaux, droits, persistans.

COR. Nulle, (à moins qu'on ne prenne pour corolle le calice coloré).

ÉTAM. Six *Filamens*, en alêne, droits, égaux, de la longueur du calice. *Anthères* simples.

PIST. *Ovaire* comprimé, oblong. Quatre *Styles*, en alêne, placés en ligne droite. *Stigmates* obtus, persistans.

PÉR. Nul, (à moins qu'on ne regarde comme tel la croûte de la semence).

SEM. Une seule, oblongue, rétrécie à la base, légèrement arrondie, plus large au sommet, comprimée, échancrée, terminée par les *Styles* renversés en dehors, roides, aigus : les intermédiaires plus longs.

Calice à quatre feuillets. *Corolle* nulle. Une *Semence*, terminée à son sommet par des arêtes recourbées.

1. PETIVÈRE à odeur d'ail, *P. alliacea*, L. à fleurs à six étamines.
Trew. Ehr. 33, tab. 67.
1. *Scorodonia*. 2. Feuilles. 5. Fièvres intermittentes et remittentes. Cette plante ne se trouve point dans nos Pharmacies.
A la Jamaïque, dans les bois. ♄

2. PETIVÈRE octandre, *P. octandra*, L. à fleurs à huit étamines.
Plum. Ic. 219.
Dans l'Amérique Méridionale. ♄

V. POLYGYNIE.

495. FLUTEAU, *ALISMA*. * *Lam. Tab. Encyclop.* pl. 272. DAMASONIUM. *Tournef. Inst.* 256, tab. 132.

CAL. *Périanthe* à trois *feuillets*, ovales, concaves, persistans.

COR. Trois *Pétales*, arrondis, grands, planes, très-ouverts.

ÉTAM. Six *Filamens*, en alêne, plus courts que la corolle. *Anthères* arrondies.

PIST. *Ovaires* au nombre de plus de cinq. *Styles* simples. *Stigmates* obtus.

PER. *Capsules* comprimées.

SEM. Solitaires, petites.

OBS. L'A. Damasonium *fut séparé par Tournefort à raison de ses six capsules, pointues, grandes.*

Alisma Dillen, *a les capsules nombreuses, obtuses, petites.*

A. parnassifolia, *a les semences terminées par des arêtes.*

Calice à trois feuillets. *Corolle* à trois pétales. *Semences* nombreuses.

1. FLUTEAU Plantain, *A. Plantago*, L. à feuilles ovales, aiguës; à fruits à trois côtés obtus.
Plantago aquatica, latifolia; Plantain aquatique, à larges feuilles. *Bauh. Pin.* 190, n.° 1. *Fusch. Hist.* 42. *Matth.* 376, f. 2. *Dod. Pempt.* 606, f. 1. *Lob. Ic.* 1, p. 300, f. 1. *Lugd. Hist.* 1057, f. 1. *Camer. Epit.* 264. *Bauh. Hist.* 3, P. 2, p. 787, f. 3. *Icon. Pl. Med.* tab. 213.
Le synonyme de G. *Bauhin*, *Plantago aquatica, angustifolia*; Plantain aquatique, à feuilles étroites; *Pin.* 190, n.° 2, rapporté par *Richard* à la variété à feuilles étroites du Fluteau Plantain, *A. Plantago*, L. appartient au Fluteau renoncule, *A. ranunculoïdes*, L.
Cette espèce varie pour la forme des feuilles.
Nutritive pour le Cheval, la Chèvre.
En Europe, dans les fossés aquatiques. ♃

2. FLUTEAU jaune, *A. flava*, L. à feuilles ovales, aiguës; à péduncules ombellés; à fruits arrondis.

Plum. Spec. 7, ic. 115.

Dans l'Amérique Méridionale. ♃

3. FLUTEAU étoilé, *A. Damasonium*, L. à feuilles en cœur, oblongues; à fleurs à six pistils; à capsules en alêne.

Plantago aquatica, stellata; Plantain aquatique, étoilé. *Bauh. Pin.* 190, n.° 3. *Lob. Ic.* 1, p. 301, f. 1. *Lugd. Hist.* 1058, f. 2.

A Lyon, Paris, Grenoble, Montpellier.

4. FLUTEAU à feuilles en cœur, *A. cordifolia*, L. à feuilles en cœur, obtuses; à fleurs à douze étamines; à semences en crochets, tuberculeuses-hérissées.

Moris. Hist. sect. 15, tab. 4, f. 6.

Dans l'Amérique Méridionale et Septentrionale.

5. FLUTEAU flottant, *A. natans*, L. à feuilles ovales, obtuses; à péduncules solitaires.

Vaill. Mém. de l'Acad. 1719, p. 29, tab. 4, f. 8.

A Lyon, Paris. Vernale.

6. FLUTEAU renoncule, *A. ranunculoïdes*, L. à feuilles linéaires, lancéolées; à fruits en têtes rondes, très-hérissées.

Plantago aquatica, angustifolia; Plantain aquatique, à feuilles étroites. *Bauh. Pin.* 190, n.° 2. *Lob. Ic.* 1, p. 300, f. 2. *Bauh. Hist.* 3, P. 2, p. 788, f. 1. *Bul. Paris.* tab. 195. *Flor. Dan.* tab. 122.

Ce synonyme de *G. Bauhin* est cité par *Reichard* pour la variété à feuilles étroites du Fluteau Plantain, *A. Plantago*; mais c'est une erreur.

A Montpellier, Grenoble, Paris, Lyon. Estivale.

7. FLUTEAU en alêne, *A. subulata*, L. à feuilles en alêne.

En Virginie.

8. FLUTEAU à feuilles de parnassie, *A. parnassifolia*, L. à feuilles en cœur, aiguës; à pétioles articulés.

Till. Pis. 145, tab. 46, f. 1.

A Bourg, à Grenoble.

CLASSE VII.

HEPTANDRIE.

I. MONOGYNIE.

Table Synoptique ou Caractères Artificiels Génériques.

496. TRIENTALE, *TRIENTALIS.*	*Cal.* à sept feuillets. *Cor.* à sept divisions profondes, plane. *Baie* sèche, à une loge.
497. DISANDRE, *DISANDRA.*	*Cal.* à cinq ou huit segmens profonds. *Cor.* en roue, à sept divisions profondes. *Caps.* à deux loges, à plusieurs semences.
498. MARRONIER, *ÆSCULUS.*	*Cal.* à cinq dents. *Cor.* à cinq pétales inégaux. *Caps.* à trois loges, à deux semences.

† *Gerania Africana.*

II. DIGYNIE.

499. LIMÉOLE, *LIMEUM.*	*Cal.* à cinq feuillets. *Cor.* à cinq pétales égaux. *Caps.* à deux loges, à plusieurs semences.

III. TRIGYNIE.

500. SAURURE, *SAURURUS.*	*Cal.* à chaton. *Cor.* nulle. Quatre *Pistils.* Quatre *Baies*, à une semence.

IV. HEPTAGYNIE.

501. SEPTAS, *SEPTAS.*	*Cal.* à sept segmens profonds. *Cor.* à sept pétales. Sept *Ovaires.* Sept *Capsules*, à plusieurs semences.

HEPTANDRIE.

I. MONOGYNIE.

496. TRIENTALE, *TRIENTALIS.* * *Lam. Tab. Encyclop.* pl. 275.

CAL. *Périanthe* à sept *feuillets*, lancéolés, pointus, ouverts, persistans.

COR. Monopétale, en étoile, plane, égale, légèrement réunie à la base, à sept *divisions* profondes, ovales, lancéolées.

ÉTAM. Sept *Filamens*, capillaires, insérés sur les onglets des pétales, étalés, de la longueur du calice. *Anthères* simples.

PIST. *Ovaire* arrondi. *Style* filiforme, de la longueur des étamines. *Stigmate* en tête.

PÉR. *Baie* à capsule, sèche, arrondie, à une loge, couverte d'une enveloppe très-grêle, s'ouvrant par différentes sutures.

SEM. Quelques-unes, anguleuses. *Réceptacle* très-grand, creusé pour contenir les semences.

OBS. *Le nombre naturel des parties dans ce genre est de sept, cependant il varie. Le fruit est une* Baie *sèche, qui ne s'ouvre point par des battans, comme les capsules.*

Calice à sept feuillets. *Corolle* à sept divisions profondes, égale, ouverte. *Baie* sèche.

1. TRIENTALE d'Europe, *T. Europæa*, L. à feuilles lancéolées, très-entières; les terminales en anneaux.

Pyrola Alsines flore, Europaa; Pyrole à fleur de Morgeline, d'Europe. *Bauh. Pin.* 191, n.° 4. *Bauh. Hist.* 3, p. 537, f. 1. *Barrel.* tab. 1156, f. 2. *Flor. Dan.* tab. 86.

Cette espèce présente une variété.

Pyrola Alsines flore, Brasiliana; Pyrole à fleur de Morgeline, du Brésil. *Bauh. Pin.* 191, n.° 5. *Prodr.* 100, f. 1.

Ce dernier synonyme de *G. Bauhin* est rapporté deux fois par *Linné*, 1.° à la variété de la Trientale d'Europe; 2.° au Cornouiller du Canada. Cette erreur a été copiée par *Reichard.*

Nutritive pour le Cheval, le Mouton, la Chèvre.

En Lithuanie. ♃

497. DISANDRE, *DISANDRA. Lam. Tab. Encyclop.* pl. 275.

CAL. *Périanthe* d'un seul feuillet, persistant, de cinq à huit *segmens* profonds, légèrement relevés.

COR. Monopétale, en roue. *Tube* très-court. *Limbe* à cinq divisions profondes, ovales.

ÉTAM. De cinq à huit *Filamens*, sétacés, droits, ouverts, plus courts que la corolle. *Anthères* en fer de flèche.

PIST. *Ovaire* ovale. *Style* filiforme, de la longueur des étamines. *Stigmate* simple.

PÉR. *Capsule* ovale, de la longueur du calice, à deux loges.

SEM. Plusieurs, ovales.

OBS. La Fleur *varie par le nombre de ses parties.*

Calice divisé profondément en sept ou huit segmens. *Corolle* en roue, à sept divisions profondes. *Capsule* à deux loges renfermant chacune plusieurs semences.

1. DISANDRE couchée, *D. prostrata*, L. à feuilles en forme de rein, crénelées; à péduncules deux à deux.

Plukn. tab. 257, f. 5.

En Orient.

498. MARRONIER, *ÆSCULUS.* * *Lam. Tab. Encyclop.* pl. 273. HIPPOCASTANUM. *Tournef. Inst.* 611, tab. 382. PAVIA. *Boerh.* 260. *Lam. Tab. Encyclop.* pl. 273.

CAL. *Périanthe* d'un seul feuillet, ventru, petit, à cinq dents.

COR. Cinq *Pétales*, arrondis, ondulés et plissés sur les bords, planes, ouverts, insérés par leurs onglets étroits sur le calice, inégalement colorés.

ÉTAM. Sept *Filamens*, en alêne, inclinés, de la longueur de la corolle. *Anthères* droites.

PIST. *Ovaire* arrondi, terminé par un *Style* en alêne. *Stigmate* pointu.

PÉR. *Capsule* coriace, arrondie, à trois loges, à trois battans.

SEM. Deux, comme arrondies.

OBS. On n'observe ordinairement qu'une Semence *dans la capsule; mais à l'inspection des cotyledons, il paroît que le nombre naturel est de deux. Van-Royen et Miller ont observé des fleurs mâles et hermaphrodites.*

Dans l'Æ. pavia *la corolle est à quatre pétales et fermée.*

Calice d'un seul feuillet, ventru, terminé par cinq dents. *Corolle* à cinq pétales inégalement colorés, insérés sur le calice. *Capsule* à trois loges.

1. MARRONIER d'Inde, *Æ. Hippocastanum*, L. à fleurs heptandres ou à sept étamines.

Castanea folio multifido; Châtaigne à feuille divisée. *Bauh. Pin.* 419, n.° 4. *Dod. Pempt.* 814, f. 2. *Lob. Ic.* 2, p. 161, f. 1.

Clus. Hist. 1, p. 8, f. 1 et 2. *Lugd. Hist.* 33, f. 1. *Camer. Epit.* 119. *Bauh. Hist.* 1, P. 2, p. 128, f. 1. *Icon. Pl. Med.* tab. 97.

1. *Hippocastanum*, Marronier. 2. Semences. 3. Amères, nauseuses. 5. Fièvres. 6. On peut faire de l'amidon avec la fécule de son fruit.

Nutritive pour le Bœuf, le Mouton.

Dans l'Asie Septentrionale, d'où il fut apporté en Europe en 1550. ♄ Vernale.

2. MARRONIER Pavia, *Æ. Pavia*, L. à fleurs à huit étamines.

Plukn. tab. 56, f. 4. *Boerh. Lugd.* 2, pag. et tab. 260.

Cette espèce présente une variété à fleur jaune, à calice à cinq divisions peu profondes, dont l'inférieure est plus longue : les deux supérieures égales : les deux latérales plus courtes que les trois autres ; à corolle à quatre pétales rapprochés, dont deux supérieurs à onglets plus longs que le calice, à lames très-larges, embrassant et couvrant les étamines : deux inférieurs à onglets plus longs que les pétales supérieurs, à lames très-petites ; à sept filamens inégaux ; à anthères versatiles. La plupart des fleurs sont mâles, et ne présentent qu'un rudiment d'ovaire sans stigmate.

Boerrhaave avoit formé un genre du *Pavia* ; mais *Linné* l'a ramené, malgré le nombre différent des étamines, au Marronier.

A la Caroline, au Brésil. Cultivé dans les jardins. ♄.

II. DIGYNIE.

499. LIMÉOLE, *LIMEUM.* † *Lam. Tab. Encyclop.* pl. 275.

CAL. *Périanthe* à cinq *feuillets*, ovales, pointus, carénés, membraneux sur les bords, persistans, dont deux extérieurs.

COR. Cinq *Pétales*, égaux, ovales, à onglets très-courts, obtus, plus courts que le calice.

Nectaire : marge ceignant l'ovaire, supportant les étamines.

ÉTAM. Sept *Filamens*, en alêne, plus courts que la corolle. *Anthères* ovales.

PIST. *Ovaire* arrondi. *Style* cylindrique, plus court que les étamines, divisé peu profondément en deux parties. *Stigmates* un peu obtus.

PÉR. *Capsule* arrondie, à deux loges.

SEM. Plusieurs.

Calice à cinq feuillets. *Corolle* à cinq pétales égaux. *Capsule* arrondie, à deux loges.

1. LIMÉOLE

1. LIMÉOLE d'Afrique, *L. Africanum*, L. à feuilles alternes, éloignées, linéaires, lancéolées; à pétioles très-courts.

En Afrique.

III. TRIGYNIE.

500. SAURURE, *SAURURUS.* * *Lam. Tab. Encyclop.* pl. 276.

CAL. *Chaton* oblong, couvert de petites fleurs ou de fleurons.

—— *Périanthe propre* d'un seul feuillet, oblong, latéral, coloré persistant.

COR. Nulle.

ÉTAM. Sept *Filamens*, capillaires, longs. *Anthères* oblongues, droites.

PIST. Quatre *Ovaires*, ovales, pointus. *Style* nul. *Stigmates* oblongs, adhérens au sommet intérieur de l'ovaire.

PÉR. Quatre *Baies*, ovales, à une loge.

SEM. Une seule, ovale.

Calice chaton formé par des écailles couvrant chacune une seule fleur. *Corolle* nulle. Quatre *Ovaires*. Quatre *Baies* renfermant chacune une seule semence.

1. SAURURE inclinée, *S. cernuus*, L. à tige feuillée; à plusieurs épis.

Plukn. tab. 217, f. 3.

En Virginie. ♃

2. SAURURE flottante, *S. natans*, L. sans tige; à hampe à un seul épi.

Rheed. Mal. 11, p. 31, tab. 15.

Dans l'Inde Orientale, dans les Eaux aquatiques. ♃

IV. HEPTAGYNIE.

501. SEPTAS, *SEPTAS.* † *Lam. Tab. Encyclop.* pl. 276.

CAL. *Perianthe* à cinq *segmens* profonds, ouverts, aigus, persistans.

COR. Sept *Pétales*, oblongs, égaux, deux fois plus longs que le calice.

ÉTAM. Sept *Filamens*, en alêne, de la longueur du calice. *Anthères* comme ovales, droites.

PIST. Sept *Ovaires*, oblongs, terminés par des *Styles* en alêne, de la longueur des étamines. *Stigmates* un peu obtus.

PÉR. Sept *Capsules*, oblongues, aiguës, parallèles, à un seul battant.

SEM. Plusieurs.

Calice à sept segmens profonds. *Corolle* à sept pétales. Sept *Ovaires*. Sept *Capsules* renfermant chacune plusieurs semences.

1. SEPTAS du Cap, *S. Capensis*, L. à feuilles arrondies, crénelées.

Plukn. tab. 340, f. 9.

Au cap de Bonne-Espérance. ♃

CLASSE VIII.

OCTANDRIE.

I. MONOGYNIE.

Table Synoptique ou *Caractères Artificiels Génériques.*

* I. *Fleurs complètes.*

512. MIMUSOPE, *MIMUSOPS.*	*Cor.* à huit pétales. *Cal.* à huit feuillets, inférieur. *Drupe.*
502. CAPUCINE, *TROPÆOLUM.*	*Cor.* à cinq pétales. *Cal.* à cinq segmens peu profonds, inférieur, à éperon. Trois *Baies* à une semence.
532. BÆCKÉE, *BÆCKEA.*	*Cor.* à cinq pétales. *Cal.* à cinq segmens peu profonds, supérieur. *Caps.* à quatre loges.
522. MÉMÉCYLON, *MEMECYLON.*	*Cor.* à quatre pétales. *Cal.* très-entier ou sans divisions, supérieur.
509. COMBRET, *COMBRETUM.*	*Cor.* à quatre pétales. *Cal.* à cinq dents, supérieur. Quatre *Semences.*
525. OPHIRE, *OPHIRA.*	*Cor.* à quatre pétales, supérieure. *Cal. Involucre* à deux valves, à trois fleurs. *Baie* à une loge.
507. ÉPILOBE, *EPILOBIUM.*	*Cor.* à quatre pétales. *Cal.* à quatre feuillets, supérieur. *Caps.* à quatre loges. *Semences* à aigrettes.
506. GAURE, *GAURA.*	*Cor.* à quatre pétales. *Cal.* à quatre segmens peu profonds, supérieur. *Noix* à une semence.
505. ONAGRE, *ŒNOTHERA.*	*Cor.* à quatre pétales. *Cal.* à quatre segmens peu profonds, supérieur. *Caps.* à quatre loges. *Anthères* linaires.

504. RHEXIE, *RHEXIA*. *Cor.* à quatre pétales. *Cal.* à quatre segmens peu profonds. *Caps.* à quatre loges. *Anthères* courbées en arc.

503. OSBECKE, *OSBECKIA*. *Cor.* à quatre pétales. *Cal.* à quatre segmens peu profonds. *Caps.* à quatre loges. *Anthères* prolongées en forme de bec.

510. GRISLÉE, *GRISLEA*. *Cor.* à quatre pétales. *Cal.* à quatre dents, inférieur. *Caps.* à une loge.

515. GAURÉE, *GAUREA*. *Cor.* à quatre pétales. *Nectaire* cylindrique. *Cal.* à quatre dents, inférieur. *Caps.* à quatre loges, à quatre battans. *Sem.* solitaires.

508. ANTICHORE, *ANTICHORUS*. *Cor.* à quatre pétales. *Cal.* à quatre feuillets, inférieur. *Caps.* à quatre loges, à quatre battans, à plusieurs semences.

511. ALLOPHYLE, *ALLOPHYLUS*. *Cor.* à quatre pétales. *Cal.* à quatre feuillets, inférieur. *Style* divisé peu profondément en deux parties.

513. JAMBOLIER, *JAMBOLIFERA*. *Cor.* à quatre pétales. *Cal.* à quatre dents, inférieur. *Filamens* un peu aplatis.

517. XIMENIE, *XIMENIA*. *Cor.* à quatre pétales. *Cal.* à quatre segmens peu profonds. *Drupe* à une semence.

521. LAWSONE, *LAWSONIA*. *Cor.* à quatre pétales. *Cal.* à quatre segmens peu profonds, inférieur. *Baie* à quatre loges.

514. MÉLICOQUE, *MELICOCCA*. *Cor.* à quatre pétales brisés. *Cal.* à quatre segmens profonds. *Drupe* à écorce qui peut se détacher. *Stigmate* en rondache.

516. BALSAMIER, *AMYRIS*. *Cor.* à quatre pétales. *Cal.* à quatre dents, inférieur. *Baie* à une semence.

518. FUCHSIE, *FUCHSIA*. *Cor*. à huit divisions peu profondes. *Cal*. nul. *Baie* à quatre loges, à plusieurs semences.

519. CHLORE, *CHLORA*. *Cor*. à huit divisions peu profondes. *Cal*. à huit feuillets, inférieur. *Caps*. à une loge, à deux battans, à plusieurs semences.

523. AIRELLE, *VACCINIUM*. *Cor*. à un seul pétale. *Cal*. à quatre dents, supérieur. *Filamens* insérés sur le réceptacle. *Baie* à quatre loges.

524. BRUYÈRE, *ERICA*. *Cor*. à un seul pétale. *Cal*. à quatre feuillets, inférieur. *Filamens* insérés sur le réceptacle. *Caps*. à quatre loges.

† *Rhizophora Mangle.*
† *Æsculus Pavia.*
† *Monotropa Hypopithis.*
† *Ruta graveolens.*
† *Jussieua erecta.*
——— *suffruticosa.*
† *Portulaca quadrifida.*
† *Capparides duæ.*
† *Dais octandra.*
† *Fagara octandra.*
† *Melastoma octandra.*
——— *discolor.*
† *Elais serrata.*
† *Andromeda Daboecia.*
——— *droseroïdes.*

* II. *Fleurs incomplètes.*

528. GNIDE, *GNIDIA*. *Cal*. à quatre segmens colorés comme une corolle. Quatre pétales, petits. *Étamines* saillantes.

531. LACHNÉE, *LACHNÆA*. *Cal*. à quatre segmens inégaux colorés comme une corolle. *Étamines* saillanres.

527. DIRCA, *DIRCA*. *Cal*. coloré comme une corolle, inégal, à limbe irrégulier. *Étamines* saillantes.

526. GAROU, *DAPHNE*. *Cal.* à quatre segmens peu profonds, coloré comme une corolle, égal. *Étamines* renfermées dans le tube de la corolle. *Baie* remplie de pulpe.

530. PASSERINE, *PASSERINA*. *Cal.* à quatre segmens peu profonds, coloré comme une corolle, égal. *Étamines* insérées sur le sommet du tube de la corolle.

529. STELLÈRE, *STELLERA*. *Cal.* à quatre segmens peu profonds, coloré comme une corolle, égal. *Étamines* renfermées moitié dans le tube, moitié dans la gorge de la corolle. Une *Semence*.

420. DODONÉE, *DODONÆA*. *Cal.* à quatre feuillets. *Cor.* nulle. *Caps.* à trois loges. Deux *Semences*.

† *Rivina octandra.*

† *Samyda nitida.*

——— *spinosa.*

II. DIGYNIE.

535. WEINMANNE, *WEINMANNIA*. *Cor.* à quatre pétales. *Cal.* à quatre feuillets. *Caps.* à deux loges, à deux becs.

536. MOERHINGE, *MOERHINGIA*. *Cor.* à quatre pétales. *Cal.* à quatre feuillets. *Caps.* à une loge.

533. SCHMIDÈLE, *SCHMIDELIA*. *Cor.* à quatre pétales. *Cal.* à deux feuillets. Deux *Fruits* supportés par un pédicule.

534. GALIÈNE, *GALENIA*. *Cor.* nulle. *Cal.* à quatre segmens peu profonds. *Caps.* à deux loges, à deux semences.

† *Chrysosplenium.*

† *Polygonum Pensylvanicum.*

III. TRIGYNIE.

539. PAULLINIE, *PAULLINIA*. *Cor.* à quatre pétales. *Cal.* à cinq feuillets. *Caps.* à trois loges, à une semence.

540. CARDIOSPERME, *CARDIOSPERMUM*. *Cor.* à quatre pétales. *Cal.* à quatre feuillets. *Nectaire* à quatre feuillets inégaux. Trois *Capsules* réunies, boursouflées, à une semence.

541. SAVONNIER, *SAPINDUS*. *Cor.* à quatre pétales. *Cal.* à quatre feuillets. *Baie* à trois coques, à une semence.

538. RAISINIER, *COCCOLOBA*. *Cor.* nulle. *Cal.* à cinq segmens profonds. *Baie* formée par le calice, à une semence.

537. RENOUÉE, *POLYGONUM*. *Cor.* nulle. *Cal.* à cinq segmens profonds. Une *Semence*, nue.

IV. TÉTRAGYNIE.

543. MOSCHATELLINE, *ADOXA*. *Cor.* supérieure à quatre ou cinq divisions peu profondes. *Cal.* à deux feuillets. *Baie* à quatre ou cinq semences.

544. ÉLATINE, *ELATINE*. *Cor.* à quatre pétales. *Cal.* à quatre feuillets. *Caps.* à quatre loges.

542. PARIS, *PARIS*. *Cor.* à quatre pétales, en alêne. *Cal.* à quatre feuillets. *Baie* à quatre loges.

† *Petiveria octandra.*
† *Myriophyllum verticillatum.*

V. PENTAGYNIE.

† *Cotyledon laciniata.*

VI. OCTOGYNIE.

† *Phytolacca octandra.*

OCTANDRIE.

I. MONOGYNIE.

502. CAPUCINE, *TROPÆOLUM*. * *Lam. Tab. Encyclop.* pl. 277. CARDAMINDUM. *Tournef. Inst.* 430, tab. 244.

CAL. *Périanthe* d'un seul feuillet, droit, ouvert, aigu, couronné, caduc-tardif, à cinq *segmens* peu profonds, dont deux inférieurs plus étroits, terminé postérieurement par un nectaire en corne, en alêne, droit, plus long.

COR. cinq *Pétales*, arrondis, insérés sur les segmens du calice : *deux supérieurs* assis ; les *autres inférieurs*, à onglets oblongs, ciliés.

ÉTAM. Huit *Filamens*, en alêne, courts, inclinés, inégaux. *Anthères* droites, oblongues, à quatre loges.

PIST. *Ovaire* arrondi, à trois lobes, strié. *Style* simple, droit, de la longueur des étamines. *Stigmate* aigu, divisé peu profondément en trois parties.

PÉR. Trois *Baies* solides, convexes et sillonnées d'un côté, anguleuses de l'autre.

SEM. Trois, bossuées d'un côté, anguleuses de l'autre, arrondies, sillonnées, striées.

Calice d'un seul feuillet, à éperon. *Corolle* à cinq pétales inégaux. Trois *Baies* sèches.

1. CAPUCINE mineure, *T. minus*, L. à feuilles entières; à pétales rétrécis au sommet et terminés par des soies.

Nasturtium Indicum minus; Cresson des Indes plus petit. *Bauh. Pin.* 306, n.° 2?

Au Pérou. Introduite dans les jardins d'Europe en 1580, *par Dodoens*, ⊙ ♃ Estivale.

2. CAPUCINE majeure, *T. majus*, L. à feuilles en bouclier, à cinq lobes; à pétales obtus.

Nasturtium Indicum majus; Cresson des Indes plus grand. *Bauh. Pin.* 306, n.° 1. *Dod. Pempt.* 397, f. 1 et 2. *Lob. Ic.* 1, p. 616, f. 2 et 3. *Lugd. Hist.* 656, f. 1. *Bauh. Hist.* 2, p. 175, f. 1. *Moris. Hist.* sect. 1, tab. 4, f. 8. *Camer. Hort.* 105, tab. 31? *Icon. Pl. Med.* tab. 248.

Il y a dans le texte de *Linné* une transposition relativement au synonyme de *G. Bauhin* qu'il rapporte à la première espèce, mais qui doit être ramené à la seconde.

1. *Nasturtium Indicum*, Capucine, Cresson d'Inde. 2. Herbe, Fleurs, Fruit confit. 3. Toute la plante âcre, tirant sur le Cresson. 5. Scorbut. 6. Aliment, Assaisonnement. On confit

dans le vinaigre les boutons des fleurs, et on les emploie comme les Câpres.

Mademoiselle *Christinne Linné* a observé que cette plante lorsqu'elle est en fleurs, jette vers le déclin du jour des éclairs lumineux, semblables aux étincelles électriques. C'est dans la variété à fleurs colorées en rouge-brun, à pétales supérieurs marqués de lignes noires à leur base, qu'on peut voir ce phénomène jusqu'ici sans exemple, rapporté par notre célèbre compatriote et ami *Bertholon*, et révoqué en doute par *Ingen-Houz*.

Au Pérou, d'où elle fut apportée en 1684. Elle y est ♃; *et dans les jardins d'Europe*, ⊙ Estivale.

3. CAPUCINE hybride, *T. hybridum*, L. à feuilles comme en bouclier, à cinq lobes, très-entières; à pétales peu constans.

On la multiplie facilement par des rejets; ses semences mûrissent rarement.

On ignore son climat natal.

4. CAPUCINE étrangère, *T. peregrinum*, L. à feuilles comme en bouclier, à cinq lobes, dentées; à pétales lacérés et ciliés.

Feuill. Per. 2, p. 756, tab. 42.

Au Pérou. ⊙

503. OSBECKE, *OSBECKIA*. † *Lam Tab. Encyclop.* pl. 283.

CAL. *Périanthe* d'un seul feuillet, en cloche, persistant, caduc-tardif. *Limbe* à quatre segmens profonds, à *lobes* oblongs, aigus: une *petite écaille* ciliée entre chaque lobe.

COR. Quatre *Pétales*, arrondis, assis, plus longs que le calice.

ÉTAM. Huit *Filamens*, filiformes, courts. *Anthères* oblongues, droites, terminées par un bec filiforme de la longueur de l'anthère.

PIST. *Ovaire* ovale, adhérant inférieurement au calice, terminé supérieurement par quatre écailles, ciliées. *Style* en alêne, de la longueur des étamines. *Stigmate* simple.

PÉR. *Capsule* enveloppée par le tube tronqué du calice, comme ovale, à quatre loges qui s'ouvrent dans leur longueur au sommet.

SEM. Plusieurs, arrondies. *Réceptacles* en croissant.

Calice à quatre segmens peu profonds séparés par une écaille ciliée. *Corolle* à quatre pétales. *Anthères* en forme de bec. *Capsule* à quatre loges, ceinte par le tube tronqué du calice.

1. OSBECKE de la Chine, *O. Chinensis*, L. à feuilles étroites, lancéolées, à trois nervures, opposées, rudes, à pétioles très-courts.

Plukn. tab. 173, f. 4.

Dans l'Inde Orientale.

504. RHEXIE, *RHEXIA.* † *Lam. Tab. Encyclop.* pl. 283.

CAL. *Périanthe* d'un seul feuillet, tubulé, ventru inférieurement, oblong, persistant. *Limbe* à quatre segmens peu profonds.

COR. Quatre *Pétales*, arrondis, ouverts, insérés sur le calice.

ÉTAM. Huit *Filamens*, filiformes, plus longs que le calice sur lequel ils sont insérés. *Anthères* inclinées, sillonnées, linéaires, obtuses, versatiles.

PIST. *Ovaire* arrondi. *Style* simple, incliné, de la longueur des étamines. *Stigmate* oblong, un peu épais.

PÉR. *Capsule* arrondie, à quatre loges, à quatre battans, renfermée dans l'intérieur du calice.

SEM. Nombreuses, arrondies.

Calice à quatre segmens peu profonds. *Corolle* à quatre pétales insérés sur le calice. *Anthères* inclinées. *Capsule* à quatre loges, renfermée dans l'intérieur du calice.

1. RHEXIE de Virginie, *R. Virginica*, L. à feuilles sans pétioles, à dents de scie; à calices lisses.
   Plukn. tab. 202, f. 8.
   En Virginie.

2. RHEXIE Mariane, *R. Mariana*. L. à feuilles ciliées.
   Pluckn. tab. 428, f. 1.
   Au Mariland, au Bresil, à Surinam, dans les prés.

3. RHEXIE Acisanthère, *R. Acisanthera*, L. à fleurs alternes, axillaires, pédunculées, à cinq divisions peu profondes.
   Brow. Jam. 217, tab. 22, f. 1.
   A la Jamaïque.

505. ONAGRE, *ŒNOTHERA.* * *Lam. Tab. Encylop.* pl. 279.
ONAGRA. *Tournef. Inst.* 302, tab. 156.

CAL. *Périanthe* d'un seul feuillet, supérieur, caduc-tardif. *Tube* comme cylindrique, droit, long, caduc-tardif. *Limbe* à quatre *segmens* peu profonds, oblongs, aigus, renversés.

COR. Quatre *Pétales*, en cœur renversé, planes, insérés sur les segmens du calice, et les égalant en longueur.

ÉTAM. Huit *Filamens*, en alêne, courbés, insérés sur la gorge du calice, plus courts que la corolle. *Anthères* oblongues, couchées.

PIST. *Ovaire* comme cylindrique, inférieur. *Style* filiforme, de la longueur des étamines. *Stigmate* épais, obtus, renversé, divisé peu profondément en quatre parties.

PÉR. *Capsule* cylindrique, à quatre côtés, à quatre loges, à quatre battans.

SEM. Plusieurs, anguleuses, nues. *Réceptacle* en colonne, libre, à quatre côtés.

Calice à quatre segmens peu profonds. *Corolle* à quatre pétales. *Capsule* cylindrique, inférieure ou au-dessous de la fleur, à quatre loges renfermant chacune plusieurs *Semences* nues.

1. ONAGRE Bisannuelle, *Œ. Biennis*, L. à feuilles ovales, lancéolées, planes; à tige tuberculeuse-hérissée.

Lysimachia lutea, corniculata; Lysimachie jaune, corniculée. *Bauh. Pin.* 245, n.° 5. *Alp. Exot.* 325 et 324. *Moris. Hist.* sect. 3, tab. 11, fig. 7. *Flor. Dan.* tab. 446.

En Virginie, d'où elle fut apportée en Europe en 1614; elle y est devenue spontanée.

2. ONAGRE à petites fleurs, *Œ. parviflora*, L. à feuilles ovales, lancéolées, planes; à tige lisse, un peu velue.

Mill. Ic. 189, f. 1.

Dans l'Amérique Septentrionale. ♂

3. ONAGRE tuberculeuse, *Œ. muricata*, L. à feuilles lancéolées, planes; à tige purpurine, tuberculeuse-hérissée.

Murray nov. Comment. Gott. VI, p. 24, tab. 1.

Au Canada.

4. ONAGRE à longue fleur, *Œ. longiflora*, L. à feuilles dentelées; à tiges simples, velues; à pétioles écartés, à deux lobes.

Jacq. Hort. tab. 172.

A Buenos-Aires. ☉ ♂

5. ONAGRE à huit valves, *Œ. octovalvis*, L. à feuilles lancéolées, oblongues, aiguës, planes, lisses.

Jacq. Amer. 102, tab. 70.

Dans l'Amérique Méridionale.

6. ONAGRE très-molle, *Œ. mollissima*, L. à feuilles lancéolées, ondulées.

Dill. Elth. tab. 219. f. 286.

A Buenos-Aires. ☉

7. ONAGRE hérissée, *Œ. hirta*, L. hérissée; à feuilles lisses en dessus.

Plum. Spec. 7, *Ic.* 174, f. 2.

Dans l'Amérique Méridionale. ♄

8. ONAGRE sinuée, *Œ. sinuata*, L. à feuilles dentées, sinuées; à tige inclinée au sommet.

Plukn. tab. 203, f. 3.

En Virginie ☉

9. ONAGRE ligneuse, *Œ. fruticosa*, L. à feuilles lancéolées, un peu dentées; à capsules portées sur des pédicules, à angles aigus; à fleurs en grappe pédunculée.

En Virginie. ♃

10. ONAGRE naine, *Œ. pumila*, L. à feuilles lancéolées, obtuses, lisses; à pétioles très-courts; à tiges couchées; à capsules à angles aigus.

Plukn. tab. 202, f. 7.

Dans l'Amérique Septentrionale. ♃

506. GAURE, *GAURA.* * *Lam. Tab. Encyclop.* pl. 281.

CAL. *Périanthe* d'un seul feuillet, supérieur, caduc-tardif. *Tube* cylindrique, long, plus épais à la base, renfermant quatre glandes, oblongues, réunies. *Limbe* à quatre segmens peu profonds, oblongs, aigus, renversés.

COR. Quatre *Pétales*, oblongs, ascendans, égaux, à onglets étroits, insérés sur le tube du calice.

ÉTAM. Huit *Filamens*, filiformes, élargis dans leur partie supérieure, droits, plus courts que la corolle. *Glande* nectarifère conique, entre la base de chaque filament. *Anthères* oblongues, versatiles.

PIST. *Ovaire* oblong, inférieur. *Style* filiforme, de la longueur des étamines. Quatre *Stigmates*, arrondis, ovales, étalés.

PÉR. *Drupe* ovale, à quatre côtés comprimés.

SEM. *Noix* à une seule semence, oblongue, anguleuse.

Calice à quatre segmens peu profonds, tubulés. *Corolle* à quatre pétales ascendans vers le côté supérieur. *Noix* inférieure, quadrangulaire, renfermant une seule semence.

1. GAURE bisannuelle, *G. biennis*, L. à feuilles ponctuées.

Plukn. tab. 428, f. 2.

En Virginie, en Pensylvanie. ♂

507. ÉPILOBE, *EPILOBIUM.* * *Lam. Tab. Encyclop.* pl. 278. CHAMÆNERION. *Tournef. Inst.* 302, tab. 157.

CAL. *Périanthe* supérieur, à quatre *feuillets*, oblongs, pointus, colorés, caducs-tardifs.

COR. Quatre *Pétales*, arrondis, plus larges extérieurement, échancrés, ouverts.

ÉTAM. Huit *Filamens*, en alêne: les *alternes* plus courts. *Anthères* ovales, comprimées, obtuses.

PIST. *Ovaire* comme cylindrique, très-long, inférieur. *Style* filiforme. *Stigmate* épais, obtus, roulé, divisé peu profondément en quatre parties.

PÉR. *Capsule* très-longue, comme cylindrique, striée, à quatre loges, à quatre battans.

SEM. Nombreuses, oblongues, couronnées par une aigrette. *Réceptacle* très-long, à quatre côtés, libre, flexible, coloré.

OBS. *Dans quelques espèces les* Etamines *et le* Pistil *sont droits, dans quelques autres ils sont inclinés sur le côté inférieur.*

Calice à quatre feuillets. *Corolle* à quatre pétales. *Capsule* oblongue, inférieure, à quatre loges, renfermant chacune des semences aigrettées.

* I. *ÉPILOBES à étamines inclinées.*

1. ÉPILOBE à feuilles étroites, *E. angustifolium*, L. à feuilles éparses, linéaires; à fleurs inégales.

Lysimachia Chamænerion dicta, angustifolia; Lysimachie nommée faux Laurier-rose, à feuilles étroites. *Bauh. Pin.* 245, n.° 7. *Dod. Pempt.* 85, f. 2. *Lob. Ic.* 1, p. 343, f. 2. *Clus. Hist.* 2, p. 51, f. 3. *Lugd. Hist.* 866, f. 1; et 1060, f. 1. *Bauh. Hist.* 2, p. 907, f. 3.

Cette espèce présente deux variétés:

1.°. *Lysimachia Chamænerion dicta, latifolia*; Lysimachie nommée faux Laurier-rose, à larges feuilles. *Bauh. Pin.* 245, n.° 6. *Lugd. Hist.* 865, f. 1. *Bauh. Hist.* 2, p. 907, f. 1.

2.° *Lysimachia Chamænerion dicta, Alpina*; Lysimachie nommée faux Laurier-rose, des Alpes. *Bauh. Pin.* 245, n.° 8.

Nutritive pour le Bœuf, le Mouton.

A Lyon, Grenoble, Paris, etc. ♃ Estivale.

2. ÉPILOBE à larges feuilles, *E. latifolium*, L. à feuilles alternes, lancéolées, ovales, à fleurs inégales.

Flor. Dan. tab. 565.

En Sibérie, en Silésie. ♃

* II. *ÉPILOBES à étamines droites, régulières; à pétales à deux divisions peu profondes.*

3. ÉPILOBE velu, *E. hirsutum*, L. à feuilles opposées, lancéolées, à dents de scie, décurrentes, embrassant la tige.

Lysimachia siliquosa, hirsuta, magno flore; Lysimachie siliqueuse, hérissée, à grande fleur. *Bauh. Pin.* 245, n.° 1. *Fusch. Hist.* 491. *Lugd. Hist.* 1059, f. 3. *Moris. Hist.* sect. 11, tab. 3, f. 3.

Cette espèce présente une variété.

Lysimachia siliquosa, hirsuta, parvo flore; Lysimachie siliqueuse, hérissée, à petite fleur. *Bauh. Pin.* 245, n.° 2. *Bauh. Hist.* 2, p. 906, f. 1. *Moris. Hist.* sect. 11, tab. 3, f. 4.

Nutritive pour le Cheval, le Mouton, la Chèvre.

En Europe, sur les bords des fossés aquatiques. ♃ Estivale.

4. ÉPILOBE des montagnes, *E. montanum*, L. à feuilles opposées, ovales, dentées.

Lysimachia siliquosa, glabra, major; Lysimachie siliqueuse, lisse, plus grande. *Bauh. Pin.* 245, n.° 3. *Dod. Pempt.* 85, f. 1. *Lob. Ic.* 1, p. 343, f. 1. *Clus. Hist.* 2, p. 51, f. 2.

Nutritive pour la Chèvre.

A Grenoble, Lyon, en Bourgogne, à Paris, etc. ♃ Vernale.

5. ÉPILOBE tétragone, *E. tetragonum*, L. à feuilles lancéolées, dentelées : les inférieures opposées; à tige tétragone ou à quatre côtés.

Lysimachia siliquosa, glabra, minor; Lysimachie siliqueuse, lisse, plus petite. *Bauh. Pin.* 245, n.° 4.

A Grenoble, Paris, en Bourgogne. ♃ Estivale.

6. ÉPILOBE des marais, *E. palustre*, L. à feuilles opposées, lancéolées, très-entières; à pétales échancrés; à tige droite.

Lysimachia siliquosa, glabra, angustifolia; Lysimachie siliqueuse, lisse, à feuilles étroites. *Bauh. Pin.* 245, n.° 5. *Flor. Dan.* tab. 347?

Nutritive pour le Cheval, le Mouton, la Chèvre.

A Grenoble, Paris, en Bourgogne. ♃ Estivale.

7. ÉPILOBE des Alpes, *E. Alpinum*, L. à feuilles opposées, ovales, lancéolées, très-entières; à siliques assises; à tige rampante.

Flor. Dan. tab. 322.

Sur les Alpes du Dauphiné, de Suisse, de Laponie. ♃ Estivale.

508. ANTICHORE, *ANTICHORUS*. *Lam. Tab. Encyclop.* pl. 295.

CAL. *Périanthe* très-ouvert, à quatre *feuillets*, lancéolés, pointus, caducs-tardifs.

COR. Quatre *Pétales* comme ovales, obtus, de la longueur du calice.

ÉTAM. Huit *Filamens*, sétacés, droits, plus courts que la corolle. *Anthères* arrondies.

PIST. *Ovaire* supérieur, ovale. *Style* cylindrique, de la longueur des étamines. *Stigmate* obtus.

PÉR. *Capsule* en alêne, à quatre loges, à quatre battans.

SEM. Plusieurs, tronquées, placées les unes au-dessus des autres sur quatre côtés.

OBS. *Ce genre a de l'affinité avec le* Corchorus.

Calice à quatre feuillets. *Corolle* à quatre pétales. *Capsule* supérieure, en alêne, à quatre battans, à quatre loges renfermant chacune plusieurs semences.

1. ANTICHORE déprimé, *A. depressus*, L. à feuilles alternes, pétiolées, ovales, dentelées, lisses, comme plissées.

En Arabie. ☉

509. COMBRET, *COMBRETUM.* † *Lam. Tab. Encyclop.* pl. 282.

CAL. *Périanthe* d'un seul feuillet, supérieur, en cloche, à quatre dents, caduc-tardif.

COR. Quatre *Pétales*, ovales, aigus, insérés sur le calice, à peine plus long que lui.

ÉTAM. Huit *Filamens*, sétacés, droits, très-longs. *Anthères* comme oblongues.

PIST. *Ovaire* inférieur, linéaire. *Style* sétacé, de la longueur des étamines. *Stigmate* aigu.

PÉR. Nul, (à moins qu'on ne prenne pour tel la croûte de la semence).

SEM. Une seule, pointue, à quatre côtés membraneux.

Calice à quatre dents, en cloche, supérieur. *Corolle* à quatre pétales insérés sur le calice. *Étamines* très-longues. Une *Semence* à quatre angles membraneux.

1. COMBRET lâche, *C. laxum*, L. en fleurs à épis lâches.

Dans l'Amérique Méridionale. ♄

2. COMBRET à fleurs tournées d'un seul côté, *C. secundum*, L. à fleurs en épis tournés d'un seul côté.

Jacq. Amer. 103, tab. 176, f. 30.

A Carthagène. ♄

510. GRISLÉE, *GRISLEA.* †

CAL. *Périanthe* d'un seul feuillet; en alêne, comme en cloche, droit, à quatre dents, coloré, persistant.

COR. Quatre *Pétales*, ovales, insérés entre les segmens du calice, très-petits.

ÉTAM. Huit *Filamens*, en alêne, droits, longs, ascendans. *Anthères* simples, droites, arrondies.

PIST. *Ovaire* supérieur, arrondi, porté sur un pédicelle. *Style* filiforme, de la longueur des étamines. *Stigmate* simple.

PÉR. *Capsule* arrondie, plus courte que le calice, à une loge.

SEM. Plusieurs, arrondies, très-petites. *Réceptacle* grand.

Calice à quatre dents. *Corolle* à quatre pétales insérés entre les dents du calice. *Filamens* très-longs, ascendans. *Capsule* arrondie, supérieure, à une seule loge, renfermant plusieurs semences.

1. GRISLÉE à fleurs tournées d'un seul côté, *G. secunda*, L. à feuilles ovales, lancéolées, opposées, très-entières, lisses, à nervures alternes; à pétioles courts.

Dans l'Amérique Méridionale. ♄

511. ALLOPHYLE, *ALLOPHYLUS.* †

CAL. *Périanthe* à quatre *feuillets*, arrondis, dont deux extérieurs opposés, deux fois plus petits.

COR. Quatre *Pétales*, arrondis, égaux, plus petits que le calice. *Onglets* larges, de la longueur des deux petits feuillets du calice.

ÉTAM. Huit *Filamens*, filiformes, de la longueur de la corolle. *Anthères* arrondies.

PIST. *Ovaire* supérieur, arrondi, didyme. *Style* filiforme, plus long que les étamines. *Stigmate* divisé peu profondément en deux parties roulées.

PÉR. . . . . .

SEM. . . . . .

Calice à quatre feuillets arrondis, dont les plus petits sont opposés. *Corolle* à quatre pétales, plus petits que le calice. *Ovaire* didyme. *Stigmate* à deux divisions peu profondes, roulées.

1. ALLOPHYLE de Zeylan, *A. Zeylanicus*, L. à feuilles simples, sans piquans.

A Zeylan. ♄

512. MIMUSOPE, *MIMUSOPS.* † *Lam. Tab. Encyclop.* pl. 300.

CAL. *Périanthe* coriace, à huit *feuillets*, disposés sur deux rangs, ovales, aigus, persistans.

COR. Huit *Pétales*, lancéolés, ouverts, de la longueur du calice.

ÉTAM. Huit *Filamens*, en alêne, velus, très-courts. *Anthères* oblongues, droites, de la longueur du calice.

PIST. *Ovaire* supérieur, rond, hérissé. *Style* cylindrique, de la longueur de la corolle. *Stigmate* simple.

PÉR. *Drupe* ovale, pointue.

SEM. Une seule ou deux, ovale.

Calice à quatre feuillets disposés sur deux rangs. *Corolle* à quatre pétales. *Drupe* pointue.

1. MIMUSOPE Élengi, *M. Elengi*, L. à feuilles alternes, éloignées.

Rheed. Mal. 1, p. 34, tab. 20. *Rumph. Amb.* 2, p. 189, tab. 63.

Dans l'Inde Orientale.

2. MIMUSOPE Kanki, *M. Kanki*, L. à feuilles entassées.

Rumph. Amb. 3, p. 19, tab. 8.

Dans l'Inde Orientale. ♄

513. JAMBOLIER,

513. JAMBOLIER, *JAMBOLIFERA*. †

CAL. *Périanthe* à quatre dents, très-court, persistant.

COR. Quatre *Pétales*, linéaires, lancéolés, courbés en dehors dans leur partie supérieure.

ÉTAM. Huit *Filamens*, un peu aplatis, en alêne, courbés en dehors au-dessus de leur partie supérieure, de la longueur de la corolle. *Anthères* ovales, couchées.

PIST. *Ovaire* ovale, hérissé supérieurement. *Style* filiforme, plus court que les étamines. *Stigmate* simple.

PÉR. . . . . .

SEM. . . . . .

Calice à quatre dents. *Corolle* à quatre pétales, en entonnoir. *Filamens* un peu aplatis. *Stigmate* simple.

1. JAMBOLIER pédunculé, *J. pedunculata*, L. à feuilles pétiolées, opposées, ovales, très-entières, lisses.

Jambolones Garziæ; Jambolier de Garzia. *Bauh. Pin.* 460, n.° 1. *Rumph. Amb.* 1, p. 131, tab. 34.

Dans l'Inde Orientale. ♄

514. MÉLICOQUE, *MELICOCCA*. *Lam. Tab. Encyclop.* pl. 306.

CAL. *Périanthe* à quatre *segmens* profonds, ovales, concaves, obtus; ouverts.

COR. Quatre *Pétales*, oblongs, égaux, totalement renversés entre les segmens du calice.

ÉTAM. Huit *Filamens*, en alêne, droits, courts. *Anthères* oblongues, droites.

PIST. *Ovaire* ovale, presque de la longueur de la corolle. *Style* très-court. *Stigmate* grand, comme en rondache, oblique, plus large sur les côtés.

PÉR. *Drupe* à écorce qui peut se détacher, arrondie, terminée en pointe obtuse.

SEM. *Noix* coriace, arrondie, lisse.

Calice à quatre segmens profonds. *Corolle* à quatre pétales renversés entre les segmens du calice. *Stigmate* comme en bouclier. *Drupe* coriace.

1. MÉLICOQUE à deux feuilles, *M. bijuga*, L. à feuilles deux fois deux à deux.

Plukn. tab. 207, f. 4. *Jacq. Amer.* 108, tab. 72.

Dans l'Amérique Méridionale. ♄

515. GAURÉE, *GUAREA*. †

CAL. *Périanthe* d'un seul feuillet, à quatre segmens profonds, un peu aplati, court.

COR. Quatre *Pétales*, droits, linéaires, aigus.

Nectaire tubulé, comme cylindrique, très-entier, de la longueur de la corolle.

ÉTAM. Sans *Filamens*. Huit *Anthères* adhérentes à la marge intérieure du nectaire.

PIST. *Ovaire* arrondi, reposant sur un réceptacle cylindrique, couronné par un bord glanduleux. *Style* filiforme, saillant. *Stigmate* en tête, déprimé, entier.

PÉR. *Capsule* arrondie, à ombilic, à quatre sillons, à quatre loges, à quatre battans.

SEM. Solitaires, un peu alongées, garnies extérieurement d'un arille.

Calice à quatre segmens profonds. *Corolle* à quatre pétales. *Nectaire* cylindrique, sur la marge intérieure duquel sont insérées les étamines. *Capsule* à quatre loges renfermant chacune des semences solitaires.

1. GAURÉE trichilioïde, *G. trichilioides*, L. à feuilles pinnées; à folioles ovales, oblongues, brillantes; à fleurs en grappes lâches.

Jacq. Amer. 116, tab. 176, f. 37. *Cav. Dis.* 7, n.° 530, tab. 210.

Au Brésil et dans diverses contrées des Indes Occidentales. ♄

516. BALSAMIER, *AMYRIS*. *Lam. Tab. Encyclop.* pl. 303.

CAL. *Périanthe* d'un seul feuillet, à quatre dents, aigu, droit, petit, persistant.

COR. Quatre *Pétales*, oblongs, concaves, ouverts.

ÉTAM. Huit *Filamens*, en alêne, droits. *Anthères* oblongues, droites, de la longueur de la corolle.

PIST. *Ovaire* supérieur, ovale. *Style* un peu épais, de la longueur des étamines. *Stigmate* à quatre côtés.

PÉR. *Baie* ressemblant à une drupe, arrondie.

SEM. *Noix* arrondie, luisante.

Calice à quatre dents. *Corolle* à quatre pétales oblongs. *Stigmate* tétragone. *Baie* pulpeuse, renfermant un noyau arrondi.

1. BALSAMIER Gomme-Élémi, *A. Elemifera*, L. à feuilles trois à trois, cinq à cinq et pinnées, duvetées en dessous.

Catesb. Carol. 2, pag. et tab. 33, f. 3.

1. *Elemi*, Gomme-Élémi. 2. Gomme résine. 3. Odeur balsamique, assez agréable, imitant un peu celle du Fenouil; saveur

un peu amère. 4. Huile essentielle, qui n'est soluble que dans l'esprit de vin; resine presque pure.

A la Nouvelle Espagne, Ethiopie, Caroline. ♄

2. BALSAMIER des forêts, *A. sylvatica*, L. à feuilles trois à trois, crénelées, aiguës.

A Carthagène, dans les forêts ombragées, sur les bords de la mer. ♄ Estivale.

3. BALSAMIER maritime, *A. maritima*, L. à feuilles trois à trois, crénelées, obtuses.

Dans l'Amérique Méridionale. ♃

4. BALSAMIER d'Arabie, *A. Gileadensis*, L. à feuilles trois à trois, très-entières; à pédoncules latéraux ne portant qu'une seule fleur.

Dans l'Arabie heureuse. ♄

5. BALSAMIER Baume de la Mecque, *A. Opobalsamum*, L. à feuilles pinnées; à folioles assises.

Alp. Ægypt. 2, p. 26, tab. 14.

1. *Mecca-Balsamum, Xylo-Balsami lignum, Carpo Balsami fructus*; Baume de la Mecque, Baume de Judée. 2. Résine. 3. Odeur très-aromatique, tirant sur celle du citron; saveur âcre et pénétrante, persistante; mais son âcreté n'est pas désagréable. 4. Huile essentielle; Résine. 5. Asthme, phthisie, gonorrhée, rhumatisme. 6. Les femmes Turques emploient ce baume en onction, pour embellir leur visage.

Dans l'Arabie heureuse. ♄

6. BALSAMIER toxifère, *A. toxifera*, L. à feuilles pinnées; à folioles pétiolées, aplaties.

Catesb. Carol. 1, pag. et tab. 40.

A la Caroline.

7. BALSAMIER Protie, *A. Protium*, L. à feuilles pinnées; à folioles pétiolées, ondulées.

Rumph. Amb. 7, p. 54, tab. 23, f. 1.

Dans l'Inde Orientale. ♄

8. BALSAMIER balsamifere, *A. balsamifera*, L. à feuilles deux fois deux à deux.

Plukn. tab. 201, f. 3. *Sloan. Jam.* tab. 168, f. 4.

A la Jamaïque. ♄

517. XIMÈNIE, *XIMENIA*. *Plum. Gen.* 6, tab. 21. *Lam. Tab. Encyclop.* pl. 297.

CAL. *Périanthe* d'un seul feuillet, à quatre *segmens* peu profonds, pointus, très-petits, persistans.

COR. Quatre *Pétales*, oblongs, garnis intérieurement de poils, relevés inférieurement en tube, roulés supérieurement.

ÉTAM. Huit *Filamens*, droits, courts. *Anthères* linéaires, droites, obtuses, de la longueur de la corolle.

PIST. *Ovaire* oblong. *Style* filiforme, de la longueur des étamines. *Stigmate* obtus.

PÉR. *Drupe* comme ovale.

SEM. *Noix* arrondie.

Calice à quatre segmens peu profonds. *Corolle* à quatre pétales, velus, roulés. *Drupe* renfermant une seule semence.

1. XIMENIE Américaine, *X. Americana*, L. à feuilles oblongues; à péduncules portant plusieurs fleurs.

Jacq. Amer. 106, *tab.* 177, *f.* 31.

Dans l'Amérique Méridionale. ♄

2. XIMENIE foible, *X. inermis*, L. à feuilles ovales; à péduncules ne portant qu'une seule fleur.

A la Jamaïque. ♄

518. FUCHSIE, *FUCHSIA*. *Plum. Gen.* 14, tab. 14. *Lam. Tab. Encyclop.* pl. 282.

CAL. Nul. Marge entière, supérieure.

COR. Monopétale, en entonnoir. *Tube* en massue. *Limbe* plane, à huit *divisions* peu profondes, pointues: les inférieures alternes.

ÉTAM. Huit *Filamens*, de la longueur du tube. *Anthères* didymes, arrondies.

PIST. *Ovaire* ovale, inférieur. *Style* simple, de la longueur des étamines. *Stigmate* obtus.

PÉR. *Baie* arrondie, à quatre sillons, à quatre loges.

SEM. Plusieurs, ovales, disposées sur deux rangs.

OBS. Plumier *dans son* Genera, *a fait graver quatre étamines; et dans son* Historia, *le plus souvent huit. Que ceux qui observeront ce genre, déterminent exactement le nombre des étamines.*

Calice nul. *Corolle* à huit divisions peu profondes. *Baie* inférieure, à quatre loges renfermant chacune plusieurs semences.

1. FUCHSIE à trois feuilles, *F. triphylla*, L. à péduncules ne portant qu'une seule fleur.

Plum. Ic. 133, f. 1.

Dans l'Amérique Méridionale.

2. FUCHSIE à plusieurs fleurs, *F. multiflora*, L. à péduncules portant plusieurs fleurs.

Dans l'Amérique Méridionale.

519. CHLORE, *CHLORA*. *Lam. Tab. Encyclop.* pl. 296.

CAL. *Périanthe* à huit *feuillets*, linéaires, ouverts, persistans.

COR. Monopétale, en soucoupe. *Tube* plus court que le calice, enveloppant l'ovaire. *Limbe* à huit *divisions* profondes, lancéolées, plus longues que le tube.

ÉTAM. Huit *Filamens*, très-courts, insérés sur la gorge de la corolle. *Anthères* linéaires, droites, plus courtes que les divisions du limbe.

PIST. *Ovaire* ovale, oblong. *Style* filiforme, de la longueur du tube. Quatre *Stigmates*, oblongs, cylindriques.

PÉR. *Capsule* ovale, oblongue, à une loge, légèrement comprimée, à deux sillons, à deux battans recourbés sur les côtés.

SEM. Nombreuses, très-petites.

OBS. Ce genre a de l'affinité avec les Gentianes.

C. dodecandra *diffère par ses fleurs dodécandres à douze divisions peu profondes.*

Calice à huit feuillets. *Corolle* monopétale, à huit divisions peu profondes. *Capsule* à une seule loge, à deux battans, renfermant plusieurs semences.

1. CHLORE perfoliée, *C. perfoliata*, L. à feuilles enfilées par la tige.

Centaurium luteum, perfoliatum; Centaurée à fleur jaune, perfoliée. *Bauh. Pin.* 278, n.° 3. *Lugd. Hist.* 1290, f. 1.

Cette espèce présente une variété, décrite et gravée dans *Columna Ecphras.* 2, p. 77 et 78, f. 2.

Le synonyme de *G. Bauhin*, *Centaurium pusillum, luteum*; Centaurée naine, à fleur jaune; *Pin.* 278, n.° 4, a été rapportée par *Reichard* à la Gentiane filiforme, *Gentiana filiformis*, L. esp. 30.

Linné a séparé cette plante du genre des Gentianes, auquel il l'avoit anciennement ramenée.

En France, en Suisse, en Allemagne, en Angleterre, en Orient. ⊙ Estivale.

2. CHLORE à quatre feuilles, *C. quadrifolia*, L. à feuilles quatre à quatre.

Dans l'Europe Méridionale.

3. CHLORE dodécandre, *C. dodecandra*, L. à feuilles opposées.

En Virginie.

520. DODONÉE, *DODONÆA*. † *Lam. Tab. Encyclop.* pl. 304.

CAL. *Périanthe* plane, à quatre *feuillets*, ovales, obtus, concaves, caducs-tardifs.

COR. Nulle.

ÉTAM. Huit *Filamens*, très-courts. *Anthères* oblongues, aiguës, réunies, de la longueur du calice.

PIST. *Ovaire* à trois faces, de la longueur du calice. *Style* cylindrique, à trois sillons, droit. *Stigmate* un peu aigu, le plus souvent à trois divisions peu profondes.

PÉR. *Capsule* à trois sillons, boursoufflée, à trois loges, à angles grands, membraneux.

SEM. Deux, arrondies.

Calice à quatre feuillets. *Corolle* nulle. *Capsule* enflée, à trois loges renfermant chacune deux semences.

1. DODONÉE visqueuse, *D. viscosa*, L. à tige droite, ligneuse; à feuilles oblongues, aiguës.

Plukn. tab. 132, f. 1. *Sloan. Jam.* tab. 162, f. 3.

Aux Indes Orientales, dans les lieux sablonneux.

521. LAWSONE, *LAWSONIA.* † LAUSONNIA. *Lam. Tab. Encyclop.* pl. 296.

CAL. *Périanthe* à quatre segmens peu profonds, petit, persistant.

COR. Quatre *Pétales*, ovales, lancéolés, planes, ouverts.

ÉTAM. Huit *Filamens*, filiformes, de la longueur de la corolle, réunis deux à deux entre les pétales. *Anthères* arrondies.

PIST. *Ovaire* arrondi. *Style* simple, de la longueur des étamines, persistant. *Stigmate* en tête.

PÉR. *Capsule* arrondie et terminée en pointe, à quatre loges.

SEM. Nombreuses, anguleuses, pointues.

Calice à quatre segmens peu profonds. *Corolle* à quatre pétales. *Étamines* réunies par paires ou deux à deux. *Capsule* à quatre loges renfermant chacune plusieurs semences.

1. LAWSONE sans épines, *L. inermis*, L. à rameaux sans épines.

Ligustrum Ægyptiacum, latifolium; Troëne d'Egypte, à larges feuilles. *Bauh. Pin.* 476, n.° 4. *Rheed. Mal.* 4, p. 117, tab. 57.

1. *Alcanna vera*, Orcanette vraie. 2. Herbe, Racine. 6. Propre à teindre en rouge couleur de feu, mêlée avec la chaux. C'est avec la racine de cette plante que certains peuples Orientaux se peignent les dents, les ongles, la face; qu'ils teignent les étoffes, la crinière de leurs chevaux, les cuirs, les bois, les flambeaux; qu'ils colorent les onguens, les décoctions, etc.

Dans l'Inde Orientale, en Égypte. ♄

2. LAWSONE épineuse, *L. spinosa*, L. à rameaux épineux.

Plukn. tab. 220, f. 1.

Dans l'Inde Orientale. ♄

322. MÉMÉCYLON, *MEMECYLON*. *Lam. Tab. Encyclop.* pl. 284.

CAL. *Périanthe* sans divisions, supérieur, en cloche, en toupie, très-entier, persistant, à fond en godet, strié.

COR. Quatre *Pétales*, ovales, aigus, ouverts.

ÉTAM. Huit *Filamens*, droits, dilatés au sommet, tronqués. *Anthères* simples, insérées sur les côtés du sommet des filamens.

PIST. *Ovaire* en toupie, inférieur. *Style* en alêne. *Stigmate* simple.

PÉR. *Baie* couronnée par le calice cylindrique.

SEM. . . . . .

Calice supérieur, à fond en godet, strié, à marge très-entière. *Corolle* monopétale. *Anthères* insérées sur le côté du sommet des filamens. *Baie* couronnée par le calice cylindrique.

1. MÉMÉCYLON en tête, *M. capitellatum*, L. à feuilles ovales. *Burm. Zeyl.* 76, tab. 30.
A Zeylan. ♄

323. AIRELLE, *VACCINIUM*. * *Lam. Tab. Encyclop.* pl. 286. VITIS-IDÆA. *Tournef. Inst.* 607, tab. 377. OXYCOCCUS. *Tournef. Inst.* 655, tab. 431.

CAL. *Périanthe* très-petit, supérieur, persistant.

COR. Monopétale, en cloche, à quatre *divisions* peu profondes, roulées.

ÉTAM. Huit *Filamens*, simples, insérés sur le réceptacle. *Anthères* à deux cornes, munies sur le dos de deux arêtes étalées, s'ouvrant au sommet.

PIST. *Ovaire* inférieur. *Style* simple, plus long que les étamines. *Stigmate* obtus.

PÉR. *Baie* arrondie, à ombilic, à quatre loges.

SEM. Peu nombreuses, petites.

OBS. *Ce genre présente souvent une quatrième unité de plus dans toutes les parties de la fructification.*

Le Calice *dans quelques espèces est à quatre segmens peu profonds, mais dans le* Myrtille *il est très-entier.*

La Corolle *fraîche est presque totalement roulée à sa base dans le V. Oxycoccus.*

Calice supérieur ou au-dessus de l'ovaire. *Corolle* monopétale. *Filamens* insérés sur le réceptacle. *Baie* à quatre loges renfermant chacune plusieurs semences.

* I. *AIRELLES à feuilles caduques-tardives.*

1. AIRELLE Myrtille, *V. Myrtillus*, L. à pédoncules ne portant qu'une seule fleur; à feuilles à dents de scie, ovales, caduques-tardives; à tige anguleuse.

Vitis-Idea foliis oblongis, crenatis, fructu nigricante; Vigne du Mont-Ida à feuilles oblongues, crenelées, à fruit noirâtre. *Bauh. Pin.* 470, n.° 1. *Dod. Pempt.* 768, f. 2. *Lob. Ic.* 2, p. 109, f. 2. *Lugd. Hist.* 191, f. 1, et 192, f. 1. *Camer. Epit.* 135. *Lon. Pl. Med.* tab. 81.

2. *Myrtilli baccæ*, Airelle ou Myrtille. 2. Baies. 3. Acidules, acerbes, muqueuses. 5. Diarrhée, scorbut, dyssenterie, crachement de sang, affections catharales des voies urinaires. 6. On mange le fruit dans le Nord : on le fait fermenter, et l'on obtient une liqueur vineuse foible. On emploie les feuilles et les tiges pour tanner les cuirs. Les Baies teignent en rouge et en bleu ; on s'en sert pour colorer les vins.

Nutritive pour la Chèvre, le Canard, le Dindon, l'Oie.

A Grenoble, au Mont-Pilat, en Bourgogne, à Paris. ♄ Vernale.

2. AIRELLE à étamines, *V. stamineum*, L. à péduncules solitaires, ne portant qu'une seule fleur ; à anthères plus longues que la corolle ; à feuilles oblongues, très-entières.

Plukn. tab. 339, f. 3.

Dans l'Amérique Septentrionale. ♄

3. AIRELLE fangeuse, *V. uliginosum*, L. à péduncules ne portant qu'une seule fleur ; à feuilles très-entières, en ovale renversé, obtuses, lisses.

Vitis-Idæa foliis subrotundis, exalbidis; Vigne du Mont-Ida à feuilles arrondies, blanchâtres. *Bauh. Pin.* 470, n.° 5. *Clus. Hist.* 1, p. 62, f. 1. *Bauh. Hist.* 1, P. 2, p. 518, f. 1. *Flor. Dan.* tab. 231.

Nutritive pour le Cheval, le Bœuf, le Mouton, la Chèvre.

A la grande Chartreuse, à Montpellier. ♄

4. AIRELLE blanche, *V. album*, L. à péduncules simples ; à feuilles très-entières, ovales, duvetées en dessus.

En Pensylvanie. ♄

5. AIRELLE piquante, *V. mucronatum*, L. à péduncules très-simples, ne portant qu'une seule fleur ; à feuilles ovales, piquantes, lisses, très-entières.

Dans l'Amérique Septentrionale. ♄

6. AIRELLE en corymbe, *V. corymbosum*, L. à fleurs en corymbes ovales ; à feuilles oblongues, aiguës, très-entières.

Dans l'Amérique Septentrionale. ♄

7. AIRELLE feuillée, *V. frondosum*, L. à fleurs en grappes filiformes, feuillées ; à feuilles oblongues, très-entières.

Dans l'Amérique Septentrionale. ♄

8. AIRELLE troëne, *V. ligustrinum*, L. à fleurs en grappes nues; à tige ligneuse; à feuilles crénelées, oblongues.

En Pensylvanie. ♄

9. AIRELLE de Cappadoce, *V. arctostaphylos*, L. à fleurs en grappes; à feuilles crénelées, ovales, aiguës; à tige en arbre.

Tournef. Voy. au Lev. 2, pag. et tab. 223.

Cette espèce présente une variété à feuilles de Néflier; à fleur marquetée.

En Cappadoce. ♄

* II. *AIRELLES à feuilles toujours vertes.*

10. AIRELLE Vigne du Mont-Ida, *V. Vitis-Idæa*, L. à fleurs en grappes inclinées, terminant les rameaux; à feuilles en ovale renversé, à bords roulés, très-entières, ponctuées en dessous.

Vitis-Idæa foliis subrotundis, non crenatis, baccis rubris; Vigne du Mont-Ida à feuilles arrondies, non crénelées, à baies rouges. *Bauh. Pin.* 470, n.° 4. *Dod. Pempt.* 770, f. 1. *Lugd. Hist.* 193, f. 1. *Camer. Epit.* 136. *Bauh. Hist.* 1, P. 1, p. 522, f. 1. *Flor. Dan.* tab. 40. *Icon. Pl. Med.* tab. 87.

1. *Vitis-Idæa*, Framboise. 2. Baies. 3. Muqueuses, acides, sucrées. 5. Acrimonie chaude, fièvres inflammatoires, putrides, remittentes, maladies aiguës. 6. Les Baies fermentées donnent une sorte de vin, foible et vappide; elles colorent en rouge.

Nutritive pour la Chevre, le Canard, le Coq, le Dindon, l'Oie.

A Grenoble. ♄ Vernale.

11. AIRELLE Canneberge, *V. Oxycoccus*, L. à feuilles très-entières, à bords roulés; à tiges rampantes, filiformes, nues.

Vitis-Idæa palustris; Vigne du Mont-Ida des marais. *Bauh. Pin.* 471, n.° 7. *Dod. Pempt.* 770, f. 2. *Lob. Ic.* 2, p. 109, f. 2. *Lugd. Hist.* 187, f. 3. *Bauh. Hist.* 1, P. 1, p. 527, f. 2. *Bul. Paris.* tab. 198. *Flor. Dan.* tab. 80.

Les baies rouges, acides, sont agréables à manger après qu'elles ont éprouvé les premieres gelées.

Nutritive pour le Cochon, la Chèvre, le Coq.

En Dauphiné, en Bourgogne, à Paris, à Lyon, dans les marais couverts de Sphaigne. ♃ Estivale.

12. AIRELLE un peu hérissée, *V. hispidulum*, L. à feuilles très-entières, à bords roulés, ovales; à tiges rampantes, filiformes, hérissées.

Plukn. tab. 320, f. 6.

Dans l'Amérique Septentrionale, dans les marais. ♃

524. BRUYÈRE, *ERICA*. * *Tournef. Inst.* 602, tab. 373. *Lam. Tab. Encyclop.* pl. 287 et 288.

CAL. A quatre *feuillets*, ovales, droits, colorés, persistans.

COR. Monopétale, en cloche, souvent ventrue, à quatre divisions peu profondes.

ÉTAM. Huit *Filamens*, capillaires, insérés sur le réceptacle. *Anthères* divisées peu profondément au sommet en deux parties.

PIST. *Ovaire* arrondi. *Style* filiforme, droit, plus long que les étamines. *Stigmate* en forme de couronne, à quatre côtés, divisé peu profondément en quatre parties.

PÉR. *Capsule* arrondie, plus petite que le calice, couverte, à quatre loges, à quatre battans.

SEM. Nombreuses, très-petites.

OBS. Quelques espèces ont un double calice.

La figure de la Corolle *selon les espèces, est ovale ou oblongue.*

Les Anthères *dans quelques espèces sont à deux cornes, mais dans celles du Cap elles sont échancrées.*

Les Étamines *dans quelques espèces sont plus longues que la corolle; dans d'autres elles sont plus courtes.*

Le Stigmate *varie également selon les espèces.*

Calice à quatre feuillets. *Corolle* à quatre divisions peu profondes. *Filamens* insérés sur le réceptacle. *Anthères* divisées peu profondément au sommet en deux parties. *Capsule* à quatre loges.

* I. *BRUYÈRES à anthères à arêtes; à feuilles opposées.*

1. BRUYÈRE vulgaire, *E. vulgaris*, L. à anthères à arêtes; à corolles en cloche, presque égales; à calices doubles; à feuilles opposées, en fer de flèche.

Erica vulgaris, glabra; Bruyère vulgaire, lisse. *Bauh. Pin.* 485, n.° 1. *Fusch. Hist.* 254. *Matth* 141. f. 1. *Dod. Pempt.* 767, f. 1. *Lugd. Hist.* 185, f. 1. *Camer. Epit.* 75. *Bul. Paris.* tab. 199. *Flor. Dan.* tab. 677. *Icon. pl. Medic.* tab. 102.

Cette espèce présente une variété.

Erica Myricæ folio, hirsuta; Bruyère à feuille de Myrica, velue. *Bauh. Pin.* 485, n.° 2.

On se sert, dans le nord, des Bruyères pour tanner les cuirs. On emploie la Bruyère dans la bière comme le Houblon; mais cette bière, ainsi préparée, ne se conserve pas.

Nutritive pour le Cheval, le Mouton, la Chèvre.

En Europe, dans les terrains stériles. ♄ Automnale.

2. BRUYÈRE jaune, *E. lutea*, L. à anthères à arêtes; à corolles ovales, aiguës; à fleurs entassées; à feuilles opposées, linéaires.

Au cap de Bonne-Espérance.

* II. *Bruyères à anthères à arêtes; à feuilles trois à trois.*

3. BRUYÈRE d'Ethiopie, *E. Halicacaba*, L. à anthères à arêtes; à corolles ovales, enflées; à style renfermé dans la corolle; à feuilles trois à trois; à fleurs solitaires.

En Ethiopie. ♄

4. BRUYÈRE regermant, *E. regerminans*, L. à anthères à arêtes; à corolles ovales; à style renfermé dans la corolle; à calices aigus; à fleurs en grappes; à feuilles trois à trois.

Pluk. tab. 348, pl. 10?

Au cap de Bonne-Espérance.

5. BRUYÈRE un peu hérissée, *E. hispidula*, L. à anthères à arêtes; à corolles un peu arrondies; à style renfermé dans la corolle; à feuilles trois à trois, ovales, lancéolées; à rameaux hérissés.

Au cap de Bonne-Espérance.

6. BRUYÈRE muqueuse, *E. mucosa*, L. à anthères à arêtes; à corolles un peu arrondies, muqueuses; à style renfermé dans la corolle; à feuilles trois à trois.

Au cap de Bonne-Espérance. ♄

7. BRUYÈRE de Bergius, *E. Bergiana*, L. à anthères à arêtes; à corolles en cloche; à style renfermé dans la corolle; à calices renversés; à feuilles trois à trois.

Au cap de Bonne-Espérance. ♄

8. BRUYÈRE déprimée, *E. depressa*, L. à anthères à arêtes; à corolles en cloche; à style renfermé dans la corolle; à fleurs peu nombreuses; à feuilles trois à trois; à tige déprimée.

Au cap de Bonne-Espérance. ♄

9. BRUYÈRE pilulifère, *E. pilulifera*, L. à anthères à arêtes; à corolles en cloche; à style renfermé dans la corolle; à feuilles trois à trois; à fleurs en ombelle.

En Ethiopie. ♄

10. BRUYÈRE vert-pourpre, *E. viridi-purpurea*, L. à anthères à arêtes; à corolles en cloche; à style renfermé dans la corolle; à feuilles trois à trois; à fleurs éparses le long des rameaux.

Erica major, floribus ex herbaceo-purpureis; Bruyère plus grande, à fleurs vert-pourpre. *Bauh. Pin.* 485, n.° 5. *Lob. Ic.* 2, p. 215, f. 1. *Clus. Hist.* 1, p. 42, f. 2. *Lugd. Hist.* 188, f. 3.

A Montpellier, en Portugal. ♄

11. BRUYÈRE à cinq feuilles, *E. pentaphylla*, L. à anthères à arêtes ; à corolles en cloche ; à style renfermé dans la corolle ; à feuilles trois à trois ou cinq à cinq ; à fleurs duvetées.

Seb. Mus. 2, p. 32, tab. 21, f. 2.

Au cap de Bonne-Espérance. ♄

12. BRUYÈRE de Nigritie, *E. Nigrita*, L. à anthères à arêtes ; à corolles en cloche, à style renfermé dans la corolle ; à calices en recouvrement, renfermant trois fleurs assises.

Seb. Mus. 2, p. 11, tab. 9, f. 7.

Au cap de Bonne-Espérance. ♄

13. BRUYERE à feuilles planes, *E. planifolia*, L. à anthères à arêtes ; à corolles en cloche ; à style saillant hors de la corolle ; à feuilles trois à trois, très-étalées.

Plukn. tab. 347, f. 1.

Au cap de Bonne-Espérance. ♄

14. BRUYÈRE à balai, *E. scoparia*, L. à anthères à arêtes ; à corolles en cloche ; à style saillant hors de la corolle, en bouclier ; à feuilles trois à trois.

Erica major, scoparia, foliis deciduis ; Bruyère plus grande, à balai, à feuilles tombantes. *Bauh. Pin.* 485, n.° 6. *Lob. Ic.* 2, p. 215, f. 2. *Clus. Hist.* 1, p. 42, f. 3. *Lugd. Hist.* 187, f. 1, et 284, f. 2. *Bul. Paris.* 201.

A Montpellier, à Paris, en Dauphiné. ♄

15. BRUYÈRE en arbre, *E. arborea*, L. à anthères à arêtes ; à corolles en cloche ; à style saillant hors de la corolle ; à feuilles trois à trois ; à rameaux blanchâtres.

Erica maxima, alba ; Bruyère très-grande, à fleur blanche. *Bauh. Pin.* 485, n.° 1. *Lob. Ic.* 2, p. 214, f. 1. *Clus. Hist.* 1, p. 41, f. 1. *Lugd. Hist.* 284, f. 1.

A Montpellier, en Provence. ♄

* III. *BRUYÈRES à anthères à arêtes ; à feuilles quatre à quatre.*

16. BRUYÈRE à rameaux, *E. ramentacea*, L. à anthères à arêtes ; à corolles arrondies ; à style renfermé dans la corolle ; à stigmate double ; à feuilles quatre à quatre, sétacées.

La tige jette des rameaux flexibles.

Au cap de Bonne-Espérance. ♄

17. BRUYÈRE ombellée, *E. petiolata*, L. à anthères à arêtes ; à corolles en cloche ; à style renfermé dans la corolle ; à calices ciliés ; à feuilles quatre à quatre.

Au cap de Bonne-Espérance. ♄

18. BRUYÈRE Tétralix, *E. Tetralix*, L. à anthères à arêtes; à corolles ovales; à style renfermé dans la corolle; à feuilles quatre à quatre, ciliées; à fleurs en tête.

Erica ex rubro nigricans, scoparia; Bruyère à fleur d'un rouge noirâtre, à balai. *Bauh. Pin.* 486, n.° 7. *Dod. Pempt.* 768, f. 1? *Lugd. Hist.* 186, f. 2.

Nutritive pour la Chèvre.

A Paris, dans les marais. Elle fleurit deux fois l'année, au printemps et en automne. ♄

19. BRUYÈRE duvetée, *E. pubescens*, L. à anthères à arêtes; à corolles ovales; à style renfermé dans la corolle; à feuilles quatre à quatre, rudes; à fleurs assises, latérales.

Cette espèce présente une variété à petites fleurs; à anthères à deux divisions peu profondes, renfermées dans la corolle qui est arrondie et de la longueur du calice; à feuilles quatre à quatre, ciliées.

En Ethiopie. ♄

20. BRUYÈRE à feuilles de sapin, *E. abietina*, L. à anthères à arêtes; à corolles épaisses; à style renfermé dans la corolle; à feuilles quatre à quatre, à fleurs assises.

Buxb. Cent. 4, p. 25, tab. 41 et 42.

Au cap de Bonne-Espérance. ♄

21. BRUYÈRE mamelonée, *E. mammosa*, L. à anthères à arêtes; à corolles épaisses; à style saillant hors de la corolle; à feuilles quatre à quatre.

Au cap de Bonne-Espérance. ♄

22. BRUYÈRE de la Cafrerie, *E. Cafra*, L. à anthères à arêtes; à corolles ovales; à style saillant hors de la corolle; à feuilles quatre-à-quatre, duvetées; à fleurs entassées.

En Ethiopie. ♄

* IV. *BRUYÈRES à anthères en crête; à feuilles trois à trois.*

23. BRUYÈRE à trois fleurs, *E. triflora*, L. à anthères en crête; à corolle arrondie, en cloche; à style renfermé dans la corolle; à feuilles trois à trois; à fleurs terminant les rameaux.

Au cap de Bonne-Espérance. ♄

24. BRUYÈRE à fleur d'arbousier, *E. baccans*, L. à anthères en crête; à corolles arrondies, en cloche, couvertes; à style renfermé dans la corolle; à feuilles trois à trois, en recouvrement.

Pluckn. tab. 279, f. 3.

Au cap de Bonne-Espérance. ♄

25. BRUYÈRE immortelle, *E. gnaphalodes*, L. à anthères en crête; à corolles ovales, couvertes; à style renfermé dans la corolle;

à feuilles trois à trois ; à stigmate divisé profondément en quatre parties.

Plukn. tab. 346, f. 11.

Au cap de Bonne-Espérance. ♄

26. BRUYÈRE à feuilles de Coris, *E. corifolia*, L. à anthères en crête ; à corolles ovales ; à style renfermé dans la corolle ; à calices en toupie ; à feuilles trois à trois ; à fleurs en ombelle.

Plukn. tab. 346, f. 5.

En Ethiopie. ♄

27. BRUYÈRE articulée, *E. articularis*, L. à anthères en crête ; à corolles ovales, aiguës ; à style renfermé dans la corolle, plus long que le calice ; à feuilles trois à trois.

Au cap de Bonne-Espérance. ♄

28. BRUYÈRE calycine, *E. calycina*, L. à anthères en crête ; à corolles ovales ; à style renfermé dans la corolle ; à calices très-ouverts, en roue ; à feuilles trois à trois.

Seb. Mus. 2, p. 13, tab. 11, f. 7.

Au cap de Bonne-Espérance. ♄

29. BRUYÈRE cendrée, *E. cinerea*, L. à anthères en crête ; à corolles ovales ; à style un peu saillant hors de la corolle ; à feuilles trois à trois ; à stigmate en tête.

Erica humilis, cortice cinereo, Arbuti flore ; Bruyère naine, à écorce cendrée, à fleur d'Arbousier. *Bauh. Pin.* 486, n.° 8. *Lob. Ic.* 2, p. 212, f. 2. *Clus. Hist.* 1, p. 43, f. 2. *Lugd. Hist.* 189, f. 2. *Bauh. Hist.* 1, P. 2, pag. 357, f. 1. *Bul. Paris.* tab. 200. *Flor. Dan.* tab. 38.

Cette espèce présente une variété :

Erica ternis per intervalla ramulis ; Bruyère à rameaux disposés par intervalles de trois en trois. *Bauh. Pin.* 486, n.° 10. *Lob. Ic.* 2, p. 216, f. 1. *Clus. Hist.* 1, p. 43, f. 1. *Lugd. Hist.* 189, f. 1.

A Montpellier, en Provence, en Bourgogne, à Paris. ♄ Estivale.

30. BRUYÈRE paniculée, *E. paniculata*, L. à anthères en crête ; à corolles en cloche ; à style saillant hors de la corolle ; à feuilles trois à trois ; à fleurs très-petites.

Plukn. tab. 175, f. 2.

En Ethiopie. ♄

31. BRUYÈRE Australe, *E. Australis*, L. à anthères en crête ; à corolles cylindriques ; à style saillant hors de la corolle ; à feuilles trois à trois, étalées.

En Espagne. ♄

* V. *Bruyères à anthères en crête ; à feuilles quatre à quatre.*

32. BRUYÈRE enflée, *E. physodes*, L. à anthères en crête ; à corolles ovales, enflées ; à style renfermé dans la corolle ; à feuilles quatre à quatre ; à fleurs comme solitaires.

Au cap de Bonne-Espérance. ♄

33. BRUYÈRE à feuilles de camarigne, *E. empetrifolia*, L. à anthères en crête ; à corolles ovales ; à feuilles quatre à quatre ; à feuilles assises, latérales.

En Ethiopie. ♄

* VI. *Bruyère à anthères mousses (sans arêtes ni crêtes), renfermées dans la corolle ; à feuilles opposées.*

34. BRUYÈRE à feuilles menues, *E. tenuifolia*, L. à anthères mousses, renfermées dans la corolle ; à corolle et calice couleur de sang ; à feuilles opposées.

Seb. Mus. 2, p. 11, tab. 9, f. 8.

Au cap de Bonne-Espérance. ♄

* VII. *Bruyères à anthères mousses (sans arêtes ni crêtes), renfermées dans la corolle ; à feuilles trois à trois.*

35. BRUYÈRE blanche, *E. albens*, L. à anthères mousses, renfermées dans la corolle ; à corolles ovales, oblongues, aiguës ; à feuilles trois à trois ; à fleurs en grappes, tournées d'un seul côté.

Au cap de Bonne-Espérance. ♄

36. BRUYÈRE écumeuse, *E. spumosa*, L. à anthères mousses, renfermées dans la corolle ; à corolles trois à trois, couvertes par un calice commun ; à style saillant hors de la corolle ; à feuilles trois à trois.

Plukn. tab. 346.

Au cap de Bonne-Espérance. ♄

37. BRUYÈRE en tête, *E. capitata*, L. à anthères mousses, d'une longueur médiocre ; à corolles couvertes par le calice qui est laineux ; à feuilles trois à trois ; à fleurs assises.

Petiv. Gaz. 5, tab. 2, f. 10.

Au cap de Bonne-Espérance. ♄

38. BRUYÈRE à anthères noires, *E. melanthera*, L. à anthères mousses, d'une longueur médiocre ; à corolles en cloche, plus longues que le calice qui est coloré ; à style saillant hors de la corolle ; à feuilles trois à trois.

Au cap de Bonne-Espérance. ♄

39. BRUYÈRE absinthe, *E. absynthioïdes*, L. à anthères mousses ; renfermées dans la corolle ; à corolles ovales, en cloche ; à style

saillant hors de la corolle; à stigmate en entonnoir; à feuilles trois à trois.

Plukn. tab. 347, f. 14.

Au cap de Bonne-Espérance. ♄

40. BRUYÈRE ciliée, *E. ciliaris*, L. à anthères mousses, renfermées dans la corolle; à corolles ovales, épaisses; à style saillant hors de la corolle; à feuilles trois à trois; à fleurs en grappes, tournées d'un seul côté.

Erica hirsuta, Anglica; Bruyère hérissée, d'Angleterre. *Bauh. Pin.* 486, n.° 9. *Lob. Ic.* 2, p. 213, f. 1. *Clus. Hist.* 1, p. 46, f. 1. *Lugd. Hist.* 190, f. 2.

En *Portugal.* ♄

* VIII. *Bruyères à anthères mousses (sans arêtes ni crêtes), renfermées dans la corolle; à feuilles quatre à quatre.*

41. BRUYÈRE à fleur en tube, *E. tubiflora*, L. à anthères mousses, renfermées dans la corolle; à corolles en massue, épaisses; à style renfermé dans la corolle; à feuilles quatre à quatre, un peu ciliées.

Plukn. tab. 346, f. 9.

Au cap de Bonne-Espérance. ♄

42. BRUYÈRE à fleur courbée, *E. curviflora*, L. à anthères mousses, renfermées dans la corolle; à corolles en massue, épaisses; à style renfermé dans la corolle; à feuilles quatre à quatre, lisses.

Seb. Mus. 2, tab. 19, f. 5.

Au cap de Bonne-Espérance. ♄

43. BRUYÈRE écarlate, *E. coccinea*, L. à anthères mousses, comme renfermées dans la corolle; à corolles en massue, renflées; à style renfermé dans la corolle; à calices hérissés; à feuilles quatre à quatre.

Seb. Mus. 1, p. 32, tab. 21, f. 4.

En Ethiopie.

44. BRUYÈRE mélinet, *E. cerinthoïdes*, L. à anthères mousses, renfermées dans la corolle; à corolles en massue, épaisses; à stigmate renfermé dans la corolle, en croix; à feuilles quatre à quatre.

Seb. Mus. 2, tab. 22, f. 4, et tab. 34, f. 6.

En Ethiopie. ♄

45. BRUYÈRE en faisceau, *E. fastigiata*, L. à anthères mousses, renfermées dans la corolle; à corolles en soucoupe, réunies en faisceaux; à style renfermé dans la corolle; à feuilles quatre à quatre.

Au cap de Bonne-Esperance. ♄

46. BRUYÈRE

46. BRUYÈRE cubique, *E. cubica*, L. à anthères mousses, renfermées dans la corolle; à corolles en cloche, aiguës; à style renfermé dans la corolle; à calices tétragones; à feuilles quatre à quatre, étalées.

Au cap de Bonne-Espérance. ♄

47. BRUYÈRE denteléc, *E. denticulata*, L. à anthères mousses, renfermées dans la corolle; à corolles ovales, en entonnoir; à style renfermé dans la corolle; à calices dentelés; à feuilles quatre à quatre.

Au cap de Bonne-Espérance. ♄

48. BRUYÈRE visqueuse, *E. viscaria*, L. à anthères mousses, renfermées dans la corolle; à corolles en cloche, gluantes; à style renfermé dans la corolle; à feuilles quatre à quatre; à fleurs en grappes.

Au cap de Bonne-Espérance. ♄

49. BRUYÈRE granulée, *E. granulata*, L. à anthères mousses, renfermées dans la corolle; à corolles arrondies; à style renfermé dans la corolle; à calices comme en recouvrement; à feuilles quatre à quatre.

Au cap de Bonne-Espérance. ♄

50. BRUYÈRE chevelue, *E. comosa*, L. à anthères mousses, renfermées dans la corolle; à corolles ovales, oblongues; à style renfermé dans la corolle; à feuilles quatre à quatre; à fleurs entassées.

Au cap de Bonne-Espérance. ♄

IX. *BRUYÈRES à anthères mousses (sans arêtes ni crêtes); saillantes hors de la corolle; à feuilles trois à trois.*

51. BRUYÈRE de Pluknet, *E. Pluknetii*, L. à anthères mousses, très-longues, saillantes hors de la corolle; à corolles cylindriques; à style saillant hors de la corolle; à calices simples; à feuilles trois à trois.

Plukn. tab. 344, f. 6.

En Ethiopie. ♄

52. BRUYÈRE de Pétiver, *E. Petiveri*, L. à anthères mousses, très-longues, saillantes hors de la corolle; à corolles aiguës; à style saillant hors de la corolle; à calices en recouvrement; à feuilles trois à trois.

Au cap de Bonne-Espérance. ♄

53. BRUYÈRE à fleur nue, *E. nudiflora*, L. à anthères mousses, saillantes hors de la corolle; à corolles cylindriques; à style saillant hors de la corolle; à feuilles trois à trois; à rameaux cotonneux.

Au cap de Bonne-Espérance. ♄

54. BRUYÈRE bruniade, *E. bruniades*, L. à anthères mousses, saillantes hors de la corolle; à corolles couvertes par le calice qui est laineux; à style saillant hors de la corolle; à feuilles trois à trois, à fleurs éparses.

Plukn. tab. 347, f. 9.

En Ethiopie. ♄

55. BRUYÈRE en recouvrement, *E. imbricata*, L. à anthères mousses, saillantes hors de la corolle; à corolles en cloche; à calices en recouvrement; à style saillant hors de la corolle; à feuilles trois à trois.

Plukn. tab. 346, pl. 13.

Au cap de Bonne-Espérance. ♄

56. BRUYÈRE ombellée, *E. umbellata*, L. à anthères mousses, saillantes hors de la corolle; à corolles en cloche; à style saillant hors de la corolle; à feuilles trois à trois.

En Portugal. ♄

* X. *BRUYÈRES à anthères mousses (sans arêtes ni crêtes), saillantes hors de la corolle; à feuilles quatre à quatre ou en plus grand nombre.*

57. BRUYÈRE pourpre, *E. purpurascens*, L. à anthères mousses, saillantes hors de la corolle; à corolles en cloche; à style saillant hors de la corolle; à feuilles quatre à quatre; à fleurs éparses.

Erica procumbens, dilutè purpurea; Bruyère couchée, à fleur d'un pourpre clair. *Bauh. Pin.* 486, n.° 3. *Clus. Hist.* 1, p. 43, f. 3.

A Naples. ♄

58. BRUYÈRE éparse, *E. vagans*, L. à anthères mousses, saillantes hors de la corolle; à corolles en cloche; à style saillant hors de la corolle; à feuilles quatre à quatre; à fleurs solitaires, éparses.

En Afrique. ♄

59. BRUYÈRE herbacée, *E. herbacea*, L. à anthères mousses, saillantes hors de la corolle; à corolles oblongues; à style saillant hors de la corolle; à feuilles quatre à quatre; à fleurs tournées d'un seul côté.

Erica procumbens, herbacea; Bruyère couchée, herbacée. *Bauh. Pin.* 486, n.° 2. *Clus. Hist.* 1, p. 44, f. 1.

Cette espèce présente une variété:

Erica procumbens, foliis ternis, carnea; Bruyère couchée, à feuilles trois à trois, à fleur couleur de chair. *Bauh. Pin.* 486, n.° 1. *Clus. Hist.* 1, p. 44, f. 2.

A Naples. ♄

60. BRUYÈRE à plusieurs fleurs, *E. multiflora*, L. à anthères mousses, saillantes hors de la corolle; à corolles cylindriques; à style saillant hors de la corolle; à feuilles cinq à cinq; à fleurs éparses.

Erica maxima, purpurascens, longioribus foliis; Bruyère très-grande, à fleur pourpre, à feuilles plus longues. *Bauh. Pin.* 485, n.° 3. *Matth.* 142, f. 1. *Dod. Pempt.* 767, f. 2. *Lob. Ic.* 2, p. 214, f. 2. *Clus. Hist.* 1, p. 42, f. 1. *Lugd. Hist.* 188, f. 2. *Bauh. Hist.* 1, P. 2, p. 356, f. 1. *Bul. Paris.* tab. 203.

A Montpellier, en Provence, à Paris, etc. ♄ Hivernale.

61. BRUYÈRE de la Méditerranée, *E. Mediterranea*, L. à anthères mousses, saillantes hors de la corolle; à corolles ovales; à style saillant hors de la corolle; à feuilles quatre à quatre, étalées; à fleurs éparses.

Reichard rapporte à cette espèce, le synonyme de *G. Bauhin*, *Pin.* 485, n.° 3, qu'il a cité pour l'espèce précédente, et ceux de *J. Bauhin* et de l'*Écluse* qui appartiennent également à la Bruyère multiflore.

A Naples, sur les Alpes d'Autriche. ♄

La division du genre des *Bruyères*, est :

1.° *Anthères* à arêtes, à crête ou mousses.

2.° ——— enfermées dans la corolle, ou saillantes hors de la corolle.

3.° *Feuilles* opposées ou deux à deux, trois à trois, quatre à quatre ou plus.

4.° *Stigmate* renfermé dans la corolle, ou saillant hors de la corolle.

5.° *Corolle* ovale ou oblongue.

Nous invitons nos lecteurs à lire la thèse des Aménités académiques de *Linné*, intitulée *Erica*, vol. 8°; pag. 46, dans laquelle il donne le caractère du genre *Bruyère*, et un tableau synoptique de ses différentes espèces.

525. OPHIRE, *OPHIRA*. *Lam. Tab. Encyclop.* pl. 293.

CAL. *Collerette* à trois fleurs, à deux valves latérales, en forme de rein, échancrées, doublées, persistantes.

COR. Supérieure, à quatre *Pétales* oblongs, rapprochés.

ÉTAM. Huit *Filamens*, de la longueur de la corolle. *Anthères* ovales.

PIST. *Ovaire* inférieur, en toupie, hérissé. *Style* filiforme, plus court que les étamines. *Stigmate* échancré.

PÉR. *Baie* à une loge.

SEM. Deux.

Collerette à deux valves, renfermant trois fleurs. *Corolle* à quatre pétales, supérieure. *Baie* à une seule loge.

1. OPHIRE resserrée, *O. stricta*, L. à feuilles opposées, ovales, linéaires; à fleurs latérales, sans péduncules.

En Afrique. ♄

326. GAROU, *DAPHNE*. * *Lam. Tab. Encyclop.* pl. 290. THYMELÆA. *Tournef. Inst.* 594, tab. 366.

CAL. Nul.

COR. Monopétale, en entonnoir, se flétrissant, renfermant les étamines. *Tube* comme cylindrique, imperforé, plus long que le limbe. *Limbe* à quatre *divisions* peu profondes, ovales, aiguës, planes, ouvertes.

ÉTAM. Huit *Filamens*, courts, insérés sur le tube : les inférieurs alternes. *Anthères* arrondies, droites, à deux loges.

PIST. *Ovaire* ovale. *Style* très-court. *Stigmate* en tête, déprimé, aplati.

PÉR. *Baie* arrondie, à une loge.

SEM. Une seule, arrondie, charnue.

Calice nul. *Corolle* à quatre divisions peu profondes, colorée comme un calice, se flétrissant, renfermant les étamines. *Baie* renfermant une seule semence.

* I. *GAROUS à fleurs latérales.*

1. GAROU Bois-Gentil, *D. Mezereum*, L. à fleurs assises, trois à trois sur les tiges; à feuilles lancéolées, caduques-tardives.

Laureola folio deciduo, flore purpureo, Officinis Laureola femina; Lauréole à feuille caduque, à fleur pourpre, ou Lauréole femelle des Boutiques. *Bauh. Pin.* 462, n.° 2. *Fusch. Hist.* 227. *Matth.* 842, f. 1. *Dod. Pempt.* 364, f. 2. *Lob. Ic.* 1, p. 367, f. 2. *Lugd. Hist.* 211, f. 1; 212, f. 1; et 213, f. 1. *Camer. Epit.* 937. *Bauh. Hist.* 1, P. 1, p. 566, f. 1. *Bul. Paris.* tab. 204. *Flor. Dan.* tab. 268. *Icon. Pl. Med.* tab. 3.

1. *Laureola, Coccinidium*; Bois-Gentil, Garou, Mézéréon, Trintanel, Thymélée. 2. Ecorce, Semences. 3. Ecorce, d'abord insipide, ensuite âcre, brûlante, septique, vénéneuse. 5. Ulcères putrides, carcinome, exostoses fausses, tumeurs froides vénériennes, maladies acrimonieuses (extérieurement pour former des Exutoires). 6. Son écorce sert à pratiquer des *Exutoires.* Elle est préférable *verte*; lorsqu'elle est sèche, on la fait macérer dans le vinaigre, pour la ramollir, et même, dit-on, pour augmenter son activité.

Nutritive pour le Mouton, la Chèvre, le Canard.

Sur les Alpes du Dauphiné, à Paris, en Bourgogne, à Lyon. ♄ Vernale. *S-Alp.*

2. GAROU Thymelée, *D. Thymelæa*, L. à fleurs assises, axillaires; à feuilles lancéolées; à tiges très-simples.

Thymælea foliis Polygalæ, glabris; Thymelée à feuilles de Polygale, lisses. *Bauh. Pin.* 463, n.° 3. *Lugd. Hist.* 1668, f. 1. *Bauh. Hist.* 1, P. 1, p. 593, f. 1. *Bellev.* tab. 1. *Plukn.* tab. 229.

f. 2. *Barrel.* tab. 222 et 232. *Gerard Flor. Galloprov.* pag. 442, esp. 1, tab. 17, f. 2.

A Montpellier, en Provence. ♄

3. GAROU duveté, *D. pubescens*, L. à fleurs assises, latérales, agrégées; à feuilles lancéolées, linéaires; à tige duvetée.

En Autriche.

4. GAROU velu, *D. villosa*, L. à fleurs assises, latérales, solitaires; à feuilles lancéolées, aplaties, ciliées, velues, entassées.

En Portugal, en Espagne. ♄

5. GAROU Tarton-Raire, *D. Tarton-Raira*, L. à fleurs assises, agrégées, axillaires; à feuilles ovales, soyeuses sur les deux surfaces, nerveuses.

Thymelaea foliis candicantibus, sericì instar mollibus; Thymelée à feuilles blanchâtres, molles et comme soyeuses. *Bauh. Pin.* 463, n.° 6. *Lob. Ic.* 1, p. 371, f. 2. *Lugd. Hist.* 1669, f. 1. *Bauh. Hist.* 1, P. 1, p. 593, f. 2. *Plukn.* tab. 318, f. 6. *Barrel.* tab. 221.

En Provence. ♄

6. GAROU des Alpes, *D. Alpina*, L. à fleurs assises, agrégées, latérales; à feuilles lancéolées, un peu obtuses, duvetées en dessous.

Chamaelea Alpina, folio infernè incano; Chamelée des Alpes, à feuilles blanchâtres en dessous. *Bauh. Pin.* 462, n.° 2. *Lob. Ic.* 1, p. 370, f. 1. *Lugd. Hist.* 1665, f. 2. *Bauh. Hist.* 1, P. 1, p. 586, f. 1. *Bellev.* tab. 2 et 3.

Reichard cite deux fois pour cette espèce le synonyme de *G. Bauhin*, pag. 1462, au lieu de 462, n.° 2.

Sur les Alpes du Dauphiné. ♄ Vernale. *S-Alp.*

7. GAROU Lauréole, *D. Laureola*, L. à grappes axillaires, à cinq fleurs; à feuilles lancéolées, lisses.

Laureola sempervirens, flore viridi, quibusdam Laureola mas; Lauréole à feuilles toujours vertes, à fleur verte, nommée par quelques-uns Lauréole mâle. *Bauh. Pin.* 462, n.° 1. *Dod. Pempt.* 365, f. 1. *Lob. Ic.* 1, p. 368, f. 1 et 2. *Lugd. Hist.* 211, f. 1. *Camer. Epit.* 938. *Bauh. Hist.* 1, P. 1, p. 564, f. 1. *Bul. Paris.* tab. 205. *Icon. Pl. Med.* tab. 327. *Jacq. Aust.* tab. 183.

♃ *Mezereum*, Lauréole. Cette plante a les mêmes vertus et est employée aux mêmes usages que le Bois-Gentil.

En Europe, dans les bois. ♄ Hivernale.

8. GAROU du Pont, *D. Pontica*, L. à péduncules latéraux, portant deux fleurs; à feuilles lancéolées, ovales.

Tournef. Voy. au Lev. tom. 2, pag. et tab. 179 et 180.

Dans le royaume du Pont. ♄

E 3

* II. *Garous à fleurs terminales ou terminant les rameaux.*

9. GAROU des Indes, *D. Indica*, L. à fleurs en tête terminale, pédunculée ; à feuilles opposées, oblongues, ovales, lisses.

A la Chine. ♄

10. GAROU Cneorum, *D. Cneorum*, L. à fleurs en faisceaux, terminales, assises ; à feuilles lancéolées, nues, aiguës.

Thymelaea affinis facie externâ ; Plante ressemblant par le port à la Thymelée. *Bauh. Pin.* 463, n.° 1. *Matth.* 46, f. 1. *Clus. Hist.* 1, p. 90, f. 1. *Lugd. Hist.* 1364, f. 1. *Bauh. Hist.* 1, P. 1, p. 571, f. 1. *Barrel.* tab. 231.

A Grenoble, Lyon, en Bourgogne, etc. ♄ Vernale.

11. GAROU Gnide, *D. Gnidium*, L. à fleurs en panicule terminal ; à feuilles linéaires lancéolées, aiguës.

Thymelaea foliis Lini ; Thymelée à feuilles de Lin. *Bauh. Pin.* 463, n.° 1. *Math.* 871, f. 3. *Dod. Pempt.* 364, f. 1. *Lob. Ic.* 1, p. 369, f. 1. *Clus. Hist.* 1, p. 87, f. 2. *Lugd. Hist.* 1666, f. 1 et 2 ; et 1667, f. 1. *Bauh. Hist.* 1, P. 1, p. 591, f. 1. *Plukn.* tab. 113, f. 3.

Dans les Départemens méridionaux on emploie son écorce macérée dans le vinaigre, comme vésicatoire.

A Montpellier, en Provence. ♄

12. GAROU roide, *D. squarrosa*, L. à fleurs terminales, pédunculées ; à feuilles éparses, linéaires, étalées, pointues.

Burm. African. 134, tab. 49, f. 1.

En Ethiopie. ♄

13. GAROU oléoïde, *D. oleoïdes*, L. à fleurs deux à deux, terminales, assises ; à feuilles elliptiques, lancéolées, lisses.

En Orient. ♄

527 DIRCA, *DIRCA*. † *Lam. Tab. Encyclop.* pl. 293.

Cal. Nul.

Cor. Monopétale, en massue. *Tube* ventru supérieurement. *Limbe* irrégulier, inégal sur les bords.

Étam. Huit *Filamens*, capillaires, insérés sur le milieu du tube, plus longs que la corolle. *Anthères* arrondies, droites.

Pist. *Ovaire* ovale, terminé obliquement. *Style* filiforme, plus long que les étamines, courbé au sommet. *Stigmate* simple.

Pér. *Baie* à une loge.

Sem. Une seule.

Calice nul. *Corolle* tubulée, à limbe irrégulier. *Étamines* plus longues que le tube. *Baie* renfermant une seule semence.

2. DIRCA des marais, *D. palustris*, L. à feuilles oblongues, aiguës.
Amœnit. Acad. 3, p. 12, tab. 1, f. 7.
En Virginie, dans les marais. ♄

528. GNIDE, *GNIDIA.* † *Lam. Tab. Encyclop.* pl. 291.

CAL. *Périanthe* d'un seul feuillet, en entonnoir, coloré. *Tube* filiforme, très-long. *Limbe* plane, à quatre segmens profonds.

COR. Quatre *Pétales* planes, assis, plus courts que le calice sur lequel ils sont insérés.

ÉTAM. Huit *Filamens*, sétacés, droits, presque aussi longs que la fleur. *Anthères* simples.

PIST. *Ovaire* ovale. *Style* filiforme, inséré sur un côté de l'ovaire, de la longueur des étamines. *Stigmate* en tête, hérissé.

PÉR. Nul. Le fruit est renfermé dans les bords du calice.

SEM. Une seule, ovale, aiguë obliquement.

OBS. Ce genre ne diffère du Passerina *que par sa corolle.*

Calice en entonnoir, à quatre segmens profonds. *Corolle* à quatre pétales insérés sur le calice. Une *Semence* comme en baie.

1. GNIDE à feuilles de pin, *G. pinifolia*, à feuilles éparses, linéaires; à fleurs en anneaux.
Burm. African. 182, tab. 41, f. 3.
Au cap de Bonne-Espérance. ♄

2. GNIDE radiée, *G. radiata*, L. à feuilles en alêne, à trois faces, aiguës; à fleurs en têtes terminales, assises, radiées; à bractées lancéolées.
Au cap de Bonne-Espérance. ♄

3. GNIDE simple, *G. simplex*, L. à feuilles toutes linéaires, aiguës; à fleurs terminales, assises.
Breyn. Cent. 10, tab. 6.
Au cap de Bonne-Espérance. ♄

4. GNIDE duvetée, *G. tomentosa*, L. à feuilles éparses, ovales, oblongues, lisses, rudes sur les bords.
Au cap de Bonne-Espérance. ♄

5. GNIDE soyeuse, *G. sericea*, L. à feuilles ovales, duvetées: les florales quatre à quatre; à tige hérissée; à couronne des fleurs formée par huit soies.
Burm. African. 135, tab. 49, f. 2.
Au cap de Bonne-Espérance. ♄

6. GNIDE à feuilles opposées, *G. oppositifolia*, L. à feuilles opposées, lancéolées.

Plukn. tab. 328, f. 7.

Cette espèce présente une variété décrite dans le *Species plantarum*, sous le nom de Passerine lisse, *Passerina lævigata*, L. à feuilles ovales, lisses, aiguës; à fleurs obtuses.

Burm. African. 137, tab. 49, f. 3.

Au cap de Bonne-Espérance. ♄

529. STELLÈRE, *STELLERA*. † *Lam. Tab. Encyclop.* pl. 293.

CAL. Nul.

COR. Monopétale, en entonnoir, persistante. *Tube* filiforme, long. *Limbe* à quatre ou cinq divisions peu profondes, à lobes ovales.

ÉTAM. Huit ou dix *Filamens*, très-courts. *Anthères* oblongues, insérées alternativement sur le milieu du tube et dans la gorge de la corolle.

PIST. *Ovaire* comme ovale. *Style* très-court, persistant. *Stigmate* en tête.

PÉR. Nul.

SEM. Une seule, luisante, en forme de bec.

OBS. S. passerina : *Octandre*; S. chamæjasme : *Décandre*.

Calice nul. *Corolle* à quatre ou cinq divisions peu profondes. *Etamines* très-courtes. Une *Semence* en forme de bec.

1. STELLÈRE Passerine, *S. Passerina*, L. à feuilles linéaires; à fleurs à quatre divisions peu profondes.

Lithospermum Linariæ folio, Germanicum; Gremil, à feuille de Linaire, d'Allemagne. *Bauh. Pin.* 259, n.° 8. *Trag.* 535. *Colum. Ephras.* 1, p. 80 et 82, f. 1. *Bauh. Hist.* 3, P. 2, p. 456, f. 1. *Bellev.* tab. 35.

A Montpellier, Lyon, Paris, etc. ⊙ Estivale.

2. STELLÈRE Chamæjasme, *S. Chamæjasme*, L. à feuilles lancéolées; à fleurs à cinq divisions peu profondes.

Amm. Ruth. p. 16, n.° 24, tab. 2.

En Sibérie. ♃

530. PASSERINE, *PASSERINA*. † *Lam. Tab. Encyclop.* pl. 292.

CAL. Nul.

COR. Monopétale, se flétrissant. *Tube* comme cylindrique, grêle, ventru au-dessous du milieu. *Limbe* ouvert, à quatre *divisions* peu profondes, ovales, concaves, obtuses.

ÉTAM. Huit *Filamens*, sétacés, de la longueur du limbe, insérés sur le sommet du tube. *Anthères* comme ovales, droites.

PIST. *Ovaire* ovale, dans le tube de la corolle. *Style* filiforme, s'élevant sur les côtés du sommet de l'ovaire, de la longueur du tube de la corolle. *Stigmate* en tête, hérissé en tout sens de poils flexibles.

PÉR. Coriace, ovale, à une loge.

SEM. Une seule, ovale, pointue aux deux extrémités, oblique au sommet.

OBS. P. capitata *diffère par ses fleurs sans tube, et par ses seize étamines, dont huit intérieures, stériles.*

P. uniflora *présente, outre ses huit étamines, huit rudimens d'anthères au fond de la fleur.*

Calice nul. *Corolle* à quatre divisions peu profondes. *Etamines* insérées sur le tube de la corolle. Une *Semence* à écorce qui peut se détacher.

1. PASSERINE filiforme, *P. filiformis*, L. à feuilles linéaires, convexes, en recouvrement sur quatre côtés ; à rameaux duvetés.

Plukn. tab. 319, f. 1. *Hort. Cliff.* 146, tab. 11.

Linné, dans son *Hortus Cliffortianus*, cite pour cette espèce le synonyme de *G. Bauhin* qu'il rapporte dans le *Species*, à l'espèce suivante.

En Ethiopie. ♄

2. PASSERINE hérissée, *P. hirsuta*, L. à feuilles charnues, lisses extérieurement ; à tiges hérissées.

Thymelæa tomentosa, foliis Sedi minoris ; Thymelée cotonneuse, à feuilles d'Orpin plus petit. *Bauh. Pin.* 463, n.° 7. *Lob. Ic.* 2, p. 217, f. 1. *Clus. Hist.* 1, p. 89, f. 1. *Bauh. Hist.* 1, P. 1, p. 595, f. 1. *Barrel.* tab. 233.

En Provence, en Italie. ♄

3. PASSERINE à feuilles de bruyère, *P. ericoïdes*, L. à feuilles linéaires, lisses, comme en recouvrement ; à corolles arrondies.

Au cap de Bonne-Esperance. ♄

4. PASSERINE en tête, *P. capitata*, L. à feuilles linéaires, lisses ; à fleurs en têtes pédunculées, duvetées.

Burm. African. 133, tab. 48, f. 3.

Au cap de Bonne-Espérance. ♄

5. PASSERINE ciliée, *P. ciliata*, L. à feuilles lancéolées, comme ciliées, droites ; à rameaux nus.

Thymelæa foliis Chamelææ, minoribus, hirsutis ; Thymelée à feuilles de Chamelée, plus petites, hérissées. *Bauh. Pin.* 463, n.° 4. *Lob. Ic.* 2, p. 217, f. 2. *Clus. Hist.* 1, p. 88, f. 1. *Burm. Afric.* 129, tab. 47, f. 2.

En Espagne, en Orient. ♄.

6. PASSERINE à une fleur, *P. uniflora*, L. à feuilles linéaires, opposées; à fleurs terminales, solitaires; à rameaux lisses.

Burm. African. 131 et 132, tab. 48, f. 1 et 2.

En Ethiopie. ♄

531. LACHNÉE, *LACHNÆA.* † *Lam. Tab. Encyclop.* pl. 292.

CAL. *Périanthe* d'un seul feuillet, persistant. *Tube* long, grêle. *Limbe* inégal, à quatre *segmens* profonds : le plus élevé très-petit, droit : les trois autres renversés, l'intermédiaire plus grand.

COR. Nulle.

ÉTAM. Huit *Filamens*, sétacés, droits, presque aussi longs que la fleur. *Anthères* simples.

PIST. *Ovaire* ovale. *Style* filiforme, inséré sur un côté de l'ovaire, de la longueur des étamines. *Stigmate* en tête, hérissé.

PÉR. Nul. Le fruit est renfermé dans le fond du calice.

SEM. Une seule, ovale, aiguë obliquement.

OBS. *Ce genre ne diffère du* Passerina *que par son calice inégal.*

Calice à quatre divisions peu profondes, à limbe inégal. *Corolle* nulle. Une *Semence* comme en baie.

1. LACHNÉE à tête laineuse, *L. eriocephala*, L. à fleurs en têtes solitaires, laineuses; à feuilles en recouvrement sur quatre côtés.

En Ethiopie. ♄

2. LACHNÉE conglomérée, *L. conglomerata*, L. à fleurs en têtes entassées; à feuilles lâches.

Breyn. Cent. 18, tab. 7.

Au cap de Bonne-Espérance. ♄

532. BÆCKÉE, *BÆCHEA.* † *Lam. Tab. Encyclop.* pl. 285.

CAL. *Périanthe* d'un seul feuillet, en entonnoir, à cinq dents, persistant.

COR. Cinq *Pétales*, arrondis, ouverts, insérés sur le calice.

ÉTAM. Huit *Filamens*, dont six égaux, deux solitaires, très-courts, courbés. *Anthères* comme ovales, petites.

PIST. *Ovaire* arrondi. *Style* filiforme, plus court que la corolle. *Stigmate* en tête.

PÉR. *Capsule* arrondie, couronnée, à quatre loges, à quatre battans.

SEM. Quelques-unes arrondies, anguleuses d'un côté.

Calice en entonnoir, terminé par cinq dents. *Corolle* à cinq pétales. *Capsule* arrondie, couronnée, à quatre loges.

1. BÆCKÉE ligneuse, *B. frutescens*, L. à feuilles opposées, linéaires, aiguës, lisses, très-entières.

A la Chine. ♄

II. DIGYNIE.

533. SCHMIDÈLE, *SCHMIDELIA*. *Lam. Tab. Encyclop.* pl. 312.

CAL. *Périanthe* à deux *feuillets*, arrondis, colorés, plus grands que la corolle.

COR. Quatre *Pétales*, arrondis, assis.

ÉTAM. Huit *Filamens*, simples, de la longueur de la fleur. *Anthères* arrondies.

PIST. Deux *Ovaires*, portés sur un pédicelle, comprimés, plus longs que la fleur. *Styles* simples, courts. *Stigmates* simples.

PÉR. Deux, portés sur un pédicelle.

SEM. Solitaires?

Calice à deux feuillets. *Corolle* à quatre pétales. *Ovaires* portés sur un pédicelle plus long que la fleur.

1. SCHMIDÈLE à grappe, *S. racemosa*, L. à feuilles alternes, trois à trois; à folioles opposées, ovales, oblongues, aiguës, un peu dentées, nues.

Burm. Ind. 81, tab. 32, f. 1.

Dans l'Inde Orientale. ♄

534. GALIÈNE, *GALENIA*. * *Lam. Tab. Encyclop.* pl. 314.

CAL. *Périanthe* très-petit, concave, à quatre *segmens* peu profonds, oblongs.

COR. Nulle.

ÉTAM. Huit *Filamens*, capillaires, égalant à peine le calice en longueur. *Anthères* didymes.

PIST. *Ovaire* arrondi. Deux *Styles* simples, renversés. *Stigmates* simples.

PÉR. *Capsule* arrondie, à deux loges.

SEM. Deux, oblongues, anguleuses.

Calice à quatre segmens peu profonds. *Corolle* nulle. *Capsule* arrondie, renfermant deux semences.

1. GALIÈNE d'Afrique, *G. Africana*, L. à feuilles opposées, linéaires, assises, persistantes.

Till. Pis. 20, tab. 15.

En Afrique. ♄

535. WEINMANNE, *WEINMANNIA*. *Lam. Tab. Encyclop.* pl. 313.

CAL. *Périanthe* à quatre *feuillets*, ovales, ouverts.

COR. Quatre *Pétales* égaux, plus grands que le calice.

ÉTAM. Huit *Filamens*, droits, courts. *Anthères* arrondies.

PIST. *Ovaire* arrondi. Deux *Styles* de la longueur des étamines. *Stigmates* aigus.

PÉR. *Capsule* ovale, à deux loges, à deux becs.

SEM. Huit environ, arrondies.

Calice à quatre feuillets. *Corolle* à quatre pétales. *Capsule* à deux loges, terminée par deux becs.

1. WEINMANNE pinnée, *V. pinnata*, L. à feuilles opposées, pinnées et terminées par une foliole impaire; à pétiole commun, ailé; à articulations presque ovales.

A la Jamaïque, dans l'isle de Ste-Croix. ♄

536. MOERHINGE, *MOERHINGIA.* * *Lam. Tab. Encyclop.* pl. 314.

CAL. *Périanthe* à quatre *feuillets*, lancéolés, ouverts, persistans.

COR. Quatre *Pétales*, ovales, entiers, ouverts, plus courts que le calice.

ÉTAM. Huit *Filamens*, capillaires. *Anthères* simples.

PIST. *Ovaire* arrondi. Deux *Styles*, droits, de la longueur des étamines. *Stigmates* simples.

PÉR. *Capsule* arrondie, à une loge, à quatre battans.

SEM. Plusieurs, arrondies, convexes d'un côté, anguleuses de l'autre.

Calice à quatre feuillets. *Corolle* à quatre pétales. *Capsule* à une seule loge, à quatre battans.

1. MOERHINGE mousseuse, *M. muscosa*, L. à feuilles linéaires, très-étroites, réunies par leur base.

Alsine montana, capillaceo folio; Morgeline des montagnes, à feuille capillacée. *Bauh. Pin.* 251, n.° 3. *Colum Ecphras.* 1, p. 290 et 292, f. 3. *Bauh. Hist.* 3, P. 2, p. 365, f. 1. *Plukn.* tab. 74, f. 3, et tab. 75, f. 1. *Lind. Hort.* 41, tab. 2.

Cette espèce présente une variété.

Alsine tenuifolia, muscosa; Morgeline à feuilles menues, mousseuse. *Bauh. Pin.* 251, n.° 10. *Lugd. Hist.* 1235, f. 1. *Moris. Hist.* sect. 5, tab. 23, f. 12. *Seg. Ver.* 1, p. 418, tab. 5, f. 1.

A Grenoble, en Bourgogne, à Montpellier ♃ Vernale.

III. TRIGYNIE.

537. RENOUÉE, *POLYGONUM.* * *Tournef. Inst.* 510, tab. 290. *Lam. Tab. Encyclop.* pl. 315. BISTORTA. *Tournef. Inst.* 511, tab. 291. PERSICARIA. *Tournef. Inst.* 509, tab. 290. FAGOPYRUM. *Tournef. Inst.* 511, tab. 290.

CAL. *Périanthe* en toupie, coloré intérieurement, à cinq *segmens* profonds, ovales, obtus, persistans.

COR. Nulle (à moins qu'on ne prenne le calice pour corolle).
ÉTAM. Le plus souvent huit *Filamens*, en alêne, très-courts. *Anthères* arrondies, couchées.

PIST. *Ovaire* à trois faces. Le plus souvent trois *Styles*, filiformes, très-courts. *Stigmates* simples.

PÉR. Nul. Le *Calice* renferme la semence.

SEM. Une seule, à trois faces, aiguë.

OBS. Les Etamines *sont au nombre de cinq, de six, de sept, dans quelques espèces.*

Le Pistil *est divisé peu profondément en deux parties.*

Le P. *frutescens a un calice à deux feuillets, et trois pétales.*

Calice nul. *Corolle* à cinq divisions profondes, imitant un calice. Une *Semence* ordinairement à trois angles.

* I. *RENOUÉES ATRAPHAXOIDES à tige ligneuse.*

1. RENOUÉE ligneuse, *P. frutescens*, L. à tige ligneuse; à deux feuillets du calice, renversés.

Gmel. Sibir. 3, p. 60, tab. 12, f. 2.

En Sibérie. ♄

* II. *RENOUÉES BISTORTES à un seul épi.*

2. RENOUÉE Bistorte, *P. Bistorta*, L. à tige très-simple, ne portant qu'un seul épi; à feuilles ovales, prolongées sur le pétiole.

Bistorta major, radice magis intorta; Bistorte plus grande, à racine plus contournée. *Bauh. Pin.* 192, n.° 1. *Fusch. Hist.* 773, f. 1. *Lugd. Hist.* 1285, f. 2. *Bauh. Hist.* 3, p. 2, p. 538, f. 1.

Cette espèce présente une variété.

Bistorta major, radice minus intorta; Bistorte plus grande, à racine moins contournée. *Bauh. Pin.* 192, n.° 1. *Fusch. Hist.* 774. *Math.* 674, f. 1. *Dod. Pempt.* 333, f. 1. *Lob. Ic.* 1, p. 292, f. 2. *Clus. Hist.* 2, p. 69, f. 1. *Lugd. Hist.* 1285, f. 2. *Bauh. Hist.* 3, P. 2, p. 538, f. 1. *Flor. Dan.* tab. 421. *Icon. Pl. Med.* tab. 92.

1. *Bistorta*, Bistorte, grande Bistorte. 2. Racine. 3. Austère, styptique. 5. Dyssenterie, diarrhée, pertes blanches, scorbut, dents vacillantes par relâchement des gencives, angine. 6. La racine réduite en poudre et mêlée avec de la farine, rend, dit-on, le pain agréable et sain.

Nutritive pour le Bœuf, le Mouton, la Chèvre, le Cochon.

Sur les Alpes du Dauphiné, en Bourgogne, à Montpellier. ♃ Vernale. *S. Alp.*

3. RENOUÉE vivipare, *P. viviparum*, L. à tige très-simple, ne portant qu'un seul épi; à feuilles lancéolées.

Bistorta Alpina, media; Bistorte des Alpes, moyenne. *Bauh. Pin.* 192, n.° 4.

Bistorta Alpina minor; Bistorte des Alpes plus petite. *Bauh. Pin.* 192, n.° 5. *Clus. Hist.* 2, p. 69, f. 2. *Camer. Epit.* 684. *Bauh. Hist.* 3, P. 2, p. 539, f. 2. *Moris. Hist.* sect. 5, tab. 28, f. 3 et 5. *Plukn.* tab. 151, f. 2. *Barrel.* tab. 489. *Flor. Dan.* tab. 13. *Icon. Pl. Medic.* tab. 92.

Nutritive pour le Bœuf, le Cochon, la Chèvre.

Sur les Alpes du Dauphiné, de Suisse. ♃ Vernale *sur les Alpes calcaires*; estivale *sur les Hautes Alpes.*

* III. *RENOUÉES PERSICAIRES à style divisé peu profondément en deux parties; à fleurs à moins de huit étamines.*

4. RENOUÉE de Virginie, *P. Virginianum*, L. à fleurs à cinq étamines; à style à moitié divisé en deux parties; à corolles à quatre divisions peu profondes, inégales; à feuilles ovales.

En Virginie. ♃

5. RENOUÉE à feuilles de patience, *P. lapathifolium*, L. à fleurs à cinq étamines; à style à moitié divisé en deux parties; à étamines égales à la corolle qui est régulière.

Linné rapporte à cette espèce les synonymes de *Dodoens* et de *Lobel*, que *G. Bauhin* cite pour la Renouée Poivre d'eau, *P. Hydropiper*, L.

En Bourgogne.

6. RENOUÉE amphibie, *P. amphibium*, L. à fleurs à cinq étamines; à pistil à moitié divisé en deux parties; à épi ovale.

Potamogeton Salicis folio; Potamogeton à feuille de Saule. *Bauh. Pin.* 193, n.° 2. *Dod. Pempt.* 582, f. 1. *Lob. Ic.* 1, p. 307, f. 2. *Lugd. Hist.* 1008, f. 1. *Bul. Paris.* tab. 206. *Flor. Dan.* tab. 282.

Nutritive pour le Cheval, le Mouton, le Cochon, la Chèvre.

A Montpellier, Lyon, en Bourgogne, etc. ♃ Vernale.

7. RENOUÉE de Sibérie, *P. ocreatum*, L. à fleurs à cinq étamines; à trois styles; à feuilles lancéolées.

Gmel. Sibir. 3, p. 51, n.° 39, tab. 8.

En Sibérie.

8. RENOUÉE Poivre d'eau, *P. Hydropiper*, L. à fleurs à six étamines; à style à moitié divisé en deux parties; à feuilles lancéolées; à stipules émoussées.

Persicaria urens seu Hydropiper; Persicaire brûlante ou Poivre d'eau. *Bauh. Pin.* 101, n.° 2. *Fusch. Hist.* 842. *Matth.* 440, f. 1. *Dod. Pempt.* 607, f. 2. *Lob. Ic.* 1, p. 315, f. 1. *Lugd. Hist.* 1038, f. 2. *Bauh. Hist.* 3, P. 2, p. 780, f. 1. *Bul. Paris.* tab. 207. *Icon. Pl. Medic.* tab. 370.

1. *Persicaria*, Curage, Poivre d'eau. 2. Plante entière. 3. Acre, brûlante : elle perd beaucoup de son âcreté en se desséchant. 5. Odontalgie, aphthes, ulcères putrides de l'homme et des brutes, scorbut, hydropisie. 6. Elle peut servir d'assaisonnement. On l'applique sur les vieux ulcères des chevaux, pour les déterger. L'herbe teint la laine en jaune.

En Europe dans les fossés, les terrains marécageux, le long des chemins, des murailles. ⊙ Estivale.

9. RENOUÉE Persicaire, *P. Persicaria*, L. à fleurs à six étamines, à deux styles; à épi ovale, alongé; à feuilles lancéolées; à stipules ciliées.

Persicaria mitis, maculosa et non maculosa; Persicaire douce, à feuilles tachetées et non tachetées. *Bauh. Pin.* 101, n.° 1. *Fusch. Hist.* 630, *Matth.* 440, f. 2. *Dod. Pempt.* 608, f. 1. *Lob. Ic.* 1, p. 315, f. 2. *Lugd. Hist.* 1041, f. 1. *Bauh. Hist.* 3, P. 2, p. 779, f. 2. *Flor. Dan.* tab. 702.

Cette espèce présente deux variétés;

1.° *Persicaria angustifolia*; Persicaire à feuilles étroites. *Bauh. Pin.* 101, n.° 3.

2.° *Persicaria minor*; Persicaire plus petite. *Bauh. Pin.* 101, n.° 4. *Lob. Ic.* 1, p. 316, f. 1. *Lugd. Hist.* 1041, f. 2. *Moris. Hist.* sect. 5, tab. 29, f. 5.

L'herbe colore en jaune.

Nutritive pour le Cheval, le Mouton, la Chèvre.

En Europe, dans les fossés et les terrains humides. ⊙ Estivale.

10. RENOUÉE barbue, *P. barbatum*, L. à fleurs à six étamines, à trois styles; à épi en verge; à stipules tronquées, sétacées, ciliées; à feuilles lancéolées.

Plukn. tab. 10, f. 7? *Sloan. Jam.* tab. 3, f. 1.

A la Chine.

11. RENOUÉE Orientale, *P. Orientale*, L. à fleurs à sept étamines, à deux styles; à feuilles ovales; à tige droite; à stipules hérissées, en soucoupe.

Commel. Rar. pag. et tab. 43.

En Orient, dans l'Inde Orientale. Cultivée dans les jardins. ⊙

12. RENOUÉE de Pensylvanie, *P. Pensylvanicum*, L. à fleurs à huit étamines, à deux styles; à péduncules hérissés; à feuilles lancéolées; à stipules émoussées.

En Pensylvanie.

* IV. *RENOUÉES à feuilles sans divisions; à fleurs à huit étamines.*

13. RENOUÉE maritime, *P. maritimum*, L. à fleurs à huit étamines, à trois styles, axillaires; à feuilles ovales, lancéolées, persistantes; à tige sous-ligneuse.

Polygonum maritimum, latifolium; Renouée maritime, à larges feuilles. *Bauh. Pin.* 281, n.° 5. *Lob. Ic.* 1, p. 419, f. 2. *Lugd. Hist.* 1386, f. 1. *Bauh. Hist.* 3, P. 2, p. 376 et 377, f. 1. *Barrel.* tab. 560.

Nutritive pour le Cheval, le Bœuf, le Mouton, la Chèvre.

En Dauphiné, à Montpellier. ♄

14. RENOUÉE Trainasse, *P. aviculare*, L. à fleurs à huit étamines; à trois styles, axillaires; à feuilles lancéolées; à tige couchée, herbacée.

Polygonum latifolium; Renouée à larges feuilles. *Bauh. Pin.* 281, n.° 1. *Matth.* 676, f. 1. *Dod. Pempt.* 113, f. 1. *Lob. Ic.* 1, p. 419, f. 1. *Lugd. Hist.* 1123, f. 1. *Camer. Epit.* 688. *Bauh. Hist.* 3, P. 2, p. 375, f. 1.

Cette espèce présente plusieurs variétés;

1.° *Polygonum brevi angustoque folio*; Renouée à feuille courte et étroite. *Bauh. Pin.* 281, n.° 3.

2.° *Polygonum oblongo, angusto folio*; Renouée à feuille oblongue et étroite. *Bauh. Pin.* 281, n.° 2. *Bauh. Hist.* 3; P. 2, p. 376, f. 1. *Barrel.* tab. 545.

1. *Centinodia*; Renouée, Trainasse. 2. Herbe, feuille. 3. Apre. 4. Diarrhées, dyssenteries. 6. Sa graine est nourrissante.

Nutritive pour le Cheval, le Bœuf, le Mouton, la Chèvre.

En Europe, dans les terrains incultes, les grands chemins, ⊙ Estivale.

15. RENOUÉE droite, *P. erectum*, L. à fleurs à huit étamines, à trois styles, axillaires; à feuilles ovales; à tige droite, herbacée.

A Philadelphie. ⊙

16. RENOUÉE articulée, *P. articulatum*, L. à fleurs à huit étamines, à trois styles; à épis articulés, en panicule; à stipules vaginales, tronquées.

Au Canada. ⊙

17. RENOUÉE étalée, *P. divaricatum*, L. à fleurs à huit étamines, à trois styles, en grappes; à feuilles lancéolées; à tige étalée, à rameaux très-ouverts.

Buxb. Cent. 2, p. et tab. 31.

Cette espèce présente une variété à tige droite; à feuilles ovales, lancéolées; un peu hérissées; à fleurs à épi en panicule. *Gmel. Sibir.* 3, p. 57, tab. 11, f. 1.

En Sibérie, en Suisse. ♃

18. RENOUÉE à dents de scie, *P. serratum*, L. à feuilles crénelées.

En Mauritanie. ♃

V. RENOUÉES

* V. *Renouées Helxines à feuilles comme en cœur.*

19. RENOUÉE de la Chine, *P. Chinense*, L. à fleurs à huit étamines, à trois styles; à péduncules rudes; à feuilles ovales; à bractées en cœur.

Burm. Ind. 90, tab. 30, f. 3.

A la Chine, dans l'Inde Orientale.

20. RENOUÉE en fer de flèche, *P. sagittatum*, L. à feuilles en fer de flèche; à tige garnie de piquans.

Plukn. tab. 394, f. 5. *Gmel. Sibir.* 3, p. 65, tab. 13, f. 2.

A la Virginie, au Marlland.

21. RENOUÉE à feuille d'arum, *P. arifolium*, L. à feuilles en fer de hallebarde; à tige garnie de piquans.

Plukn. tab. 398, f. 3.

En Virginie, à la Floride.

22. RENOUÉE perfoliée, *P. perfoliatum*, L. à feuilles triangulaires; à tige garnie d'aiguillons; à stipules enfilées par les rameaux, feuillées, étalées, arrondies.

Plukn. tab. 398, f. 1. *Burm. Ind.* 90, tab. 31, f. 2.

Dans l'Inde Orientale.

23. RENOUÉE de Tartarie, *P. Tartaricum*, L. à feuilles en cœur, en fer de flèche; à tige sans piquans, droite; à semences un peu dentées.

Plukn. tab. 398, f. 2. *Gmel Sibir.* 3, p. 64, tab. 13, f. 1.

En Tartarie. ⊙

24. RENOUÉE Blé-noir, *P. Fagopyrum*, L. à feuilles en forme de cœur, en fer de flèche; à tige presque droite, sans piquans; à angles des semences égaux.

Erysimum Theophrasti, folio hederaceo; Blé-noir de Théophraste, à feuilles de Lierre. *Bauh. Pin.* 27. *Matth.* 320, f. 1. *Dod. Pempt.* 512, f. 1. *Lob. Ic.* 2, p. 63, f. 1. *Lugd. Hist.* 383, f. 1. *Camer. Epit.* 187. *Bauh. Hist.* 2, p. 993, f. 1. *Bul. Paris.* tab. 210. *Icon. Pl. Medic.* tab. 106.

1. *Fagopyrum*, Sarrazin, Blé-noir. 2. Semences. 3. Farineuses, un peu amères. 6. On emploie la farine dans les cataplasmes résolutifs et émolliens; la graine sert à engraisser la volaille. La plante verte et sèche fournit un très-bon pâturage pour tous les bestiaux. Le *Blé-noir* est un aliment sain, de facile digestion; plus convenable aux pays froids qu'aux pays chauds. Dans quelques endroits, on l'ajoute à la farine des graminées,

pour faire du pain, et plus communément aux ingrédiens de la bierre.

Nutritive pour le Bœuf, le Mouton, la Chèvre.

En Asie. Cultivé dans toute l'Europe. ⊙ Estivale.

25. RENOUÉE Liseron, *P. Convolvulus*, L. à feuilles en cœur; à tige roulée en spirale, anguleuse; à fleurs obtuses.

Convolvulus minor, semine triangulo; Liseron plus petit, à semence triangulaire. *Bauh. Pin.* 295, n.° 4. *Dod. Pempt.* 396, f. 1. *Lob. Ic.* 1, p. 624, f. 1. *Lugd. Hist.* 1424, f. 2. *Bauh. Hist.* 2, p. 157 et 158, f. 1. *Moris. Hist.* sect. 5, tab. 29, f. 2. *Bul. Paris.* tab. 211. *Flor Dan.* tab. 744.

Nutritive pour la Chèvre.

En Europe, dans les champs. ⊙

26. RENOUÉE des haies, *P. dumetorum*, L. à feuilles en cœur; à tige roulée en spirale, lisse; à fleurs en carène ailée.

Flor. Dan. tab. 756.

Les semences de cette espèce et de la précédente, sont nutritives comme celles du Blé-noir; ces deux plantes peuvent fournir un très-bon fourrage.

A Lyon, Paris, etc. ⊙ Estivale.

27. RENOUÉE grimpante, *P. scandens*, L. à feuilles en cœur; à tige droite, grimpante.

Plukn. tab. 177, f. 7. *Sloan. Jam.* tab. 90, f. 1.

Dans l'Amérique Méridionale. ♃

Linné, d'après *Tournefort*, avoit d'abord formé trois genres des Renouées (*Polygonum*), à raison des différences que présentent les divisions de la corolle, le nombre des étamines et des pistils; mais dans la suite, il n'en a formé qu'un seul genre, divisé en cinq sections.

538. RAISINIER, *COCCOLOBA*. *Lam. Tab. Encyclop.* pl. 316.

CAL. *Périanthe* d'un seul feuillet, à cinq *segmens* profonds, oblongs, obtus, concaves, très-ouverts, colorés, persistans.

COR. Nulle.

ÉTAM. Huit *Filamens*, en alêne, étalés, plus courts que le calice. *Anthères* arrondies, didymes.

PIST. *Ovaire* ovale, à trois côtés. Trois *Styles*, courts, filiformes, étalés. *Stigmates* simples.

PÉR. Nul. Le *Calice* en forme de baie, épaissi, dont les segmens sont rapprochés, enveloppe la semence.

SEM. *Noix* ovale, aiguë, à une loge.

Calice à cinq segmens profonds, coloré. *Corolle* nulle. *Baie* en forme de calice, renfermant une seule semence.

1. RAISINIER commun, *C. uvifera*, L. à feuilles en cœur, arrondies, luisantes.

Populus rotundifolia, Americana; Peuplier à feuilles rondes, d'Amérique. *Bauh. Pin.* 430, n.° 5. *Lob. Ic.* 2, p. 195, f. 2. *Lugd. Hist.* 1830, f. 2. *Plukn.* tab. 236, f. 7. *Sloan. Jam.* tab. 220, f. 3. *Jacq. Amer.* 112, tab. 73.

Dans l'Amérique Méridionale. ♄

2. RAISINIER duveté, *C. pubescens*, L. à feuilles arrondies, duvetées.

Plukn. tab. 222, f. 8.

Dans l'Amérique Méridionale. ♄

3. RAISINIER excorié, *C. excoriata*, L. à feuilles ovales; à rameaux comme dépouillés de leur écorce.

Plukn. tab. 363, f. 4? *Jacq. Amer.* 115, tab. 78.

Dans l'Amérique Méridionale. ♄

4. RAISINIER ponctué, *C. punctata*, L. à feuilles lancéolées, ovales.

Plukn. tab. 237, f. 4.

Dans l'Amérique Méridionale. ♄

5. RAISINIER échancré, *C. emarginata*, L. à feuilles coriaces, arrondies, incisées, échancrées.

Jacq. Obs. 1, p. 18, tab. 9.

Dans l'Amérique Méridionale. ♄

6. RAISINIER des Barbades, *C. Barbadensis*, L. à feuilles en cœur, ovales, ondulées.

Jacq. Obs. 1, tab. 8.

Aux Barbades. ♄

7. RAISINIER à feuilles menues, *C. tenuifolia*, L. à feuilles ovales, membraneuses.

Brown. Jam. 210, tab. 14, f. 3.

A la Jamaïque. ♄

539. PAULLINIE, *PAULLINIA*. † *Lam. Tab. Encyclop.* pl. 318. SURIANA. *Plum. Gen.* 37, tab. 40. CURURU. *Plum. Gen.* 34, tab. 35.

CAL. *Périanthe* à cinq *feuillets*, ovales, concaves, ouverts, persistans : deux extérieurs opposés : un des intérieurs plus grand.

COR. Quatre *Pétales*, en ovale renversé, oblongs, deux fois plus grands que le calice, à onglets, dont deux plus écartés. Deux *Nectaires*, dont un à quatre pétales, inséré sur les onglets des pétales : l'autre à quatre glandes, situé à la base des pétales.

ETAM. Huit *Filamens*, simples, courts. *Anthères* petites.

PIST. *Ovaire* en toupie, à trois côtés, obtus. Trois *Styles*, filiformes, courts. *Stigmates* simples, étalés.

PÉR. *Capsule* grande, à trois faces, à trois loges, à trois battans.

SEM. Solitaires, comme ovales.

Calice à cinq feuillets. *Corolle* à quatre pétales. *Nectaire* à quatre feuillets inégaux. Trois *Capsules* comprimées, membraneuses, réunies.

1. PAULLINIE d'Asie, *P. Asiatica*, L. à feuilles trois à trois; les pétioles et la tige garnis de piquans.

Plukn. tab. 95, f. 5. *Burm. Zeyl.* 58, tab. 24.

Dans l'Inde Orientale. ♄

2. PAULLINIE Sériane, *P. Seriana*, L. à feuilles trois à trois; à folioles ovales, oblongues; à pétioles nus.

Jacq. Obs. 3, p. 11, tab. 61, f. 2.

Dans l'Amérique Méridionale. ♄

3. PAULLINIE noueuse, *P. nodosa*, L. à feuilles trois à trois; à foliole intermédiaire, en ovale renversé; à pétiole nu.

Jacq. Obs. 3, tab. 62, f. 3.

Dans l'Amérique Méridionale. ♄

4. PAULLINIE Cururu, *P. Cururu*, L. à feuilles trois à trois; à pétioles à bordure.

Plukn. tab. 145, f. 4.

Dans l'Amérique Méridionale. ♄

5. PAULLINIE du Mexique, *P. Mexicana*, L. à feuilles deux fois trois à trois; tous les pétioles à bordure; à tige garnie de piquans.

Jacq. Obs. 3, tab. 61, f. 5.

Dans l'Amérique Méridionale. ♄

6. PAULLINIE de Carthagène, *P. Carthaginensis*, L. à feuilles deux fois trois à trois; tous les pétioles à bordure; à tige sans piquans.

Jacq. Obs. 3, tab. 62, f. 6.

A Carthagène. ♄

7. PAULLINIE des Caribes, *P. Caribæa*, L. à feuilles deux fois trois à trois; tous les pétioles à bordure; à rameaux garnis de piquans.

Jacq. Obs. 3, tab. 62, f. 7.

Aux isles Caribes. ♄

8. PAULLINIE de Curaçao, *P. Curassavica*, L. à feuilles deux fois trois à trois; tous les pétioles à bordure; à rameaux sans piquans.

Plukn. tab. 168, f. 6. *Jacq. Obs.* 3, tab. 61, f. 8.

A Curaçao. ♄

9. PAULLINIE des Barbades, *P. Barbadensis*, L. à feuilles deux fois trois à trois; le pétiole intermédiaire à bordure : les autres nus.
Jacq. Obs. 3, tab. 62, f. 9.
Aux isles Barbades. ♄

10. PAULLINIE à plusieurs feuilles, *P. polyphylla*, L. à feuilles trois fois trois à trois; à pétioles nus.
Plukn. tab. 168, f. 5. *Jacq. Obs.* 3, tab. 61, f. 10.
Dans l'Amérique Méridionale. ♄

11. PAULLINIE trois fois ternée, *P. triternata*, L. à feuilles trois fois trois à trois; à pétioles à bordure.
Jacq. Obs. 3, tab. 62, f. 11. *Amer.* 110, tab. 180, f. 32.
A Saint-Domingue, dans les forêts.

12. PAULLINIE pinnée, *P. pinnata*, L. à feuilles pinnées; à folioles luisantes; à pétioles à bordure.
Jacq. Obs. 3, tab. 62, f. 12.
Au Brésil, à la Jamaïque, à Saint-Domingue. ♄

13. PAULLINIE duvetée, *P. tomentosa*, L. à feuilles pinnées; à folioles duvetées; à pétioles à bordure.
Jacq. Obs. 1, p. 19, tab. 10; et *Obs.* 3, tab. 61, f. 13.
Dans l'Amérique Méridionale. ♄

14. PAULLINIE à feuilles différentes, *P. diversifolia*, L. à feuilles surdécomposées : les inférieures pinnées : les autres trois à trois; à pétioles à bordure.
Jacq. Obs. 3, tab. 62, f. 14.
Dans l'Amérique Méridionale. ♄

540. CARDIOSPERME, *CARDIOSPERMUM.* * *Lam. Tab. Encyclop.* pl. 317. CORINDUM. *Tournef. Inst.* 431, tab. 246.

CAL. *Périanthe* à quatre *feuillets*, obtus, concaves : les intérieures alternes, de la grandeur de la corolle, persistans.

COR. Quatre *Pétales*, obtus, alternes avec les feuillets les plus grands du calice. *Nectaire* coloré, renfermant l'ovaire, à quatre *feuillets* insérés sur les pétales obtus, dont deux calleux au sommet, en crochets sur les côtés, formant une lèvre droite, les deux autres une lèvre fermée, égaux sur les côtés.

ÉTAM. Huit *Filamens*, en alêne, de la grandeur du nectaire. *Anthères* petites.

PIST. *Ovaire* à trois faces. Trois *Styles*, courts. *Stigmates* simples.

PÉR. *Capsule* arrondie, à trois lobes, boursouflée, à trois loges, s'ouvrant au sommet.

SEM. Solitaires, arrondies, marquées à la base par une cicatrice en forme de cœur.

Calice à quatre feuillets. *Corolle* à quatre pétales. *Nectaire* à quatre feuillets inégaux. Trois *Capsules* réunies, enflées.

1. CARDIOSPERME Pois de merveille, *C. Halicacabum*, L. à feuilles lisses.

Pisum vesicarium, fructu nigro, albâ maculâ notato: Pois à fruit enflé comme une vessie, à semence noire, marquée d'une tache blanche. *Bauh. Pin.* 343, n.° 10. *Dod. Pempt.* 455, f. 1. *Lob. Ic.* 2, p. 67, f. 2. *Lugd. Hist.* 598, f. 1 et 2. *Camer. Epit.* 814. *Bauh. Hist.* 2, p. 173 et 174, f. 1. *Moris. Hist.* sect. 1, tab. 4, f. 9.

Cette espèce présente deux variétés, l'une à feuilles et fruits très-grands, l'autre à feuilles et fruits beaucoup plus petits.

Aux Indes Orientales. Cultivé dans les jardins. ⊙

2. CARDIOSPERME Corinde, *C. Corindum*, L. à feuilles velues en dessous.

Au Brésil.

541. SAVONNIER, *SAPINDUS.* ✝ *Tournef. Inst.* 659, tab. 440. *Lam. Tab. Encyclop.* pl. 307.

CAL. *Périanthe* ouvert, à quatre *feuillets*, comme ovales, presque égaux, planes, ouverts, colorés, caducs-tardifs, dont deux extérieurs.

COR. Quatre *Pétales*, ovales, à onglets, dont deux plus rapprochés.

Nectaire: quatre *feuillets*, oblongs, concaves, droits, insérés à la base des pétales. Quatre *glandes*, arrondies, insérées à la base des pétales.

ÉTAM. Huit *Filamens*, de la longueur de la fleur. *Anthères* en forme de cœur, droites.

PIST. *Ovaire* triangulaire. Trois *Styles*, courts. *Stigmates* simples, obtus.

PÉR. Trois *Capsules* charnues, arrondies, réunies, boursouflées.

SEM. *Noix* arrondie.

OBS. *Les trois capsules parviennent rarement jusqu'à l'état de maturité, deux avortent communément, selon l'observation d'*Houston. *Ce genre paroît avoir de l'affinité avec le* Paullinia *et le* Cardiospermum.

Calice à quatre feuillets. *Corolle* à quatre pétales. Trois *Capsules* charnues, réunies, ventrues.

1. SAVONNIER Saponaire, *S. Saponaria*, L. à feuilles pinnées avec impaire; à tige sans piquans.

Plukn. tab. 217, f. 7. *Commel. Hort.* 1, p. 183, tab. 94.

1. *Saponariæ nucula*; Arbre aux savonnettes, Savonnier. 2. Fruits, petites noix. 3. Suc écumeux. 4. Savon acide. 6. Les habitans des Antilles se servent de la racine et sur-tout des fruits du

Savonnier, pour blanchir le linge. On prétend qu'à la longue il en brûle le tissu. Ce suc savonneux écume ou se dissout également dans les eaux pures et dans les eaux séléniteuses ; propriété commune à tous les savons végétaux.

Au Brésil, à la Jamaïque. ♄

2. SAVONNIER épineux, *S. spinosus*, L. à feuilles pinnées sans impaire ; à tige très-épineuse.

Brown. Jam. 207, tab. 20, f. 2.

A la Jamaïque. ♄

3. SAVONNIER à trois feuilles, *S. trifoliatus*, L. à feuilles trois à trois.

Au Malabar. ♄

4. SAVONNIER de la Chine, *S. Chinensis*, L. à feuilles pinnées ; à folioles laciniées.

A la Chine.

IV. TÉTRAGYNIE.

542. PARIS, *PARIS.* * *Lam. Tab. Encyclop.* pl. 319. HERBA PARIS. *Tournef. Inst.* 233, tab. 117.

CAL. *Périanthe*, à quatre *feuillets* lancéolés, aigus, de la grandeur de la corolle, ouverts, persistans.

COR. Quatre *Pétales*, ouverts, en alêne, semblables au calice, persistans.

ÉTAM. Huit *Filamens*, en alêne, courts, au-dessous des anthères. *Anthères* longues, adhérentes des deux côtés sur le milieu des filamens.

PIST. *Ovaire* arrondi, à quatre côtés. Quatre *Styles*, étalés, plus courts que les étamines. *Stigmates* simples.

PÉR. *Baie* arrondie, à quatre côtés, à quatre loges.

SEM. Plusieurs, disposées sur deux rangs.

Calice à quatre feuillets. *Corolle* à quatre pétales étroits. *Baie* à quatre loges.

1. PARIS à quatre feuilles, *P. quadrifolia*, L. à feuilles au nombre de quatre, disposées en croix, assises, ovales et très-entières.

Solanum quadrifolium, bacciferum ; Morelle à quatre feuilles, baccifère. *Bauh. Pin.* 167, n.° 10. *Dod. Pempt.* 444, f. 1. *Lob. Ic.* 1, pag. 267, f. 1. *Lugd. Hist.* 1313, f. 1. *Camer. Epit.* 835. *Bauh. Hist.* 3, P. 2, p. 613, f. 1. *Moris. Hist.* sect. 13, tab. 3, f. 6. *Bul. Paris.* tab. 212. *Flor. Dan.* tab. 139.

Cette plante varie dans le nombre de ses feuilles, à trois, quatre, cinq et six.

1. *Paris* ; Herbe à Paris, Raisin de Renard, Pariette, Étrangle-loup. 2. Herbe, Baies, Racine. 3. Douceâtre, désagréable,

vireuse. 5. Convulsions, coqueluche, manie, folie, bubons malins, inflammations des bourses, pleurésie, ophthalmie. 6. Elle sert à la teinture.

Nutritive pour le Mouton, la Chèvre, le Coq.

A Lyon, Grenoble, Paris, etc. Dans les lieux ombragés. ♃ Vernale.

543. MOSCHATELLINE, *ADOXA. Lam. Tab. Encyclop.* pl. 320. MOSCHATELLINA. *Tournef. Inst.* 156, tab. 68.

CAL. *Périanthe* inférieur, plane, persistant, à deux segmens peu profonds.

COR. Monopétale, plane, à quatre *divisions* peu profondes, ovales, aiguës, plus longues que le calice.

ÉTAM. Huit *Filamens*, en alène, de la longueur du calice. *Anthères* arrondies.

PIST. *Ovaire* au-dessous du réceptacle de la corolle. Quatre *Styles*, simples, droits, de la longueur des étamines, persistans. *Stigmates* simples.

PÉR. *Baie* arrondie, placée entre la corolle et le calice qui est réuni inférieurement avec la baie, à ombilic à quatre loges.

SEM. Solitaires, comprimées.

OBS. *Tels sont les caractères de la fleur terminale; mais les fleurs latérales présentent une cinquième partie de plus dans le nombre des parties de la fructification.*

Calice à deux segmens peu profonds, inférieur. *Corolle* à quatre ou cinq divisions peu profondes, supérieure. *Baie* à quatre ou cinq loges, collée avec le calice.

1. MOSCHATELLINE musquée, *A Moschatellina*, L. à feuilles composées deux ou trois fois, ternées; à folioles incisées, tendres, d'un vert de mer.

Ranunculus nemorosus, Moschatellina dictus; Renoncule des bois, nommée Moschatelline. *Bauh. Pin.* 178, n.° 4. *Lob. Ic.* 1, p. 674, f. 2. *Lugd. Hist.* 1296, f. 1. *Bauh. Hist.* 3, P. 1, p. 206, f. 1. *Bul. Paris.* tab. 213. *Flor. Dan.* tab. 9.

Nutritive pour la Chèvre.

A Lyon, Grenoble, Paris, etc. ♃ Vernale.

544. ÉLATINE, *ELATINE.* * *Lam. Tab. Encyclop.* pl. 320.

CAL. *Périanthe* à quatre *feuillets*, arrondis, planes, de la grandeur de la corolle, persistans.

COR. Quatre *Pétales*, ovales, obtus, assis, ouverts.

ÉTAM. Huit *Filamens*, de la longueur de la corolle. *Anthères* simples.

PIST. *Ovaire* arrondi, déprimé, grand. Quatre *Styles*, droits, parallèles, de la longueur des étamines. *Stigmates* simples.

PÉR. *Capsule* arrondie, déprimée, grande, à quatre loges, à quatre battans.

SEM. Plusieurs, en croissant, droites, disposées en roue autour du réceptacle.

Calice à quatre feuillets. *Corolle* à quatre pétales. *Capsule* à quatre loges, à quatre battans, déprimée.

1. ÉLATINE Poivre-d'eau, *E. Hydropiper*, L. à feuilles opposées.
Vaill. Bot. 5, tab. 2, f. 2. *Flor. Dan.* tab. 156.
Cette espèce présente une variété à fleurs roses, à trois pétales, décrite et gravée dans *Vaillant Bot.* 5, tab. 2, f. 1.
A Lyon, Paris, en Bourgogne. ⊙ Estivale.

2. ÉLATINE Mouron, *E. Alsinastrum*, L. à feuilles en anneaux.
Equisetum palustre, Linariæ folio; Prêle des marais, à feuilles de Linaire. *Bauh. Pin.* 15, n.° 1. *Vaill. Paris.* 6, tab. 1, f. 6. *Bul. Paris.* tab. 214.
A Lyon, Paris, en Bourgogne. ⊙ Estivale.

CLASSE IX.

ENNÉANDRIE.

I. MONOGYNIE.

Table Synoptique ou Caractères Artificiels Génériques.

547. TINUS, *TINUS*. *Cal.* à cinq segmens peu profonds. *Cor.* à cinq pétales. *Baie* à trois loges. Une *Semence*.

545. LAURIER, *LAURUS*. *Cal.* nul. *Cor.* à six pétales, teinte en vert comme un calice. *Baie* à une semence. Glandes du *Nectaire* surmontées de deux soies.

546. ACAJOU, *ANACARDIUM*. *Cal.* à cinq segmens profonds. *Cor.* à cinq pétales. Filament de la dixième *Étamine*, sans anthère. *Noix* placée au sommet du réceptacle qui est charnu.

548. CASSYTE, *CASSYTA*. *Cal.* nul. *Cor.* à six divisions profondes, teinte en vert comme un calice. *Baie* à une semence. Glandes du *Nectaire* tronquées.

II. TRIGYNIE.

549. RHUBARBE, *RHEUM*. *Cal.* nul. *Cor.* à six divisions peu profondes. Une *Semence* à trois faces.

III. HEXAGYNIE.

550. BUTOME, *BUTOMUS*. *Cal.* nul. *Cor.* à six pétales. Six *Capsules* à plusieurs semences.

ENNÉANDRIE.

I. MONOGYNIE.

545. LAURIER, *LAURUS.* * *Tournef. Inst.* 597, tab. 367. *Lam. Tab. Encyclop.* pl. 321. PERSEA. *Plum. Gen.* 44, tab. 20. BORBONIA. *Plum. Gen.* 3, tab. 2.

CAL. Nul, (à moins qu'on ne prenne la corolle pour calice).

COR. Six *Pétales*, ovales, pointus, concaves, droits: les extérieurs alternes.

Nectaire: trois tubercules, pointus, colorés, terminés par deux soies qui entourent l'ovaire.

ÉTAM. Neuf *Filamens*, plus courts que la corolle, comprimés, obtus, trois sur chaque rang. *Anthères* aglutinées des deux côtés sur les bords supérieurs des filamens.

Deux *Glandes*, arrondies, portées sur un pétiole très-court, attachées près de la base de chaque filament du rang intérieur.

PIST. *Ovaire* comme ovale. *Style* simple, égal, de la longueur des étamines. *Stigmate* obtus, oblique.

PÉR. *Drupe* ovale, pointue, à une loge, renfermée dans la corolle.

SEM. *Noix* ovale et terminée en pointe. *Noyau* semblable à la noix.

OBS. *La plus grande partie des espèces, conjointement avec le* Cinnamomum *et* Camphora, *sont hermaphrodites; quelques-unes cependant sont dioïques, comme le* L. nobilis, *qui offre le plus souvent de huit à quatorze étamines, et une corolle nue, à quatre divisions profondes.*

Les petits corps annexés à quelques filamens, forment le caractère essentiel du genre.

Les étamines varient pour le nombre.

Calice nul. *Corolle* teinte en vert comme un calice, à six pétales. *Nectaire* formé par trois glandes, surmonté de deux soies entourant l'ovaire. *Filamens* intérieurs chargés de glandes à leur base. *Drupe* renfermant une seule semence.

1. LAURIER Cannelle, *L. Cinnamomum*, L. à feuilles ovales, oblongues, à trois nervures disparoissant vers la pointe.

Cinnamomum seu Cannella Zeylanica; Cinnamome ou Cannelle de Zeylan. *Bauh. Pin.* 408, n.° 1. *Burm. Zeyl.* 62, tab. 27. *Icon. Pl. Med.* tab. 339.

1. *Cinnamomum*; Cannelle fine, moyenne, grossière, Cannelle ordinaire, Canellier. 2. Écorce moyenne. 3. D'abord douce,

ensuite âcre, aromatique, très-agréable, d'une odeur très-forte. 4. Huile essentielle ou légère; extrait spiritueux, extrait aqueux légèrement astringent. 5. Foiblesse, vomissement habituel, tympanie, fleurs blanches, anorexie, scrophules. 6. L'usage de la Cannelle est très-étendu dans la cuisine et dans l'art du confiseur. On tire des baies du Cannellier, par décoction, une matière blanche, sébacée, dont on fait des bougies pour l'usage des grands d'Asie.

A Zeylan, à la Martinique. ♄

2. LAURIER Casse, *L. Cassia*, L. à feuilles trois fois à trois nervures, lancéolées.

Cinnamomum sive Cannella Malabarica et Javanensis; Cinnamome ou Cannelle du Malabar et de Java. *Bauh. Pin.* 409, n.° 2. *Burm. Zeyl.* 63, tab. 28. *Icon. Pl. Med.* tab. 340.

1. *Cassia lignea*, Cannelle en bois. 2. Écorce. 3. Mêmes qualités que celles de la Cannelle, mais plus foibles. 4. Mêmes principes que ceux de la Cannelle, infiniment moins abondans et moins énergiques. 5. Diarrhée.

Au Malabar, à Java, à Sumatra. ♄

3. LAURIER Camphrier, *L. Camphora*, L. à feuilles trois fois à trois nervures, lancéolées, ovales.

Camphora Officinarum, Camphre des Boutiques. *Bauh. Pin.* 500, n.° 11. *Commel. Hort.* 1, p. 185, tab. 95.

1. *Camphora*, Camphre. 2. Une substance qu'on retire du Camphrier, par décoction, le *Camphre*. 3. Aromatique, très-odorant, âcre, amer, échauffant, antiseptique, antispasmodique, cordial, antisalivant? 4. Substance, *sui generis*, concrète, pure, volatile, dont beaucoup de propriétés lui sont communes avec les huiles volatiles, les résines, etc. 5. Maladies contagieuses, malignes, cachexie, mélancolie, manie, hystéricie, spasme de l'œsophage, (tenu dans la bouche, ainsi que pour la syncope), épilepsie, rhumatisme, ophthalmie, gangrene, maladie syphilitique, gonorrhée, etc. 6. La Pharmacie fait entrer le Camphre dans beaucoup de préparations, telles que l'*Alkool camphré*, le *Vinaigre des quatre voleurs*, l'*Emplâtre de savon*. On l'emploie aussi pour écarter les mites des étoffes.

Au Japon, à la Chine, à Sumatra. ♄

4. LAURIER Culilaban, *L. Culilaban*, L. à feuilles trois fois à trois nervures, opposées.

Rumph. Amb. 2, p. 65, tab. 14.

1. *Culilaban*, Culilaban. 2. Écorce. 3. Mucilagineuse, aromatique, un peu astringente. 4. Huile volatile; extraits aqueux

et spiritueux, en proportion égale. 5. Colique venteuse (froide).

Dans l'Inde Orientale. ♄

5. LAURIER Chloroxylon, *L. Chloroxylon*, L. à feuilles à trois nervures, ovales, coriaces qui s'étendent jusqu'à la pointe.

Brown. Jam. 187, tab. 7, f. 1.

A la Jamaïque. ♄

6. LAURIER noble, *L. nobilis*, L. à feuilles lancéolées, veinées; persistantes; à fleurs dioïques, à quatre divisions peu profondes.

Laurus vulgaris, Laurier vulgaire. *Bauh. Pin.* 460, n.° 2. *Dod. Pempt.* 849, f. 2. *Lob. Ic.* 2, p. 141, f. 2. *Lugd. Hist.* 351, f. 1. *Camer. Epit.* 60.

1. *Laurus*; Laurier, Laurier franc. 2. Baies, Huile fixe, volatile, Feuilles. 3. Toutes les parties du Laurier, ainsi que les produits qu'on en retire, sont aromatiques, âcres. 4. Huile volatile, huile fixe, par décoction des baies et expression. 5. Coliques froides (les baies), puerpérales, suppression des règles et de la transpiration, inappétence, tumeurs froides, poux (l'huile fixe par expression). 6. Les anciens Romains usoient beaucoup du Laurier, comme assaisonnement; cet usage dure encore en France, sur-tout dans les départemens méridionaux. Les rameaux du Laurier qui sont assez flexibles, fournissent d'excellens cercles pour les barils.

A Montpellier, en Espagne, en Italie, en Grèce. Cultivé dans les jardins. ♄ Vernale.

7. LAURIER des Indes, *L. Indica*, L. à feuilles veinées, lancéolées, persistantes, aplaties; à rameaux garnis de tubercules formés par des espèces de cicatrices; à fleurs en grappes.

Plukn. tab. 304, f. 2. *Barrel.* tab. 877.

En Virginie. ♄

8. LAURIER Persea, *L. Persea*, L. à feuilles ovales, coriaces, marquées transversalement par des veines, persistantes; à fleurs en corymbes.

Persea, Persea. *Bauh. Pin.* 441. *Matth.* 237, f. 2. *Lob. Ic.* 2, p. 178, f. 1. *Clus. Hist.* 1, p. 3, f. 1. *Lugd. Hist.* 1826, f. 1; et 1828, f. 1. *Plukn.* tab. 267, f. 1. *Barrel.* tab. 878. *Sloan. Jam.* tab. 222, f. 2.

Dans l'Amérique Méridionale. ♄

9. LAURIER Bourbon, *L. Borbonia*, L. à feuilles lancéolées, persistantes; à calices des fruits, en baies.

Catesb. Carol. 1, pag. et tab. 63.

En Virginie, à la Caroline. ♄

10. LAURIER estival, *L. æstivalis*, L. à feuilles veinées, oblongues, aiguës, annuelles, ridées en dessous; à rameaux sur-axillaires.

Catesb. Carol. 2, pag. et tab. 28?

En Virginie, sur les bords des fleuves.

11. LAURIER Benzoin, *L. Benzoin*, L. à feuilles sans nervures, ovales, aiguës des deux côtés, entières, annuelles.

Plukn. tab. 139, f. 3 et 4.

En Virginie. ♄

12. LAURIER Sassafras, *L. Sassafras*, L. à feuilles entières et à trois lobes.

Sassafras, arbor ex Floridâ, Ficulneo folio; Sassafras, arbre de la Floride, à feuille de Figuier. *Bauh. Pin.* 431. *Lugd. Hist.* 1786, f. 1. *Plukn.* tab. 222, f. 6. *Icon. Fl. Med.* tab. 196.

1. *Sassafras*, Sassafras. 2. Bois, Racine. 3. Aromatique, âcre, douceâtre, d'une odeur très-forte. 4. Huile volatile, plus abondante dans l'écorce que dans le bois; extraits aqueux et spiritueux, en quantité inégale. 5. Cachexies froides, ventosités, catarrhe, hydropisie, rhumatisme, gale, goutte, maladies cutanées, vérole. 6. Avec son écorce, quelques Américains teignent la laine en couleur orange.

En Virginie, à la Caroline, à la Floride. ♄

546. ACAJOU, *ANACARDIUM*. ACAJOU. *Tournef. Inst.* 658, tab. 435. CASSUVIUM. *Lam. Tab. Encyclop.* pl. 322.

CAL. *Périanthe* à cinq *segmens* profonds, ovales, pointus, droits, caducs-tardifs.

COR. Cinq *Pétales*, lancéolés, linéaires, aigus, deux fois plus longs que le calice, renversés, droits dans leur partie inférieure.

ÉTAM. Dix *Filamens*, capillaires, droits, plus courts que le calice, dont un plus long, sans anthère. *Anthères* petites, arrondies.

PIST. *Ovaire* arrondi. *Style* en alêne, roulé en dedans, de la longueur de la corolle. *Stigmate* oblique.

PÉR. Nul. *Réceptacle* charnu, très-grand, en ovale renversé.

SEM. *Noix* en forme de rein, grande, reposant sur le sommet du réceptacle.

ROTTBOELL (Coll. Soc. Med. Haun. 2, p. 252) a décrit d'après de nouveaux échantillons, le caractère de ce genre, ainsi qu'il suit:

Plante *Polygame* dioïque.

* *Fleur hermaphrodite.*

CAL. *Périanthe* à cinq *feuillets*, ovales, coriaces, droits, colorés, comme velus.

COR. Cinq *Pétales*, lancéolés, aigus, etc. comme dans le caractère de *Linné*.

ÉTAM. *Filamens* de huit à dix, réunis à la base, dont un plus épais que les autres et plus long d'un tiers, répond au lobe le plus grand de l'ovaire, et supporte une *Anthère* à trois faces, grande, fertile, *caduque-tardive*; les *Anthères* des autres filamens plus petites, stériles, persistantes, ressemblant à la précédente.

PIST. *Ovaire* oblique, en forme de rein, à un lobe plus grand placé supérieurement. Un seul *Style* s'élevant du milieu de l'ovaire, en alêne, égal à la corolle. *Stigmate* petit, arrondi, déprimé, concave.

RÉCEPT. et FRUIT comme dans le caractère du genre décrit par *Linné*.

* *Fleur mâle sur différentes plantes.*

CALICE, COROLLE, ÉTAMINES, comme dans la Fleur hermaphrodite.

PIST. *Ovaire* nul ou avortant.

Calice à cinq segmens profonds. Corolle à cinq pétales renversés. Neuf Anthères fertiles, la dixième stérile. Noix en forme de rein, placée au sommet du réceptacle qui est charnu.

a. ACAJOU Occidental, *A. Occidentale*, L. à feuilles alternes.

Anacardii alia species; autre espèce d'Anacarde. *Bauh. Pin.* 512, n.° 6. *Lugd. Hist.* 1765, f. 1. *Icon. Pl. Med.* tab. 357.

1. *Anacardium Occidentale*, Anacarde des Isles. 2. Fruit : *Noix*. 3. La liqueur exprimée du Diploë, très-âcre : l'amande mangeable, agréable, comme l'amande douce ordinaire. 6. On ne lui connoît guère d'autre usage que d'entrer dans la confection *Anacardine*, aujourd'hui très-négligée ou proscrite. Extérieurement, on l'a quelquefois employé contre les taches de la peau, la gale, les dartres.

Au Malabar, au Brésil. ♄

547. TINUS, *TINUS*. STRIGILIA. *Lam. Tab. Encyclop.* pl. 349.

CAL. *Périanthe* d'un seul feuillet, en cloche, droit, à cinq segmens peu profonds.

COR. Monopétale, obtuse, à cinq divisions peu profondes.

Nectaire en godet, comme ovale, concave, à gorge perforée, occupant le centre du réceptacle.

ÉTAM. Neuf *Filamens*, courts. *Anthères* en forme de cœur.

PIST. *Ovaire* arrondi, placé au-dessous du nectaire. *Style* simple, court. Trois *Stigmates*, obtus.

PÉR. *Baie* arrondie, à trois loges.

SEM. Solitaires, oblongues.

Calice à cinq segmens peu profonds. *Corolle* à cinq divisions profondes. *Nectaire* en godet, renfermant l'ovaire. *Baie* à trois loges renfermant chacune des semences solitaires.

1. TINUS Occidental, *T. Occidentalis*, L. à feuilles oblongues, ovales, alternes, lisses en dessus, un peu velues et nerveuses en dessous; à fleurs en épis ramifiés terminant les rameaux.

Sloan. Jam. tab. 198, f. 2.

A la Jamaïque. ♄

548. CASSYTE, *CASSYTA*. † CASSYTHA. *Lam. Tab. Encyclop.* pl. 323.

CAL. *Périanthe* très-petit, persistant, à trois *feuillets*, demi-ovales, aigus, concaves, droits.

COR. Trois *Pétales*, arrondis, aigus, concaves, persistans.

Nectaire: trois *Glandes*, oblongues, tronquées, colorées, de la longueur de l'ovaire qu'elles environnent.

ÉTAM. Neuf *Filamens*, droits, comprimés. Deux *Glandes* arrondies, assises sur les côtés de la base de chacun des trois filamens intérieurs. *Anthères* aglutinées au-dessous du sommet des filamens.

PIST. *Ovaire* ovale, situé entre la corolle et le calice. *Style* un peu épais, de la longueur des étamines. *Stigmate* obtus, divisé peu profondément en trois parties irrégulières.

PÉR. *Réceptacle* se changeant en une *Drupe* déprimée, arrondie, couronnée par le calice et la corolle réunis, percée par un ombilic.

SEM. *Noix* arrondie, terminée en pointe par la réunion des étamines.

Corolle à six divisions profondes, teinte en vert comme un calice. *Nectaire* formé par trois glandes tronquées entourant l'ovaire. *Filamens* intérieurs garnis à leur base de deux glandes. *Drupe* renfermant une seule semence.

1. CASSYTE filiforme, *C. filiformis*, L. filiforme, lâche.

Pluk. tab. 172, f. 2.

Dans l'Inde Orientale.

2. CASSYTE corniculée, *C. corniculata*, L. à rameaux ligneux, épineux.

Burm. Ind. 93, tab. 33, f. 1.

A Amboine. ♄

II. TRIGYNIE.

549. RHUBARBE, *RHEUM*. * *Lam. Tab. Encyclop.* pl. 324. RHABARBARUM. *Tournef. Inst.* 89, tab. 18.

CAL. Nul.

COR.

COR. Monopétale, étroite à la base, non perforée, se flétrissant. *Limbe* à six *divisions* peu profondes, obtuses : les plus petites alternes.

ÉTAM. Neuf *Filamens*, capillaires, insérés sur la corolle et l'égalant en longueur. *Anthères* didymes, oblongues, obtuses.

PIST. *Ovaire* court, à trois faces. *Styles* comme nuls. Trois *Stigmates*, renversés, plumeux.

PÉR. Nul.

SEM. Une seule, grande, à trois faces, aiguë, membraneuse sur les bords.

Calice nul. *Corolle* à six divisions peu profondes, persistante. Une *Semence*, à trois faces.

1. RHUBARBE Rhapontic, *R. Rhaponticum*, L. à feuilles lisses; à pétioles sillonnés en dessous.

Rhaponticum folio Lapathi majoris, glabro; Rhapontic à feuille de Patience plus grande, lisse. *Bauh. Pin.* 116, n.° 3. *Bauh. Hist.* 2, p. 985, f. 3.

1. *Rhaponticum*, Rhapontic. 2. Racine. 3. Styptique, amère, nauseuse, peu odorante. 4. Extraits aqueux et spiritueux; partie odorante dans laquelle réside la vertu purgative, selon *Neumann.* 5. Atonie saburreuse des premières voies, diarrhée, flux blancs. 6. En Suède, ainsi qu'en Perse, on mange les jeunes pousses de Rhapontic, cuites au jus : la plante entière teint en jaune.

Dans la Thrace, la Scythie. Cultivée dans les jardins. ♄

2. RHUBARBE des Boutiques, *R. Rhabarbarum*, L. à feuilles un peu velues, ondulées; à pétioles égaux.

Bauh. Hist. 2, p. 989, f. 3. *Icon. Pl. Med.* tab. 418.

A la Chine, en Sibérie, en Moscovie. Cultivée dans les jardins. ♃

3. RHUBARBE palmée, *R. palmatum*, L. à feuilles palmées, pointues. *Icon. Pl. Med.* tab. 253.

1. *Rheum*, *Rhabarbarum verum*; Rhubarbe, Rhubarbe vraie. 2. Racine. 3. Légèrement odorante, styptique, amère, nauseuse. 4. Mêmes principes que ceux de la Rhubarbe Rhapontic. 5. Colique, diarrhée, dyssenterie, lienterie, noufre, fièvre hectique des enfans, fleurs blanches, gonorrhée, ictère, hypocondrie. 6. On mâche un peu de Rhubarbe le matin, pour entretenir ou ramener l'appétit. Elle teint en jaune, même les urines.

Sur les confins de la Chine, en Russie. Cultivée dans les jardins. ♃

4. RHUBARBE compacte, *R. compactum*, L. à feuilles taillées en lobes très-obtus, dentelées, très-lisses, brillantes.

En Tartarie, à la Chine. ♃

5. RHUBARBE Groseille, *R. Ribes*, L. à feuilles granulées; à pétioles égaux.

Ribes Arabum, foliis Petasitidis; Groseillier des Arabes, à feuilles de Pétasite. *Bauh. Pin.* 455, n.° 12. *Dill. Elth.* tab. 158, f. 192.

En Perse, au Mont-Liban, au Mont-Carmel. ♃

III. HEXAGYNIE.

550. BUTOME, *BUTOMUS*. *Lam. Tab. Encyclop.* pl. 324.

CAL. *Collerette* simple, courte, à trois feuillets.

COR. Six *Pétales*, arrondis, concaves, se flétrissant : les extérieurs *alternes*, plus petits, plus aigus.

ÉTAM. Neuf *Filamens*, en alêne, dont six extérieurs. *Anthères* à deux lames.

PIST. Six *Ovaires*, oblongs, pointus, terminés par des *Styles*. *Stigmates* simples.

PÉR. Six *Capsules*, oblongues, diminuant insensiblement de grosseur, droites, à un battant, s'ouvrant intérieurement.

SEM. Plusieurs, oblongues, cylindriques, obtuses aux deux extrémités.

Calice nul. *Corolle* à six pétales. Six *Capsules* renfermant chacune plusieurs semences.

1. BUTOME ombellé, *B. umbellatus*, L. à feuilles radicales nombreuses, droites, très-longues, à trois tranchans vers leur base.

Juncus floridus, major; Jonc fleuri, plus grand. *Bauh. Pin.* 12, n.° 1. *Matth.* 731, f. 3. *Dod. Pempt.* 600, f. 1. *Lob. Ic.* 1, p. 86, f. 2. *Lugd. Hist.* 989, f. 1. *Camer. Epit.* 781. *Bauh. Hist.* 2, p. 524, f. 1. *Moris. Hist.* sect. 12, tab. 5, fig. avant-dernière. *Bul. Paris.* tab. 215. *Flor. Dan.* tab. 604.

A Montpellier, Lyon, Grenoble, etc. ♃ Vernale.

CLASSE X.

DÉCANDRIE.

I. MONOGYNIE.

Table Synoptique ou *Caractères Artificiels Génériques.*

* I. *Fleurs polypétales, irrégulières.*

551. SOPHORE, *SOPHORA.*	*Cor.* papilionacée : Étendard ascendant. *Gousse* à étranglemens écartés.
552. ANAGYRE, *ANAGYRIS.*	*Cor.* papilionacée : Étendard court, droit. *Carène* plus longue que les ailes.
553. GAINIER, *CERCIS.*	*Cor.* papilionacée : ailes en forme d'étendard. *Nectaire* à glandes en filet, sous l'ovaire.
554. BAUHINE, *BAUHINIA.*	*Cor.* ouverte, à onglets, ascendante. *Pétales* lancéolés.
555. COURBARIL, *HYMENÆA.*	*Cor.* à cinq pétales presque égaux. *Gousse* ligneuse, remplie d'une pulpe farineuse.
558. POINCILLADE, *POINCIANA.*	*Cor.* à étendard très-grand. *Gousse* comprimée.
556. PARKINSONE, *PARKINSONIA.*	*Cor.* à pétale inférieur en forme de rein. *Gousse* arrondie, tortueuse.
559. BRÉSILLET, *CÆSALPINIA.*	*Cor.* à pétale inférieur richement coloré. *Gousse* rhomboïdale. *Semences* rhomboïdales.
566. TOLU, *TOLUIFERA.*	*Cor.* à pétale inférieur deux fois plus grand que les autres. *Cal.* en cloche.
557. CASSE, *CASSIA.*	*Cor.* inégale. *Anthères* en forme de bec. *Gousse* interrompue par des étranglemens.

560. BONDUC, *GUILANDINA*. *Cor.* presque égale, placée sur le calice. *Gousse* rhomboïdale. *Semences* osseuses.

564. DICTAMNE, *DICTAMNUS*. *Cor.* ouverte. *Filamens* parsemés de points glanduleux. Cinq *Capsules* réunies. *Semences* à arille.

* II. *Fleurs polypétales, régulières.*

562. CYNOMÈTRE, *CYNOMETRA*. *Cal.* à quatre feuillets, les opposés plus grands. *Gousse* charnue, à une semence.

568. PROSOPE, *PROSOPIS*. *Cal.* hémisphérique. *Gousse* à plusieurs semences.

572. CONDORI, *ADENANTHERA*. *Glande* placée sur les *Anthères*. *Gousse* membraneuse, comprimée.

567. CAMPÊCHE, *HÆMATOXYLON*. *Stigmate* échancré. *Silique* à battans en nacelle.

573. TRICHILIE, *TRICHILIA*. *Nectaire* tubulé, à cinq dents. *Caps.* à trois loges, à trois battans. *Sem.* en baie.

574. TURRÉE, *TURRÆA*. *Nectaire* tubulé, à dix dents. *Caps.* à cinq coques. Deux *Semences*.

576. AZÉDARACH, *MELIA*. *Nectaire* tubulé, à dix dents. *Drupe* à noyau à cinq loges.

575. MAHOGON, *SWIETENIA*. *Nectaire* tubulé, à dix dents. *Caps.* ligneuse, à cinq battans. *Sem.* placées en recouvrement les unes sur les autres à marge membraneuse.

561. GAYAC, *GUAIACUM*. *Cal.* à deux segmens extérieurs plus petits. *Caps.* charnue, à trois ou cinq loges, anguleuse.

565. RUE, *RUTA*. *Ovaire* entouré par dix pores mellifères. *Caps.* divisée peu profondément en cinq parties, à cinq loges, à plusieurs semences.

580. TRIBULE, *TRIBULUS*. *Pistil* sans style. Cinq *Capsules*, réunies, à plusieurs semences.

579. FAGONE, *FAGONIA*. *Onglets* de la corolle insérés sur le calice. *Caps*. à cinq loges, à dix battans, à une semence.

577. FÉVIER, *ZYGOPHYLLUM*. *Nectaire* formé par dix écailles à la base de l'ovaire. *Caps*. à cinq loges, à plusieurs semences.

578. CASSIE, *QUASSIA*. Cinq *Capsules*, à deux battans, à une semence, insérées sur le réceptacle charnu.

581. THRYALLIS, *THRYALLIS*. *Cor*. à cinq pétales. *Caps*. à trois coques.

582. LIMONELLIER, *LIMONIA*. *Cor*. à cinq pétales. *Baie* à trois semences.

586. HEISTÈRE, *HEISTERIA*. *Cor*. à cinq pétales. *Drupe* placée sur le calice coloré, qui devient très-grand.

587. QUISQUALIS, *QUISQUALIS*. *Cor*. à cinq pétales placés sur le calice filiforme.

583. MONOTROPE, *MONOTROPA*. *Cal*. à dix pétales, dont cinq extérieurs bossués à leur base. *Caps*. à cinq loges, à plusieurs semences.

597. CLETHRA, *CLETHRA*. *Pistil* à trois stigmates. *Caps*. à trois loges, à plusieurs semences.

598. PYROLE, *PYROLA*. *Anthères* terminées par deux cornes. *Caps*. à cinq loges, à plusieurs semences.

591. LÈDE, *LEDUM*. *Cor*. plane, à cinq divisions profondes. *Caps*. à cinq loges, à plusieurs semences.

584. DIONÉE, *DIONÆA*. *Cal*. à cinq feuillets. *Stigmate* frangé. *Caps*. à une loge. *Semences* attachées à la base de la capsule.

570. MURRAIE, *MURRAYA*. *Baie* à une semence. *Cor.* à cinq pétales. *Nectaire* en cloche, entourant l'ovaire.

571. BERGÈRE, *BERGERA*. *Baie* à deux semences. *Cor.* à cinq pétales. *Stigmate* en toupie.

569. CHALCAS, *CHALCAS*. *Baie* à deux semences. *Cor.* en cloche. *Stigmate* en tête, garni de verrues.

589. MÉLASTOME, *MELASTOMA*. *Cor.* insérée sur le calice. *Anthères* comme rompues. *Baie* à cinq loges, enveloppée par le calice.

585. JUSSIEU, *JUSSIEUA*. *Cor.* à quatre ou cinq pétales. *Caps.* inférieure, à quatre ou cinq loges.

† *Rhexia Acisanthera.*
† *Conocarpus racemosa.*
† *Jacquinia racemosa.*
† *Gerania aliquot.*
† *Lythrum fruticosum.*
——— *Melanium.*
† *Anacardium Occidentale.*

* III. *Fleurs monopétales, régulières.*

563. CODON, *CODON*. *Cor.* en cloche, à dix divisions peu profondes. *Cal.* à dix segmens profonds. *Caps.* à plusieurs semences.

593. ANDROMÈDE, *ANDROMEDA*. *Cor.* en cloche, ronde. *Caps.* à cinq loges.

592. ROSAGE, *RHODODENDRON*. *Cor.* en entonnoir. *Étamines* inclinées. *Caps.* à cinq loges.

590. KALMIE, *KALMIA*. *Cor.* à limbe garni en dessous de dix cornes. *Caps.* à cinq loges.

594. ÉPIGÉE, *EPIGÆA*. *Cal.* extérieur à trois feuillets, l'intérieur à cinq feuillets. *Caps.* à cinq loges.

595. GAULTHÈRE, *GAULTHERIA*. *Cal.* extérieur à deux feuillets, l'intérieur à cinq segmens peu profonds. *Caps.* à cinq loges, enveloppé par le calice qui se change en baie.

596. ARBOUSIER, *ARBUTUS.* — *Cor.* ovale, transparente à la base. *Baie* à cinq loges.

599. ALIBOUSIER, *STYRAX.* — *Cor.* en entonnoir. *Drupe* à deux semences.

† *Vaccinia nonnullæ.*

* IV. *Fleurs apétales ou incomplètes.*

588. DAIS, *DAIS.* — *Cor.* à un seul pétale. *Collerette* à quatre rayons, à plusieurs fleurs.

600. SAMYDE, *SAMYDA.* — *Cal.* à cinq segmens profonds. *Nectaire* divisé peu profondément en dix parties, entourant l'ovaire. *Caps.* en baie, à trois loges.

602. BUCIDE, *BUCIDA.* — *Cal.* à cinq segmens profonds. *Baie* à une semence.

601. COPAIER, *COPAIFERA.* — *Cal.* nul. *Cor.* à quatre pétales.

† *Stellera Chamæjasme.*

† *Conocarpus racemosa.*

II. DIGYNIE.

611. KNAVEL, *SCLERANTHUS.* — *Cor.* nulle. *Cal.* supérieur, à cinq segmens peu profonds. Deux *Semences.*

606. TRIANTHÈME, *TRIANTHEMA.* — *Cor.* nulle. *Caps.* s'ouvrant horizontalement.

607. DORINE, *CHRYSOSPLENIUM.* — *Cor.* nulle. *Cal.* supérieur. *Caps.* à deux loges, à deux becs.

603. ROYÈNE, *ROYENA.* — *Cor.* à un seul pétale. *Cal.* ventru. *Caps.* à quatre battans, à quatre semences.

604. HYDRANGÉE, *HYDRANGEA.* — *Cor.* à cinq pétales. *Cal.* supérieur, à cinq segmens peu profonds. *Caps.* à deux loges, à deux becs, s'ouvrant horizontalement.

608. SAXIFRAGE, *SAXIFRAGA*. *Cor.* à cinq pétales. *Caps.* à une loge, à deux becs.

609. TIARELLE, *TIARELLA*. *Cor.* à cinq pétales. *Cal.* supportant la corolle. *Caps.* à deux battans, dont un plus grand.

610. MITELLE, *MITELLA*. *Cor.* à cinq pétales. *Cal.* supportant la corole. *Caps.* à deux battans. *Pétales* en forme de peigne.

605. CUNONIE, *CUNONIA*. *Cor.* à cinq pétales. *Cal.* à cinq feuillets. *Caps.* à deux loges, aiguë.

612. GYPSOPHILE, *GYPSOPHILA*. *Cor.* à cinq pétales. *Cal.* en cloche, à cinq segmens profonds. *Caps.* arrondie, à une loge.

613. SAPONAIRE, *SAPONARIA*. *Cor.* à cinq pétales. *Cal.* tubulé, sans écailles à la base. *Caps.* oblongue, à une loge.

614. ŒILLET, *DIANTHUS*. *Cor.* à cinq pétales. *Cal.* tubulé, à écailles à la base. *Caps.* oblongue, à une loge.

III. TRIGYNIE.

618. SABLIÈRE, *ARENARIA*. *Caps.* à une loge. *Pétales* entiers, ouverts.

617. STELLAIRE, *STELLARIA*. *Caps.* à une loge. *Pétales* divisés profondément en deux parties, ouverts.

615. CUCUBALE, *CUCUBALUS*. *Caps.* à trois loges. *Pétales* divisés peu profondément en deux parties, sans couronne autour de la gorge de la corolle.

616. CORNILLET, *SILENE*. *Caps.* à trois loges. *Pétales* divisés peu profondément en deux parties. *Gorge* de la corolle couronnée.

619. CHERLERIE, *CHERLERIA*. *Caps.* à trois loges. Cinq *Nectaires* en forme de pétales, plus petits que le calice.

620. GARIDELLE, *GARIDELLA.* — Trois *Caps.* distinctes. *Pétales* colorés en vert comme un calice. Cinq *Nectaires* à deux lèvres.

625. ÉRYTHROXYLE, *ERYTHROXYLON.* — *Drupe* à une semence. *Pétales* à écailles à la base.

621. MALPIGHIE, *MALPIGHIA.* — *Baie* à trois semences. Cinq *Pétales* à onglets. *Cal.* glanduleux.

622. BANISTÈRE, *BANISTERIA.* — Trois *Semences* à une seule aile. Cinq *Pétales* à onglets. *Cal.* glanduleux.

623. HIRÉE, *HIRÆA.* — *Caps.* à trois ailes, à trois loges, à deux semences. Cinq *Pétales* à onglets. *Cal.* très-petit.

624. TRIOPTERIS, *TRIOPTERIS.* — Trois *Semences* à deux ailes. *Ailes* des semences servant de pétales.

† *Tamarix Germanica.*

IV. TÉTRAGYNIE.

† *Lychnis Alpina, quadridentata.*

V. PENTAGYNIE.

628. COTYLEDON, *COTYLEDON.* — Cinq *Capsules* entourées par cinq nectaires en écailles. *Cor.* à un seul pétale.

629. ORPIN, *SEDUM.* — Cinq *Capsules* entourées par cinq nectaires en écailles. *Cor.* à cinq pétales.

630. PENTHORE, *PENTHORUM.* — *Caps.* à cinq lobes. *Cor.* à cinq pétales, et quelquefois sans pétales.

631. BERGIE, *BERGIA.* — *Caps.* à cinq loges, à cinq battans, s'ouvrant horizontalement.

638. SPARGOUTE, *SPERGULA.* — *Caps.* à une loge. *Pétales* entiers. *Cal.* à cinq feuillets.

637. CÉRAISTE, *CERASTIUM*. — *Caps.* à une loge. *Pétales* divisés peu profondément en deux parties. *Cal.* à cinq feuillets.

635. AGROSTÈME, *AGROSTEMA*. — *Caps.* oblongue, à une loge. *Cal.* tubulé, coriace ou sec comme du cuir.

536. LAMPRETTE, *LYCHNIS*. — *Caps.* oblongue, à trois loges. *Cal.* tubulé, membraneux.

634. SURELLE, *OXALIS*. — *Caps.* à cinq loges, anguleuse. *Cor.* comme réunie à la base.

627. MONBIN, *SPONDIAS*. — *Drupe* à noyau à cinq loges. *Cal.* d'un seul feuillet.

626. CARAMBOLIER, *AVERRHOA*. — *Pomme* à cinq loges. *Cal.* à cinq feuillets.

633. GRIEL, *GRIELUM*. — Cinq *Semences* distinctes, sans pointes. *Cor.* à cinq pétales. *Styles* nuls.

632. SURIANA, *SURIANA*. — Cinq *Semences* arrondies. *Cor.* à cinq pétales. *Styles* filiformes, insérés sur le côté intérieur des ovaires.

639. FORSKOEHLE, *FORSKOEHLEA*. — Cinq *Semences* enveloppées de laine. *Cor.* à dix pétales.

† *Adoxa.* † *Gerania.*

† *Coriaria.* † *Drosera Lusitanica.*

VI. DÉCAGYNIE.

640. NEURADE, *NEURADA*. — *Cal.* à cinq segmens profonds. *Cor.* à cinq pétales. *Caps.* à dix coques.

641. PHYTOLAQUE, *PHYTOLACCA*. — *Cal.* à cinq feuillets colorés comme une corolle. *Corolle* nulle. *Baie* à dix coques.

DÉCANDRIE.

I. MONOGYNIE.

551. SOPHORE, *SOPHORA*. * *Lam. Tab. Encyclop.* pl. 325.

CAL. *Périanthe* d'un seul feuillet, court, en cloche, bossué au-dessus de la base, à *orifice* à cinq dents, oblique, obtus.

COR. Papilionacée, à cinq *Pétales*.

—— *Étendard*: oblong, s'élargissant insensiblement, droit, renversé sur les côtés.

—— Deux *Ailes*: oblongues, garnies à la base d'un appendice de la longueur de l'étendard.

—— *Carène*: formée par deux *Pétales* semblables aux ailes, rapprochés par leurs bords inférieurs, en nacelle.

ÉTAM. Dix *Filamens*, distincts, parallèles, en alêne, de la longueur de la corolle, nidulés dans la carène. *Anthères* très-petites, droites.

PIST. *Ovaire* oblong, arrondi. *Style* ayant la grandeur et la situation des étamines. *Stigmate* obtus.

PÉR. *Gousse* très-longue, grêle, à une loge, garnie de nodosités à la place qu'occupe chaque semence.

SEM. Plusieurs, arrondies.

OBS. *Ce genre a la plus grande affinité avec les* Papilionacées *ou les* Diadelphes, *et n'en diffère qu'en ce qu'il a les filamens des étamines distincts et séparés.*

Calice à cinq dents, bossué en dessus. *Corolle* papilionacée. *Ailes* de la longueur de l'étendard. *Gousse* à nodosités écartées.

1. SOPHORE queue de renard, *S. alopecuroïdes*, L. à feuilles pinnées; à folioles nombreuses, oblongues, velues; à tige herbacée.

Buxb. Cent. 3, p. 25, tab. 46.

En Orient. ♃

2. SOPHORE cotonneuse, *S. tomentosa*, L. à feuilles pinnées; à folioles nombreuses, arrondies, cotonneuses.

Herm. Lugd. 169, tab. 171.

A Zeylan. ♄

3. SOPHORE Occidentale, *S. Occidentalis*, L. à feuilles pinnées; à folioles nombreuses, arrondies.

Brown. Jam. 289, tab. 31, f. 1.

Dans l'Amérique Méridionale.

4. SOPHORE du Cap, *S. Capensis*, L. à feuilles pinnées; à folioles nombreuses, lancéolées, cotonneuses en dessous; à tige ligneuse.

Au cap de Bonne-Espérance. ♄

5. SOPHORE du Japon, *S. Japonica*, L. à feuilles pinnées ; à plusieurs folioles ovales, lisses ; à tige en arbre.

Au Japon.

6. SOPHORE à sept feuilles, *S. heptaphylla*, L. à feuilles pinnées ; composées de sept folioles, lisses.

Plukn. tab. 451, f. 10? *Rumph. Amb.* 4, p. 60, tab. 22.

1. *Anticholerica*, Anticholerica. 2. Racine, Semences. 3. Très-amères. 5. Colique, pleurésie, atrabile, dysurie, contre lesquelles *Rumphius* la conseille comme *spécifique*.

Aux Indes Orientales. ♄

7. SOPHORE à feuilles de genêt, *S. genistoïdes*, L. à feuilles trois à trois, assises ou sans pétioles ; à folioles linéaires.

Cette espèce présente une variété à feuilles de Romarin, gravée dans *Pluknet*, tab. 413, f. 5.

Au cap de Bonne-Espérance.

8. SOPHORE Méridionale, *S. Australis*, L. à feuilles trois à trois ; à pétioles très-courts, lisses ; à stipules en lame d'épée.

A la Caroline. ♃

9. SOPHORE colorante, *S. tinctoria*, L. à feuilles trois à trois ; à pétioles très-courts ; à folioles en ovale renversé, lisses ; à stipules très-petites.

Pluk. tab. 86, f. 2.

Au cap de Bonne-Espérance.

10. SOPHORE blanche, *S. alba*, L. à feuilles trois à trois, pétiolées ; à folioles elliptiques, lisses ; à stipules presque en alêne, courtes.

Mart. Cent. pag. et tab. 44.

A la Caroline. ♃

11. SOPHORE à feuilles de lupin, *S. lupinoïdes*, L. à feuilles trois à trois, pétiolées ; à folioles ovales, velues.

Au Kamtschatka.

12. SOPHORE à deux fleurs, *S. biflora*, L. à feuilles simples, en ovale renversé, un peu cotonneuses ; à péduncules portant deux fleurs.

Pluk. tab. 122, p. 185, f. 2.

Cette espèce varie par ses feuilles plus grandes ou plus petites, arrondies ou ovales, cotonneuses ou lisses.

En Éthiopie. ♄

552. ANAGYRE, *ANAGYRIS.* * *Tournef. Inst.* 647, tab. 415. *Lam. Tab. Encyclop.* pl. 328.

CAL. *Périanthe* en cloche, à *orifice* à cinq dents : les deux supérieures plus profondément divisées.

COR. Papilionacée.

—— *Étendard* : en cœur renversé, droit, échancré, plus large que les autres pétales, deux fois plus long que le calice.

—— *Ailes* : ovales, oblongues, planes, plus longues que l'étendard.

—— *Carène* : droite, très-longue.

ÉTAM. Dix *Filamens*, parallèles, distincts, droits. *Anthères* simples.

PIST. *Ovaire* oblong. *Style* simple, droit. *Stigmate* velu.

PÉR. *Gousse* oblongue, grande, légèrement arrondie, un peu renversée, obtuse.

SEM. Six ou plus, en forme de rein.

OBS. *Le caractère essentiel de ce genre consiste dans l'étendard très-court, droit, et dans la carène qui est très-longue.*

Corolle papilionacée. *Étendard* et *Ailes* plus courts que la corolle. *Gousse* oblongue.

1. ANAGYRE puante, *A. fœtida*, L. à feuilles trois à trois; à folioles assises, presque égales, entières, ovales, alongées, aiguës; à pétioles plus courts que les folioles.

Anagyris fœtida, Anagyre puante. *Bauh. Pin.* 391, n.° 1. *Dod. Pempt.* 785, f. 1. *Lob. Ic.* 2, p. 50. *Clus. Hist.* 1, p. 93, f. 1. *Lugd. Hist.* 105, f. 1 et 2. *Camer. Epit.* 671. *Bauh. Hist.* 1, P. 2, p. 364, f. 1. *Barrel.* tab. 569.

1. *Anagyris*, Anagyris. 2. Feuilles, Semences. 3. Fétides, fatigantes, amères. 5. Tumeurs froides, extérieurement.

En Languedoc, à Montpellier, en Italie. ♄

553. GAINIER, *CERCIS.* * *Lam. Tab. Encyclop.* pl. 328. SILIQUASTRUM. *Tournef. Inst.* 646, tab. 414.

CAL. *Périanthe* d'un seul feuillet, très-court, en cloche, bossué à la base, mellifère, à *orifice* à cinq dents, droit, obtus.

COR. Cinq *Pétales*, insérés sur le calice, imitant une corolle papilionacée.

—— *Ailes* : deux pétales, renversés en haut, attachés par de longs onglets.

—— *Étendard* : un seul pétale, arrondi, attaché par un onglet sous les ailes et plus court qu'elles.

—— *Carène* : deux pétales réunis en cœur, renfermant les étamines et les pistils, attachés par les onglets.

Nectaire : glande en forme de style, sous l'ovaire.

ÉTAM. Dix *Filamens*, distincts, en alêne, inclinés, dont quatre plus longs, couverts. *Anthères* oblongues, versatiles, droites.

PIST. *Ovaire* linéaire, lancéolé, porté sur un pédicule. *Style* ayant la longueur et la situation des étamines. *Stigmate* obtus, droit.

PÉR. *Gousse* oblongue, terminée en pointe oblique, à une loge.

SEM. Quelques-unes, arrondies, annexées à la suture supérieure.

Calice à cinq dents, bossué dans sa partie inférieure. *Corolle* papilionacée. *Étendard* court, sous les ailes. *Gousse* oblongue.

1. GAINIER légumineux, *C. Siliquastrum*, L. à feuilles en cœur, arrondies, lisses.

Siliqua sylvestris, rotundifolia; Siliquier sauvage, à feuilles arrondies. *Bauh. Pin.* 402, n.° 3. *Dod. Pempt.* 786, f. 1. *Lob. Ic.* 2, p. 195, f. 1. *Clus. Hist.* 1, p. 13, f. 1. *Lugd. Hist.* 220, f. 1. *Camer. Epit.* 140. *Bauh. Hist.* 1, P. 2, p. 433, la description seulement; la figure est transposée.

A Montpellier. Cultivé dans les jardins. ♄ Vernale.

2. GAINIER du Canada, *C. Canadensis*, L. à feuilles en cœur, duvetées.

Mill. Ic. 2.

En Virginie. ♄

554. BAUHINE, *BAUHINIA*. * *Plum. Gen.* 23, tab. 13. *Lam. Tab. Encyclop.* pl. 329.

CAL. *Périanthe* oblong, s'ouvrant longitudinalement sur le côté inférieur, incliné d'un côté, s'ouvrant également à la base sur cinq côtés, à cinq feuillets réunis supérieurement, caduc-tardif.

COR. Cinq *Pétales*, oblongs, ondulés, renversés et amincis au sommet, ouverts : les inférieurs un peu plus grands : le supérieur plus écarté, tous insérés par leurs onglets sur le calice.

ÉTAM. Dix *Filamens*, inclinés, plus courts que la corolle : le dixième très-long. *Anthères* ovales, toujours sur le dixième filament, rarement dans les autres.

PIST. *Ovaire* oblong, porté sur un pédicule. *Style* filiforme, incliné. *Stigmate* obtus.

PÉR. *Gousse* longue, comme cylindrique, à une loge.

SEM. Plusieurs, arrondies, comprimées, attachées dans la longueur de la gousse.

Calice à cinq segmens profonds, caduc-tardif. *Corolle* à pétales ouverts, oblongs, à onglets, le supérieur plus écarté, tous insérés sur le calice. *Gousse* longue.

1. BAUHINE grimpante, *B. scandens*, L. à tige terminée par des vrilles.

Rheed. Mal. 8, p. 57, tab. 29. *Rumph. Amb.* 5, p. 1, tab. 1.

Au Malabar, à Amboine, à Cumana. ♄

2. BAUHINE piquante, *B. aculeata*, L. à tige garnie de piquans.

Jacq. Amer. 119, tab. 177, f. 2.

Dans l'Amérique Méridionale. ♄

3. BAUHINE étalée, *B. divaricata*, L. à feuilles ovales; à lobes étalés.

Hort. Cliff. 156, tab. 15.

Cette espece présente une variété à feuilles ovales, en cœur, à lobes très-longs, parallèles. *Mill. Dict.* tab. 61.

Dans l'Amérique Méridionale. ♄

4. BAUHINE ongulée, *B. ungulata*, L. à feuilles ovales; à lobes parallèles.

Dans l'Amérique Méridionale. ♄

5. BAUHINE tachetée, *B. variegata*, L. à feuilles en cœur; à lobes réunis, obtus.

Rheed. Mal. 1, p. 57, tab. 32.

Au Malabar, à Madère. ♄

6. BAUHINE pourpre, *B. purpurea*, L. à feuilles presque en cœur, à deux divisions profondes, arrondies, cotonneuses en dessous.

Rheed. Mal. 1, p. 59, tab. 33.

Dans l'Inde Orientale. ♄

7. BAUHINE duveté, *B. tomentosa*, L. à feuilles en cœur; à lobes à moitié arrondis, duvetés.

Plukn. tab. 44, f. 6.

Dans l'Inde Orientale. ♄

8. BAUHINE aiguë, *B. acuminata*, L. à feuilles ovales; à lobes aigus, demi-ovales.

Rheed. Mal. 1, p. 61, tab. 34.

Aux Indes Orientales. ♄.

555. COURBARIL, *HYMENÆA*. *Lam. Tab. Encyclop.* pl. 330. COURBARIL. *Plum. Gen.* 49, tab. 36.

CAL. *Périanthe* d'un seul feuillet, inégal, à cinq segmens profonds.

COR. Papilionacée.

—— *Étendard* : grand, renversé.

—— *Ailes* : lancéolées, petites.

—— *Carène* : en alêne, plus longue que les ailes, ascendante.

ÉTAM. Dix *Filamens*. . . . . .

PIST. *Ovaire* oblong.

PÉR. *Gousse* très-grande, ovale, oblongue, obtuse, à une loge; remplie d'une pulpe farineuse.

SEM. Plusieurs, ovales, enveloppées par une poussière et des fibres.

Calice à cinq segmens profonds. *Corolle* à cinq pétales, presque égaux. *Style* tordu. *Gousse* remplie d'une pulpe farineuse.

1. COURBARIL du Brésil, *H. Courbaril*, L. à feuilles deux à deux.

Arbor siliquosa ex quâ gummi-anime elicitur; Arbre à fruit à silique, dont on retire la gomme-animé. *Bauh. Pin.* 404, n.° 4. *Plukn.* tab. 82, f. 3.

1. *Anime*, *Resina*; Gomme-animé. 2. Résine. 3. Odeur balsamique, agréable, sans saveur particulière. 4. Arôme; peu d'huile volatile; résine presque pure. 5. Paralysie, rétraction des membres, rhumatismes, plaies (en liniment, onguent ou parfum). On doit la connoissance de cette résine au Portugais *Amatus*.

Au Brésil. ♄

556. PARKINSONE, *PARKINSONIA.* † *Plum. Gen.* 25, tab. 3. *Lam. Tab. Encyclop.* pl. 336.

CAL. *Périanthe* assis sur le réceptacle en cloche, ouvert, à cinq *feuillets*, ovales, aigus, colorés, caducs-tardifs.

COR. Cinq *Pétales*, à onglets comme égaux, très-ouverts, ovales: l'inférieur en forme de rein.

ÉTAM. Dix *Filamens*, inclinés. *Anthères* oblongues, couchées.

PIST. *Ovaire* arrondi, long, incliné. *Style* filiforme, droit, de la longueur des étamines. *Stigmates* obtus.

PÉR. *Gousse* très-longue, arrondie, pointue, garnie à la place qu'occupe chaque semence, de nodosités, ce qui lui donne la forme d'un collier.

SEM. Plusieurs, une dans chaque articulation de la gousse, oblongues, comme arrondies, obtuses.

Calice à cinq segmens peu profonds. *Corolle* à cinq pétales, ovales, l'inférieur en forme de rein. *Style* nul. *Gousse* en forme de collier.

1. PARKINSONE piquante, *P. aculeata*, L. à feuilles pinnées.

Hort. Cliff. 157, tab. 13. *Jacq. Amer.* 121, tab. 80.

Dans l'Amérique Méridionale.

557. CASSE, *CASSIA.* * *Tournef. Inst.* 619, tab. 392. SENNA. *Tournef. Inst.* 618, tab. 390.

CAL. *Périanthe* à cinq *feuillets*, peu serrés, concaves, colorés, caducs-tardifs.

COR. Cinq *Pétales*, arrondis, concaves: les *inférieurs* plus écartés, plus ouverts et plus grands.

ÉTAM. Dix *Filamens*, inclinés: *trois inférieurs* plus longs: *trois supérieurs* plus courts. Trois *Anthères* inférieures, très-grandes, voûtées en arc, en forme de bec, s'ouvrant au sommet: quatre latérales sans bec, s'ouvrant également: trois supérieures, très-petites, stériles.

PIST.

PIST. *Ovaire* légèrement arrondi, long, pédunculé. *Style* très-court. *Stigmate* obtus, droit.

PÉR. *Gousse* oblongue, à cloison transversale.

SEM. Plusieurs, arrondies, attachées à la suture supérieure.

OBS. *Dans les* Cassia *de* Tournefort, *la Gousse est oblongue, à cloisons entières.*

Dans les Senna Tournefort, *la Gousse est bossuée, recourbée.*

Calice à cinq feuillets. *Corolle* à cinq pétales. Trois *Anthères* supérieures stériles, et trois anthères inférieures en forme de bec. *Gousse* oblongue.

* I. CASSES SENNÉS.

1. CASSE à deux feuillets, *C. diphylla*, L. à feuilles conjuguées; à stipules en cœur, lancéolées.

Dans l'Inde Orientale. ⊙

2. CASSE Absus, *C. Absus*, L. à feuilles deux à deux, en ovale renversé; à deux glandes en alêne entre les deux inférieures.

Loto affinis, Ægyptiaca; Plante d'Égypte, congénère du Lotier. *Bauh. Pin.* 332, n.° 1. *Alp. Ægyp.* 2, p. 46, tab. 33. *Plukn.* tab. 60, f. 1. *Burm. Zeyl.* 212, tab. 97.

En Egypte, dans l'Inde Orientale. ⊙

3. CASSE osier, *C. viminea*, L. à feuilles deux fois deux à deux, ovales, oblongues, aiguës; à une glande oblongue entre les inférieures; à épines insérées presque sur les pétioles, irrégulières; à trois dents.

A la Jamaïque. ♄

4. CASSE Tagera, *C. Tagera*, L. à feuilles trois fois deux à deux; à une glande sur le pétiole; à stipules ciliées, en cœur, aiguës.

Rheed. Malab. 2, p. 103, tab. 52?

Dans l'Inde Orientale.

5. CASSE Tora, *C. Tora*, L. à feuilles trois fois deux à deux, en ovale renversé: les extérieures plus grandes; à une glande en alêne parmi les inférieures.

Dill. Elth. tab. 63, f. 73.

Cette espèce présente une variété naine, à gousses de Fenu-Grec, gravée et décrite dans *Plumier*, *Sp.* 18, tab. 76, f. 2.

Dans l'Inde Orientale. ⊙

6. CASSE à deux capsules, *C. bicapsularis*, L. à feuilles trois fois deux à deux, en ovale renversé, lisses: les intérieures plus arrondies, parmi lesquelles est placée une glande arrondie.

Plum. Spec. 18, tab. 76, f. 1.

Dans l'Inde Orientale. ♄

7. CASSE échancrée, *C. emarginata*, L. à feuilles trois fois deux à deux, ovales, arrondies, échancrées, égales.

Sloan. Jam. tab. 180, f. 1, 2, 3 et 4.

Aux isles Caribes. ♄

8. CASSE à feuilles obtuses, *C. obtusifolia*, L. à feuilles trois fois deux à deux, ovales, un peu obtuses.

Dill. Elth. tab. 62, f. 72. *Sloan. Jam.* tab. 180, f. 5?

A Cuba. ☉

9. CASSE en faucille, *C. falcata*, L. à feuilles quatre fois deux à deux, ovales, lancéolées, en faucille; à une glande à la base des pétioles.

Dans l'Amérique Méridionale.

10. CASSE Occidentale, *C. Occidentalis*, L. à feuilles cinq fois deux à deux, ovales, lancéolées, rudes sur les bords : les extérieures plus grandes; à une glande à la base des pétioles.

Commel. Hort. 1, p. 51, tab. 26.

A la Jamaïque.

11. CASSE à gousse aplatie, *C. planisiliqua*, L. à feuilles cinq fois deux à deux, ovales, lancéolées, lisses; à une glande à la base des pétioles.

Plum. Spec. 18, tab. 77.

Dans l'Amérique Méridionale.

12. CASSE en bâton, *C. fistulosa*, L. à feuilles cinq fois deux à deux, ovales, aiguës, lisses; à pétioles sans glandes.

Cassia fistula, Alexandrina; Casse en bâton, d'Alexandrie. *Bauh. Pin.* 403, n.° 1. *Matth.* 50, f. 1. *Dod. Pempt.* 787, f. 1. *Lob. Ic.* 2, p. 104, f. 2. *Lugd. Hist.* 114, f. 1. *Camer. Epit.* 25. *Bauh. Hist.* 1, P. 2, p. 416, f. 1.

1. *Cassia fistula*, *C. solutiva*, *Siliqua Ægyptiaca;* Casse, Casse solutive, Casse en bâton. 2. Gousse, sa pulpe. 3. Pulpe douce, fade, nauseuse. 4. Sorte de mucilage, mêlé de quelques particules de résine; un peu d'arôme. 5. Évacuation des premières voies dans certaines maladies aiguës, constipation, colique, ardeur des viscères, néphrétique. Les Arabes ont introduit la Casse dans la pratique de la médecine.

Aux Indes Orientales et Occidentales, en Egypte, en Arabie, au Mexique. ♄

13. CASSE d'Amérique, *C. atomaria*, L. à feuilles cinq fois deux à deux, ovales, un peu duvetées; à pétioles arrondis, sans glandes.

Dans l'Amérique Méridionale.

14. CASSE velue, *C. pilosa*, L. à feuilles cinq fois deux à deux, sans glandes; à stipules en demi-cœur, aiguës; à tige roide, velue.

A la Jamaïque.

15. CASSE Senné, *C. Senna*, L. à feuilles six fois deux à deux, presque ovales ; à pétioles sans glandes.

Senna Alexandrina sive foliis acutis ; Senné d'Alexandrie, ou Senné à feuilles aiguës. *Bauh. Pin.* 397, n.° 1. *Matth.* 571, f. 2. *Camer. Epit.* 339. *Bauh. Hist.* 1, P. 2, p. 377, f. 1, extérieure.

Cette espèce présente une variété.

Senna Italica, sive foliis obtusis ; Senné d'Italie, ou Senné à feuilles obtuses. *Bauh. Pin.* 397, n.° 2. *Fusch. Hist.* 447. *Matth.* 571, f. 1. *Dod. Pempt.* 361, f. 1. *Lob. Ic.* 2, p. 88, f. 1. *Lugd. Hist.* 218, f. 1 *Camer. Epit.* 338. *Bauh. Hist.* 1, P. 2, p. 377, f. 1, intérieure, ne présentant qu'une feuille.

1. *Sena, Senna, Senna Alexandrina, Folium Orientale, Senna Italica* ; Senné du Levant, Feuille d'Orient, Senné d'Italie. 2. Feuilles, Follicules ou Gousses. 3. Toutes les parties du Senné sont amères, nauseuses. 4. Esprit recteur ou arôme, dans lequel réside principalement la vertu purgative ; parties gommeuses, parties résineuses moins abondantes que les premières ; espèce d'huile grasse ou de résine ; extraits aqueux et spiritueux, en quantité inégale. 5. Ventre resserré, dartres, tous les cas où en purgeant on se propose de dériver vers le canal intestinal les impuretés répandues dans la masse humorale.

En Egypte, en Italie. ⊙

16. CASSE à deux fleurs, *C. biflora*, L. à feuilles six fois deux à deux, un peu alongées, lisses : les inférieures plus petites ; une glande en alêne entre les inférieures ; à pedicules portant le plus souvent deux fleurs.

Plum. Spec. 18, tab. 78, f. 1.

Dans l'Amérique Méridionale. ♄

17. CASSE hérissée, *C. hirsuta*, L. à feuilles six fois deux à deux, ovales, aiguës, hérissées.

Dans l'Amérique Méridionale.

18. CASSE rampante, *C. serpens*, L. à feuilles sept fois deux à deux ; à fleurs à cinq étamines ; à tiges filiformes, couchées, herbacées.

A la Jamaïque.

19. CASSE à feuilles de troëne, *C. ligustrina*, L. à feuilles sept fois deux à deux, lancéolées : les extérieures plus petites ; une glande à la base des pétioles.

Dill. Elth. tab. 259, f. 338.

En Virginie, à Bahama. ♄.

20. CASSE ailée, *C. alata*, L. à feuilles huit fois deux à deux, ovales, oblongues : les extérieures plus petites ; à pétioles sans glandes ; à stipules étalées.

Rumph. Amb. 7, p. 35, tab. 18.

1. *Herpetica*, Herpetica. 2. Feuilles. 3. Comme dans le Senné. 4. Comme dans le Senné ? 5. Dartres.

Dans les Indes Orientales et Occidentales. ♄

21. CASSE du Mariland, *C. Marilandica*, L. à feuilles huit fois deux à deux, ovales, oblongues, égales ; une glande à la base des pétioles.

Dill. Elth. tab. 260, f. 339.

En Virginie, au Mariland. ♃

22. CASSE très-menue, *C. tenuissima*, L. à feuilles neuf fois deux à deux, oblongues ; une glande en alêne entre les inférieures. Les gousses sont très-grêles.

A la Havane. ♄

23. CASSE Sophera, *C. Sophera*, L. à feuilles dix fois deux à deux, lancéolées ; une glande oblongue à la base des pétioles.

Galega affinis, Sophera dicta ; Congénère du Galéga, nommée Sophera. *Bauh. Pin.* 352, n.° 3. *Burm. Zeyl.* 213, tab. 98.

Dans l'Inde Orientale.

24. CASSE auriculée, *C. auriculata*, L. à feuilles douze fois deux à deux, obtuses, pointues ; à plusieurs glandes en alêne ; à stipules en forme de rein, barbues.

Plukn. tab. 314, f. 4.

Dans l'Inde Orientale.

25. CASSE de Java, *C. Javanica*, L. à feuilles douze fois deux à deux, oblongues, obtuses, lisses, sans glandes.

Cassia fistula, Brasiliana ; Casse fistuleuse, du Brésil. *Bauh. Pin.* 403, n.° 2. *Commel. Hort.* 1, p. 217, tab. 111.

Aux Indes Orientales.

* II. *CASSES CHAMÉCRISTES, à folioles nombreuses.*

26. CASSE Chamécriste, *C. Chamaecrista*, L. à feuilles plusieurs fois deux à deux ; à glande des pétioles portée sur un pédicelle ; à stipules en lame d'épée.

Plukn. tab. 223, f. 3. *Commel. Hort.* 1, p. 53, tab. 37.

A la Jamaïque, aux Barbades, en Verginie. ☉

27. CASSE glanduleuse, *C. glandulosa*, L. à feuilles plusieurs fois deux à deux ; à plusieurs glandes ; à stipules en alêne.

Breyn. Cent. 64, tab. 24.

A la Jamaïque.

28. CASSE sensitive, *C. mimosoïdes*, L. à feuilles plusieurs fois deux à deux, linéaires; une glande irrégulière à la base des pétioles; à stipules terminées par une soie.

A Zeylan.

29. CASSE tortueuse, *C. flexuosa*, L. à feuilles plusieurs fois deux à deux; à stipules en cœur.

Breyn. Cent. 65, tab. 23.

Au Brésil. ☉

30. CASSE mouvante, *C. nictitans*, L. à feuilles plusieurs fois deux à deux; à fleurs à cinq étamines; à tige un peu redressée.

Plukn. tab. 314, f. 5. *Rumph. Amb.* 6, p. 147, tab. 61, f. 1. *Hort. Cliff.* pag. 497, tab. 36.

En Virginie. ☉

31. CASSE couchée, *C. procumbens*, L. à feuilles plusieurs fois deux à deux, sans glandes; à tige couchée.

Aux Indes Orientales, en Virginie. ☉

558. POINCILLADE, *POINCIANA*. † *Tournef. Inst.* 619, tab. 391. *Lam. Tab. Encyclop.* pl. 333.

CAL. Oblong, concave, caduc-tardif, à cinq *feuillets* lâches : l'inférieur plus long, incliné, en voûte.

COR. Inégale, à cinq *Pétales*, dont quatre arrondis, presque égaux : le *cinquième* supérieur, plus grand, difforme, crénelé.

ÉTAM. Dix *Filamens*, sétacés, très-longs, inclinés : le supérieur porté sur un pédicelle. *Anthères* oblongues, couchées.

PIST. *Ovaire* en alêne, incliné, plus long, terminé par un *Style* de la longueur des étamines. *Stigmate* obtus.

PÉR. *Gousse* comprimée, oblongue, à cloisons en quelque sorte transversales.

SEM. Plusieurs, comprimées, aplaties, comme ovales.

Calice à cinq feuillets. *Corolle* à cinq pétales dont le supérieur est plus grand. *Étamines* longues, toutes fertiles. *Gousse* comprimée.

1. POINCILLADE bijuguée, *P. bijuga*, L. à aiguillons solitaires; à feuilles deux fois deux à deux; à folioles échancrées.

Rumph. Amb. 4, p. 35, tab. 20.

Aux Indes Orientales. ♄

2. POINCILLADE très-belle, *P. pulcherrima*, L. à aiguillons deux à deux.

Breyn. Cent. 61, tab. 22.

Aux Indes Orientales. ♄

3. POINCILLADE élevée, *P. elata*, L. à tige sans aiguillons.
Jacq. Amer. 123, tab. 175, fig. 36.
Aux Indes Orientales. ♄

359. BRESILLET, *CÆSALPINIA.* † *Plum. Gen.* 28, tab. 9. *Lam. Tab. Encyclop.* pl. 335.

CAL. *Périanthe* en godet, à cinq segmens peu profonds, à lobe inférieur très-grand.

COR. Cinq *Pétales*, presque égaux : l'inférieur plus richement coloré.

ÉTAM. Dix *Filamens*, filiformes, recourbés, inclinés vers le segment le plus grand du calice. *Anthères* simples.

PIST. *Ovaire* grêle, oblong. *Style* simple, de la longueur des étamines. *Stigmate* en tête.

PÉR. *Gousse* oblongue, rhomboïdale, pointue, à une loge.

SEM. Plusieurs, rhomboïdales.

Calice à cinq segmens profonds dont l'inférieur est plus grand. *Corolle* à cinq pétales dont l'inférieur est richement coloré. *Gousse* rhomboïdale.

1. BRÉSILLET du Brésil, *C. Brasiliensis*, L. à tige et feuilles sans piquans.
Catesb. Carol. 2, pag. et tab. 51.
Le bois colore en rouge.
A la Caroline, à la Jamaïque, au Brésil. ♄

2. BRÉSILLET à vessie, *C. vesicaria*, L. à tige garnie de piquans; à feuilles en cœur, arrondies.
Sloan. Jam. tab. 181, f. 2 et 3.
Le bois colore en rouge-pourpre.
A la Jamaïque. ♄

3. BRÉSILLET Sappan, *C. Sappan*, L. à tige garnie de piquans; à feuilles oblongues, inégales sur les bords, échancrées.
Ligno Brasiliano simile; Congénère du bois du Brésil. *Bauh. Pin.* 393, n.° 8. *Rheed. Mal.* 6, p. 3, tab. 2. *Rumph. Amb.* 4, p. 56, tab. 21.
Le bois colore en pourpre.
Aux Indes Orientales. ♄

4. BRÉSILLET à crête, *C. crista*, L. à tige garnie de piquans; à feuilles ovales, entières; à fleurs à cinq étamines.
A la Jamaïque. ♄

360. BONDUC, *GUILANDINA.* † *Lam. Tab. Encyclop.* pl. 336. BONDUC. *Plum. Gen.* 24, tab. 39.

CAL. *Périanthe* d'un seul feuillet, en soucoupe. *Limbe* égal, ouvert, à cinq segmens profonds.

COR. Cinq *Pétales*, lancéolés, concaves, assis, presque égaux, insérés sur le cou du calice, un peu plus grands que le calice.

ÉTAM. Dix *Filamens*, en alêne, droits, insérés sur le calice, plus courts que le calice : les *alternes* plus petits. *Anthères* obtuses, couchées.

PIST. *Ovaire* oblong. *Style* filiforme, de la longueur des étamines. *Stigmate* simple.

PÉR. *Gousse* rhomboïdale, convexe dans la suture supérieure, ventrue, comprimée, à une loge, séparée par des cloisons transversales.

SEM. Osseuses, arrondies, comprimées, solitaires entre chaque cloison.

OBS. Quelques espèces de ce genre sont dioïques.

Calice d'un seul feuillet, en soucoupe. *Corolle* à cinq pétales insérés sur le cou du calice, presque égaux. *Gousse* rhomboïdale.

1. BONDUC vulgaire, *G. Bonduc*, L. à tige armée de piquans; à pinnules ovales; à piquans solitaires.

Pluk. tab. 2, f. 2.

Aux Indes Orientales. ♄

2. BONDUC Bonducelle, *G. Bonducella*, L. à tige armée de piquans; à pinnules oblongues, ovales; à folioles réunies deux à deux, piquantes.

Rheed. Mal. 2, p. 35, tab. 22. *Rumph. Amb.* 5, p. 92, tab. 49, f. 1.

Aux Indes Orientales. ♄

3. BONDUC Nuga, *G. Nuga*, L. à tige sans piquans; à folioles dont le pétiole supérieur est garni en dessous de piquans réunis deux à deux.

Rumph. Amb. 5, p. 94, tab. 50.

A Amboine. ♄

4. BONDUC Moringa, *G. Moringa*, L. à tige sans piquans; à feuilles comme deux fois pinnées; à folioles inférieures trois à trois.

Lignum peregrinum, aquam cæruleam reddens; Bois étranger, rendant l'eau bleuâtre. *Bauh. Pin.* 416, n.° 4. *Burm. Zeyl.* 162, tab. 75.

1. *Nephreticum lignum*, Bois néphrétique. 2. Bois, Noix; d'où l'on croit qu'est tirée par expression l'*Huile de Béhen*. 3. Bois, un peu âcre, amer. L'*Huile* des Noix est un peu grasse, et rancit difficilement. 5. Gale, néphrétique, exanthèmes. 6. On se sert de l'huile de béhen, pour sophistiquer les huiles essentielles.

A Zeylan, au Malabar, en Égypte. ♄

5. BONDUC dioïque, *G. dioïca*, L. à tige sans piquans ; à feuilles deux fois pinnées, la base et le sommet de la feuille générale simplement pinnés.

Duham. Arb. 1, p. 108, tab. 42.

Au Canada. ♄

561. GAÏAC, *GUAIACUM.* † *Plum. Gen.* 39, tab. 17. *Lam. Tab. Encyclop.* pl. 342.

CAL. *Périanthe* concave, à cinq *feuillets*, ovales, oblongs, dont deux extérieurs plus petits.

COR. Cinq *Pétales*, ovales, oblongs, concaves, ouverts, insérés sur le calice, à onglets linéaires.

ÉTAM. Dix *Filamens*, droits. *Anthères* oblongues.

PIST. *Ovaire* en forme de coin, anguleux, comme porté sur un pédicelle. *Style* court. *Stigmate* simple, aigu.

PÉR. *Fruit* anguleux, à angles comprimés, à trois ou cinq loges.

SEM. *Noix* solitaires, dures.

Calice à cinq feuillets inégaux. *Corolle* à cinq pétales insérés sur le calice. *Capsule* anguleuse, à trois ou cinq loges.

1. GAÏAC officinal, *G. officinale*, L. à feuilles pinnées ; à folioles deux à deux, obtuses.

Guaiacum magnâ matrice, Gaïac à grande matrice. *Bauh. Pin.* 448 ; n.° 1. *Pluk.* tab. 35, f. 4.

Cette espece présente une variété à feuilles de Lentisque, à fleur blanche, gravée dans *Pluknet*, tab. 35, f. 3.

1. *Lignum sanctum*, *Guaiacum* ; Gaïac, Bois saint. 2. Bois, Écorce, Résine. 3. Odeur balsamique ; saveur un peu amère et aromatique. 4. Esprit recteur, huile essentielle, pesante, résine ; extrait spiritueux, extrait aqueux qui contient beaucoup de résine et qui pique la langue. 5. Fleurs blanches, goutte, gale, viscosité des humeurs, rhumatisme, douleur de dents, vérole. 6. Le bois de Gaïac est très-recherché pour l'ébénisterie.

A Saint-Domingue, à la Jamaïque. ♄

2. GAÏAC saint, *G. sanctum*, L. à feuilles pinnées ; à folioles plusieurs fois deux à deux, obtuses.

Guaiacum propemodùm sine matrice, Gaïac presque sans matrice. *Bauh. Pin.* 448, n.° 2. *Pluk.* tab. 94, f. 4.

A Porto-Rico. ♄

3. GAÏAC d'Afrique, *G. Afrum*, L. à feuilles pinnées ; à folioles plusieurs fois deux à deux, aiguës.

Walth. Hort. pag. et tab. 2.

En Éthiopie, à la Chine. ♄

562. CYNOMÈTRE, *CYNOMETRA*. *Lam. Tab. Encyclop.* pl. 331.

CAL. *Périanthe* à quatre *feuillets*, oblongs, renversés, de la longueur de la corolle.

COR. Cinq *Pétales*, lancéolés, égaux, aigus.

ÉTAM. Dix *Filamens*, deux fois plus longs que la corolle. *Anthères* ovales, divisées peu profondément au sommet en deux parties.

PIST. *Ovaire* en timbale. *Style* filiforme, de la longueur des étamines. *Stigmate* simple.

PÉR. *Gousse* en croissant, comprimée, charnue, garnie de tubercules.

SEM. Une seule, en forme de rein, grande.

Calice à quatre feuillets. *Anthères* divisées peu profondément au sommet en deux parties. *Gousse* charnue, laineuse, renfermant une seule semence.

1. CYNOMÈTRE à fleur sur le tronc, *C. cauliflora*, L. à tronc portant la fleur.

Rumph. Amb. 1, p. 163, tab. 62.

Dans l'Inde Orientale. ♄

2. CYNOMÈTRE à fleurs sur les rameaux, *C. ramiflora*, L. à rameaux portant les fleurs.

Rheed. Mal. 4, p. 65, tab. 31. *Rumph. Amb.* 1, p. 164, tab. 63.

Dans l'Inde Orientale. ♃

563. CODON, *CODON*.

CAL. *Périanthe* d'un seul feuillet, à dix *segmens* profonds, en alêne; persistans, légèrement relevés : les alternes plus courts.

COR. Monopétale, en cloche, bossuée à la base. *Limbe* égal, à dix divisions profondes.

Nectaire à dix loges formées par dix écailles, insérées sur les onglets des étamines, réunies, couvrant le réceptacle.

ÉTAM. Dix *Filamens*, de la longueur de la corolle. *Anthères* épaisses.

PIST. *Ovaire* supérieur, conique. *Style* simple, de la longueur des étamines. Deux *Stigmates*, longs, sétacés, divergens.

PÉR. A deux loges.

SEM. Plusieurs, arrondies, hérissées de poils serrés.

Calice à dix segmens profonds. *Corolle* en cloche, à dix divisions peu profondes. *Capsule* renfermant plusieurs semences.

1. CODON de Royen, *C. Royeni*, L. à feuilles alternes, pétiolées, en cœur, ovales, entières, aiguës, lisses.

Dans l'Amérique Méridionale. ☉

564. DICTAMNE, *DICTAMNUS.* * *Lam. Tab. Encyclop.* pl. 344. FRAXINELLA. *Tournef. Inst.* 430, tab. 243.

CAL. *Périanthe* très-petit, caduc-tardif, à cinq *feuillets*, oblongs, pointus.

COR. Cinq *Pétales*, ovales, lancéolés, pointus, à onglets inégaux, dont deux courbés en haut, deux latéraux obliques, un seul renversé.

ÉTAM. Dix *Filamens*, en alêne, de la longueur de la corolle, inégaux, inclinés entre les deux pétales latéraux, parsemés de points glanduleux. *Anthères* à quatre côtés, droites.

PIST. *Ovaire* à cinq angles, porté sur le réceptacle. *Style* simple, court, incliné, courbé. *Stigmate* aigu, droit.

PÉR. Cinq *Capsules*, réunies intérieurement sur les bords, comprimées, pointues, écartées aux sommets, à deux battans.

SEM. Deux, ovales, très-lisses, enfermées dans un *arille* commun, à deux valves.

Calice à cinq feuillets. *Corolle* à cinq pétales ouverts. *Filamens* parsemés de points glanduleux. Cinq *Capsules* comme collées ensemble.

1. DICTAMNE blanc, *D. albus*, L. à feuilles alternes, pinnées et terminées par une foliole impaire; à folioles ovales, dentelées, luisantes.

Dictamnus albus vulgò, sive Fraxinella; Dictamne blanc vulgaire ou Fraxinelle. *Bauh. Pin.* 222, n.° 5. *Matth.* 523, f. 1. *Dod. Pempt.* 348, f. 1. *Lob. Ic.* 2, p. 96, f. 1. *Clus. Hist.* 1, p. 99, f. 2. *Lugd. Hist.* 872, f. 1. *Camer. Epit.* 473. *Bauh. Hist.* 3, P. 2, p. 494, f. 2. *Theat. Flor.* tab. 64, f. 2. *Reneal. Spec.* 122 et 121.

1. *Dictamnus albus*; Dictamne blanc, Fraxinelle. 2. Racine (son écorce). 3. Odeur aromatique et assez agréable; saveur un peu amère et âcre. Il sort de l'extrémité des tiges et des calices du Dictamne, lorsqu'il est dans sa pleine végétation, des vapeurs qu'on peut enflammer à l'aide d'une bougie allumée. 4. Parties résineuse et gommeuse; extrait aqueux légèrement amer. 5. Épilepsie, vers.

En Provence, à Montpellier. ♃ Vernale.

565. RUE, *RUTA.* * *Tournef. Inst.* 257, tab. 133. *Lam. Tab. Encyclop.* pl. 345. PSEUDO-RUTA. *Mich. Gen.* 21, tab. 19.

CAL. *Périanthe* court, persistant, à cinq segmens profonds.

COR. Cinq *Pétales*, ouverts, comme ovales, concaves, à onglets étroits.

ÉTAM. Dix *Filamens*, en alêne, étalés, de la longueur de la corolle, un peu élargis à la base. *Anthères* droites, très-courtes.

PIST. *Ovaire* bossué, marqué d'une croix, entouré à la base par dix points mellifères, porté sur le réceptacle creusé par dix pores mellifères. *Style* droit, en alêne. *Stigmate* simple.

PÉR. *Capsule* bossuée, à cinq lobes, à moitié divisée en cinq parties; à cinq loges, s'ouvrant au sommet sur cinq côtés.

SEM. Plusieurs, rudes, en forme de rein, anguleuses.

OBS. *La* R. graveolens *présente dans ses fleurs, excepté dans la supérieure, une cinquième unité de moins dans toutes les parties de la fructification, et a les pétales ciliés à la base.*

Calice à cinq segmens profonds. *Corolle* à cinq pétales concaves. *Réceptacle* entouré de dix pores mellifères ou mielliers. *Capsule* à cinq lobes.

1. RUE officinale, *R. graveolens*, L. à feuilles décomposées; à fleurs latérales, cruciformes.

Ruta sylvestris, major; Rue sauvage, plus grande. *Bauh. Pin.* 336, n.° 3. *Matth.* 540, f. 2. *Dod. Pempt.* 119, f. 2. *Lob. Ic.* 2, p. 53, f. 1. *Lugd. Hist.* 972, f. 2. *Bauh. Hist.* 3, P. 1, p. 199, f. 1. *Icon. Pl. Med.* tab. 163.

Cette espèce présente trois variétés:

1.° *Ruta hortensis altera*; autre Rue des jardins. *Bauh. Pin.* 336, n.° 2.

2.° *Ruta hortensis latifolia*; Rue des jardins à larges feuilles. *Bauh. Pin.* 336, n.° 1. *Fusch. Hist.* 616. *Matth.* 540, f. 1. *Dod. Pempt.* 119, f. 1. *Lob. Ic.* 2, p. 52, f. 2. *Lugd. Hist.* 972, f. 1. *Bauh. Hist.* 3, P. 1, p. 197, f. 1.

3.° *Ruta sylvestris minor*; Rue sauvage plus petite. *Bauh. Pin.* 336, n.° 4. *Dod. Pempt.* 120, f. 1. *Lob. Ic.* 2, p. 54, f. 1 et 2. *Clus. Hist.* 2, p. 136, f. 1. *Lugd. Hist.* 973, f. 1. *Bauh. Hist.* 3, P. 1, p. 200, f. 2.

1. *Ruta hortensis*, Rue des jardins. 2. Herbe, Semences. 3. Amère, très-âcre; odeur forte, très-désagréable. 4. Huile essentielle, (les semences en fournissent plus que l'herbe); extraits aqueux et spiritueux en quantité inégale. 5. Peste, épilepsie, affections hystériques avec atonie, céphalalgie, ophthalmie, hoquet, pâles couleurs, affections vermineuses, gale, scorbut, asthme pituiteux, chlorose avec suppression des règles. 6. Les Romains ont employé la Rue dans la cuisine comme assaisonnement. On prétend que le fameux antidote de *Mithridate*, dont *Pompée* trouva la recette dans la cassette de ce prince après l'avoir vaincu, étoit composé de deux *Noix* sèches, deux *Figues*, vingt feuilles de *Rue* pilées, et d'un peu de *Sel*. Pris le matin à jeun, cet antidote préservoit, dit-on, ce jour-là, de tout poison.

A Montpellier, en Provence, à Paris. ♃ Vernale.

2. RUE d'Arabie, *R. Chalepensis*, L. à feuilles surdécomposées ; à pétales ciliés.

Moris. Hist. sect. 5, tab. 35, f. 8.

Cette espèce varie à feuilles larges et étroites.

En Arabie.

3. RUE de Padoue, *R. Patavina*, L. à feuilles trois à trois, assises ou sans pétioles.

Mich. Gen. 22, tab. 19.

A Padoue.

4. RUE à feuilles de lin, *R. linifolia*, L. à feuilles lancéolées, entières ou sans divisions.

Barrel. tab. 1186.

Cette espèce présente une variété à feuilles entières, arrondies, décrite et gravée dans *Buxbaume, Cent.* 2, p. 30, tab. 28, f. 1 et 2.

En Espagne, dans la Midie. ♃

566. TOLU, *TOLUIFERA.* †

CAL. *Périanthe* d'un seul feuillet, en cloche, à cinq dents, comme égal, à un seul angle plus éloigné.

COR. Cinq *Pétales*, insérés sur le réceptacle, dont quatre égaux, linéaires, un peu plus longs que le calice : le cinquieme deux fois plus grand, en cœur renversé, à onglet de la longueur du calice.

ÉTAM. Dix *Filamens*, très-courts. *Anthères* plus longues que le calice.

PIST. *Ovaire* oblong. *Style* nul. *Stigmate* aigu.

PÉR. . . . . .

SEM. . . . . .

Calice à cinq dents. *Corolle* à cinq pétales dont l'inférieur est très-grand, en cœur renversé. *Style* nul.

1. TOLU Baume, *T. Balsamum*, L. à feuilles pinnées ; à folioles oblongues, ovales, alternes.

Balsamum Tolutanum, foliis Ceratiæ similibus ; Baume de Tolu, à feuilles semblables à celles du Caroubier. *Bauh. Pin.* 401, n.° 7.

1. *Tolu Balsamum* ; Baume de Tolu, de Carthagène, d'Amérique. 2. Baume. 3. Odeur assez agréable, approchant de celle du Benjoin ; saveur douce, sans être âcre ni amere comme l'est en général celle des autres baumes. 4. Huile essentielle, Résine. 5. Phthisie, piquûre des tendons, gonorrhée, ulcères internes et externes, plaies. Le baume de Tolu qui est très-usité et excellent, est un des baumes naturels les plus recommandables.

Dans la province de Tolu près de Carthagène, dans l'Amérique Méridionale. ♄

567. CAMPECHE, *HÆMATOXYLON.* † *Lam. Tab. Encyclop.* pl. 340.

CAL. *Périanthe* à cinq *segmens* profonds, ovales, persistans.

COR. Cinq *Pétales*, ovales, égaux, un peu plus grands que le calice.

ÉTAM. Dix *Filamens*, en alêne, un peu plus longs que la corolle. *Anthères* petites.

PIST. *Ovaire* ovale, oblong. *Style* simple, de la longueur des étamines. *Stigmate* un peu épais, échancré.

PÉR. *Capsule* lancéolée, obtuse, à une loge, à deux battans, en nacelle.

SEM. Quelques-unes, oblongues, comprimées.

OBS. Rottboell (*Coll. Soc. Med. Haun.* 2, *p.* 254) *a décrit le caractère de ce genre d'après des fleurs parfaites, ainsi qu'il suit :*

Périanthe d'un seul feuillet, comprimé, coloré. *Tube* très-court, charnu, persistant. *Limbe* à cinq *segmens* profonds, concaves, comme ovales, caducs-tardifs.

COR. Cinq *Pétales*, linéaires, lancéolés, veinés, plus longs d'un tiers que le calice.

ÉTAM. Dix *Filamens*, planes, en alêne, barbus intérieurement dans leur moitié inférieure, plus longs que la corolle. *Anthères* petites, en croissant.

PIST. *Ovaire* oblong, lancéolé, comprimé. *Style* capillaire, recourbé, plus long que les étamines. *Stigmate* en tête, échancré.

PÉR. (*du Frêne*) linéaire, oblong, comprimé, porté sur le tube du calice.

Calice à cinq segmens profonds. *Corolle* à cinq pétales. *Capsule* lancéolée, à une loge, à deux battans, en nacelle.

1. CAMPÈCHE colorant, *H. Campechianum*, L. à feuilles pinnées; sans foliole impaire; à folioles en cœur renversé.

Catesb. Carol. 3, pag. et tab. 66.

1. *Campechianum lignum*, Bois de Campèche. 2. Résine. 5. Dyssenterie. 6. Employé pour la teinture en violet, en rouge et dans l'ébénisterie.

A Campèche dans l'Amérique Méridionale. ♄

568. PROSOPE, *PROSOPIS.* *Lam. Tab. Encyclop.* pl. 340.

CAL. *Périanthe* d'un seul feuillet, hémisphérique, le plus souvent à quatre dents.

COR. Cinq *Pétales*, lancéolés, assis, égaux.

ÉTAM. Dix *Filamens*, filiformes, égaux. *Anthères* didymes, obtuses.

PIST. *Ovaire* oblong. *Style* filiforme, de la longueur des pétales. *Stigmate* simple.

PÉR. *Gousse* longue, boursouflée, à une loge.

SEM. Plusieurs, arrondies, oblongues, colorées.

Calice hémisphérique, à quatre dents. *Stigmate* simple. *Gousse* enflée, renfermant plusieurs semences.

1. PROSOPE à épi, *P. spicigera*, L. à feuilles alternes, conjuguées; à folioles pinnées, huit fois deux à deux, sans impaire; à fleurs en épis, longs, axillaires et terminans.

Burm. Ind. 102, tab. 25, f. 3.

Dans l'Inde Orientale. ♄

569. CHALCAS, *CHALCAS*.

CAL. *Périanthe* très-petit, à cinq *segmens* profonds, en alène, droits, persistans.

COR. En cloche, à cinq *Pétales*, oblongs, plus grands, portés sur les onglets.

ÉTAM. Dix *Filamens*, en alène, droits, plus courts que la corolle. *Anthères* arrondies.

PIST. *Ovaire* arrondi. *Style* filiforme, de la longueur des étamines. *Stigmate* en tête, garni de verrues.

PÉR. *Baie* oblongue.

SEM. Deux, duvetées.

Calice à cinq segmens profonds. *Corolle* en cloche, à cinq pétales à onglets. *Stigmate* en tête, garni de verrues.

1. CHALCAS paniculé, *C. paniculata*, L. à feuilles alternes, pétiolées, comme ovales, à crénelures irrégulières.

Rumph. Amb. 5, p. 26, tab. 17.

Dans l'Inde Orientale. ♄

570. MURRAIE, *MURRAYA*. *Lam. Tab. Encyclop.* pl. 352.

CAL. *Périanthe* d'un seul feuillet, très-petit, à cinq *segmens* profonds, linéaires, droits, légèrement arrondis, éloignés, persistans.

COR. En cloche, à cinq *Pétales*, lancéolés, ouverts au sommet. *Nectaire* en cloche, court, entourant l'ovaire.

ÉTAM. Dix *Filamens*, en alène, de la longueur de la fleur. *Anthères* un peu alongées.

PIST. *Ovaire* arrondi, supérieur. *Style* filiforme, comme anguleux, plus long que les étamines. *Stigmate* un peu aplati, garni de verrues, anguleux.

PÉR. *Baie* comme pulpeuse, à une loge.

SEM. Une seule, grande, en ovale renversé, aiguë, sillonnée d'un côté.

Calice à cinq segmens profonds. *Corolle* en cloche, à cinq pétales lancéolés. *Nectaire* entourant l'ovaire. *Baie* renfermant une seule semence.

1. MURRAIE exotique, *M. exotica*, L. à feuilles alternes, pétiolées, un peu roides, pinnées et terminées par une foliole impaire.

Plukn. tab. 80, f. 6.

Dans l'Inde Orientale. ♄

371. BERGÈRE, *BERGERA.*

CAL. *Périanthe* très-petit, aigu, ouvert, persistant, à cinq segmens profonds.

COR. Cinq *Pétales*, oblongs, un peu obtus, ouverts.

ÉTAM. Dix *Filamens*, dont cinq alternes plus courts. *Anthères* rondes.

PIST. *Ovaire* arrondi, supérieur. *Style* filiforme, en massue. *Stigmate* en toupie, luisant, sillonné transversalement.

PÉR. *Baie* comme arrondie, à une loge.

SEM. Deux.

Calice à cinq segmens profonds. *Corolle* à cinq pétales. *Stigmate* en toupie. *Baie* renfermant deux semences.

1. BERGÈRE de Koenig, *B. Koenigii*, L. à feuilles alternes, pétiolées, pinnées et terminées par une foliole impaire; à folioles alternes; à pétioles courts, ovales, lancéolés, rhomboïdes.

Dans l'Inde Orientale. ♄

372. CONDORI, *ADENANTHERA.* * *Lam. Tab. Encyclop.* pl. 334.

CAL. *Périanthe* d'un seul feuillet, à cinq dents, très-petit.

COR. En cloche, à cinq *Pétales*, lancéolés, assis, convexes en dedans, concaves en dessous.

ÉTAM. Dix *Filamens*, en alêne, droits, un peu plus courts que la corolle. *Anthères* arrondies, versatiles, portant à leur sommet extérieur une glande arrondie.

PIST. *Ovaire* oblong, bossué inférieurement. *Style* en alêne, de la longueur des étamines. *Stigmate* simple.

PÉR. *Gousse* longue, comprimée, membraneuse.

SEM. Plusieurs, arrondies, éloignées.

Calice à cinq dents. *Corolle* en cloche, à cinq pétales. *Anthères* portant à leur sommet extérieur une glande arrondie. *Gousse* membraneuse.

1. CONDORI paon, *A. pavonina*, L. à feuilles décomposées, lisses sur les deux surfaces.

Rheed. Mal. 6, p. 25, tab. 14. *Rumph. Amb.* 3, p. 173, tab. 109.

Dans l'Inde Orientale. ♄

2. CONDORI en faucille, *A. falcata*, L. à feuilles décomposées, duvetées en dessous.

Rumph. Amb. 3, p. 176, tab. 111.

Dans l'Inde Orientale. ♄

573. TRICHILIE, *TRICHILIA.* †

CAL. *Périanthe* d'un seul feuillet, tubulé, comme à cinq dents, court.

COR. Cinq *Pétales*, lancéolés, ouverts.

Nectaire cylindrique, tubulé, à *orifice* à cinq dents, plus court que les pétales, formé par dix filamens réunis.

ÉTAM. Sans *Filamens*. Dix *Anthères*, droites, s'élevant de la marge du tube du nectaire, caduques-tardives.

PIST. *Ovaire* en ovale renversé, le plus souvent à trois lobes. *Style* court. *Stigmate* en tête, à trois dents.

PÉR. *Capsule* arrondie, à trois côtés peu saillans, à trois loges, à trois battans.

SEM. Solitaires, à arille en baie.

Calice à cinq dents peu prononcées. *Corolle* à cinq pétales. *Nectaire* cylindrique, dans l'orifice duquel les anthères sont insérées. *Capsule* à trois loges, à trois battans. *Semences* en baie.

1. TRICHILIE hérissée, *T. hirta*, L. à feuilles pinnées, un peu hérissées.

Sloan. Jam. tab. 210, f. 2 et 3.

A la Jamaïque. ♄

2. TRICHILIE lisse, *T. glabra*, L. à feuilles pinnées, lisses; à folioles extérieures plus grandes.

Jacq. Amer. 129, tab. 175, f. 38.

A la Havane, dans les forêts. ♄

3. TRICHILIE à trois feuilles, *T. trifoliata*, L. à feuilles trois à trois.

Jacq. Amer. 129, tab. 82.

Dans l'Amérique Méridionale. ♄

574. TURRÉE, *TURRÆA.* † *Lam. Tab. Encyclop.* pl. 351.

CAL. *Périanthe* d'un seul feuillet, en cloche, très-petit, à cinq dents, persistant.

COR. Cinq *Pétales*, linéaires, ouverts, longs.

Nectaire : tube cylindrique, de la longueur des pétales, à orifice à dix dents.

ÉTAM. Dix *Filamens*, très-courts, dans l'orifice du nectaire. *Anthères* comme ovales.

PIST. *Ovaire* arrondi. *Style* filiforme, de la longueur du nectaire. *Stigmate* un peu épais, ridé.

PÉR. *Capsule* arrondie, à cinq coques, à battans s'ouvrant dans leur longueur.

SEM. Deux, en forme de rein.

Calice

Calice à cinq dents. *Corolle* à cinq pétales. *Nectaire* cylindrique, dans l'orifice duquel les anthères sont insérées. *Capsule* à cinq coques, renfermant deux semences.

1. TURRÉE verte, *T. virens*, L. à feuilles alternes, pétiolées, elliptiques, lancéolées, très-entières, échancrées, lisses, un peu pâles en dessous.

Dans l'Inde Orientale. ♄

575. MAHOGON, *SWIETENIA.*

CAL. *Périanthe* d'un seul feuillet, obtus, très-petit, à cinq segmens peu profonds, caduc-tardif.

COR. Cinq *Pétales*, en ovale renversé, obtus, concaves, ouverts.

Nectaire d'un seul feuillet, cylindrique, de la longueur des pétales; à *orifice* à dix dents.

ÉTAM. Dix *Filamens*, très-petits, insérés parmi les dents du nectaire. *Anthères* oblongues, droites.

PIST. *Ovaire* ovale. *Style* en alêne, droit, de la longueur du nectaire. *Stigmate* en tête, plane.

PÉR. *Capsule* ovale, grande, ligneuse, à cinq loges, à cinq battans, s'ouvrant à la base.

SEM. Plusieurs, placées en recouvrement, comprimées, oblongues, obtuses, garnies d'une aile feuillée.

Réceptacle grand, à cinq angles.

Calice à cinq segmens peu profonds. *Corolle* à cinq pétales. *Nectaire* cylindrique, dans l'orifice duquel les anthères sont insérées. *Capsule* à cinq loges, ligneuse, s'ouvrant à la base, et renfermant des semences en recouvrement, ailées.

1. MAHOGON Mahagoni, *S. Mahagoni*, L. à feuilles pinnées, sans foliole impaire; à fleurs éparses.

Catesb. Carol. 2, pag. et tab. 81.

Dans l'Amérique Septentrionale. ♄

576. MÉLIE, *MELIA. Lam. Tab. Encyclop.* pl. 352.

CAL. *Périanthe* d'un seul feuillet, très-petit, à cinq dents, droit, obtus.

COR. Cinq *Pétales*, linéaires, lancéolés, ouverts, longs.

Nectaire cylindrique, d'un seul feuillet, de la longueur de la corolle; à *orifice* à dix dents.

ÉTAM. Dix *Filamens*, très-petits, insérés sur le sommet du nectaire. *Anthères* oblongues, ne surpassant point le nectaire.

PIST. *Ovaire* conique. *Style* cylindrique, de la longueur du nectaire. *Stigmate* en tête, formé par cinq valvules réunies.

PÉR. *Drupe* arrondie, molle.

SEM. *Noix* arrondie, à cinq sillons, à cinq loges.

Calice à cinq dents. *Corolle* à cinq pétales. *Nectaire* cylindrique, dans l'orifice duquel les anthères sont insérées. *Drupe* renfermant un noyau à cinq loges.

1. MÉLIE Azédarach, *M. Azedarach*, L. à feuilles deux fois pinnées.

Arbor Fraxini folio, flore caeruleo; Arbre à feuilles de Frêne, à fleur bleue. *Bauh. Pin.* 415. *Dod. Pempt.* 848, f. 1. *Lob. Ic.* 2, p. 108, f. 2. *Clus. Hist.* 1, p. 30, f. 1. *Lugd. Hist.* 358, f. 2. *Camer. Epit.* 181. *Bauh. Hist.* 1, P. 1, p. 554, f. 1.

En Syrie, à Zeylan. Cultivé dans nos départemens méridionaux. ♄ Vernale.

2. MÉLIE Azadirachta, *M. Azadirachta*, L. à feuilles pinnées.

Arbor Indica, Fraxino similis, Oleae fructu; Arbre des Indes, ressemblant au Frêne, à fruit d'Olivier. *Bauh. Pin.* 416, n.° 5. *Lugd. Hist.* 1867, f. 2. *Plukn.* tab. 247, f. 1. *Burm. Zeyl.* 40, t. 15.

Dans l'Inde Orientale. ♄

577. FÉVIER, *ZYGOPHYLLUM.* * *Lam. Tab. Encyclop.* pl. 345. FABAGO. *Tournef. Inst.* 258, tab. 135.

CAL. *Périanthe* à cinq *feuillets*, ovales, obtus, concaves, droits.

COR. Cinq *Pétales*, s'élargissant insensiblement, obtus, échancrés, un peu plus longs que le calice.

Nectaire à dix feuillets réunis, renfermant l'ovaire : chaque feuillet ou écaille aggluriné à la base de chaque filament, pointu, réuni.

ÉTAM. Dix *Filamens*, en alène, plus courts que la corolle. *Anthères* oblongues, versatiles.

PIST. *Ovaire* oblong, aminci à la base. *Style* en alêne, de la longueur des étamines. *Stigmate* simple.

PÉR. *Capsule* ovale, à cinq côtés, à cinq loges, à cinq battans, à cloisons adhérentes aux battans.

SEM. Plusieurs, arrondies, comprimées.

OBS. *La forme du* Péricarpe *varie selon les espèces.*

Calice à cinq feuillets. *Corolle* à cinq pétales. *Nectaire* à dix feuillets, couvrant l'ovaire. *Capsule* à cinq loges.

1. FÉVIER simple, *Z. simplex*, L. à feuilles simples, assises, cylindriques.

Forskoel. Flor. Ægypt. 88, n.° 67, *Ic.* tab. 12, f. B.

En Arabie.

2. FÉVIER pourpier, *Z. Fabago*, L. à feuilles réunies deux à deux, pétiolées; à folioles en ovale renversé, charnues, lisses; à tige herbacée.

Capparis Portulacæ folio; Câprier à feuille de Pourpier. *Bauh. Pin.* 480, n.° 5. *Dod. Pempt.* 747, f. 1. *Lob. Ic.* 2, p. 58, f. 2. *Lugd. Hist.* 456, f. 1. *Camer. Epit.* 376.

En Syrie, en Sibérie. Cultivé dans les jardins. ♃ Estivale.

3. FÉVIER écarlate, *Z. coccineum*, L. à feuilles réunies deux à deux, pétiolées; à folioles cylindriques, charnues, lisses.

Forskoel. Flor. Arab. p. 87, n.° 65, *Ic.* tab. 11.

En Afrique, en Sibérie.

4. FÉVIER blanc, *Z. album*, L. à feuilles réunies deux à deux, pétiolées; à folioles en massue, charnues, couvertes d'un duvet blanchâtre semblable à une toile d'araignée.

Forskoel Flor. Ægypt. 87, n.° 65, *Ic.* tab. 12, f. A. *Linn. fils.* decad. 1, tab. 8.

En Égypte. ♄

5. FÉVIER Morgsana, *Z. Morgsana*, L. à feuilles réunies deux à deux; à pétioles très-courts; à folioles en ovale renversé; à tige ligneuse.

Plukn. tab. 429, f. 4. *Burm. Afric.* 7, tab. 3, f. 2. *Dill. Elth.* tab. 116, f. 141.

En Éthiopie. ♄

6. FÉVIER à feuilles assises, *Z. sessilifolium*, L. à feuilles réunies deux à deux, assises ou sans pétioles; à folioles lancéolées, ovales, rudes sur les bords; à tige ligneuse.

Commel. Rar. pag. et tab. 10. *Burm. Afric.* 4, tab. 2, f. 1. *Dill. Elth.* tab. 116, f. 142.

Cette espèce présente une variété à fleur jaune; à onglets des pétales rouges; à capsules ovales, aiguës, gravée dans *Burmann. Afric.* 6, tab. 3, f. 1.

En Ethiopie. ♄

7. FÉVIER épineux, *Z. spinosum*, L. à feuilles réunies deux à deux; à folioles linéaires, charnues, planes en-dessus; à tige ligneuse.

Burm. Afric. 5, tab. 5, f. 2.

En Ethiopie. ♄

8. FÉVIER échauffé, *Z. æstuans*, L. à feuilles réunies deux à deux; à folioles en ovale renversé, émoussées.

à Surinam.

9. FÉVIER en arbre, *Z. arboreum*, L. à feuilles pinnées ; à tige en arbre.

Jacq. Amer. 130, tab. 83.

Dans l'Amérique Méridionale. ♄

378. CASSIE, *QUASSIA.* † *Amœn. Acad.* VI, p. 416, tab. IV. *Lam. Tab. Encyclop.* pl. 343.

CAL. *Périanthe* très-court, à cinq *feuillets*, ovales, persistans.

COR. Cinq *Pétales*, lancéolés, alongés, assis, égaux.

Nectaire : cinq écailles, ovales, velues, insérées à la base intérieure des filamens.

ÉTAM. Dix *Filamens*, filiformes, égaux, de la longueur de la corolle. *Anthères* oblongues, versatiles.

PIST. *Réceptacle* charnu, arrondi, élevé, plus large que l'ovaire. *Ovaire* ovale, formé par cinq ovaires. *Style* filiforme, de la longueur des étamines. *Stigmate* simple.

PÉR. Cinq, latéraux, écartés, insérés sur le réceptacle charnu et arrondi, ovales, obtus, à deux battans.

SEM. Solitaires, arrondies.

Calice à cinq feuillets. *Corolle* à cinq pétales. *Nectaire* à cinq feuillets. Cinq *péricarpes* écartés, renfermant une seule semence.

1. CASSIE amère, *Q. amara*, L. à fleurs hermaphrodites, en grappes ; à feuilles pinnées et terminées par une foliole impaire ; à folioles opposées, assises ; à pétiole articulé, ailé.

Amœnit. Acad. 6, p. 416, tab. 4.

1. *Quassiæ lignum*, Bois de Cassie, Bois de Surinam. 2. Racine. 3. Très-amère, inodore, un peu nauséabonde et narcotique. 4. Extrait aqueux très-amer, extrait spiritueux, en quantité inégale. 5. Fièvres intermittentes, fièvres continues avec redoublement, hypocondrie, goutte, fleurs blanches, gangrène, foiblesse d'estomac. 6. Elle étourdit les mouches, qui d'abord paroissent mortes ; mais elles ne tardent pas à reprendre leur vigueur.

Les Écrivains du Nord mettent le Bois de *Cassie* à côté et presque au-dessus du Quinquina. On le connoît à peine en France. On l'envoya à *Linné*, des Indes Orientales, où un esclave nommé *Qassi* avoit découvert ses propriétés, et s'en servoit avec succès contre les fièvres malignes, très-communes à Surinam.

A Surinam. ♄

2. CASSIE Simarouba, *Q. Simaruba*, L. à fleurs monoïques, en panicules ; à feuilles pinnées et terminées par une foliole impaire ; à folioles alternes ; à pétioles très-courts, nus.

Aublet. Guyan. 2, p. 859, tab. 331 et 332.

1. *Simaruba*, Simarouba. 2. Ecorce, Bois. 3. L'une et l'autre inodores, très-amers. 4. Extrait aqueux très-amer, et d'une odeur nauseuse, extrait spiritueux. 5. Dyssenterie, diarrhée. 6. Le Simarouba est puissant, usité. Les Jésuites le firent connoître pour la première fois en France, vers l'an 1715. Il fut employé avec succès dans la dyssenterie grave qui régna en France en 1718 et 1723.

A la Guyane.

579. FAGONE, *FAGONIA.* * *Tournef. Inst.* 265, tab. 141. *Lam. Tab. Encyclop.* pl. 346.

CAL. *Périanthe* à cinq *feuillets*, lancéolés, droits, ouverts, très-petits, caducs-tardifs.

COR. Cinq *Pétales*, en cœur, ouverts. *Onglets* longs, grêles, ingérés sur le calice.

ÉTAM. Dix *Filamens*, en alêne, droits, plus longs que le calice. *Anthères* arrondies.

PIST. *Ovaire* à cinq angles. *Style* en alêne. *Stigmate* simple.

PÉR. *Capsule* arrondie, pointue, à cinq loges, à cinq lobes, à dix battans, à loges comprimées.

SEM. Solitaires, arrondies.

Calice à cinq feuillets. *Corolle* à cinq pétales en cœur. *Capsule* à cinq loges, à dix battans renfermant chacun une semence.

1. FAGONE de Crète, *F. Cretica*, L. à tige épineuse; à feuilles opposées, pétiolées, trois à trois; à folioles lancéolées, planes, lisses.

Trifolium spinosum, Creticum; Treffle épineux, de Crète. *Bauh. Pin.* 330, n.° 8. *Clus. Hist.* 2, p. 242, f. 1. *Bauh. Hist.* 2, p. 389, f. 1.

Dans l'isle de Crète. ⊙

2. FAGONE d'Espagne, *F. Hispanica*, L. à tige non épineuse.

En Espagne. ♂

3. FAGONE d'Arabie, *F. Arabica*, L. à tige épineuse; à feuilles pinnées; à folioles linéaires, convexes.

En Arabie.

4. FAGONE des Indes, *F. Indica*, L. à feuilles simples, ovales; à épines réunies deux à deux.

Burm. Ind. 102, tab. 34, f. 1. ♄

En Perse.

580. **TRIBULE**, *TRIBULUS*. *Tournef. Inst.* 265, tab. 141. *Lam. Tab. Encyclop.* pl. 346.

CAL. *Périanthe* à cinq *segmens* profonds, aigus, un peu plus courts que la corolle.

COR. Cinq *Pétales*, oblongs, obtus, ouverts.

ÉTAM. Dix *Filamens*, en alêne, très-petits. *Anthères* simples.

PIST. *Ovaire* oblong, de la longueur des étamines. *Style* nul. *Stigmate* en tête.

PÉR. Arrondi, piquant, formé par cinq ou dix capsules, bossuées d'un côté, armées souvent de trois ou quatre piquans, anguleuses de l'autre, rapprochées, à loges transverses.

SEM. Plusieurs, en toupie, oblongues.

T. cistoïdes : *dix fruits ridés, sans épines latérales.*

Calice à cinq segmens profonds. *Corolle* à cinq pétales ouverts. *Ovaire* sans style, se changeant en cinq capsules bossuées, épineuses, qui renferment plusieurs semences.

1. **TRIBULE** très-grand, *T. maximus*, L. à feuilles le plus souvent quatre fois réunies deux à deux : les extérieures plus grandes ; à péricarpes sans épines, renfermant dix semences.

Sloan. Jam. tab. 132, f. 1.

A la Jamaïque. ⊙

2. **TRIBULE** laineux, *T. lanuginosus*, L. à feuilles le plus souvent cinq fois réunies deux à deux ; à semences armées de deux cornes.

Burm. Zeyl. 266, tab. 106, f. 1.

A Zeylan.

3. **TRIBULE** Terrestre, *T. terrestris*, L. à folioles six fois réunies deux à deux, presque égales ; à semences armées de quatre cornes.

Tribulus terrestris, Ciceris folio, fructu aculeato; Tribule terrestre, à feuilles de Pois-chiche, à fruit armé de piquans. *Bauh. Pin.* 350. *Matth.* 692, f. 1. *Dod. Pempt.* 557, f. 1. *Lob. Ic.* 2, p. 84, f. 1. *Clus. Hist.* 2, p. 241, f. 2. *Lugd. Hist.* 513, f. 1. *Camer. Epit.* 714. *Bauh. Hist.* 2, p. 352, f. 1.

A Lyon, à Montpellier, en Provence. ⊙ Estivale.

4. **TRIBULE** cistoïde, *T. cistoïdes*, L. à feuilles huit fois réunies deux à deux, presque égales.

Plukn. tab. 64, f. 4. *Herm. Parad.* 236, tab. 136.

Dans l'Amérique Méridionale. Cultivé dans les jardins. ⊙

581. **THRYALLIS**, *THRYALLIS*. †

CAL. *Périanthe* à cinq *segmens* profonds, lancéolés, droits, persistans,

COR. Cinq *Pétales* arrondis, ouverts.

ÉTAM. Dix *Filamens*, en alêne, plus longs que le calice. *Anthères* arrondies.

PIST. *Ovaire* obtus. *Style* filiforme, de la longueur des étamines. *Stigmate* simple.

PÉR. *Capsule* à trois faces, à trois angles, obtuse, divisible en trois parties, à loges s'ouvrant par un angle extérieur.

SEM. Solitaires, très-lisses, en ovale renversé, obtuses à la base, à pointe recourbée.

Calice à cinq segmens profonds. *Corolle* à cinq pétales. *Capsule* à trois coques.

1. THRYALLIS du Brésil, *T. Brasiliensis*, L. à feuilles opposées, pétiolées, ovales, très-entières.

Marcgr. Bras. 79, f. 3.

Au Brésil. ♄

582. LIMONELLIER, *LIMONIA*. *Lam. Tab. Encyclop.* pl. 353.

CAL. *Périanthe*, très-petit, à cinq segmens profonds.

COR. Cinq *Pétales*, égaux, ouverts.

ÉTAM. Dix *Filamens*. *Anthères* épaisses.

PIST. *Ovaire* arrondi. *Style* cylindrique, court. *Stigmate* un peu épais.

PÉR. *Baie* arrondie, à trois loges.

SEM. Solitaires.

Calice à cinq segmens profonds. *Corolle* à cinq pétales. *Baie* à trois loges, renfermant chacune des semences solitaires.

1. LIMONELLIER à une seule feuille, *L. Monophylla*, L. à feuilles simples; à épines solitaires.

Burm. Zeyl. 143, tab. 65, f. 1.

Dans l'Inde Orientale. ♄

2. LIMONELLIER à trois feuilles, *L. trifoliata*, L. à feuilles trois à trois; à épines deux à deux.

Burm. Ind. 103, tab. 35, f. 2.

Dans l'Inde Orientale. ♄

3. LIMONELLIER très-acide, *L. acidissima*, L. à feuilles pinnées; à épines solitaires.

Plukn. tab. 424, f. 2.

Dans l'Inde Orientale. ♄

583. MONOTROPE, *MONOTROPA.* * *Lam. Tab. Encyclop.* pl. 362.

CAL. Nul (à moins qu'on ne prenne pour calice les cinq pétales extérieurs colorés).

COR. Dix *Pétales*, oblongs, parallèles, droits, à dents de scie au sommet, caducs-tardifs : les *cinq* extérieurs, bossués à la base, concaves et présentant intérieurement un miellier.

ÉTAM. Dix *Filamens* en alêne, droits, simples. *Anthères* simples.

PIST. *Ovaire* arrondi, pointu. *Style* comme cylindrique, de la longueur des étamines. *Stigmate* obtus, en tête.

PÉR. *Capsule* ovale, à cinq côtés, obtuses, à cinq battans.

SEM. Nombreuses, à paillettes.

OBS. Telle est la fleur terminale ; mais les latérales lorsqu'elles existent, présentent une cinquième unité de moins dans toutes les parties de la fructification.

Calice Nul. *Corolle* à dix pétales, dont cinq extérieurs concaves à la base, présentant intérieurement un miellier. *Capsule* à cinq battans, renfermant plusieurs semences.

1. MONOTROPE Hypopithys, *M. Hypopithys*, L. à fleurs latérales octandres ou à huit étamines : celle qui termine la tige, décandre ou à dix étamines.

Orobanche quæ Hypopithys dici potest ; Orobanche qu'on peut appeler Hypopithys. *Bauh. Pin.* 88, n.° 5. *Moris. Hist.* sect. 12, tab. 16, f. 20. *Plukn.* tab. 209, f. 5. *Flor. Dan.* tab. 232.

A Montpellier, au Mont-Pilat.

2. MONOTROPE a une fleur, *M. uniflora*, L. à tige ne portant qu'une seule fleur decandre ou à dix étamines.

Moris. Hist. sect. 12, tab. 16, f. 5. *Plukn.* tab. 209, f. 2.

En Virginie, au Canada.

584. DIONÉE, *DIONÆA.* † *Lam. Tab. Encyclop.* pl. 362.

CAL. *Périanthe* droit, à cinq *feuillets*, oblongs, aigus, persistans.

COR. Cinq *Pétales*, assis, oblongs, obtus, concaves.

ÉTAM. Dix *Filamens*, en alêne, plus courts. *Anthères* arrondies, à pollen a trois coques.

PIST. *Ovaire* arrondi, déprimé, crénelé. *Style* filiforme, plus court que les filamens. *Stigmate* étalé, frangé sur les bords.

PÉR. *Capsule* à une loge, bossuée.

SEM. Plusieurs, comme ovales, très-petites, attachées à la base de la capsule.

Calice à cinq feuillets. *Corolle* à cinq pétales. *Capsule* à une seule loge, bossuée, renfermant plusieurs semences.

1. DIONÉE Gobe-mouche, *D. Muscipula*, L. à feuilles radicales pétiolées, à deux lobes, arrondies, ciliées, se repliant, armées en-dessus de trois ou quatre épines très-courtes; à hampe filiforme, terminée par six ou sept fleurs disposées en corymbe.

Ellis in Nov. Act. Upsal. 1, p. 98, tab. 8. *Mill. Dict. Suplem.* 1, tab. 3, f. 16.

Les feuilles de cette plante vraiment étonnante, sont composées dans leur partie supérieure de deux lobes arrondis, irritables et sensibles, que le moindre attouchement fait rapprocher, et qui sont garnis sur les bords de soies longues et roides qui s'entrelassent les unes dans les autres en sautoir, lorsque la plante est fermée. Tous les insectes qui viennent se reposer sur les feuilles, se trouvent saisis et enveloppés par le rapprochement que le chatouillement de leurs pattes occasionne, et les lobes ne s'ouvrent plus qu'après la mort de l'animal. On employeroit inutilement la force pour les séparer; l'un d'eux se briseroit plutôt que de céder à la main qui tenteroit de l'ouvrir.

A la Caroline, dans les terrains marécageux. ♃

585. JUSSIEUE, *JUSSIEUA*. * *Lam. Tab. Encyclop.* pl. 280.

ÇAL. *Périanthe* petit, supérieur, à cinq *segmens* peu profonds, ovales, aigus, persistans.

COR. Cinq pétales, arrondis, ouverts, assis.

ÉTAM. Dix *Filamens*, filiformes, très-courts. *Anthères* arrondies.

PIST. *Ovaire* oblong, inférieur. *Style* filiforme. *Stigmate* en tête, plane, marqué par cinq stries.

PÉR. *Capsule* oblongue, couronnée, à cinq loges, s'ouvrant par les angles.

SEM. Plusieurs, disposées par séries.

Calice à quatre ou cinq segmens profonds, supérieur. *Corolle* à quatre ou cinq pétales. *Capsule* oblongue, s'ouvrant par les angles, à quatre ou cinq loges, renfermant des semences nombreuses, petites.

1. JUSSIEUE rampante, *J. repens*, L. à tige rampante; à fleurs à cinq pétales, à dix étamines; à feuilles ovales, oblongues.

Rheed. Malab. 2, p. 99, tab. 51.

Cette espèce présente une variété à tige droite; à fleurs à cinq pétales, à dix étamines; à feuilles en ovale renversé, oblongues, lisses; à péduncules plus courts que la feuille.

Dans l'Inde Orientale.

2. JUSSIEUE délicate, *J. tenella*, L. à tige lisse; à fleurs à cinq pétales, comme assis; à feuilles opposées, linéaires, lancéolées.

Burm. Ind. 103, tab. 34, f. 2. †

A Java.

3. JUSSIEUE du Pérou, *J. Peruviana*, L. à tige droite; à fleurs à cinq pétales; à péduncules feuillés.

Feuil. Per. 716, tab. 11.

A Lima.

4. JUSSIEUE duvetée, *J. pubescens*, L. à tige droite, velue; à fleurs à cinq pétales, assises, décandres ou à dix étamines.

Dans l'Amérique Méridionale.

5. JUSSIEUE sous-ligneuse, *J. suffruticosa*, L. à tige droite, velue; à fleurs à quatre pétales, octandres ou à huit étamines, pédunculées.

Rheed. Malab. 2, p. 55, tab. 49. *Rhumph. Amb.* 6, tab. 41.

Dans l'Inde Orientale.

6. JUSSIEUE droite, *J. erecta*, L. à tige lisse; à fleurs à quatre pétales, octandres ou à huit étamines, assises.

Sloan. Jam. tab. 11, f. 1.

En Virginie?

586. HEISTÈRE, *HEISTERIA*. *Lam. Tab. Encyclop.* pl. 354.

CAL. *Périanthe* d'un seul feuillet, en cloche, aigu, petit, persistant, à cinq segmens peu profonds.

COR. Cinq *Pétales*, ovales, aigus, concaves, ouverts.

ÉTAM. Dix *Filamens*, ovales, aigus, planes, droits : les alternes plus courts. *Anthères* arrondies.

PIST. *Ovaire* arrondi, déprimé. *Style* droit, court. *Stigmate* obtus, divisé peu profondément en quatre parties.

PÉR. *Drupe* oblongue, déprimée au sommet, reposant sur le calice coloré, très-grand.

SEM. *Noix* ovale, obtuse.

OBS. Ce genre a de l'affinité avec les Lauriers.

Calice à cinq segmens peu profonds. *Corolle* à cinq pétales. *Drupe* assise sur le calice coloré, très-grand.

1. HEISTÈRE écarlate, *H. coccinea*, L. à fruit oblong, noir; à calice d'un rouge très-vif.

Jacq. Amer. 126, tab. 81.

A la Martinique. ♄

587. QUISQUALIS, *QUISQUALIS*. † *Lam. Tab. Encyclop.* pl. 357.

CAL. *Périanthe* filiforme, très-long, tubulé; à *orifice* à cinq divisions peu profondes, ouvert, caduc-tardif.

COR. Cinq *Pétales*, insérés sur la gorge du calice, assis, oblongs, obtus, ouverts, plus grands que le limbe du calice.

ÉTAM. Dix *Filamens*, sétacés, insérés sur la gorge du calice, dont cinq inférieurs. *Anthères* dans la gorge du calice.

PIST. *Ovaire* ovale. *Style* filiforme, plus long que les étamines. *Stigmate* obtus, plus large.

PÉR. *Drupe* sèche, à cinq angles.

SEM. *Noix* arrondie.

Calice à cinq segmens peu profonds. *Corolle* à cinq pétales. *Drupe* à cinq angles, renfermant une noix arrondie.

1. QUISQUALIS des Indes, *Q. Indica*, L. à feuilles opposées, pétiolées, en cœur ou ovales, très-entières.

Burm. Ind. tab. 35, f. 2, et tab. 28, f. 2.

Dans l'Inde Orientale. ♄

588. DAIS, *DAIS*. † *Lam. Tab. Encyclop.* pl. 368.

CAL. *Collerette* assise, à plusieurs fleurs, à quatre *feuillets* droits, secs et roides.

—— *Périanthe* nul.

COR. Monopétale, en entonnoir, plus longue que la collerette. *Tube* filiforme, rude. *Limbe* à cinq *divisions* peu profondes, lancéolées, obtuses.

ÉTAM. Dix *Filamens*, insérés sur le tube, plus courts que le limbe, les *alternes* plus courts. *Anthères* simples.

PIST. *Ovaire* oblong, adhérent à la base de la corolle. *Style* filiforme, de la longueur du tube. *Stigmate* arrondi, ascendant.

PÉR. *Baie* . . .

SEM. Une seule . . .

Collerette à quatre feuillets. *Corolle* à quatre ou cinq divisions peu profondes. *Baie* renfermant une seule semence.

1. DAIS à feuille de fustet, *D. cotinifolia*, L. à fleurs à cinq divisions peu profondes, décandres ou à dix étamines.

Au cap de Bonne-Espérance. ♄

2. DAIS octandre, *D. octandra*, L. à fleurs à quatre divisions peu profondes, octandres ou à huit étamines.

Burm. Ind. tab. 33, f. 2.

Dans l'Inde Orientale. ♄

589. MÉLASTOME, *MELASTOMA*. † *Lam. Tab. Encyclop.* pl. 361.

CAL. *Périanthe* d'un seul feuillet, en cloche, obtus, persistant, à cinq segmens peu profonds.

COR. Cinq *Pétales*, arrondis, insérés sur la gorge du calice.

Nectaire : cinq écailles placées chacune sous chaque filament.

ÉTAM. Dix *Filamens*, courts, insérés sur le calice, dont quelques-uns sont garnis dans le milieu d'un appendice, et paroissent comme brisés.

PIST. *Ovaire* arrondi, enveloppé par le calice. *Style* filiforme, droit. *Stigmate* obtus.

PÉR. *Baie* à cinq loges, enveloppée par le calice, arrondie, couronnée par une marge cylindrique.

SEM. Plusieurs, nidulées.

Calice à cinq segmens peu profonds, en cloche. *Corolle* à cinq pétales insérés sur le calice. *Baie* à cinq loges, enveloppée par le calice.

1. MÉLASTOME d'Amérique, *M. Acinodendron*, L. à feuilles dentelées, le plus souvent à trois nervures, ovales, pointues.

Plukn. tab. 159, f. 1. *Sloan. Jam.* tab. 196, f. 1.

Dans l'Amérique Méridionale. ♄

2. MÉLASTOME groseillier, *M. grossularioïdes*, L. à feuilles dentelées, trois fois à trois nervures, ovales, aiguës.

Plukn. tab. 249, f. 4.

A Surinam.

3. MÉLASTOME rude, *M. scabrosa*, L. à feuilles dentelées, à cinq nervures, en cœur, rudes, cotonneuses en dessous; à rameaux cotonneux et velus.

Brown. Jam. 216, tab. 24, f. 3.

A la Jamaïque. ♄

4. MÉLASTOME hérissée, *M. hirta*, L. à feuilles dentelées, à cinq nervures, ovales, lancéolées; à tige hérissée.

Plukn. tab. 264, f. 1, ou plutôt tab. 265, f. 1. *Sloan. Jam.* tab. 197, f. 2.

Dans l'Amérique Méridionale. ♄

5. MÉLASTOME âpre, *M. aspera*, L. à feuilles très-entières, à trois nervures, lancéolées, âpres ou rudes.

Rheed. Malab. 4, pag. 91, tab. 43. *Rumph. Amb.* 4, pag. 135, tab. 71.

Dans l'Inde Orientale. ♄

6. MÉLASTOME soyeuse, *M. holosericea*, L. à feuilles très-entières, à trois nervures, oblongues, ovales, cotonneuses en dessous; à rameaux en croix; à épis divisés profondément en deux parties.

Plukn. tab. 250, f. 2.

Au Brésil, à la Jamaïque, à Surinam. ♄

7. MÉLASTOME à feuilles assises, *M. sessilifolia*, L. à feuilles très-entières, à trois nervures, en spatule, assises, un peu cotonneuses en dessous.

Plukn. tab. 249, f. 2.

A la Jamaïque. ♄

8. MÉLASTOME des Indes, *M. Malabarica*, L. à feuilles très-entières, à cinq nervures, lancéolées, ovales, rudes.

Burm. Zeyl. 155, tab. 73.

Dans l'Inde Orientale. ♄

9. MÉLASTOME lisse, *M. lævigata*, L. à feuilles très-entières; à cinq nervures, ovales, oblongues; aiguës, lisses sur les bords.

Sloan. Jam. tab. 197, f. 1.

Dans l'Amérique Méridionale. ♄

10. MÉLASTOME de différente couleur, *M. discolor*, L. à feuilles très-entières, à cinq nervures, oblongues, ovales, lisses sur les bords.

Plukn. tab. 264, f. 4. *Sloan. Jam.* tab. 198, f. 1. *Jacq. Amer.* 130, tab. 84.

Dans l'Amérique Méridionale. ♄

11. MÉLASTOME octandre, *M. octandra*, L. à feuilles très-entières, à trois nervures, ovales, lisses, hérissées sur les bords.

Burm. Zeyl. 154, tab. 72?

Dans l'Inde Orientale. ♄

12. MÉLASTOME frisée, *M. crispata*, L. à feuilles très-entières; à quatre ou cinq nervures; à rameaux frisés.

Rumph. Amb. 5, p. 66, tab. 35.

A Amboine. ♄

590. KALMIE, *KALMIA.* † *Lam. Tab. Encyclop.* pl. 363.

CAL. *Périanthe* petit, persistant, à cinq *segmens* profonds, comme ovales, aigus, légérement arrondis.

COR. Monopétale, en soucoupe et en entonnoir. *Tube* cylindrique, plus long que le calice. *Limbe* à disque plane, relevé dans ses contours, à moitié divisé en cinq parties. Dix *petites cornes nectarifères*, saillantes en dehors de la corolle, et l'entourant dans la saillie que forment les contours du limbe.

ÉTAM. Dix *Filamens*, en alêne, droits, étalés, un peu plus courts que la corolle, insérés à la base de la corolle. *Anthères* simples.

PIST. *Ovaire* arrondi. *Style* filiforme, incliné, plus long que la corolle. *Stigmate* obtus.

PÉR. *Capsule* comme arrondie, déprimée, à cinq loges, à cinq battans.

SEM. Nombreuses.

OBS. Les nectaires en cornes qui sont saillans au dehors de la corolle et qui l'entourent, distinguent suffisamment ce genre des Bicornes.

Calice à cinq segmens profonds. *Corolle* en soucoupe, dont le limbe est garni en dessous de dix cornes nectarifères. *Capsule* à cinq loges.

1. KALMIE à larges feuilles, *K. latifolia*, L. à feuilles ovales; à fleurs en corymbes terminans.

Plukn. tab. 379, f. 6.

Au Mariland, à la Virginie, en Pensylvanie. ♄

2. KALMIE à feuilles étroites, *K. angustifolia*, L. à feuilles lancéolées; à fleurs en corymbes latéraux.

Plukn. tab. 161, f. 3.

En Pensylvanie. ♄

591. LÈDE, *LEDUM.* * *Lam. Tab. Encyclop.* pl. 363.

CAL. *Périanthe* d'un seul feuillet, très-petit, à cinq dents.

COR. Cinq *Pétales*, ovales, concaves, ouverts.

ÉTAM. Dix *Filamens*, filiformes, étalés, de la longueur de la corolle. *Anthères* oblongues.

PIST. *Ovaire* arrondi. *Style* filiforme, de la longueur des étamines. *Stigmate* obtus.

PÉR. *Capsule* arrondie, à cinq loges, s'ouvrant à la base.

SEM. Nombreuses, oblongues, étroites, pointues aux deux extrémités, très-minces.

Calice à cinq dents. *Corolle* à cinq pétales. *Capsule* à cinq loges, s'ouvrant à la base.

1. LÈDE des marais, *L. palustre*, L. à feuilles linéaires, cotonneuses en dessous; à fleurs en corymbes.

Cistus Ledon, foliis Rosmarini, ferrugineis; Ciste Lède, à feuilles de Romarin, couleur de rouille. *Bauh. Pin.* 467, n.° 15. *Matth.* 576, f. 2. *Dod. Pempt.* 273, f. 1. *Lob. Ic.* 2, p. 124, f. 2. *Clus. Hist.* 1, p. 83, f. 1. *Lugd. Hist.* 967, f. 2; et 1179, f. 2. *Camer. Epit.* 546. *Bauh. Hist.* 2, p. 23, f. 1.

1. *Rosmarinus sylvestris*, Romarin sauvage. 2. Herbe. 3. Un peu amère, nidoreuse. 5. Toux convulsive, fièvres exanthématiques, gale, lèpre, teigne, céphalalgie. 6. On en frotte les ruches, pour y attirer les abeilles. Mêlé à l'écorce de Bouleau, le Lède donne aux cuirs de Russie l'odeur particulière qu'on leur connoît.

Nutritive pour la Chèvre.

Dans la Suède Septentrionale, dans les marais. ♄

592. ROSAGE, *RHODODENDRUM.* † *Lam. Tab. Encyclop.* pl. 364.

CHAMÆRHODODENDROS. *Tournef. Inst.* 604, tab. 373.

CAL. *Périanthe* à cinq *segmens* profonds, persistant.

COR. Monopétale, en roue et en entonnoir. *Limbe* ouvert, à *divisions* arrondies.

ÉTAM. Dix *Filamens*, filiformes, presque aussi longs que la corolle; inclinés. *Anthères* ovales.

PIST. *Ovaire* à cinq côtés, émoussé. *Style* filiforme, de la longueur de la corolle. *Stigmate* obtus.

PÉR. *Capsule* ovale, comme anguleuse, à cinq loges.
SEM. Nombreuses, très-petites.

Calice à cinq segmens profonds. *Corolle* en roue et en entonnoir. *Étamines* inclinées. *Capsule* à cinq loges.

1. ROSAGE ferrugineux, *R. ferrugineum*, L. à feuilles lisses, teintes en dessous de couleur de rouille; à corolles en entonnoir.

Ledum Alpinum, foliis ferreâ rubigine nigricantibus; Lède des Alpes; à feuilles noirâtres, teintes en dessous de couleur de rouille. *Bauh. Pin.* 468, n.° 2. *Lob. Ic.* 1, p. 363, f. 2. *Lugd. Hist.* 271, f. 1. *Bauh. Hist.* 2, p. 21, f. 3. *Jacq. Aust.* tab. 255. *Icon. Pl. Med.* tab. 200.

Cette espèce présente une variété à fleur blanche.

Sur les Alpes du Dauphiné, de Suisse, des Pyrénées. ♄ Estivale. *Alp.* et *S-Alp.*

2. ROSAGE de Daurie, *R. Dauricum*, L. à feuilles lisses, ponctuées, nues; à corolles en roue.

Ammann. Ruth. n.° 261, tab. 27. *Flor. Dan.* tab. 567.

En Daurie. ♄

3. ROSAGE hérissé, *R. hirsutum*, L. à feuilles ciliées, nues; à corolles en entonnoir.

Ledum Alpinum, hirsutum; Lède des Alpes, à feuilles hérissées. *Bauh. Pin.* 468, n.° 1. *Lob. Ic.* 1, p. 367, f. 1. *Clus. Hist.* 1, p. 82, f. 1. *Bauh. Hist.* 2, p. 21, f. 4. *Jacq. Aust.* tab. 98.

Sur les Alpes du Dauphiné, de Suisse, d'Autriche. ♄ Estivale. *S-Alp.*

4. ROSAGE Faux-Ciste, *R. Chamæ-Cistus*, L. à feuilles ciliées; à corolles en roue.

Chamæ-Cistus hirsuta, Faux-Ciste à feuilles hérissées. *Bauh. Pin.* 466, n.° 10. *Clus. Hist.* 1, p. 76, f. 1. *Bauh. Hist.* 2, p. 19 et 20, f. 1. *Plukn.* tab. 23, f. 4. *Mich. Gen.* 225, esp. 1, tab. 106. *Jacq. Aust.* tab. 217.

En Sibérie, en Autriche, en Carniole. ♄

5. ROSAGE du Pont, *R. Ponticum*, L. à feuilles luisantes, lancéolées, lisses sur les deux surfaces; à rameaux terminans.

En Orient, à Gibraltar. ♄

6. ROSAGE très-grand, *R. maximum*, L. à feuilles luisantes, ovales, obtuses, veinées; à marge aiguë, renversée; à pédoncules ne portant qu'une seule fleur.

Gmel. Sibir. 4, p. 121, tab. 54.

En Virginie. ♄

593. ANDROMÈDE, *ANDROMEDA.* * *Lam. Tab. Encyclop.* pl. 365. LEDUM. *Mich. Gen.* 224, tab. 106.

CAL. *Périanthe* à cinq *segmens* profonds, aigus, très-petits, colorés, persistans.

COR. Monopétale, en cloche, à cinq *divisions* peu profondes, renversées.

ÉTAM. Dix *Filamens*, en alêne, plus courts que la corolle, à peine attachées à la corolle. *Anthères* à deux cornes, renversées en dehors.

PIST. *Ovaire* arrondi. *Style* comme cylindrique, persistant, plus long que les étamines. *Stigmate* obtus.

PÉR. *Capsule* arrondie, à cinq côtés, à cinq loges, à cinq battans; s'ouvrant par les angles.

SEM. Plusieurs, arrondies, luisantes.

OBS. *Ce genre diffère des* Bruyères *par le nombre. La* Corolle *est ovale ou parfaitement en cloche; les* Anthères *sont sans arête ou à arête.*

A. Daboecia (*autrefois* Erica Daboecii) *présente une cinquième unité de moins dans les parties de la fructification.*

Calice à cinq segmens profonds. *Corolle* ovale, à orifice à cinq divisions peu profondes, renversées. *Capsule* à cinq loges.

1. ANDROMÈDE tétragone, *A. tetragona*, L. à péduncules solitaires, latéraux; à corolles en cloche; à feuilles opposées, en recouvrement, obtuses, roulées.

Flor. Lapp. n.° 166, tab. 1, f. 4.

Sur les Alpes de Lapponie, de Sibérie. ♃

2. ANDROMÈDE hypnoïde, *A. hypnoïdes*, L. à péduncules solitaires, terminans; à corolles en cloche; à feuilles entassées, en alêne.

Flor. Lapp. n.° 165, tab. 1, f. 3. *Flor. Dan.* tab. 10.

Sur les Alpes de Lapponie, de Sibérie. ♃

3. ANDROMÈDE bleue, *A. cærulea*, L. à péduncules agrégés; à corolles ovales; à feuilles éparses, linéaires, obtuses, planes.

Flor. Lapp. n.° 164, tab. 1, f. 5. *Flor. Dan.* tab. 57.

En Lapponie, en Sibérie. ♄

4. ANDROMÈDE Mariane, *A. Mariana*, L. à péduncules agrégés; à corolles cylindriques; à feuilles alternes, ovales, très-entières.

Plukn. tab. 448, f. 6.

En Virginie. ♄

5. ANDROMÈDE à feuilles de polium, *A. polifolia*, L. à péduncules agrégés; à corolles ovales; à feuilles alternes, lancéolées, roulées.

Bauh. Hist. 1, P. 1, p. 527, f. 1. *Plukn.* tab. 175, f. 3. *Flor. Lapp.* n.° 163, tab. 1, f. 2. *Flor. Dan.* tab. 54.

Nutritive pour le Mouton, la Chèvre.

En Dannemarck, en Suède. ♄

6. ANDROMÈDE

6. ANDROMÈDE Bryanthe, *A. Bryantha*, L. à fleurs en corymbe; à feuilles elliptiques; à tige couchée.

Gmel. Sibir. 4, p. 133; tab. 57; f. 3.

Au Kamtschatka. ♄

7. ANDROMÈDE Daboécie, *A. Daboecia*, L. à fleurs en grappes tournées d'un seul côté; à corolles à quatre divisions peu profondes, ovales; à feuilles alternes, lancéolées, roulées.

Petiv. Gaz. 42, tab. 27, f. 4.

En Hibernie. ♃

8. ANDROMÈDE à feuilles de drosère, *A. droseroïdes*, L. à fleurs en grappes tournées d'un seul côté; à feuilles linéaires, velues, gluantes.

Petiv. Mus. 22, tab. 161.

Au cap de Bonne-Espérance. ♄

9. ANDROMÈDE paniculée, *A. paniculata*, L. à fleurs en grappes tournées d'un seul côté, nues, paniculées; à corolles presque cylindriques; à feuilles alternes, oblongues, crénelées.

Catesb. Carol. 2, pag. et tab. 43.

En Virginie.

10. ANDROMÈDE à grappe, *A. racemosa*, L. à fleurs en grappes tournées d'un seul côté; à corolles bossuées, cylindriques; à feuilles alternes, oblongues, à dents de scie.

En Pensylvanie.

11. ANDROMÈDE en arbre, *A. arborea*, L. à fleurs en grappes tournées d'un seul côté, nues; à corolles arrondies, ovales.

Catesb. Carol. 1, pag. et tab. 71.

En Virginie, à la Caroline. ♄

12. ANDROMÈDE calyculée, *A. calyculata*, L. à fleurs en grappes tournées d'un seul côté, feuillées; à corolles presque cylindriques; à feuilles lancéolées, obtuses, ponctuées.

Plukn. tab. 305, f. 4.

En Virginie, au Canada, en Sibérie. ♄

594. ÉPIGÉE, *EPIGÆA.* † *Lam. Tab. Encyclop.* pl. 367.

CAL. *Périanthe* double, rapproché, persistant.

—— *P. extérieur* à trois *feuillets*, ovales, lancéolés, pointus: l'extérieur plus grand.

—— *P. intérieur*, droit, un peu plus long que l'extérieur; à cinq *segmens* profonds, lancéolés, pointus.

COR. Monopétale, en soucoupe. *Tube* cylindrique, presque plus long que le calice, hérissé intérieurement. *Limbe* ouvert, à cinq segmens profonds, à lobes ovales, oblongs.

ÉTAM. Dix *Filamens*, filiformes, de la longueur du tube, attachés à la base de la corolle. *Anthères* oblongues, aiguës.

PIST. *Ovaire* arrondi, velu. *Style* filiforme, de la longueur des étamines. *Stigmate* obtus, comme divisé peu profondément en cinq parties.

PÉR. *Capsule* arrondie, déprimée, à cinq côtés, à cinq loges, à cinq battans.

SEM. Plusieurs, arrondies. *Réceptacle* grand, à cinq segmens profonds.

Calice double : l'extérieur à trois feuillets, l'intérieur à cinq segmens profonds. *Corolle* en soucoupe. *Capsule* à cinq loges.

1. ÉPIGÉE rampante, *E. repens*, L. à feuilles alternes, en cœur, ovales, coriaces, très-entières, pétiolées; à fleurs en grappe terminale.

Pluk. tab. 107, f. 1.

En Virginie, au Canada. ♄

595. GAULTHÈRE, *GAULTHERIA.* † *Lam. Tab. Encyclop.* pl. 367.

CAL. *Périanthe* double, rapproché, persistant.

—— *P. extérieur* plus court, à deux *feuillets*, demi-ovales, concaves, obtus.

—— *P. intérieur* d'un seul feuillet, en cloche, à cinq *segmens* peu profonds, demi-ovales.

COR. Monopétale, ovale, à moitié divisée en cinq parties. *Limbe* petit, roulé.

Nectaire : dix petits corps, en alêne, droits, très-courts, ceignant l'ovaire, placés parmi les étamines.

ÉTAM. Dix *Filamens*, en alêne, recourbés, plus courts que la corolle, insérés sur le réceptacle. *Anthères* à deux cornes divisées peu profondément en deux parties.

PIST. *Ovaire* arrondi, déprimé. *Style* cylindrique, de la longueur de la corolle. *Stigmate* obtus.

PÉR. *Capsule* arrondie, à cinq côtés obtus, déprimée, à cinq loges, à cinq battans, couverte entièrement par le périanthe intérieur transformé et changé en baie, arrondie, colorée, percée au sommet.

SEM. Plusieurs, comme ovales, anguleuses, osseuses.

Calice double : l'extérieur à deux feuillets, l'intérieur à cinq segmens peu profonds. *Corolle* ovale. *Nectaire* formé par dix corpuscules en alêne. *Capsule* à cinq loges, enveloppée par le calice intérieur en baie.

1. GAULTHÈRE couchée, *G. procumbens*, L. à trois ou quatre feuilles terminant la tige, en ovale renversé, lisses, coriaces;

étalées ; à dentelures rares, aiguës ; à fleurs solitaires, axillaires, pendantes, pédunculées.

Duham. Arb. 1, p. 285, tab. 113.

Au Canada. ♄

596. ARBOUSIER, *ARBUTUS.* * *Tournef. Inst.* 598, tab. 368. *Lam. Tab. Encyclop.* pl. 366. UVA URSI. *Tournef. Inst.* 599, tab. 370.

CAL. *Périanthe* à cinq *segmens* profonds, obtus, très-petits, persistans.

COR. Monopétale, ovale, un peu aplatie à la base, transparente ; à *orifice* à cinq *divisions*, obtuses, roulées, petites.

ÉTAM. Dix *Filamens*, en alêne, ventrus, très-minces à la base, collés par leurs bords à la base de la corolle, moitié plus courts que la corolle. *Anthères* légèrement divisées en deux parties peu profondes, courbées en dehors.

PIST. *Ovaire* comme arrondi, reposant sur le réceptacle marqué par dix points. *Style* comme cylindrique, de la longueur de la corolle. *Stigmate* un peu épais, obtus.

PÉR. *Baie* arrondie, à cinq loges.

SEM. Petites, osseuses.

OBS. *Ce genre se rapproche du* Vaccinium, *dont il se distingue par son fruit supérieur.*

Arbutus, *Tournefort : loges à plusieurs semences.*

Uva-ursi, *Tournefort : loges à une semence.*

Calice à cinq segmens profonds. *Corolle* ovale ; comme transparente au-dessous de la gorge. *Baie* à cinq loges.

1. ARBOUSIER commun, *A. Unedo*, L. à tige en arbre ; à feuilles lisses, à dents de scie ; à baies renfermant plusieurs semences.

Arbutus folio serrato ; Arbousier à feuille à dents de scie. *Bauh. Pin.* 460, n.° 1. *Matth.* 220, f. 1. *Dod. Pempt.* 804, f. 1 et 2. *Lob. Ic.* 2, p. 141, f. 1. *Clus. Hist.* 1, p. 47, f. 2. *Lugd. Hist.* 195, f. 1. *Camer. Epit.* 168. *Bauh. Hist.* 1, P. 1, p. 83, f. 1.

En Dauphiné, à Montpellier, en Provence. ♄ Automnale.

2. ARBOUSIER Andrachné, *A. Andrachne*, L. à tige en arbre ; à feuilles lisses, très-entières et à dents de scie ; à baies renfermant plusieurs semences.

Arbutus folio non serrato ; Arbousier à feuille non dentelée. *Bauh. Pin.* 460, n.° 2. *Clus. Hist.* 1, p. 48, f. 1. *Bauh. Hist.* 1, P. 1, p. 87, f. 1.

En Orient. ♄

3. ARBOUSIER d'Acadie, *A. Acadiensis*, L. à tiges couchées; à feuilles ovales, un peu dentées à dents de scie; à fleurs éparses; à baies renfermant plusieurs semences.

En Acadie. ♄

4. ARBOUSIER des Alpes, *A. Alpina*, L. à tiges couchées; à feuilles ridées, à dents de scie.

Vitis Idaea foliis oblongis, albicantibus; Vigne du Mont-Ida à feuilles oblongues, blanchâtres. *Bauh. Pin.* 470, n.° 2. *Clus. Hist.* 1, p. 61, f. 1. *Bauh. Hist.* 1, P. 1, p. 519, f. 1.

Sur les Alpes du Dauphiné, de Suisse, de Lapponie. ♄ Vernale. S-Alp.

5. ARBOUSIER Busserole, *A. Uva ursi*, L. à tiges couchées; à feuilles très-entières.

Lob. Ic. 1, p. 366, f. 1. *Clus. Hist.* 1, p. 63, f. 2. *Bauh. Hist.* 1, P. 2, p. 523, f. 1. *Flor. Dan.* tab. 33. *Zorn. Pl. Med.* tab. 62.

1. *Uva ursi*; Raisin d'ours, Busserole. 2. Feuilles. 3. Inodores; stypiques. 4. Extrait aqueux très-amer et astringent; extrait spiritueux, aussi très amer. 5. Affections des voies urinaires en général, néphrétique graveleuse, calcul des reins et de la vessie. 6. Les Russes des environs de Casan se servent de la Busserole pour tanner les cuirs. Les feuilles colorent en cendré.

Cette plante fut mise en vogue par les Médecins de Montpellier, comme une sorte de *spécifique* contre les affections des voies urinaires; *Barbeirac* et *Sauvages* concoururent à la répandre. Elle est aussi très-recommandée par les Médecins du Nord.

Nutritive pour le Dindon.

Sur les Alpes du Dauphiné, de Suisse, au Mont-Pilat. ♄ Vernale; S-Alp.

597. CLÉTHRA, *CLETHRA*. † *Lam. Tab. Encyclop.* pl. 369.

CAL. *Périanthe* d'un seul feuillet, à cinq *segmens* profonds, ovales, concaves, droits, persistans.

COR. Cinq *Pétales*, oblongs, plus larges extérieurement, droits, ouverts, un peu plus longs que le calice: le supérieur plus large.

ÉTAM. Dix *Filamens*, en alêne, de la longueur de la corolle. *Anthères* oblongues, droites, s'ouvrant au sommet.

PIST. *Ovaire* arrondi. *Style* filiforme, droit, persistant. *Stigmate* divisé peu profondément en trois parties.

PÉR. *Capsule* arrondie, enveloppée par le calice, à trois loges, à trois battans.

SEM. Plusieurs, anguleuses.

Calice à cinq segmens profonds. *Corolle* à cinq pétales. *Stigmate* divisé peu profondément en trois parties. *Capsule* à trois loges, à trois battans.

6. CLÉTHRA à feuille d'aulne, *C. alnifolia*, L. à fleurs disposées en épis ; à feuilles alternes, oblongues, à dents de scie.

Pluk. tab. 115, f. 1, et 339, fol. 43, pl. 5 ?

A la Caroline, à la Virginie, en Pensylvanie. ♄

398. PYROLE, *PYROLA*. *Tournef. Inst.* 256, tab. 132. *Lam. Tab. Encyclop.* pl. 367.

CAL. *Périanthe* à cinq segmens profonds, très-petit, persistant.

COR. Cinq *Pétales*, arrondis, concaves, ouverts.

ÉTAM. Dix *Filamens*, en alêne, plus courts que la corolle. *Anthères* penchées, grandes, à deux cornes dans leur partie supérieure.

PIST. *Ovaire* arrondi, anguleux. *Style* filiforme, plus long que les étamines, persistant. *Stigmate* un peu épais.

PÉR. *Capsule* arrondie, déprimée, à cinq côtés, à cinq loges, s'ouvrant par les angles.

SEM. Nombreuses, à paillettes.

OBS. *Les* Etamines *et le* Style *sont tantôt droits, tantôt inclinés sur les côtés, ou étalés, selon les espèces. La figure du* Stigmate *varie également selon les espèces.*

Calice à cinq segmens profonds. *Corolle* à cinq pétales. *Capsule* à cinq loges, s'ouvrant sur les angles.

1. PYROLE à feuilles rondes, *P. rotundifolia*, L. à étamines recourbées en haut ; à pistil recourbé en bas.

Pyrola rotundifolia, major ; Pyrole à feuilles rondes, plus grande. *Bauh. Pin.* 191, n.° 1. *Matth.* 696, f. 3. *Lob. Ic.* 1, p. 294, f. 2. *Clus. Hist.* 2, p. 116, f. 3. *Lugd. Hist.* 841, f. 1. *Camer. Epit.* 723. *Bauh. Hist.* 3, P. 2, p. 535, f. 1. *Moris. Hist.* sect. 12, tab. 10, f. 1. *Icon. Pl. Med.* tab. 193.

1. *Pyrola rotundifolia*, Pyrole. 2. Herbe. 3. Saveur un peu styptique, un peu amère, inodore. 5. Plaies, même internes, diarrhées passives avec atonie, ulcères baveux entretenus par le relâchement des fibres. On a tenté d'introduire dans la matière médicale deux autres espèces de Pyroles, savoir les P. ombellée et uniflore, mais sans succès. On a conseillé la Pyrole ombellée en décoction contre la douleur sciatique. Les femmes du Nortland et de la Suède usent, dit-on, avec succès, extérieurement des feuilles de la Pyrole uniflore, infusées ou mâchées et appliquées sous forme de cataplasme, contre l'ophthalmie et le larmoiement.

Nutritive pour la Chèvre.

A Grenoble, Lyon, Paris, etc. dans les bois humides et ombragés, en Virginie, au Brésil. Vernale.

2. PYROLE mineure, *P. minor*, L. à fleurs en grappes, éparses; à étamines et pistils droits.

Flor. Dan. tab. 55.

Sur les Alpes du Dauphiné, à Paris, dans les bois humides et ombragés. ♃ Vernale. *S-Alp.*

3. PYROLE à fleurs d'un seul côté, *P. secunda*, L. à fleurs en grappe, tournées d'un seul côté.

Pyrola folio mucronato, serrato; Pyrole à feuille terminée en pointe, à dents de scie. *Bauh. Pin.* 191, n.° 3. *Clus. Hist.* 2, p. 117, f. 1. *Lugd. Hist.* 1148, f. 4. *Bauh. Hist.* 3, P. 2, p. 536, f. 1. *Moris. Hist.* sect. 12, tab. 10, f. 4. *Flor. Dan.* tab. 402.

Nutritive pour la Chèvre.

Sur les Alpes du Dauphiné. ♃ Vernale. *S-Alp.*

4. PYROLE ombellée, *P. umbellata*, L. à pédoncules portant plusieurs fleurs comme en ombelle.

Pyrola frutescens, Arbuti flore; Pyrole ligneuse, à fleur d'Arbousier. *Bauh. Pin.* 191, n.° 6. *Clus. Hist.* 2, p. 117, f. 2. *Bauh. Hist.* 3, P. 2, p. 536, f. 3. *Moris. Hist.* sect. 12, tab. 10, f. 5.

En Lithuanie, en Suède, en Dannemarck.

5. Pyrole tachetée, *P. maculata*, L. à pédoncules portant deux fleurs.

Plukn. tab. 349, f. 7.

Dans l'Amérique Septentrionale, dans les forêts. ♄

6. PYROLE uniflore, *P. uniflora*, L. à hampe ne portant qu'une seule fleur.

Pyrola rotundifolia, minor; Pyrole à feuille arrondie, plus petite. *Bauh. Pin.* 191, n.° 2. *Clus. Hist.* 2, p. 118, f. 1. *Bauh. Hist.* 3, P. 2, p. 536, f. 3. *Moris. Hist.* sect. 12, tab. 10, f. 2. *Flor. Dan.* tab. 8.

Nutritive pour la Chèvre.

Sur les Alpes du Dauphiné, de Suède, de Lapponie. ♃ Estivale. *Alp.*

599. ALIBOUSIER, *STYRAX.* * *Tournef. Inst.* 598, tab. 369. *Lam. Tab. Encyclop.* pl. 369.

CAL. *Périanthe* d'un seul feuillet, cylindrique, droit, court, à cinq dents.

COR. Monopétale, en entonnoir. *Tube* court, cylindrique, de la longueur du calice. *Limbe* grand, ouvert, à cinq *segmens* profonds, lancéolés, obtus.

ÉTAM. Dix *Filamens*, droits, disposés en rond, à peine réunis à la base, en alêne, insérés sur la corolle. *Anthères* oblongues, droites.

PIST. *Ovaire* supérieur. *Style* simple, de la longueur des étamines. *Stigmate* tronqué.

PÉR. *Drupe* arrondie, à une loge.

SEM. Deux *Noix*, arrondies, pointues, convexes d'un côté, uplaties de l'autre.

OBS. *Le nombre des Étamines varie, mais il est naturellement de dix.*

Calice inférieur, à cinq dents. *Corolle* en entonnoir. *Drupe* renfermant deux semences.

1. ALIBOUSIER officinal, *S. officinale*, L. à feuilles alternes.

Styrax folio Mali cotonei; Styrax à feuille de Coignassier. *Bauh. Pin.* 452, n.° 1. *Morih.* 89, f. 1. *Lob. Ic.* 2, p. 151, f. 1 et 2. *Lugd. Hist.* 115, f. 1. *Camer. Epit.* 38. *Bauh. Hist.* 1, P. 2, p. 341, f. 1. *Icon. Pl. Med.* tab. 304.

2. *Storax calamita*; Storax, Styrax, Styrax calamite, Styrax en larmes. 3. Résine. 3. Aromatique, très-odorant, résineux. 4. Principe presque pur, sel essentiel, analogue à celui du Benjoin. Peu ou point d'huile essentielle ou legere. 5. Ulcères (en fumigation), ulcères internes, catarrhe, toux. 6. Parfums.

En Syrie, en Judée, en Italie. ♄ *Cultivé dans les jardins.*

600. SAMYDE, *SAMYDA.* * *Lam. Tab. Encyclop.* pl. 355.

CAL. *Périanthe* d'un seul feuillet, en cloche, à cinq *segmens* profonds, colorés, étalés, persistans.

COR. Nulle.

Nectaire : cinq écailles (ou cône tronqué), entourant le réceptacle, divisées peu profondément en deux *parties*, linéaires, obtuses, moitié plus courtes que le calice.

ÉTAM. Environ dix *Filamens*, en alêne, droits, un peu plus courts que le calice, dont cinq insérés alternativement sur les sinuosités du nectaire, cinq sur les segmens du calice. *Anthères* arrondies.

PIST. *Ovaire* ovale. *Style* filiforme, de la longueur des étamines. *Stigmate* arrondi, duveté.

PÉR. *Capsule* arrondie, en baie dans son intérieur, à une loge, à trois ou quatre battans.

SEM. Plusieurs, en baie.

OBS. *Le nombre des parties de la fructification varie dans ce genre.*

S. nitida et spinosa *octandres, à capsule à quatre battans* : pubescens et serrulata *dodécandres, à capsule à cinq battans*; parviflora *à nectaire d'un seul feuillet, tronqué.*

Calice à cinq segmens profonds, coloré. *Corolle* nulle. *Capsule* en baie intérieurement, à trois battans, à une seule loge, renfermant plusieurs semences.

1. SAMYDE à petite fleur, *S. parviflora*, L. à fleurs décandres ou à dix étamines; à feuilles ovales, oblongues, lisses sur les deux surfaces.

Sloan. Jam. tab. 211, f. 2. *Jacq. Amer.* 133, tab. 85.

Dans l'Amérique Méridionale. ♄

2. SAMYDE luisante, *S. nitida*, L. à fleurs octandres ou à huit étamines; à feuilles en cœur, lisses.

Brown. Jam. 217, tab. 23, f. 3.

Dans l'Amérique Méridionale. ♄

3. SAMYDE épineuse, *S. spinosa*, L. à fleurs octandres ou à huit étamines; à rameaux épineux.

Plum. Ic. 147, f. 1.

Dans l'Amérique Méridionale.

4. SAMYDE duvetée, *S. pubescens*, L. à fleurs dodécandres ou à douze étamines; à feuilles ovales, duvetées en dessous.

Dans l'Amérique Méridionale.

5. SAMYDE dentelée, *S. serratula*, L. à fleurs dodécandres ou à douze étamines; à feuilles ovales, oblongues, dentelées.

Plum. Ic. 146, f. 2.

Dans l'Amérique Méridionale. ♄

601. COPAIER, *COPAIFERA*. *Lam. Tab. Encyclop.* pl. 342.

CAL. Nul.

COR. Quatre *Pétales*, oblongs, aigus, concaves, très-ouverts.

ÉTAM. Dix *Filamens*, filiformes, courbés, un peu plus longs que la corolle. *Anthères* oblongues, versatiles.

PIST. *Ovaire* rond, comprimé, aplati, porté sur un pédicelle. *Style* filiforme, recourbé, de la longueur des étamines. *Stigmate* obtus.

PÉR. *Gousse* ovale, à deux battans, terminée en pointe formée par une partie du style.

SEM. Une seule, ovale, enveloppée par un arille en baie.

Calice nul. *Corolle* à quatre pétales. *Gousse* ovale, renfermant une semence enveloppée par un arille en baie.

1. COPAIER officinal, *C. officinalis*, L. à feuilles alternes, pinnées; quatre fois réunies deux à deux; à folioles plus étroites d'un côté, alternes, excepté les inférieures.

Jacq. Amer. 133, tab. 85.

1. *Copaiva Balsamum*; Baume de Copahu ou Copau. 2. Baume. 3. Odeur aromatique, assez agréable, saveur amere, désagréable au goût. 4. Résine pure, où l'on découvre à peine

quelques vestiges d'huile légère ; arome abondant. 5. Phthisie, fièvre hectique, toux, gonorrhée, fleurs blanches, diarrhée, scorbut, circoncision. 6. Ce baume est usité, puissant. Il n'est connu que depuis la fin du seizième siècle, et il n'a été introduit dans les pharmacies qu'au dix-septième. Il est très-échauffant ; on en abuse beaucoup dans les gonorrhées. Il donne aux urines l'odeur de violette, et l'on prétend qu'il les rend amères.

Au Brésil, à Cayenne, aux Antilles. ♄

602. BUCIDE, *BUCIDA.* *Lam. Tab. Encyclop.* pl. 356.

CAL. *Périanthe* d'un seul feuillet, en cloche, à cinq dents irrégulières, supérieur, persistant.

COR. Nulle.

ÉTAM. Dix *Filamens*, capillaires, insérés sur la base du calice et le dépassant en longueur. *Anthères* en cœur, droites.

PIST. *Ovaire* inférieur, ovale. *Style* filiforme, de la longueur des étamines. *Stigmate* obtus.

PÉR. *Baie* sèche, ovale, à une loge, couronnée par le calice.

SEM. Une seule, ovale.

Calice à cinq dents, supérieur. *Corolle* nulle. *Baie* renfermant une seule semence.

1. BUCIDE Buceros, *B. Buceros*, L. à feuilles aux sommets des rameaux, entassées, pétiolées, en ovale renversé, très-entières, lisses.

Sloan. Jam. tab. 189, f. 3.

A la Jamaïque. ♄

II. DIGYNIE.

603. ROYÈNE, *ROYENA.* * *Lam. Tab. Encyclop.* pl. 370.

CAL. *Périanthe* d'un seul feuillet, en godet, à cinq segmens peu profonds, persistant.

COR. Monopétale. *Tube* de la longueur du calice. *Limbe* ouvert, roulé, à cinq *divisions* profondes, ovales.

ÉTAM. Dix *Filamens*, très-courts, adhérens à la corolle. *Anthères* oblongues, aiguës, didymes, droites, de la longueur du tube.

PIST. *Ovaire* ovale, terminé par deux *Styles*, un peu plus longs que les étamines. *Stigmates* simples.

PÉR. *Capsule* ovale, à quatre sillons, à une loge, à quatre battans.

SEM. Quatre *Noix*, oblongues, triangulaires, enveloppées par un arille.

Calice en godet. *Corolle* monopétale, à limbe roulé. *Capsule* à une loge, à quatre battans.

1. ROYÈNE luisante, *R. lucida*, L. à feuilles ovales, un peu rudes. *Plukn.* tab. 63, f. 4, et 317, f. 5. *Herm. Parad.* pag. et tab. 232. *Au cap de Bonne-Espérance.* ♄

2. ROYÈNE velue, *R. villosa*, L. à feuilles en cœur, oblongues, cotonneuses en dessous.
Au cap de Bonne-Espérance. ♄

3. ROYÈNE lisse, *R. glabra*, L. à feuilles lancéolées, lisses.
Plukn. tab. 321, f. 4.
Au cap de Bonne-Espérance. ♄

4. ROYÈNE hérissée, *R. hirsuta*, L. à feuilles lancéolées, hérissées.
Au cap de Bonne-Espérance. ♄

604. HYDRANGÉE, *HYDRANGEA*. † *Lam. Tab. Encyclop.* pl. 370.

CAL. *Périanthe* d'un seul feuillet, à cinq dents, petit, persistant.

COR. Cinq *Pétales*, égaux, arrondis, plus grands que le calice.

ÉTAM. Dix *Filamens*, plus longs que la corolle, dont cinq alternes plus alongés. *Anthères* arrondies, didymes.

PIST. *Ovaire* arrondi, inférieur. Deux *Styles*, courts, écartés. *Stigmates* obtus, persistans.

PÉR. *Capsule* arrondie, didyme, terminée par un style double à deux becs, à angles formés par plusieurs nervures, couronnée par le calice, à deux loges, à cloison transversale, s'ouvrant par un pore entre les becs.

SEM. Nombreuses, anguleuses, pointues, très-petites.

Capsule à deux loges, terminée par deux becs, s'ouvrant horizontalement ou en boite à savonnette.

1. HYDRANGÉE en arbre, *H. arborescens*, L. à feuilles opposées; à fleurs réunies en cymier, renfermant de huit à dix étamines.
Duham. Arb. 1, p. 298, tab. 118.
En Virginie. ♄

605. CUNONIE, *CUNONIA*. *Lam. Tab. Encyclop.* pl. 371.

CAL. *Périanthe* très-petit, à cinq *feuillets*, ovales, concaves, aigus.

COR. Cinq *Pétales*, en ovale renversé, ouverts, assis.

ÉTAM. Dix *Filamens*, en alêne, de la longueur de la corolle. *Anthères* arrondies, didymes.

PIST. *Ovaire* conique. Deux *Styles*, en alêne, de la longueur de la corolle. *Stigmates* obtus.

PÉR. *Capsule* oblongue, pointue, à deux loges.

SEM. Plusieurs, arrondies.

Calice à cinq feuillets. *Corolle* à cinq pétales. *Capsule* aiguë, à deux loges renfermant chacune plusieurs semences. *Styles* plus longs que la fleur.

1. CUNONIE du Cap, *C. Capensis*, L. à feuilles opposées, pinnées et terminées par une foliole impaire, assises; à folioles souvent au nombre de sept, lancéolées, lisses, à dents de scie.

Au cap de Bonne-Espérance. ♄

606. TRIANTHÈME, *TRIANTHEMA.* * *Lam. Tab. Encyclop.* pl. 375.

CAL. *Périanthe* à cinq *feuillets*, oblongs, colorés intérieurement, pointus au-dessous du sommet, persistans.

COR. Nulle, (à moins qu'on ne regarde comme corolle, le calice.)

ÉTAM. Dix *Filamens*, (de cinq à douze dans quelques espèces), capillaires, de la longueur du calice. *Anthères* arrondies.

PIST. *Ovaire* comme supérieur, un peu alongé, émoussé. Un ou deux *Styles*, filiformes, de la longueur des étamines, hérissés d'un côté. *Stigmates* simples.

PÉR. *Capsule* oblongue, tronquée, émoussée, s'ouvrant horizontalement, à deux *loges* supérieures et deux inférieures.

SEM. Une ou deux, comme ovales.

OBS. Le nombre des Étamines *et des* Styles *varie selon les espèces.*

Calice à cinq feuillets pointus au-dessous du sommet. *Corolle* nulle. *Étamines* de cinq à dix. *Ovaire* émoussé. *Capsule* s'ouvrant horizontalement ou en boite à savonnette.

1. TRIANTHÈME monogyne, *T. monogyna*, L. à fleurs pentandres ou à cinq étamines; à un seul pistil.

Plukn. tab. 95, f. 4. *Herm. Parad.* pag. et tab. 213.

A la Jamaïque, à Curaçao. ☉

2. TRIANTHÈME pentandre, *T. pentandra*, L. à fleurs pentandres ou à cinq étamines; à deux pistils.

Plukn. tab. 104, f. 3, et 120, f. 3.

En Arabie. ☉

3. TRIANTHÈME décandre, *T. decandra*, L. à fleurs le plus souvent décandres ou à dix étamines; à deux pistils.

Burm. Ind. 110, tab. 31, f. 3.

Dans l'Inde Orientale. ☉

607. DORINE, *CHRYSOSPLENIUM.* * *Tournef. Inst.* 146, tab. 60. *Lam. Tab. Encyclop.* pl. 374.

CAL. *Périanthe* ouvert, coloré, persistant, à quatre ou cinq *segmens* profonds, ovales: les opposés plus étroits.

COR. Nulle, (à moins qu'on ne prenne pour corolle le calice coloré).

ÉTAM. Huit ou dix *Filamens*, en alêne, droits, très-courts, placés sur un réceptacle anguleux. *Anthères* simples.

PIST. *Ovaire* inférieur, terminé par deux *Styles*, en alêne, de la longueur des étamines. *Stigmates* obtus.

PÉR. *Capsule* à deux becs, divisée profondément en deux parties, à une loge, à deux battans, entourée par le calice coloré en vert.

SEM. Plusieurs, très-petites.

OBS. La Fleur terminale est à cinq divisions profondes; les autres moins élevées, à quatre divisions peu profondes.

Calice à quatre ou cinq segmens profonds, colorés. *Corolle* nulle. *Capsule* terminée par deux becs, à une seule loge, renfermant plusieurs semences.

1. DORINE, à feuilles alternes, *C. alternifolium*, L. à feuilles alternes.

Lugd. Hist. 1113, f. 3. *Bauh. Hist.* 3, P. 2, p. 707, f. 1? *Moris. Hist.* sect. 12, tab. 8, f. 8. *Flor. Dan.* tab. 366.

La fleur supérieure est décandre, les latérales octandres.

A Grenoble. ♃ Vernale.

2. DORINE à feuilles opposées, *C. oppositifolium*, L. à feuilles opposées.

Saxifraga rotundifolia, aurea; Saxifrage à feuilles rondes, à fleur d'un jaune doré. *Bauh. Pin.* 309, n.° 3. *Dod. Pempt.* 316, n.° 2. *Lob. Ic.* 1, p. 612, f. 2. *Lugd. Hist.* 1114, f. 2. *Moris. Hist.* sect. 12, tab. 8, f. 7. *Flor. Dan.* tab. 365.

A Grenoble, Montpellier. ♃ Vernale.

608. SAXIFRAGE, *SAXIFRAGA.* * *Tournef. Inst.* 252, tab. 129. *Lam. Tab. Encyclop.* pl. 372. GEUM. *Tournef. Inst.* 251, tab. 129.

CAL. *Périanthe* d'un seul feuillet, à cinq *segmens* profonds, courts, aigus, persistans.

COR. Cinq *Pétales*, ouverts, étroits à la base.

ÉTAM. Dix *Filamens*, en alêne. *Anthères* arrondies.

PIST. *Ovaire* arrondi, aigu, terminé par deux *Styles*, courts. *Stigmates* obtus.

PÉR. *Capsule* comme ovale, à deux becs, à une loge, s'ouvrant au sommet.

SEM. Nombreuses, très-petites.

OBS. Dans les Saxifraga *de* Tournefort, *la Capsule et l'Ovaire sont entourés par le réceptacle de la fleur, ou inférieurs.*

Dans les Geum *de* Tournefort, *la Capsule et l'Ovaire sont assis sur le réceptacle de la fleur, ou supérieurs.*

Calice à cinq segmens profonds. *Corolle* à cinq pétales. *Capsule* terminée par deux becs, à une seule loge, renfermant plusieurs semences.

* I. *SAXIFRAGES à feuilles entières ou sans divisions ; à tiges nues ou presque nues.*

1. SAXIFRAGE Cotyledon, *S. Cotyledon*, L. à feuilles radicales agrégées, lingulées, à marges cartilagineuses, à dents de scie ; à tige en panicule.

Cotyledon media foliis oblongis, serratis ; Cotyledon moyen à feuilles oblongues, à dents de scie. *Bauh. Pin.* 285, n.° 3. *Lob. Ic.* 1, p. 386, f. 1. *Flor. Lappon.* n.° 177. tab. 2, f. 2.

Cette espece présente plusieurs variétés relativement a la figure des feuilles, arrondies, oblongues.

1.° *Cotyledon media foliis subrotundis* ; Cotyledon moyen à feuilles arrondies. *Bauh. Pin.* 285, n.° 2 ? *Matth.* 787, f. 1. *Dod. Pempt.* 131, f. 2. *Clus. Hist.* 2, p. 64, f. 2. *Lugd. Hist.* 1322, f. 1, et 1195, f. 1.

2.° *Cotyledon minor foliis subrotundis, crenatis* ; Cotyledon plus petit à feuilles arrondies, crénelées. *Bauh. Pin.* 285, n.° 5. On doit également rapporter comme variétés de cette espece, les figures de *Belleval*, tab. 165 ; et de *Barrellier*, tab. 373, 392, 1309, 1310, 1311, 1312.

Sur les Alpes du Dauphiné, des Pyrénées. ♃ Vernale. *S-Alp.*

2. SAXIFRAGE changée, *S. mutata*, L. à feuilles radicales agrégées, lingulées, à marges cartilagineuses, à dents de scie ; à tige en grappe, feuillée.

Hall. Helvet. n.° 979, tab. 16.

Sur les Alpes de Suisse, d'Italie.

3. SAXIFRAGE de Pensylvanie, *S. Pensylvanica*, L. à feuilles lancéolées, un peu dentelées ; à tige nue, en panicule, à fleurs comme en tête.

Plukn. tab. 59, f. 1, et 222, f. 5. *Dill. Elth.* tab. 253, f. 328.

En Virginie, en Pensylvanie, au Canada.

4. SAXIFRAGE androsace, *S. androsacea*, L. à feuilles lancéolées, obtuses, velues ; à tige nue, portant deux fleurs.

Column. Ecphras. 2, p. 66, et 67, f. 3. *Plukn.* tab. 222, f. 2. *Hall. Opus. Bot.* 292, tab. 2. *Jacq. Aust.* tab. 389. *Scopol. Carniol.* ed. 2, n.° 498, tab. 16.

Sur les Alpes du Dauphiné, de Suisse, d'Autriche. Estivale. *Alp.*

5. SAXIFRAGE bleu grisâtre, *S. cæsia*, L. à feuilles linéaires, à points, comme percées à jour, agrégées, recourbées ; à tige portant plusieurs fleurs.

Sedum Alpinum, album, foliis compactis; Orpin des Alpes, à fleur blanche, à feuilles compactes. *Bauh. Pin.* 284, n.° 2. *Moris. Hist.* sect. 12, tab. 7, f. 32. *Seg. Ver.* 1, p. 449, esp. 5, tab. 9, f. 2. *Jacq. Aust.* tab. 374. *Scopol. Carniol.* ed. 2, n.° 475, tab. 15.

Sur les Alpes du Dauphiné, de Provence. ♃

6. SAXIFRAGE de Burser, *S. Burseriana*, L. à feuilles agrégées, en recouvrement, à trois faces, en alêne, lisses; à tige presque nue, ne portant qu'une seule fleur.

Sedum Alpinum, Saxifraga alba flore, vel grandiflorum; Orpin des Alpes, à fleur de Saxifrage blanche, ou à grande fleur. *Bauh. Pin.* 284, n.° 1. *Dod. Pempt.* 132, f. 1. *Lob. Ic.* 1, p. 376, f. 1. *Lugd. Hist.* 1133, f. 1.

Sur les Alpes de Suisse, d'Autriche. ♃

7. SAXIFRAGE à feuilles d'orpin, *S. sedoïdes*, L. à feuilles agrégées, alternes et opposées, comme lancéolées; à fleur péduncułée.

Seg. Ver. 1, p. 450, tab. 9, f. 4.

Sur les Alpes d'Italie. ♃

8. SAXIFRAGE mousseuse, *S. bryoïdes*, L. à feuilles ciliées, courbées, en recouvrement; à tige un peu nue, portant un petit nombre de fleurs.

Columm. Ecphras. 2, p. 66 et 67, f. 1 et 2. *Bauh. Hist.* 3, P. 2, p. 695 et 696, f. 1. *Scopol. Carniol.* ed. 2, n.° 497, tab. 15.

Sur les Alpes du Dauphiné, ♃ Estivale, *Alp.*

9. SAXIFRAGE bronchiale, *S. bronchialis*, L. à feuilles en recouvrement, en alêne, ciliées, épineuses; à tige presque nue, portant plusieurs fleurs.

Gmel. Sibir. 4, p. 164, tab. 65, f. 2.

En Sibérie.

10. SAXIFRAGE étoilée, *S. stellaris*, L. à feuilles à dents de scie; à tige nue, rameuse; à pétales aigus.

Bauh. Hist. 3, P. 2, pag. 708, f. 1. *Moris. Hist.* sect. 12, tab. 9, f. 13. *Plukn.* tab. 58, f. 2; et 222, f. 4. *Flor. Dan.* tab. 23. *Scopol. Carn.* ed. 2, n.° 492, tab. 13.

Linné a donné dans son *Flora Lapponica*, n.° 175, tab. 2, f. 3, une variété de cette plante à tige nue, simple, garnie de bractées touffues dans sa partie supérieure; à feuilles dentées.

Sur les Alpes du Dauphiné, de Suisse, de Lapponie. ♃ Estivale. *Alp.*

11. SAXIFRAGE à feuilles épaisses, *S. crassifolia*, L. à feuilles ovales, arrondies au sommet; à dents de scie irrégulières, pétiolées; à tige nue; à fleurs en panicule congloméré.

Gmel. Sibir. 4, p. 166, tab. 66. *Linn. Dec.* 2, p. 27, tab. 14.

Sur les Alpes de Sibérie. Cultivée dans les jardins. ♃ Vernale.

12. SAXIFRAGE des neiges, *S. nivalis*, L. à feuilles en ovale renversé, crénelées, comme assises; à tige nue; à fleurs entassées.

Flor. Lappon. n.° 176, tab. 2, f. 5 et 6. *Flor. Dan.* tab. 28.

Sur les Alpes du Dauphiné, de Lapponie, du Spitzberg, du Canada. ♃ Estivale. *Alp.*

13. SAXIFRAGE ponctuée, *S. punctata*, L. à feuilles arrondies, dentées, à longs pétioles; à tige nue.

Moris. Hist. sect. 12, tab. 9, f. 17.

En Sibérie. ♃

14. SAXIFRAGE ombragée, *S. umbrosa*, L. à feuilles en ovale renversé, un peu arrondies au sommet; à bordure crénelée, cartilagineuse; à tige nue, en panicule.

Magn. Hort. 88, tab. 14.

Sur les Alpes du Dauphiné. ♃ Estivale. *Alp.*

15. SAXIFRAGE velue, *S. hirsuta*, L. à feuilles en cœur, ovales, arrondies au sommet, à bordure cartilagineuse, crénelée; à tige nue, en panicule.

Magn. Hort. p. 87, tab. 13.

Aux Pyrénées. ♃

16. SAXIFRAGE à feuilles en coin, *S. cuneifolia*, L. à feuilles en forme de coin, très-obtuses, à peine sinuées; à tige nue, en panicule.

Bauh. Hist. 3, P. 2, p. 684, f. 2. *Scopol. Carn.* ed. 2, n.° 490, tab. 13.

Sur les Alpes du Dauphiné, de Suisse.

17. SAXIFRAGE Bénoite, *S. Geum*, L. à feuilles en forme de rein, dentées, à tige nue, en panicule.

Sanicula montana, rotundifolia, minor; Sanicle des montagnes, à feuilles rondes, plus petite. *Bauh. Pin.* 243, n.° 3. *Moris. Hist.* sect. 12, tab. 9, f. 12.

En Carniole. ♃

* II. *SAXIFRAGES à feuilles entières ou sans divisions; à tiges feuillées.*

18. SAXIFRAGE à feuilles opposées, *S. oppositifolia*, L. à feuilles de la tige ovales, opposées, en recouvrement, formant quatre angles: les supérieures ciliées.

Sedum Alpinum, ericoïdes, purpurascens; Orpin des Alpes, à feuilles de Bruyère, à fleur purpurine. *Bauh. Pin.* 284, n.° 16. *Bauh. Hist.* 3, P. 2, p. 694, f. 2. *Moris. Hist.* sect. 12, tab. 10, f. 36. *Flor. Dan.* tab. 34.

Linné donne dans sa *Flora Lapponica*, n.° 179, tab. 2 f. 1, une variété de cette plante à feuilles courtes, dures, cartilagineuses au sommet.

Sur les Alpes du Dauphiné, de Suisse, des Pyrénées. ♃ Vern. *S-Alp.*

19. SAXIFRAGE rude, *S. aspera*, L. à feuilles de la tige lancéolées, alternes, ciliées ; à tiges couchées.

Sedum Alpinum, foliis crenatis, asperis ; Orpin des Alpes, à feuilles crénelées, rudes. *Bauh. Pin.* 284, n.° 12. *Bauh. Hist.* 3, P. 2, p. 695, f. 1. *Moris. Hist.* sect. 12, tab. 10, f. 25.

Sur les Alpes du Dauphiné, de Provence, de Suisse. ♃ Estiv. *Alp.*

20. SAXIFRAGE Faux-Ciste, *S. Hirculus*, L. à feuilles de la tige lancéolées, alternes, nues, lisses ; à tige droite.

Chamæ-Cistus Frisicus, foliis Nardi celticæ ; Faux-Ciste de la Frise, à feuilles de Nard celtique. *Bauh. Pin.* 466, n.° 3. *Hall. Helv.* n.° 972, tab. 11. *Flor. Dan.* tab. 200.

Sur les Alpes de Suède, de Suisse, de Lapponie.

21. SAXIFRAGE aizoïde, *S. aizoides*, L. à feuilles de la tige linéaires, en alêne, éparses, nues, lisses ; à tiges couchées.

Sedum Alpinum, flore pallido ; Orpin des Alpes, à fleur pâle. *Bauh. Pin.* 284, n.° 5. *Clus. Hist.* 2, p. 60, f. 3. *Flor. Dan.* tab. 72.

Sur les Alpes de Provence, à Montpellier. ⊙ Estivale. *Alp.*

22. SAXIFRAGE automnale, *S. autumnalis*, L. à feuilles de la tige linéaires, alternes, ciliées : les radicales agrégées.

Sedum Alpinum, floribus luteis, maculatis ; Orpin des Alpes, à fleurs jaunes, tachetées. *Bauh. Pin.* 284, n.° 13. *Moris. Hist.* sect. 12, tab. 8, f. 6. *Scopol. Carn.* ed. 2, n.° 493, tab. 14.

Sur les Alpes du Dauphiné, de Suisse. ♃ Estivale. *Alp.*

23. SAXIFRAGE à feuilles rondes, *S. rotundifolia*, L. à feuilles de la tige en forme de rein, dentées, pétiolées ; à tige en panicule.

Sanicula montana, rotundifolia, major ; Sanicle des montagnes, à feuilles rondes, plus grande. *Bauh. Pin.* 243, n.° 2. *Lob. Ic.* 1, 613, f. 1. *Clus. Hist.* 1, p. 307, f. 2. *Lugd. Hist.* 687, f. 1 ; et 1322, f. 2. *Camer. Epit.* 764. *Bauh. Hist.* 3, P. 2, p. 707, f. 2. *Moris. Hist.* sect. 11, tab. 8, f. 10.

A Grenoble, Montpellier, en Provence. ♃ Vernale.

24. SAXIFRAGE grenue, *S. granulosa*, L. à feuilles de la tige en forme de rein, lobées ; à tige rameuse ; à racine garnie de tubercules.

Saxifraga rotundifolia, alba ; Saxifrage à feuilles rondes, à fleur blanche. *Bauh. Pin.* 309, n.° 1. *Dod. Pempt.* 316, f. 1. *Lob. Ic.* 1, p. 612, f. 1. *Lugd. Hist.* 1113, f. 2. *Camer. Epit.* 719. *Bauh. Hist.* 3, P. 2, p. 706, f. 3. *Bul. Paris.* tab. 218. *Icon. Pl. Med.* tab. 309.

1. *Saxifraga alba* ; Saxifrage, Perce-pierre. 2. Toute la plante. 3. Acre, piquante, amère. 5. Calcul ? 6. Inusitée, superflue. Les vertus apéritives et contre le calcul, des Saxifrages,

ont

ont été prononcées par une fausse analogie ; comme ces plantes croissent sur les rochers, on a cru que leur suc pouvoit dissoudre la pierre.

Nutritive pour la Chèvre.

En Europe, dans les bois taillis. ♃ Vernale.

* III. *SAXIFRAGES à feuilles lobées ; à tiges droites.*

25. SAXIFRAGE bulbifère, *S. bulbifera*, L. à feuilles palmées ; lobées : celles de la tige assises ; à tige rameuse, portant des bulbes.

Saxifraga ad folia bulbos gerens ; Saxifrage portant des bulbes aux aisselles des feuilles. *Bauh. Pin.* 309, n.° 2. *Column. Ecphras.* 1, p. 318 et 317. *Moris. Hist.* sect. 12, tab. 9, f. 24.

En Italie. ♃

26. SAXIFRAGE inclinée, *S. cernua*, L. à feuilles de la tige palmées, pétiolées ; à tige très-simple, bulbifère, ne portant qu'une seule fleur.

Flor. Lappon. n.° 172, tab. 2, f. 4. *Flor. Dan.* tab. 22.

Cette espèce présente une variété à feuilles en forme de rein, pointues, digitées ; à tige rameuse, feuillée. *Gmel. Sibir.* 4, p. 163, n.° 74.

Sur les Alpes de Lapponie. ♃

27. SAXIFRAGE des ruisseaux, *S. rivularis*, L. à feuilles de la tige palmées : la supérieure florale, ovale ; à tige simple, ne portant le plus souvent qu'une seule fleur.

Flor. Lappon. n.° 174, tab. 2, f. 7. *Flor. Dan.* tab. 118.

Sur les Alpes du Dauphiné, de Suisse, le long des ruisseaux provenant de la fonte des neiges. ♃ Estivale. *Alp.*

28. SAXIFRAGE à feuilles de géranium, *S. geranioïdes*, L. à feuilles radicales en forme de rein, à cinq lobes divisés peu profondément en plusieurs parties : celles de la tige linéaires ; à tige presque nue, rameuse.

Gouan. Illust. 28, tab. 18, f. 2.

Aux Pyrénées.

29. SAXIFRAGE à feuilles de bugle, *S. ajugifolia*, L. à feuilles radicales palmées, à cinq divisions profondes : celles de la tige linéaires, sans divisions ; à tiges ascendantes, portant plusieurs fleurs.

En Provence ?

30. SAXIFRAGE de Sibérie, *S. Sibirica*, L. à feuilles en forme de rein, palmées, velues ; à tige et peduncule filiformes.

En Sibérie.

31. SAXIFRAGE à trois digitations, *S. tridactylites*, L. à feuilles de la tige en forme de coin, à trois divisions peu profondes, alternes; à tige droite, rameuse.

Sedum tridactylites, tectorum; Orpin à trois digitations, des toits. *Bauh. Pin.* 283, n.° 6. *Dod. Pempt.* 132, n.° 3. *Lob. Ic.* 1, p. 469, f. 1. *Lugd. Hist.* 1214, f. 2. *Bul. Paris.* tab. 219.

En Europe sur les toits, les murailles. ☉ Vernale.

32. SAXIFRAGE des rochers, *S. petræa*, L. à feuilles de la tige palmées, à trois divisions profondes: chaque division fendue peu profondément en trois; à tige très-simple, lâche.

Sedum tridactylites, Alpinum, majus, album; Orpin des Alpes; à trois digitations, plus grand, à fleur blanche. *Bauh. Pin.* 284, n.° 2. *Pon. Bald.* 337, f. 2. *Bauh. Hist.* 3, P. 2, p. 762, f. 2. *Moris. Hist.* sect. 12, tab. 9, f. 28. *Plukn.* tab. 222, f. 3. *Gouan Illust.* 29, tab. 18, f. 3.

Aux Pyrénées, sur le Mont-Baldo. ♃

33. SAXIFRAGE ascendante, *S. ascendens*, L. à feuilles de la tige en forme de coin, dentées au sommet; à tige ascendante, un peu velue.

Sedum tridactylites, Alpinum, caule folioso; Orpin à trois digitations, des Alpes, à tige feuillée. *Bauh. Pin.* 284, n.° 4. *Allion. Flor. Pedem.* n.° 1537, tab. 22, f. 3.

Sur les Alpes du Piémont, aux Pyrénées. ♃

34. SAXIFRAGE en gazon, *S. cæspitosa*, L. à feuilles radicales agrégées formant des touffes en gazon, linéaires, entières et à trois divisions peu profondes; à tige droite, presque dénuée de feuilles, portant au sommet une ou deux fleurs.

Sedum tridactylites, Alpinum, minus; Orpin des Alpes, à trois digitations, plus petit. *Bauh. Pin.* 284, n.° 5. *Seg. Ver.* 1, p. 451, tab. 9, f. 4. *Hall. Opusc.* 292, tab. 1. *Scopol. Flor. Carniol.* ed. 2, n.° 494, tab. 14.

Sur les Alpes du Dauphiné. ♃ Vernale. *S-Alp.*

35. SAXIFRAGE du Groenland, *S. Groenlandica*, L. à feuilles de la tige palmées, éparses, à plusieurs divisions peu profondes, aiguës; à tige droite.

Dill. Elth. tab. 353, f. 329. *Gunn. Flor. Norw.* n.° 689, tab. 7, f. 1.

Gunner regarde cette espèce comme une variété de la Saxifrage en gazon.

Sur les Alpes du Groenland.

* IV. *SAXIFRAGES à feuilles lobées; à tiges couchées.*

36. SAXIFRAGE à feuilles de cymbalaire, *S. cymbalaria*, L. à feuilles de la tige en cœur, à trois lobes et entières; à tiges couchées.

Buxb. Cent. 2, p. 40, tab. 45, f. 2.

En Orient.

37. SAXIFRAGE à feuilles de lierre, *S. hederacea*, L. à feuilles de la tige ovales, lobées; à tige filiforme, flasque.

Dans l'Isle de Crète.

38. SAXIFRAGE hypnoïde, *S. hypnoïdes*, L. à feuilles de la tige linéaires, entières et à trois divisions peu profondes; à drageons rampans; à tige droite, presque dénuée de feuilles.

Sedum Alpinum, trifido folio, Orpin des Alpes, à feuilles à trois divisions. *Bauh. Pin.* 284, n.° 1. *Moris. Hist.* sect. 12, tab. 9, f. 26. *Flor. Dan.* tab. 348. *Scopol. Carniol.* ed. 2, n.° 499, tab. 16.

Sur les Alpes du Dauphiné. ♃

609. TIARELLE, *TIARELLA*.

CAL. *Périanthe* à cinq *segmens* profonds, ovales, aigus, persistans.

COR. Cinq *Pétales*, oblongs, entiers, insérés sur le calice.

ÉTAM. Dix *Filamens*, filiformes, plus longs que la corolle, insérés sur le calice. *Anthères* arrondies.

PIST. *Ovaire* divisé peu profondément en deux parties, terminé par deux *Styles*, très-courts. *Stigmates* simples.

PÉR. *Capsule* oblongue, à une loge, à deux battans, un peu aplatis, dont un deux fois plus long.

SEM. Plusieurs, ovales, luisantes.

Calice à cinq segmens profonds. *Corolle* à cinq pétales entiers, insérés sur le calice. *Capsule* à une loge, à deux battans, dont un plus grand.

1. TIARELLE à feuilles en cœur, *T. cordifolia*, L. à feuilles en cœur.

Dans l'Amérique Méridionale, dans l'Asie Septentrionale. ♃

2. TIARELLE à trois feuilles, *T. trifoliata*, L. à feuilles trois à trois.

En Asie. ♃

610. MITELLE, *MITELLA*. * *Tournef. Inst.* 241, tab. 126. *Lam. Tab. Encyclop.* pl. 373.

CAL. *Périanthe* d'un seul feuillet, en cloche, persistant, à moitié divisé en cinq segmens.

COR. Cinq *Pétales*, à un grand nombre de divisions peu profondes, capillaires, deux fois plus grands que le calice sur lequel ils sont insérés.

ÉTAM. Dix *Filamens*, en alêne, plus courts que la corolle sur laquelle ils sont insérés. *Anthères* arrondies.

PIST. *Ovaire* arrondi, divisé peu profondément en deux parties. *Styles* comme nuls. *Stigmates* obtus.

PÉR. *Capsule* ovale, à une loge, à deux battans planes, égaux.

SEM. Plusieurs.

Calice à cinq segmens peu profonds. *Corolle* à cinq pétales pinnatifides, insérés sur le calice. *Capsule* à une loge, à deux battans égaux.

1. MITELLE à deux feuilles, *M. diphylla*, L. à hampe portant deux feuilles.

Mentz. Pug. tab. 10.

Dans l'Amérique Septentrionale.

2. MITELLE nue, *M. nuda*, L. à hampe nue.

Gmel. Sibir. 4, p. 175, tab. 63, f. 2.

Dans l'Asie Septentrionale. ♃

611. KNAVEL, *SCLERANTHUS*. * *Lam. Tab. Encyclop.* pl. 374.

CAL. *Périanthe* d'un seul feuillet, tubulé, aigu, persistant, rétréci à son cou, à moitié divisé en cinq segmens.

COR. Nulle.

ÉTAM. Dix *Filamens*, en alêne, droits, très-petits, insérés sur le calice. *Anthères* arrondies.

PIST. *Ovaire* arrondi. Deux *Styles*, droits, capillaires, de la longueur des étamines. *Stigmates* simples.

PÉR. *Capsule* ovale, très-mince, placée dans le fond du calice dont le cou est fermé.

SEM. Deux, convexes d'un côté, aplaties de l'autre.

Calice d'un seul feuillet. *Corolle* nulle. Deux *Semences* renfermées dans le calice.

1. KNAVEL annuel, *S. annuus*, L. à calices des fruits très-ouverts.

Polygonum angustissimo et acuto vel gramineo folio minus, repens; Renouée à feuille très-étroite et aiguë ou à feuille graminée, plus petite, rampante. *Bauh. Pin.* 281, n.° 2. *Trag.* 393. *Dod. Pempt.* 115, f. 1. *Lob. Ic.* 1, p. 428, f. 3. *Lugd. Hist.* 444, f. 1; et 1112, f. 1.

Dans cette espèce les segmens du calice sont aigus, à peine bordés de blanc. Le nombre des étamines varie de cinq à dix; les feuilles sont linéaires.

Nutritive pour le Cheval, la Chèvre.

En Europe dans les champs. ⊙ Vernale.

2. KNAVEL vivace, *S. perennis*, L. à calices des fruits fermés.

Bul. Paris. tab. 220. *Flor. Dan.* tab. 563. *Icon. Pl. M.d.* tab. 453.

Dans cette espèce les segmens du calice sont moins aigus, bordés de blanc. Le calice ne renferme le plus souvent qu'une seule semence.

A Lyon, Grenoble, Paris, etc. ♃ Vernale.

5. KNAVEL à plusieurs semences, *S. polycarpos*, L. à calices des fruits très-ouverts, piquans; à tige un peu velue.

Polygonatum montanum, Vermiculata foliis; Renouée des montagnes, à feuilles de Vermiculaire. *Bauh. Pin.* 281, n.° 6. *Column. Ecphras.* 1, p. 295 et 294, f. 1.

A Montpellier, en Italie. ☉

612. GYPSOPHILE, *GYPSOPHILA.* * *Lam. Tab. Encyclop.* pl. 375.

CAL. *Périanthe* en cloche, anguleux, à cinq *segmens* profonds, ovales, persistans.

COR. Cinq *Pétales*, ovales, obtus, ouverts, comme assis.

ÉTAM. Dix *Filamens*, en alêne, étalés. *Anthères* arrondies.

PIST. *Ovaire* comme arrondi. Deux *Styles*, filiformes; étalés. *Stigmates* simples.

PÉR. *Capsule* arrondie, à une loge, à cinq battans.

SEM. Plusieurs, arrondies.

OBS. *G. paniculata*, est dioïque.

Calice d'un seul feuillet, en cloche, anguleux. *Corolle* à cinq pétales ovales, assis. *Capsule* arrondie, à une seule loge.

1. GYPSOPHILE rampante, *G. repens*, L. à feuilles lancéolées; à étamines plus courtes que la corolle qui est échancrée.

Caryophyllus saxatilis, foliis gramineis, minor; Œillet des rochers, à feuilles graminées, plus petit. *Bauh. Pin.* 211, n.° 2. *Bellev.* tab. 157. *Gerard. Flor. Galloprov.* 490, tab. 15, f. 2. *Buxb. Cent.* 2, p. 32, tab. 60.

Sur les Alpes du Dauphiné, de Provence. ♃ Estivale.

2. GYPSOPHILE couchée, *G. prostrata*, L. à feuilles lancéolées, lisses; à tiges couchées; à pistils plus longs que la corolle qui est en cloche.

Pluks. tab. 75, f. 2?

Sur les Alpes du Dauphiné. ♃ Alp.

3. GYPSOPHILE paniculée, *G. paniculata*, L. à feuilles lancéolées, rudes, aiguës; à fleurs dioïques; à corolles roulées.

En Sibérie, en Tartarie. ♃

4. GYPSOPHILE très-élevée, *G. altissima*, L. à feuilles lancéolées, le plus souvent à trois nervures; à tiges droites.

Gmel. Sibir. 4, p. 443, tab. 60.

Reichard cite pour cette espèce le synonyme de *G. Bauhin*, *Pin.* 211, n.° 2, qui est rapporté à la Gypsophile rampante, *G. repens*, L. espèce première.

En Sibérie. ♃

P 3

5. GYPSOPHILE Passerine, *G. Struthium*, L. à feuilles linéaires; charnues : les axillaires entassées, arrondies.

Saponaria Lychnidis folio, flosculis albis; Saponaire à feuilles de Lamprette, à petites fleurs blanches. *Bauh. Pin.* 206, n.° 4. *Barrel.* tab. 119.

1. *Struthium*, Passerine. 2. Toute la plante. 3. Savonneuse. 4. Suc savonneux; Savon acide. 5. Calcul? 6. Les Anciens, et encore aujourd'hui les Espagnols, s'en sont servis en place de savon, pour blanchir le linge. Anciennement on se servoit de sa racine dans la foule des étoffes, comme propre à leur donner de la blancheur et du moelleux.

En Espagne. ♃

6. GYPSOPHILE ascendante, *G. fastigiata*, L. à feuilles lancéolées, linéaires, à trois faces irrégulières, lisses, obtuses, tournées d'un seul côté.

Caryophyllus saxatilis, floribus gramineis, umbellatis corymbis; Œillet des rochers, à fleurs graminées, en corymbes ombellés. *Bauh. Pin.* 211, n.° 1. *Gmel. Sibir.* 4, p. 144, tab. 61, f. 1.

Nutritive pour le Mouton.

En Sibérie, en Prusse. ♃

7. GYPSOPHILE perfoliée, *G. perfoliata*, L. à feuilles ovales, lancéolées, embrassant à demi la tige.

Dill. Elth. tab. 276, f. 357.

Cette espèce présente une variété à feuilles lancéolées, le plus souvent à trois nervures, cotonneuses, à tige duvetée, gravée dans *Barrellier*, tab. 1002.

En Espagne, en Orient. ♃

8. GYPSOPHILE des murailles, *G. muralis*, L. à feuilles linéaires, aplaties; à calices sans feuilles; à tige dichotome ou à bras ouverts; à pétales crénelés.

Caryophyllus minimus, muralis; Œillet très-petit, des murailles. *Bauh. Pin.* 211, n.° 9. *Lugd. Hist.* 1191, f. 2. *Bauh. Hist.* 3, P. 2, p. 338, f. 1.

A Paris, Lyon, Grenoble. ⊙ Estivale.

9. GYPSOPHILE roide, *G. rigida*, L. à feuilles linéaires, aplaties; à tige dichotome ou à bras ouverts; à péduncules portant deux fleurs; à pétales échancrés.

Reichard cite pour cette espèce le synonyme de *Dalechamp*, *Tunica minima*, *Hist.* 1191, f. 2, qui est rapporté à la Gypsophile des murailles.

A Montpellier. ♃

10. GYPSOPHILE saxifrage, *G. saxifraga*, L. à feuilles linéaires; à calices anguleux, garnis à leur base de quatre écailles; à corolles échancrées.

Caryophyllus saxifragus strigosior, seu Caryophyllus sylvestris, flore minimo; Œillet saxifrage plus roide, ou Œillet sauvage, à fleur très-petite. *Bauh. Pin.* 211, n.° 5. *Lob. Ic.* 1, p. 428, f. 2. *Bauh. Hist.* 3, P. 2, p. 337, f. 2. *Barrel.* tab. 998.

Linné dans son *Species*, avoit ramené cette espèce au genre des Œillets, et l'avoit appelée *Dianthus saxifragus*. *Haller* dans son *Historia*, n.° 902, l'a rapportée aux Œillets.

En Europe dans les endroits sablonneux. ♃ Vernale et automnale.

613. SAPONAIRE, *SAPONARIA*. * *Lam. Tab. Encyclop.* pl. 376.

CAL. *Périanthe* d'un seul feuillet, nu, tubulé, à cinq dents, persistant.

COR. Cinq *Pétales*. *Onglets* etroits, anguleux, de la longueur du calice. *Limbe* plane. *Lames* plus larges extérieurement, obtuses.

ÉTAM. Dix *Filamens*, en alêne, de la longueur du tube de la corolle, dont cinq *alternes* insérés sur les onglets des pétales, *cinq* se développant plus tard. *Anthères* oblongues, obtuses, versatiles.

PIST. *Ovaire* légèrement arrondi. Deux *Styles*, droits, parallèles, de la longueur des étamines. *Stigmates* aigus.

PÉR. *Capsule* de la longueur du calice, couverte, oblongue, à une loge.

SEM. Plusieurs, petites. *Réceptacle* libre.

OBS. *La figure du* Calice *varie selon les espèces.*

Calice d'un seul feuillet, nu ou sans écailles. *Corolle* à cinq pétales à onglets. *Capsule* oblongue, à une seule loge.

1. SAPONAIRE officinale, *S. officinalis*, L. à calices cylindriques; à feuilles ovales, lancéolées.

Saponaria major, levis; Saponaire plus grande, lisse. *Bauh. Pin.* 206, n.° 1. *Dod. Pempt.* 179, f. 1. *Lob. Ic.* 1, p. 314, f. 2. *Lugd. Hist.* 823, f. 1. *Camer. Epit.* 152. *Bauh. Hist.* 3, P. 2, p. 346, f. 1. *Moris. Hist.* sect. 5, tab. 22, f. 53? *Dal. Paris.* tab. 221. *Icon. Pl. Med.* tab. 136.

Cette espèce présente une variété hybride :

Saponaria concava, Anglica; Saponaire concave, d'Angleterre. *Bauh. Pin.* 206, n.° 2. *Moris. Hist.* sect. 5, tab. 22, f. 52?

Les fleurs sont quelquefois blanches.

1. *Saponaria*, Saponaire ou Savonnière. 2. Racine, Herbe, Semences. 3. Amère, savonneuse, écumeuse. 4. Savon acide; extrait aqueux, légèrement amer; extrait spiritueux, un peu âcre. 5. Cachexie chaude, fleurs blanches, ictère, vers, épaississement mélancolique, goutte, maladies vénériennes, dartres, gale, rhumatisme, jaunisse, empâtemens des viscères du bas-ventre à la suite des fièvres intermittentes. 6. Sa décoction nettoie parfaitement le linge, les dentelles, décrasse

les soies, même avec toutes les espèces d'eau, dures ou autres.

En Europe sur les bords des champs, des ruisseaux. ♃ Estivale.

2. SAPONAIRE Blé de vache, *S. Vaccaria*, L. à calices en pyramide, à cinq angles; à feuilles ovales, aiguës, assises.

Lychnis segetum, rubra, foliis Perfoliata; Lamprette des blés, à fleur rouge, à feuilles de Perfoliée. *Bauh. Pin.* 204, n.° 3. *Lob. Ic.* 1, p. 352, f. 2. *Lugd. Hist.* 500, f. 1; et 511, f. 1 et 2. *Bauh. Hist.* 3, P. 2, p. 357, f. 2. *Moris. Hist.* sect. 5, tab. 21, f. 27.

Cette espèce est appelée Blé de vache, parce que les bestiaux la mangent avec avidité.

En Europe dans les blés. ⊙ Estivale.

3. SAPONAIRE de Crète, *S. Cretica*, L. à calices à cinq angles, striés; à tige droite, le plus souvent dichotome ou à bras ouverts; à feuilles en alêne.

Alp. Exot. 292 et 291.

Dans l'isle de Crète, dans les terrains arides.

4. SAPONAIRE alongée, *S. porrigens*, L. à calices cylindriques, duvetés; à rameaux très-étalés; à fruits pendans.

Jacq. Hort. tab. 109.

Gouan dans ses Illustrations rapporte cette espèce au genre *Silene.*

En Orient.

5. SAPONAIRE d'Illyrie, *S. Illyrica*, L. à calices presque cylindriques; à tige droite, gluante, pourpre; à rameaux alternes; à corolles ponctuées.

Ard. Spec. 2, p. 24, tab. 9.

En Illyrie.

6. SAPONAIRE à feuilles de basilic, *S. ocymoïdes*, L. à calices cylindriques, velus; à tiges dichotomes ou à bras ouverts, couchées.

Lychnis vel Ocymoïdes repens, montanum; Lamprette ou Ocymoïde rampante, des montagnes. *Bauh. Pin.* 206, n.° 1. *Lob. Ic.* 1, p. 341, f. 2. *Lugd. Hist.* 823, f. 2; 1365, f. 1; et 1429, f. 2. *Bauh. Hist.* 3, P. 2, p. 344, f. 2.

A Grenoble, à Montpellier. ♃ Vernale.

7. SAPONAIRE Orientale, *S. Orientalis*, L. à calices cylindriques; velus; à tige dichotome ou à bras ouverts, droite, étalée.

Dill. Elth. tab. 167, f. 204.

En Orient, en Carniole. ⊙

8. SAPONAIRE jaune, *S. lutea*, L. à calices arrondis; à corolles couronnées; à fleurs ramassées comme en ombelle; à feuilles comme linéaires, creusées en gouttière.

Bellis montana, globoso luteo flore; Pâquerette des montagnes, à fleur jaune, arrondie. *Bauh. Pin.* 262, n.° 5. *Column. Ecphras.* 1, p. 152 et 153. *Barrel.* tab. 498. *Allion. Flor. Pedem.* n.° 1560, tab. 23, f. 1.

Sur les Alpes du Dauphiné, du Piémont. ♃ Alp.

614. ŒILLET, *DIANTHUS.* * *Lam. Tab. Encyclop.* pl. 376. CARYOPHYLLUS. *Tournef. Inst.* 329, tab. 174. TUNICA. *Dill. Elth.* tab. 298.

CAL. *Périanthe* cylindrique, tubulé, strié, persistant, à *orifice* à cinq dents, entouré à la base par quatre *écailles*, dont deux inférieures opposées.

COR. Cinq *Pétales.* *Onglets* étroits, insérés sur le réceptacle, de la longueur du calice. *Limbe* plane. *Lames* plus larges extérieurement, obtuses, crénelées.

ÉTAM. Dix *Filamens*, en alêne, de la longueur du calice, évasés au sommet. *Anthères* ovales, oblongues, comprimées, versatiles.

PIST. *Ovaire* ovale. Deux *Styles*, en alêne, plus longs que les étamines. *Stigmates* recourbés, pointus.

PÉR. *Capsule* cylindrique, couverte, à une loge, s'ouvrant au sommet sur quatre côtés.

SEM. Plusieurs, comprimées, arrondies. *Réceptacle* libre, à quatre côtés, moitié plus court que le péricarpe.

OBS. Dans quelques espèces, les Styles *excèdent à peine la longueur des étamines; dans quelques autres, ils sont très-longs et roulés.*

Calice cylindrique, d'un seul feuillet, garni à la base de quatre écailles. *Corolle* à cinq pétales à onglets. *Capsule* cylindrique, à une seule loge.

* I. *ŒILLETS à fleurs agrégées.*

1. ŒILLET barbu, *D. barbatus*, L. à fleurs agrégées, réunies en faisceaux; à écailles du calice ovales, en alêne, de la longueur du tube; à feuilles lancéolées.

Caryophyllus barbatus, hortensis, latifolius; Œillet barbu, des jardins, à larges feuilles. *Bauh. Pin.* 208, n.° 3. *Lob. Ic.* 1, p. 447, f. 2. *Lugd. Hist.* 810, f. 1.

Cette espèce présente une variété :

Caryophyllus barbatus, hortensis, angustifolius; Œillet barbu, des jardins, à feuilles étroites. *Bauh. Pin.* 209, n.° 4. *Dod. Pempt.* 176, f. 2. *Lob. Ic.* 1, p. 448, f. 1. *Clus. Hist.* 1, p. 287, f. 1.

A Montpellier, en Dauphiné. Cultivé dans les jardins. ♃ Vernale.

2. ŒILLET des Chartreux, *D. Carthusianorum*, L. à fleurs comme agrégées; à écailles du calice ovales, à arêtes, presque de la longueur du tube; à feuilles à trois nervures.

Caryophyllus sylvestris, vulgaris, latifolius; Œillet sauvage, vulgaire, à larges feuilles. *Bauh. Pin.* 209, n.° 1. *Matth.* 436, f. 2. *Dod. Pempt.* 176, f. 1. *Lob. Ic.* 1, p. 446, f. 2. *Lugd. Hist.* 807, f. 1; et 808, f. 2. *Beller.* tab. 162. *Loes. Pruss.* 39, n.° 7. *Bul. Paris.* tab. 222.

Cette espèce présente une variété décrite et gravée dans *Seguier Ver.* 1, p. 438, esp. 7, tab. 8, f. 2.

A Lyon, Grenoble, Montpellier. ♃ Vernale.

3. ŒILLET ferrugineux, *D. ferrugineus*, L. à fleurs agrégées; à pétales divisés peu profondément en deux parties terminées chacune par trois dents.

Barrel. tab. 497.

En Italie, à Naples.

4. ŒILLET Armeria, *D. Armeria*, L. à fleurs agrégées, réunies en faisceaux; à écailles du calice lancéolées, velues, de la longueur du tube.

Caryophyllus sylvestris, barbatus; Œillet sauvage, barbu. *Bauh. Pin.* 209, n.° 5. *Lob. Ic.* 1, p. 448, f. 2. *Lugd. Hist.* 810, f. 2. *Bauh. Hist.* 3, P. 2, p. 335, f. 2. *Flor. Dan.* tab. 230.

Nutritive pour le Mouton, le Bœuf.

A Montpellier, Lyon, Paris. ⊙ Estivale.

5. ŒILLET prolifère, *D. prolifer*, L. à fleurs agrégées, réunies en têtes; à écailles du calice ovales, obtuses, arrondies au sommet, plus longues que le tube.

Caryophyllus sylvestris, prolifer; Œillet sauvage, prolifère. *Bauh. Pin.* 209, n.° 6. *Lob. Ic.* 1, p. 449, f. 1. *Bauh. Hist.* 3, P. 2, p. 335, f. 2. *Seg. Ver.* 1, p. 433, esp. 1, tab. 7, f. 1. *Bul. Paris.* tab. 223. *Flor. Dan.* tab. 221.

A Lyon, Grenoble, Paris, Montpellier. ⊙ Estivale.

* II. ŒILLETS *à fleurs solitaires.*

6. ŒILLET très-petit, *D. diminutus*, L. à fleurs solitaires; à écailles du calice au nombre de huit, plus longues que la fleur.

Caryophyllo prolifero affinis, unico ex quolibet capitulo flore; congénere de l'Œillet prolifere, à fleur formée par une seule tête. *Bauh. Pin.* 209, n.° 7.

A Lyon, en Suisse, en Allemagne. ⊙

7. ŒILLET des Jardiniers, *D. Caryophyllus*, L. à fleurs solitaires; à écailles du calice presque ovales, très-courtes; à corolles crénelées.

Cette espèce a produit par la culture une foule de variétés relativement à la couleur des pétales qui sont blancs, roses, rouges, jaunes et panachés; ces Œillets sont simples, ou à fleurs pleines, doubles, proliferes. On soupçonne que toutes les variétés de l'Œillet des Jardiniers tirent leur origine de la variété sauvage qui est inodore.

Les variétés de l'Œillet des Jardiniers, sont :

1.° L'Œillet couronné, *D. coronarius*, qui présente trois variétés.

A. *Dianthus hortensis simplex, flore majore*; Œillet des Jardiniers simple, à fleur plus grande. *Bauh. Pin.* 208, n.° 1. *Dod. Pempt.* 174, f. 3. *Lob. Ic.* 1, p. 440, f. 2.

B. *Caryophyllus altilis, major*; Œillet très-élevé, plus grand. *Bauh. Pin.* 207, n.° 3. *Matth.* 436, f. 1. *Dod. Pempt.* 174, f. 1. *Lob. Ic.* 1, p. 441, f. 1. *Lugd. Hist.* 807, f. 1.

C. *Caryophyllus maximus, ruber et variegatus*; Œillet très-grand, rouge et marqueté. *Bauh. Pin.* 207, n.ºs 1 et 2. *Dod. Pempt.* 174, f. 2. *Lob. Ic.* 1, p. 441, f. 2.

2.° L'Œillet imbriqué, *D. imbricatus*, à fleur pleine, à écailles du calice très-longues, en recouvrement.

3.° L'Œillet inodore, *D. inodorus*.

Caryophyllus sylvestris, biflorus; Œillet sauvage, à deux fleurs. *Bauh. Pin.* 209, n.° 3. *Seg. Ver.* 1, p. 435, tab. 7, f. 3.

1. *Tunica*, Œillet rouge. 2. Corolles. 3. Très-odorant, agréable. 5. Maladies contagieuses, exanthématiques, fièvres malignes. 6. On fait avec ses fleurs une conserve peu usitée; une eau presque inutile; un vinaigre peu recommandé; des infusions abandonnées; mais un sirop très-employé, puissant.

En Suisse, en Italie, en France. Cultivé dans les jardins. ♃ Estivale.

8. ŒILLET d'après-midi, *D. pomeridianus*, L. à fleurs solitaires; à calices garnis à la base de deux écailles en cœur, très-courtes; à corolles échancrées, presque entières.

La fleur s'ouvre à midi, et se ferme à huit heures du soir.

A Constantinople, dans la Palestine. ♃

9. ŒILLET delthoïde, *D. delthoïdes*, L. à fleurs solitaires; à calices garnis à la base de deux écailles lancéolées; à corolles crénelées.

Caryophyllus simplex, supinus, latifolius; Œillet simple, couché, à larges feuilles. *Bauh. Pin.* 208, n.° 5. *Lob. Ic.* 1, p. 444, f. 1. *Clus. Hist.* 1, p. 285, f. 1. *Bauh. Hist.* 3, p. 329, f. 4. *Bul. Paris.* tab. 225.

Nutritive pour le Mouton, le Bœuf, le Cheval, la Chèvre.

Au Mont-Pilat près de Lyon, sur les Alpes du Dauphiné, de Provence, etc. ♃ Estivale.

10. ŒILLET glauque, *D. glaucus*, L. à fleurs presque solitaires; à calices garnis à la base de quatre écailles lancéolées, courtes; à corolles crénelées.

Dill. Elth. tab. 298, f. 384.

En Angleterre, en Sibérie. ♃

11. ŒILLET de la Chine, *D. Chinensis*, L. à fleurs solitaires; à écailles du calice en alêne, ouvertes, de la longueur du tube; à corolles crénelées.

Tournef. Mém. de l'Acad. 1705, p. 348, f. 5.

A la Chine. ☉

12. ŒILLET de Montpellier, *D. Monspeliacus*, L. à fleurs solitaires; à écailles du calice en alêne, de la longueur du tube; à corolles à plusieurs divisions peu profondes; à tige droite.

Bauh. Hist. 3, P. 2, p. 331, f. 1.

A Montpellier.

13. ŒILLET frangé, *D. plumarius*, L. à fleurs solitaires; à écailles du calice presque ovales, très-courtes; à corolles à plusieurs divisions peu profondes; à gorge velue.

Caryophyllus sylvestris floribus lanuginosis, hirsutis; Œillet sauvage à fleurs laineuses, hérissées. *Bauh. Pin.* 210, n.° 6. *Dod. Pempt.* 174, f. 4. *Lob. Ic.* 1, p. 450, f. 1. *Clus. Hist.* 1, p. 284, f. 1.

Sur les Alpes du Dauphiné, à Montpellier. ♃ Estivale. *Alp.*

14. ŒILLET superbe, *D. superbus*, L. à fleurs en panicule; à écailles du calice courtes, aiguës; à corolles à plusieurs divisions peu profondes, capillaires; à tige droite.

Caryophyllus simplex alter, flore laciniato, odoratissimo; autre Œillet à fleur simple, laciniée, très-odorante. *Bauh. Pin.* 210, n.° 3. *Dod. Pempt.* 175, f. 2. *Lob. Ic.* 1, p. 451, f. 1. *Clus. Hist.* 1, p. 284, f. 2. *Flor. Dan.* tab. 578.

Les fleurs, sur-tout la nuit, répandent une odeur très-pénétrante et agréable.

Sur les Alpes du Dauphiné, de Provence, à Montpellier. ♂

* III. ŒILLETS *à tige herbacée, ne portant qu'une seule fleur.*

15. ŒILLET des sables, *D. arenarius*, L. à tige ne portant le plus souvent qu'une seule fleur; à écailles du calice ovales, obtuses; à corolles à plusieurs divisions peu profondes; à feuilles linéaires.

Caryophyllus sylvestris, humilis, flore unico; Œillet sauvage, nain, à une seule fleur. *Bauh. Pin.* 209, n.° 6. *Dod. Pempt.* 176, f. 3. *Lob. Ic.* 1, p. 445, f. 1. *Clus. Hist.* 1, p. 282, f. 1. *Bauh. Hist.* 3, P. 2, p. 328, f. 3.

Nutritive pour le Mouton, le Bœuf, le Cheval.

A Paris, en Provence, à Montpellier. ♃

16. ŒILLET des Alpes, *D. Alpinus*, L. à tige ne portant qu'une seule fleur; à corolles crénelées; à écailles extérieures du calice de la longueur du tube; à feuilles linéaires, obtuses.

Caryophyllus pumilus, latifolius; Œillet nain, à larges feuilles. *Bauh. Pin.* 209, n.° 4.

Caryophyllus sylvestris flore magno, inodoro, hirsuto; Œillet sauvage à fleur grande, inodore, hérissée. *Bauh. Pin.* 209, n.° 5. *Clus. Hist.* 1, p. 283, f. 1. *Bellev.* tab. 161. *Jacq. Aust.* tab. 52.

Sur les Alpes du Dauphiné, de Provence. ♃ Estivale. *Alp.*

17. ŒILLET de Virginie, *D. Virginicus*, L. à tige ne portant le plus souvent qu'une seule fleur; à corolles crénelées; à écailles du calice très-courtes; à feuilles en alêne.

Caryophyllus sylvestris, repens, multiflorus; Œillet sauvage, rampant, à plusieurs fleurs. *Bauh. Pin.* 209, n.° 9.

Cette espèce présente une variété à feuilles bleuâtres, molles; à fleur couleur de chair, gravée dans *Dillen Elth.* tab. 198, fig. 385.

A Montpellier, en Dauphiné. ♃

* IV. ŒILLETS *ligneux.*

18. ŒILLET en arbre, *D. arboreus*, L. à tige ligneuse; à feuilles en alêne; à pétales dentelés.

Caryophyllus arborescens, Creticus; Œillet en arbre, de Crète. *Bauh. Pin.* 208, n.° 2. *Bauh. Hist.* 3, P. 2, p. 328, f. 2.

Dans l'isle de Crète. ♄

19. ŒILLET ligneux, *D. fruticosus*, L. à tige ligneuse; à feuilles lancéolées.

Tournef. Voy. au Lev. tom. 1, pag. et tab. 183.

En Grèce, dans l'isle de Serfo. ♄

20. ŒILLET piquant, *D. pungens*, L. à tige sous-ligneuse; à feuilles linéaires, en alêne; à pétales entiers.

En Espagne, sur les bords de la mer. ♃

III. TRIGYNIE.

615. CUCUBALE, *CUCUBALUS.* * *Tournef. Inst.* 339; tab. 176. *Lam. Tab. Encyclop.* pl. 377.

CAL. *Périanthe* d'un seul feuillet, tubulé, à cinq dents, persistant.

COR. Cinq *Pétales*. *Onglets* de la longueur du calice. *Limbe* plane. *Lames* souvent à deux divisions peu profondes.

Aucun *Nectaire* ne couronnant la corolle.

ÉTAM. Dix *Filamens*, en alêne, dont *cinq alternes* plus tardifs, *cinq alternes* insérés sur les pétales. *Anthères* oblongues.

PIST. *Ovaire* alongé. Trois *Styles*, en alêne, plus longs que les étamines. *Stigmates* duvetés, oblongs, tournés vers le soleil.

PÉR. *Capsule* couverte, pointue, à trois loges, s'ouvrant au sommet sur cinq côtés.

SEM. Plusieurs, arrondies.

OBS. Ce genre se distingue des Silene, *par la corolle qui n'est point couronnée par un nectaire. Le* C. otites *est dioïque. Le* C. bacciferus *a la corolle couronnée, c'est pourquoi il doit être réuni aux* Silene *selon* Haller. *La figure du* Calice *varie selon les espèces.*

Calice enflé. *Corolle* à cinq pétales à onglets, sans couronne autour de la gorge. *Capsule* à trois loges.

1. CUCUBALE baccifère, *C. bacciferus*, L. à calices en cloche; à pétales écartés; à péricarpes colorés; à rameaux étalés.

Alsine scandens, baccifera; Morgeline grimpante, à fruit en baie. *Bauh. Pin.* 250, n.° 6. *Dod. Pempt.* 403, f. 1. *Lob. Ic.* 1, p. 265, f. 2. *Clus. Hist.* 2, p. 183, f. 2. *Lugd. Hist.* 1429, f. 1. *Bauh. Hist.* 2, p. 175, f. 1.

A Lyon, Grenoble, Montpellier, etc. dans les buissons, les broussailles. ♃ Estivale.

2. CUCUBALE Béhen, *C. Behen*, L. à calices comme arrondis, lisses; à veines en réseau; à capsules à trois loges; à corolles comme nues.

Lychnis sylvestris, quæ Behen album vulgò; Lamprette sauvage, ou Béhen blanc vulgaire. *Bauh. Pin.* 205, n.° 1. *Dod. Pempt.* 172, f. 1. *Lob. Ic.* 1, p. 340, f. 2. *Clus. Hist.* 1, p. 293, f. 2. *Lugd. Hist.* 1186, f. 1. *Bauh. Hist.* 3, P. 2, p. 356, f. 1. *Bul. Paris.* tab. 226.

Nutritive pour le Cheval, le Mouton, le Bœuf, la Chèvre.

En Europe dans les terrains pierreux, les pâturages secs. ♃ Vernale.

3. CUCUBALE à feuilles de févier, *C. fabarius*, L. à feuilles en ovale renversé, charnues.

Boccon. Mus. 133, tab. 92.

En Sicile.

4. CUCUBALE visqueux, *C. viscosus*, L. à fleurs latérales couchées de tous côtés; à tige entière ou sans divisions; à feuilles renversées à la base.

Tournef. Voy. au Lev. 2, pag. et tab. 361.

Sur le Mont-Ararat, en Italie, à Naples, en Suède. ♂

5. CUCUBALE étoilé, *C. stellatus*, L. à feuilles quatre à quatre.

En Virginie, au Canada.

6. CUCUBALE d'Égypte, *C. Ægyptiacus*, L. à fleurs droites; à pétales échancrés, courbés en arrière, marqués sur les côtés par une petite dent.

En Égypte.

7. CUCUBALE d'Italie, *C. Italicus*, L. à pétales à moitié divisés en deux parties; à calices en massue; à panicule dichotome, droit; à étamines inclinées; à tige droite.

Jacq. Obs. 4, p. 12, tab. 97.

En Italie. ♂

8. CUCUBALE de Tartarie, *C. Tartaricus*, L. à pétales divisés profondément en deux parties; à fleurs tournées d'un seul côté, couchées; à péduncules opposés, solitaires, droits; à tige très-simple.

En Russie, en Tartarie. ♃

9. CUCUBALE de Sibérie, *C. Sibiricus*, L. à pétales échancrés; à fleurs presque verticillées ou en anneaux; à verticilles en ombelles, sans feuilles.

En Sibérie.

10. CUCUBALE catholique, *C. catholicus*, L. à pétales divisés profondément en deux parties; à fleurs en panicules; à étamines longues; à feuilles lancéolées, ovales.

Cette espèce présente une variété nocturne, non gluante, à fleur herbacée, gravée dans *Dillen Elth.* 316, f. 408.

En Italie, en Sicile. ♃

11. CUCUBALE très-mou, *C. mollissimus*, L. à pétales à moitié divisés en deux parties; à fleurs en panicule dichotome; à tige et feuilles soyeuses : les feuilles radicales en spatule.

Boccon. Mus. 170, tab. 118 ?

En Italie. ♃ ♄

12. CUCUBALE dioïque, *C. otites*, L. à fleurs dioïques; à pétales linéaires, entiers ou sans divisions.

Lychnis viscosa, flore muscoso; Lamprette visqueuse, à fleur mousseuse. *Bauh. Pin.* 206, n.° 10. *Lob. Ic.* 1, p. 435, f. 2. *Lugd. Hist.* 684, f. 1. *Bauh. Hist.* 3, P. 2, p. 350, f. 2.

A Lyon, Grenoble, Paris, etc. dans les endroits sablonneux. ♃ Estivale.

13. CUCUBALE à épi renversé, *C. reflexus*, L. à fleurs en épis alternes, tournées d'un seul côté, presque sans péduncules; à pétales comme divisés en deux parties, irréguliers.

Barrel. tab. 1027, f. 1. *Magn. Bot.* pag. 171, tab. 15.

A Montpellier, en Provence. ♃ Vernale.

14. CUCUBALE saxifrage, *C. saxifragus*, L. à pétales divisés peu profondément en deux parties; à calices striés; les fleurs qui terminent les tiges presque sans péduncules : les latérales pédunculées.

Schreb. Dec. 9, tab. 5.

En Orient. ♃

15. CUBALE nain, *C. pumilio*, L. à tiges plus courtes que la fleur, ne portant qu'une seule fleur.

Caryophyllus Alpinus, calyce oblongo, hirsuto; Œillet des Alpes, à calice oblong, hérissé. *Bauh. Pin.* 209, n.° 11. *Clus. Hist.* 1, p. 285, f. 2. *Bauh. Hist.* 3, P. 2, p. 337, f. 1.

Sur les Alpes d'Italie, à Naples. ♃

616. CORNILLET, *SILENE.* * *Lam. Tab. Encyclop.* pl. 377.

CAL. *Périanthe* d'un seul feuillet, ventru, à cinq dents, persistant.

COR. Cinq *Pétales*. *Onglets* étroits, à bordure, de la longueur du calice. *Limbe* plane, obtus, souvent à deux divisions peu profondes.

Nectaire composé de deux petites dents, dans le cou de chaque pétale, formant la couronne de la gorge de la corolle.

ÉTAM. Dix *Filamens*, en alêne, dont cinq *alternes* insérés sur les onglets des pétales, se développent plus tard. *Anthères* oblongues.

PIST. *Ovaire* comme cylindrique. Trois *Styles*, simples, plus longs que les étamines. *Stigmates* tournés vers le soleil.

PÉR. *Capsule* comme cylindrique, couverte, à trois loges, s'ouvrant au sommet par cinq côtés.

SEM. Plusieurs, en forme de rein.

OBS. Ce genre diffère des Cucubales *par le nectaire qui couronne la corolle.*

Calice ventru. *Corolle* à cinq pétales à onglets, à gorge couronnée. *Capsule* à trois loges.

* I. *CORNILLETS à fleurs solitaires, latérales.*

1. CORNILLET Anglois, *S. Anglica*, L. à tige hérissée; à pétales très-entiers; à fleurs droites; à fruits renversés, pédunculés, alternes.

Vaill. Bot. 121, tab. 16, f. 12. *Dill. Elth.* tab. 309, f. 398. *Bul. Paris.* 227.

A Paris, en Angleterre. ⊙

2. CORNILLET du Portugal, *S. Lusitanica*, L. à tige hérissée; à pétales dentés, entiers ou sans divisions; à fleurs droites; à fruits étalés, renversés, alternes.

Dill. Elth. tab. 311, f. 401.

En Portugal. ⊙

3. CORNILLET à cinq gouttes de sang, *S. quinquevulnera*, L. à pétales très-entiers, arrondis; à fruits droits, alternes.

Lychnis sylvestris, lanuginosa, minor; Lamprette sauvage, laineuse, plus petite. *Bauh. Pin.* 206, n.° 4. *Lob. Ic.* 1, p. 339, f. 1. *Clus. Hist.* 1, p. 290, f. 1. *Lugd. Hist.* 819, f. 1. *Bauh. Hist.* 3, P. 2, p. 349, f. 3. *Moris. Hist.* sect. 5, tab. 21, f. 35.

A Montpellier au bois de Grammont, en Provence. ⊙ Vernale.

4. CORNILLET nocturne, *S. nocturna*, L. à fleurs en épis, alternes, tournées d'un seul côté, assises; à pétales divisés peu profondément en deux parties.

Moris. Hist. sect. 5, tab. 36, f. 7. *Dill. Elth.* tab. 310, f. 400.

A Montpellier, à Grenoble. ⊙

5. CORNILLET

5. CORNILLET François, *S. Gallica*, L. à fleurs comme en épis, alternes, tournées d'un seul côté; à pétales entiers ou sans divisions; à fruits droits.

Valli. Bot. 121, tab. 16, f. 22. *Dill. Elth.* tab. 310, f. 399.

A Lyon, Grenoble, Paris, etc. ☉

6. CORNILLET à feuilles de ceraiste, *S. cerastoïdes*, L. à tige hérissée; à pétales échancrés; à fruits droits; à calices presque assis, un peu velus.

Dill. Elth. tab. 309, f. 397.

En Carniole. ☉

* II. *CORNILLETS à fleurs latérales, entassées.*

7. CORNILLET changeant, *S. mutabilis*, L. à pétales divisés peu profondément en deux parties; à calices anguleux, pédunculés; à feuilles lancéolées, linéaires.

Dans l'Europe Méridionale. ☉

8. CORNILLET penché, *S. nutans*, L. à pétales divisés peu profondément en deux parties; à fleurs latérales tournées d'un seul côté, penchées; à panicule incliné.

Lychnis montana, viscosa, alba, latifolia; Lamprette des montagnes, visqueuse, à fleurs blanches, à larges feuilles. *Bauh. Pin.* 205, n.° 1. *Clus. Hist.* 1, p. 291, f. 1. *Lugd. Hist* 683, f. 1. *Bellev.* tab. 159. *Bul. Paris.* tab. 228. *Flor. Dan.* tab. 242.

Cette espèce présente une variété à fleur pleine.

Nutritive pour le Mouton, le Cheval, le Cochon, la Chèvre.

En Europe dans les prés arides. ♃ Vernale.

9. CORNILLET agréable, *S. amœna*, L. à pétales divisés peu profondément en deux parties; à couronne réunie; à fleurs tournées d'un seul côté; à péduncules opposés, portant trois fleurs; à rameaux alternes.

Lychnis maritima, repens; Lamprette maritime, rampante. *Bauh. Pin.* 205, n.° 8. *Lob. Ic.* 1, p. 337, f. 1. *Bauh. Hist.* 3, P. 2, p. 357, f. 1. *Moris. Hist.* sect. 5, tab. 20, f. 2.

En Angleterre, en Tartarie. Cultivé dans les jardins. ♃

10. CORNILLET paradoxe, *S. paradoxa*, L. à fleurs en grappes; à calices à dix sillons, gluans; à fleurs dont les unes ont les étamines saillantes hors de la corolle, et les autres ont les étamines enfermées dans la corolle.

Zanon. Hist. tab. 109.

En Italie. ♃

11. CORNILLET ligneux, *S. fruticosa*, L. à pétales divisés peu profondément en deux parties; à tige ligneuse; à feuilles lancéolées, larges; à panicule trichotome.

Lychnis frutescens Myrtifolia, Behen albo similis; Lamprette ligneuse à feuilles de Myrte, ressemblant au Behen blanc. *Bauh. Pin.* 205, n.° 3. *Camer. Hort.* 109, tab. 33. *Boccon. Sicul.* 58, tab. 30, fig. 11.

En Sicile, en Allemagne. Cultivé dans les jardins. ♃ Vernale.

22. CORNILLET à feuilles de buplèvre, *S. bupleuroïdes*, L. à pétales divisés peu profondément en deux parties; à fleurs pédunculées, opposées, plus courtes que la bractée; à feuilles lancéolées, aiguës, lisses.

Tournef. Voy. au Lev. 2, pag. et tab. 380.

En Perse.

23. CORNILLET gigantesque, *S. gigantea*, L. à pétales divisés peu profondément en deux parties; à feuilles radicales en forme de cuiller, très-obtuses; à fleurs presque verticillées.

Walth. Hort. 32, tab. 11.

En Afrique. ♂ ou ♄

24. CORNILLET à feuilles épaisses, *S. crassifolia*, L. à pétales échancrés; à feuilles comme arrondies, charnues, hérissées; à fleurs en grappes, tournées d'un seul côté.

Au cap de Bonne-Espérance.

25. CORNILLET à fleur verte, *S. viridiflora*, L. à pétales à moitié divisés en deux parties; à feuilles ovales, un peu rudes, pointues; à fleurs en panicule alongé, presque dégarni de feuilles.

Hermann. Parad. pag. et tab. 199.

En Portugal. ♂.

* III. *Cornillets à fleurs sortant de la bifurcation de la tige.*

26. CORNILLET conoïde, *S. conoïdea*, L. à calices du fruit arrondis, aigus, à trente stries; à feuilles lisses; à pétales entiers.

Lychnis sylvestris, latifolia, calycibus turgidis, striatis; Lamprette sauvage, à larges feuilles, à calices enflés, striés. *Bauh. Pin.* 205, n.° 2. *Lob. Ic.* 1, p. 339, f. 2. *Clus. Hist.* 1, p. 288, f. 2. *Lugd. Hist.* 818, f. 1. *Bauh. Hist.* 3, P. 2, p. 349, f. 4. *Moris. Hist.* sect. 5, tab. 36, f. 6.

A Montpellier, Grenoble, Paris. ☉

27. CORNILLET conique, *S. conica*, L. à calices du fruit coniques, à trente stries; à feuilles molles; à pétales divisés peu profondément en deux parties.

Lychnis sylvestris, angustifolia, calycibus turgidis, striatis; Lamprette sauvage, à feuilles étroites, à calices enflés, striés. *Bauh. Pin.* 205, n.° 3. *Lob. Ic.* 1, p. 338, f. 2. *Lugd. Hist.* 817, f. 3. *Bauh. Hist.* 3, P. 2, p. 350, f. 1. *Barrel.* tab. 1027.

A Lyon, Grenoble, Paris, etc. ☉ Vernale.

18. CORNILLET Béhen, *S. Behen*, L. à calices ovales, lisses; à veines en réseau; à capsules à trois loges.

Dill. Elth. tab. 317, fig. 409.

Dans l'Isle de Crète. ⊙

19. CORNILLET roide, *S. stricta*, L. à pétales échancrés; à calices à veines en réseau, lisses, aigus, plus longs que le pédunculé; à tige dichotome ou à bras ouverts, roide.

En Espagne. ⊙

20. CORNILLET pendant, *S. pendula*, L. à calices du fruit pendans, enflés, marqués par dix angles rudes.

Dill. Elth. tab. 314, f. 404.

Dans l'Isle de Crète, en Sicile. ⊙

21. CORNILLET fleur de nuit, *S. noctiflora*, L. à calices du fruit à dix angles, garnis de dents aussi longues que le tube; à tige dichotome ou à bras ouverts; à pétales divisés peu profondément en deux parties.

Lychnis noctiflora, Lamprette fleur de nuit. *Bauh. Pin.* 205, n.° 6. *Camer. Hort.* 209; tab. 34.

Les fleurs s'ouvrent pendant la nuit; elles sont odorantes en été et non en automne.

En Provence, en Allemagne. ⊙

22. CORNILLET de Virginie, *S. Virginica*, L. à calices de la fleur cylindriques, velus; à panicule dichotome ou à bras ouverts.

Plukn. tab. 203, f. 1.

En Virginie. ♃

23. CORNILLET à feuilles de muflier, *S. antirrhina*, L. à feuilles lancéolées, un peu ciliées; à péduncules divisés peu profondément en trois parties; à pétales échancrés; à calices ovales.

Dill. Elth. tab. 313, f. 403.

En Virginie, à la Caroline. ⊙

24. CORNILLET à fleur rougeâtre, *S. rubella*, L. à tige droite, lisse; à calices un peu arrondis, lisses, veinés; à corolles fermées.

Dill. Elth. tab. 314, f. 406?

En Portugal, à Naples, en Orient. ⊙

25. CORNILLET à fleur fermée, *S. inaperta*, L. à tige dichotome ou à bras ouverts, en panicule; à calices lisses; à pétales très-courts, échancrés; à feuilles lisses, lancéolées.

Dill. Elth. tab. 315, f. 407.

A Naples. ⊙

26. CORNILLET du Portugal, *S. Portensis*, L. à tige dichotome ou à bras ouverts, en panicule; à calices striés; à pétales divisés peu profondément en deux parties; à feuilles linéaires.

En Portugal, *à Naples.* ☉

27. CORNILLET de Crète, *S. Cretica*, L. à tige droite, lisse; à calices droits, à dix angles; à pétales divisés peu profondément en deux parties.

Dill. Elth. tab. 314, f. 404 et 405.

Dans l'Isle de Crète.

28. CORNILLET Attrape-Mouche, *S. Muscipula*, L. à pétales à deux divisions peu profondes; à tige dichotome ou à bras ouverts; à fleurs axillaires, assises; à feuilles lisses.

Lychnis sylvestris, viscosa, rubra, altera; autre Lamprette sauvage, visqueuse, à fleur rouge. *Bauh. Pin.* 205, n.° 5. *Clus. Hist.* 1, p. 289, f. 1.

En Provence, *à Montpellier.*

29. CORNILLET à plusieurs feuilles, *S. polyphylla*, L. à feuilles réunies en faisceau, sétacées: celles des rameaux portant les fleurs, opposées.

Lychnis sylvestris, plurimis foliolis simul junctis; Lamprette sauvage, à plusieurs feuilles réunies. *Bauh. Pin.* 205, n.° 7. *Lob. Ic.* 1, p. 338, f. 1. *Clus. Hist.* 1; p. 290, f. 2. *Lugd. Hist.* 817, f. 2.

En Hongrie, *en Autriche.* ♃

30. CORNILLET Œillet, *S. Armeria*, L. à fleurs réunies en faisceau, comme en ombelle; à feuilles supérieures en cœur, lisses; à pétales entiers.

Lychnis viscosa, purpurea, latifolia, lævis; Lamprette visqueuse, à fleur pourpre, à larges feuilles, lisses. *Bauh. Pin.* 205, n.° 6. *Dod. Pempt.* 176, f. 4. *Lob. Ic.* 1, p. 454, f. 1. *Clus. Hist.* 1, p. 288, f. 1. *Lugd. Hist.* 809, f. 2; et 1235, f. 2. *Moris. Hist.* sect. 5, tab. 21, f. 26. *Flor Dan.* tab. 559.

En Provence, *à Montpellier.* ☉ Vernale.

31. CORNILLET des rochers, *S. rupestris*, L. à fleurs droites; à pétales échancrés; à calices arrondis; à feuilles lancéolées.

Alsine Alpina, glabra; Morgeline des Alpes, à feuilles lisses. *Bauh. Pin.* 251; n.° 1. *Bauh. Hist.* 3, P. 2, p. 360, f. 3. *Flor. Dan.* tab. 4.

Cette espèce présente une variété:

Caryophyllus holosteus Alpinus, gramineus; Œillet holoste des Alpes, à feuilles graminées. *Bauh. Pin.* 210, n.° 3.

Nutritive pour le Cheval.

Sur les Alpes du Dauphiné, *de Provence.* ♂ Estivale. *Alp.*

32. CORNILLET saxifrage, *S. saxifraga*, L. à tiges ne portant le plus souvent qu'une seule fleur; à péduncules de la longueur de la tige; à feuilles lisses; à fleurs hermaphrodites, d'autres femelles; à pétales divisés peu profondément en deux parties.

Caryophyllus saxifragus; Œillet saxifrage. *Bauh. Pin.* 211, n.° 4. *Lob. Ic.* 1, p. 428, f. 1. *Lugd. Hist.* 1123, f. 1. *Camer. Epit.* 720. *Bauh. Hist.* 3, P. 2, p. 338, f. 2. *Bellev.* tab. 138, *Seg. Ver.* 1, p. 431, esp. 14, tab. 6, f. 1.

A Montpellier, Grenoble, en Provence. ♃ Vernale.

33. CORNILLET du Valais, *S. Valesia*, L. à tige ne portant le plus souvent qu'une seule fleur, couchée; à feuilles lancéolées, cotonneuses, de la longueur du calice.

Barrel. tab. 382. *Allion. Flor. Pedem.* n.° 1574, tab. 23, f. 2.

Sur les Alpes du Dauphiné, du Piémont. ♃ Estivale. *Alp.*

34. CORNILLET sans tige, *S. acaulis*, L. à tige très-courte, déprimée; à pétales échancrés.

Lychnis Alpina, pumila, folio graminco, sive Muscus Alpinus, Lychnidis flore; Lamprette des Alpes, naine, à feuille graminée, ou Mousse des Alpes, à fleur de Lychnide. *Bauh. Pin.* 206, n.° 4. *Pon. Bald.* 341, f. 2. *Bauh. Hist.* 3, P 2, p. 768, f. 1. *Dill. Elth.* pag. 167 et 206. *Allion. Flor. Pedem.* n.° 1583, tab. 79, f. 1. *Flor. Dan.* tab. 21.

Nous ramènerons à cette espèce comme variété le *Silene excapus* d'*Allioni Flor. Pedem.* n.° 1584, tab. 79, f. 2, qui croissant à une élévation plus considérable, offre une diminution sensible dans toutes ses parties. On pourroit également, si l'on vouloit, faire une espèce d'une autre variété de la même plante, dont les péduncules sont trois fois plus alongés que dans le Cornillet sans tige, et dont *Allioni* ne parle point. La création de toutes ces prétendues nouvelles espèces, dénotent ou un défaut d'observation, ou une manière de philosopher qui tend à surcharger sans nécessité la nomenclature de la botanique.

Sur les Alpes du Dauphiné. ♃ Vernale *sur les Alpes calcaires*; estivale *sur les Alpes granitiques.*

617. STELLAIRE, *STELLARIA.* * *Lam. Tab. Encyclop.* pl. 378. ALSINE. *Tournef. Inst.* 242, tab. 126.

CAL. *Périanthe* à cinq *feuillets*, ovales, lancéolés, concaves, aigus, ouverts, persistans.

COR. Cinq *Pétales*, planes, oblongs, à deux divisions profondes; se flétrissant.

ÉTAM. Dix *Filamens*, filiformes, plus courts que la corolle, les alternes plus courts. *Anthères* arrondies.

PIST. *Ovaire* arrondi. Trois *Styles*, capillaires, étalés. *Stigmates* obtus.
PÉR. *Capsule* ovale, couverte, à une loge, à six battans.
SEM. Plusieurs, arrondies, comprimées.
Obs. S. radians a ses pétales divisés profondément en cinq parties.

Calice à cinq feuillets ouverts. *Corolle* à cinq pétales divisés profondément en deux parties. *Capsule* à une seule loge, renfermant plusieurs semences.

1. STELLAIRE des bois, *S. nemorum*, L. à feuilles en cœur, pétiolées; à péduncules composés, formant le panicule.

Alsine altissima, nemorum; Morgeline très-élevée, des bois. *Bauh. Pin.* 250, n.° 8. *Dod. Pempt.* 29, f. 1. *Lob. Ic.* 1, p. 460, f. 1.

Cette espèce présente une variété.

Alsine montana, latifolia, flore laciniato; Morgeline des montagnes, à larges feuilles, à fleur laciniée. *Bauh. Pin.* 251, n.° 6.

En Dauphiné, au Mont-Pilat, à Paris. ♃ Estivale.

2. STELLAIRE dichotome, *S. dichotoma*, L. à feuilles ovales; assises; à tige dichotome; à fleurs solitaires; à péduncules portant les capsules, renversés.

Haller pense que cette espèce n'est que la précédente, adulte.

A Montpellier. ⊙

3. STELLAIRE à rayons, *S. radians*, L. à feuilles lancéolées; dentelées; à pétales divisés profondément en cinq parties.

Ammann. Ruth. 83, tab. 10.

En Sibérie, dans les terrains marécageux.

4. STELLAIRE holostée, *S. holostea*, L. à feuilles lancéolées, dentelées; à pétales divisés peu profondément en deux parties.

Caryophyllus holosteus arvensis, glaber, flore majore; Œillet holoste des champs, lisse, à fleur plus grande. *Bauh. Pin.* 210, n.° 5. *Fusch.* 136. *Dod. Pempt.* 563, f. 1. *Lob. Ic.* 1, p. 46, f. 1. *Lugd. Hist.* 422, f. 1. *Camer. Epit.* 743. *Bauh. Hist.* 3, P. 2, p. 361, f. 2. *Bul. Paris.* tab. 229. *Flor. Dan.* tab. 698.

A Lyon, Grenoble, Paris, dans les bois. ♃ Vernale

5. STELLAIRE graminée, *S. graminea*, L. à feuilles linéaires, très-entières; à fleurs en panicule.

Caryophyllus arvensis, glaber, flore minore; Œillet des champs, lisse, à fleur plus petite. *Bauh. Pin.* 210, n.° 6. *Lob. Ic.* 1, p. 46, f. 2. *Flor. Dan.* tab. 414 et 415.

Cette espèce présente une variété.

Caryophyllus holosteus Alpinus, angustifolius, purpurascens; Œillet holoste des Alpes, à feuilles étroites, à fleur tirant sur la pourpre. *Bauh. Pin.* 210, n.° 2.

Nutritive pour le Cheval, le Bœuf, le Mouton, le Cochon; la Chèvre, l'Oie.

A Lyon, Grenoble, Paris, etc. ♃ Vernale.

6. STELLAIRE à feuilles de céraiste, *S. cerastoïdes*, L. à feuilles oblongues; à pédoncules portant le plus souvent deux fleurs.

Gun. Norw. n.° 951, tab. 6, f. 2.

Sur les Alpes de Lapponie.

7. STELLAIRE à deux fleurs, *S. biflora*, L. à feuilles en alêne; à hampe portant le plus souvent deux fleurs; à pétales échancrés; à ovaires oblongs; à calices striés.

Seguier Ver. 3, p. 177, tab. 4, f. 1. *Flor. Dan.* tab. 12.

Sur les Alpes du Dauphiné, de Suisse, de Lapponie.

8. STELLAIRE des sables, *S. arenaria*, L. à feuilles en spatule; à tige droite, divisée peu profondément en deux parties; à rameaux alternes; à pétales échancrés.

En Espagne. ☉

618. SABLIÈRE, *ARENARIA.* * *Lam. Tab. Encyclop.* pl. 378.

CAL. *Périanthe* à cinq *feuillets*, oblongs, pointus, ouverts, persistans.

COR. Cinq *Pétales*, ovales, entiers.

ÉTAM. Dix *Filamens*, en alêne: les intérieurs *alternes*. *Anthères* arrondies.

PIST. *Ovaire* ovale. Trois *Styles*, droits et renversés. *Stigmates* un peu épais.

PÉR. *Capsule* ovale, couverte, à une loge, s'ouvrant au sommet par cinq côtés.

SEM. Plusieurs, en forme de rein.

OBS. A. tetraquetra *a une capsule à cinq battans. Le nombre des* Étamines *varie.*

Calice à cinq feuillets ouverts. *Corolle* à cinq pétales entiers. *Capsule* à une seule loge, renfermant plusieurs semences.

1. SABLIÈRE à feuilles de peplis, *A. peploïdes*, L. à feuilles ovales, pointues, succulentes.

Alsine littoralis, foliis Portulacæ; Morgeline des rivages, à feuilles de Pourpier. *Bauh. Pin.* 251, n.° 6. *Bellev.* tab. 151. *Loes. Pruss.* 12, n.° 2.

En France près de la Rochelle. ♃

2. SABLIÈRE à quatre faces, *A. tetraquetra*, L. à feuilles ovales; en carène, recourbées, en recouvrement sur quatre côtés.

Caryophyllus saxatilis, Ericæfolius, ramosus, repens; Œillet des rochers, à feuilles de Bruyère, rameux, rampant. *Bauh. Pin.* 211, n.° 7.

Cette espèce présente une variété :

Caryophyllus saxatilis, Ericæ foliis, umbellatis corymbis ; Œillet des rochers, à feuilles de Bruyère, à corymbes ombellés. *Bauh. Pin.* 211, n.° 6.

Aux Pyrénées. ♃

3. SABLIÈRE à deux fleurs, *A. biflora*, L. à feuilles en ovale renversé, obtuses ; à tiges couchées ; à péduncules latéraux, portant deux fleurs.

Allion. Flor. Pedem. n.° 1699, tab. 44, f. 1 ; et tab. 64, f. 3.

Sur les Alpes du Dauphiné, de Suisse. ♃ Estivale. *Alp.*

4. SABLIÈRE à fleur latérale, *A. lateriflora*, L. à feuilles ovales, obtuses ; à péduncule latéral portant deux fleurs.

En Sibérie.

5. SABLIÈRE à trois nervures, *A. trinervia*, L. à feuilles ovales, pointues, pétiolées, nerveuses ; à péduncules solitaires.

Bauh. Hist. 3, P. 2, p. 363 et 364, f. 1. *Flor. Dan.* tab. 329.

En Europe, dans les bois. ☉ Vernale.

6. SABLIÈRE ciliée, *A. ciliata*, L. à feuilles ovales, nerveuses, pointues, ciliées.

Seguier Ver. 1, p. 420, esp. 9, tab. 5, f. 2. *Hall. Helv.* n.° 876, tab. 17. *Flor. Dan.* tab. 346.

Sur les Alpes du Dauphiné, de Provence. ♃ Vernale.

7. SABLIÈRE des isles Baléares, *A. Balearica*, L. à feuilles ovales, luisantes, un peu charnues ; à tige rampante ; à péduncules portant une seule fleur.

Aux isles Baléares.

8. SABLIÈRE à plusieurs tiges, *A. multicaulis*, L. à feuilles ovales, sans nervures, assises, pointues ; à corolles plus grandes que le calice.

A Montpellier, Grenoble.

9. SABLIÈRE à feuilles de serpolet, *A. serpillifolia*, L. à feuilles en ovale renversé, pointues, assises ; à corolles plus courtes que le calice.

Alsine minor, multicaulis ; Morgeline plus petite, à plusieurs tiges. *Bauh. Pin.* 250, n.° 12. *Fusch. Hist.* 23. *Dod. Pempt.* 30, f. 1. *Lob. Ic.* 1, p. 461, f. 1. *Lugd. Hist.* 1233, f. 1. *Bul. Paris.* tab. 230.

Nutritive pour le Dindon.

En Europe sur les murailles, dans les endroits arides. ☉ Estivale.

10. SABLIÈRE à trois fleurs, *A. triflora*, L. à feuilles lancéolées, en alêne, ciliées ; à rameaux portant le plus souvent trois fleurs ; à pétales obtus, marqués par des lignes.

En Dauphiné. ♃

11. SABLIÈRE des montagnes, *A. montana*, L. à feuilles linéaires, lancéolées, rudes; à tiges stériles, très-longues, couchées.

En France?

12. SABLIÈRE rouge, *A. rubra*, L. à feuilles filiformes; à stipules membraneuses, vaginales ou en gaine, ovales, lancéolées.

Cette espèce présente deux variétés:

1.° Sablière à fleur rouge, champêtre; *A. rubra, campestris.*

Alsine Spergulæ facie, minor, sive Spergula minor, flosculo subcæruleo; Morgeline ressemblant à la Spargoute, plus petite, ou Spargoute plus petite, à fleur bleuâtre. *Bauh. Pin.* 251, n.° 3. *Lugd. Hist.* 1384, f. 2. *Bauh. Hist.* 3, P. 2, p. 722, f. 3. *Bellev.* tab. 152. *Loes. Pruss.* 203, n.° 63.

2.° La Sablière à fleurs rouges, maritime; *A. rubra, maritima.*

Alsine Spergulæ facie, media; Morgeline ressemblant à la Spargoute, moyenne. *Bauh. Pin.* 251, n.° 2. *Lugd. Hist.* 1385; f. 1? *Bauh. Hist.* 3, P. 2, p. 722 et 723, f. 1.

La première variété, en Europe dans les champs; la seconde, sur les bords de la Méditerranée. ⨀

13. SABLIÈRE moyenne, *A. media*, L. à feuilles linéaires, charnues; à stipules membraneuses; à tiges un peu velues.

En Dauphiné.

14. SABLIÈRE de Bavière, *A. Bavarica*, L. à feuilles demi-cylindriques, charnues, obtuses; à pétales lancéolés; à péduncules terminans, le plus souvent deux à deux.

En Bavière, en Sibérie. ♃

15. SABLIÈRE à feuilles de gypsophile, *A. gypsophiloïdes*, L. à feuilles linéaires: les radicales sétacées; à panicule un peu velu; à pétales lancéolés.

En Orient. ♃

16. SABLIÈRE des rochers, *A. saxatilis*, L. à feuilles en alêne; à tiges en panicule; à feuillets du calice ovales, obtus.

Plukn. tab. 7, f. 3; et tab. 75, f. 4. *Bellev.* tab. 153. *Vaill. Bot.* 7, tab. 2, f. 3. *Barrel.* tab. 580.

A Lyon, Montpellier, Paris, etc.

17. SABLIÈRE printanière, *A. verna*, L. à feuilles en alêne; à tiges en panicule; à calices aigus, striés.

Herm. Parad. pag. et tab. 12. *Gerard Prov.* 405, tab. 15, f. 1?

Sur les Alpes du Dauphiné. ♃ Vernale. *S-Alp.*

18. SABLIÈRE hérissée, *A. hispida*, L. à feuilles en alêne, hérissées en dessous.

A Montpellier.

19. SABLIÈRE à feuilles de génevrier, *A. juniperina*, L. à feuilles en alêne, épineuses ; à tiges droites ; à calices striés ; à capsules oblongues.

Gurard Prov. 405, tab. 15, f. 1.

Sur les Alpes du Dauphiné, de Provence, à Paris, etc. Estivale. *Alp.*

20. SABLIÈRE à feuilles menues, *A. tenuifolia*, L. à feuilles en alêne ; à tige en panicule ; à capsules droites ; à pétales lancéolés, plus courts que le calice.

Bauh. Hist. 3, P. 2, p. 364, f. 3. *Pluk.* tab. 75, f. 3. *Vaill. Bot.* 7, tab. 3, f. 1. *Flor. Dan.* tab. 389.

En Europe dans les champs. ⊙ Vernale.

21. SABLIÈRE à feuilles de mélèze, *A. laricifolia*, L. à feuilles sétacées ; à tige dénuée de feuilles vers le haut ; à calices un peu velus.

Alsine Alpina, Junceo folio ; Morgeline des Alpes, à feuilles de Jonc. *Bauh. Pin.* 251, n.° 2. *Magn. Hort.* 11, tab. 2. *Jacq. Aust.* tab. 272. *Scopol. Carniol.* ed. 2, n.° 541, tab. 18.

Sur les Alpes du Dauphiné, à Paris. ♃ Estivale. *Alp.*

22. SABLIÈRE striée, *A. striata*, L. à feuilles linéaires, droites ; appliquées contre la tige ; à calices oblongs, striés.

Bauh. Hist. 3, P. 2, p. 360, f. 3. *Allion. Flor. Pedem.* n.° 1712, tab. 26, f. 4.

Sur les Alpes du Dauphiné. ♃

23. SABLIÈRE en faisceau, *A. fasciculata*, L. à feuilles en alêne ; à tige droite, striée ; à fleurs ramassées en faisceau ; à pétales très-courts.

Jacq. Aust. 2, tab. 182. *Scop. Carniol.* ed. 2, n.° 538, tab. 17.

A Montpellier, à Grenoble. ⊙ Vernale.

24. SABLIÈRE à grande fleur, *A. grandiflora*, L. à feuilles en alêne ; aplaties, roides : les radicales entassées ; à tiges portant une seule fleur.

Allion. Flor. Pedem. n.° 1711, tab. 10, f. 1.

A Montpellier. ♃

25. SABLIÈRE à fleur de lin, *A. liniflora*, L. à feuilles en alêne ; à tiges sous-ligneuses ; à fleurs deux à deux.

Dans l'Europe Méridionale. ♃

619. CHERLERIE, *CHERLERIA*. *Lam. Tab. Encylop.* pl. 379.

CAL. *Périanthe* à cinq *feuillets*, lancéolés, concaves, égaux.

COR. Nulle, (à moins qu'on ne prenne pour corolle le calice ou les nectaires).

Cinq *Nectaires*, échancrés, très-petits, disposés en rond.

ÉTAM. Dix *Filamens*, en alêne, dont les alternes sont insérés sur le dos des nectaires. *Anthères* simples.

PIST. *Ovaire* ovale. Trois *Styles*, peu sinués. *Stigmates* simples.

PÉR. *Capsule* ovale, à trois loges, à trois battans.

SEM. Deux ou trois, en forme de rein.

Calice à cinq feuillets. Cinq *Nectaires* divisés peu profondément en deux parties, tenant lieu de corolle. *Anthères* alternativement stériles. *Capsule* à trois battans, à trois loges renfermant chacune trois semences.

1. CHERLERIE en gazon, *C. sedoïdes*, L. à tiges garnies vers le haut d'une rosette de feuilles opposées, très-rapprochées, fermes, linéaires, étroites, aiguës, engainant la tige par leur base; à pédoncules très-courts, portant une seule fleur.

Moris. Hist. sect. 12, tab. 6, f. 14. *Plukn.* tab. 42, f. 8. *Seguier Ver.* 3, p. 180, tab. 4, f. 3. *Hall. Helv.* n.° 859, tab. 21. *Opusc. Bot.* 300, tab. 1, f. 3. *Jacq. Aust.* tab. 284.

Sur les Alpes du Dauphiné, de Provence, de Suisse, d'Autriche, d'Italie. ♃ Estivale. *Alp.*

620. GARIDELLE, *GARIDELLA.* * *Tournef. Inst.* 655, tab. 430. *Lam. Tab. Encyclop.* pl. 379.

CAL. *Périanthe* petit, à cinq *feuillets*, ovales, aigus, caducs-tardifs.

COR. Nulle, (à moins qu'on ne prenne pour corolle le calice.)

Cinq *Nectaires*, longs, égaux, à deux lèvres : l'*extérieure* plane, à deux divisions peu profondes, longues, linéaires, obtuses : l'*intérieure* plus courte, simple.

ÉTAM. Le plus souvent dix *Filamens*, en alêne, plus courts que la corolle. *Anthères* droites, obtuses.

PIST. Trois *Ovaires*, ovales, droits, pointus, réunis. *Styles* à peine visibles. *Stigmates* simples.

PÉR. Trois *Capsules*, réunies, oblongues, pointues, comprimées; à deux battans : la suture intérieure plus convexe.

SEM. Plusieurs, courtes.

OBS. *Ce genre a beaucoup d'affinité avec les* Nielles.

Calice à cinq feuillets, tenant lieu de corolle. Cinq *Nectaires* à deux lèvres divisées peu profondément en deux parties. Trois *Capsules* réunies, renfermant chacune plusieurs semences.

1. GARIDELLE nielle, *G. nigellastrum*, L. à feuilles finement découpées.

Nigella Cretica, folio Fœniculi; Nielle de Crète, à feuilles de Fenouil. *Bauh. Pin.* 146, n.° 8. *Moris. Hist.* sect. 12, tab. 18, f. 6. *Barrel.* tab. 1240 (mauvaise). *Magn. Hort.* 143, tab. 18. *Garid. Prov.* 203, tab. 39.

En Provence, en Dauphiné. ☉

621. MALPIGHIE, *MALPIGHIA.* * *Plum. Gen.* 46, tab. 36. *Lam. Tab. Encyclop.* pl. 381.

CAL. *Périanthe* à cinq *feuillets*, droits, très-petits, persistans, réunis. Deux *Glandes mellifères*, ovales, bossuées, agglutinées extérieurement et inférieurement sur les feuillets du calice.

COR. Cinq *Pétales*, en forme de rein, grands, plissés, ciliés, ouverts, concaves. *Onglets* longs, linéaires.

ÉTAM. Dix *Filamens*, élargis, en alêne, droits, petits, disposés en cylindre. *Anthères* en cœur.

PIST. *Ovaire* arrondi, très-petit. Trois *Styles*, filiformes. *Stigmates* obtus.

PÉR. *Baie* arrondie, bossuée, grande, à une loge.

SEM. Trois, osseuses, oblongues, obtuses, anguleuses, à *Noyau* oblong, obtus.

OBS. M. nitida *n'a qu'un seul style.*

Calice à cinq feuillets garnis extérieurement à leur base de dix pores mellifères. *Corolle* à cinq pétales arrondis, à onglets. *Baie* à une seule loge, renfermant trois semences.

1. MALPIGHIE lisse, *M. glabra*, L. à feuilles ovales, très-entières, lisses; à péduncules en ombelle.
Sloan. Jam. tab. 207, f. 2.
À la Jamaïque, au Brésil, à Surinam. ♄

2. MALPIGHIE à feuilles de grenadier, *M. punicifolia*, L. à feuilles ovales, très-entières, lisses; à péduncules portant une seule fleur.
Plukn. tab. 157, f. 7.
Dans l'Amérique Méridionale. ♄

3. MALPIGHIE luisante, *M. nitida*, L. à feuilles lancéolées, très-entières, lisses; à fleurs en épis latéraux.
Dans l'Amérique Méridionale. ♄

4. MALPIGHIE brûlante, *M. urens*, L. à feuilles oblongues, ovales; garnies de deux soies roides, couchées; à péduncules agrégés, portant une seule fleur.
Sloan. Jam. tab. 207, f. 3.
Dans l'Amérique Méridionale. ♄

5. MALPIGHIE à feuilles étroites, *M. angustifolia*, L. à feuilles linéaires, lancéolées, garnies des deux côtés de deux soies roides, couchées; à péduncules en ombelle.
Dans l'Amérique Méridionale. ♄

6. MALPIGHIE à feuilles épaisses, *M. crassifolia*, L. à feuilles ovales, très-entières, cotonneuses en dessous; à rameaux terminans.
Sloan. Jam. tab. 163, f. 1.
Dans l'Amérique Méridionale. ♄

7. MALPIGHIE à feuilles de bouillon blanc, *M. verbascifolia*, L. à feuilles lancéolées, ovales, cotonneuses, très-entières; à rameaux terminans.

Sloan. Jam. tab. 198, f. 2.

Dans l'Amérique Méridionale ♄

8. MALPIGHIE à feuilles de houx, *M. aquifolia*, L. à feuilles lancéolées, dentées, épineuses, herissées en dessous.

Plum. Spec. ic. 168, f. 1.

Dans l'Amérique Méridionale. ♄

9. MALPIGHIE coccifère, *M. coccifera*, L. à feuilles presque ovales, dentées, épineuses.

Plum. Spec. ic. 168, f. 2.

Dans l'Amérique Méridionale. ♄

622. BANISTÈRE, *BANISTERIA.* † *Lam. Tab. Encyclop.* pl. 381.

CAL. *Périanthe* très-petit, à cinq *segmens* profonds, parsemés en dessous de tubercules rudes, persistans.

Deux *Glandes mellifères* sous chaque segment du calice, (excepté sous un seul, ce qui réduit leur nombre à huit.)

COR. Cinq *Pétales*, arrondis, très-grands, ouverts, crénelés. *Onglets* oblongs, linéaires.

ÉTAM. Dix *Filamens*, très-petits. *Anthères* simples.

PIST. Trois *Ovaires*, ailés, réunis. Trois *Styles*, simples. *Stigmates* obtus.

PÉR. Trois, prolongés en aile, à une loge, réunis sur les côtés de petits appendices, ne s'ouvrant point.

SEM. Solitaires, couvertes, à marge latérale dentée.

OBS. *La fleur et principalement les glandes du calice démontrent l'affinité de ce genre avec les* Malpighies.

Calice à cinq segmens profonds, garnis extérieurement à leur base de cinq pores mellifères. *Corolle* à pétales arrondis, à onglets. Trois *Semences* membraneuses, ailées.

1. BANISTÈRE anguleuse, *B. angulosa*, L. à feuilles sinuées, anguleuses.

Plum. Amer. tab. 92.

Dans l'Amérique Méridionale. ♄

2. BANISTÈRE pourpre, *B. purpurea*, L. à feuilles ovales; à fleurs en épis latéraux; à semences droites.

Plum. Spec. 18, tab. 15.

Dans l'Amérique Méridionale. ♄

3. BANISTÈRE à feuilles de laurier, *B. laurifolia*, L. à feuilles ovales, oblongues, roides; à rameaux terminans.

A la Jamaïque. ♄

4. BANISTÈRE du Bengale, *B. Bengalensis*, L. à feuilles ovales, oblongues, aiguës; à rameaux latéraux; à semences étalées.

Plukn. tab. 3, f. 1.

Aux Indes Orientales. ♄

5. BANISTÈRE dichotome, *B. dichotoma*, L. à feuilles ovales; à rameaux dichotomes ou à bras ouverts.

Plum. Spec. 18, tab. 13.

Dans l'Amérique Méridionale. ♄

6. BANISTÈRE brillante, *B. fulgens*, L. à feuilles presque ovales, cotonneuses en dessous; à rameaux en croix; à péduncules en ombelle.

Sloan. Jam. tab. 162, f. 2.

Dans l'Amérique Méridionale. ♄

7. BANISTÈRE en croix, *B. brachiata*, L. à feuilles presque ovales; à rameaux en croix; à semences plus étroites intérieurement.

Dans l'Amérique Méridionale. ♄

623. HIRÉE, *HIRÆA*.

CAL. *Périanthe* à cinq *feuillets*, ovales, droits, très-petits, persistans.

COR. Cinq *Pétales*, arrondis, concaves. *Onglets* longs.

ÉTAM. Dix *Filamens*, capillaires: les extérieurs plus courts. *Anthères* arrondies, droites.

PIST. *Ovaire* arrondi. Trois *Styles*, simples, droits. *Stigmates* obtus, étalés, divisés peu profondément en deux parties.

PÉR. Nul.

SEM. Trois, relevées en carène sur le dos, chacune garnie extérieurement d'une seule aile à la base, et de deux ailes étalées au sommet.

Calice à cinq feuillets. *Corolle* à cinq pétales arrondis, à onglets. *Capsule* à trois ailes, à trois loges renfermant chacune deux semences.

1. HIRÉE inclinée, *H. reclinata*, L. à feuilles oblongues, obtuses, très-entières, lisses en dessus, un peu velues en dessous.

Jacq. Amer. 137, tab. 176, f. 42.

A Carthagène, dans les forêts. ♄

624. TRIOPTERIS, *TRIOPTERIS*. † *Lam. Tab. Encyclop.* pl. 382.

CAL. *Périanthe* à cinq *segmens* profonds, très-petit, persistant.

COR. Six *Pétales* (ailes des semences), ovales, droits, égaux, persistans. Trois autres ailes plus petites, environnant les premières, égales entr'elles.

ÉTAM. Dix *Filamens*, capillaires, placés au-delà des pétales (ainsi nommés) : les extérieurs plus courts. *Anthères* simples.

PIST. *Ovaire* divisé peu profondément en trois parties. Trois *Styles*, droits. *Stigmates* obtus.

PÉR. Nul.

SEM. Trois, relevées en carène sur le dos : chaque semence garnie d'une seule aile à la base, et de deux ailes au sommet.

OBS. Les ailes des semences imitent des pétales, mais elles n'en sont point véritablement. Ce genre diffère des Hirœa principalement par le manque des vrais pétales.

Calice à cinq segmens profonds. *Ovaire* à six ailes qui imitent les pétales. Trois *Semences* à trois ailes.

1. TRIOPTERIS de la Jamaïque, *T. Jamaicensis*, L. à feuilles ovales, oblongues, lisses, vertes sur les deux surfaces, luisantes en dessus, aiguës, opposées ; à pétioles courts.

Dans l'Amérique Méridionale.

625. ERYTHROXYLE, *ERYTHROXYLON.* † *Lam. Tab. Encyclop.* pl. 383.

CAL. *Périanthe* d'un seul feuillet, en toupie, très-petit, se flétrissant, à cinq *segmens* peu profonds, ovales, aigus.

COR. Cinq *Pétales*, ovales, concaves, ouverts.

Nectaire : cinq écailles, échancrées, droites, colorées, insérées à la base des pétales.

ÉTAM. Dix *Filamens*, de la longueur de la corolle, réunis à la base par une membrane tronquée. *Anthères* en forme de cœur.

PIST. *Ovaire* ovale. Trois *Styles*, filiformes, écartés, de la longueur des étamines. *Stigmates* obtus, un peu épais.

PÉR. *Drupe* ovale, à une loge.

SEM. *Noix* oblongue, à quatre angles obtus.

Calice en toupie. *Corolle* à cinq pétales garnis à leur base d'une petite écaille nectarifère, échancrée. *Filamens* des étamines réunis à la base. *Drupe* à une seule loge.

1. ERYTHROXYLE à aréole, *E. areolatum*, L. à feuilles en ovale renversé.

Jacq. Amer. 134, tab. 87, f. 1.

A Carthagène, sur les bords de la mer. ♄

2. ERYTHROYLE de la Havane, *E. Havanense*, L. à feuilles ovales.

Jacq. Amer. 135, tab. 87, f. 2.

A la Havane, sur les rochers près des bords de la mer. ♄

IV. PENTAGYNIE.

626. CARAMBOLIER, *AVERRHOA*. † *Lam. Tab. Encyclop.* pl. 383.

CAL. *Périanthe* petit, droit, à cinq *feuillets*, lancéolés, persistans.

COR. Cinq *Pétales*, lancéolés, droits dans leur partie inférieure, ouverts dans leur partie supérieure.

ÉTAM. Dix *Filamens*, sétacés, dont cinq alternes, de la longueur de la corolle, cinq plus courts.

PIST. *Ovaire* oblong, à cinq côtés irréguliers. Cinq *Styles*, sétacés, droits. *Stigmates* simples.

PÉR. *Pomme* en toupie, à cinq côtés, à cinq loges.

SEM. Anguleuses, séparées par des membranes.

Calice à cinq feuillets. *Corolle* à cinq pétales ouverts supérieurement. *Pomme* pentagone, à cinq loges.

1. CARAMBOLIER Bilimbi, *A. Bilimbi*, L. à tige nue, portant la fructification; à pommes oblongues, à angles obtus.

Rheed. Mal. 3, p. 55, tab. 45 et 46. *Rumph. Amb.* 1, p. 118, tab. 36. *Cavanil. Diss.* 7, n.° 539, tab. 219.

Dans l'Inde Orientale. ♄

2. CARAMBOLIER Carambola, *A. Carambola*, L. à aisselles des feuilles portant la fructification; à pommes oblongues, à angles aigus.

Mala Goaensia, fructu octangulari, pomi vulgaris magnitudine; Pomme de Goa, à fruit à huit angles, de la grandeur d'une pomme ordinaire. *Bauh. Pin.* 433, n.° 2. *Lugd. Hist.* 1872, f. 1. *Rumph. Amb.* 1, p. 115, tab. 35. *Cavanil. Diss.* 7, n.° 540, tab. 220.

Dans l'Inde Orientale. ♄

3. CARAMBOLIER acide, *A. acida*, L. à rameaux nus, fructifians; à pommes arrondies.

Rheed. Mal. 3, p. 57, tab. 47 et 48. *Rumph. Amb.* 7, p. 34, tab. 33, f. 2.

Dans l'Inde Orientale. ♄

627. MONBIN, *SPONDIAS*. † *Lam. Tab. Encyclop.* pl. 384. MONBIN. *Plum. Gen.* 44, tab. 22.

CAL. *Périanthe* d'un seul feuillet, comme en cloche, petit, à cinq *segmens* peu profonds, colorés, caduc-tardif.

COR. Cinq *Pétales*, oblongs, planes, ouverts.

ÉTAM. Dix *Filamens*, en alêne, droits, plus courts que la corolle: les alternes plus longs. *Anthères* oblongues.

PIST. *Ovaire* ovale. Cinq *Styles*, courts, écartés, droits. *Stigmates* obtus.

PÉR.

PÉR. *Drupe* oblongue, grande, marquée de cinq points par la chûte des styles.

SEM. *Noix* ovale, ligneuse, fibreuse, le plus souvent à cinq angles, à cinq loges.

Calice à cinq dents. *Corolle* à cinq segmens peu profonds. *Drupe* renfermant un *Noyau* à cinq loges.

1. MONBIN des Indes, *S. Monbin*, L. à feuilles sur un pétiole commun comprimé.

Pluk. tab. 218, f. 3. *Sloan. Jam.* tab. 219, f. 3, 4, 5. *Jacq. Amer.* 139, tab. 88.

Dans l'Inde Occidentale. ♄

2. MONBIN Myrobolan, *S. Myrobolanus*, L. à pétioles arrondis; à feuilles pinnées; à folioles luisantes, aiguës.

Hobos, Hobos. *Bauh. Pin.* 417, n.° 5. *Pluk.* tab. 204, fig. 2. *Sloan Jam.* tab. 219, fig. 1 et 2. *Jacq. Amer.* 139, tab. 88.

Dans l'Amérique Méridionale. ♄

628. COTYLIER, *COTYLEDON.* * *Tournef. Inst.* 90, tab. 19. *Lam. Tab. Encyclop.* pl. 389. *Dill. Elth.* 95.

CAL. *Périanthe* d'un seul feuillet, à cinq *segmens* peu profonds, aigus, très-petits.

COR. *Pétale* en cloche, à cinq divisions peu profondes.

Nectaire : Écaille concave, placée à la base extérieure de chaque ovaire.

ÉTAM. Dix *Filamens*, en alêne, droits, de la longueur de la corolle. *Anthères* droites, à quatre sillons.

PIST. Cinq *Ovaires*, oblongs, un peu épais, terminés par des *Styles* en alêne, plus longs que les étamines. *Stigmates* simples.

PÉR. Cinq *Capsules*, oblongues, ventrues, pointues, à un seul battant, s'ouvrant intérieurement dans leur longueur.

SEM. Plusieurs, petites.

OBS. C. laciniata L. *présente une cinquième partie de moins dans toutes les parties de la fructification.*

Calice à cinq segmens peu profonds. *Corolle* monopétale. Cinq *Écailles* nectarifères à la base de l'ovaire. Cinq *Capsules* dans chaque calice.

1. COTYLIER arrondi, *C. orbiculata*, L. à feuilles arrondies, charnues, planes, très-entières; à tige ligneuse.

Moris. Hist. sect. 12, tab. 7, fig. 39.

Au cap de Bonne-Espérance. ♄

2. COTYLIER faux, *C. spuria*, L. à feuilles en spatule, lancéolées, charnues, très-entières; à tige ligneuse.

Moris. Hist. sect. 12, tab. 7, fig. 40. *Burm. Afric.* 48, tab. 18 et 19, fig. 1; et tab. 21, fig. 1. *Commel. Rar.* pag. et tab. 23.

Au cap de Bonne-Espérance. ♄

3. COTYLIER hémisphérique, *C. hemisphærica*, L. à feuilles grasses, arrondies en demi-sphère.

Dill. Elth. tab. 93, f. 111.

En Ethiopie.

4. COTYLIER à dents de scie, *C. serrata*, L. à feuilles ovales, crénelées; à tige en épi.

Dill. Elth. tab. 93, f. 112.

Dans l'isle de Crète, en Sibérie.

5. COTYLIER Nombril de Vénus, *C. Umbilicus*, L. à feuilles en bouclier, creusées en cuiller, dentées à dents de scie, alternes, à tige rameuse; à fleurs droites.

Cette espèce présente deux variétés :

1.° *Cotyledon flore luteo, radice tuberosâ, repente*; Cotylier à fleur jaune, à racine tubéreuse, rampante. *Dodar. Mem.* pag. 137, tab. 10. *Bauh. Hist.* 3, P. 2, pag. 683 et 684, f. 1.

2.° *Cotyledon major*; Cotylier plus grand. *Bauh. Pin.* 285, n.° 1. *Matth.* 787, f. 1. *Dod. Pempt.* 131, f. 1. *Lob. Ic.* 1, p. 386, f. 2. *Clus. Hist.* 2, p. 63, f. 1. *Lugd. Hist.* 1608, f. 2.

A Lyon, Montpellier, en Provence. ♃ Vernale.

6. COTYLIER lacinié, *C. laciniata*, L. à feuilles laciniées; à fleurs à quatre divisions peu profondes.

Pluk. tab. 228, fig. 3.

En Égypte, dans l'Inde. ♄

7. COTYLIER d'Espagne, *C. Hispanica*, L. à feuilles oblongues, comme arrondies; à fleurs en faisceau.

En Afrique, en Orient.

629. ORPIN, *SEDUM.* * *Tournef. Inst.* 262, tab. 140. *Lam. Tab. Encyclop.* pl. 390. ANACAMPSEROS. *Tournef. Inst.* 264.

CAL. *Périanthe* à cinq *segmens* peu profonds, aigus, droits, persistans.

COR. Cinq *Pétales*, lancéolés, pointus, planes, ouverts.

Cinq *Nectaires*, formés chacun par une écaille très-petite, échancrée, insérée extérieurement à la base de chaque ovaire.

ÉTAM. Dix *Filamens*, en alêne, de la longueur de la corolle. *Anthères* arrondies.

PIST. Cinq *Ovaires*, oblongs, terminés par des *Styles* plus grêles. *Stigmates* obtus.

PÉR. Cinq *Capsules*, étalées, pointues, comprimées, échancrées près de la base, s'ouvrant intérieurement par une suture longitudinale.

SEM. Plusieurs, très-petites.

Calice à cinq segmens peu profonds. *Corolle* à cinq pétales. Cinq *Écailles* nectarifères à la base de l'ovaire. Cinq *Capsules* dans chaque calice.

* I. *ORPINS à feuilles aplaties.*

1. ORPIN verticillé, *S. verticillatum*, L. à feuilles quatre à quatre.

Amœn. Acad. 2, p. 352, tab. 4, f. 14.

En Sibérie. ♄

2. ORPIN Télèphe, *S. Telephium*, L. à feuilles un peu aplaties, à dents de scie; à fleurs en corymbe feuillé; à tige droite.

Telephium vulgare; Télèphe vulgaire. *Bauh. Pin.* 287, n.° 1. *Fusch. Hist.* 800. *Matth.* 472, f. 1. *Dod. Pempt.* 130, f. 2. *Lob. Ic.* 1, p. 389, f. 1. *Clus. Hist.* 2, p. 66, f. 2. *Lugd. Hist.* 1315, f. 2. *Bauh. Hist.* 3, P. 2, p. 681, f. 1.

Cette espèce présente deux variétés principales, 1.° l'Orpin Télèphe à fleur pourpre, *S. Telephium purpureum*; 2.° l'Orpin Télèphe très-grand, *S. Telephium maximum*.

La première variété se divise en deux autres variétés.

A. *Telephium purpureum, majus*; Télèphe à fleur pourpre, plus grand. *Bauh. Pin.* 287, n.° 2. *Fusch. Hist.* 801. *Lob. Ic.* 1, p. 389, f. 2. *Clus. Hist.* 2, p. 67, f. 1. *Lugd. Hist.* 1315, f. 1 et 3. *Bauh. Hist.* 3, P. 2, p. 682, f. 1.

B. *Telephium purpureum, minus*; Télèphe à fleur pourpre, plus petit. *Bauh. Pin.* 287, n.° 3.

2.° *Telephium latifolium, peregrinum*; Télèphe à larges feuilles, étrange.. *Bauh. Pin.* 287, n.° 4. *Dod. Pempt.* 130, f. 1. *Lob. Ic.* 1, p. 390, f. 1. *Clus. Hist.* 1, p. 66, f. 1. *Lugd. Hist.* 1316, f. 1. *Bauh. Hist.* 3, P. 2, p. 682, f. 2.

1. *Telephium*, Orpin, Reprise, Joubarbe des vignes. 2. Racine, feuilles. 3. Glutineuse, un peu acide. 4. Savonneuse. Son suc mêlé à l'esprit de vin, forme un beau *Coagulum* blanc, qui ne tarde pas à s'évaporer. 5. Plaies récentes, panaris, cors aux pieds.

Nutritive pour le Bœuf, le Mouton, le Cochon, la Chèvre.

En Europe, dans les terrains pierreux, les vignes. Estivale.

3. ORPIN Anacampsère, *S. Anacampseros*, L. à feuilles en forme de coin, très-entières; à tiges couchées; à fleurs en corymbe.

Telephium repens, folio deciduo; Télèphe rampant, à feuilles tombantes. *Bauh. Pin.* 287, n.° 5. *Dod. Pempt.* 130, f. 3. *Lob. Ic.* 1, p. 390, f. 2. *Clus. Hist.* 2, p. 67, f. 2. *Lugd. Hist.* 1316, f. 2. *Bauh. Hist.* 3, P. 2, p. 682, f. 3.

Sur les Alpes du Dauphiné, de Provence, à Paris. ♃ Estivale. *Alp.*

4. ORPIN Aizoon, *S. Aizoon*, L. à feuilles lancéolées, à dents de scie, aplaties; à tige droite; à fleurs en cymier assis et terminal.

Ammann. Ruth. n.° 96, tab. 11. *Gmel. Sibir.* 4, p. 173, tab. 67, f. 12.

En Sibérie. ♄

5. ORPIN hybride, *S. hybridum*, L. à feuilles en forme de coin, concaves, un peu dentées, agrégées; à rameaux rampans; à fleurs en cymier terminal.

Gmel. Sibir. 4, p. 171, n.° 85, tab. 62, f. 1.

En Tartarie. ♄

6. ORPIN étoilé, *S. stellatum*, L. à feuilles un peu aplaties, anguleuses; à fleurs latérales, assises, solitaires.

Cotyledon stellata; Cotylier étoilé. *Bauh. Pin.* 285, n.° 6. *Camer. Hort.* 7, tab. 2. *Column. Phytob.* 32, tab. 11. *Bauh. Hist.* 3, P. 2, p. 680, f. 3.

En Suisse, en Italie. ♃

7. ORPIN Cépæa, *S. Cepæa*, L. à feuilles aplaties; à tige rameuse; à fleurs en panicule.

Cepæa; Cépæa. *Bauh. Pin.* 288. *Matth.* 666, f. 1. *Lob. Ic.* 1, p. 393, f. 1. *Clus. Hist.* 2, p. 68, f. 1. *Lugd. Hist.* 1346, f. 1. *Camer. Epit.* 673. *Bauh. Hist.* 3, P. 2, p. 679 et 680, fig. 1. *Moris. Hist.* sect. 12, tab. 7, f. 37. *Barrel.* tab. 1170. *Bul. Paris.* tab. 233.

A Lyon, Grenoble, Paris. ⊙ Estivale.

8. ORPIN du Mont-Liban, *S. Libanoticum*, L. à feuilles radicales réunies en faisceaux, en spatule lancéolée; à tige presque nue, très-simple.

Dans la Palestine. ♃

* II. *ORPINS à feuilles arrondies.*

9. ORPIN à feuilles épaisses, *S. dasyphyllum*, L. à feuilles opposées, ovales, obtuses, charnues; à tige foible; à fleurs éparses.

Sedum minus, folio circinnato; Orpin plus petit, à feuille arrondie. *Bauh. Pin.* 283, n.° 4. *Lugd. Hist.* 1133, f. 2. *Bauh. Hist.* 3, P. 2, p. 691, f. 1. *Moris. Hist.* sect. 12, t. 7, f. 35. *Bellev.* tab. 166. *Jacq. Hort.* tab. 153.

A Lyon, Grenoble, Montpellier. ⊙

10. ORPIN renversé, *S. reflexum*, L. à feuilles en alêne, éparses, adhérentes au-dessus de la base: les inférieures recourbées.

Sedum minus luteum, folio acuto; Orpin plus petit, à fleur jaune, à feuille aiguë. *Bauh. Pin.* 283, n.° 5. *Dod. Pempt.* 129, f. 1. *Lob. Ic.* 1, p. 378, f. 1. *Clus. Hist.* 2, p. 60, f. 2. *Lugd. Hist.* 1129, f. 2. *Bauh. Hist.* 3, P. 2, p. 692, f. 3.

Cette espèce présente une variété.

Sedum minus, luteum, ramulis reflexis; Orpin plus petit, à fleur jaune, à rameaux renversés. *Bauh. Pin.* 283, n.° 6. *Lob. Ic.* 1, p. 377, f. 1. *Clus. Hist.* 1, p. 60, f. 1.

A Lyon, Grenoble, Paris. ♃ Estivale.

81. ORPIN des rochers, *S. rupestre*, L. à feuilles en alêne, disposés sur cinq rangs, adhérentes au-dessus de la base; à fleurs en cymier.

Dill. Elth. tab. 256, f. 333. *Flor. Dan.* tab. 59.

A Lyon, Grenoble, Paris, etc. ♃ Estivale.

82. ORPIN d'Espagne, *S. Hispanicum*, L. à feuilles arrondies, pointues : les radicales réunies en faisseaux; à fleurs en cymier duveté.

Dill. Elth. tab. 256, f. 332.

En Espagne. ♃

83. ORPIN blanc, *S. album*, L. à feuilles oblongues, obtuses, un peu arrondies, assises, ouvertes ou écartées de la tige; à fleurs en cymier ramifié.

Sedum minus, teretifolium, album; Orpin plus petit, à feuilles arrondies, à fleur blanche. *Bauh. Pin.* 283, n.° 1. *Fusch. Hist.* 35. *Dod. Pempt.* 129, f. 2. *Lob. Ic.* 1, p. 377, fig. 1. *Clus. Hist.* 2, p. 59, f. 1. *Lugd. Hist.* 1130, f. 1 et 1132, f. 4. *Camer. Epit.* 855. *Bauh. Hist.* 3, P. 2, pag. 690, fig. 1. *Bul. Paris.* tab. 235. *Flor. Dan.* tab. 66.

Nutritive pour la Chèvre.

En Europe, sur les murailles, les rochers. ♃ Vernale.

84. ORPIN bleu, *S. cæruleum*, L. à feuilles oblongues, obtuses, un peu arrondies, assises, très-ouvertes ou écartées de la tige; à fleurs en grappes simples.

Au cap de Bonne-Espérance.

85. ORPIN âcre, *S. acre*, L. à feuilles comme ovales, très-rapprochées, assises, bossuées, alternes, un peu redressées; à fleurs en cymier divisé profondément en trois parties.

Sempervivum minus, vermiculatum, acre; Joubarbe plus petite, vermiculaire, âcre. *Bauh. Pin.* 283, n.° 8. *Fusch. Hist.* 36. *Dod. Pempt.* 129, f. 3. *Lob. Ic.* 1, p. 379, f. 1. *Clus. Hist.* 2, pag. 61, f. 1. *Lugd. Hist.* 1130, f. 2. *Camer. Epit.* 856. *Bauh. Hist.* 3, P. 2, p. 694, f. 2. *Bul. Paris.* tab. 236.

1. *Sedum minus*; Vermiculaire brûlante, Pain d'oiseau. 2. Herbe. 3. Acre, presque corrosive. 5. Empâtement des viscères, jaunisse, chlorose, ulcères cacoétiques, vieux, sordides. Cette plante ne doit être employée intérieurement qu'avec beaucoup de circonspection, vû son extrême âcreté.

Nutritive pour la Chèvre.

En Europe, sur les vieux murs, les toits des maisons, les rochers, les prairies sèches. ♃ Vernale.

86. ORPIN à six angles, *S. sexangulare*, L. à feuilles comme ovales, très-rapprochées, assises, bossuées, un peu redressées, en recouvrement sur six côtés.

Sempervivum minus, vermiculatum, insipidum; Joubarbe plus petite, vermiculaire, insipide. *Bauh. Pin.* 284, n.° 9.

Nutritive pour la Chèvre.

En Europe, dans les prés secs. ♃ Vernale.

17. ORPIN annuel, *S. annuum*, L. à tige droite, solitaire, annuelle; à feuilles ovales, assises, bossuées, alternes; à fleurs en cymier recourbé.

Rai. Angl. 3, p. 270, tab. 12, f. 2.

En Dauphiné. ☉

18. ORPIN velu, *S. villosum*, L. à tige droite; à feuilles un peu aplaties et un peu velues; à péduncules velus.

Sedum palustre, subhirsutum, cæruleum; Orpin des marais, un peu velu, à fleur bleue. *Bauh. Pin.* 285, n.° 1. *Clus. Hist.* 2, p. 59, f. 3. *Bauh. Hist.* 3, P. 2, p. 692, f. 2.

Au Mont-Pilat, à Paris, Grenoble.

19. ORPIN noirâtre, *S. atratum*, L. à tige droite; à fleurs en corymbe terminal.

Jacq. Aust. tab. 8.

Le synonyme de *Sedum saxatile, atro-rubentibus floribus*; ou Orpin des rochers, à fleurs d'un noir rougeâtre, *Bauh. Pin.* 284, n.° 9, cité par *Reichard* pour cette espèce, est appliqué par le même auteur à la Crassule rougeâtre, *C. rubens*, L.

Sur les Alpes du Dauphiné. ☉ Estivale. *Alp.*

630. PENTHORE, *PENTHORUM*. * *Lam. Tab. Encyclop.* pl. 390.

CAL. *Périanthe* d'un seul feuillet, à cinq ou dix *segmens* peu profonds, aigus, persistans.

COR. Le plus souvent à cinq *Pétales*, (quelquefois sans pétales) linéaires, très-petits, insérés entre les segmens du calice.

ÉTAM. Dix *Filamens*, sétacés, égaux, deux fois plus longs que le calice, persistans. *Anthères* arrondies, caduques-tardives.

PIST. *Ovaire* coloré; terminé par cinq *Styles*, coniques, droits, écartés, de la longueur des étamines. *Stigmates* obtus.

PÉR. *Capsule* simple, à cinq divisions peu profondes, à angles coniques, écartés, à cinq loges.

SEM. Nombreuses, très-petites, un peu comprimées.

OBS. *Ce genre diffère des* Sedum *par l'absence des nectaires.*

Calice à cinq ou dix segmens peu profonds. *Corolle* sans pétales ou à cinq pétales. *Capsule* à cinq angles, à cinq loges.

1. PENTHORE à feuilles d'orpin, *P. sedoïdes*, L. à feuilles alternes, presque assises ou à péduncules très-courts, à dents de scie, un peu charnues, vertes sur les deux surfaces.

Act. Ups. 1744, p. 12, tab. 2.

En Virginie. ♃ ☉

631. BERGIE, *BERGIA.* †

CAL. *Périanthe* ouvert, à cinq *segmens* profonds, lancéolés, persistans.

COR. Cinq *Pétales*, oblongs, ouverts, de la longueur du calice.

ÉTAM. Dix *Filamens*, sétacés, d'une longueur médiocre. *Anthères* arrondies.

PIST. *Ovaire* arrondi, supérieur. Cinq *Styles*, très-courts, rapprochés. *Stigmates* simples, persistans.

PÉR. *Capsule* simple, comme arrondie, piquante, à cinq bosses, à cinq loges, à cinq battans, ovales, planes, s'ouvrant dans la longueur des sillons, persistans, très-ouverts.

SEM. Nombreuses, très-petites.

Calice à cinq segmens profonds. *Corolle* à cinq pétales. *Capsule* arrondie, à cinq étranglemens, à cinq loges, à cinq battans, renfermant plusieurs semences.

1. BERGIE du Cap, *B. Capensis*, L. à feuilles opposées, presque assises, ou à pétioles très-courts, lancéolées, un peu obtuses, très-finement dentelées, lisses, étalées.

Au cap de Bonne-Espérance.

632. SURIANE, *SURIANA.* † *Plum. Gen.* 37, tab. 40. *Lam. Tab. Encyclop.* pl. 389.

CAL. *Périanthe* à cinq *feuillets*, lancéolés, pointus, persistans.

COR. Cinq *Pétales*, en ovale renversé, ouverts, de la longueur du calice.

ÉTAM. Dix *Filamens*, filiformes, plus courts que la corolle. *Anthères* simples.

PIST. Cinq *Ovaires*, arrondis. *Styles* solitaires, filiformes, droits, de la longueur des étamines, insérés sur le côté intermédiaire et intérieur de l'ovaire. *Stigmates* obtus.

PÉR. Nul.

SEM. Cinq, arrondies.

OBS. *Les* Styles *ne partent pas du sommet, mais du côté intérieur de l'ovaire.*

Calice à cinq feuillets. *Corolle* à cinq pétales. *Styles* insérés sur le côté intérieur des ovaires. Cinq *Semences* nues.

1. SURIANE maritime, *S. maritima*, L. à feuilles lancéolées; à fleurs solitaires.

Pluk. tab. 241, f. 5. *Sloan. Jam.* tab. 162, f. 4.

Dans l'Amérique Méridionale. ♄

633. GRIEL, *GRIELUM*. *Lam. Tab. Encyclop.* pl. 388.

CAL. *Périanthe* d'un seul feuillet, ouvert, à cinq *segmens* profonds, aplatis à la base, aigus, égaux, persistans.

COR. Cinq *Pétales*, ouverts, grands, en ovale renversé, assis, amincis à la base.

Nectaire: glandes oblongues, environnant l'ovaire, réunies en couronne.

ÉTAM. Dix *Filamens*, filiformes, un peu roides, égaux, persistans, de la longueur du calice. *Anthères* ovales, oblongues, droites.

PIST. Cinq *Ovaires*, distincts, en alène, droits, plus courts que les étamines. *Styles* nuls. *Stigmates* garnis de verrues.

PÉR. Cinq, oblongs, pointus, durs.

SEM. Solitaires, oblongues.

Calice à cinq segmens profonds. *Corolle* à cinq pétales. *Filamens* persistans. Cinq *Péricarpes*, renfermant chacun une seule semence.

1. GRIEL à feuilles menues, *G. tenuifolium*, L. à péduncules simples, portant une seule fleur; à feuilles trois fois divisées profondément en plusieurs parties, linéaires, cotonneuses.

Burm. Afric. 88, tab. 34, f. 1; et 149, tab. 53.

En Éthiopie. ♃

634. SURELLE, *OXALIS*. * *Lam. Tab. Encyclop.* pl. 391. Oxys. *Tournef. Inst.* 88, tab. 19.

CAL. *Périanthe* à cinq *segmens* profonds, aigus, très-courts, persistans.

COR. à cinq *divisions* profondes, réunies par les onglets, droites, obtuses, échancrées.

ÉTAM. Dix *Filamens*, capillaires, droits: les *extérieurs* plus courts. *Anthères* arrondies, sillonnées.

PIST. *Ovaire* à cinq angles. Cinq *Styles*, filiformes, de la longueur des étamines. *Stigmates* obtus.

PÉR. *Capsule* à cinq côtés, à cinq loges, s'ouvrant sur la longueur des angles.

SEM. Arrondies, saillantes.

OBS. *Dans quelques espèces, la* Capsule *est courte et les semences solitaires; dans quelques autres, elle est longue et les semences assez nombreuses.*

Calice à cinq segmens profonds. *Corolle* à pétales réunis par les onglets. *Capsule* pentagone, s'ouvrant sur la longueur des angles.

* I. *Surelles à hampe partant de la racine.*

1. SURELLE à une seule feuille, *O. monophylla*, L. à hampe ne portant qu'une seule fleur; à feuilles simples.

Au cap de Bonne-Espérance. ♃

2. SURELLE Oxalide, *O. Acetosella*, L. à hampe ne portant qu'une seule fleur; à feuilles trois à trois, en cœur renversé; à racine dentée.

Trifolium acetosum, vulgare; Trèfle aigrelet, vulgaire. *Bauh. Pin.* 330, n.° 1. *Dod. Pempt.* 578, f. 2. *Lob. Ic.* 2, p. 32, f. 1. *Lugd. Hist.* 1355, f. 2. *Bauh. Hist.* 2, pag. 387, f. 2. *Moris. Hist.* sect. 2, tab. 17, f. 1. *Bul. Paris.* t. 237. *Icon. Pl. Med.* tab. 9.

Cette espèce présente deux variétés à fleurs bleues et pourpres.

1. *Acetosella*; Oxalide, Alleluia, Pain à coucou, Herbe du bœuf, Trèfle aigre. 2. Herbe, sel essentiel, improprement appelé *Sel d'Oseille.* (Oxalate acidule de potasse.) 3. Acide, muqueux. 4. Sel essentiel, acidule oxalique, extrait aqueux et résine. L'acidule oxalique privé d'une partie de sa base, devient plus éminemment acide, et prend alors le nom d'acide oxalique. Ce sel qu'on avoit cru propre d'abord à l'*Oxalis acetosella*, L. s'est manifesté depuis dans le sucre, dans les mucilages fades, même dans la laine. 5. Fièvres inflammatoires, ardentes, putrides, malignes, miliaires, scarlatines; acrimonie alkalescente, scorbut. 6. Le sel enlève les taches d'encre, en dissolvant le fer. Cette plante remplace le citron dans le Nord.

Nutritive pour le Mouton, le Cochon, la Chèvre.

En Europe, dans les bois.

3. SURELLE pourpre, *O. purpurea*, L. à hampe ne portant qu'une seule fleur; à feuilles trois à trois, échancrées, ciliées.

Burm. Afric. pag. 67, tab. 27, f. 3.

En Éthiopie. ♃

4. SURELLE à longue fleur, *O. longiflora*, L. à hampe ne portant qu'une seule fleur; à feuilles trois à trois, à moitié divisées en deux lobes lancéolés.

En Virginie.

5. SURELLE jaune, *O. flava*, L. à hampe ne portant qu'une seule fleur; à feuilles trois à trois, deux fois pinnées.

Burm. Afric. 68, tab. 27, f. 4; p. 69, tab. 27, f. 5; et p. 71, tab. 30, f. 1?

En Éthiopie. ♃

6. SURELLE violette, *O. violacea*, L. à hampe en ombelle; à feuilles trois à trois, en cœur renversé; à calices calleux au sommet.

Plukn. tab. 102, f. 4. *Jacq. Hort.* tab. 180.

En Virginie, au Canada. ♃

7. SURELLE pied de chèvre, *O. pes capræ*, L. à hampe en ombelle; à feuilles trois à trois, comme divisées en deux parties calleuses en dessous au sommet.

Burm. Afric. 80, tab. 29, et tab. 28, f. 3.

En Éthiopie. ♄

8. SURELLE sensitive, *O. sensitiva*, L. à hampe en ombelle; à feuilles pinnées.

Lugd. Hist. 1915, f. 1. *Moris. Hist.* sect. 2, tab. 23, f. 1.

Dans l'Inde Orientale.

* II. *SURELLES à feuilles de la tige alternes.*

9. SURELLE à couleur changeante, *O. versicolor*, L. à péduncules ne portant qu'une seule fleur; à tige rameuse; à feuilles verticillées ou en anneaux, linéaires, échancrées au sommet, barbues en dessous.

Plukn. tab. 434, f. 5. *Burm. Afric.* 65, tab. 27, f. 1; et 66, tab. 27, f. 2.

En Éthiopie. ♃

10. SURELLE couleur de chair, *O. incarnata*, L. à péduncules ne portant qu'une seule fleur; à tige rameuse, bulbifère; à feuilles verticillées ou en anneaux; à folioles en cœur renversé.

Commel. Hort. 1, p. 43, tab. 22.

En Éthiopie. ♃

11. SURELLE à feuilles assises, *O. sessilifolia*, L. à péduncules ne portant qu'une seule fleur; à tige très-simple; à feuilles trois à trois, duvetées; à folioles entières ou sans divisions.

Pluk. tab. 434, f. 7. *Burm. Afric.* 70, tab. 28, f. 1.

Au cap de Bonne-Espérance. ♃

12. SURELLE hérissée, *O. hirta*, L. à péduncules ne portant qu'une seule fleur; à tige simple; à feuilles supérieures entassées; à folioles à deux lobes très-ouverts.

Burm. Afric. 71, tab. 28, f. 2.

En Éthiopie.

13. SURELLE corniculée, *O. corniculata*, L. à péduncules en ombelles; à tige rameuse, diffuse.

Trifolium acetosum, corniculatum; Trèfle aigrelet, corniculé. *Bauh. Pin.* 330, n.° 2. *Dod. Pempt.* 579, f. 1. *Lob. Ic.* 2, p. 32,

f. 2. *Clus. Hist.* 2, pag. 249, f. 1. *Lugd. Hist.* 1353, f. 3. *Camer. Epit.* 384. *Bauh. Hist.* 388, f. 1. *Moris. Hist.* sect. 2, tab. 17, f. 2. *Bul. Paris.* tab. 238.

En Europe, dans les terrains sablonneux.

24. SURELLE droite, *O. stricta*, L. à péduncules en ombelles; à tige rameuse, droite.

Moris. Hist. sect. 2, tab. 17, f. 3.

Cette espèce qui ressemble beaucoup à la précédente, n'en est peut-être qu'une variété.

En Virginie, à Naples. ♃

25. SURELLE ligneuse, *O. frutescens*, L. à péduncules en ombelles; à tige ligneuse; à feuilles trois à trois, ovales : l'intermédiaire pétiolée.

Plum. Spec. 2, tab. 213, f. 1.

Dans l'Amérique Méridionale. ♄

26. SURELLE de Barrelier, *O. Barrelieri*, L. à péduncules divisés peu profondement en deux parties, ramifiés; à tige droite, rameuse.

Barrel. tab. 1139.

Dans l'Amérique Méridionale.

635. AGROSTÈME, *AGROSTEMA.* *.

CAL. *Périanthe* d'un seul feuillet, coriace, tubulé, à cinq dents; persistant.

COR. Cinq *Pétales. Onglets* de la longueur du tube du calice. *Limbe* à lames étalées, obtuses.

ÉTAM. Dix *Filamens*, en alêne : les alternes plus tardifs, insérés sur chaque onglet des pétales. *Anthères* simples.

PIST. *Ovaire* ovale. Cinq *Styles*, filiformes, droits, de la longueur des étamines. *Stigmates* simples.

PÉR. *Capsule* ovale, oblongue, couverte, à une loge, à cinq battans.

SEM. Plusieurs, en forme de rein, ponctuées. *Réceptacle* libre, en nombre égal à celui des semences; les intérieures graduellement plus longues.

OBS. A. Githago *n'a point la corolle couronnée comme les autres espèces.*

Calice d'un seul feuillet, sec, coriace. *Corolle* à cinq pétales, à onglets, à limbe obtus, entier. *Capsule* à une seule loge.

1. AGROSTÈME Nielle, *A. Githago*, L. à tige hérissée; à calices de la longueur des pétales qui sont entiers, nus.

Lychnis segetum, major; Lamprette des blés, plus grande. *Bauh. Pin.* 204, n.° 1. *Fusch. Hist.* 127. *Dod. Pempt.* 173, fig. 1. *Lob. Ic.* 1, p. 38, f. 1. *Lugd. Hist.* 438, f. 1. *Camer. Epit.* 534. *Bauh. Hist.* 3, P. 2, p. 341, f. 2. *Moris. Hist.* sect. 5, t. 21, f. 31. *Bul. Paris.* tab. 239. *Flor. Dan.* tab. 576.

Nutritive pour le Cheval, le Mouton, la Chèvre, le Coq, le Dindon, l'Oie.

En Europe, dans les blés. ⊙ Vernale.

2. AGROSTÈME Coquelourde, *A. Coronaria*, L. à tige cotonneuse; à feuilles ovales, lancéolées; à pétales échancrés, couronnés, dentés à dents de scie.

Lychnis coronaria, Dioscoridis, sativa; Lamprette des couronnes, de Dioscoride, cultivée. *Bauh. Pin.* 203, n.° 1. *Matth.* 599, f. 1. *Dod. Pempt.* 170, f. 1. *Lob. Ic.* 1, p. 334, f. 1. *Lugd. Hist.* 815, f. 1. *Camer. Epit.* 569. *Bauh. Hist.* 3, P. 2, pag. 340, f. 1 et 2. *Barrel.* tab. 1006.

A Lyon. Cultivée dans les jardins. ♂

3. AGROSTÈME Fleur de Jupiter, *A. Flos Jovis*, L. à tige cotonneuse; à pétales échancrés.

Lychnis coronaria, sylvestris; Lamprette des couronnes, sauvage. *Bauh. Pin.* 204, n.° 3. *Moris. Hist.* sect. 5, tab. 36, fig. 2. *Bellev.* tab. 160. *Barrel.* tab. 1005.

Sur les Alpes du Dauphiné, de Suisse. Cultivée dans les jardins. ♂ Estivale. *Alp.*

4. AGROSTÈME Rosée du Ciel, *A. Cœli rosa*, L. à tige lisse; à feuilles linéaires, lancéolées; à pétales échancrés, couronnés.

Boccon. Sic. 27, tab. 14, f. 1, L. *Moris. Hist.* sect. 5, tab. 22, fig. 32.

En Sicile, à Naples, en Orient. ⊙

636. LAMPRETTE, *LYCHNIS*. * *Tournef. Inst.* 333, tab. 175. *Lam. Tab. Encyclop.* pl. 391.

CAL. *Périanthe* d'un seul feuillet, oblong, membraneux, à cinq dents, persistant.

COR. Cinq *Pétales. Onglets* de la longueur du calice, planes, à bordure. *Limbe* à *Lames* planes, le plus souvent divisées, aplaties.

ÉTAM. Dix *Filamens*, plus longs que le calice, les *alternes* qui se développent plus tard, insérés sur chaque onglet des pétales. *Anthères* versatiles.

PIST. *Ovaire* comme ovale. Cinq *Styles*, en alêne, plus longs que les étamines. *Stigmates* tournés contre le soleil, duvetés.

PÉR. *Capsule* en quelque sorte ovale, couverte, à trois loges, à cinq battans.

SEM. Plusieurs, légèrement arrondies.

OBS. L. dioïca, *a des fleurs de deux sexes*, ou dioïques.

L. viscaria, *a les Pétales entiers, et la Capsule à cinq loges.*

L. quadridentata *varie pour le nombre des pistils, de trois à cinq.*

L. Alpina, *a quatre Styles.*

Calice d'un seul feuillet, oblong, lisse. *Corolle* à cinq pétales à onglets, à limbe comme divisé peu profondément en deux parties. *Capsule* à cinq loges.

1. LAMPRETTE de Chalcédoine, *L. Chalcedonica*, L. à fleurs ramassées en faisseaux, terminant la tige.

Lychnis hirsuta, flore coccineo, major; Lamprette hérissée, à fleur écarlate, plus grande. *Bauh. Pin.* 203, n.° 1. *Dod. Pempt.* 178, f. 1. *Lob. Ic.* 1, p. 340, f. 1. *Clus. Hist.* 1, p. 292, f. 1. *Lugd. Hist.* 820, f. 1.

Dans toute la Russie. ♃

2. LAMPRETTE Fleur de coucou, *L. Flos cuculi*, L. à pétales divisés peu profondément en quatre parties; à fruit arrondi.

Caryophyllus pratensis, flore laciniato simplici, seu Flos cuculi; Œillet des prés, à fleur laciniée, simple ou Fleur de coucou. *Bauh. Pin.* 210, n.° 7. *Dod. Pempt.* 177, f. 1. *Lob. Ic.* 1, p. 451, f. 2. *Clus. Hist.* 1, p. 292, f. 2. *Ludg. Hist.* 809, f. 1.

Cette espèce présente une variété.

Caryophyllus pratensis flore pleno; Œillet des champs à fleur pleine; *Bauh. Pin.* 210, n.° 8. *Clus. Hist.* 1, p. 293, f. 1.

Nutritive pour le Cheval, le Mouton, la Chèvre.

En Europe, dans les prés humides. ♃ Vernale.

3. LAMPRETTE à quatre dents; *L. quadridentata*, L. à pétales à quatre dents; à tige dichotome; à feuilles lisses, recourbées.

Lychnis viscosa, angustifolia, major; Lamprette visqueuse, à feuilles étroites, plus grande. *Bauh. Pin.* 205, n.° 2. *Lob. Ic.* 1, p. 445, f. 2. *Clus. Hist.* 1, p. 291, f. 2. *Seg. Ver.* 3, p. 186, tab. 5, f. 1. *Jacq. Aust.* tab. 120.

Linné dans son *Species* avoit ramené cette espèce au genre des *Silene*, et l'avoit désignée sous le nom de Cornillet à quatre divisions peu profondes, *S. quadrifida*, à pétales à quatre lobes; à tige dichotome; à fleurs pédunculées; à feuilles lisses, recourbées.

Sur les montagnes du Dauphiné. ⊙ Vernale. *S-Alp.*

4. LAMPRETTE visqueuse, *L. viscaria*, L. à pétales entiers.

Lychnis sylvestris, viscosa, rubra, angustifolia; Lamprette sauvage, visqueuse, à fleur rouge, à feuilles étroites. *Bauh. Pin.* 205, n.° 4. *Clus. Hist.* 1, p. 289, fig. 2.

Nutritive pour le Mouton.

A Paris. ♃ Estivale.

5. LAMPRETTE des Alpes, *L. Alpina*, L. à pétales divisés peu profondément en deux parties; à fleurs à quatre pistils.

Hall. Helv. n.° 922, tab. 17. *Bul. Paris.* tab. 241. *Flor. Dan.* tab. 65.

Sur les Alpes du Dauphiné, à Paris. ♃ ♂ Estivale. *Alp.*

6. LAMPRETTE de Sibérie, *L. Sibirica*, L. à pétales divisés peu profondément en deux parties; à tige dichotome; à feuilles un peu hérissées.

En Sibérie. ♃

7. LAMPRETTE dioïque, *L. dioïca*, L. à fleurs dioïques.

Lychnis sylvestris seu aquatica, purpurea, simplex; Lamprette sauvage ou aquatique, à fleur pourpre, simple. *Bauh. Pin.* 204, n.° 7. *Dod. Pempt.* 171, f. 1. *Lob. Ic.* 1, p. 335, f. 2. *Clus. Hist.* 1, p. 294, f. 1. *Camer. Epit.* 739.

Cette espèce présente deux variétés.

1.° *Lychnis sylvestris alba, simplex*; Lamprette sauvage à fleur blanche, simple. *Bauh. Pin.* 204, n.° 4. *Matth.* 706, fig. 1. *Lugd. Hist.* 682, f. 1.

2.° *Lychnis alba multiplex*; Lamprette à fleur blanche, double. *Bauh. Pin.* 204, n.° 5. *Dod. Pempt.* 171, f. 2. *Lob. Ic.* 1, p. 336, f. 2. *Lugd. Hist.* 816, f. 2.

Nutritive pour le Cheval, le Mouton, le Cochon, la Chèvre.

En Europe, dans les haies, les taillis. ♃ Estivale.

8. LAMPRETTE sans pétales, *L. apetala*, L. à calice enflé; à corolle plus courte que le calice; à tige ne portant le plus souvent qu'une seule fleur hermaphrodite.

Flor. Lappon. n.° 181, tab. 12, f. 1.

Sur les Alpes de Lapponie, de Sibérie. ♃

637. CÉRAISTE, *CERASTIUM.* * *Lam. Tab. Encyclop.* pl. 392. MYOSOTIS. *Tournef. Inst.* 244, tab. 126.

CAL. *Périanthe* à cinq *feuillets* ovales, lancéolés, aigus, ouverts, persistans.

COR. Cinq *Pétales*, à deux divisions peu profondes, obtus, droits, ouverts, de la longueur du calice.

ÉTAM. Dix *Filamens*, filiformes, moins longs que la corolle, dont trois plus courts. *Anthères* arrondies.

PIST. *Ovaire* ovale. Cinq *Styles*, capillaires, droits, de la longueur des étamines. *Stigmates* obtus.

PÉR. *Capsule* ovale, comme cylindrique ou globuleuse, obtuse, à une loge, s'ouvrant au sommet par cinq dents.

SEM. Plusieurs, arrondies.

OBS. Les espèces 5 et 6 n'ont que cinq étamines. La première division des espèces doit se prendre de la Capsule oblongue et globuleuse.

Le C. repens *a les pétales à quatre ou cinq divisions peu profondes.*

Calice à cinq feuillets. *Corolle* à cinq pétales divisés peu profondément en deux parties. *Capsule* à une seule loge, s'ouvrant au sommet.

* I. *CÉRAISTES à capsules alongées.*

1. CÉRAISTE perfolié, *C. perfoliatum*, L. à feuilles réunies.

Dill. Elth. tab. 217, f. 284.

En Grèce, en Sibérie. ⊙

2. CÉRAISTE vulgaire, *C. vulgatum*, L. à feuilles ovales; à pétales de la longueur du calice; à tiges diffuses.

Alsine hirsuta, magno flore; Morgeline hérissée, à grande fleur. *Bauh. Pin.* 251, n.° 1. *Bauh. Hist.* 3, P. 2, pag. 359, f. 1. *Vaill. Bot.* 142, esp. 3, tab. 30, f. 3. *Bul. Paris.* tab. 243.

En Europe, dans les pâturages. ⊙ Vernale.

3. CÉRAISTE visqueux, *C. viscosum*, L. à tige droite, velue, visqueuse.

Alsine hirsuta altera, viscosa; autre Morgeline à feuilles hérissées, visqueuses. *Bauh. Pin.* 251, n.° 2. *Vaill. Bot.* 142, esp. 2, tab. 30, f. 1.

Cette espèce ne présente quelquefois que cinq étamines.

Nutritive pour le Cheval.

En Europe, dans les lieux stériles et sablonneux. ⊙ Vernale.

4. CÉRAISTE demi-décandre, *C. semi-decandrum*, L. à fleurs pentandres ou à cinq étamines; à pétales échancrés.

Vaill. Bot. 142, esp. 4, tab. 30, f. 2.

A Lyon, Paris, etc. dans les lieux secs et arides. ⊙ Vernale.

5. CÉRAISTE pentandre, *C. pentandrum*, L. à fleurs pentandres ou à cinq étamines; à pétales entiers.

En Espagne.

6. CÉRAISTE des champs, *C. arvense*, L. à feuilles linéaires, lancéolées, obtuses, lisses; à corolles plus grandes que le calice.

Caryophyllus arvensis, hirsutus, flore majore; Œillet des champs, hérissé, à fleur plus grande. *Bauh. Pin.* 210, n.° 1. *Lob. Ic.* 1,

p. 446, f. 1. *Bauh. Hist.* 3, P. 2, p. 360, f. 1. *Vaill. Bot.* 141, esp. 1, tab. 30, f. 4. *Flor. Dan.* tab. 626.

En Europe, sur les revers des chemins. ♃ Vernale.

7. CÉRAISTE dichotome, *C. dichotomum*, L. à feuilles lancéolées; à tige dichotome très-rameuse; à capsules droites.

Lychnis segetum, minor; Lamprette des blés, plus petite. *Bauh. Pin.* 204, n.° 2. *Lob. Ic.* 1, p. 462, f. 2. *Clus. Hist.* 2, p. 184, f. 1. *Lugd. Hist.* 1236, f. 1. *Bauh. Hist.* 3, P. 2, pag. 359, fig. 2.

En Espagne. ☉

8. CÉRAISTE des Alpes, *C. Alpinum*, L. à feuilles ovales, lancéolées; à tige divisée; à capsules alongées.

Flor. Dan. tab. 6.

Nutritive pour le Bœuf, le Mouton.

Sur les Alpes du Dauphiné, de Suisse.

* II. *CÉRAISTES à capsules arrondies.*

9. CÉRAISTE rampant, *C. repens*, L. à feuilles lancéolées; à péduncules rameux; à capsules arrondies.

Lychnis incana, repens; Lamprette blanchâtre, rampante. *Bauh. Pin.* 206, n.° 6. *Column. Phytob.* 115, tab. 31. *Bauh. Hist.* 3, P. 2, p. 353, f. 1. *Vaill. Bot.* 141, tab. 30, f. 5.

A Montpellier, à Paris. ♃ Vernale.

10. CÉRAISTE roide, *C. strictum*, L. à feuilles linéaires, aiguës, lisses; à péduncules ne portant qu'une seule fleur, un peu cotonneux; à capsules arrondies.

Reichard rapporte à cette espèce le synonyme de *G. Bauhin*, *Caryophyllus holosteus Alpinus, gramineus*; ou Œillet holoste des Alpes, à feuilles graminées, *Pin.* 210, n.° 3, qui est cité comme variété du Cornillet des rochers, *Silene rupestris*, L.

Sur les Alpes du Dauphiné, de Suisse.

11. CÉRAISTE sous-ligneux, *C. suffruticosum*, L. à tige vivace, couchée; à feuilles linéaires, lancéolées, un peu hérissées; à capsules arrondies.

En Provence. ♄

12. CÉRAISTE très-grand, *C. maximum*, L. à feuilles lancéolées, rudes; à pétales crénelés; à capsules arrondies.

Gmel. Sibir. 4, p. 150, n.° 51, tab. 62, f. 2.

En Sibérie. ☉

13. CÉRAISTE aquatique, *C. aquaticum*, L. à feuilles en cœur, assises; à fleurs solitaires; à fruits pendans.

Alsine

Alsine major; Morgeline plus grande. *Bauh. Pin.* 250, n.° 10. *Dod. Pempt.* 30, f. 2. *Lob. Ic.* 1, p. 459, f. 2. *Bellev.* t. 164. *Bul. Paris.* tab. 246.

A Lyon, *Paris*, *Grenoble*. ♃ Vernale.

14. CÉRAISTE à larges feuilles, *C. latifolium*, L. à feuilles ovales, un peu cotonneuses; à rameaux ne portant le plus souvent qu'une seule fleur; à capsules arrondies.

Caryophyllus holostius Alpinus, latifolius; Œillet holoste des Alpes, à larges feuilles. *Bauh. Pin.* 210, n.° 1.

Sur les Alpes du Dauphiné, de Provence. ♃ Estivale. *Alp.*

15. CÉRAISTE cotonneux, *C. tomentosum*, L. à feuilles oblongues, cotonneuses; à péduncules rameux; à capsules arrondies.

Caryophyllus holostius tomentosus, latifolius; Œillet holoste à feuilles cotonneuses, larges. *Bauh. Pin.* 210, n.° 2. *Bauh. Hist.* 3, P. 2, p. 360, f. 4.

Cette espèce présente une variété.

Caryophyllus holostius tomentosus, angustifolius; Œillet holoste à feuilles cotonneuses, étroites. *Bauh. Pin.* 210, n.° 3.

A Montpellier. Cultivé dans les jardins. ♃ Vernale.

16. CÉRAISTE de Véronne, *C. Manticum*, L. à tige lisse, roide; à feuilles lancéolées; à péduncules très-longs; à capsules arrondies.

Seguier. Ver. 3, p. 178, tab. 4, f. 2.

A Véronne, en Suisse. ⊙

638. SPARGOUTE, *SPERGULA*. * *Lam. Tab. Encyclop.* pl. 392.

CAL. *Périanthe* à cinq *feuillets*, ovales, obtus, concaves, ouverts; persistans.

COR. Cinq *Pétales*, ovales, concaves, ouverts, entiers, plus grands que le calice.

ÉTAM. Dix *Filamens*, en alêne, plus courts que la corolle. *Anthères* arrondies.

PIST. *Ovaire* ovale. Cinq *Styles*, droits et renversés, filiformes. *Stigmates* un peu épais.

PÉR. *Capsule* ovale, couverte, à une loge, à cinq battans.

SEM. Plusieurs, déprimées, globuleuses, entourées par une marge échancrée.

OBS. *Ce genre se distingue des* Céraistes, *en ce qu'il a les pétales entiers. La* S. pentandra L. *n'a que cinq étamines.*

Calice à cinq feuillets. *Corolle* à cinq pétales entiers. *Capsule* ovale, à une loge, à cinq battans.

1. SPARGOUTE des champs, *S. arvensis*, L. à feuilles verticillées ou en anneaux; à fleurs décandres ou à dix étamines.

Alsine Spergula dicta, major; Morgeline nommée Spargoute, plus grande. *Bauh. Pin.* 251, n.° 1. *Dod. Pempt.* 537, f. 1. *Lob. Ic.* 1, pag. 803, f. 2. *Lugd. Hist.* 1331, f. 2. *Bauh. Hist.* 3; P. 2, p. 722, f. 2.

Nutritive pour le Cheval, le Mouton, le Cochon, la Chèvre.

A Lyon, Paris, Grenoble, dans les champs. ⊙ Vernale.

2. SPARGOUTE pentandre, *S. pentandra*, L. à feuilles verticillées ou en anneaux; à fleurs pentandres ou à cinq étamines.

Bellev. tab. 156.

A Lyon, Montpellier. ⊙ Vernale.

3. SPARGOUTE noueuse, *S. nodosa*, L. à feuilles opposées, en alêne, lisses; à tiges simples.

Alsine nodosa, Gallica; Morgeline noueuse, de France. *Bauh. Pin.* 251, n.° 18. *Lugd. Hist.* 1234, f. 2? *Bellev.* t. 155. *Pluk.* tab. 7, f. 4. *Loës. Pruss.* 204, n.° 64. *Flor. Dan.* tab. 96.

A Lyon, Montpellier, Paris. ⊙ Estivale.

4. SPARGOUTE à feuilles de mélèze, *S. laricina*, L. à feuilles opposées, en alêne, ciliées, réunies en faisseaux.

Gmel. Sibir. 4, p. 155, n.° 61.

En Sibérie.

5. SPARGOUTE à feuilles de sagine, *S. saginoïdes*, L. à feuilles opposées, linéaires, lisses; à péduncules solitaires, très-longs; à tige rampante.

Flor. Dan. tab. 12. *Allion. Flor. Pedem.* n.° 1731, tab. 64, f. 1.

Sur les Alpes du Dauphiné, à Paris. ⊙ Estivale. *Alp.*

639. FORSKOEHLE, *FORSKOEHLEA*. *Lam. Tab. Encyclop.* pl. 388.

CAL. *Périanthe* droit, le plus souvent à cinq *feuillets*, linéaires, lancéolés, droits, paralleles, aigus, persistans.

COR. Dix *Pétales*, rudes, en spatule, concaves, droits, se flétrissant, moitié plus courts que la corolle, à onglets de la longueur du limbe.

ÉTAM. Dix *Filamens*, filiformes, placés chacun entre chaque pétale, aussi longs que les pétales. *Anthères* didymes, arrondies, élastiques.

PIST. Cinq *Ovaires*, écartés, oblongs, laineux. *Styles* sétacés, plus longs que la corolle. *Stigmates* simples.

PÉR. Nul.

SEM. Cinq, oblongues, comme comprimées, amincies aux deux extrémités, enveloppées par un duvet laineux.

Calice à cinq feuillets plus longs que la corolle. *Corolle* à dix pétales en spatule. *Péricarpe* nul. Cinq *Semences* enveloppées par un duvet laineux.

1. FORSKOEHLE très-tenace, *F. tenacissima*, L. à feuilles alternes, pétiolées, ovales, marquées par des lignes, à cinq ou six dentelures à dents de scie, garnies sur leur surface supérieure de poils en crochets.

Pluk. tab. 275, f. 6. *Jacq. Aust.* tab. 48.

On ne trouve souvent que quatre pétales, huit étamines, quatre styles et quatre semences.

En Arabie, en Numidie. Cultivée dans les jardins. ⊙

V. DÉCAGYNIE.

640. NEURADE, *NEURADA.* * *Lam. Tab. Encyclop.* pl. 393.

CAL. *Périanthe* à cinq segmens profonds, supérieur, très-petit.

COR. Cinq *Pétales*, égaux, plus grands que le calice.

ÉTAM. Dix *Filamens*, de la longueur du calice. *Anthères* simples.

PIST. *Ovaire* bossué, inférieur. Dix *Styles*, de la longueur des étamines. *Stigmates* simples.

PÉR. *Capsule* arrondie, déprimée, convexe en dessous, munie de tous côtés d'aiguillons droits, à dix loges.

SEM. Solitaires.

Calice à cinq segmens profonds. *Corolle* à cinq pétales. *Capsule* inférieure, hérissée de tous côtés de pointes, à dix loges renfermant chacune dix semences.

1. NEURADE couchée, *N. procumbens*, L. à feuilles alternes, pétiolées, ovales, plissées, rongées, sinuées.

En Egypte, en Arabie, en Numidie. ⊙

641. PHYTOLAQUE, *PHYTOLACCA.* * *Tournef. Inst.* 299, t. 154. *Lam. Tab. Encyclop.* pl. 393.

CAL. Nul.

COR. Cinq *Pétales*, arrondis, concaves, ouverts, courbés au sommet, persistans.

ÉTAM. Huit, dix ou vingt *Filamens*, en alêne, de la longueur de la corolle. *Anthères* arrondies, latérales.

PIST. *Ovaire* arrondi, déprimé, divisé extérieurement par des articulations bossuées, terminé par huit ou dix *Styles* très-courts, étalés, renversés. *Stigmates* simples, persistans.

PÉR. *Baie* arrondie, déprimée, marquée par dix sillons longitudinaux, à ombilic formé par les pistils, à dix loges.

SEM. Solitaires, en forme de rein, lisses.

OBS. P. dioïca L. *a des fleurs de deux sexes. Ce genre présente une espèce octandre et une icosandre.*

Calice nul. *Corolle* à cinq pétales, tenant lieu de calice. *Baie* supérieure à dix loges renfermant chacune dix semences.

1. PHYTOLAQUE octandre, *P. octandra*, L. à fleurs à huit étamines et à huit pistils.

Kampf. Aman. 828 et 829. *Dill. Elth.* tab. 239, f. 308.

Au Mexique. ♃

2. PHYTOLAQUE décandre, *P. decandra*, L. à fleurs à dix étamines et à dix pistils.

Pluk. tab. 225, f. 3. *Dill. Elth.* tab. 239, f. 309. *Icon. Pl. Med.* tab. 164.

1. *Phytolacca*; Phytolaque, Raisin d'Amérique. 2. Herbe. 3. Aqueuse, oléracée : *adulte*, âcre. 5. Ulcères cacoétiques, carcinomateux, cancers ulcérés, extérieurement. 6. Les baies teignent en rose fugace.

En Virginie, en Suisse. Cultivée dans les jardins. ♃ Estivale.

3. PHYTOLAQUE icosandre, *P. icosandra*, L. à fleurs icosandres et à dix pistils.

Mill. Dict. tab. 207.

Au Malabar. ☉ ♄

4. PHYTOLAQUE dioïque, *P. dioïca*, L. à fleurs dioïques.

On ignore son climat natal. ♄

CLASSE XI.

DODÉCANDRIE.

I. MONOGYNIE.

Table Synoptique ou Caractères Artificiels Génériques.

643. BOCCONE, *BOCCONIA*.	*Cor.* nulle. *Cal.* inférieur, à deux feuillets. *Baie* sèche extérieurement, à deux semences.
657. HUDSONE, *HUDSONIA*.	*Cor.* nulle. *Cal.* inférieur, à trois feuillets. *Caps.* à une loge, à trois battans, à trois semences.
642. CABARET, *ASARUM*.	*Cor.* nulle. *Cal.* supérieur, à trois segmens. *Caps.* à six loges.
646. PALETUVIER, *RHIZOPHORA*.	*Cor.* à quatre divisions profondes. *Cal.* inférieur, à quatre segmens profonds. Une *Semence* en massue, charnue à la base.
650. MANGOUSTAN, *GARCINIA*.	*Cor.* à quatre pétales. *Cal.* inférieur, à quatre feuillets. *Baie* couronnée, à huit semences.
654. CRATÈVE, *CRATÆVA*.	*Cor.* à quatre pétales. *Cal.* inférieur, à quatre segmens peu profonds. *Baie* à deux loges, supportée par un pédicule.
651. HALÉSIE, *HALESIA*.	*Cor.* à quatre divisions peu profondes. *Cal.* supérieur, à quatre dents. *Noix* quadrangulaire, à quatre semences.
655. LAPPULIER, *TRIUMFETTA*.	*Cor.* à cinq pétales. *Cal.* inférieur, à cinq feuillets. *Caps.* tuberculeuse-hérissée, à quatre loges, à deux semences.
656. PÉGANE, *PEGANUM*.	*Cor.* à cinq pétales. *Cal.* inférieur, à cinq feuillets. *Caps.* à trois loges. Quinze *Étamines*.

658. NITRARE, *NITRARIA*. *Cor.* à cinq pétales. *Cal.* inférieur, à cinq segmens peu profonds. *Drupe* à une semence. Quinze *Étamines*.

649. VATIQUE, *VATICA*. *Cor.* à cinq pétales. Quinze *Anthères* à quatre loges, dont les deux intérieures plus courtes.

653. WINTERANE, *WINTERANA*. *Cor.* à cinq pétales. *Cal.* inférieur, à trois lobes. *Baie* à trois loges, à deux semences. *Nectaire* supportant les étamines.

659. POURPIER, *PORTULACA*. *Cor.* à cinq pétales. *Cal.* inférieur, à deux segmens peu profonds. *Caps.* à une loge, s'ouvrant horizontalement.

660. SALICAIRE, *LYTHRUM*. *Cor.* à six pétales. *Cal.* inférieur, à douze segmens peu profonds. *Caps.* à deux loges.

661. GINORE, *GINORA*. *Cor.* à six pétales. *Cal.* inférieur, à six segmens peu profonds. *Caps.* à une loge, à quatre battans.

647. BLAKÉE, *BLAKÆA*. *Cor.* à six pétales. *Cal.* du fruit, à six feuillets. *Cal.* de la fleur, supérieur, entier ou sans divisions. *Caps.* à six loges. *Anthères* réunies.

648. BÉFARE, *BEFARIA*. *Cor.* à sept pétales. Quatorze *Étamines*. *Baie* sèche, à sept loges.

645. ILLIPÉE, *BASSIA*. *Cor.* à huit divisions peu profondes. Seize *Étamines*. *Drupe* à cinq semences.

652. DÉCUMARE, *DECUMARIA*. *Cor.* à dix pétales. *Cal.* supérieur, à dix feuillets.

644. GÉTHYLLIDE, *GETHYLLIS*. *Cor.* à six divisions profondes. *Cal.* supérieur, en spathe, d'un seul feuillet. *Caps.* à trois loges.

† *Cleome viscosa.*
——— *dodecandra.*
† *Chironia dodecandra.*
‡ *Rivina octandra.*
† *Samida pubescens.*
——— *serratula.*
† *Passerina capitata.*

II. DIGYNIE.

662. HÉLIOCARPE, *HELIOCARPUS.* *Cor.* à quatre pétales. *Cal.* à quatre feuillets. *Caps.* à deux loges, à une semence, comprimée, en forme de soleil.

663. AIGREMOINE, *AGRIMONIA.* *Cor.* à cinq pétales. *Cal.* à cinq segmens peu profonds. Une ou deux *Semences.*

III. TRIGYNIE.

664. RÉSÉDA, *RESEDA.* *Cor.* à pétales déchiquetés. *Cal.* divisé en segmens profonds. *Caps.* toujours béante au sommet, à trois loges.

665. EUPHORBE, *EUPHORBIA.* *Cor.* à pétales en rondache. *Cal.* ventru. *Caps.* à trois coques.

IV. TÉTRAGYNIE.

† *Tormentilla erecta.*
† *Resedæ aliquot.*

V. PENTAGYNIE.

666. GLINUS, *GLINUS.* *Cor.* nulle. *Cal.* à cinq feuillets. *Caps.* à cinq loges.

† *Reseda purpurascens.*

VI. DODÉCAGYNIE.

667. JOUBARBE, *SEMPERVIVUM.* *Cor.* à douze pétales. *Cal.* à douze segmens profonds. Douze *Capsules.*

‡ *Alisma cordifolia.*

DODÉCANDRIE.

De onze à dix-neuf Étamines inclusivement.

I. MONOGYNIE.

641. CABARET, *AZARUM.* * *Tournef. Inst.* 501, tab. 286. *Lam. Tab. Encyclop.* pl. 394.

CAL. *Périanthe* d'un seul feuillet, en cloche, coriace, coloré, persistant, à trois ou quatre *segmens* droits, recourbés au sommet.

COR. Nulle.

ÉTAM. Douze *Filamens*, en alêne, moitié plus courts que le calice. *Anthères* oblongues, adhérentes à la paroi moyenne des filamens.

PIST. *Ovaire* inférieur ou caché dans la substance du calice. *Style* comme cylindrique, de la longueur des étamines. *Stigmate* en étoile, divisé profondément en six parties renversées.

PÉR. *Capsule* coriace, nidulée dans la substance du calice, le plus souvent à six loges.

SEM. Plusieurs, ovales.

Calice à trois ou quatre segmens peu profonds, reposant sur l'ovaire. *Corolle* nulle. *Capsule* coriace, couronnée.

1. CABARET d'Europe, *A. Europæum*, L. à feuilles en forme de rein, obtuses, réunies ou naissant deux à deux.

Asarum; Cabaret. *Bauh. Pin.* 197, n.° 1. *Fusch. Hist.* 10. *Matth.* 36, f. 1. *Dod. Pempt.* 358, f. 1. *Lob. Ic.* 1, p. 601, f. 1. *Lugd. Hist.* 914, f. 1. *Camer. Epit.* 19. *Bauh. Hist.* 3, P. 2, p. 548, f. 1. *Bul. Paris.* tab. 247. *Flor. Dan.* tab. 633. *Icon. Pl. Med.* pl. 74.

1. *Asarum*; Cabaret, Oreille d'homme. 2. Racine, Feuilles, Fleurs, extrait. 3. Amère, âcre, nauseuse. 5. Mélancolie, fièvre intermittente chronique ou quarte, hydropisie, apoplexie, paralysie, affections soporeuses, empâtemens du foie, de la rate, du mésantère, maladies cutanées, gâle, dartres. 6. Cette plante qui a été recommandée par les plus anciens écrivains de médecine, est héroïque, et le vrai congénère de la racine d'*Ipecacuanha*. L'énergie des feuilles et des fleurs est bien moins considérable que celle de la racine. Cette dernière gardée long-temps n'est plus vomitive; après six mois elle n'est que purgative; après deux ans, elle ne purge presque plus. La poudre de la racine est un *Sternutatoire* puissant, et peut-être le plus fort de tous.

Nutritive pour le Bœuf.

A Grenoble, Montpellier, Paris, Lyon, etc. ♃ Vernale.

2. CABARET du Canada, *A. Canadense*, L. à feuilles en forme de rein, terminées en pointe.

Cornut. Canad. 24 et 25. *Morls. Hist.* sect. 13, tab. 7, f. 2.

Au Canada. ♃

3. CABARET de Virginie, *A. Virginicum*, L. à feuilles en cœur, obtuses, lisses, pétiolées.

Moris. Hist. sect. 17, tab. 7, f. 3. *Pluk.* tab. 78, f. 2

En Virginie, à la Caroline. ♃

643. BOCCONE, *BOCCONIA.* † *Plum.* 35, tab. 25. *Lam. Tab. Encyclop.* pl. 394.

CAL. *Périanthe* à deux *feuillets*, ovales, obtus, concaves, promptement-caducs.

COR. Nulle.

ÉTAM. Douze *Filamens*, très-courts. *Anthères* linéaires, très-grandes, de la longueur du calice.

PIST. *Ovaire* arrondi, étranglé des deux côtés, grand, porté sur un pédicelle. Un seul *Style*, divisé peu profondément en deux parties. *Stigmate* simple, renversé.

PÉR. Comme ovale, aminci et prolongé aux deux extrémités, comprimé, à une loge, rempli de pulpe.

SEM. Une seule, arrondie.

Calice à deux feuillets. *Corolle* nulle. *Style* divisé peu profondément en deux parties. *Baie* sèche, renfermant une seule semence.

1. BOCCONE ligneuse, *B. frutescens*, L. à feuilles alternes, profondément sinuées.

Sloan. Jam. tab. 125.

A la Jamaïque, au Mexique, à Cuba, à Saint-Domingue. ♃

644. GÉTHYLLIDE, *GETHYLLIS.* †

CAL. *Spathe* lancéolé, d'un seul feuillet, boursouflé, à une seule fleur, membraneux.

COR. Monopétale, supérieure. *Tube* filiforme très-long. *Limbe* plane, égal, trois fois plus court que le tube, à six *divisions* profondes, lancéolées, égales.

ÉTAM. Douze ou dix-huit *Filamens*, sétacés, insérés sur le tube, courts, droits, dont deux ou trois sont rapprochés à la base, de manière qu'ils paroissent insérés sur un réceptacle divisé en six parties.

PIST. *Ovaire* oblong, assis dans le spathe, sous le réceptacle de la corolle. *Style* filiforme, de la longueur des étamines. *Stigmate* obtus, divisé peu profondément en trois parties.

PÉR. *Capsule* oblongue, ventrue, à trois angles, à trois loges.

SEM. Nombreuses.

OBS. *Ce genre diffère non-seulement du* Crocus *et du* Bulbocodium, *mais encore de toutes les* Liliacées, *par le nombre des étamines.*

Calice en spathe. *Corolle* à six divisions profondes. *Étamines* insérées sur six rangs. *Capsule* à trois loges.

1. GÉTHYLLIDE Africaine, *G. Afra*, L. à feuilles linéaires.
   Cette plante a le port du Safran.
   En Afrique.

645. ILLIPÉE, *BASSIA*. *Lam. Tab. Encyclop.* pl. 398.

CAL. *Périanthe* à quatre *feuillets*, coriaces, ovales, persistans.

COR. Monopétale, en cloche. *Tube* enflé, ovale, charnu. *Limbe* plus court que le tube, à huit *segmens* profonds, ovales, légèrement relevés.

ÉTAM. Seize *Filamens*, huit au-dessus de la gorge de la corolle, huit dans le tube de la corolle. *Anthères* linéaires, en fer de flèche, aiguës, velues intérieurement, plus courtes que la corolle.

PIST. *Ovaire* supérieur, ovale. *Style* en alêne, deux fois plus long que la corolle. *Stigmate* aigu.

PÉR. *Drupe* charnue, laiteuse.

SEM. Cinq *Noix*, oblongues, à trois côtés.

Calice à quatre feuillets. *Corolle* à huit divisions profondes, à tube enflé. *Étamines* au nombre de seize. *Drupe* renfermant cinq semences.

1. ILLIPÉE à longues feuilles, *B. longifolia*, L. à feuilles alternes, rapprochées, pétiolées, ovales, lancéolées, très-entières, pointues, veinées, nues, caduques-tardives.
   Au Malabar. ♄.

646. PALETUVIER, *RHIZOPHORA*. † *Lam. Tab. Encycl.* pl. 396.
MANGLES. *Plum.* 13, tab. 15.

CAL. *Périanthe* ouvert, à quatre *segmens* profonds, oblongs, pointus, persistans.

COR. Quatre *Pétales*, oblongs, presque plus courts que la corolle.

ÉTAM. *Filamens* à peine visibles, alternativement plus courts. *Anthères* de quatre à douze, petites, pointues.

PIST. *Ovaire* supérieur, arrondi. *Style* en alêne, à moitié divisé en deux parties, sillonné des deux côtés. *Stigmates* aigus.

PÉR. Charnu, comme ovale, renfermant seulement la base de la semence.

SEM. Une seule, en massue, oblongue, pointue, charnue à la base.

OBS. *Le nombre des étamines, des pétales et des segmens du calice, varie.*

Calice à quatre segmens profonds. *Corolle* à quatre pétales. Une *Semence* très-longue, charnue à sa base.

1. PALETUVIER conjugué, *R. conjugata*, L. à feuilles ovales, oblongues, un peu obtuses, très-entieres; à calices assis; à fruits comme en cylindre, en alêne.

Dans l'Inde Orientale. ♄

2. PALETUVIER à racine nue, *R. gymnorhiza*, L. à feuilles ovales, lancéolées, très-entieres; à racine reposant sur terre.

Rheed. Mal. 6, p. 57, tab. 31 et 32. *Rumph. Amb.* 3, p. 102, tab. 68.

Dans l'Inde Orientale. ♄

3. PALETUVIER Candel, *R. Candel*, L. à feuilles obtuses; à pédoncules deux à deux, plus longs que la feuille; à fruits en alêne.

Rheed. Mal. 6, p. 63, tab. 35.

Dans l'Inde Orientale. ♄

4. PALETUVIER corniculé, *R. corniculata*, L. à feuilles ovales; fleurs entassées; à fruits courbés en arc, aigus.

Rumph. Amb. 3, p. 117, tab. 77.

Aux isles Moluques. ♄

5. PALETUVIER Mangle, *R. Mangla*, L. à feuilles pointues; à fruits en alêne, en massue.

Pluk. tab. 204, f. 3. *Jacq. Amer.* 141, tab. 89. *Icon. Pl. Med.* tab. 365.

Au Malabar, aux isles Caribes, dans les marais. ♄

6. PALETUVIER cylindrique, *R. cylindrica*, L. à fruits cylindriques, obtus.

Rheed. Malab. 6, p. 59, tab. 33. *Rumph. Amb.* 3, pag. 106, tab. 69.

Au Malabar, dans les marais. ♄

7. PALETUVIER des Moluques, *R. caseolaris*, L. à feuilles ovales, obtuses; à fleurs solitaires; à fruits arrondis, déprimés, terminés en pointe.

Rumph. Amb. 3, p. 111, tab. 73 et 74.

Aux isles Moluques. ♄

647. BLAKÉE, *BLAKEA*. † *Lam. Tab. Encyclop.* pl. 406.

CAL. *Périanthe du Fruit*, inférieur, à six *feuillets*, ovales, concaves, ouverts, de la grandeur de la fleur.

——*Périanthe de la Fleur*, supérieur, à marge très-entière, à six angles, membraneuse.

COR. Six *Pétales*, ovales, ouverts, égaux.

ÉTAM. Douze *Filamens*, en alêne, droits. *Anthères* triangulaires, déprimées, à anneaux imitant une chaîne.

PIST. *Ovaire* inférieur, en ovale renversé, couronné par la marge du calice. *Style* en alêne, de la longueur de la fleur. *Stigmate* aigu.

PÉR. *Capsule* en ovale renversé, à six loges.

SEM. Plusieurs.

Calice double : l'inférieur, à six feuillets : le supérieur, entier. *Corolle* à six pétales. *Capsule* à six loges renfermant chacune plusieurs semences.

1. BLAKÉE à trois nervures, *B. trinervia*, L. à feuilles à trois nervures.

Brown. Jam. 323, tab. 35.

A la Jamaïque.

2. BLAKÉE trois fois à trois nervures, *B. triplinervia*, L. à feuilles trois fois à trois nervures, marquées par une côte.

Dans l'Amérique Méridionale. ♄

648. BÉFARE, *BEFARIA*.

CAL. *Périanthe* d'un seul feuillet, bossué extérieurement, comme ventru, persistant, à sept *segmens* peu profonds, comme égaux, ovales, aigus, réunis, petits : les extérieurs plus larges.

COR. Sept *Pétales*, oblongs, élargis supérieurement, obtus, ouverts, insérés sur le réceptacle.

ÉTAM. Quatorze *Filamens*, en alêne, en quelque sorte plus courts que la corolle, alternativement plus petits. *Anthères* oblongues.

PIST. *Ovaire* supérieur. *Style* arrondi, d'une longueur médiocre, persistant. *Stigmate* un peu épais, à sept stries.

PÉR. *Baie* sèche, à sept côtés, déprimée, à ombilic, à sept loges.

SEM. Nombreuses, oblongues, arrondies, placées en recouvrement les unes sur les autres.

Calice à sept segmens peu profonds. *Corolle* à sept pétales. *Étamines* au nombre de quatorze. *Baie* à sept loges renfermant chacune plusieurs semences.

1. BÉFARE échauffée, *B. æstuans*, L. à feuilles le plus souvent alternes, oblongues ou en ovale renversé, obtuses, très-entières, sans nervures, luisantes, cotonneuses en dessous.

Au Mexique. ♄

649. VATIQUE, *VATICA*. *Lam. Tab. Encyclop.* pl. 397.

CAL. *Périanthe* d'un seul feuillet, obtus à la base, droit, à cinq *segmens* profonds, lancéolés, plus courts que la corolle.

COR. Cinq *Pétales*, assis, elliptiques, grands.

ÉTAM. *Filamens* nuls. Quinze *Anthères*, assises, très-courtes, à quatre loges, dont deux extérieures terminées par une épine placée entre les loges : deux intérieures moitié plus courtes, sans épine.

PIST. *Ovaire* conique, à cinq côtés peu saillans. *Style* cylindrique, à cinq stries. *Stigmate* obtus.

PÉR. . . . .

SEM. . . . .

Calice à cinq segmens profonds. *Corolle* à cinq pétales. Quinze *Anthères*, assises, à quatre loges.

1. VATIQUE de la Chine, *V. Chinensis*, L. à feuilles alternes, pétiolées, en cœur, ovales, très-entières, lisses sur les deux surfaces, veinées.

A la Chine. ♃

650. MANGOUSTAN, *GARCINIA*. † *Lam. Tab. Encyclop.* pl. 405.

CAL. *Périanthe* à quatre *feuillets*, arrondis, concaves, obtus, ouverts, persistans.

COR. Quatre *Pétales*, arrondis, concaves, ouverts, un peu plus grands que le calice.

ÉTAM. Seize *Filamens*, droits, disposés en cylindre, simples, plus courts que le calice. *Anthères* arrondies.

PIST. *Ovaire* supérieur, comme ovale. *Style* à peine visible. *Stigmate* plane, étalé, en rondache, obtus, persistant, divisé peu profondément en huit parties.

PÉR. *Baie* coriace, arrondie, grande, à une loge, couronnée par le stigmate.

SEM. Huit, convexes d'un côté, anguleuses de l'autre, velues, charnues.

Calice à quatre feuillets, inférieur. *Corolle* à quatre pétales. *Baie* couronnée par le stigmate en forme de bouclier, renfermant huit semences.

1. MANGOUSTAN de Java, *G. Mangostana*, L. à feuilles ovales ; à péduncules portant une seule fleur.

Laurifolia Javanensis ; Arbre à feuilles de Laurier, de Java. *Bauh. Pin.* 461, n.° 3. *Rumph. Amb.* 1, p. 132, tab. 43.

A Java. ♄

2. MANGOUSTAN célébica, *G. celebica*, L. à feuilles lancéolées ; à péduncules portant trois fleurs.

Rumph. Amb. 1, p. 134, tab. 44.

Dans l'Inde Orientale. ♄

3. MANGOUSTAN bois de corne, *G. cornea*, L. à feuilles lancéolées, sans nervures; à péduncules inclinés, portant une seule fleur.

Rumph. Amb. 2, p. 55, tab. 30.

Dans l'Inde Orientale. ♄

651. HALÉSIE, *HALESIA*. † *Lam. Tab. Encyclop.* pl. 404.

CAL. *Périanthe* d'un seul feuillet, très-petit, supérieur, à quatre dents, persistant.

COR. Monopétale, en cloche, ventrue, à *orifice* à quatre lobes, obtus, ouvert.

ÉTAM. Douze, rarement seize *Filamens*, en alêne, droits, un peu plus courts que la corolle. *Anthères* oblongues, obtuses, droites.

PIST. *Ovaire* oblong, inférieur. *Style* filiforme, plus long que la corolle. *Stigmate* simple.

PÉR. *Noix* à écorce qui peut se détacher, oblongue, rétrécie aux deux extrémités, à quatre côtés membraneux, à deux loges.

SEM. Solitaires.

Calice à quatre dents, supérieur. *Corolle* à quatre divisions peu profondes. *Noix* à quatre angles, renfermant deux semences.

1. HALÉSIE à quatre ailes, *H. tetraptera*, L. à feuilles lancéolées, ovales; à pétioles glanduleux.

Catesb. Carol. 1, pag. et tab. 64. *Cavanil. Diss.* 6, n.° 497, tab. 186.

A la Caroline. ♄

2. HALÉSIE à deux ailes, *H. diptera*, L. à feuilles ovales; à pétioles lisses.

A la Caroline. ♄

652. DÉCUMARE, *DECUMARIA*. † *Lam. Tab. Encyclop.* pl. 403.

CAL. *Périanthe* supérieur, très-petit, le plus souvent à dix *feuillets*, ovales, colorés, aigus, renversés.

COR. Dix *Pétales*, lancéolés, obtus, égaux, ouverts, disposés sur un seul rang.

ÉTAM. De seize à vingt-cinq *Filamens*, filiformes, de la longueur de la corolle. *Anthères* didymes, déprimées.

PIST. *Ovaire* en toupie, inférieur. *Style* cylindrique, plus court que la corolle. *Stigmate* bossué, composé environ de dix lobes bossués.

PÉR. . . . . . . à dix loges.

SEM. Solitaires.

Calice à dix feuillets, supérieur. *Corolle* à dix pétales. *Fruit* à dix loges renfermant chacune des semences solitaires.

1. DÉCUMARE d'Afrique, *D. Barbara*, L. à feuilles opposées, pétiolées, en ovale renversé, coriaces, veinées, à dents de scie écartées vers la base.

Kniph. Cent. 2, n.° 15.

En Afrique. ♄

653. WINTERANE, *WINTERANA.* † *Lam. Tab. Encyclop.* pl. 399.

CAL. *Périanthe* d'un seul feuillet, en cloche, à trois lobes, ronds, concaves.

COR. Cinq *Pétales*, un peu alongés, assis, plus longs que le calice.

Nectaire en godet, conique, concave, tronqué, de la longueur de la corolle.

ÉTAM. *Filamens* nuls. Seize *Anthères*, linéaires, parallèles, distinctes, adhérentes extérieurement au nectaire.

PIST. *Ovaire* ovale, dans le nectaire. *Style* cylindrique, passant par l'ouverture du nectaire. Trois *Stigmates*, obtus.

PÉR. *Baie* arrondie, à trois loges.

SEM. Deux, en forme de cœur.

OBS. *Ce genre a de l'affinité avec le* Tinus.

Calice à trois lobes. *Corolle* à cinq pétales. Seize *Anthères* adhérentes. *Nectaire* en godet. *Baie* à trois loges renfermant chacune deux semences.

1 WINTERANE Canelle, *W. Canella*, L. à feuilles oblongues, obtuses, luisantes; à fleurs en grappes terminales.

Pluk. tab. 81, f. 1; et tab. 160, f. 7. *Sloan. Jam.* tab. 191, f. 2.

1. *Canella alba*, *cortex Winteranus*; Canelle blanche, Écorce de Winter. 2. Écorce moyenne. 3. Odeur assez agréable, mais beaucoup moins que celle de la vraie Canelle; âcre, aromatique, tenant de la Canelle et du Clou de Girofle, et même un peu du Gingembre. 4. Extrait spiritueux, foiblement aromatique, extrait aqueux amer. 5. Catarre, paralysie de la langue, hémorragie? Cette écorce fut apportée pour la première fois en Europe en 1579, par *Guillaume Winter*, navigateur Anglois.

A la Jamaïque, à la Caroline. ♄

654. CRATÈVE, *CRATÆVA.* † TAPIA. *Plum.* 22, t. 21. *Lam. Tab. Encyclop.* pl. 395.

CAL. *Périanthe* d'un seul feuillet, plane à la base, caduc-tardif, à quatre *segmens* ouverts, ovales, inégaux.

COR. Quatre *Pétales*, oblongs, courbés d'un même côté. *Onglets* grêles, de la longueur du calice, insérés sur les segmens du calice.

ÉTAM. *Filamens* seize ou plus, sétacés, inclinés du côté opposé aux pétales, plus courts que la corolle. *Anthères* droites, oblongues.

PIST. *Ovaire* ovale, porté sur un pédicule filiforme, très-long. *Style* nul. *Stigmate* assis, en tête.

PÉR. *Baie* charnue, arrondie, très-grande, portée sur un pédicule à une loge, à deux battans.

SEM. Plusieurs, arrondies, échancrées, nidulées.

OBS. *Ce genre présente une espèce gynandre.*

Calice à quatre segmens peu profonds. *Corolle* à quatre pétales. *Baie* à une seule loge, renfermant plusieurs semences.

1. CRATÈVE gynandre, *C. gynandra*, L. à tige sans épines; à feuilles très-entières; à fleurs gynandres.

Pluk. tab. 147, f. 6.

A la Jamaïque. ♄

2. CRATÈVE Tapia, *C. Tapia*, L. à tige sans piquans; à feuilles très-entières; à folioles latérales plus courtes antérieurement à la base.

Pluk. tab. 137, f. 7.

Aux Indes Orientales. ♄

3. CRATÈVE Marmelos, *C. Marmelos*, L. à tige épineuse; à feuilles à dents de scie.

Cydonia exotica; Coignassier exotique. *Bauh. Pin.* 435, n.° 5. *Pluk.* tab. 170, f. 5.

Dans l'Inde Orientale. ♃

655. LAPPULIER, *TRIUMFETTA*. * *Plum.* 40, tab. 8. *Lam. Tab. Encyclop.* pl. 400.

CAL. *Périanthe* à cinq *feuillets* lancéolés, munis d'une arête au-dessous du sommet, caducs-tardifs.

COR. Cinq *Pétales*, linéaires, droits, obtus, concaves, courbés en arrière, munis d'une arête au-dessous du sommet.

ÉTAM. Seize *Filamens*, égaux, ascendans, en alêne, droits, de la longueur de la corolle. *Anthères* simples.

PIST. *Ovaire* arrondi. *Style* de la longueur des étamines. *Stigmate* aigu, divisé peu profondément en deux parties.

PÉR. *Capsule* arrondie, entourée de tous côtés d'aiguillons en crochet, à quatre loges.

SEM. Deux, convexes d'un côté, anguleuses de l'autre.

Calice à cinq feuillets. *Corolle* à cinq pétales. *Capsule* hérissée, entourée de piquans en crochets.

1. LAPPULIER à crochets, *T. Lappula*, L. à feuilles échancrées à la base; à fleurs sans calices.

Pluk.

Pluk. tab. 245, f. 7.

A la Jamaïque, au Brésil. ♄

2. LAPPULIER Bartrame, *T. Bartramia*, L. à feuilles entières ou sans divisions à la base.

Pluk. tab. 41, f. 5. *Petiv. Gaz.* tab. 42, f. 10.

Dans l'Inde Orientale. ☉

3. LAPPULIER à trois demi-lobes, *T. semi-triloba*, L. à feuilles à trois demi-lobes; à fleurs complètes.

Dans l'Amérique Méridionale. ♄

4. LAPPULIER annuel, *T. annua*, L. à feuilles ovales, sans divisions, rarement lobées.

Mill. Ic. 199, tab. 29.

Dans l'Inde Orientale. ☉

656. PÉGANE, *PEGANUM.* * *Lam. Tab. Encyclop.* pl. 401. HARMALA. *Tournef. Inst.* 257, tab. 133.

CAL. *Périanthe* à cinq *feuillets* linéaires, souvent dentés, droits, aigus, persistans, de la longueur de la corolle.

COR. Cinq *Pétales*, oblongs, ovales, droits, ouverts.

ÉTAM. Quinze *Filamens*, en alêne, moitié plus courts que la corolle, se dilatant à la base en un nectaire placé sous l'ovaire. *Anthères* oblongues, droites.

PIST. *Ovaire* à trois côtés, arrondis, s'élevant du réceptacle de la fleur. *Style* filiforme, arrondi, de la longueur des anthères. *Stigmate* oblong, à trois faces.

PÉR. *Capsule* à trois côtés arrondis, à trois loges, à trois battans.

SEM. Plusieurs, ovales, pointues.

OBS. Le Peganum *diffère du* Ruta, *comme le* Celastrus *de l'*Evonymus: *Ce que les pistils ont en moins, les étamines l'ont en plus, et* vice versâ.

Calice à cinq feuillets, inférieur. *Corolle* à cinq pétales. *Capsule* à trois battans, à trois loges, renfermant chacune plusieurs semences.

1. PÉGANE Harmale, *P. Harmala*, L. à feuilles divisées peu profondément en plusieurs parties.

Ruta sylvestris, flore magno, albo; Rue sauvage, à fleur grande, blanche. *Bauh. Pin.* 336, n.° 5. *Matth.* 542, f. 1. *Dod. Pempt.* 121, f. 1. *Lob. Ic.* 2, p. 55, f. 1. *Clus. Hist.* 2, p. 136, f. 2. *Lugd. Hist.* 973, f. 2. *Camer. Epit.* 496. *Bauh. Hist.* 3, P. 1, p. 200, fig. 2.

Cette espèce présente jusqu'à quinze étamines.

En Espagne, en Italie, en Egypte. ♃

2. PÉGANE de Daurie, *P. Dauricum*, L. à feuilles sans divisions.
Gmel. Sibir. 4, p. 176, tab. 68, f. 2.

Cette espèce présente une variété à feuilles de Polygala; à fleurs jaunes.

Les Péganes se rapprochent beaucoup des Rues par l'ensemble de leurs attributs.

En Sibérie. ♃

657. HUDSONE, *HUDSONIA*. *Lam. Tab. Encyclop.* pl. 401.

CAL. *Périanthe* tubulé, cylindrique, à *orifice* ouvert, à trois *feuillets* lancéolés, linéaires, obtus.

COR. Nulle.

ÉTAM. Quinze *Filamens*, capillaires, plus courts que la corolle. *Anthères* arrondies.

PIST. *Ovaire* supérieur, ovale. *Style* filiforme, de la longueur du calice. *Stigmate* obtus.

PÉR. *Capsule* cylindrique, moitié plus courte que le calice, à une loge, à trois battans.

SEM. Trois, arrondies d'un côté, anguleuses de l'autre.

Calice tubulé, à trois feuillets. *Corolle* nulle. *Étamines* au nombre de quinze. *Capsule* à une seule loge, à trois battans, renfermant trois semences.

1. HUDSONE à feuilles de bruyère, *H. ericoïdes*, L. à feuilles en alêne, roides, linéaires, hérissées.

En Virginie. ♄

658. NITRARE, *NITRARIA*. * *Lam. Tab. Encyclop.* pl. 403.

CAL. *Périanthe* d'un seul feuillet, à cinq *segmens* peu profonds, droits, très-courts, persistans.

COR. Cinq *Pétales*, oblongs, ouverts, creusés en gouttière, en voûte, terminés par une pointe recourbée.

ÉTAM. Quinze *Filamens*, en alêne, légèrement relevés, de la longueur de la corolle. *Anthères* arrondies.

PIST. *Ovaire* ovale, terminé par un *Style* un peu épais, plus long que les étamines. *Stigmate* simple.

PÉR. *Drupe* à une loge, ovale, oblongue, pointue.

SEM. Une seule, ovale, à trois loges.

Calice à cinq segmens peu profonds. *Corolle* à cinq pétales réunis en voûte au sommet. *Étamines* au nombre de quinze. *Drupe* renfermant une seule semence.

1. NITRARE de Schober, *N. Schoberi*, L. à feuilles obtuses.
Gmel. Sib. 2, pag. 237, tab. 98.

En Sibérie. ♄

659. POURPIER, *PORTULACA*. * *Tournef. Inst.* 236, tab. 118. *Lam. Tab. Encyclop.* pl. 402. TELEPHIASTRUM. *Dill. Elth.* t. 281, f. 363.

CAL. *Périanthe* petit, supérieur, comprimé au sommet, persistant, à deux segmens peu profonds.

COR. Cinq *Pétales*, planes, droits, obtus, plus grands que le calice.

ÉTAM. *Filamens* nombreux, capillaires, moitié plus courts que la corolle. *Anthères* simples.

PIST. *Ovaire* arrondi. *Style* simple, court. Cinq *Stigmates*, oblongs; de la longueur du style.

PÉR. *Capsule* couverte, ovale, à une loge. *Réceptacle* libre.

SEM. Plusieurs, petites.

OBS. *Ce genre présente des espèces à capsule s'ouvrant horizontalement, et à capsule à trois battans. Le* P. fruticosa *a le calice à cinq feuillets, et la capsule à trois battans.*

Calice à deux segmens peu profonds. *Corolle* à cinq pétales. *Capsule* à une seule loge, s'ouvrant horizontalement ou en boîte à savonnette.

1. POURPIER des jardins, *P. oleracea*; L. à feuilles en forme de coin; à fleurs assises.

Portulacca angustifolia, sylvestris; Pourpier à feuilles étroites, sauvage. *Bauh. Pin.* 288, n.° 2. *Fusch. Hist.* 113. *Matth.* 372, f. 2. *Dod. Pempt.* 661, f. 2. *Lob. Ic.* 1, p. 388, f. 2. *Lugd. Hist.* 551, f. 2. *Camer. Epit.* 258. *Bauh. Hist.* 3, P. 2, p. 678, f. 1. *Moris. Hist.* sect. 5, tab. 28, f. 2. *Icon. Pl. Med.* t. 489.

Cette espèce présente une variété.

Portulacca latifolia, sativa; Pourpier à larges feuilles, cultivé. *Bauh. Pin.* 288, n.° 1. *Fusch. Hist.* 112. *Matth.* 372, fig. 1. *Dod. Pempt.* 661, f. 1. *Lob. Ic.* 1, p. 388, f. 1. *Lugd. Hist.* 1, p. 551, f. 1. *Camer. Epit.* 257. *Bauh. Hist.* 3, P. 2, p. 678, f. 2. *Moris. Hist.* sect. 5, tab. 28, f. 1.

1. *Portulacca*, Pourpier. 2. Herbe, semences. 3. Aqueuse, fade, nitreuse, mucilagineuse, un peu austère. 5. Fièvres ardentes, tenesmes dyssentériques, scorbut. 6. Plante oléracée, qu'on mange en salade, et dont on prépare des ragoûts peu nourrissans, qui ne deviennent agréables que par les assaisonnemens.

Dans le Pourpier le nombre des étamines n'est pas constant, on en trouve de six à quinze.

En Europe, dans les terrains gras, les jardins. ☉.

2. POURPIER velu, *P. pilosa*, L. à feuilles en alêne, alternes; à aisselles velues; à fleurs assises, terminales.

Pluk. tab. 247, f. 6 et 7. *Herm. Parad.* p. et tab. 215.

Dans l'Amérique Méridionale. ☉

3. POURPIER à quatre divisions, *P. quadrifida*, L. à bractées quatre à quatre ; à fleurs à quatre divisions peu profondes ; à articulations des tiges velues.

En Égypte. ☉

4. POURPIER à feuilles d'arroche, *P. halimoïdes*, L. à feuilles oblongues, charnues ; à tige en corymbe ; à fleurs assises.

Sloan. Jam. tab. 129, f. 3.

A la Jamaïque. ☉

5. POURPIER triangulaire, *P. triangularis*, L. à feuilles en ovale renversé, un peu aplaties ; à grappe simple, à trois faces.

Dans l'Amérique Méridionale.

6. POURPIER Orpin, *P. Anacampseros*, L. à feuilles ovales, bossuées ; à péduncules portant plusieurs fleurs ; à tige ligneuse.

Dill. Elth. tab. 281, f. 363.

Au cap de Bonne-Espérance. ♄

7. POURPIER étalé, *P. patens*, L. à feuilles lancéolées, ovales, aplaties ; à panicule rameux ; à calices à deux feuillets.

Pluk. tab. 105, f. 6. *Jacq. Hort.* tab. 151.

Dans l'Amérique Méridionale.

8. POURPIER ligneux, *P. fruticosa*, L. à feuilles en ovale renversé, un peu aplaties ; à péduncules en grappes ; à calices à cinq feuillets ; à tige ligneuse.

Commel. Hort. 1, p. 7, tab. 4.

Dans l'Amérique Méridionale. ♄

660. SALICAIRE, *LYTHRUM.* * *Lam. Tab. Encyclop.* pl. 408. SALICARIA. *Tournef. Inst.* 253, tab. 129.

CAL. *Périanthe* d'un seul feuillet, comme cylindrique, strié, à douze dents alternativement plus petites.

COR. Six *Pétales*, oblongs, un peu obtus, ouverts, insérés par leurs onglets sur les segmens du calice.

ÉTAM. Douze *Filamens*, filiformes, de la longueur du calice, les supérieurs plus courts que les inférieurs. *Anthères* simples, droites.

PIST. *Ovaire* oblong. *Style* en alêne, incliné, de la longueur des étamines. *Stigmate* arrondi, redressé.

PÉR. *Capsule* oblongue, pointue, couverte, à deux loges.

SEM. Nombreuses, petites.

OBS. *Quelques espèces ont une unité de moins dans les parties de la fructification ; d'autres n'ont que six étamines.*

Calice d'un seul feuillet, à douze dents. *Corolle* à six pétales insérés sur le calice. *Capsule* à deux loges renfermant chacune plusieurs semences.

1. SALICAIRE officinale, *L. Salicaria*, L. à feuilles opposées, en cœur, lancéolées; à fleurs en épis, dodécandres ou à douze étamines.

Lysimachia spicata, purpurea; Lysimachie en épi, à fleur pourpre. *Bauh. Pin.* 246, n.° 1. *Matth.* 675, f. 2. *Dod. Pempt.* 86, f. 1. *Lob. Ic.* 1, p. 342, f. 2. *Clus. Hist.* 2, p. 51, f. 1. *Lugd. Hist.* 1059, f. 2. *Camer. Epit.* 687. *Icon. Pl. Med.* tab. 113.

Cette espèce présente trois variétés, relativement à la couleur des fleurs, au nombre et à la forme des feuilles.

1. *Salicaria*, Salicaire. 2. Herbe. 3. Un peu styptique. 5. Diarrhée, dyssenteries chroniques, pertes blanches. 6. L'herbe est employée pour tanner les cuirs.

Nutritive pour le Cheval, le Bœuf, le Mouton.

En Europe, sur les bords des ruisseaux, des fossés aquatiques. ♃ Estivale.

2. SALICAIRE à verge, *L. virgatum*, L. à feuilles opposées, lancéolées; à fleurs en panicule à verge, dodécandres ou à douze étamines, réunies trois à trois.

Lysimachia rubra non siliquosa; Lysimachie à fleur rouge non siliqueuse. *Bauh. Pin.* 246, n.° 1. *Clus. Hist.* 2, pag. 52, f. 3. *Jacq. Aust.* tab. 7.

En Autriche, en Sibérie, en Tartarie. ♃

3. SALICAIRE ligneuse, *L. fruticosum*, L. à feuilles opposées, cotonneuses en dessous; à fleurs décandres ou à dix étamines; à corolle plus courte que le calice, qui est plus court que les étamines.

A la Chine. ♄

4. SALICAIRE verticillée, *L. verticillatum*, L. à feuilles opposées, un peu cotonneuses; à pétioles très-courts; à fleurs en anneaux, latérales.

En Virginie.

5. SALICAIRE pétiolée, *L. petiolatum*, L. à feuilles opposées, linéaires, pétiolées; à fleurs dodécandres ou à douze étamines.

En Virginie.

6. SALICAIRE linéaire, *L. lineare*, L. à feuilles opposées, linéaires; à fleurs opposées, hexandres ou à six étamines.

En Virginie.

7. SALICAIRE Parsonsia, *L. Parsonsia*, L. à feuilles opposées, ovales; à fleurs assises, alternes, hexandres ou à six étamines; à tige diffuse.

Brown. Jam. 199, tab. 21, f. 2.

A la Jamaïque. ♃

8. SALICAIRE Mélane, *L. Melanium*, L. à feuilles opposées, ovales; à fleurs alternes, le plus souvent décandres ou à dix étamines; à tige couchée.

A la Jamaïque. ♃

9. SALICAIRE à feuilles d'hyssope, *L. hyssopifolia*, L. à feuilles alternes, linéaires; à fleurs hexandres ou à six étamines.

Hyssopifolia; Plante à feuilles d'Hyssope. *Bauh. Pin.* 218, n.° 15. *Bauh. Hist.* 3, P. 2, p. 792, f. 2. *Barrel.* tab. 773, f. 1. *Bul. Paris.* tab. 249. *Jacq. Aust.* tab. 133.

Cette espèce présente une variété.

Lysimachia linifolia, purpuro-cærulea; Lysimachie à feuilles de lin, à fleur pourpre-bleuâtre. *Bauh. Pin.* 246, n.° 2.

A Lyon, Paris, Grenoble, Montpellier, etc. ⊙ Vernale.

10. SALICAIRE à feuilles de thym, *L. thymifolia*, L. à feuilles alternes, linéaires; à fleurs à quatre pétales.

Bauh. Hist. 3, P. 2, p. 792, f. 3. *Barrel.* tab. 773, f. 2.

A Grenoble, Montpellier. ⊙ Vernale.

661. GINORE, *GINORA*. *Lam. Tab. Encyclop.* pl. 407.

CAL. *Périanthe* d'un seul feuillet. *Tube* en cloche. *Limbe* à six *segmens* peu profonds, lancéolés, ouverts, colorés, persistans.

COR. Six *Pétales*, arrondis, ouverts, plus longs que le calice, insérés par de longs onglets sur le cou du calice.

ÉTAM. Douze *Filamens*, en alêne, étalés, de la longueur du calice sur lequel ils sont insérés. *Anthères* en forme de rein.

PIST. *Ovaire* arrondi, déprimé. *Style* en alêne, de la longueur de la corolle, persistant. *Stigmate* obtus.

PÉR. *Capsule* déprimée, arrondie, luisante, colorée, comme marquée de quatre sillons, à une loge, à quatre battans, s'ouvrant au sommet.

SEM. Plusieurs, très-petites. *Réceptacle* arrondi, grand.

Calice à six segmens peu profonds. *Corolle* à six pétales. *Capsule* colorée, à une seule loge, à quatre battans, renfermant plusieurs semences.

1. GINORE d'Amérique, *G. Americana*, L. à feuilles opposées, lancéolées, aiguës, lisses.

Jacq. Amer. 148, tab. 91.

A Cuba. ♄

II. DIGYNIE.

662. HÉLIOCARPE, *HELIOCARPOS.* * *Lam. Tab. Encyclop.* pl. 409.

CAL. Coloré, à quatre *feuillets*, linéaires, longs, un peu élargis, ouverts, caducs-tardifs.

COR. Quatre *Pétales*, linéaires, beaucoup plus courts et plus étroits que le calice.

ÉTAM. Seize *Filamens*, en alêne, presque aussi longs que le calice. *Anthères* didymes, linéaires, versatiles.

PIST. *Ovaire* arrondi. Deux *Styles*, simples, droits, de la longueur des étamines. *Stigmates* aigus, écartés.

PÉR. *Capsule* en toupie, ovale, pédunculée, comprimée, entourée perpendiculairement des deux côtés de rayons à ramifications pinnées.

SEM. Solitaires, comme ovales.

Calice à quatre feuillets. *Corolle* à quatre pétales. *Styles* simples. *Capsule* à deux loges, comprimée, garnie perpendiculairement des deux côtés de rayons à ramifications pinnées.

1. HÉLIOCARPE d'Amérique, *H. Americana*, L. à feuilles en cœur, pointues, inégalement dentées à dents de scie.

Hort. Cliff. 211, tab. 16.

Dans l'Amérique Méridionale. ♄

663. AIGREMOINE, *AGRIMONIA.* * *Tournef. Inst.* 301, tab. 155. *Lam. Tab. Encyclop.* pl. 409. AGRIMONOÏDES, *Tournef. Inst.* 301, tab. 155.

CAL. *Périanthe* d'un seul feuillet, supérieur, enveloppé par un second calice, à cinq *segmens* peu profonds, aigus, persistans.

COR. Cinq *Pétales*, planes, échancrés, à *onglets* étroits, insérés sur le calice.

ÉTAM. *Filamens* capillaires, plus courts que la corolle, insérés sur le calice. *Anthères* petites, didymes, comprimées.

PIST. *Ovaire* inférieur. Deux *Styles*, simples, de la longueur des étamines. *Stigmates* obtus.

PÉR. Nul. Le *Calice* dont l'orifice se rétrécit et qui se durcit, renferme les semences.

SEM. Deux, arrondies.

OBS. *Le nombre des* Étamines *varie. Il est de douze, de sept, rarement de dix.*

Dans les Agrimonia *Tournefort : calice extérieur, adhérent à l'intérieur ; deux semences ; étamines de douze à vingt ; fruit enveloppé par des soies.*

Dans les Agrimonoïdes *Tournefort : calice extérieur libre ; une semence ; environ sept étamines.*

Calice à cinq dents, engainé par un autre calice. *Corolle* à cinq pétales. Deux *Semences* nidulées dans le fonds du calice.

1. AIGREMOINE Eupatoire, *A. Eupatoria*, L. à feuilles de la tige pinnées : la foliole impaire pétiolée ; à fruits hérissés.

Eupatorium Veterum, seu Agrimonia ; Eupatoire des Anciens, ou Aigremoine. *Bauh. Pin.* 321, n.° 4. *Fusch. Hist.* 244. *Matth.* 717, f. 1. *Dod. Pempt.* 28, f. 1. *Lob. Ic.* 1, pag. 692, f. 2. *Lugd. Hist.* 1251, f. 1. *Camer. Epit.* 756. *Bauh. Hist.* 2, p. 398, lettre K, f. 1. *Bul. Paris.* tab. 250. *Flor. Dan.* tab. 588. *Icones Pl. Med.* tab. 206.

Cette espèce présente une variété odorante, gravée dans *Barrelier*, tab. 611.

Le nombre des étamines varie de six à douze.

1. *Agrimonia*, Aigremoine, Agrimoine. 2. Herbe. 3. Styptique. 4. Huile aromatique. 5. Plaies, ulcères : en cataplasme ; inflammations de la bouche : en gargarisme. Cette plante a quelquefois réussi dans la leucophlegmatie, la cachexie, l'ulcération de la vessie, les fièvres intermittentes.

Nutritive pour le Mouton, la Chèvre.

En Europe, dans les prairies, les champs, les fossés ; la variété odorante moins commune à Lyon sur les bords des bois. ♃ Estivale.

2. AIGREMOINE rampante, *A. repens*, L. à feuilles de la tige pinnées : la foliole impaire sans pétiole ; à fruits hérissés.

En Orient.

3. AIGREMOINE Fausse-Aigremoine, *A. Agrimonoïdes*, L. à feuilles de la tige trois à trois ; à fruits lisses.

Agrimonia similis ; Plante ressemblant à l'Aigremoine. *Bauh. Pin.* 321, n.° 6. *Columm. Ecphras.* 1, p. 145 et 144. *Barrel.* t. 612.

En Italie, à Naples. ♃

III. TRIGYNIE.

664. RÉSÉDA, *RESEDA*. * *Tournef. Inst.* 423, tab. 238. *Lam. Tab. Encyclop.* pl. 410. LUTEOLA. *Tournef. Inst.* 423, tab. 238. SESAMOÏDES. *Tournef. Inst.* 424, tab. 238.

CAL. *Périanthe* d'un seul feuillet, à *segmens* profonds, étroits, aigus, droits, persistans, dont deux plus ouverts, servant de pétale mellifère.

COR. *Pétales* assez nombreux, inégaux, dont quelques-uns sont toujours à moitié divisés en trois parties, le supérieur bossué à la base, mellifère, de la longueur du calice.

Nectaire : glande plane, droite, s'élevant du réceptacle, placée sur le côté supérieur entre les étamines et le pétale le plus élevé, réuni avec la base des pétales dilatés sur le même côté.

ÉTAM. Onze ou quinze *Filamens*, courts. *Anthères* droites, obtuses, de la longueur de la corolle.

PIST. *Ovaire* bossué, terminé par quelques *Styles* très-courts. *Stigmates* simples.

PÉR. *Capsule* bossuée, anguleuse, terminée par les styles pointus, ouverte ou béante au sommet entre les styles, à une loge.

SEM. Plusieurs, en forme de rein, aglutinées sur les angles de la capsule.

OBS. Il n'existe peut-être pas de genre dont le caractère soit aussi difficile à établir. Il varie quant au nombre et à la figure, selon les espèces.

Le Caractère essentiel *consiste dans les pétales à moitié divisés en trois parties, dont un est mellifère à sa base, et dans la capsule toujours béante au sommet.*

Luteola : Périanthe *à quatre segmens profonds. Trois* Pétales : *le supérieur mellifère, à moitié divisé en six parties : les latéraux opposés, à trois divisions peu profondes. On trouve quelquefois, soit par accident, soit naturellement, deux pétales inférieurs très-petits, entiers. Trois* Styles. *Plusieurs* Étamines.

Alba : Périanthe *à six segmens profonds. Six* Pétales *presque égaux, tous à moitié divisés en trois parties. Quatre* Styles. Capsule *à quatre angles. Toujours onze* Étamines.

Dans les autres especes : Périanthe *à cinq segmens profonds. Cinq* Pétales *irréguliers, à trois divisions peu profondes. Trois* Styles. *Plusieurs* Étamines.

Calice d'un seul feuillet, à plusieurs segmens profonds. *Corolle* à pétales inégaux, frangés ou découpés en lanières. *Capsule* à une seule loge, ouverte ou béante à son sommet.

1. RÉSÉDA Gaude, *R. Luteola*, L. à feuilles lancéolées, entières, offrant de chaque côté une dent à leur base; à calices divisés peu profondément en quatre parties.

Luteola, herba Salicis folio; Gaude, herbe à feuilles de Saule. *Bauh. Pin.* 100, n.° 1. *Dod. Pempt.* 80, f. 1. *Lob. Ic.* 1, p. 353, f. 1. *Lugd. Hist.* 501, f. 1; 822, f. 2; et 1342, f. 1. *Camer. Epit.* 356. *Bauh. Hist.* 3, P. 2, p. 465, f. 2.

L'herbe colore en jaune.

Nutritive pour le Mouton.

En Europe, sur les bords des chemins. Cultivée dans les champs. ⊙ Estivale.

2. RÉSÉDA blanchâtre, *R. canescens*, L. à feuilles lancéolées, ondulées, velues.

Reseda alba, minor; Réséda à fleur blanche, plus petit. *Bauh. Pin.* 100, n.° 4. *Lob. Ic.* 1, p. 353, f. 1. *Clus. Hist.* 1, p. 295, f. 2. *Lugd. Hist.* 683, f. 2.

En Espagne. ♃

3. RÉSÉDA glauque, *R. glauca*, L. à feuilles linéaires, dentées à la base; à fleurs tétragynes ou à quatre pistils.

Reseda Linariæ foliis; Réséda à feuilles de Linaire. *Bauh. Pin.* 100, n.° 3. *Pluk.* tab. 107, f. 2.

Aux Pyrénées.

4. RÉSÉDA pourpré, *R. purpurascens*, L. à feuilles linéaires, obtuses; à fleurs pentagynes ou à cinq pistils.

Linné rapporte le synonyme de *G. Bauhin*, *Reseda alba minor*, ou Réséda à fleur blanche, plus petit, *Pin.* 100, n.° 4, au Réséda blanchâtre, espèce 2, et au Réséda pourpré, espèce 4.

A Montpellier? en Espagne.

5. RÉSÉDA sésamoïde, *R. sesamoïdes*, L. à feuilles lancéolées, entières; à fruits en étoiles.

A Montpellier.

6. RÉSÉDA ligneux, *R. fruticulosa*, L. à feuilles pinnées, recourbées au sommet; à fleurs tétragynes ou à quatre pistils; à calices à cinq segmens profonds, ouverts; à tige ligneuse à la base.

En Espagne. ♃

7. RÉSÉDA blanc, *R. alba*, L. à feuilles pinnées; à fleurs tétragynes ou à quatre pistils; à calices à six segmens profonds.

Reseda maxima; Réséda très-grand. *Bauh. Pin.* 100, n.° 1. *Lob. Ic.* 1, pag. 222, f. 2. *Lugd. Hist.* 1199, f. 1. *Bauh. Hist.* 3, P. 2, p. 467, f. 1.

A Montpellier, en Espagne. ⊙

8. RÉSÉDA ondulé, *R. undulata*, L. à feuilles pinnées; à folioles ondulées; à fleurs trigynes ou tétragynes, ou à trois ou quatre pistils.

Barrel. tab. 587 et 588.

En Espagne, à Naples. ♃

9. RÉSÉDA jaune, *R. lutea*, L. toutes les feuilles divisées peu profondément en trois parties: les inférieures pinnées.

Reseda lutea; Réséda jaune. *Bauh. Pin.* 100, n.° 2. *Lob. Ic.* 1, p. 222, f. 1. *Bul. Paris.* tab. 252. *Jacq. Aust.* tab. 352.

Cette espèce présente une variété à feuilles frisées, gravée dans *Boccone Sic.* 77, tab. 41, f. 111, et dans *Plukenet*, tab. 55, 1, fig. 4.

En Europe, dans les terrains sablonneux. ⊙

10. RÉSÉDA Phyteuma, *R. Phyteuma*, L. à feuilles entières et à trois lobes; à calices très-grands, à six segmens profonds.

Reseda affinis, Phyteuma; Congénère du Réséda, ou Phyteuma. *Bauh. Pin.* 100, n.° 6. *Columm. Ecphras.* 267 et 269, fig. 2. *Lob. Ic.* 1, p. 718, f. 1. *Lugd. Hist.* 1198, f. 1 et 2. *Bauh. Hist.* 3, P. 2, p. 386, f. 1.

Cette espèce présente plusieurs variétés à tiges plus au moins hautes, à feuilles plus ou moins divisées.

En Europe, dans les terres légères. ☉

11. RÉSÉDA de la Méditerranée, *R. Mediterranea*, L. à feuilles entières et à trois lobes ; à calices plus courts que la fleur.

Dans la Palestine.

12. RÉSÉDA odorant, *R. odorata*, L. à feuilles entières et à trois lobes ; à calices de la longueur de la fleur.

Mill. Dict. tab. 217.

En Egypte. Cultivé dans les jardins. ♂

665. EUPHORBE, *EUPHORBIA.* * *Lam. Tab. Encyclop.* pl. 411. TITHYMALUS. *Tournef. Inst.* 85, tab. 18. TITHYMALOÏDES. *Tournef. Inst.* 654.

CAL. *Périanthe* d'un seul feuillet, ventru, comme coloré, à *orifice* à quatre dents, (à cinq dents dans quelques espèces) persistant.

COR. Quatre *Pétales*, (cinq dans un petit nombre d'espèces) en toupie, bossués, épais, tronqués, inégaux pour leur situation, alternes avec les dents du calice, insérés par leurs onglets sur les bords du calice, persistans.

ÉTAM. Plusieurs *Filamens*, (douze et au-dessus) filiformes, articulés, insérés sur le réceptacle, plus longs que la corolle, lançant en divers temps leur poussière séminale. *Anthères* didymes, arrondies.

PIST. *Ovaire* arrondi, à trois faces, porté sur un pédicule. Trois *Styles*, divisés peu profondément en deux parties. *Stigmates* obtus.

PÉR. *Capsule* arrondie, à trois coques, à trois loges, s'ouvrant élastiquement.

SEM. Solitaires, arrondies.

OBS. Euphorbium *Isnard : tige anguleuse ou charnue ; pétales à trois divisions peu profondes, dans quelques espèces.*

Tithymalus *Tournefort : tige feuillée.*

Tithymaloïdes *Tournefort : calice bossué sur le côté inférieur, en forme de sabot. Dans quelques espèces les fleurs mâles se développent les premières.*

Les Pétales *sont le plus souvent au nombre de quatre, de cinq dans quelques espèces ; souvent les deux sexes sont séparés dans la même plante. Les* Pétales *dans la plupart des espèces sont glanduleux, dans d'autres en forme de croissant ou dentés ; dans un petit nombre, minces comme une membrane, placés communément comme en dehors du calice.*

La Capsule *est lisse ou hérissée, ou garnie de verrues.*

Les Étamines *ne lancent point en même temps leur poussière séminale.*

Calice d'un seul feuillet, ventru. *Corolle* à quatre ou cinq pétales assis sur le calice. *Capsule* à trois coques.

* I. *Euphorbes à tiges ligneuses, armées de piquans.*

1. EUPHORBE des Anciens, *E. Antiquorum*, L. à tige armée de piquans, presque nue ou sans feuilles, triangulaire, articulée; à rameaux ouverts.

Commel. Hort. p. 23, tab. 12.

Cette espèce présente une variété à tige armée de piquans, nue, triangulaire; à rameaux droits, décrite dans *Miller Dict.* n.° 1, et dans *Commelin Prælud.* 55, tab. 5.

Dans l'Inde Orientale. Cultivée dans les serres chaudes. ♄

2. EUPHORBE des Canaries, *E. Canariensis*, L. à tige armée de piquans, réunis deux à deux, nue, presque quadrangulaire.

Pluk. tab. 320, f. 2.

Aux isles Canaries. ♄

3. EUPHORBE heptagone, *E. heptagona*, L. à tige armée de piquans, nue, à sept angles; à piquans solitaires, en alêne, portant les fleurs.

Boërh. Lugd. 1, pag. et tab. 258.

En Ethiopie. ♄

4. EUPHORBE mammillaire, *E. mammillaris*, L. à tige armée de piquans, nue; à angles tubéreux entremêlés de piquans.

Commel. Prælud. 59, tab. 9.

En Ethiopie. ♄

5. EUPHORBE en forme de cierge, *E. cereiformis*, L. à tige armée de piquans, nue, à plusieurs angles; à piquans solitaires, en alêne.

Pluk. tab. 231, f. 1. *Burm. Afric.* 19, tab. 9, f. 3.

En Ethiopie. ♄

6. EUPHORBE des boutiques, *E. officinarum*, L. à tige armée de piquans, réunis deux à deux, nue, à plusieurs angles.

Euphorbium; Euphorbe. *Bauh. Pin.* 387, n.° 1. *Lugd. Hist.* 1691, f. 1. *Icon. Pl. Med.* tab. 328.

1. *Euphorbium*; Euphorbe, résine d'Euphorbe. 2. Gomme, (gomme résine). 3. Point d'odeur; saveur forte, âcre, brûlante, produisant souvent des nausées. 4. Extrait aqueux et spiritueux en même proportion. 5. Hydropisie, goutte sereine, paralysie, obstructions viscérales, piqûre des tendons, carie, tumeurs froides, exutoires, tænia ou ver solitaire. 6. Gâle des chevaux.

En Ethiopie. Cultivé dans les serres chaudes. ♄

7. EUPHORBE à feuilles de laurier rose, *E. neriifolia*, L. à tige armée de piquans; à angles chargés de tubercules obliques.

Pluk. tab. 230, f. 4. *Commel. Prælud.* 56, tab. 6.

Dans l'Inde Orientale. ♄

* II. *EUPHORBES à tiges ligneuses, sans piquans, ne formant par leurs rameaux, ni bras ouverts ni ombelles.*

8. EUPHORBE Tête de Méduse, *E. Caput Medusa*, L. à tige sans piquans, simple, chargée de tubercules en recouvrement terminés chacun par une foliole linéaire.

Pluk. tab. 230, f. 5. *Commel. Præl ud.* 58, tab. 8; et 57, tab. 7.

Cette espèce présente cinq variétés.

1.° *Tête de Méduse* écailleuse, à lobes des fleurs à trois dents. *Breyn. Prod.* 3, p. 29, tab. 19.

2.° *Tête de Méduse* droite, sans feuilles; à rameaux arrondis; à tubercules tétragones. *Burm. Afric.* 16, tab. 7, f. 2.

3.° *Tête de Méduse* naine, couchée, à rameaux simples, nombreux; à tige très-charnue, tuberculeuse. *Burm. Afric.* 20, tab. 10, f. 1.

4.° *Tête de Méduse* couchée, à rameaux simples, assez nombreux, écailleux; à feuilles caduques-tardives. *Burm. Afric.* 17, t. 8.

5.° *Tête de Méduse* couchée, à rameaux deux à deux; à tige lisse, oblongue, couleur cendrée. *Burm. Afric.* 18, tab. 9, fig. 1.

La *Tête de Méduse* se distingue par ses pétales palmés.

En Ethiopie. ♄

9. EUPHORBE de la Mauritanie, *E. Mauritanica*, L. à tige sans piquans, à moitié nue, ligneuse, filiforme, flasque; à feuilles alternes.

Dill. Elth. tab. 289, f. 373.

En Afrique. ♄

10. EUPHORBE Tiraculli, *E. Tiraculli*, L. à tige sans piquans, à moitié nue, ligneuse, filiforme, droite; à rameaux ouverts, entassés confusément.

Pluk. tab. 319, f. 6. *Commel. Hort.* 1, p. 27, tab. 14.

Dans l'Inde Orientale. ♄

11. EUPHORBE tithymaloïde, *E. tithymaloïdes*, L. à tige sans piquans, ligneuse; à feuilles distiques ou sur deux rangs, alternes, ovales.

Jacq. Amer. 149, tab. 42.

Cette espèce présente une variété à feuilles de Laurier-Cerise, oblongues, ovales, obtuses, succulentes, décrite dans *Miller, Dict.* n.° 2, et dans *Dillen Elth.* tab. 288, f. 372.

A Curaçao, l'espèce : dans l'Inde Orientale, la variété. ♄

12. EUPHORBE hétérophylle, *E. heterophylla*, L. à tige sans piquans; à feuilles à dents de scie, pétiolées, difformes, ovales, lancéolées, en violon.

Pluk. tab. 112, f. 6.

Dans l'Amérique Méridionale.

13. EUPHORBE à feuilles de fustet, *E. cotinifolia*, L. à feuilles opposées, presque en cœur, pétiolées, échancrées, très-entières; à tige ligneuse.

Pluk. tab. 230, f. 3. *Commel. Hort.* 1, p. 29, tab. 15.

A Curaçao. ♄

14. EUPHORBE à feuilles de basilic, *E. ocymoïdes*, L. à tige sans piquans, herbacée, rameuse; à feuilles presque en cœur, très entières, plus courtes que les pétioles; à fleurs solitaires.

A Campêche.

* III. *EUPHORBES à tiges dichotomes ou à bras ouverts; à ombelle formée de deux rayons ou nue.*

15. EUPHORBE à feuilles d'origan, *E. origanifolia*, L. à tige dichotome simple; à feuilles dentelées, ovales, obtuses, à trois nervures; à panicule terminal.

Dans l'isle de l'Ascension. ♃

16. EUPHORBE à feuilles de millepertuis, *E. hypericifolia*, L. à tige dichotome; à feuilles à dents de scie, ovales, oblongues, lisses; à fleurs en corymbes terminans; à rameaux ouverts.

Commel. Prælud. pag. et tab. 60. *Sloan. Jam.* tab. 126.

Dans l'Inde Orientale. ☉

17. EUPHORBE tachetée, *E. maculata*, L. à tige dichotome; à feuilles à dents de scie, oblongues, velues; à fleurs axillaires, solitaires; à rameaux ouverts.

Pluk. tab. 65, f. 8. *Jacq. Hort.* tab. 186.

Dans l'Amérique Septentrionale. ☉

18. EUPHORBE hérissée, *E. hirta*, L. à tige dichotome, velue; à feuilles dentelées, ovales, aiguës; à péduncules ramassés en têtes, axillaires.

Burm. Zeyl. 223, tab. 104.

Dans l'Inde Orientale. ☉

19. EUPHORBE pilulifère, *E. pilulifera*, L. à tige dichotome, droite; à feuilles à dents de scie, ovales, oblongues; à péduncules à deux têtes, axillaires.

Burm. Zeyl. 224, tab. 105, f. 1.

Dans l'Inde Orientale. ☉

20. EUPHORBE à feuilles d'hyssope, *E. hyssopifolia*, L. à tige dichotome, droite; à feuilles presque crénelées, linéaires; à fleurs réunies en faisceaux, terminales.

Dans l'Amérique Méridionale.

21. EUPHORBE à feuilles de thym, *E. thymifolia*, L. à tige dichotome, couchée; à feuilles à dents de scie, ovales, oblongues; à fleurs en têtes, axillaires, glomérées, presque assises.

Pluk. tab. 113, f. 2. *Burm. Zeyl.* 225, tab. 105, f. 3.

Dans l'Inde Orientale. ☉

22. EUPHORBE à petite fleur, *E. parviflora*, L. à tige presque dichotome, un peu redressée, alternativement rameuse; à feuilles à dents de scie, oblongues, lisses; à fleurs solitaires.

Burm. Zeyl. 224, tab. 105, f. 2.

Dans l'Inde Orientale. ☉

23. EUPHORBE blanchâtre, *E. canescens*, L. à tige dichotome; couchée; à feuilles entières, arrondies, velues; à fleurs solitaires axillaires.

Cette espèce ne diffère de la suivante qu'en ce qu'elle est toute couverte de poils denses et blanchâtres. Les Espagnols la prennent en décoction contre les maladies vénériennes.

En Espagne, à Naples. ☉

24. EUPHORBE Chamécyse, *E. Chamæcyse*, L. à tige dichotome; couchée; à feuilles crénelées, arrondies, lisses; à fleurs solitaires, axillaires.

Chamæcyse; Chamécyse. *Bauh. Pin.* 293. *Matth.* 869, f. 1. *Dod. Pempt.* 377, f. 1. *Lob. Ic.* 1, p. 363, f. 2. *Clus. Hist.* 2, p. 187, f. 1. *Lugd. Hist.* 1660, f. 1. *Bauh. Hist.* 3, P. 2, p. 667, f. 2. *Moris. Hist.* sect. 10, tab. 2, f. 29.

A Montpellier. ☉

25. EUPHORBE Péplis, *E. Peplis*, L. à tige dichotome; à feuilles très-entières, en demi-cœur; à fleurs solitaires, axillaires; à tiges couchées.

Peplis maritima, folio obtuso; Péplide maritime, à feuille obtuse. *Bauh. Pin.* 293, n.° 1. *Matth. Hist.* 868, fig. 3. *Lob. Ic.* 1, p. 363, f. 1. *Clus. Hist.* 2, p. 187, f. 2. *Lugd. Hist.* 1659, f. 2. *Camer. Epit.* 970.

Cette plante varie par la couleur des fleurs, rougeâtres, blanches, vertes.

A Montpellier, en Provence, sur les bords de la Méditerranée, à Paris. ☉ Automnale.

26. EUPHORBE à feuilles de renouée, *E. polygonifolia*, L. à tige dichotome, couchée; à feuilles opposées, très-entières, lancéolées, obtuses; à fleurs solitaires, axillaires.

Au Canada, en Virginie. ☉

27. EUPHORBE graminée, *E. graminea*, L. à tige dichotome; à feuilles lancéolées, elliptiques, pétiolées, très-entières; à tige droite; à péduncules dichotomes.

Jacq. Obs. 1, p. 5, tab. 31.

A Carthagène.

28. EUPHORBE Ipécacuanha, *E. Ipecacuanha*, L. à tige dichotome; droite; à feuilles très-entières, lancéolées; à péduncules axillaires, portant une seule fleur, de la longueur des feuilles.

Au Canada, en Virginie. ♃

29. EUPHORBE à feuilles de pourpier, *E. portulacoïdes*, L. à tige dichotome, droite; à feuilles très-entières, ovales, arrondies au sommet; à péduncules axillaires, portant une seule fleur, de la longueur des feuilles.

A Philadelphie. ♃

30. EUPHORBE à feuilles de myrte, *E. myrtifolia*, L. à tige dichotome, droite; à feuilles très-entières, arrondies, échancrées, blanchâtres en dessous; à fleurs solitaires.

A la Jamaïque.

* IV. *EUPHORBES à ombelle formée de trois rayons.*

31. EUPHORBE Péplus, *E. Peplus*, L. à ombelle formée de trois rayons: chaque rayon dichotome; à involucelles ovales; à feuilles très-entières, en ovale renversé, pétiolées.

Peplus seu Esula rotunda; Péplus ou Ésule ronde. *Bauh. Pin.* 292, n.° 1. *Fusch. Hist.* 603. *Matth.* 868, f. 1. *Dod. Pempt.* 375, f. 2. *Lob. Ic.* 1, p. 362, f. 2. *Lugd. Hist.* 1658, f. 1. *Camer. Epit.* 969. *Bauh. Hist.* 3, P. 2, p. 669, f. 2.

En Europe, dans les jardins. ☉ Vernale.

32. EUPHORBE en faucille, *E. falcata*, L. à ombelle formée de trois rayons: chaque rayon dichotome; à involucelles lancéolés; à feuilles linéaires.

Barrel. tab. 751. *Jacq. Aust.* tab. 121.

A Lyon, Grenoble. ☉

33. EUPHORBE petite Ésule, *E. exigua*, L. à ombelle formée de trois rayons: chaque rayon dichotome; à involucelles lancéolés, à feuilles linéaires.

Cette espèce présente deux variétés.

1.° Euphorbe petite Ésule, à feuilles aiguës, *Euphorbia exigua, acuta.*

Tithymalus seu Esula exigua, Tithymale ou petite Ésule. *Bauh. Pin.* 291, n.° 3. *Matth.* 865, fig. 3. *Lob. Ic.* 1, pag. 357, f. 2. *Lugd. Hist.* 1645, f. 2; 1656, f. 2; et 1659, fig. 3. *Camer. Epit.* 966. *Bauh. Hist.* 3, P. 2, pag. 664, f. 1. *Camer. Epit.* 966. *Barrel.* tab. 85. *Bul. Paris.* tab. 255.

2.° Euphorbe petite Ésule, à feuilles arrondies au sommet, *Euphorbia exigua, retusa.*

Tithymalus

Tithymalus seu Esula exigua, foliis obtusis; Tithymale ou petite Ésule, à feuilles obtuses. *Bauh. Pin.* 291, n.° 4.

La première variété en Europe, dans les terrains cultivés; la seconde variété à Montpellier. ☉

34. EUPHORBE tubéreuse, *E. tuberosa;* L. à ombelle formée de trois rayons; à collerette de quatre feuillets; à tige nue; à feuilles oblongues, échancrées.

Burm. Afric. 9, tab. 4. *Buxb. Cent.* 2, p. 27, tab. 23.

En Egypte, en Ethiopie. ♄

* V. *EUPHORBES à ombelles formées de quatre rayons.*

35. EUPHORBE Epurge, *E. Lathyris*, L. à ombelle formée de quatre rayons : chaque rayon dichotome; à feuilles opposées, très-entières.

Lathyris major; Épurge plus grande. *Bauh. Pin.* 293, n.° 1. *Fusch. Hist.* 455. *Matth.* 868, f. 1. *Dod. Pempt.* 375, f. 1. *Lob. Ic.* 1, p. 362, f. 1. *Lugd. Hist.* 1657, f. 1. *Camer. Epit.* 968. *Bauh. Hist.* 3, P. 2, p. 881, f. 1. *Bul. Paris.* tab. 256. *Icon. Pl. Med.* tab. 19.

1. *Cataputia minor;* Épurge, Catapuce. 2. Semences. 3. Laiteuse, âcre, sceptique. 5. Hydropisie, teigne, verrues et probablement tous les usages de l'Euphorbe des boutiques.

A Montpellier, à Paris, en Provence, en Bourgogne. ♂

36. EUPHORBE terracine, *E. terracina*, L. à ombelle formée de quatre rayons : chaque rayon dichotome; à feuilles alternes, lancéolées, arrondies au sommet et terminées en pointe.

Barrel. tab. 833.

En Espagne, à Naples. ☉

37. EUPHORBE à racine en poire, *E. Apios*, L. à ombelle formée de quatre rayons : chaque rayon à deux divisions peu profondes; à involucelles en forme de rein : les premiers en cœur renversé.

Tithymalus tuberosâ pyriformi radice; Tithymale à racine tubéreuse en forme de poire. *Bauh. Pin.* 292, n.° 1. *Matth.* 876, f. 1. *Dod. Pempt.* 373, f. 1. *Lob. Ic.* 1, p. 364. *Clus. Hist.* 2, p. 190, f. 2. *Lugd. Hist.* 1595, f. 1; et 1651, f. 1. *Camer. Epit.* 980. *Bauh. Hist.* 3, P. 2, p. 666, f. 1.

Dans l'isle de Crète.

* VI. *EUPHORBES à ombelle formée de cinq rayons.*

38. EUPHORBE à feuilles de genêt, *E. genistoïdes*, L. à ombelle formée de cinq rayons : chaque rayon à deux divisions peu profondes; à involucelles ovales; à feuilles linéaires, droites; à tige ligneuse.

Au cap de Bonne-Espérance. ♄

39. EUPHORBE épineuse, *E. spinosa*, L. à ombelle le plus souvent formée de cinq rayons, simple; à involucelles ovales: les premiers à trois feuillets; à feuilles oblongues, très-entières; à tige ligneuse.

Tithymalus maritimus, spinosus; Tithymale maritime, épineux. *Bauh. Pin.* 291, n.° 3. *Herm. Lugd.* 600 et 601.

En Provence, à Naples. ♄

40. EUPHORBE épithym, *E. epithymoïdis*, L. à ombelle formée de cinq rayons: chaque rayon à deux divisions peu profondes; à involucelles ovales; à feuilles lancéolées, obtuses, velues en dessous.

Peplios altera species; Autre espèce d'Ésule. *Bauh. Pin.* 292, n.° 2. *Column. Ecphras.* 2, p. 52 et 51. *Barrel.* tab. 197. *Jacq. Aust.* tab. 344.

En Italie, à Naples, en Autriche. ♃

41. EUPHORBE douce, *E. dulcis*, L. à ombelle formée de cinq rayons: chaque rayon à deux divisions peu profondes; à involucelles presque ovales; à feuilles lancéolées, obtuses, très-entières.

Tithymalus montanus non acris; Tithymale des montagnes, doux. *Bauh. Pin.* 292, n.° 3. *Lob. Ic.* 1, p. 358, f. 1. *Lugd. Hist.* 1654, f. 2; et 1656, f. 1. *Bellev.* tab. 237. *Barrel.* tab. 909. *Jacq. Aust.* tab. 213.

A Montpellier, Lyon, Paris, etc. ♃ Vernale.

42. EUPHORBE Pithyuse, *E. Pithyusa*, L. à ombelle formée de cinq rayons: chaque rayon à deux divisions peu profondes; à involucelles ovales, terminés en pointe; à feuilles lancéolées: les inférieures roulées, en recouvrement à rebours.

Tithymalus foliis brevibus, aculeatis; Tithymale à feuilles courtes, piquantes. *Bauh. Pin.* 292, n.° 5. *Matth.* 867, f. 1. *Lugd. Hist.* 1652, f. 1. *Camer. Epit.* 967. *Boccon. Sic.* 9, tab. 5, f. F. 11. *Moris. Hist.* sect. 10, tab. 1, f. 25. *Barrel.* tab. 85.

En Provence, en Espagne, en Italie, à Naples. ♃

43. EUPHORBE d'Angleterre, *E. portlandica*, L. à ombelle formée de cinq rayons: chaque rayon dichotome; à involucelles comme en cœur, concaves; à feuilles linéaires, lancéolées, pointues, lisses, étalées.

Rai. Syn. 3, p. 313, tab. 24, f. 6. *Barrel.* tab. 822.

En Angleterre. ♄

44. EUPHORBE Paralias, *E. Paralias*, L. à ombelle le plus souvent formée de cinq rayons: chaque rayon à deux divisions peu profondes; à involucelles en cœur, en forme de rein; à feuilles en recouvrement vers le haut.

Tithymalus maritimus; Tithymale maritime. *Bauh. Pin.* 291, n.° 1. *Matth.* 864, f. 3. *Dod. Pempt.* 370, f. 1. *Lob. Ic.* 1, p. 354, f. 2. *Lugd. Hist.* 1643, f. 2; et 1647, f. 1 et 3. *Camer. Epit.* 962. *Bauh. Hist.* 3, P. 2, p. 675, f. 1. *Moris. Hist.* sect. 10, tab. 1, f. 24. *Bellev.* tab. 236. *Barrel.* tab. 886. *Jacq. Hort.* tab. 188.

A Montpellier, en Provence. ♃ Vernale.

45. EUPHORBE d'Alep, *E. Alepica*, L. à ombelle formée de cinq rayons : chaque rayon dichotome; à involucelles ovales, lancéolés, terminés en pointe; à feuilles inférieures, sétacées.

Alp. Exot. 65 et 64.

A Alep, dans l'isle de Crète. ♃

46. EUPHORBE linéaire, *E. pinea*, L. à ombelle formée de cinq rayons : chaque rayon dichotome; à involucelles en cœur; à feuilles linéaires, aiguës, entassées; à capsules un peu lisses.

On ignore son climat natal.

47. EUPHORBE des blés, *E. segetalis*, L. à ombelle formée de cinq rayons : chaque rayon dichotome; à involucelles en cœur, pointus; à feuilles linéaires, lancéolées : les supérieures plus larges.

Moris. Hist. sect. 10, tab. 2, f. 3. *Barrel.* tab. 821.

A Montpellier, Grenoble, en Provence, etc. ⊙ Vernale.

48. EUPHORBE réveille-matin, *E. helioscopia*, L. à ombelle formée de cinq rayons : chaque rayon à trois divisions peu profondes, sous-divisées elles-mêmes en deux; à involucelles en ovale renversé; à feuilles en forme de coin, à dents de scie.

Tithymalus helioscopius; Tithymale réveille-matin. *Bauh. Pin.* 291. *Fusch. Hist.* 811. *Matth.* 864, f. 4. *Dod. Pempt.* 371, f. 1. *Lob. Ic.* 1, p. 356, f. 1. *Lugd. Hist.* 1644, f. 1; et 1648, fig. 1. *Camer. Epit.* 963. *Bauh. Hist.* 3, P. 2. pag. 669, f. 1. *Moris. Hist.* sect. 10, tab. 2, fig. 9. *Barrel.* tab. 212. *Flor. Dan.* tab. 725. *Bul. Paris.* tab. 258.

Nutritive pour le Cheval.

En Europe, dans les terres cultivées. ⊙ Vernale.

49. EUPHORBE à dents de scie, *E. serrata*, L. à ombelle formée de cinq rayons : chaque rayon à trois divisions peu profondes, sous-divisées elles-mêmes en deux; à involucelles à deux feuillets, en forme de rein; à feuilles embrassantes, en cœur, à dents de scie.

Tithymalus Characias, folio serrato; Tithymale Characias, à feuille à dents de scie. *Bauh. Pin.* 290, n.° 6. *Dod. Pempt.* 369, f. 1. *Lob. Ic.* 1, p. 360, f. 2. *Clus. Hist.* 2, pag. 189, f. 2. *Lugd. Hist.* 1649, f. 2. *Bauh. Hist.* 3, P. 2, p. 673, f. 2. *Moris. Hist.* sect. 10, tab. 1, f. 6.

A Lyon, Grenoble, Montpellier, etc. ⊙

50. EUPHORBE verruqueuse, *E. verrucosa*, L. à ombelle formée de cinq rayons : chaque rayon le plus souvent à trois divisions peu profondes, sous-divisées elles-mêmes en deux ; à involucelles ovales ; à feuilles lancéolées, dentelées, velues ; à capsules garnies de tubercules, et velues.

Tithymalus Myrtnites, fructu verrucæ simili ; Tithymale à feuilles de Myrte, à fruit semblable à une verrue. *Bauh. Pin.* 291, n.° 5. *Lugd. Hist.* 1647, f. 2 ; et 1650, f. 1. *Bauh. Hist.* 3, P. 2, p. 673, f. 1.

A Lyon, Paris, Grenoble, etc. ♂ Vernale.

51. EUPHORBE à corolle, *E. corollata*, L. à ombelle formée de cinq rayons : chaque rayon à trois divisions peu profondes, dichotomes ; à involucelles et feuilles oblongues, obtuses ; à pétales membraneux.

Pluk. tab. 446, f. 3.

Au Canada, en Virginie.

52. EUPHORBE coralloïde, *E. coralloïdes*, L. à ombelle formée de cinq rayons : chaque rayon à trois divisions peu profondes ; dichotomes ; à involucelles ovales ; à feuilles lancéolées ; à capsules laineuses.

En Sicile, en Mauritanie, en Orient. ♃

53. EUPHORBE velue, *E. pilosa*, L. à ombelle formée de cinq rayons : chaque rayon à trois divisions peu profondes, sous-divisées elles-mêmes en deux ; à involucelles ovales ; à pétales entiers ; à feuilles lancéolées, un peu velues, dentelées au sommet.

Tithymalus incanus, hirsutus ; Tithymale blanchâtre, velu. *Bauh. Pin.* 292, n.° 4. *Barrel.* tab. 885.

A Montpellier, Grenoble, en Provence. ♃ Vernale.

54. EUPHORBE Orientale, *E. Orientalis*, L. à ombelle formée de cinq rayons : chaque rayon à quatre divisions peu profondes, dichotomes ; à involucelles arrondis, pointus ; à feuilles lancéolées.

En Orient.

55. EUPHORBE à larges feuilles, *E. platyphyllos*, L. à ombelle formée de cinq rayons : chaque rayon à trois divisions peu profondes, dichotomes ; à involucelles velus sur leur carêne ; à feuilles à dents de scie, lancéolées ; à capsules garnies de tubercules.

Tithymalus arvensis, latifolius, Germanicus ; Tithymale des champs, à larges feuilles, d'Allemagne. *Bauh. Pin.* 291, n.° 2. *Fusch. Hist.* 813. *Lugd. Hist.* 1653, f. 3. *Bauh. Hist.* 3, P. 2, p. 670, f. 1. *Moris. Hist.* sect. 10. tab. 3, f. 1. *Bul. Paris.* tab. 259. *Jacq. Aust.* tab. 376.

En Europe, dans les champs. ♃ Estivale.

* VII. *Euphorbes à ombelles à plusieurs rayons.*

56. EUPHORBE Ésule, *E. Esula*, L. à ombelle formée de plusieurs rayons : chaque rayon à deux divisions peu profondes ; à involucelles comme en cœur ; à pétales le plus souvent à deux cornes ; à rameaux stériles ; à feuilles uniformes.

Tithymalo maritimo affinis, Linariæ folio ; Congénère du Tithymale maritime, à feuille de Linaire. *Bauh. Pin.* 291, n.° 2. *Dod. Pempt.* 374, f. 2. *Lob. Ic.* 1, p. 357, f. 1. *Lugd. Hist.* 1653, f. 2.

A Lyon, Paris, Grenoble, Montpellier. ♃ Estivale.

57. EUPHORBE à feuilles de Pin, *E. Cyparissias*, L. à ombelle formée de plusieurs rayons : chaque rayon dichotome ; à involucelles presque en cœur ; à rameaux stériles ; à feuilles des rameaux étroites ou setacées : celles de la tige lancéolées.

Tithymalus cyparissias ; Tithymale à feuilles de Pin. *Bauh. Pin.* 291, n.° 2. *Fusch. Hist.* 812. *Matth.* 865, f. 1. *Dod. Pempt.* 371, f. 2. *Lob. Ic.* 1, p. 356, f. 2. *Lugd. Hist.* 1644, f. 2; et 1648, f. 2. *Camer. Epit.* 964. *Bauh. Hist.* 3, P. 2, p. 663, f. 1. *Icon. Pl. Med.* tab. 399.

Cette espèce présente une variété.

Tithymalus cyparissias, foliis punctis croceis notatis ; Tithymale à feuilles de cyprès, marquées de taches couleur de safran. *Bauh. Pin.* 291, n.° 1.

En Europe, dans les terres sablonneuses. ♃ Vernale.

58. EUPHORBE à feuilles de myrte, *E. myrsinites*, L. à ombelle formée à peu près de huit rayons : chaque rayon à deux divisions peu profondes ; à involucelles comme ovales ; à feuilles en spatule, étalées, charnues, terminées en pointe ; à marge raboteuse.

Tithymalus myrsinites, latifolius ; Tithymale à feuilles de Myrte, larges. *Bauh. Pin.* 290, n.° 3. *Dod. Pempt.* 369, f. 2. *Lob. Ic.* 1, p. 355, f. 1. *Clus. Hist.* 2, pag. 189, f. 1. *Lugd. Hist.* 1645, f. 1. *Camer. Epit.* 961. *Bauh. Hist.* 3, P. 2, p. 674, f. 1. *Moris. Hist.* sect. 10, tab. 1, f. 21. *Barrel.* tab. 1200.

A Montpellier, en Provence. ♃

59. EUPHORBE des marais, *E. palustris*, L. à ombelle formée de plusieurs rayons : chaque rayon le plus souvent à trois divisions peu profondes, sous-divisées elles-mêmes en deux ; à involucelles ovales ; à feuilles lancéolées ; à rameaux stériles.

Tithymalus palustris, fruticosus ; Tithymale des marais, ligneux. *Bauh. Pin.* 292, n.° 2. *Lob. Ic.* 1, p. 358, f. 2. *Lugd. Hist.* 1653, f. 1; et 1654, f. 3. *Moris. Hist.* sect. 10, tab. 2, f. 1. *Icon. Pl. Med.* tab. 467.

1. *Esula*; Tithymale des marais, Tithymale en arbre. 2. Herbe, racine et sur-tout l'écorce de cette dernière. En tout comme l'Euphorbe des boutiques. On peut en dire autant des autres Euphorbes, et sur-tout des *E. Esula*, *Cyparissias*, *Peplus*, *Paralias*, L. Parmi ces dernières l'*E. Cyparissias*, L. est une des plus âcres et des plus caustiques.

Nutritive pour la Chèvre.

A Lyon, *Paris*, *Grenoble*. ♂ Estivale.

60. EUPHORBE d'Irlande, *E. Hyberna*, L. à ombelle formée de six rayons : chaque rayon dichotome; à involucelles ovales; à feuilles très-entières; à rameaux nuls; à capsules garnies de verrues.

Tithymalus latifolius, *Hispanicus*; Tithymale à larges feuilles, d'Espagne. *Bauh. Pin.* 291, n.° 1. *Lob. Ic.* 1, pag. 361, f. 2. *Clus. Hist.* 2, p. 190, f. 1. *Lugd. Hist.* 1649, f. 1. *Dill. Elth.* tab. 290, f. 374.

En Irlande, *en Sibérie*, *en Autriche*, *aux Pyrénées*. ♃

61. EUPHORBE en arbre, *E. dendroïdes*, L. à ombelle formée de plusieurs rayons : chaque rayon dichotome; à involucelles comme en cœur : les premiers à trois feuillets; à tige en arbre.

Tithymalus myrtifolius, *arboreus*; Tithymale à feuilles de myrte, en arbre. *Bauh. Pin.* 290, n.° 1. *Math.* 865, f. 2. *Dod. Pempt.* 368, f. 3. *Lob. Ic.* 1, p. 359, f. 1. *Lugd. Hist.* 1644, fig. 3. *Camer. Epit.* 965.

En Provence.

62. EUPHORBE à feuilles d'amandier, *E. amygdaloïdes*, L. à ombelle formée de plusieurs rayons : chaque rayon dichotome; à involucelles arrondis, traversés par les rayons; à feuilles obtuses.

Tithymalus Characias, *amygdaloïdes*; Tithymale Characias, à feuilles d'amandier. *Bauh. Pin.* 290, n.° 1. *Dod. Pempt.* 368, fig. 1. *Lob. Ic.* 1, p. 360, f. 1. *Lugd. Hist.* 1646, f. 1.

Cette espèce est intermédiaire entre l'Euphorbe des marais et l'Euphorbe des bois.

A Lyon, *Paris*, *Grenoble*. ⊙ Vernale.

63. EUPHORBE des forêts, *E. sylvatica*, L. à ombelle formée de cinq rayons : chaque rayon à deux divisions peu profondes; à involucelles comme en cœur, un peu aigus, traversés par les rayons; à feuilles lancéolées, très-entières.

Tithymalus sylvaticus, *lunato flore*; Tithymale des forêts, à fleur en croissant. *Bauh. Pin.* 290, n.° 7. *Column. Ecphras.* 2, p. 56 et 57. *Bauh. Hist.* 3, P. 2, p. 671, f. 1. *Moris. Hist.* sect. 10, tab. 1, f. 3. *Barrel.* tab. 830. *Jacq. Aust.* tab. 375.

A Lyon, *Montpellier*, *Grenoble*, *etc.* ♄ Vernale.

64. EUPHORBE characias, *E. characias*, L. à ombelle formée de plusieurs rayons : chaque rayon à deux divisions peu profondes ; à involucelles échancrés, traversés par les rayons ; à feuilles lancéolées très-entières ; à tige ligneuse.

Tithymalus Characias, rubens, peregrinus ; Tithymale Characias, rougeâtre, étranger. *Bauh. Pin.* 290, n.° 2. *Lob. Ic.* 1, p. 359, f. 2. *Clus. Hist.* 2, p. 188, f. 1. *Lugd. Hist.* 1642, f. 1. *Camer. Epit.* 960. *Bauh. Hist.* 3, P. 2, p. 672, f. 1.

A Montpellier, en Provence. ♄ Vernale.

IV. PENTAGYNIE.

666. GLINUS, *GLINUS.* * *Lam. Tab. Encyclop.* pl. 413.

CAL. *Périanthe* à cinq *feuillets*, ovales, concaves, colorés intérieurement, persistans.

COR. Nulle.

Souvent cinq *Nectaires*, planes, imitant les pétales, étroits, plus courts que le calice, inégalement divisés en deux ou trois parties peu profondes.

ÉTAM. Environ quinze *Filamens*, en alêne, planes, de la longueur du calice. *Anthères* droites, oblongues, comprimées, didymes.

PIST. *Ovaire* à cinq côtés. Cinq *Styles* courts. *Stigmates* simples.

PÉR. *Capsule* ovale, à cinq loges, à cinq angles, à cinq battans.

SEM. Plusieurs, arrondies, placées sur un seul rang au-dessous des battans, tuberculées, attachées par leur base à une membrane un peu enflée.

Calice à cinq feuillets. *Corolle* nulle. Cinq *Nectaires* à deux ou trois divisions peu profondes. *Capsule* à cinq angles, à cinq battans, à cinq loges renfermant chacune plusieurs semences.

1. GLINUS lotoïde, *G. lotoïdes*, L. à tige velue ; à feuilles en ovale renversé.

Boccon. Sic. 21, tab. 11, f. 11. B. *Barrel.* tab. 336.

En Espagne, en Asie, dans les lieux inondés. ☉

2. GLINUS à feuilles de dictamne, *G. dictamnoïdes*, L. à tige ridée ; à feuilles arrondies, cotonneuses.

Pluk. tab. 356, f. 6 ; et tab. 12, f. 3.

Dans l'Inde Orientale. ♄

V. POLYGYNIE.

667. JOUBARBE, *SEMPERVIVUM.* * *Lam. Tab. Encyclop.* pl. 413.

CAL. *Périanthe* de six à douze *segmens* profonds, concaves, aigus, persistans.

COR. *Pétales* de six à douze, oblongs, lancéolés, aigus, concaves, un peu plus grands que le calice.

ÉTAM. *Filamens* de six à douze, en alêne, grêles. *Anthères* arrondies.

PIST. *Ovaire* de six à douze, disposés en rond, droits, terminés par autant de *Styles*, étalés. *Stigmates* aigus.

PÉR. *Capsule* de six à douze, oblongues, comprimées, courtes, disposées en rond, pointues en dehors, s'ouvrant intérieurement.

SEM. Plusieurs, arrondies, petites.

OBS. Le nombre augmente souvent, sur-tout dans les parties femelles.

Ce genre a de l'affinité avec les Sedum, *mais il en diffère par le nombre des pétales.*

Calice à douze segmens profonds. *Corolle* à douze pétales. Douze *Capsules* renfermant chacune plusieurs semences.

1. JOUBARBE en arbre, *S. arboreum*, L. à tige en arbre, lisse, rameuse.

Sedum majus, arborescens, flosculis candidis; Orpin plus grand, en arbre, à fleurons blancs. *Bauh. Pin.* 282, n.° 1. *Matth.* 786, f. 1. *Dod. Pempt.* 127, f. 1. *Lob. Ic.* 1, p. 379, f. 1. *Clus. Hist.* 2, p. 58, f. 1. *Lugd. Hist.* 1131, f. 3. *Camer. Epit.* 857. *Bauh. Hist.* 3, P. 2, p. 686, f. 1.

En Portugal. Cultivée dans les jardins. ♄

2. JOUBARBE des Canaries, *S. Canariense*, L. à tige lacérée au-dessous des feuilles; à feuilles mousses ou arrondies au sommet.

Pluk. tab. 314, f. 1. *Commel. Hort.* 2, p. 189, tab. 95.

Aux isles Canaries. ♄

3. JOUBARBE des toits, *S. tectorum*, L. à feuilles ciliées, formant une rose ouverte.

Sedum majus, vulgare; Orpin plus grand, vulgaire. *Bauh. Pin.* 283, n.° 3. *Fusch. Hist.* 32. *Matth.* 785, f. 1. *Dod. Pempt.* 127, f. 2. *Lob. Ic.* 1, p. 373, f. 2. *Lugd. Hist.* 1129, f. 1. *Camer. Epit.* 854. *Bauh. Hist.* 3, P. 2, p. 687, f. 1. *Bul. Paris.* tab. 261. *Flor. Dan.* tab. 601. *Icon. Pl. Med.* tab. 124.

1. *Sempervivum majus*; Joubarbe, grande Joubarbe. 2. Herbe. 5. Dyssenterie, aphthes, hémorrhoïdes, brûlures, cors aux pieds. 6. Cette plante affermit les toits, en retenant la terre dont ils se couvrent.

Nutritive pour le Mouton, la Chèvre.

En Europe, sur les toits, les vieux murs. ♃ Estivale.

4. JOUBARBE globuleuse, *S. globiferum*, L. à feuilles ciliées, formant une espèce de boule ou tête arrondie.

Bauh. Hist. 3, p. 688, f. 1. *Moris. Hist.* sect. 12, tab. 7, f. 18.

Sur les Alpes du Dauphiné. ♃ Estivale. *Alp.*

5. JOUBARBE araignée, *S. arachnoïdeum*, L. à feuilles formant une boule entrelacée par des poils imitant les fils d'araignée.

Sedum montanum, tomentosum; Orpin des montagnes, cotonneux. *Bauh. Pin.* 284, n.° 15. *Columm. Ecphras.* 1, p. 292 et 291. *Barrel.* tab. 391, f. 1; et tab. 393.

Sur les Alpes du Dauphiné, de Provence, des Pyrénées. ♃ Estivale. *Alp.*

6. JOUBARBE hérissée, *S. hirtum*, L. les feuilles, la tige et les sommets des pétales, hérissés.

Sedum majus montanum, foliis dentatis; Orpin plus grand des montagnes, à feuilles dentées. *Bauh. Pin.* 283, n.° 4. *Clus. Hist.* 2, p. 63, f. 2.

En Suisse.

7. JOUBARBE des montagnes, *S. montanum*, L. à feuilles très-entières, formant une rose ouverte.

Sedum Alpinum, rubro magno flore; Orpin des Alpes, à grande fleur rouge. *Bauh. Pin.* 284, n.° 14. *Lugd. Hist.* 1131, f. 2.

Sedum majus montanum, foliis non dentatis, floribus rubentibus; Orpin plus grand des montagnes, à feuilles non dentées, à fleurs rougeâtres. *Bauh. Pin.* 283, n.° 6. *Clus. Hist.* 2, p. 64, f. 1. *Bauh. Hist.* 3, P. 2, p. 688, f. 2.

Sur les Alpes du Dauphiné, de Provence. ♄ Estivale. *Alp.*

8. JOUBARBE orpin, *S. sediforme*, L. à feuilles éparses : les inférieures arrondies, les supérieures déprimées.

Jacq. Hort. tab. 81.

On ignore son climat natal.

CLASSE XII.

ICOSANDRIE.

I. MONOGYNIE.

Table Synoptique ou Caractères Artificiels Génériques.

668. CACTE, *CACTUS.*	*Cal.* supérieur, d'un seul feuillet. *Cor.* à divisions nombreuses, peu profondes. *Baie* à une loge, à plusieurs semences.
671. EUGÉNIE, *EUGENIA.*	*Cal.* supérieur, à quatre segmens profonds. *Cor.* à quatre pétales. *Drupe* à une loge, à une semence.
669. SYRINGA, *PHILADELPHUS.*	*Cal.* supérieur, à quatre ou cinq segmens profonds. *Cor.* à quatre ou cinq pétales. *Caps.* à quatre ou cinq loges, à plusieurs semences.
670. GOYAVIER, *PSIDIUM.*	*Cal.* supérieur, à cinq segmens peu profonds. *Cor.* à cinq pétales. *Baie* à une loge, à plusieurs semences.
672. MYRTE, *MYRTUS.*	*Cal.* supérieur, à cinq segmens peu profonds. *Cor.* le plus souvent à cinq pétales. *Baie* à trois loges, à une semence.
673. GRENADIER, *PUNICA.*	*Cal.* supérieur, à cinq segmens peu profonds. *Cor.* à cinq pétales. *Pomme* à dix loges, à plusieurs semences.
674. AMANDIER, *AMYGDALUS.*	*Cal.* inférieur, à cinq segmens peu profonds. *Cor.* à cinq pétales. *Drupe* sèche, à noyau parsemé de petits trous.

675. PRUNIER, *PRUNUS*. *Cal.* inférieur, à cinq segmens peu profonds. *Cor.* à cinq pétales. *Drupe* molle, à noyau sans trous.

677. CHYSOBOLAN, *CHRYSOBOLANUS*. *Cal.* inférieur, à cinq segmens peu profonds. *Cor.* à cinq pétales. *Drupe* à noyau marqué par des sillons.

676. PLINE, *PLINIA*. *Cal.* inférieur, à quatre ou cinq segmens profonds. *Cor.* à quatre ou cinq pétales. *Drupe* à noyau marqué par des sillons.

† *Cleome icosandra.*

II. DIGYNIE.

678. ALISIER, *CRATÆGUS*. *Cal.* supérieur, à cinq segmens peu profonds. *Cor.* à cinq pétales. *Baie* à deux semences.

III. TRIGYNIE.

679. SORBIER, *SORBUS*. *Cal.* supérieur, à cinq segmens peu profonds. *Cor.* à cinq pétales. *Baie* à trois semences.

680. SESUVE, *SESUVIUM*. *Cal.* inférieur, à cinq segmens peu profonds. *Cor.* nulle. *Caps.* à trois loges, s'ouvrant horizontalement.

† *Spiræa opulifolia.*

IV. TÉTRAGYNIE.

† *Tetragoniæ aliquot.*

† *Mesembryanthemum.*

V. PENTAGYNIE.

683. TÉTRAGONE, *TETRAGONIA*. *Cal.* supérieur, à quatre ou cinq segmens peu profonds. *Cor.* nulle. *Péric.* *à noyau* à quatre ou cinq loges.

681. NÉFLIER, *MESPILUS*. *Cal.* supérieur, à cinq segmens peu profonds. *Cor.* à cinq pétales. *Baie* à cinq semences.

682. POIRIER, *PYRUS*. *Cal.* supérieur, à cinq segmens peu profonds. *Cor.* à cinq pétales. *Pomme* à cinq loges, à plusieurs semences.

684. FICOÏDE, *MESEMBRYANTHEMUM*. *Cal.* supérieur, à cinq segmens peu profonds. *Cor.* à divisions nombreuses, peu profondes. *Caps.* charnue, à loges en nombre correspondant à celui des styles, à plusieurs semences.

685. AIZOON, *AIZOON*. *Cal.* inférieur, à cinq segmens peu profonds. *Cor.* nulle. *Caps.* à cinq loges, à plusieurs semences.

686. SPIRÉE, *SPIRÆA*. *Cal.* inférieur, à cinq segmens peu profonds. *Cor.* à cinq pétales. Plusieurs *Capsules*, entassées.

VI. OCTOGYNIE.

† *Mesembryanthemum calyciforme.*

VII. DÉCAGYNIE.

† *Mesembryanthema aliquot.*

VIII. POLYGYNIE.

687. ROSIER, *ROSA*. *Cal.* à cinq segmens peu profonds. *Cor.* à cinq pétales. *Cal.* qui se change en *Baie*, renfermant plusieurs semences.

688. RONCE, *RUBUS*. *Cal.* à cinq segmens peu profonds. *Cor.* à cinq pétales. *Baie* formée par plusieurs grains entassés.

691. TORMENTILLE, *TORMENTILLA.* *Cal.* à huit segmens peu profonds. *Cor.* à quatre pétales. Huit *Semences* sans arêtes.

693. DRYADE, *DRYAS.* *Cal.* à huit segmens peu profonds. *Cor.* à huit pétales. *Semences* nombreuses, terminées par une longüe arête duvetée.

689. FRAISIER, *FRAGARIA.* *Cal.* à dix segmens peu profonds. *Cor.* à cinq pétales. Plusieurs *Semences* nidulées dans un réceptacle succulent ou en baie, et caduc-tardif.

690. POTENTILLE, *POTENTILLA.* *Cal.* à dix segmens peu profonds. *Cor.* à cinq pétales. *Semences* nombreuses, sans arêtes.

692. BENOITE, *GEUM.* *Cal.* à dix segmens peu profonds. *Cor.* à cinq pétales. *Semences* nombreuses, terminées par une arête genouillée ou coudée.

694. COMARET, *COMARUM.* *Cal.* à dix segmens peu profonds. *Cor.* à cinq pétales. *Semences* nombreuses, adhérentes à un réceptacle charnu, persistant.

695. CALYCANTHE, *CALYCANTHUS.* *Cal.* écailleux, coloré comme une corolle. *Cor.* nulle. *Sem.* à queue, renfermées dans le calice succulent.

† *Spiræa Filipendula, Ulmaria.*

† *Phytolacca icosandra.*

† *Mesembryanthema aliquot.*

ICOSANDRIE.

Les caractères classiques qui distinguent l'Icosandrie de la Polyandrie, sont :

1.° Un *Calice* d'un seul feuillet, concave.

2.° Une *Corolle* attachée par ses onglets à la paroi interne du calice.

3.° Des *Étamines* au nombre de plus de dix-neuf, insérées sur la paroi interne du calice.

Cette classe s'appelle *Icosandrie*, parce que le nombre des étamines est de vingt ou environ dans la plupart des genres. Cependant le nombre ne constitue point le caractère, *puisque toutes les plantes à fleurs polyandres dont les étamines sont attachées à la paroi interne du calice, et non au réceptacle, doivent être ramenées à cette classe.*

I. MONOGYNIE.

668. CACTE, *CACTUS*. * *Lam. Tab. Encyclop.* pl. 414. MELOCACTUS. *Tournef. Inst.* 653, tab. 425. OPUNTIA. *Tournef. Inst.* 239, tab. 122. PERESKIA. *Plum.* 35, tab. 26. TUNA. *Dill. Elth.* tab. 294, f. 379 et suiv.

CAL. *Périanthe* d'un seul feuillet, tubulé, creux, supérieur, caduc-tardif, à *segmens* écailleux, placés en recouvrement.

COR. *Pétales* nombreux, un peu obtus, larges : les *extérieurs* plus courts : les *intérieurs* plus grands, réunis.

ÉTAM. *Filamens* nombreux, en alêne, insérés sur le calice. *Anthères* oblongues, droites.

PIST. *Ovaire* inférieur. *Style* de la longueur des étamines, comme cylindrique. *Stigmate* en tête, à plusieurs divisions peu profondes.

PÉR. *Baie* un peu alongée, à une loge, à ombilic, hérissée comme le calice.

SEM. Nombreuses, arrondies, petites, nidulées.

OBS. Cactus *Jussieu : a été ainsi nommé à raison de sa forme longue, droite, anguleuse.*

Melocactus *Tournefort : à raison de sa forme arrondie, anguleuse.*

Opuntia *Tournefort : à raison de sa forme rameuse, dichotome.*

Pereskia *Plumier : à raison de sa forme ligneuse, feuillée, et de son fruit feuillé.*

Calice d'un seul feuillet, supérieur, à écailles en recouvrement. *Corolle* multipliée, à plusieurs pétales. *Baie* à une seule loge, renfermant plusieurs semences.

* I. *CACTES HÉRISSONS*, *arrondis*.

1. CACTE mamelonné, *C. mamillaris*, L. arrondi, couvert de tubercules ovales, barbus.
   Pluk. tab. 29, f. 1 et 2. *Herm. Parad.* pag. et tab. 136.
   Dans l'Amérique Méridionale, sur les rochers. ♄

2. CACTE Mélocacte, *C. Melocactus*, L. arrondi, à quatorze angles.
   Melocactus Indiæ Occidentalis; Mélocacte de l'Inde Occidentale. *Bauh. Pin.* 384, n.° 1. *Lob. Ic.* 2, p. 24, f. 2. *Bauh. Hist.* 3, P. 1, p. 93, f. 2.
   Cette espèce présente une variété à épines longues, recourbées, blanchâtres.
   A la Jamaïque. ♄

3. CACTE noble, *C. nobilis*, L. arrondi, à quinze angles; à épines larges, recourbées.
   Au Mexique.

* II. *CACTES CIERGES DROITS*, *se soutenant par eux-mêmes*.

4. CACTE Pitaiaya, *C. Pitaiaya*, L. droit, triangulaire.
   A Carthagène.

5. CACTE heptagone, *C. heptagonus*, L. droit, oblong, à sept angles.
   Dans l'Amérique Méridionale.

6. CACTE tetragone, *C. tetragonus*, L. droit, long, à quatre angles comprimés.
   Dans l'Amérique Méridionale. ♄

7. CACTE hexagone, *C. hexagonus*, L. droit, long, à six angles écartés.
   Eph. N. C. 3, p. 349, tab. 7 et 8.
   A Surinam. ♄

8. CACTE pentagone, *C. pentagonus*, L. droit, long, articulé, le plus souvent à cinq angles.
   Dans l'Amérique Méridionale.

9. CACTE peu sinué, *C. repandus*, L. droit, long, à huit angles comprimés, ondulés; à épines plus longues que la laine.
   Trew. Ehret. tab. 14.
   Dans l'Amérique Méridionale. ♄

10. CACTE laineux, *C. lanuginosus*, L. droit, long, le plus souvent à neuf angles irréguliers; à épines plus courtes que la laine.

Herm. Parad. pag. et tab. 115.

A Curaçao. ♄

21. CACTE du Pérou, *C. Peruvianus*, L. droit, long, le plus souvent à huit angles obtus.

Cactus Peruvianus spinosus, fructu rubro, nucis magnitudine; Cacte du Pérou, épineux, à fruit rouge, de la grosseur d'une noix. *Bauh. Pin.* 458, n.° 14. *Lob. Ic.* 2, pag. 25, f. 1. *Lugd. Hist.* 1829, f. 1.

Au Pérou.

22. CACTE de Royen, *C. Royeni*, L. droit, articulé, le plus souvent à neuf angles; les articulations presque ovales; à piquans de la longueur de la laine.

Dans l'Amérique Méridionale. ♄

* III. *Cactes Cierges Serpenteaux*, *à radicules latérales.*

23. CACTE à grande fleur, *C. grandiflorus*, L. rampant, le plus souvent à cinq angles.

Eph. Nat. Cur. 1752, vol. 9, app. 184, tab. 11, 22 et 13.

A la Jamaïque, à Vera-Crux. Cultivé dans les serres chaudes. ♄

24. CACTE flagelliforme, *C. flagelliformis*, L. rampant, à dix angles.

Pluk. tab. 158, f. 6.

Dans l'Amérique Méridionale. ♄

25. CACTE parasite, *C. parasiticus*, L. rampant, arrondi, strié, sans piquans.

Plum. Spec. 6, tab. 197, f. 2.

Dans l'Amérique Méridionale.

26. CACTE triangulaire, *C. triangularis*, L. rampant, triangulaire.

Pluk. tab. 29, fig. 3. *Eph. Nat. Cur.* 1752. vol. 9, app. 199, tab. 10, f. 14; *id.* 1754. vol. 9, app. 349, tab. 3.

Cette espèce présente une variété à fruit feuillé, insipide, décrite et gravée dans *Jacquin Amer.* 152, tab. 181, f. 65.

Au Brésil, à la Jamaïque, à la Martinique. ♄

* IV. *Cactes Raquettes*, *comprimés, à articulations prolifères.*

27. CACTE à collier, *C. moniliformis*, L. à feuilles articulées l'une à l'autre, prolifères; à articulations arrondies, épineuses, glomérées.

Plum. Spec. 20, ic. 198.

Dans l'Amérique Méridionale. ♃

28. CACTE

18. CACTE Roquette, *C. Opuntia*, L. à feuilles articulées l'une à l'autre; à articulations ovales; à piquans très-étroits ou sétacés.

Ficus Indica, folio spinoso, fructu majore; Figuier d'Inde, à feuille épineuse, à fruit plus grand. *Bauh. Pin.* 458, n.° 9. *Matth.* 234, f. 3. *Dod. Pempt.* 813; f. 1. *Lob. Ic.* 2, pag. 241, f. 2. *Lugd. Hist.* 1795, f. 1. *Camer. Epit.* 183. *Bauh. Hist.* 1, P. 1, p. 154, f. 1. *Theat. Flor.* tab. 62, f. 3.

Dans l'Amérique Méridionale. ♄ ♃

19. CACTE Figuier d'Inde, *C. Ficus Indica*, L. à feuilles articulées l'une à l'autre, proliferes; à articulations ovales, oblongues; à piquans sétacés.

Dans l'Amérique Méridionale. ♄

20. CACTE Tuna, *C. Tuna*, L. à feuilles articulées l'une à l'autre; prolifères; à articulations ovales, oblongues; à piquans en alêne.

Dill. Elth. tab. 295, f. 380.

A la Jamaïque. ♄

21. CACTE porte-cochenille, *C. cochenillifer*, L. à feuilles articulées l'une à l'autre, prolifères; à articulations ovales, oblongues, presque dénuées de piquans.

Pluk. tab. 281, f. 2. *Sloan. Jam.* tab. 8, f. 1 et 2. *Dill. Elth.* tab. 297, f. 383.

C'est sur cette espèce que se trouve la Cochenille (*Coccus cacti*, L.) qui fournit la couleur écarlate.

A la Jamaïque. ♄

22. CACTE de Curaçao, *C. Curassavicus*, L. à feuilles articulées l'une à l'autre, proliferes; à articulations cylindriques, ventrues, comprimées.

Pluk. tab. 281, f. 3.

A Curaçao. ♄

23. CACTE Phyllanthe, *C. Phyllanthus*, L. à feuilles prolifères, en lame d'épée, comprimées, à dents de scie, peu sinuées.

Pluk. tab. 247, f. 5. *Dill. Elth.* tab. 64, f. 74.

Au Brésil, à Surinam. ♄

24. CACTE Péreskia, *C. Pereskia*, L. à tige arrondie, en arbre; à piquans réunis deux à deux, recourbés; à feuilles lancéolées, ovales.

Pluk. tab. 215, f. 6. *Dill. Elth.* tab. 227, f. 294.

Dans l'Amérique Méridionale. ♄

25. CACTE à feuilles de pourpier, *C. portulacæfolius*, L. à tige arrondie, en arbre, épineuse; à feuilles en forme de coin, mousses ou arrondies au sommet.

Plum. Spec. 6, ic. 197, f. 1.
Dans l'Amérique Méridionale. ♄

669. SYRINGA, *PHILADELPHUS.* * *Lam. Tab. Encyclop.* pl. 420; SYRINGA. *Tournef. Inst.* 617, tab. 389.

CAL. *Périanthe* d'un seul feuillet, à quatre *segmens* profonds, pointus, persistans.

COR. Quatre *Pétales*, arrondis, planes, grands, ouverts.

ETAM. Vingt *Filamens*, en alêne, de la longueur du calice. *Anthères* droites, à quatre sillons.

PIST. *Ovaire* inférieur. *Style* filiforme, divisé profondément en quatre parties. *Stigmates* simples.

PÉR. *Capsule* ovale, pointue aux deux extrémités, à moitié enveloppée par le calice, à quatre loges, à quatre battans.

SEM. Nombreuses, oblongues, petites.

OBS. *Ce genre présente quelquefois une unité de plus dans le nombre des parties de la fructification.*

Calice à quatre ou cinq segmens profonds, supérieur. *Corolle* à quatre ou cinq pétales. *Capsule* à quatre ou cinq loges renfermant chacune plusieurs semences.

1. SYRINGA odorant, *P. coronarius*, L. à feuilles dentées.

Syringa alba seu Philadelphus Athenæi; Syringa à fleur blanche ou Philadelphe d'Athénée. *Bauh. Pin.* 398, n.° 3. *Lob. Ic.* 2, p. 102, f. 1. *Clus. Hist.* 1, p. 55, f. 1. *Lugd. Hist.* 355, f. 1. *Bauh. Hist.* 1, P. 2, p. 203, f. 2.

Cette espèce présente une variété naine.

En Languedoc, en Allemagne, en Suisse. Cultivé dans les jardins. ♄ Vernale.

2. SYRINGA sans odeur, *P. inodorus*, L. à feuilles très-entières.

Catesb. Carol. 2, pag. et tab. 84.
A la Caroline. ♄ Vernale.

670. GOYAVIER, *PSIDIUM.* † *Lam. Tab. Encyclop.* pl. 416. GUAIAVA. *Tournef. Inst.* 660, tab. 443.

CAL. *Périanthe* d'un seul feuillet, en cloche, à cinq *segmens* peu profonds, ovales.

COR. Cinq *Pétales*, ovales, concaves, ouverts, insérés sur le calice.

ÉTAM. *Filamens* nombreux, plus courts que la corolle, insérés sur le calice. *Anthères* petites.

PIST. *Ovaire* arrondi, inférieur. *Style* en alêne, très-long. *Stigmate* simple.

PÉR. *Baie* ovale, très-grande, couronnée par le calice, à une loge.

SEM. Nombreuses, très-petites, nidulées.

Calice à cinq segmens peu profonds, supérieur. *Corolle* à cinq pétales. *Baie* à une seule loge, renfermant plusieurs semences.

1. GOYAVIER pyrifère, *P. pyriferum*, L. à feuilles marquées par des lignes, un peu obtuses; à péduncules portant une seule fleur.

Rheed. Mal. 3, p. 31, tab. 34. *Rumph. Amb.* 1, p. 140, t. 47.

Aux Indes Orientales. ♄

2. GOYAVIER pomifère, *P. pomiferum*, L. à feuilles marquées par des lignes, aiguës; à péduncules portant trois fleurs.

Guyabo pomifera, Indica; Guyabo pomifère, des Indes. *Bauh. Pin.* 437, n.° 5. *Pluk.* tab. 193, f. 4.

Aux Indes Orientales. ♄

671. EUGÉNIE, *EUGENIA.* * *Mich. Gen.* 226, tab. 108. *Lam. Tab. Encyclop.* pl. 418.

CAL. *Périanthe* d'un seul feuillet, supérieur, à quatre *segmens* profonds, oblongs, obtus, concaves, persistans.

COR. Quatre *Pétales*, deux fois plus grands que le calice, oblongs, obtus, concaves.

ÉTAM. Plusieurs *Filamens*, insérés sur le calice, de la longueur de la corolle. *Anthères* petites.

PIST. *Ovaire* en toupie, inférieur. *Style* simple; de la longueur des étamines. *Stigmate* simple.

PÉR. *Drupe* à quatre angles, couronnée, à une loge.

SEM. *Noix* arrondie, lisse.

Calice à quatre segmens profonds, supérieur. *Corolle* à quatre pétales. *Drupe* quadrangulaire renfermant une seule semence.

1. EUGÉNIE de Malaca, *E. Malaccensis*, L. à feuilles très-entières; à péduncules rameux, latéraux.

Rheed. Mal. 1, p. 29, tab. 18. *Rumph. Amb.* 1, p. 121, t. 37 et 38.

Dans l'Inde Orientale.

2. EUGÉNIE Jambos, *E. Jambos*, L. à feuilles très-entières; à péduncules rameux, terminans.

Persici ossiculo fructus Malaccensis; Fruit de Malaca à noyau de pêche. *Bauh. Pin.* 441, n.° 5. *Lugd. Hist.* 1872, fig. 2. *Rheed. Mal.* 1, pag. 27, tab. 17. *Rumph. Amb.* 1, pag. 127, tab. 39.

Dans l'Inde Orientale. ♄

3. EUGÉNIE Faux-Goyavier, *E. Pseudo-Psidium*, L. à feuilles très-entières; à plusieurs péduncules latéraux, terminans, portant une seule fleur.

Jacq. Amer. 152, tab. 93.

A la Martinique. ♄

4. EUGÉNIE à une fleur, *E. uniflora*, L. à feuilles très-entières, en cœur, lancéolées; à péduncules latéraux portant une seule fleur.

Till. Pis. 117, tab. 44.

Dans l'Inde Orientale. ♄

5. EUGÉNIE à feuilles de fustet, *E. cotinifolia*, L. à feuilles ovales, obtuses, très-entières; à péduncules portant une seule fleur.

Jacq. Obs. 3, p. 3, tab. 53.

A Cayenne. ♄

6. EUGÉNIE à angles aigus, *E. acutangula*, L. à feuilles crénelées; à péduncules terminans; à drupes oblongues; à angles aigus.

Rheed. Mal. 4, p. 11, tab. 7. *Rumph. Amb.* 3, p. 181, tab. 115.

Dans l'Inde Orientale. ♄

7. EUGÉNIE à grappe, *E. racemosa*, L. à feuilles crénelées; à fleurs en grappes très-longues; à drupes ovales, quadrangulaires.

Rheed. Mal. 4, p. 11, tab. 16. *Rumph. Amb.* 3, p. 182, t. 116.

Dans l'Inde Orientale.

672. MYRTE, *MYRTUS.* * *Tournef. Inst.* 640, tab. 409. *Lam. Tab. Encyclop.* pl. 419.

CAL. *Périanthe* d'un seul feuillet, supérieur, à cinq *segmens* peu profonds, aigus, droits, persistans.

COR. Cinq *Pétales*, ovales, entiers, grands, insérés sur le calice.

ÉTAM. *Filamens* nombreux, capillaires, de la longueur de la corolle, insérés sur le calice. *Anthères* très-petites.

PIST. *Ovaire* inférieur. *Style* simple, filiforme. *Stigmate* obtus.

PÉR. *Baie* ovale, à ombilic fermé par le calice, à deux ou trois loges.

SEM. Solitaires, en forme de rein.

OBS. *Quelques espèces ont le* Calice *à quatre segmens peu profonds et quatre* Pétales. *D'autres ont le* Calice *très-entier et sans aucun segment.*

Calice à cinq segmens peu profonds, supérieur. *Corolle* à cinq pétales. *Baie* renfermant deux ou trois semences.

1. MYRTE commun, *M. communis*, L. à fleurs solitaires.

Cette espèce offre plusieurs variétés.

1.° Myrte commun Romain, *M. communis Romana.*

Myrtus latifolia, Romana; Myrte à larges feuilles, Romain.

Bauh. Pin. 468, n.° 2. *Matth.* 193, f. 1. *Dod. Pempt.* 772; f. 2. *Lob. Ic.* 2, p. 125, f. 2.

2.° Myrte commun de Tarente, *M. communis Tarentina.*

Myrtus minor, vulgaris; Myrte plus petit, vulgaire. *Bauh. Pin.* 469, n.° 9. *Matth.* 193, f. 2. *Lob. Ic.* 2, p. 127, f. 2. *Lugd. Hist.* 237, f. 2.

3.° Myrte commun d'Italie, *M. communis Italica.*

Myrtus communis Italica; Myrte commun d'Italie. *Bauh. Pin.* 468, n.° 1. *Lugd. Hist.* 237, f. 1.

4.° Myrte commun de la Béotie, *M. communis Bætica.*

Myrtus latifolia Bætica; Myrte à larges feuilles de la Béotie. *Bauh. Pin.* 469, n.° 4.

5.° Myrte commun de Portugal, *M. communis Lusitanica.*

Myrtus sylvestris, foliis acutissimis; Myrte sauvage, à feuilles très-aiguës. *Bauh. Pin.* 469, n.° 7. *Lob. Ic.* 2, p. 126, f. 2. *Clus. Hist.* 1, p. 66, f. 2.

6.° Myrte commun de la Belgique, *M. communis Belgica.*

Myrtus latifolia, Belgica; Myrte à larges feuilles, de la Belgique. *Bauh. Pin.* 469, n.° 5.

7.° Myrte commun à feuilles terminées en pointe, *M. communis mucronata.*

Myrtus foliis minimis et mucronatis; Myrte à feuilles très-petites et terminées en pointe. *Bauh. Pin.* 469, n.° 8. *Dod. Pempt.* 772, f. 1. *Lob. Ic.* 2, p. 128, f. 1. *Clus. Hist.* 1, p. 67, f. 1. *Lugd. Hist.* 238, f. 1.

On peut ajouter à ces sept variétés les Myrtes à fleurs doubles, à feuilles panachées.

Les Myrtes se multiplient de plans enracinés que l'on détache autour des vieux pieds.

1. *Myrtus*, Myrte. 2. Feuilles, Baies. 3. Un peu styptique, aromatique. 4. Arôme, huile légère en petite quantité. 5. Diarrhée avec atonie, fleurs blanches. 6. Les Romains se servoient des baies de Myrte comme assaisonnement, avant et même après avoir connu le poivre. En Illyrie et dans le royaume de Naples, on se sert des feuilles pour tanner les cuirs. Les femmes recherchées se servent d'eau distillée des feuilles de Myrte dans leur toilette, pour raffermir et parfumer la peau.

Dans les climats tempérés des quatre parties du Monde. ♄ Vernale.

2. MYRTE du Brésil, *M. Brasiliana*, L. à fleurs solitaires; à pédoncules nus; à pétales un peu ciliés.

Commel. Hort. 1, p. 173, tab. 89.

Au Brésil. ♄

3. MYRTE à deux fleurs, *M. biflora*, L. à péduncules portant deux fleurs; à feuilles lancéolées.

Brown. Jam. 248, tab. 25, f. 3.

A la Jamaïque. ♄

4. MYRTE à feuilles étroites, *M. angustifolia*, L. à péduncules en ombelles; à feuilles linéaires, lancéolées, presque assises.

Burm. Afric. 237, tab. 83, f. 2.

Au cap de Bonne-Espérance. ♄

5. MYRTE luisant, *M. lucida*, L. à péduncules portant le plus souvent trois fleurs; à feuilles presque assises, lancéolées, amincies au sommet.

A Surinam. ♄

6. MYRTE Cumini, *M. Cumini*, L. à péduncules portant plusieurs fleurs; à feuilles lancéolées, ovales.

Rumph. Amb. 1, p. 130, tab. 41.

A Zeylan. ♄

7. MYRTE dioïque, *M. dioica*, L. à péduncules trichotomes, formant un panicule; à feuilles oblongues; à fleurs dioïques.

Pluk. tab. 155, f. 2?

Dans l'Amérique Méridionale. ♄

8. MYRTE Chytraculia, *M. Chytraculia*, L. à péduncules dichotomes ou à bras ouverts formant un panicule, duvetés; à feuilles réunies deux à deux presque ovales, terminales.

Le synonyme de *Plukenet*, t. 274, f. 2, appliqué à cette espèce, est également cité par *Reichard* pour le Jambolier pédunculé, *Jambolifera pedunculata*, L.

A la Jamaïque. ♄

9. MYRTE Zuzygium, *M. Zuzygium*, L. à péduncules portant plusieurs fleurs; à rameaux dichotomes; à feuilles réunies deux à deux, presque ovales, terminales.

Brown. Jam. 240, tab. 7, f. 2.

A la Jamaïque. ♄

10. MYRTE de Zeylan, *M. Zeylanica*, L. à péduncules portant plusieurs fleurs; à feuilles ovales; à pétioles très-courts.

Herm. Lugd. 434 et 435.

A Zeylan. ♄

11. MYRTE à feuilles d'androsème, *M. androsæmoïdes*, L. à péduncules divisés peu profondément en trois parties, portant plusieurs fleurs; à feuilles presque ovales, assises.

A Zeylan. ♄

12. MYRTE giroflée, *M. caryophyllata*, L. à pédoncules divisés peu profondément en trois parties; à feuilles en ovale renversé.

Pluk. tab. 55, f. 3.

1. *Cassia-Caryophyllata*; Canelle giroflée ou gérofllée, Canelle noire, écorce de Girofle, Bois de Girofle, Capelet, Bois de Crave ou Bois de clou de Para. 2. Écorce. 3. Aromatique, odeur forte, piquante, sentant le girofle. 4. Arôme, huile légère, en petite quantité, mais plus âcre que celle des clous de Girofle; extrait spiritueux fort âcre; extrait aqueux non aromatique. 6. Culinaire. Elle peut remplacer la Canelle et le Girofle. Les marchands qui vendent le Girofle en poudre, sont accusés d'y mêler cette écorce pour en augmenter le poids.

A la Guyanne, à Cuba, à Zeylan. ♄

13. MYRTE Piment, *M. Pimenta*, L. à feuilles alternes.

Pluk. tab. 155, f. 4. *Sloan. Jam.* tab. 191, f. 1.

1. *Pimenta*, *Amomum verum*, *Piper Jamaicense*; Poivre de la Jamaïque, ou Piment des Anglois. 2. Fruits. 3. Saveur âcre, aromatique, approchant de celle du Gérofle. 4. Huile essentielle, pesante, approchant de celle des clous de Gérofle; extrait aqueux presque inerte; extrait spiritueux de couleur verte. 6. Les Anglois en font un très-grand usage dans leur cuisine, sous les noms de Toute-Épices, Poivre de Thivet, Amomi, Piment à couronne, Coques d'Inde aromatiques, Têtes de clou.

A la Jamaïque. ♄

673. GRENADIER, *PUNICA.* * *Tournef. Inst.* 636, tab. 407. *Lam. Tab. Encyclop.* pl. 415.

CAL. *Périanthe* d'un seul feuillet, en cloche, à cinq *segmens* peu profonds, aigus, colorés, persistans.

COR. Cinq *Pétales*, arrondis, droits, ouverts, insérés sur le calice.

ÉTAM. *Filamens* nombreux, capillaires, plus courts que le calice sur lequel ils sont insérés. *Anthères* un peu alongées.

PIST. *Ovaire* inférieur. *Style* simple, de la longueur des étamines. *Stigmate* en tête.

PÉR. *Pomme* arrondie, grande, couronnée par le calice, à neuf loges.

SEM. Plusieurs, arrondies, succulentes. *Réceptacle* membraneux, divisant en deux parties chaque loge du péricarpe.

OBS. *Les Botanistes ont décrit et fait graver cinq* Pistils, *je n'en ai jamais vu qu'un seul.*

Calice à cinq segmens peu profonds, supérieur. *Corolle* à cinq pétales. *Pomme* à plusieurs loges renfermant chacune plusieurs semences.

1. GRENADIER commun, *P. Granatum*, L. à feuilles lancéolées; à tige en arbre.

Cette espèce se divise en Grenadier sauvage et G. cultivé.

Malus punica sylvestris; Grenadier sauvage. *Bauh. Pin.* 438, n.° 2.

Malus punica sativa; Grenadier cultivé. *Bauh. Pin.* 438, n.° 1. *Trag.* 1037. *Matth. Hist.* 193, f. 1. *Dod. Pempt.* 794, fig. 1. *Lob. Ic.* 2, p. 130, f. 1. *Lugd. Hist.* 303, f. 1. *Camer. Epit.* 130 et 131. *Bauh. Hist.* 1, P. 1, p. 76, f. 1. *Icon. Pl. Med.* tab. 270.

Le Grenadier présente une variété qui ne diffère de l'espèce ordinaire que par le nombre multiplié des pétales qui forment une fleur double.

Balaustia flore pleno, majore; Balauste à fleur pleine, plus grande. *Bauh. Pin.* 438, n.° 3. *Matth.* 193, f. 2, 3 et 4. *Lob. Ic.* 2, p. 130, f. 2 et 3.

Balaustia flore pleno, minore; Balauste à fleur pleine, plus petite. *Bauh. Pin.* 438, n.° 4.

Le Grenadier commun présente une autre variété à fleur jaune.

2. *Balaustia (flores)*; *Malicorium (cortex)*; *Granata (semina)*; Grenade, Balauste, Écorce de Grenade, Grains de Grenade. 3. Fleurs, écorce, grains, suc. 4. Écorce : odeur nulle; saveur fortement styptique; odeur des grains : vineuse, saveur acide, agréable, doucement astringente; les fleurs et l'écorce styptiques. 4. L'eau et l'esprit de vin (Alchool), infusés sur les Balaustes, se teignent en rouge et prennent le goût austère. 5. Fièvres (*les grains*); toutes les laxités (*l'écorce et les fleurs*); fièvres remittentes et synoques inflammatoires (*le suc*). 6. Le fruit est très-agréable à manger : on le permet aux fébricitans. La fleur et l'écorce peuvent servir à tanner les cuirs.

On distingue en Languedoc et en Provence trois variétés dans les fruits du *Grenadier*, appelés *Grenades*, 1.° les *Douces*; 2.° les *Mussinques* ou *Mi-aigres*; 3.° les *Aigres* ou *Sauvages*. Les *Grenadiers* se multiplient facilement par marcottes ou par les drageons enracinés qui naissent auprès des gros pieds.

En Languedoc, en Provence, où l'on en forme des haies. ♄ Vernale.

2. GRENADIER nain, *P. nana*, L. à feuilles linéaires; à tige ligneuse.

Aux Antilles. ♄ Estivale.

674. AMANDIER, *AMYGDALUS.* * *Tournef. Inst.* 627, tab. 402. *Lam. Tab. Encyclop.* pl. 430. PERSICA. *Tournef. Inst.* 624, tab. 400.

CAL. *Périanthe* d'un seul feuillet, tubulé, caduc-tardif, à cinq *segmens* peu profonds, ouverts, obtus.

COR. Cinq *Pétales*, oblongs, ovales, obtus, concaves, insérés sur le calice.

ÉTAM. Trente *Filamens*, filiformes, droits, moitié plus courts que la corolle, insérés sur le calice. *Anthères* simples.

PIST. *Ovaire* supérieur, arrondi, velu. *Style* simple, de la longueur des étamines. *Stigmate* en tête.

PÉR. *Drupe* arrondie, velue, grande, marquée d'un sillon longitudinal.

SEM. *Noix* ovale, comprimée, aiguë, à sutures saillantes des deux côtés, à réseaux formés par des sillons, percée de petits trous.

OBS. Amygdalus *Tournefort : Drupe sèche comme du cuir.*

Persica *Tournefort : Drupe molle comme une baie.*

Calice à cinq segmens peu profonds, inférieur. *Corolle* à cinq pétales. *Drupe* renfermant un noyau qui offre sur sa surface de petits trous.

1. AMANDIER Pêcher, *A. Persica*, L. à feuilles dont toutes les dentelures sont aiguës ; à fleurs assises, solitaires.

Persica molli carne et vulgaris, viridis et alba ; Pêche à chair molle et Pêche vulgaire, à chair verte et blanche. *Bauh. Pin.* 440, n.° 1. *Fusch. Hist.* 601. *Matth.* 203, f. 1. *Dod. Pempt.* 796, f. 1. *Lob. Ic.* 2, p. 139, f. 2. *Lugd. Hist.* 295, fig. 1. *Camer. Epit.* 144, 145, 146 et 147. *Bauh. Hist.* 1, P. 1, p. 157, f. 1. *Bul. Paris.* tab. 262. *Icon. Pl. Med.* tab. 282.

Cette espèce présente une variété, relative à la forme du fruit.

Nux Persica quod nucum juglandium faciem representat ; Noyau de pêche imitant une noix. *Bauh. Pin.* 440, n.° 6.

1. *Persica*, Pêcher, pêches. 2. Fleurs, feuilles, amande, pulpe, noyau. 3. Amer (*le noyau*) ; douce, sucrée (*la pulpe*) ; huileuse (*l'amande*) ; ameres, aromatiques, purgatives (*les fleurs et les feuilles*). 5. Dans tous les cas où l'on veut purger doucement et donner du ton à l'estomac, on peut employer les feuilles, les fleurs, ou le syrop fait avec les fleurs de pêcher. 6. Fruit excellent et très-sain, lorsqu'on en mange modérément ; il humecte, rafraichit.

La culture a produit dans cette espèce plus de trente variétés émanées des fleurs plus ou moins colorées en rouge, simples ou doubles ; du fruit plus ou moins gros, plus ou moins succulent ; à chair blanche, rouge ou jaune ; à chair très-adhérente au noyau, ou s'en séparant facilement ; à épiderme du fruit blanc, jaune, violet, rouge ou marbré. On greffe le Pêcher sur le Prunier ou sur des sauvageons de Pêcher ou d'Amandier.

En Perse, dans l'Amérique Méridionale. ♄ Hivernale.

2. AMANDIER commun, *A. communis*, L. à dentelures inférieures des feuilles, glanduleuses; à fleurs assises, réunies deux à deux.

Amygdalus sylvestris; Amandier sauvage. *Bauh. Pin.* 442, n.° 2.

Cette espèce présente deux variétés.

1.° *Amygdalus sativa*; Amandier cultivé. *Bauh. Pin.* 441, n.° 1. *Matth.* 221, f. 1. *Dod. Pempt.* 798, f. 1. *Lugd. Hist.* 317, f. 1. *Camer. Epit.* 169. *Blal. Paris.* tab. 263. *Icon. Pl. Med.* tab. 301.

2.° *Amygdalus amara*; Amandier amer. *Black.* tab. 105.

1. *Amygdala dulcis*; Amande douce. 2. Noyau, huile grasse par expression. 4. Partie amylacée nutritive, un peu de mucilage, huile par expression, louche lorsqu'elle est récemment exprimée, limpide en vieillissant; mais dans ce dernier état elle est rance et âcre. 6. Les amandes sont une ressource pour les desserts d'hiver et de carême. Les confiseurs en emploient beaucoup en dragées, etc. En général c'est un aliment de difficile digestion, et quelquefois dangereux, lorsque les amandes sont trop anciennes; alors elles sont âcres, font tousser, causent quelquefois des coliques violentes.

L'*Amandier* n'a été introduit en Europe qu'après *Caton*. Il offre quelques variétés, à noyau dur, à noyau se cassant facilement; à amandes douces, à amandes amères. On greffe l'*Amandier* sur le Prunier et sur le Pêcher.

En Barbarie, en Mauritanie. Cultivé en Europe, souvent dans les vignes, auxquelles son ombrage n'est pas nuisible. ♄ Vernale.

3. AMANDIER nain, *A. nana*, L. à feuilles plus étroites à la base.

Pluk. tab. 11, f. 3. *Ammann. Ruth.* n.° 273, tab. 30.

En Sibérie. ♄

673. PRUNIER, *PRUNUS*. * *Tournef. Inst.* 622, tab. 398. *Lam. Tab. Encyclop.* pl. 432. ARMENIACA. *Tournef. Inst.* 623, tab. 399. *Lam. Tab. Encyclop.* pl. 431. CERASUS. *Tournef. Inst.* 625, tab. 401. LAURO-CERASUS. *Tournef. Inst.* 627, tab. 403.

CAL. *Périanthe* d'un seul feuillet, en cloche, caduc-tardif, à cinq *segmens* peu profonds, obtus, concaves.

COR. Cinq *Pétales*, arrondis, concaves, grands, ouverts, insérés par leurs ongles sur le calice.

ETAM. *Filamens* de vingt à trente, en alêne, presque aussi longs que la corolle, insérés sur le calice. *Anthères* didymes, courtes.

PIST. *Ovaire* supérieur, arrondi. *Style* filiforme, de la longueur des étamines. *Stigmate* arrondi.

PÉR. *Drupe* arrondie.

SEM. *Noix* arrondie, comprimée, à sutures saillantes.

OBS. Padus, *Lauro-Cerasus* : *Tournef.* epèces 1 et 6 de *Linné.*
Armeniaca : *Tournef.* 7, 8.
Cerasus : *Tournef.* 9, 10.
Prunus : *Tournef.* 11, 13.

Calice à cinq segmens peu profonds. *Corolle* à cinq pétales. *Drupe* renfermant un noyau à sutures proéminentes.

1. PRUNIER à grappe, *P. Padus*, L. à fleurs en grappes; à feuilles caduques-tardives, offrant deux glandes à leur base en dessous.

Cerasus racemosa sylvestris, fructu non eduli ; Cerisier à grappe, sauvage, dont le fruit n'est pas bon à manger. *Bauh. Pin.* 451, n.° 14. *Dod. Pempt.* 777, f. 2. *Lob. Ic.* 2, p. 174, f. 1. *Lugd. Hist.* 312, f. 3. *Bauh. Hist.* 1, P. 1, pag. 228, fig. 1. *Icon. Pl. Med.* tab. 177. *Flor. Dan.* tab. 205.

Nutritive pour le Mouton, le Cochon, la Chèvre.

A Lyon, Grenoble, en Auvergne, etc. ♄ Vernale.

2. PRUNIER de Virginie, *P. Virginiana*, L. à fleurs en grappes; à feuilles caduques-tardives, glanduleuses antérieurement à la base.

Catesb. Carol. 2, p. et tab. 94.

En Virginie, à la Caroline. ♄

3. PRUNIER du Canada, *P. Canadensis*, L. à fleurs en grappes; à feuilles caduques-tardives, sans glandes, larges, lancéolées, ridées, duvetées sur leur deux surfaces.

Pluk. tab. 158, f. 4.

Dans l'Amérique Septentrionale. ♄

4. PRUNIER du Portugal, *P. Lusitanica*, L. à fleurs en grappes; à feuilles toujours vertes, sans glandes.

Dill. Elth. tab. 159, f. 193.

En Portugal, en Pensylvanie. ♄

5. PRUNIER Laurier-Cerise, *P. Lauro-Cerasus*, L. à fleurs en grappes; à feuilles toujours vertes, à deux glandes sur le dos.

Cerasus folio laurino ; Cerisier à feuille de laurier. *Bauh. Pin.* 450, n.° 11. *Clus. Hist.* 1, pag. 4, fig. 1 et 2. *Camer. Hort.* p. 86, tab. 23. *Barrel.* tab. 873. *Icon. Pl. Med.* tab. 96.

1. *Lauro-Cerasus* ; Laurier-Cerise. 2. Feuilles, eau distillée. 3. Amères. 4. Esprit recteur ou arôme ; peu d'huile légère. 5. Phthisie, vérole, cancer, dartres, rhumatismes. 6. Le *Laurier-Cerise* est un arbre suspect. Les cuisiniers se servent de ses feuilles à titre d'assaisonnement : elles donnent au lait et aux recuites le goût des amandes amères ; mais à haute dose ces recuites ont causé des accidens. Cet arbuste tue sur-tout la volaille (comme les amandes amères) et les animaux carnivores. Son bois fournit d'excellens cercles pour les barils.

Le *Laurier-Cérise* offre plusieurs variétés à feuilles panachées de jaune et de blanc. On le multiplie de marcottes ; on le greffe avec succès sur le Cerisier.

En Turquie. Introduit en Europe en 1576. ♄ Vernale.

6. PRUNIER bois de Sainte-Lucie, *P. Mahaleb*, L. à fleurs en corymbes terminans les rameaux ; à feuilles ovales.

Ceraso affinis ; Congénère du Cerisier. *Bauh. Pin.* 451, n.° 15. *Matth.* 156, f. 2. *Lob. Ic.* 2, p. 193, f. 1. *Lugd. Hist.* 154, f. 1 ; et 255, f. 1. *Camer. Epit.* 91. *Bauh. Hist.* 1, P. 1, p. 227, f. 1. *Pluk.* tab. 157, f. 6. *Jacq. Aust.* tab. 227.

Le bois de cet arbrisseau est dur et odorant ; les ébénistes et les tourneurs le recherchent et en font de petits meubles.

A Lyon, Grenoble, Montpellier, etc. ♄ Vernale.

7. PRUNIER Abricotier, *P. Armeniaca*, L. fleurs assises ; à feuilles presque en cœur.

Mala Armeniaca, majora ; Abricots plus gros. *Bauh. Pin.* 442, n.° 1. *Matth.* 204, f. 1. *Lugd. Hist.* 297, f. 1. *Camer. Epit.* 146. *Bauh. Hist.* 1, P. 1, p. 167, f. 1. *Hal. Paris.* tab. 264.

Mala Armeniaca majora, nucleo dulci ; Abricots plus gros, à amande douce. *Bauh. Pin.* 442, n.° 2.

Cette espèce présente une variété.

Malus Armeniaca minor ; Abricotier plus petit. *Bauh. Pin.* 442, n.° 3. *Matth.* 204, fig. 2. *Dod. Pempt.* 797, fig. 1. *Lob. Ic.* 2, p. 177, f. 2. *Lugd. Hist.* 297, f. 2.

On prépare avec les noyaux d'Abricots une espèce de syrop appelé *Orgeat* ; la marmelade d'Abricots est une des meilleures confitures. On confit les Abricots dans l'eau de vie. On greffe les bonnes espèces d'Abricotiers sur les Pruniers.

Dans l'Arménie. Naturalisé dans toute l'Europe. ♄ Vernale.

8. PRUNIER de Sibérie, *P. Sibirica*, L. à fleurs assises ; à feuilles ovales, oblongues.

Ammann. Ruth. n.° 272, tab. 29.

En Sibérie.

9. PRUNIER nain, *P. pumila*, L. à fleurs comme en ombelle ; feuilles étroites, lancéolées.

Mill. Ic. tab. 89, f. 2.

Au Canada. ♄

10. PRUNIER Cerisier, *P. Cerasus*, L. à fleurs en ombelles portées sur un péduncule court ; à feuilles ovales, lancéolées, lisses, repliées.

Cette espèce présente plusieurs variétés.

1.° Le Cerisier Capronier, *Cerasus Capronia.*

Cerasa sativa, rotunda, rubra et acida; Cerises cultivées, rondes, rouges et acides. *Bauh. Pin.* 449, n.° 1.

2.° Le Cerisier à fleur rose, *Cerasus rosea.*

Cerasus hortensis flore roseo; Cerisier des jardins à fleur rose. *Bauh. Pin.* 450, n.° 9. *Lob. Ic.* 2, p. 172, f. 2.

3.° Le Cerisier à fleur pleine, *Cerasus plena.*

Cerasus hortensis pleno flore; Cerisier des jardins à fleur pleine. *Bauh. Pin.* 450, n.° 10. *Lob. Ic.* 2, p. 172, n.° 1.

4.° Les Cerises douces, *Cerasa dulcia.*

Cerasa dulcia, alba; Cerises douces, blanches. *Bauh. Pin.* 450, n.° 6.

5.° Les Cerises Guines, *Cerasa Juliana.*

Cerasa carne tenerâ et aquosâ; Cerises à chair tendre et aqueuse. *Bauh. Pin.* 450, n.° 5.

6.° Les Cerises Griotes, *Cerasa austera.*

Cerasa acidissima sanguineo succo; Cerises très-acides à suc couleur de sang. *Bauh. Pin.* 450, n.° 3. *Matth.* 198, f. 1. *Lugd. Hist.* 312, f. 1.

7.° Le Cerisier nain, *Cerasus pumila.*

Cerasus pumila; Cerisier nain. *Bauh. Pin.* 450, n.° 12. *Matth.* 198, f. 2. *Dod. Pempt.* 808, f. 1. *Lob. Ic.* 2, p. 174, f. 2. *Clus. Hist.* 1, p. 64, f. 1.

8.° Le Cerisier à grappe, *Cerasus avium.*

Cerasus racemosa, hortensis; Cerisier à grappe, des jardins. *Bauh. Pin.* 450, n.° 13. *Matth.* 197, f. 2. *Lob. Ic.* 2, p. 171, f. 1. *Lugd. Hist.* 311, f. 2.

Le synonyme de *G. Bauhin*, *Cerasus hortensis, flore pleno*; Cerisier des jardins, à fleur pleine, *Pin.* 450, n.° 10, est cité deux fois dans le *Species* pour la troisième et neuvième variété du Cerisier.

On peut consulter pour les variétés nombreuses des Cerises, Prunes, Abricots, Pommes, Poires, etc. le Dictionnaire de *Miller*. Ces variétés sont plutôt du domaine de l'Agriculture que de celui de la Botanique.

1. *Cerasa rubra, cerasa nigra*; Cerises rouges, Cerises noires. 2. Fruits. 3. Rafraichissans, nourrissans lorsqu'ils sont bien mûrs; astringens quand ils sont encore verts. 6. On prépare avec le suc des Cerises, un vin qui prend beaucoup de spiritueux si on y ajoute du sucre. Le bois de Cerisier rouge, jaune, est recherché par les tourneurs et les ébénistes. Sa

gomme ainsi que celle de l'Abricotier, peut être substituée à la gomme arabique, qui cependant est préférable.

En Europe. On croit que cet arbre, connu en Grèce du temps d'Alexandre le Grand, est originaire d'Asie. ♄ Vernale.

11. PRUNIER Merisier, *P. avium*, L. à fleurs en ombelles sans pédunculcs; à feuilles ovales, lancéolées, un peu cotonneuses en dessous, repliées.

Cerasus major ac sylvestris, fructu subdulci, nigro colore inficiente; Cerisier plus grand et sauvage, à fruit un peu doux, donnant une couleur noire. *Bauh. Pin.* 450, n.° 7.

Cette espèce présente deux variétés.

1.° La Prune Gros-Gobet, *Prunus Duracina.*

Cerasa crassa, carne durâ; Cérises grosses, à chair dure. *Bauh. Pin.* 450, n.° 4.

2.° La Prune Bigarote, *Prunus Bigarella.*

Cerasa sativa, majora; Cerises cultivées, plus grandes. *Bauh. Pin.* 450, n.° 2. *Lob. Ic.* 2, p. 170, f. 2.

Dans l'Europe Méridionale. Transporté du royaume du Pont en Italie, par Lucullus, *après la défaite de Mithridate, l'an* 680 *de la fondation de Rome.*

12. PRUNIER domestique, *P. domestica*, L. à péduncules le plus souvent solitaires; à feuilles lancéolées, ovales, roulées; à rameaux sans épines.

Prunus; Prunier. *Bauh. Pin.* 443, n.° 1. *Trag.* 1019. *Matth.* 216, f. 1. *Dod. Pempt.* 805, f. 1. *Lob. Ic.* 2, p. 176, f. 2. *Lugd. Hist.* 314, f. 1. *Bauh. Hist.* 1, P. 1, p. 184, f. 1.

Cette espèce présente plusieurs variétés.

1.° La Prune Damas de Tours, *Prunus Damascina.*

Pruna magna dulcia, atrocœrulea; Prunes grandes, douces, bleues-noirâtres. *Bauh. Pin.* 443, n.° 2.

Pruna parva dulcia, atro-cœrulea; Prunes petites, douces, bleues-noirâtres. *Bauh. Pin.* 443, n.° 3.

2.° La Prune Damas noir, *Prunus Hungarica.*

Pruna magna, crassa, subacida; Prunes grandes, charnues, un peu acides. *Bauh. Pin.* 443, n.° 4.

3.° La Prune Julienne, *Prunus Juliana.*

Pruna oblonga, cœrulea, Prunes oblongues, bleues. *Bauh. Pin.* 443, n.° 5.

4.° La Prune Perdrigon, *Prunus Pertigona.*

Pruna nigra, carne durâ; Prunes noires, à chair ferme. *Bauh. Pin.* 443, n.° 6.

5.° La Prune Sainte-Catherine, *Prunus cerea.*

Pruna coloris ceræ, ex candido in luteum pallescentia; Prunes couleur de cire, d'un blanc tirant sur le jaune pâle. *Bauh. Pin.* 443, n.° 7.

6.° La Prune cerisette, *Prunus acinaria.*

Pruna magna, rubra, rotunda; Prunes grandes, rouges, rondes. *Bauh. Pin.* 443, n.° 8.

7.° La Prune pomme, *Prunus maliformis.*

Pruna rotunda, flava, dulcia, mali amplitudine; Prunes rondes, jaunes, douces, de la grosseur d'une pomme. *Bauh. Pin.* 443, n.° 9.

8.° La Prune augustine, *Prunus augustana.*

Pruna Augusto maturescentia, minora et austeria; Prunes mûrissant au mois d'Août, plus petites et plus aigres. *Bauh. Pin.* 443, n.° 10.

9.° La Prune précoce, *Prunus præcox.*

Pruna parva, præcocia; Prunes petites, précoces. *Bauh. Pin.* 443; n.° 11.

10.° La Prune Mirabelle, *Prunus cereola.*

Pruna parva ex viridi flavescentia; Prunes petites d'un vert jaunâtre. *Bauh. Pin.* 443, n.° 12.

11.° La Prune rognon-de-coq, *Pruna amygdalina.*

Pruna amygdalina Plinii; Prunes-amandes de Pline. *Bauh. Pin.* 443, n.° 13. *Lob. Ic.* 2, p. 177, f. 1.

12.° La Prune de galathée, *Prunus galatensis.*

Pruneoli albi, oblongiusculi, acidi; petits Pruneaux blancs, un peu alongés, acides. *Bauh. Pin.* 443, n.° 14.

13.° La Prune Brignole, *Prunus Brignola.*

Pruna ex flavo rubescentia, mixti saporis gratissima; Prunes couleur d'un jaune roux, d'un goût très-agréable. *Bauh. Pin.* 443, n.° 15.

14.° La Prune Mirobolan, *Prunus Mirobolanus.*

Prunus fructu rotundo, nigro, purpureo, dulci; Prunes à fruit rond, noir, pourpré, doux. *Bauh. Pin.* 444, n.° 16.

1. *Pruna Gallica, Pruna Damascena*; Prunes de France, Prunes de Damas. 2. Fruits. 3. Muqueux, sucrés, rafraîchissans, plus ou moins acides. 5. Affections chroniques, chaudes, maladies aiguës. 6. On fait dessécher plusieurs variétés de prunes, ce qui forme une branche de commerce considérable. Le fruit séché prend le nom de *Pruneau.*

Le *Prunier* se multiplie de semences et de plans enracinés; on le greffe sur le Cerisier ou sur sauvageon. Son bois est dur et bien veiné, aussi les ébénistes en tirent-ils un bon parti.

Dans l'Europe Méridionale. Apporté en Italie avant Virgile; on le croit originaire d'Asie. ♄ Vernale.

13. PRUNIER sauvage, *P. insititia*, L. à péduncules réunis deux à deux; à feuilles ovales, velues en dessous, roulées; à rameaux un peu piquans.

Pruna sylvestria, præcocia; Prunes sauvages, précoces. *Bauh. Pin.* 444, n.° 2.

En Dauphiné. ♄

14. PRUNIER épineux, *P. spinosa*, L. à péduncules solitaires; à feuilles lancéolées, lisses; à rameaux épineux.

Prunus sylvestris; Prunier sauvage. *Bauh. Pin.* 444, n.° 1. *Matth.* 217, f. 1 et 2. *Dod. Pempt.* 753, f. 2. *Lob. Ic.* 2, p. 176, f. 1. *Lugd. Hist.* 130, f. 1. *Camer. Epit.* 165. *Bauh. Hist.* 1, P. 1, p. 193, f. 1. *Icon. Pl. Med.* tab. 4.

1. *Acacia nostras*; Prunellier, Prunelle. 2. Écorce, fleurs, suc épaissi. 3. Styptiques, acides. 4. Ceux des substances styptiques. 5. Écoulemens blancs, diarrhée avec atonie, calcul, fièvres intermittentes. 6. Le prunier sauvage est un des arbrisseaux les plus utiles pour fortifier les haies. On prépare un vin avec ses fruits bien mûrs; ce vin est léger et assez agréable, il fournit par la distillation une eau de vie assez forte. L'écorce cuite avec de la lessive, teint en rouge. Les fruits donnent une couleur rouge qui, lavée, devient bleue. Le suc des Prunelles, cuit avec du vitriol, forme une encre plus solide que celle qui est faite avec les noix de galles. Nous invitons nos lecteurs à se procurer un Mémoire intitulé: *Recherches chimiques sur l'encre, etc.* par. *C. N. Al. Haldalt*, médecin; ouvrage destiné à mettre la société à l'abri des manœuvres des faussaires, à annuller les moyens chimiques qu'ils emploient contre les écritures, à rassurer les gens de bien et rendre le crime plus rare.

Nutritive pour le Cheval, le Mouton, la Chèvre.

En Europe, dans les haies, les lieux arides.

Quand le savant *Linné*, dit *J. J. Rousseau*, divisant le genre dans ses espèces, a dénommé la Prune-prune, la Prune-cerise, la Prune-abricot, les ignorans se sont moqués de lui, mais les observateurs ont admiré la justesse de ses réductions.

676. PLINE, *PLINIA*. *Plum. Gen.* 9, tab. 11. *Lam. Tab. Encyclop.* pl. 428.

CAL. *Périanthe* d'un seul feuillet, à quatre ou cinq *segmens* profonds, aigus, planes, petits.

COR.

COR. Quatre ou cinq *Pétales*, ovales, concaves.

ÉTAM. *Filamens* nombreux, capillaires, de la longueur de la corolle. *Anthères* petites.

PIST. *Ovaire* supérieur, petit. *Style* en alêne, plus long que les étamines. *Stigmate* simple.

PÉR. *Drupe* très-grande, arrondie, sillonnée.

SEM. Une seule, très-grande, arrondie, lisse.

Calice à quatre ou cinq segmens profonds. *Corolle* à quatre ou cinq pétales. *Drupe* sillonnée.

1. PLINE couleur de safran, *P. crocea*, L. à fleurs à cinq pétales.
Plum. Ic. 225.
Dans l'Amérique Méridionale. ♄

2. PLINE rouge, *P. rubra*, L. à fleurs à quatre pétales.
Au Brésil.

677. CHRYSOBOLAN, *CHRYSOBOLANUS.* † ICACO. *Plum. Gen.* 43, tab. 5. *Lam. Tab. Encyclop.* pl. 428.

CAL. *Périanthe* d'un seul feuillet, en cloche, se flétrissant, à cinq segmens peu profonds, ouverts.

COR. Cinq *Pétales*, oblongs, planes, ouverts, insérés par leurs onglets sur le calice.

ÉTAM. Plusieurs *Filamens*, disposés en rond, droits, insérés sur le calice. *Anthères* petites, didymes.

PIST. *Ovaire* ovale. *Style* ayant la figure et la longueur des étamines. *Stigmate* obtus.

PÉR. *Drupe* ovale, grande, à une loge.

SEM. *Noix* ovale, marquée par cinq sillons, ridée, à cinq battans.

Calice à cinq segmens peu profonds. *Corolle* à cinq pétales. *Drupe* renfermant une noix sillonnée, à cinq battans.

1. CHRYSOBOLAN Icaco, *C. Icaco*, L. à feuilles alternes, arrondies, très-entières; à fleurs en panicules.
Jacq. Amer. 154, tab. 94.
Cette espèce présente plusieurs variétés relativement à la couleur du fruit, roux, noir, pourpre, et à la forme des feuilles.
Dans l'Amérique Méridionale.

II. DIGYNIE.

678. ALISIER, *CRATÆGUS.* * *Tournef. Inst.* 633. *Lam. Tab. Encyclop.* pl. 433.

CAL. *Périanthe* d'un seul feuillet, concave, ouvert, à cinq segmens peu profonds, persistans.

COR. Cinq *Pétales*, arrondis, concaves, assis, insérés sur le calice.

ÉTAM. Vingt *Filamens*, en alêne, insérés sur le calice. *Anthères* arrondies.

PIST. *Ovaire* inférieur. Deux *Styles*, filiformes, droits. *Stigmates* en tête.

PÉR. *Baie* charnue, arrondie, à ombilic.

SEM. Deux, un peu alongées, distinctes, cartilagineuses.

OBS. Le nombre des Pistils *varie.*

Calice à cinq segmens peu profonds. *Corolle* à cinq pétales. *Baie* inférieure renfermant deux semences.

1. ALISIER Droulier, *C. Aria*, L. à feuilles ovales, découpées, à dents de scie, cotonneuses en dessous.

Alni effigie, lanato folio, major; Arbre ressemblant à l'Aulne, à feuille laineuse, plus grand. *Bauh. Pin.* 452, n.° 1. *Lob. Ic.* 2, p. 167, f. 1. *Lugd. Hist.* 202, f. 1. *Bauh. Hist.* 1, P. 2, p. 65, f. 1. *Icon. Pl. Med.* tab. 498.

Cette espèce présente une variété sans épines, à feuilles elliptiques, à dents de scie, transversalement sinuées, velues en dessous, gravée dans *Oeder Flor. Dan.* tab. 301.

1. *Sorbus domestica*; Alisier, Sorbier-Cormier. 2. Fruits. 3. Farineux, sapides, austères, un peu vineux, seulement après avoir été mûris par la fermentation spontanée. 5. Diarrhée, diététiques. 6. Aliment assez agréable, venteux. On en fait du pain après l'avoir fait sécher et pulvériser. On peut en retirer par la fermentation une liqueur spiritueuse. Le bois est dur, très-tenace; on en fait des essieux.

Nutritive pour le Mouton, la Chèvre.

A Montpellier, Grenoble, etc. ♄ Vernale.

2. ALISIER ordinaire, *C. Torminalis*, L. à feuilles en cœur, à sept angles; les lobes inférieurs écartés, divergens.

Mespilus apii folio, sylvestris, non spinosa, sive Sorbus Torminalis; Néflier à feuille d'Ache, sauvage, non épineux, ou Sorbier Alisier. *Bauh. Pin.* 454, n.° 7. *Matth.* 215, f. 3. *Dod. Pempt.* 803, f. 2. *Lob. Ic.* 2, p. 200, f. 1. *Clus. Hist.* 1, p. 10, f. 2. *Lugd. Hist.* 99, f. 2; et 332, f. 2. *Camer. Epit.* 162. *Bauh. Hist.* 1, P. 1, p. 63, f. 1. *Bul. Paris.* tab. 269. *Icon. Pl. Med.* tab. 463.

A Paris, Lyon, Grenoble, etc. ♄ Vernale.

3. ALISIER écarlate, *C. coccinea*, L. à feuilles en cœur, peu sinuées, anguleuses, à dents de scie, lisses.

Mespilus Virginiana, colore rutilo; Néflier de Virginie, à couleur éclatante. *Bauh. Pin.* 453, n.° 4. *Pluk.* tab. 46, f. 4.

En Virginie, au Canada. ♄

4. ALISIER vert, *C. viridis*, L. à feuilles lancéolées, ovales, le plus souvent à trois lobes; à rameaux épineux.

En Virginie. ♄

5. ALISIER pied de coq, *C. crus galli*, L. à feuilles lancéolées, ovales, à dents de scie, lisses; à rameaux épineux.

Pluk. tab. 46, f. 1.

En Virginie. ♄

6. ALISIER cotonneux, *C. tomentosa*, L. à feuilles en forme de coin, ovales, à dents de scie, presque anguleuses, velues en dessous; à rameaux épineux.

Pluk. tab. 100, f. 1.

En Virginie. ♄

7. ALISIER des Indes, *C. Indica*, L. à feuilles lancéolées, à dents de scie; à tige sans piquans; à corymbes écailleux.

Dans l'Inde Orientale. ♄

8. ALISIER Aubépine, *C. Oxyacantha*, L. à feuilles obtuses, le plus souvent à trois lobes, à dents de scie.

Mespilus Apii folio, sylvestris, spinosa seu Oxyacantha; Neflier à feuille d'Ache, sauvage, épineux ou Aubépine. *Bauh. Pin.* 454, n.° 8. *Matth.* 149, f. 1. *Dod. Pempt.* 751, fig. 1. *Lob. Ic.* 2, p. 200, f. 2. *Clus. Hist.* 1, p. 121, f. 1. *Lugd. Hist.* 136, f. 1. *Camer. Epit.* 85. *Bauh. Hist.* 1, P. 2, p. 48 et non 44, par faute d'impression, f. 1. *Bul. Paris.* tab. 268.

L'odeur des fleurs de l'*Aubépine* l'a fait introduire dans les jardins de printemps, sur-tout la variété panachée à fleurs doubles; les enfans mangent son fruit qui est assez doux, surtout lorsqu'il est mûr.

Nutritive pour le Cheval, le Bœuf, la Chèvre.

En Europe, dans les haies. ♄ Vernale.

9. ALISIER Azerolier, *C. Azarolus*, L. à feuilles obtuses, découpées peu profondément en trois lobes, à peine dentées.

Mespilus Apii folio, laciniato; Néflier à feuille d'Ache, laciniée. *Bauh. Pin.* 453, n.° 6. *Matth.* 209, f. 1. *Dod. Pempt.* 801, f. 2. *Lob. Ic.* 2, p. 201, f. 1. *Lugd. Hist.* 333 et 334, f. 1.

En Dauphiné, en Bourgogne, à Montpellier, etc. ♄ Vernale.

III. TRIGYNIE.

679. SORBIER, *SORBUS*. * *Tournef. Inst.* 633. *Lam. Tab. Encyclop.* pl. 434.

CAL. *Périanthe* d'un seul feuillet, concave, ouvert, à cinq *segmens* peu profonds, persistans.

COR. Cinq *Pétales*, arrondis, concaves, insérés sur le calice.

ÉTAM. Vingt *Filamens*, en alêne, insérés sur le calice. *Anthères* arrondies.

PIST. *Ovaire* inférieur. Trois *Styles*, filiformes, droits. *Stigmates* en tête.

PÉR. *Baie* molle, arrondie, à embilic.

SEM. Trois, un peu alongées, distinctes, cartilagineuses.

Obs. Le nombre des Pistils varie.

Calice à cinq segmens peu profonds. *Corolle* à cinq pétales. *Baie* inférieure renfermant trois semences.

1. SORBIER des oiseleurs, *S. aucuparia*, L. à feuilles pinnées; à folioles lisses sur les deux surfaces.

Sorbus sylvestris, foliis domesticæ similis; Sorbier sauvage, à feuilles semblables à celles du Sorbier domestique. *Bauh. Pin.* 415, n.° 2. *Matth.* 215, f. 2. *Dod. Pempt.* 834, f. 1. *Lob. Ic.* 2, p. 107, f. 1. *Lugd. Hist.* 99, f. 1; et 332, f. 1. *Camer. Epit.* 161. *Bauh. Hist.* 1, P. 1, p. 62, f. 1. *Icon. Pl. Med.* t. 440.

1. *Sorbus aucuparia*; Sorbier des Oiseaux, Sorbier des Oiseleurs. 2. Fruits. 3. Sapides, austeres. 5. Diarrhée. 6. Les baies fournissent par la distillation une grande quantité d'esprit de vin, sur-tout si on ne les cueille qu'après les premières gelées. Le bois qui est très-dur, sert à faire des vis de pressoir, des rayons de roue, des timons de voiture; les graveurs sur bois le recherchent. Son fruit fournit une bonne nourriture aux Grives, Jaseurs de Bohême, aux Coqs de bruyère.

Nutritive pour le Cheval, le Mouton, le Cochon, la Chèvre.

A Lyon, en Dauphiné, en Bourgogne. ♄ Vernale.

2. SORBIER hybride; *S. hybrida*, L. à feuilles à moitié pinnées; à folioles cotonneuses en dessous.

En Gothlande, en Thuringe. ♄

3. SORBIER domestique, *S. domestica*, L. à feuilles pinnées; à folioles velues en dessous.

Sorbus sativa; Sorbier cultivé. *Bauh. Pin.* 415, n.° 1. *Matth.* 215, n.° 1. *Dod. Pempt.* 803, f. 1. *Lob. Ic.* 2, p. 106, f. 2. *Clus. Hist.* 1, p. 10, f. 3. *Lugd. Hist.* 330, f. 1. *Camer. Epit.* 160. *Bauh. Hist.* 1, P. 1, p. 59, f. 2.

Le fruit du Sorbier très-acerbe avant sa maturité, devient mou, fade en mûrissant; il est indigeste et astringent. On laisse mûrir les Sorbes sur la paille, comme les Nèfles, les Cormes. On emploie extérieurement le fruit réduit en poudre comme dessicatif.

A Montpellier, en Bourgogne, en Dauphiné, etc. Cultivé en Europe. ♄ Vernale.

680. SESUVE, *SESUVIUM*. *Lam. Tab. Encyclop.* pl. 434.

CAL. *Périanthe* d'un seul feuillet, en cloche, à cinq *segmens* profonds, ovales, aigus, colorés intérieurement, se flétrissant.

COR. Nulle.

ÉTAM. Plusieurs *Filamens*, en alêne, insérés entre les segmens du calice, plus courts que le calice. *Anthères* arrondies.

PIST. *Ovaire* oblong, au fond du calice, à trois côtés dans sa partie supérieure. Souvent trois *Styles*, capillaires, droits, de la longueur des étamines. *Stigmates* simples.

PÉR. *Capsule* ovale, à trois loges, s'ouvrant horizontalement.

SEM. Arrondies, un peu aplaties, augmentées par une marge en forme de bec.

Calice à cinq segmens profonds, colorés. *Corolle* nulle. *Capsule* ovale, s'ouvrant horizontalement, à trois loges renfermant chacune plusieurs semences.

1. SESUVE à feuilles de pourpier, *S. portulacastrum*, L. à feuilles lancéolées, convexes; à péduncules ne portant qu'une seule fleur.

Pluk. tab. 216, f. 1. *Herm. Parad.* pag. et tab. 212. *Jacq. Amer.* 155, tab. 95.

Dans l'Inde Orientale. ☉

IV. PENTAGYNIE.

681. NÊFLIER, *MESPILUS*. * *Tournef. Inst.* 641, tab. 410. *Lam. Tab. Encycl.* pl. 436.

CAL. *Périanthe* d'un seul feuillet, concave, ouvert, à cinq *segmens* peu profonds, persistans.

COR. Cinq *Pétales*, arrondis, concaves, insérés sur le calice.

ÉTAM. Vingt *Filamens*, en alêne, insérés sur le calice. *Anthères* simples.

PIST. *Ovaire* inférieur. Cinq *Styles*, simples, droits. *Stigmates* en tête.

PÉR. *Baie* arrondie, à ombilic, fermée par les segmens rapprochés du calice, mais comme perforée par l'ombilic.

SEM. Cinq, osseuses, bossuées.

OBS. *D'après les caractères que nous avons décrit, il paroît que les* Cratægus, Sorbus, Mespilus, *ont entr'eux beaucoup d'affinité. On ne peut guère les distinguer que par le nombre des pistils. Les feuilles sont ordinairement pinnées dans les* Sorbus, *anguleuses dans les* Cratægus, *entières dans les* Mespilus.

Le nombre des Pistils *varie.*

Calice à cinq segmens peu profonds. *Corolle* à cinq pétales. *Baie* inférieure renfermant cinq semences.

1. NÉFLIER d'Allemagne, *M. Germanica*, L. sans piquans; à feuilles lancéolées, cotonneuses en dessous; à fleurs solitaires, assises ou à péduncules très-courts.

Mespilus Germanica, folio laurino non serrato, sive Mespilus sylvestris; Néflier d'Allemagne à feuille de Laurier non dentelée, ou Néflier sauvage. *Bauh. Pin.* 453, n.° 1. *Matth.* 210, f. 1. *Dod. Pempt.* 801, fig. 1. *Lob. Ic.* 2, pag. 166, fig. 1. *Camer. Epit.* 154.

Cette espèce présente une variété.

Mespilus folio laurino, major; Néflier à feuille de Laurier, plus grand. *Bauh. Pin.* 453, n.° 2. *Lob. Ic.* 2, p. 166, f. 2. *Lugd. Hist.* 334, f. 1.

1. *Mespilus*; Néflier. 2. Fruits, semences. 3. Acres, acerbes avant la maturité, doux, vineux, peu agréables lorsqu'ils sont mûrs. 5. Diarrhées, engorgemens séreux de la gorge. 6. On peut multiplier le *Néflier* de marcottes, ou greffer les variétés rares sur le sauvageon; la greffe du Pommier sur le Néflier réussit très-bien.

En Bourgogne, à Montpellier, Lyon, etc. ♄ Vernale.

2. NÉFLIER Buisson ardent, *M. Pyracantha*, L. épineux; à feuilles lancéolées, ovales, crénelées; à calices du fruit obtus.

Oxyacantha Dioscoridis, seu Spina acuta, Pyri folio; Aubépine de Dioscoride, ou Épine pointue, à feuille de Poirier. *Bauh. Pin.* 454, n.° 9. *Lob. Ic.* 2, p. 182, f. 1. *Lugd. Hist.* 134, f. 1. *Bauh. Hist.* 1, P. 2, p. 51, f. 1. *Barrel.* tab. 874.

L'étonnante quantité de fruits rouges dont cet arbre est chargé et qui le font paroître tout en feu, l'ont fait nommer *Buisson ardent*.

En Bourgogne, en Provence, en Italie. Cultivé dans les jardins. ♄ Vernale.

3. NÉFLIER à feuilles d'arbousier, *M. arbutifolia*, L. sans épines; à feuilles lancéolées, crénelées, cotonneuses en dessous.

Mill. Dict. tab. 109.

En Virginie. ♄

4. NÉFLIER Amelanchier, *M. Amelanchier*, L. sans épines; à feuilles ovales, à dents de scie, hérissées en dessous.

Alni effigie, lanato folio, minor; Arbre ressemblant à l'Aulne, à feuille laineuse, plus petit. *Bauh. Pin.* 452, n.° 2. *Lob. Ic.* 2, p. 191, f. 2. *Clus. Hist.* 1, p. 62, f. 2. *Lugd. Hist.* 203, f. 2. *Barrel.* tab. 527. *Jacq. Aust.* tab. 300.

A Lyon, Grenoble, Montpellier, Paris, etc. ♄ Vernale.

5. NÉFLIER Faux-Néflier, *M. Chamæ-Mespilus*, L. sans épines; à feuilles ovales, à dents de scie aiguës, lisses; à fleurs en corymbes, resserrées en tête.

Cotoneaster folio oblongo, serrato; Néflier à feuille oblongue, à dents de scie. *Bauh. Pin.* 452, n.° 1. *Clus. Hist.* 1, p. 63, f. 1. *Bauh. Hist.* 1, P. 1, p. 72, f. 1. *Jacq. Aust.* tab. 231.

Sur les Alpes du Dauphiné, de Suisse. ♄ Vernale. *S.-Alp.*

6. NÉFLIER du Canada, *M. Canadensis*, L. sans épines; à feuilles ovales, oblongues, lisses, à dents de scie, un peu aiguës.

Au Canada, en Virginie. ♄

7. NÉFLIER de Gesner, *M. Cotoneaster*, L. sans épines; à feuilles ovales, très-entières, cotonneuses en dessous.

Cotoneaster folio rotundo, non serrato, et Chamæ-Mespilus Cordi; Néflier à feuille ronde, non dentée, et Faux-Néflier de Cordus. *Bauh. Pin.* 452, n.os 2 et 3. *Lob. Ic.* 2, p. 167, f. 2. *Clus. Hist.* 1, pag. 60, f. 2. *Lugd. Hist.* 198, f. 1, et 199, f. 1. *Bauh. Hist.* 1, P. 1, p. 73, f. 1. *Flor. Dan.* tab. 112.

Sur les Alpes du Dauphiné, des Pyrénées. ♄ Vernale. *S.-Alp.*

682. POIRIER, *PYRUS*. * *Tournef. Inst.* 628, tab. 404. *Lam. Tab. Encyclop.* pl. 435. MALUS. *Tournef. Inst.* 634, tab. 406. CYDONIA. *Tournef. Inst.* 632, tab. 405.

CAL. *Périanthe* d'un seul feuillet, concave, persistant, à cinq *segmens* peu profonds, ouverts.

COR. Cinq *Pétales*, arrondis, concaves, grands, insérés sur le calice.

ÉTAM. Vingt *Filamens*, en alêne, plus courts que la corolle, insérés sur le calice. *Anthères* simples.

PIST. *Ovaire* inférieur. Cinq *Styles*, filiformes, de la longueur des étamines. *Stigmates* simples.

PÉR. *Pomme* arrondie, à ombilic, charnue, à cinq loges membraneuses.

SEM. Quelques-unes, oblongues, obtuses, pointues à la base, convexes d'un côté, aplaties de l'autre.

OBS. *Il est étonnant que les Botanistes aient divisé ce genre en trois; cela vient de ce qu'ils ont formé les genres d'après les espèces, et celles-ci d'après les variétés.*

Calice à cinq segmens peu profonds. *Corolle* à cinq pétales. *Pomme* inférieure, à trois loges renfermant chacune plusieurs semences.

1. POIRIER commun, *P. communis*, L. à feuilles lisses, à dents de scie; à fleurs en corymbe.

Pyrus sylvestris; Poirier sauvage. *Bauh. Pin.* 439, n.° 4.

Cette espèce présente plusieurs variétés.

1.° Le Poirier Bergamote, *Pyrus Falerna.*

Pyra Bergamota Gallis; Poires Bergamotes des François. *Bauh. Hist.* 1, P. 1, p. 45, n.° 15.

2.° Le Poirier Bon-chrétien, *Pyrus Pompilana.*

Pyrus Boni-christiani, Poirier de Bon-chrétien. *Bauh. Hist.* 1, P. 1, p. 52, f. 2 et 3.

3.° Le Poirier Muscadelle, *Pyrus Favonia.*

Pyra Jesus, seu Moschatellina rubra; Poires Jésus, ou Muscadelles rouges. *Bauh. Hist.* 1, P. 1, p. 44, n.° 2.

4.° Le Poirier Sainte-Catherine, *Pyrus Volema.*

Pyra dorsalia eadémque liberalia dicta; Poires appelées dorsales et libérales. *Bauh. Hist.* 1, P. 1, p. 53, n.° 48, f. 1 et 2.

Miller dans son Dictionnaire cite quatre-vingts variétés de cette espèce, toutes résultantes de la culture et de la greffe; le fruit en fournit le plus grand nombre. On trouve des *Poires* depuis la grosseur des Cerises jusqu'à la grosseur des deux poings réunis; des *Poires* à peau blanche, jaune, grise, verte, rougeâtre; des *Poires* douces, aigrelettes, aromatisées, fondantes, plus ou moins dures; des *Poires* qui mûrissent à la fin de Juin, d'autres en Juillet, Août, Septembre, Octobre, Novembre. Ce fruit offre des monstruosités très-singulières; il y a des *Poires* réunies deux à deux, trois à trois et quatre à quatre. La piqûre des insectes change souvent leur forme, y cause des tumeurs, des excroissances.

Les Ébénistes et les Menuisiers emploient beaucoup le bois de *Poirier*; sa couleur rouge lui donne la préférence sur plusieurs bois aussi durs; d'ailleurs, il prend très-bien le noir d'ébène. Les Graveurs sur bois s'en accommodent volontiers; mais il est sujet à travailler et à bomber sous la presse. On greffe le *Poirier* sur sauvageon ou sur Coignassier.

Nutritive pour le Cheval, le Mouton, la Chèvre.

En Europe. ♄ Vernale.

2. POIRIER Pollueria, *P. Pollueria*, L. à feuilles à dents de scie, cotonneuses en dessous; à fleurs en corymbes.

En Allemagne. ♄

3. POIRIER Pommier, *P. Malus*, L. à feuilles à dents de scie; à fleurs en ombelles assises.

Cette espèce présente plusieurs variétés.

1.° Poirier Pommier de paradis, *P. Malus paradisiaca.*

Malus pumila quæ potiùs frutex quàm arbor; Pommier nain qui est plutôt un arbrisseau qu'un arbre. *Bauh. Pin.* 433, n.° 1.

2.° Poirier Pommier Prasomile, *P. Malus Prasomila.*

3.° Poirier Pommier sanguin, *P. Malus rubelliana.*

4.° Poirier Pommier courte-queue, *P. Malus castiana.*

5.° Poirier Pommier Calville, *P. Malus calvillea.*

6.° Poirier Pommier d'Épire, *P. Malus Epirotica.*

Cette espèce offre par la culture une foule de variétés relatives à la grandeur de l'arbre, et sur-tout à la forme et au goût du fruit. On connoît des pommes de toute grosseur, depuis la grosseur d'une noix jusques à celle de la tête d'un enfant; des pommes acidules, d'autres douces; des pommes rondes et alongées, des blanches, des vertes, des roses, des rouges, etc. Les fleurs du *Pommier* sont simples ou doubles, plus ou moins rouges.

1. *Pomum Borsdorphiense, Pomum Renetium*; Pommier ordinaire, pomme de reinette. 2. Fruits. 3. Sapides, acides, mucilagineux. 5. Inflammation des yeux, maladies aiguës, fièvre, en tisane : cuite, dans les convalescences, comme aliment qui tient le ventre libre. 6. La *Pomme* est un aliment très-sain, qui adoucit les acrimonies chaudes, bilieuses, dartreuses, psoriques, etc. On prépare avec les Pommes amères, même de la plus mauvaise qualité, une liqueur fermentée, connue sous le nom de *Cidre*, qui n'a causé des coliques de peintre que lorsqu'elle étoit frauduleusement adoucie avec la litharge, (oxide de plomb demi-vitreux.) L'écorce du *Pommier* teint en jaune. Son bois qui est très-dur, est très-recherché par les Tourneurs.

Nutritive pour le Cheval, le Mouton, le Bœuf, la Chèvre.

En Europe. ♄ Vernale.

4. POIRIER à baie, *P. baccata*, L. à feuilles à dents de scie; à péduncules enrassés; à pommes en baies.

Ammann. Ruth. n.° 274, tab. 31.

En Sibérie, en Daurie. ♄

5. POIRIER des couronnes, *P. coronaria*, L. à feuilles à dents de scie, anguleuses; à fleurs en ombelles péduncules.

En Virginie. ♄

6. POIRIER Coignassier, *P. Cydonia*, L. à feuilles très-entières; à fleurs solitaires.

Malus cotonea sylvestris; Coignassier sauvage. *Bauh. Pin.* 435, n.° 1. *Bauh. Hist.* 1, P. 1, p. 27, f. 1. *Bul. Paris.* tab. 273. *Icon. Pl. Med.* tab. 306.

Cette espèce présente deux variétés, relativement à la forme du fruit.

1.° *Mala cotonea majora*; Coings plus grands. *Bauh. Pin.* 434, n.° 2. *Camer. Epit.* 143.

2.° *Mala cotonea minora*; Coings plus petits. *Bauh. Pin.* 434, n.° 1. *Fusch. Hist.* 374. *Matth.* 262, f. 1. *Dod. Pempt.* 795, f. 1. *Lob. Ic.* 2, p. 152, f. 1. *Lugd. Hist.* 291, f. 1. *Camer. Epit.* 142.

Duroi, d'après *Miller*, a formé un genre du Coignassier qu'il divise en deux espèces.

1.° Le Coignassier à fruit oblong, *Cydonia oblonga*, à feuilles oblongues, ovales, cotonneuses en dessous; à pommes oblongues, épaisses à la base.

2.° Le Coignassier à fruits en pomme, *Cydonia pomiformis*, à feuilles ovales, cotonneuses en dessous; à pommes arrondies.

1. *Cydonia*, Coin. 2. Fruits, semences. 3. *Fruit :* acide, stypique; *Semences :* mucilagineuses. 5. *Fruit :* nausée, vomissement, colique, passion iliaque, diarrhée, avortement, maladies bilieuses; *Semences :* ophthalmie, hémorrhoïdes. 6. Le fruit est un aliment fort sain lorsqu'il est cuit. Il paroît qu'on a fait entrer quelquefois le marc du fruit dans le pain. On en fait un vin, des confitures, une gelée nommée *Coignac*, et une marmelade qui ne conserve nullement la vertu astringente des fruits; ainsi c'est un préjugé ridicule de la prescrire dans la diarrhée, les fleurs blanches.

Le *Coignassier* se multiplie de plants enracinés, ou en greffant les rameaux sur Poirier sauvage; il est bon pour faire des haies hautes et fortes.

Sur les bords du Danube. Cultivé dans toute l'Europe. ♄ Vernale.

683. TÉTRAGONE, *TETRAGONIA.* * *Lam. Tab. Encyclop.* pl. 437.

CAL. *Périanthe* supérieur, à quatre *feuillets*, ovales, courbés, planes, roulés sur les bords, colorés, persistans.

COR. Nulle, (à moins qu'on ne prenne le calice pour corolle.)

ÉTAM. Vingt *Filamens*, capillaires, plus courts que le calice. *Anthères* oblongues, versatiles.

PIST. *Ovaire* arrondi, à cinq angles, inférieur. Quatre *Styles*, en alêne, recourbés, de la longueur des étamines. *Stigmates* de la longueur du style, duvetés.

PÉR. Croûte coriace, à quatre côtés formés par quatre ailes longitudinales, les opposés plus étroits, ne s'ouvrant point.

SEM. Une seule, osseuse, à quatre loges. *Noyaux* oblongs.

Calice à quatre ou cinq segmens profonds. *Corolle* nulle. *Drupe* inférieure, à quatre ou cinq côtés, à quatre ou cinq loges.

1. TÉTRAGONE ligneuse, *T. fruticosa*, L. à feuilles linéaires.
Commel. Hort. 2, p. 205, tab. 103.
En Ethiopie. ♃

2. TÉTRAGONE herbacée, *T. herbacea*, L. à feuilles ovales.
Commel. Hort. 2, p. 203, tab. 102.
En Ethiopie. ♄

684. FICOIDE, *MESEMBRYANTHEMUM.* * *Dill. Elth.* tab. 179, f. 220 et suiv. *Lam. Tab. Encyclop.* pl. 438. FICOIDES. *Tournef. Mém. de l'Acad.* 1705, p. 238, tab. 4.

CAL. *Périanthe* d'un seul feuillet, supérieur, aigu, ouvert, persistant, à cinq *segmens* peu profonds.

COR. Monopetale, à divisions en forme de pétales, lancéolées, linéaires, très-nombreuses, développées sur plusieurs rangs, un peu plus longues que le calice, légèrement réunies par les onglets en un seul petale.

ÉTAM. *Filamens* nombreux, capillaires, de la longueur du calice. *Anthères* versatiles.

PIST. *Ovaire* inferieur, à cinq angles obtus. Le plus souvent cinq *Styles*, en alêne, droits, renversés. *Stigmates* simples.

PÉR. *Capsule* charnue, arrondie, à ombilic en rayons, à loges en nombre correspondant à celui des styles.

SEM. Plusieurs, arrondies.

OBS. Ce genre présente trois espèces tetragynes, et six décagynes.

Calice à cinq segmens peu profonds. *Corolle* à pétales nombreux, linéaires. *Capsule* charnue, inferieure, renfermant plusieurs semences.

* I. *FICOIDES à corolles blanches.*

1. FICOIDE nodiflore, *M. nodiflorum*, L. à feuilles alternes, un peu arrondies, obtuses.

   Kali Crassulæ minoris foliis; Kali à feuilles de Crassule plus petite. *Bauh. Pin.* 289, n.° 7. *Column. Ecphras.* 2, p. 72 et 73. *Alp. Ægypt.* 2, p. 59, tab. 56.

   En Egypte, à Naples. ☉

2. FICOIDE Glaciale, *M. cristallinum*, L. à feuilles alternes, ovales, chargées de papilles, ondulées.

   Dill. Elth. tab. 180, f. 221.

   En Afrique? ☉

3. FICOIDE coptique, *M. copticum*, L. à feuilles à moitié arrondies, chargées de papilles, distinctes; à fleurs assises, axillaires.

   Kali Ægyptiacum, foliis valdè longis, hirsutis; Kali d'Égypte, à feuilles très-longues, velues. *Bauh. Pin.* 289, n.° 8. *Alp. Ægypt.* 2, p. 59, tab. 47. *Icon. Pl. Med.* tab. 402.

   En Egypte. ☉

4. FICOIDE à fleurs sur les nœuds, *M. geniculiflorum*, L. à feuilles à moitié arrondies, chargées de papilles, distinctes; à fleurs assises, axillaires; à calices à quatre segmens peu profonds.

   Dill. Elth. tab. 205, f. 261.

   Au cap de Bonne-Espérance. ♄

5. FICOIDE fleur de nuit, *M. noctiflorum*, L. à feuilles demi-cylindriques, sans papilles distinctes; à fleurs pédunculées; à calices à quatre segmens peu profonds.

Dill. Elth. tab. 206, f. 262.

Cette espèce présente une variété odorante, gravée dans *Dillen. Elth.* tab. 206, f. 263.

Au cap de Bonne-Espérance. ♄

6. FICOIDE brillante, *M. splendens*, L. à feuilles un peu arrondies, sans papilles, recourbées, distinctes, entassées; à calices en forme de doigts, terminans.

Dill. Elth. tab. 204, f. 260.

Au cap de Bonne-Espérance.

7. FICOIDE ombellée, *M. umbellatum*, L. à feuilles en alêne, rudes, ponctuées, réunies, étalées au sommet; à tige droite; à fleurs en corymbe trichotome.

Pluk. tab. 117, f. 1. *Herm. Parad.* pag. et tab. 166. *Dill. Elth.* tab. 208, f. 266.

Au cap de Bonne-Espérance.

8. FICOIDE développée, *M. expansum*, L. à feuilles un peu aplaties, lancéolées, sans papilles, étalées, distinctes, opposées, alternes et écartées.

Petiv. Gaz. tab. 78, f. 10. *Dill. Elth.* tab. 182, f. 223.

Au cap de Bonne-Espérance. ♃

9. FICOIDE d'Afrique, *M. Tripolinum*, L. à feuilles alternes, lancéolées, aplaties, sans papilles; à tiges lâches, simples; à calices pentagones.

Pluk. tab. 329, f. 4. *Dill. Elth.* tab. 179, f. 220.

Au cap de Bonne-Espérance. ♂ ♃

10. FICOIDE à feuilles d'oignon, *M. calamiforme*, L. sans tige; à feuilles un peu arrondies, ascendantes, sans papilles, réunies; à fleurs à huit pistils.

Dill. Elth. tab. 186, f. 228.

Au cap de Bonne-Espérance. ♃

* II. *Ficoides à corolles tirant sur le rouge.*

11. FICOIDE à fleur de pâquerette, *M. bellidiflorum*, L. sans tige; à feuilles à trois faces, linéaires, sans papilles, dentées au sommet sur trois rangs.

Dill. Elth. tab. 189, f. 233.

Au cap de Bonne-Espérance. ♃

12. FICOIDE delthoïde, *M. delthoïdeum*, L. à feuilles à trois faces, delthoïdes, dentées, sans papilles, distinctes.

Dill. Elth. tab. 195, f. 246.

Cette espèce présente deux variétés.

1.° La Ficoïde delthoïde, tuberculeuse-hérissée sur le dos et les bords. *Dill. Elth.* tab. 195, f. 245.

2.° La Ficoïde delthoïde, tuberculeuse-hérissée sur le dos et non sur les bords. *Dill. Elth.* tab. 195, f. 243 et 244.

Au cap de Bonne-Espérance. ♄

13. FICOIDE barbue, *M. barbatum*, L. à feuilles comme ovales, chargées de papilles, distinctes, barbues au sommet.

Dill. Elth. tab. 190, f. 234.

Cette espèce présente deux variétés.

1.° Ficoïde radiée naine, à feuilles plus petites. *Dill. Elth.* tab. 190, f. 235.

2.° Ficoïde radiée naine, à feuilles plus grandes. *Dill. Elth.* tab. 190, f. 236.

Au cap de Bonne-Espérance. ♄

14. FICOIDE hérissée, *M. hispidum*, L. à feuilles cylindriques, chargées de papilles, distinctes; à tige hérissée.

Dill. Elth. tab. 214, f. 277 et 278.

Cette espèce présente deux variétés.

1.° Ficoïde velue, brillante, à fleur pourpre plus pâle. *Dill. Elth.* tab. 214, f. 279 et 280.

2.° Ficoïde velue, brillante, à fleur pourpre striée. *Dill. Elth.* tab. 215, f. 281.

Au cap de Bonne-Espérance. ♄

15. FICOIDE velue, *M. villosum*, L. à feuilles duvetées, réunies, sans papilles; à tige velue.

Au cap de Bonne-Espérance. ♄

16. FICOIDE rude, *M. scabrum*, L. à feuilles en alêne, distinctes, entièrement tuberculeuses-hérissées en dessous; à calices sans piquans.

Dill. Elth. tab. 197, f. 251.

Au cap de Bonne-Espérance. ♄

17. FICOIDE échancrée, *M. emarginatum*, L. à feuilles en alêne, entassées, un peu rudes; à calices épineux; à pétales échancrés.

Petiv. Gaz. tab. 77, f. 3. *Dill. Elth.* tab. 197, f. 250.

Au cap de Bonne-Espérance. ♄

18. FICOIDE à crochet, *M. uncinatum*, L. à articulations de la tige terminées par des feuilles réunies, aiguës, dentées en dessous.

Dill. Elth. tab. 193, f. 239.

Cette espèce présente une variété.

Ficoïde perfoliée, à feuilles plus grandes, à trois épines. *Dill. Elth.* tab. 193, f. 240.

Au cap de Bonne-Espérance. ♄

19 FICOIDE épineuse, *M. spinosum*, L. à feuilles arrondies, à trois faces, ponctuées, distinctes; à épines ramifiées.

Dill. Elth. tab. 208, f. 265.

Au cap de Bonne-Espérance. ♄

20. FICOIDE tubéreuse, *M. tuberosum*, L. à feuilles en alêne, chargées de papilles, distinctes, étalées au sommet; à racine en tête, tubéreuse.

Dill. Elth. tab. 207, f. 264.

Au cap de Bonne-Espérance. ♄

21. FICOIDE à feuilles menues, *M. tenuifolium*, L. à feuilles presque filiformes, lisses, distinctes, plus longues; à tiges couchées.

Moris. Hist. sect. 12, tab. 8, f. 6. *Dill. Elth.* tab. 201, f. 256.

Au cap de Bonne-Espérance. ♄

22. FICOIDE à stipules, *M. stipulaceum*, L. à feuilles le plus souvent à trois faces, comprimées, recourbées, ponctuées, distinctes, entassées, échancrées à la base.

Dill. Elth. tab. 209, f. 267 et 268.

Au cap de Bonne-Espérance. ♄

23. FICOIDE à feuilles épaisses, *M. crassifolium*, L. à feuilles demi-cylindriques, non ponctuées, réunies, à trois faces au sommet; à tige rampante, demi-cylindrique.

Dill. Elth. tab. 201, f. 257.

Au cap de Bonne-Espérance. ♃

24. FICOIDE en faucille, *M. falcatum*, L. à feuilles presque en forme de sabre, recourbées, ponctuées, distinctes; à rameaux arrondis.

Dill. Elth. tab. 215, f. 275 et 276.

Au cap de Bonne-Espérance. ♄

25. FICOIDE glomérée, *M. glomeratum*, L. à feuilles un peu arrondies, comprimées, ponctuées, distinctes; à tige en panicule, portant plusieurs fleurs.

Dill. Elth. tab. 213, f. 274.

Au cap de Bonne-Espérance.

26. FICOIDE à courroie, *M. loreum*, L. à feuilles demi-cylindriques, recourbées, entassées, bossuées intérieurement à la base, réunies; à tige pendante.

Dill. Elth. tab. 200, f. 255.

Au cap de Bonne-Espérance. ♃

27. FICOIDE filamenteuse, *M. filamentosum*, L. à feuilles à trois

faces, égales, pointues, comme ponctuées, réunies; à angles rudes; à rameaux hexagones ou à six côtés.

Dill. Elth. tab. 212, f. 273.

Au cap de Bonne-Espérance. ♃

28. FICOIDE en sabre, *M. acinaciforme*, L. à feuilles en forme de sabre, non ponctuées, réunies, rudes sur l'angle de la carène; à pétales lancéolés.

Dill. Elth. tab. 211, f. 270; et tab. 212, f. 271.

Au cap de Bonne-Espérance. ♃

29. FICOIDE en ciseau, *M. forficatum*, L. à feuilles en sabre, obtuses, réunies, épineuses au sommet; à tige à deux tranchans.

Jacq. Hort. tab. 26.

Au cap de Bonne-Espérance. ♃

* III. *Ficoides à corolles jaunes.*

30. FICOIDE comestible, *M. edule*, L. à feuilles à trois faces, égales, pointues, resserrées, non ponctuées, réunies, un peu dentées sur la carène; à tige à deux tranchans.

Moris. Hist. sect. 12, tab. 7, f. 1. *Dill. Elth.* tab. 212, f. 272.

Au cap de Bonne-Espérance. ♄

31. FICOIDE à deux couleurs, *M. bicolorum*, L. à feuilles en alêne, ponctuées, lisses, distinctes; à tige ligneuse; à corolles de deux couleurs.

Moris. Hist. sect. 12, tab. 6, f. 4. *Dill. Elth.* tab. 202, f. 258.

Au cap de Bonne-Espérance. ♄

32. FICOIDE dentelée, *M. serratum*, L. à feuilles en alêne, à trois faces, ponctuées, distinctes, à dents de scie en arrière sur l'angle de la carène.

Dill. Elth. tab. 192, f. 238.

Au cap de Bonne-Espérance. ♄

33. FICOIDE luisante, *M. micans*, L. à feuilles un peu cylindriques, garnies de papilles; à tige rude.

Petiv. Gaz. tab. 77, f. 9. *Dill. Elth.* tab. 215, f. 282.

Au cap de Bonne-Espérance. ♄

34. FICOIDE glauque, *M. glaucum*, L. à feuilles à trois faces, pointues, ponctuées, distinctes; à segmens du calice ovales, en cœur.

Moris. Hist. sect. 12, tab. 6, f. 3. *Dill. Elth.* tab. 196, f. 248?

Au cap de Bonne-Espérance. ♄

35. FICOIDE à cornes, *M. corniculatum*, L. à feuilles à trois faces, demi-cylindriques, chargées de points rudes, réunies, offrant au-dessus de leur base une ligne élevée.

Petiv. Gaz. tab. 77, f. 10. *Dill. Elth.* tab. 199, f. 253 et 254.

Cette espèce présente une variété à feuilles en cornes, plus courtes, gravée dans *Dillen Elth.* tab. 198, f. 252.

Les fleurs ont dix pistils.

En Afrique. ♃

36. FICOIDE tortueuse, *M. tortuosum*, L. à feuilles un peu aplaties, oblongues, ovales, garnies de quelques papilles, entassées, réunies; à calices à trois segmens, à deux cornes.

Dill. Elth. tab. 181, f. 222.

Au cap de Bonne-Espérance.

37. FICOIDE d'après-midi, *M. pomeridianum*, L. à feuilles un peu aplaties, larges, lancéolées, lisses, un peu ciliées, distinctes; à tiges, péduncules et ovaire, velus.

Linn. Fil. Dec. 25, tab. 13.

Au cap de Bonne-Espérance. ⊙

38. FICOIDE à verrues, *M. verruculatum*, L. à feuilles à trois faces, cylindriques, pointues, réunies, voûtées en arc, non ponctuées, distinctes.

Dill. Elth. tab. 203, f. 259.

En Afrique. ♄

39. FICOIDE en bec, *M. rostratum*, L. sans tige; à feuilles demi-cylindriques, réunies, tuberculeuses-hérissées extérieurement.

Dill. Elth. tab. 186, f. 229.

Au cap de Bonne-Espérance. ♃

40. FICOIDE en masque, *M. ringens*, L. à tige très-courte; à feuilles ciliées, dentées, ponctuées.

Dill. Elth. tab. 188, f. 231.

Cette espèce présente une variété imitant la gueule d'un chat, gravée dans *Dillen Elth.* tab. 187, f. 230.

Au cap de Bonne-Espérance. ♄

41. FICOIDE en doloire, *M. dolabriforme*, L. sans tige; à feuilles en doloire, ponctuées.

Dill. Elth. tab. 191, f. 237.

Au cap de Bonne-Espérance. ♃

42. FICOIDE difforme, *M. difforme*, L. sans tige; à feuilles difformes, ponctuées, réunies.

Pluk. tab. 325, f. 4. *Dill. Elth.* tab. 194, f. 241 et 242.

Au cap de Bonne-Espérance. ♄

43. FICOIDE blanchâtre, *M. albidum*, L. sans tige; à feuilles à trois faces, très-entières.

Dill. Elth. tab. 189, f. 232.

En Ethiopie. ♃

44. FICOIDE

44. FICOIDE en forme de langue, *M. linguiforme*, L. sans tige; à feuilles en forme de langue, plus épaisses sur un des bords.

Dill. Elth. tab. 183, f. 224.

Cette espèce présente trois variétés.

1.° Ficoïde à feuilles en langue, plus larges. *Dill. Elth.* tab. 184; f. 225.

2.° Ficoïde à feuilles en langue, plus étroites. *Dill. Elth.* tab. 184, f. 226.

3.° Ficoïde à feuilles en langue, plus longues. *Dill. Elth.* tab. 185; f. 227.

Les fleurs ont dix pistils et le calice quatre segmens.

Au cap de Bonne-Espérance. ♃

45. FICOIDE en forme de poignard, *M. pugioniforme*, L. à feuilles alternes, entassées, en alêne, à trois faces, très-longues.

Dill. Elth. tab. 210, f. 269.

Au cap de Bonne-Espérance. ♄

Les espèces nombreuses de ce genre peuvent être divisées ainsi qu'il suit :

1.° En *Ficoïdes annuelles* : telles sont les Ficoïdes nodiflore, Glaciale, coptique, d'après midi.

2.° En *Ficoïdes sans tige* : telles sont les Ficoïdes en masque, à fleur de pâquerette, en forme de langue, blanchâtre, à bec, à feuilles d'oignon, difforme, en sabre.

3.° En *Ficoïdes à tige lâche, pendante* : telles sont les Ficoïdes d'Afrique, tortueuse, développée, à couroie, à corne, en sabre, comestible, en ciseau, filamenteuse, à feuilles épaisses, à feuilles menues, d'après midi.

4.° En *Ficoïdes à tige ligneuse dure* : teles sont les Ficoïdes à fleurs sur les nœuds, fleur de nuit, brillante, ombellée, delthoïde, à stipules, en faucille, glomérée, à deux couleurs, à dents de scie, brillante, glauque, à verrues, en forme de poignard.

5.° En *Ficoïdes à feuilles alternes* : telles sont les Ficoïdes nodiflore, Glaciale, d'Afrique, en forme de poignard.

La plupart des espèces sont *Pentagynes* : quelques-unes sont *Tetragynes* ; telles sont les *F.* à fleurs sur les nœuds, fleur de nuit, tortueuse : d'autres sont *Décagynes* ou *Polygines* ; telles sont les *F.* barbue, en langue, en sabre, à courroie, en forme de poignard, d'après midi.

685. AIZOON, *AIZOON.** *Lam. Tab. Encyclop.* pl. 437. FICOIDEA. *Dill. Elth.* tab. 117, fig. 143.

CAL. *Périanthe* d'un seul feuillet, à cinq *segmens* profonds, lancéolés, persistans.

COR. Nulle.

ÉTAM. Plusieurs *Filamens*, capillaires, insérés par séries entre les segmens du calice, et distribués inégalement sur le réceptacle. *Anthères* simples.

PIST. *Ovaire* supérieur, à cinq côtés. Cinq *Styles*, simples. *Stigmates* simples.

PÉR. *Capsule* ventrue, émoussée, à cinq côtés, à cinq loges, à cinq battans.

SEM. Plusieurs, arrondies.

OBS. *Le caractère essentiel consiste dans les étamines insérées par séries entre les segmens du calice, et rapprochées ordinairement de trois en trois.*

Calice à cinq segmens profonds. *Corolle* nulle. *Capsule* supérieure, à trois loges, à cinq battans.

1. AIZOON des Canaries, *A. Canariense*, L. à feuilles en forme de coin, ovales; à fleurs assises ou sans péduncules.

Pluk. tab. 303, f. 4.

Au Canada.

2. AIZOON d'Espagne, *A. Hispanicum*, L. à feuilles lancéolées; à fleurs assises ou sans péduncules.

Dill. Elth. tab. 117, f. 143.

En Espagne, en Afrique. ⊙.

3. AIZOON paniculé, *A. paniculatum*, L. à feuilles lancéolées; fleurs en panicule.

En Afrique.

686. SPIRÉE, *SPIRÆA.* * *Tournef. Inst.* 618, tab. 389. *Lam. Tab. Encyclop.* pl. 439. FILIPENDULA. *Tournef. Inst.* 293, tab. 150. ULMARIA. *Tournef. Inst.* 265, tab. 141.

CAL. *Périanthe* d'un seul feuillet, plane à la base, persistant, à cinq segmens peu profonds, aigus.

COR. Cinq *Pétales*, insérés sur le calice, oblongs, arrondis.

ÉTAM. Plus de vingt *Filamens*, filiformes, plus courts que la corolle, insérés sur le calice. *Anthères* arrondies.

PIST. *Ovaires* cinq ou plus. *Styles* en nombre égal à celui des ovaires, filiformes, de la longueur des étamines. *Stigmates* en tête.

PÉR. *Capsules* oblongues, pointues, comprimées, à deux battans.

SEM. Peu nombreuses, pointues, petites.

OBS. Filipendula, *Tournefort : plusieurs capsules disposées en rond.*

Ulmaria, *Tournefort : plusieurs capsules.*

Aruncus : *diffère par sa fructification dioïque.*

Opulifolia : *Trigyne.*

Calice à cinq segmens peu profonds. *Corolle* à cinq pétales. *Capsule* renfermant plusieurs semences.

* I. *SPIRÉES ligneuses.*

1. SPIRÉE lisse, *S. lævigata*, L. à feuilles lancéolées, très-entières, sans petioles; à fleurs en grappes composées.
   Laxm. Nov. Act. Petrop. vol. 15, pag. 555, tab. 29, f. 2.
   En Sibérie. ♄

2. SPIRÉE à feuilles de saule, *S. salicifolia*, L. à feuilles lancéolées, obtuses, à dents de scie, nues; à fleurs en grappes doubles.
   Frutex spicatus, foliis serratis, salignis; Arbrisseau à fleurs en épis, à feuilles de Saule, dentées. *Bauh. Pin.* 475. *Clus. Hist.* 1, p. 84, f. 2. *Bauh. Hist.* 1, P. 1, p. 559, f. 1.
   En Sibérie. Cultivée dans les jardins. ♄

3. SPIRÉE cotonneuse, *S. tomentosa*, L. à feuilles lancéolées, à dents de scie inégales, cotonneuses en dessous; à fleurs en grappes doubles.
   Pluk. tab. 321, f. 5.
   A Philadelphie. ♄

4. SPIRÉE à feuilles de millepertuis, *S. hypericifolia*, L. à feuilles en ovale renversé, très-entieres; à fleurs en ombelles sans pédun-cules.
   Pruno sylvestri affinis Canadensis; Arbrisseau du Canada, congé-nère du Prunier sauvage. *Bauh. Pin.* 517. *Pluk.* tab. 218, f. 5.
   Au Canada.

5. SPIRÉE à feuilles de petit chêne, *S. chamædrifolia*, L. à feuilles ovales, découpées, à dents de scie, lisses; à fleurs en ombelles pédunculées.
   Jacq. Hort. tab. 140.
   En Sibérie. ♄

6. SPIRÉE crénelée, *S. crenata*, L. à feuilles ovales, oblongues: les unes crénelées au sommet, les autres sans crénelures; à fleurs en corymbes latéraux.
   Barrel. tab. 564.
   En Sibérie. ♄

7. SPIRÉE à trois lobes, *S. triloba*, L. à feuilles lobées, crénelées; à fleurs en ombelles terminales.
   En Sibérie. ♄

8. SPIRÉE à feuilles d'obier, *S. opulifolia*, L. à feuilles lobées, à dents de scie; à fleurs en corymbes terminaux.
   Commel. Hort. 1, pag. 169, tab. 87.
   Au Canada, en Virginie. Cultivée dans les jardins. ♄

9. SPIRÉE à feuilles de sorbier, *S. sorbifolia*, L. à feuilles pinnées; à folioles uniformes, à dents de scie; à fleurs en panicules.

En Sibérie, dans les marais. ♄

* II. SPIRÉES *herbacées.*

10. SPIRÉE Barbe de Chèvre, *S. Aruncus*, L. à feuilles sur-décomposées; à panicules alongés en épis; à fleurs dioïques.

Barba Capræ floribus oblongis; Barbe de Chèvre à fleurs alongées en épis. *Bauh. Pin.* 163, n.° 1. *Fusch. Hist.* 181. *Lugd. Hist.* 1080, f. 1. *Camer. Hort.* 26, tab. 9. *Bauh. Hist.* 3, P. 2, p. 488, f. 1. *Moris. Hist.* sect. 9, tab. 20, f. 2.

Sur les Alpes du Dauphiné, de Suisse, d'Autriche. ♃ Vernale. *Alp. et S.-Alp.*

11. SPIRÉE Filipendule, *S. Filipendula*, L. à feuilles pinnées; à folioles uniformes, à dents de scie; à fleurs en corymbes.

Filipendula vulgaris; Filipendule vulgaire. *Bauh. Pin.* 163, n.° 7. *Matth. Hist.* 627, fig. 1. *Dod. Pempt.* 56, fig. 1. *Lob. Ic.* 1, p. 729, f. 1. *Clus. Hist.* 2, p. 211, f. 2. *Lugd. Hist.* 782, f. 1. *Camer. Epit.* 608. *Bauh. Hist.* 3, P. 2, p. 189, la description, et p. 9, ic. 1, la figure. *Moris. Hist.* sect. 9, tab. 20, f. 1. *Icon. Pl. Med.* tab. 394.

Il y a erreur et transposition dans le texte de *J. Bauhin*. La figure du *Spiræa filipendula* a été changée avec celle du *Sison verticillatum*, L.

Cette espèce présente une variété.

Filipendula minor; Filipendule plus petite. *Bauh. Pin.* 163, n.° 8.

1. *Saxifraga rubra*; Filipendule, Barbe de Chèvre. 2. Racine, herbe. 3. Styptique. 5. Fleurs blanches, dyssenterie, hernie. 6. Toute la plante peut servir à tanner les cuirs.

Nutritive pour le Mouton, le Bœuf, le Cochon, la Chèvre.

En Europe, dans les prés. ♃

12. SPIRÉE Reine des prés, *S. Ulmaria*, L. à feuilles pinnées; la foliole impaire plus grande, lobée; à fleurs en cymier.

Barba Capræ floribus compactis; Barbe de Chèvre à fleurs compactes. *Bauh. Pin.* 164, n.° 2. *Dod. Pempt.* 57, f. 1. *Lob. Ic.* 1, p. 711, f. 2. *Clus. Hist.* 2, p. 198, f. 1. *Lugd. Hist.* 1031, f. 2. *Bauh. Hist.* 3, P. 2, p. 488, f. 2. *Bul. Paris.* tab. 274. *Flor. Dan.* tab. 547. *Icon. Pl. Med.* tab. 547.

1. *Ulmaria*; Reine des prés, Ormière. 2. Racine, herbe, fleurs. 3. *Herbe*: styptique; *Fleurs* seules odorantes. 5. Exanthêmes, dyssenterie, érysipèle, diarrhées causées par atonie, hernie. 6. Les fleurs macérées dans le vin et dans la bière leur com-

muniquent un goût très-agréable. Toute la plante peut servir à tanner les cuirs.

Nutritive pour le Mouton, le Cochon.

En Europe, dans les prairies humides. ♃ Estivale.

13. SPIRÉE palmée, *S. palmata*, L. à feuilles pinnées, trois à trois; la foliole impaire à cinq lobes, palmée.

Jacq. Hort. tab. 83.

En Sibérie. ♃

14. SPIRÉE à trois feuilles, *S. trifoliata*, L. à feuilles trois à trois, à dents de scie, presque égales; à fleurs comme en panicules.

Pluk. tab. 236, f. 5.

Au Canada, en Virginie.

V. POLYGYNIE.

687. ROSIER, *ROSA*. * *Tournef. Inst.* 636, tab. 408. *Lam. Tab. Encyclop.* pl. 440.

CAL. *Périanthe* d'un seul feuillet, arrondi. *Tube* ventru, à orifice resserré. *Limbe* ouvert, à cinq *segmens* profonds, longs, lancéolés, étroits, (dont *deux alternes* dans quelques espèces, sont garnis des deux côtés d'un appendice : *deux autres alternes* nus des deux côtes : le *cinquième* garni seulement d'un côté d'un appendice.)

COR. Cinq *Pétales*, en cœur renversé, de la longueur du calice, insérés sur l'orifice du calice.

ÉTAM. Plusieurs *Filamens*, capillaires, très-courts, insérés sur l'orifice du calice. *Anthères* à trois côtés.

PIST. *Ovaires* nombreux; dans le fond du calice. *Styles* en nombre correspondant à celui des ovaires, velus, très-courts, étroitement comprimés par l'orifice du calice, inséré sur un côté de l'ovaire. *Stigmates* obtus.

PÉR. *Baie* charnue, en toupie, colorée, molle, à une loge, couronnée par les segmens rudes du calice, retrécie à son orifice, formée par le tube du calice.

SEM. Nombreuses, oblongues, hérissées, attachées au côté intérieur du calice.

OBS. *Le* Calice du péricarpe *imite une baie.*

Calice ventru, en godet, à cinq segmens, charnu, resserré au-dessous. *Corolle* à cinq pétales. Plusieurs *Semences* hérissées, adhérentes sur les parois internes du calice.

* I. *ROSIERS à ovaires arrondis.*

1. ROSIER Églantier, *R. Eglanteria*, L. à ovaires arrondis, lisses; à péduncules lisses; à tige armée de piquans épars, droits; à pétioles rudes; à feuilles pinnées; à folioles aiguës.

Rosa lutea, simplex; Rosier à fleur jaune, simple. *Bauh. Pin.* 483, n.° 11. *Lob. Ic.* 2, p. 209, f. 1. *Lugd. Hist.* 126, f. 1.

Cette espèce présente une variété.

Rosa lutea, multiplex; Rosier à fleur jaune, double. *Bauh. Pin.* 483, n.° 12.

A Montpellier, en Bourgogne, en Provence. ♄ Vernale.

2. ROSIER rouillé, *R. rubiginosa*, L. à ovaires arrondis, hérissés de piquans recourbés; à feuilles couvertes en dessous d'une espèce de rouille.

Rosa sylvestris foliis odoratis; Rosier sauvage à feuilles odorantes. *Bauh. Pin.* 483, n.° 4.

A Paris, en Dauphiné. ♄ Estivale.

3. ROSIER à odeur de canelle, *R. cinnamomea*, L. à ovaires arrondis, lisses; à péduncules lisses; à tige armée de piquans qui accompagnent les stipules; à pétioles velus.

Rosa odore Cinnamomi, simplex; Rosier à odeur de Canelle, à fleur simple. *Bauh. Pin.* 483, n.° 7. *Lob. Ic.* 2, p. 209, f. 2. *Bauh. Hist.* 2, p. 39, f. 1.

En Auvergne? à Naples. ♄

4. ROSIER des champs, *R. arvensis*, L. à ovaires arrondis, lisses; à péduncules lisses; à tige et pétioles armés de piquans; à fleurs en cymier.

Rosa arvensis, candida; Rosier des champs, à fleur blanche. *Bauh. Pin.* 484, n.° 17. *Flor. Dan.* tab. 398.

En Europe, dans les buissons et les haies. ♄ Vernale.

5. ROSIER à feuilles de pimprenelle, *R. pimpinellifolia*, L. à ovaires arrondis, lisses; à péduncules lisses; à tige armée de piquans épars, droits; à pétioles rudes; à feuilles pinnées; à folioles obtuses.

En Auvergne, à Paris. ♄ Vernale.

6. ROSIER très-épineux, *R. spinosissima*, L. à ovaires arrondis, lisses; à péduncules hérissés; à tige et pétioles armés de piquans très-nombreux.

Rosa campestris, spinosissima, flore albo, odorato; Rosier des champs, très-épineux, à fleur blanche, odorante. *Bauh. Pin.* 483, n.° 13. *Dod. Pempt.* 187, f. 1. *Clus. Hist.* 1, p. 116, f. 1 et 2. *Lugd. Hist.* 127, f. 1. *Bauh. Hist.* 2, pag. 40, f. 2. *Bul. Paris.* tab. 277.

Nutritive pour le Mouton, le Bœuf, le Cochon, la Chèvre.

A Montpellier, Paris, en Provence, etc. ♄ Vernale.

7. ROSIER de la Caroline, *R. Carolina*, L. à ovaires arrondis, hérissés; à péduncules un peu hérissés; à tige armée de piquans qui accompagnent les stipules; à pétioles armés de piquans.

Dill. Elth. tab. 245, f. 316.

Dans l'Amérique Septentrionale. ♄

8. ROSIER velu, *R. villosa*, L. à ovaires arrondis, hérissés; à péduncules hérissés; à piquans de la tige épars; à pétioles armés de piquans; à feuilles cotonneuses.

Rosa sylvestris, pomifera, major; Rosier sauvage, pomifère, plus grand. *Bauh. Pin.* 484, n.° 15. *Bauh. Hist.* 2, p. 38, f. 1.

A Montpellier, Paris, en Provence. ♄ Vernale.

9. ROSIER de la Chine, *R. Sinica*, L. à ovaires presque arrondis, hérissés; à péduncules hérissés; à tige et pétioles armés de piquans; à fleurs comme en ombelle.

On ignore son climat natal.

10. ROSIER toujours vert, *R. sempervirens*, L. à ovaires arrondis, hérissés; à péduncules hérissés; à tige et pétioles armés de piquans; à fleurs comme en ombelle.

Rosa moschata sempervirens, Rosier musqué toujours vert. *Bauh. Pin.* 482, n.° 13. *Dill. Elth.* tab. 246, f. 318.

A Montpellier. ♄ Vernale.

* II. *Rosiers à ovaires ovales.*

11. ROSIER à cent feuilles, *R. centifolia*, L. à ovaires ovales, hérissés; à péduncules hérissés; à tige hérissée et armée de piquans; à pétioles sans piquans.

Rosa multiplex, media; Rosier à fleur double, moyen. *Bauh. Pin.* 482, n.° 7. *Bul. Paris.* tab. 75.

1. *Rosa rubra*; Rose à cent feuilles, Rose de Provins. 2. Fleurs. 3. Odorantes, un peu austères, sucrées. 4. Arome très-agréable et abondant; huile légère, épaisse, connue dans le commerce sous le nom d'*Essence de Roses*; mucilage. 5. Fleurs blanches. 6. Son eau distillée sert à aromatiser les médicamens désagréables par le goût ou l'odeur.

En Dauphiné, à Lyon. Cultivé dans les jardins. ♄

12. ROSIER de France, *R. Gallica*, L. à ovaires ovales, hérissés; à péduncules hérissés; à tige et pétioles hérissés de poils et de piquans.

Rosa rubra multiplex; Rosier à fleur rouge double. *Bauh. Pin.* 481, n.° 1. *Lob. Ic.* 2, p. 206, f. 2. *Lugd. Hist.* 124, f. 2. *Bauh. Hist.* 2, p. 34, f. 1.

A Montpellier. ♄

13. ROSIER des Alpes, *R. Alpina*, L. à ovaires ovales, lisses; à péduncules et pétioles hérissés; à tige sans piquans.

Rosa campestris, spinis carens, biflora; Rosier des champs, sans épines; à deux fleurs. *Bauh. Pin.* 484, n.° 19. *Bauh. Hist.* 2, p. 39, f. 1. *Jacq. Aust.* tab. 279.

Sur les Alpes du Dauphiné, de Suisse. ♄ Vernale. *S.-Alp.*

14. ROSIER canin, *R. canina*, L. à ovaires ovales, lisses; à péduncules lisses; à tige et pétioles armés de piquans.

Rosa sylvestris vulgaris, flore odorato, incarnato; Rosier sauvage vulgaire, à fleur odorante, incarnate. *Bauh. Pin.* 483, n.° 1. *Matth.* 166, f. 2. *Dod. Pempt.* 186, f. 2. *Lob. Ic.* 2, p. 210, f. 1. *Camer. Epit.* 99. *Bauh. Hist.* 2, p. 43, f. 2. *Bul. Paris.* tab. 276. *Flor. Dan.* tab. 555. *Icon. Pl. Med.* tab. 329.

1. *Rosa sylvestris, Cynosbati fructus, semina, Bedeguar*; Églantier de chien, Rosier sauvage, Gratte-cul, Kynorrhodon. 2. Fleurs, fruits, racines. 3. Fleurs un peu odorantes, agréables; saveur un peu acide. Baies (*Cynosbati*) acidules, lorsqu'elles sont mûres. Le *Bédeguar* est d'une saveur austère. Cette production accidentelle est une espèce d'éponge ou tumeur à filagramme causée par la piqûre du *Cynips* de la rose. 5. Toutes les laxités, les fruits. 6. On en fait une conserve appelée *Kynorrhodon*, qui est bonne à manger.

Nutritive pour le Mouton, le Bœuf, le Cochon, la Chèvre.

En Europe, dans les haies. ♄

15. ROSIER des Indes, *R. Indica*, L. à ovaires ovales, lisses; à péduncules lisses; à piquans de la tige peu nombreux; à pétioles armés de piquans.

Petiv. Gaz. tab. 35, f. 11.

A la Chine. ♄

16. ROSIER à fruit pendant, *R. pendulina*, L. à ovaires ovales, lisses; à tige et péduncules hérissés; à pétioles sans piquans; à fruits pendans.

Dill. Elth. tab. 245, f. 317.

En Europe. ♄

17. ROSIER à fleur blanche, *R. alba*, L. à ovaires ovales, lisses; à péduncules hérissés; à tige et pétioles armés de piquans.

Rosa alba, vulgaris, major; Rosier à fleur blanche, vulgaire, plus grand. *Bauh. Pin.* 482, n.° 9. *Dod. Pempt.* 186, f. 1. *Bauh. Hist.* 2, p. 44 et 45, f. 1.

Cette espèce présente une variété à fleur pleine.

1. *Rosa alba*; Rose blanche, Rose musquée. 2. Fleurs. 3. Très-odorantes. 5. Fleurs blanches. 6. On ne se sert que de l'eau distillée des fleurs, qui convient dans les collyres, contre les inflamations des yeux.

En Europe, en Autriche. Cultivée dans les jardins. ♄

688. RONCE, *RUBUS.* * *Tournef. Inst.* 614, tab. 385. *Lam. Tab. Encyclop.* pl. 441.

CAL. *Périanthe* d'un seul feuillet, à cinq *segmens* peu profonds, oblongs, ouverts, persistans.

COR. Cinq *Pétales*, arrondis, de la longueur du calice, droits, ouverts.

ÉTAM. *Filamens* nombreux, plus courts que la corolle, insérés sur le calice. *Anthères* arrondies, comprimées.

PIST. *Ovaires* nombreux. *Styles* petits, capillaires, s'élevant sur un côté de l'ovaire. *Stigmates* simples, persistans.

PÉR. *Baie* composée, à grains arrondis, réunis en tête convexe en dessus, concave en dessous, chacun à une loge.

SEM. Solitaires, oblongues. *Réceptacle* des péricarpes conique.

OBS. *Les grains des Baies sont réunis en Baie composée, de manière à ne pouvoir être séparés sans les rompre.*

Dans le R. saxatilis *les Baies ont les grains distincts.*

Le R. Chamæ-Morus *est Dioïque.*

Calice à cinq segmens profonds. *Corolle* à cinq pétales. *Baie* composée de grains à une semence.

* I. *RONCES ligneuses.*

1. RONCE Framboisier, *R. Idæus*, L. à feuilles cinq à cinq, pinnées, et trois à trois; à tige armée de piquans; à pétioles creusés en gouttière.

Rubus Idæus spinosus; Framboisier épineux. *Bauh. Pin.* 479, n.° 3. *Dod. Pempt.* 743, f. 1. *Lob. Ic.* 2, p. 212, f. 1. *Lugd. Hist.* 123, f. 1. *Camer. Epit.* 752. *Bauh. Hist.* 2, p. 59, f. 2. *Bul. Paris.* tab. 278. *Icon. Pl. Med.* tab. 329.

Cette espèce présente deux variétés.

1.° *Rubus Idæus fructu albo;* Framboisier à fruit blanc. *Bauh. Pin.* 479, n.° 5.

2.° *Rubus Idæus lævis;* Framboisier sans épines. *Bauh. Pin.* 479, n.° 4. *Clus. Hist.* 1, p. 117, f. 1. *Lugd. Hist.* 124, f. 1.

1. *Rubus Idæus;* La Framboise ordinaire. 2. Fruits. 3. Acidules, agréables, odorans. 4. Mucilage acide, sucré, parfumé. 5. Soif, chaleur fébrile, âcreté alkaline des humeurs. 6. Aliment très-sain, propre à adoucir les humeurs. Les *Russes* font avec les Framboises, un hydromel délicieux. En Pologne on en fait du vin. On en prépare un sirop très-rafraîchissant.

Nutritive pour le Mouton, le Cochon, la Chèvre, le Canard, le Coq, le Dindon, l'Oie.

Sur les Alpes du Dauphiné, sur les montagnes du Bugey. Cultivé dans les jardins. ♄

2. RONCE Occidentale, *R. Occidentalis*, L. à feuilles trois à trois, cotonneuses en dessous; à tige armée de piquans; à pétioles arrondis.

Dill. Elth. tab. 287, f. 319.

Au Canada. ♄

3. RONCE hérissée, *R. hispidus*, L. à feuilles trois à trois, nues; à tige et pétioles armés de piquans très-nombreux, et de soies roides.

Au Canada. ♃

4. RONCE à petites feuilles, *R. parvifolius*, L. à feuilles trois à trois, cotonneuses en dessous; à tige et pétioles armés de piquans recourbés.

Rumph. Amb. 5, p. 88, tab. 47, f. 1.

Dans l'Inde Orientale. ♄

5. RONCE de la Jamaïque, *R. Jamaïcensis*, L. à feuilles trois à trois, cotonneuses en dessous; à tige et pétioles duvetés, armés de piquans recourbés.

Sloan. Jam. tab. 213, f. 1.

Cette espèce présente une variété à fleur pleine.

A la Jamaïque. ♄

6. RONCE bleuâtre, *R. cæsius*, L. à feuilles trois à trois, presque nues: les latérales à deux lobes; à tige arrondie, armée de piquans.

Rubus repens, fructu cæsio; Ronce rampante, à fruit bleuâtre. *Bauh. Pin.* 479, n.° 2. *Dod. Pempt.* 742, f. 2.

Nutritive pour le Bœuf, le Mouton, la Chèvre.

En Europe, dans les vignes, les terrains incultes. ♄ Vernale.

7. RONCE noire, *R. fruticosus*, L. à feuilles cinq à cinq, digitées, et trois à trois; à tige et pétioles armés de piquans.

Rubus vulgaris, seu Rubus fructu nigro; Ronce vulgaire, ou Ronce à fruit noir. *Bauh. Pin.* 479, n.° 1. *Fusch. Hist.* 152. *Matth.* 714, f. 1. *Dod. Pempt.* 742, f. 1. *Lob. Ic.* 2, p. 211, f. 2. *Lugd. Hist.* 119, f. 1. *Camer. Epit.* 751. *Bauh. Hist.* 2, p. 57, f. 1. *Bul. Paris.* tab. 279. *Icon. Pl. Med.* tab. 280.

Cette espèce présente deux variétés, l'une à fruit blanc; l'autre à fleur pleine, blanche.

Nutritive pour le Cheval, la Chèvre.

En Europe, dans les haies. ♄

8. RONCE du Canada, *R. Canadensis*, L. à feuilles digitées, dix à dix, cinq à cinq et trois à trois; à tige sans piquans.

Au Canada.

9. RONCE odorante, *R. odoratus*, L. à feuilles simples, palmées; à tige sans piquans, portant un grand nombre de feuilles et de fleurs.

Cornut. Canad. 149 et 150. *Ehret.* tab. 396.

Au Canada. ♃ ♄

10. RONCE des Moluques, *R. Moluccanus*, L. à feuilles simples, en cœur, comme lobées; à tige couchée, armée de piquans.

Rumph. Amb. 5, p. 88, tab. 47, f. 2.

A Amboine. ♄

11. RONCE du Japon, *R. Japonicus*, L. à feuilles simples, en cœur, oblongues, à dents de scie; à tige sous-ligneuse, sans piquans.

Au Japon. ♄

* II. *RONCES herbacées.*

12. RONCE des rochers, *R. saxatilis*, L. à feuilles trois à trois, nues; à drageons rampans, herbacés.

Chamæ-Rubus saxatilis; Fausse-Ronce des rochers. *Bauh. Pin.* 479, n.° 1. *Clus. Hist.* 1, p. 118, f. 1. *Bauh. Hist.* 2, p. 61, f. 1. *Bellev.* tab. 169. *Flor. Dan.* tab. 134.

Nutritive pour le Bœuf, le Mouton, le Cochon, la Chèvre, le Canard, le Coq, le Dindon, l'Oie.

Sur les Alpes du Dauphiné, de Suisse. ♃ Vernale. *S.-Alp.*

13. RONCE du Nord, *R. Arcticus*, L. à feuilles trois à trois; à tige sans piquans, ne portant qu'une seule fleur.

Flor. Dan. tab. 488.

1. *Norlandicæ Baccæ*, *Rubi Arctici Baccæ*; Baies de Norland. 2. Baies. 3. Très-odorantes, acidules. 5. Fièvres putrides, exanthématiques, scorbut, cachexie chaude. 6. Aliment dans les pays du Nord, mais peu usité en France.

En Suède, en Sibérie, au Canada.

14. RONCE Fausse-Mure, *R. Chamæ-Morus*, L. à feuilles simples, lobées; à tige sans piquans, ne portant qu'une seule fleur.

Chamæ-Rubus foliis Ribes; Fausse-ronce à feuilles de Groseiller. *Bauh. Pin.* 480, n.° 2. *Clus. Hist.* 1, p. 118, f. 2. *Bauh. Hist.* 2, pag. 62, f. 1. *Flor. Lappon.* n.° 208, tab. 5, f. 1. *Flor. Dan.* tab. 1. *Icon. Pl. Med.* tab. 71.

Dans cette espèce qui est dioïque, les fleurs mâles et les fleurs femelles sont situées sur différentes tiges réunies par les racines.

1. *Chamæ-Morus*; Chamæ-Morus. 2. Baies. 3. Aqueuses, inodores. 5. Fièvres, goutte, phthisie. 6. On en fait des confitures.

Nutritive pour le Bœuf, le Mouton, la Chèvre.

En Suède, en Norwége, en Russie. ♃

15. RONCE de Dalibard, *R. Dalibarda*, L. à feuilles simples, en cœur, entières ou sans divisions, crénelées; à hampe sans feuilles, ne portant qu'une seule fleur.

Au Canada. ♃

689. FRAISIER, *FRAGARIA.* * *Tournef. Inst.* 295, tab. 152. *Lam. Tab. Encyclop.* pl. 442.

CAL. *Périanthe* d'un seul feuillet, plane, à dix *segmens* peu profonds, dont les *alternes* sont extérieurs et plus étroits.

COR. Cinq *Pétales*, arrondis, ouverts, insérés sur le calice.

ÉTAM. Vingt *Filamens*, en alène, plus courts que la corolle, insérés sur le calice. *Anthères* en forme de croissant.

PIST. *Ovaires* nombreux, très-petits, réunis en tête. *Styles* simples, insérés sur un côté de l'ovaire. *Stigmates* simples.

PÉR. Nul. La *Baie*, devient le *Réceptacle commun des semences*, arrondi, pulpeux, mou, grand, coloré, tronqué à la base, caduc-tardif.

SEM. Nombreuses, très-petites, pointues, éparses sur la superficie du réceptacle.

OBS. *Dans ce genre le réceptacle commun prend le nom de* Baie.

Calice à dix segmens peu profonds. *Corolle* à cinq pétales. *Réceptacle* des semences ovale, en baie ou succulent, caduc-tardif.

1. FRAISIER comestible, *F. vesca*, L. à drageons rampans.

Fragaria vulgaris; Fraisier vulgaire. *Bauh. Pin.* 326, n.° 1. *Fusch. Hist.* 853. *Matth.* 721, f. 1. *Dod. Pempt.* 672, f. 1 et 2. *Lob. Ic.* 1, p. 697, f. 1 et 2. *Lugd. Hist.* 614, f. 1. *Camer. Epit.* 765. *Bauh. Hist.* 2, p. 394, f. 3. *Bul. Paris.* tab. 280. *Icon. Pl. Med.* tab. 77.

Fragaria fructu albo; Fraisier à fruit blanc. *Bauh. Pin.* 326, n.° 2.

Cette espèce présente plusieurs variétés.

1.° *Fragaria fructu parvi Pruni magnitudine*; Fraisier à fruit de la grosseur d'une petite Prune. *Bauh. Pin.* 327, n.° 3.

2.° Fraisier du Chili, à fruit très-grand; à feuilles charnues, hérissées. *Dill. Elth.* tab. 120, f. 146.

3.° Fraisier hérissonné, à tige droite sous-ligneuse; à feuilles hérissées.

Nutritive pour le Mouton, la Chèvre.

1. *Fragaria*; Fraisier ordinaire, Fraise. 2. Racines, Feuilles, Baies. 3. *Racines, feuilles*: styptiques; *baies*: odorantes, acides, aqueuses. 4. Arome, mucilage sucré, acide. 5. Calcul, fièvres, goutte, phthisie, diathèses alkalescentes, gâle, dartres, fleurs blanches, bouffissure, diarrhées. 6. Aliment déli-

cieux, un peu froid et visqueux. Le célèbre *Linné* s'étoit délivré de la goutte en mangeant beaucoup de fraises.

En Europe, dans les bois. ♃ Vernale.

2. FRAISIER à une feuille, *F. monophylla*, L. à feuilles simples.

On ignore son climat natal.

3. FRAISIER stérile, *F. sterilis*, L. à tige couchée; à rameaux fleuris, lâches.

Fragaria sterilis; Fraisier stérile. *Bauh. Pin.* 327, n.° 7. *Lob. Ic.* 1, p. 698, f. 1. *Bauh. Hist.* 2, p. 395, f. 1. *Moris. Hist.* sect. 2, tab. 19, f. 5.

A Lyon, Montpellier, Paris. ♃ Varnale.

690. POTENTILLE, *POTENTILLA.* * *Lam. Tab. Encyclop.* pl. 442. QUINQUEFOLIUM. *Tournef. Inst.* 296, tab. 153. PENTAPHYLLOÏDES. *Tournef. Inst.* 298.

CAL. *Périanthe* d'un seul feuillet, un peu aplati, à dix *segmens* peu profonds, dont les *alternes* sont plus petits, renversés.

COR. Cinq *Pétales*, arrondis, ouverts, insérés par leurs onglets sur le calice.

ÉTAM. Vingt *Filamens*, en alêne, plus courts que la corolle, insérés sur le calice. *Anthères* alongées, en croissant.

PIST. *Ovaires* nombreux, très-petits, réunis en tête. *Styles* filiformes, de la longueur des étamines, insérés sur un côté de l'ovaire. *Stigmates* obtus.

PÉR. Nul. *Réceptacle commun* des semences arrondi, sec, très-petit, persistant, couvert par les semences, nidulé dans le calice.

SEM. Nombreuses, pointues.

OBS. *Otez une unité dans le nombre de toutes les parties de la fructification, et vous aurez les caractères du genre* Tormentilla.

Calice à dix segmens peu profonds. *Corolle* à cinq pétales. *Semences* arrondies, nues, adhérentes à un petit réceptacle desséché.

* I. POTENTILLES *à feuilles pinnées.*

1. POTENTILLE ligneuse, *P. fruticosa*, L. à feuilles pinnées; à tige ligneuse.

Moris. Hist. sect. 2, tab. 23, f. 5.

Nutritive pour le Cheval, le Mouton, le Bœuf, la Chèvre.

En Angleterre. Cultivé dans les jardins. ♄

2. POTENTILLE Argentine, *P. Anserina*, à feuilles pinnées; à folioles à dents de scie; à tige rampante; à pédoncules portant une seule fleur.

Potentilla; Potentille. *Bauh. Pin.* 321. *Fusch. Hist.* 619. *Matth.* 718, f. 1. *Dod. Pempt.* 600, f. 1. *Lob. Ic.* 1, p. 693, f. 1. *Lugd. Hist.* 1064, f. 1. *Camer. Epit.* 718. *Bauh. Hist.* 2, p. 398, H. ou 406, f. 1. (†) *Moris. Hist.* sect. 2, tab. 20, fig. 4. *Flor. Dan.* tab. 544. *Icon. Pl. Med.* tab. 15.

(†) Nous prévenons qu'il y a une erreur dans le numéro des pages de *J. Bauhin*, quinze pages portent le chiffre 398, mais elles sont distinguées par les lettres de l'alphabet depuis A jusqu'à O inclusivement.

1. *Anserina*; Argentine des Herboristes. 2. Herbe, racine. 3. Insipides. 4. Ceux des substances styptiques. 5. Diarrhées, hémorrhagies avec atonie, dyssenterie, fleurs blanches. Cette dernière maladie très-commune aujourd'hui, est souvent une maladie dépuratoire, qu'il est dangereux de guérir avec des astringens, qui sont nuisibles dans les flux critiques, dépendans de l'énergie du principe vital. 6. Les Écossois la mettent au nombre des plantes potagères et mangent ses feuilles apprêtées de différentes manières. La racine peut servir pour tanner les cuirs.

Nutritive pour le Cheval, le Bœuf, le Cochon, la Chèvre, le Dindon, l'Oie.

En Europe, dans les sables humides, sur les bords des rivières. ♃

3. POTENTILLE soyeuse, *P. sericea*, L. à feuilles deux fois pinnées, duvetées sur les deux surfaces; à folioles parallèles, rapprochées; à tiges couchées.

En Sibérie. ♃

4. POTENTILLE à plusieurs divisions, *P. multifida*, L. à feuilles deux fois pinnées; à folioles très-entières, éloignées, cotonneuses en dessous; à tige couchée.

Ammann. n.° 113, tab. 16. *Buxb. Cent.* 1, p. 30, tab. 49, f. 1.

En Sibérie, en Tartarie. ♃

5. POTENTILLE fraisier, *P. fragarioïdes*, L. à feuilles pinnées et trois à trois; à folioles extérieures plus grandes; à drageons rampans.

Gmel. Sibir. 3, p. 182, n.° 31, tab. 34, f. 2.

En Sibérie. ♃

6. POTENTILLE des rochers, *P. rupestris*, L. à feuilles pinnées, alternes; à folioles cinq à cinq, ovales, crénelées; à tige droite.

Quinquefolium fragiferum; Quintefeuille fraisier. *Bauh. Pin.* 326, n.° 4. *Clus. Hist.* 2, p. 107, f. 1. *Bauh. Hist.* 2, p. 398, D. ou 402, f. 2. *Jacq. Aust.* tab. 114.

Nutritive pour le Cheval, le Mouton, le Bœuf, la Chèvre.

A Lyon, en Dauphiné. ♃ Vernale.

7. POTENTILLE bifurquée, *P. bifurca*, L. à feuilles pinnées, presque égales; à folioles oblongues, comme divisées peu profondément en deux parties : les extérieures confluentes.

Gmel. It. 1, p. 149, tab. 27, f. 1.

En Sibérie. ♃

8. POTENTILLE à feuilles de pimprenelle, *P. pimpinelloïdes*, L. à feuilles pinnées; à folioles arrondies, dentées, égales; à tige droite.

Bauh. Cent. 1, p. 30, tab. 48.

En Arménie. ♃

9. POTENTILLE de Pensylvanie, *P. Pensylvanica*, L. à feuilles inférieures, pinnées : les supérieures trois à trois; à folioles incisées, à dents de scie; à tige droite velue.

Jacq. Hort. tab. 189.

Au Canada. ♃

10. POTENTILLE couchée, *P. supina*, L. à feuilles pinnées; à tige dichotome ou à bras ouverts, couchée.

Quinquefolio fragifero affinis; Congénère de la Quintefeuille fraisier. *Bauh. Pin.* 326, n.° 5. *Dod. Pempt.* 117, f. 1. *Lob. Ic.* 1, p. 692, f. 1. *Clus. Hist.* 2, p. 107, f. 2. *Lugd. Hist.* 1266, f. 2. *Bauh. Hist.* 2, p. 398, D. ou 402, f. 1. *Pluk.* tab. 106, fig. 7.

A Lyon, Paris, en Bourgogne. ⊙ Estivale.

* II. *POTENTILLES à feuilles digitées.*

11. POTENTILLE droite, *P. recta*, L. à feuilles digitées à sept folioles lancéolées, à dents de scie, un peu velues sur les deux surfaces; à tige droite.

Quinquefolium rectum luteum; Quintefeuille à tige droite, à fleur jaune. *Bauh. Pin.* 325, n.° 2. *Dod. Pempt.* 116, f. 2. *Lob. Ic.* 1, p. 689, f. 2. *Lugd. Hist.* 1266, f. 1. *Bauh. Hist.* 2, p. 398, B. ou 400, f. 2.

En Dauphiné, à Paris, en Bourgogne. ♃

12. POTENTILLE argentée, *P. argentea*, L. à feuilles digitées à cinq folioles en forme de coin, incisées, cotonneuses en dessous; à tige droite.

Quinquefolium folio argenteo; Quintefeuille à feuille argentée. *Bauh. Pin.* 325, n.° 1. *Fusch. Hist.* 625. *Matth.* 720, fig. 1. *Lugd. Hist.* 1264, f. 2. *Camer. Epit.* 760. *Bauh. Hist.* 2, p. 398, C. ou 401, f. 1.

Nutritive pour le Cochon, la Chèvre.

A Lyon, Grenoble, Paris, etc. ♃ Vernale.

13. POTENTILLE intermédiaire, à feuilles radicales cinq à cinq : celles de la tige trois à trois ; à tige presque droite, très-rameuse.

En Suisse. ♃

14. POTENTILLE hérissée, *P. hirta*, L. à feuilles digitées à cinq ou sept folioles en forme de coin, incisées, velues ; à tige droite, hérissée.

Quinquefolium montanum erectum, hirsutum, luteum; Quinte feuille des montagnes, à tige droite, hérissée, à fleur jaune. *Bauh Pin.* 325, n.° 3.

A Montpellier, en Dauphiné, aux Pyrénées. ♃

15. POTENTILLE à stipules, *P. stipularis*, L. à feuilles digitées à sept folioles, assises sur des stipules dilatées.

Gmel. Sibir. 3, p. 185, tab. 37, f. 2.

En Sibérie. ♃

16. POTENTILLE opaque, *P. opaca*, L. à feuilles radicales digitées à cinq folioles en forme de coin, à dents de scie : celles de la tige la plupart opposées ; à rameaux filiformes, couchés.

Quinquefolium minus, repens, lanuginosum, luteum; Quintefeuille plus petite, rampante, laineuse, à fleur jaune. *Bauh. Pin.* 325, n.° 4. *Clus. Hist.* 2, p. 106, f. 2. *Bauh. Hist.* 2, p. 398, A, ou 399, f. 1.

Quinquefolio similis, enneaphyllos; Plante à neuf feuilles ressemblant à la Quintefeuille. *Bauh. Pin.* 325, n.° 6.

En Dauphiné. ♃

17. POTENTILLE printanière, *P. verna*, L. à feuilles radicales digitées à cinq folioles mousses, à dents de scie aiguës : celles de la tige à trois folioles ; à tige inclinée.

Quinquefolium minus, repens, luteum; Quintefeuille plus petite, rampante, à fleur jaune. *Bauh. Pin.* 325, n.° 3. *Bauh. Hist.* 2, p. 398, A. ou 399, f. 1?

Nutritive pour le Cheval, le Mouton, le Bœuf, la Chèvre.

En Europe, dans les pâturages secs. ♃ Vernale.

18. POTENTILLE dorée, *P. aurea*, L. à feuilles radicales digitées à cinq folioles à dents de scie, aiguës : celles de la tige à trois folioles ; à tige inclinée.

Quinquefolium minus, repens, Alpinum, aureum; Quintefeuille plus petite, rampante, des Alpes, à fleur dorée. *Bauh. Pin.* 325, n.° 5. *Clus. Hist.* 2, p. 106, f. 1. *Bauh. Hist.* 2, pag. 398, fig. 2.

Les synonymes des Potentilles printannière et dorée, ont été confondus.

Cette

Cette espèce n'est selon *Scopoli*, qu'une variété de la Potentille printanière.

Sur les Alpes du Dauphiné, de Suisse, du Danemarck. ♃ Estivale. *S.-Alp.*

19. POTENTILLE du Canada, *P. Canadensis*, L. à feuilles digitées à cinq folioles velues; à tige ascendante, hérissée.

Au Canada.

20. POTENTILLE blanche, *P. alba*, L. à feuilles digitées à cinq folioles réunies au sommet, à dents de scie; à tiges filiformes, couchées; à réceptacles hérissés.

Quinquefolium album, majus, alterum, et Quinquefolium album, minus; autre Quintefeuille à fleur blanche, plus grande, et Quintefeuille à fleur blanche, plus petite. *Bauh. Pin.* 325, n.os 2 et 3. *Fusch. Hist.* 623. *Math.* 719, f. 2. *Clus. Hist.* 2, p. 105, f. 1. *Lugd. Hist.* 1265, f. 1 et 3. *Camer. Epit.* 761. *Bauh. Hist.* 2, p. 398, C. ou 403, f. 1. *Bellev.* tab. 171. *Jacq. Aust.* t. 115.

A Montpellier, en Provence. ♃

21. POTENTILLE à tige, *P. caulescens*, L. à feuilles digitées à cinq folioles réunies au sommet, à dents de scie; à tiges couchées, portant un grand nombre de fleurs; à réceptacles hérissés.

Quinquefolium album, majus, caulescens; Quinte feuille à fleur blanche, plus grande, à tige. *Bauh. Pin.* 325, n.o 1.

Quinquefolium album, minus, alterum; Autre Quintefeuille à fleur blanche, plus petite. *Bauh. Pin.* 325, n.o 4. *Clus. Hist.* 2, p. 105, f. 2.

Sur les Alpes du Dauphiné, de Suisse. ♃ Vernale. *S.-Alp.*

22. POTENTILLE brillante, *P. nitida*, L. à feuilles digitées à trois ou cinq folioles soyeuses, réunies, à trois dents; à tiges ne portant qu'une seule fleur; à réceptacles laineux.

Trifolium Alpinum, argenteum, Persiciflore; Trèfle des Alpes, à feuilles argentées, à fleur de Pêcher. *Bauh. Pin.* 328, n.o 2.

A la grande Chartreuse, à Paris. ♃ Estivale. *S.-Alp.*

23. POTENTILLE Valdère, *P. Valderia*, L. à feuilles digitées à sept folioles en ovale renversé, à dents de scie, cotonneuses; à tige droite; à pétales plus courts que le calice; à réceptacles laineux.

Sur les Alpes du Dauphiné. ♃

24. POTENTILLE rampante, *P. reptans*, L. à feuilles digitées à cinq folioles; à tige rampante; à péduncules ne portant qu'une seule fleur.

Quinquefolium majus, repens; Quintefeuille plus grande, rampante. *Bauh. Pin.* 325, n.o 1. *Fusch. Hist.* 624. *Math.* 719, f. 1. *Dod. Pempt.* 116; f. 1. *Lob. Ic.* 1, p. 690, f. 1. *Lugd.*

Hist. 1264, f. 1. *Camer. Epit.* 759. *Bauh. Hist.* 2, pag. 397, f. 1. *Bul. Paris.* tab. 284. *Icon. Pl. Med.* tab. 302.

1. *Pentaphyllum*; Quintefeuille ordinaire. 2. Racine, Feuilles. 3. Astringente. 5. Fistules, ulcères de la bouche, diarrhées, dyssenteries avec relâchement, fièvres intermittentes, perte de semence, fleurs blanches. 6. La racine sert à tanner les cuirs.

Nutritive pour le Cheval, le Bœuf, le Mouton, la Chèvre.

En Europe, dans les champs humides, sablonneux. ♃

* III. *POTENTILLES à feuilles trois à trois.*

25. POTENTILLE de Montpellier, *P. Monspeliensis*, L. à feuilles trois à trois; à tige rameuse, droite; à péduncules naissant au-dessus des nœuds de la tige.

Moris. Hist. sect. 2, tab. 20, f. 2.

A Montpellier. ☉

26. POTENTILLE de Norwége, *P. Norwegica*, L. à feuilles trois à trois; à tige dichotome ou à bras ouverts; à péduncules axillaires.

Loës. Pruss. 218, n.° 70. *Flor. Dan.* tab. 171.

Nutritive pour le Cheval, le Bœuf, le Mouton, le Cochon, la Chèvre.

En Suède, en Norwége, en Prusse, en Sibérie, au Canada, dans les champs. ☉

27. POTENTILLE très-blanche, *P. nivea*, L. à feuilles trois à trois, incisées, cotonneuses en dessous; à tige ascendante.

Ammann. Ruth. n.° 109, tab. 14, f. 2.

Sur les Alpes de Lapponie, de Sibérie.

28. POTENTILLE à grande fleur, *P. grandiflora*, L. à feuilles trois à trois, dentées, un peu velues sur les deux surfaces; à tige couchée, plus longue que les feuilles.

Bellev. tab. 170. *Vaill. Bot.* 55, tab. 10, f. 1. *Hall. Helv.* n.° 1114, tab. 21. *Bul. Paris.* tab. 285.

Sur les Alpes du Dauphiné, de Provence, à Paris. ♃ Estivale. *Alp.*

29. POTENTILLE à tige très-courte, *P. subacaulis*, L. à feuilles trois à trois, dentées, cotonneuses sur les deux surfaces; à hampe inclinée.

Gmel. Sibir. 3, pag. 183, n.° 34, tab. 36, f. 2.

Nous avons observé que le synonyme de *G. Bauhin*, *Fragaria affinis sericea, incana*, ou congénère du Fraisier, à feuilles soyeuses, blanchâtres, *Pin.* 327, n.° 8, est rapporté par *Reichard* à cette espèce et à la Sibbaldie couchée, *Sibbaldia procumbens*, L.

Sur les Alpes du Dauphiné, de Provence. ♃

691. TORMENTILLE, *TORMENTILLA.* * *Tournef. Inst.* 298, tab. 153. *Lam. Tab. Encyclop.* pl. 444.

CAL. *Périanthe* d'un seul feuillet, plane, à huit *segmens* peu profonds, alternativement plus petits et plus aigus.

COR. Quatre *Pétales*, en cœur renversé, planes, ouverts, insérés par leurs onglets sur le calice.

ÉTAM. Seize *Filamens*, en alêne, moitié plus courts que la corolle, insérés sur le calice. *Anthères* simples.

PIST. Huit *Ovaires*, petits, réunis en tête. *Styles* filiformes, de la longueur des étamines, insérés sur un côté de l'ovaire. *Stigmates* obtus.

PÉR. Nul. *Réceptacle des semences* très-petit, chargé de semences, nidulé dans le calice.

SEM. Huit, arrondies, nues.

OBS. Ce genre ne diffère des Potentilles que par le nombre.

Calice à huit segmens peu profonds. *Corolle* à cinq pétales. *Semences* arrondies, nues, adhérentes à un petit réceptacle desséché.

1. TORMENTILLE droite, *T. erecta*, L. à tige redressée; à feuilles assises ou sans pétioles.

Tormentilla sylvestris; Tormentille sauvage. *Bauh. Pin.* 326, n.° 1. *Trag.* 503. *Matth.* 674, f. 3. *Dod. Pempt.* 118, f. 1. *Lob. Ic.* 1, p. 696, f. 2. *Lugd. Hist.* 1267, f. 1. *Camer. Epit.* 685. *Bauh. Hist.* 2, p. 398, G. ou 405, f. 2. *Moris. Hist.* 2, tab. 19, f. 13. *Bul. Paris.* tab. 286. *Flor. Dan.* tab. 589. *Icon. Pl. Méd.* tab. 358.

1. *Tormentilla*; Tormentille. 2. Racine. 3. Odeur nulle, saveur styptique. 4. Extraits résineux et aqueux : tous les deux très-astringens; mais le premier plus que le dernier. 5. Diarrhée, dyssenterie, scorbut, atonie en général, hémorrhagies, phthisie, fièvres intermittentes, ulcères. 6. La racine de *Tormentille* sert à tanner les cuirs; son suc leur donne une belle couleur rouge. Les Lapons s'en servent pour teindre leurs cuirs en cette couleur. On peut substituer à cette racine celle de la Potentille argentée, *P. argentea*, L.

Nutritive pour le Bœuf, le Mouton, le Cochon, la Chèvre.

En Europe, dans les lieux humides, les marais. ♃

2. TORMENTILLE rampante, *T. reptans*, L. à tige rampante; à feuilles pétiolées.

Plot. Oxf. 6, §. 7, tab. 9, f. 5.

En Angleterre. ♃

692. BENOITE, *GEUM*. * CARYOPHYLLATA. *Tournef. Inst.* 294, tab. 152. *Lam. Tab. Encyclop.* pl. 443.

CAL. *Périanthe* d'un seul feuillet, un peu relevé, à dix *segmens* peu profonds : les *alternes* très-petits, aigus.

COR. Cinq *Pétales*, arrondis, à *onglets* étroits, de la longueur du calice sur lequel ils sont insérés.

ÉTAM. *Filamens* nombreux, en alêne, insérés sur le calice, et l'égalant en longueur. *Anthères* courtes, un peu élargies, obtuses.

PIST. *Ovaires* nombreux, réunis en tête. *Styles* insérés sur le côté de l'ovaire, longs, velus. *Stigmates* simples.

PÉR. Nul. *Réceptacle commun des semences* oblong, hérissé, reposant sur le calice.

SEM. Nombreuses, comprimées, hérissées, terminées par les styles longs, à arête genouillée.

Calice à dix segmens profonds. *Corolle* à cinq pétales. *Semences* terminées par une arête genouillée.

1. BENOITE de Virginie, *G. Virginicum*, L. à fleurs penchées : à pétales plus petits que le calice ; à fruits arrondis ; à arêtes en hameçon, nues ; à feuilles trois à trois.

Herm. Parad. pag. et tab. 111.

En Virginie, en Sibérie. ♃

2. BENOITE commune, *G. urbanum*, L. à fleurs droites ; à fruits arrondis, velus ; à arêtes en crochet, nues ; à feuilles en forme de lyre.

Caryophyllata vulgaris ; Benoite vulgaire. *Bauh. Pin.* 321, n.° 1. *Fusch. Hist.* 384. *Matth.* 697, f. 1. *Dod. Pempt.* 137, f. 1. *Lob. Ic.* 1, p. 693, f. 2. *Clus. Hist.* 2, p. 102, f. 2. *Lugd. Hist.* 686, f. 1. *Bauh. Hist.* 2, p. 398, L. ou 409, la description seulement ; la figure représente l'*Anemone hepatica*, L. qui est donnée deux fois, *Voy.* pag. 389, fig. 2. *Bul. Paris.* tab. 287. *Flor. Dan.* tab. 672. *Icon. Pl. Med.* tab. 221.

1. *Caryophyllata* ; Benoite, Recise, Galiote, Gariot, Herbe de Benoit. 2. Racine, herbe. 3. Fortement odorante (*racine*) ; Styptique, anti-acide. 4. (*de la racine*) Arome, huile légère, huile épaisse, extrait aqueux, extrait spiritueux, aromatique, plus astringent. 5. Variole, dyssenterie, fièvres intermittentes, diarrhées chroniques causées par atonie, hémorragies utérines, non actives, perte de semence avec relâchement. *Buchhave*, célèbre médecin Danois, s'est assuré, d'après de nombreuses observations, que la *Benoite* étoit le vrai congénère du *Quinquina* dans toutes les fièvres intermittentes. 6. La racine de *Benoite* ayant un peu l'odeur du girofle, on pourroit l'essayer comme condiment. Si on ajoute à la bière en

fermentation la racine de *Benoite*, qui peut suppléer le *Houblon*, elle est plus agréable et n'aigrit pas si facilement. La vertu antiseptique de la *Benoite* est plus énergique que celle du *Quinquina*, comme on s'en est assuré par des expériences faites avec de la viande noyée dans une décoction de *Benoite*. La poudre de la racine de *Benoite* qui est un peu rougeâtre, teint en rouge l'eau et l'esprit de vin : ce dernier menstrue enlève et conserve l'odeur du girofle.

En Europe, dans les terrains ombragés et humides. ♃

3. BENOITE des rivages, *G. rivale*, L.° à fleurs penchées ; à fruit oblong ; à arêtes plumeuses, torses.

Caryophyllata aquatica, nutante flore ; Benoite aquatique, à fleur inclinée. *Bauh. Pin.* 321, n.° 4. *Lob. Ic.* 694, fig. 1. *Clus. Hist.* 2, p. 103, f. 1. *Lugd. Hist.* 686, f. 2. *Camer. Epit.* 726. *Bauh. Hist.* 2, p. 398, N. ou 411, f. 2. *Flor. Dan.* tab. 722. *Icon. Pl. Med.* tab. 175.

Cette espèce présente une variété.

Caryophyllata aquatica altera ; autre Benoite aquatique. *Bauh. Pin.* 322, n.° 5. *Clus. Hist.* 2, p. 104, f. 2.

1. *Geum palustre* ; Benoite aquatique. 2. Racine. 3. Styptique, anti-acide. 4. Extrait gommo-résineux abondant. 5. Fièvres intermittentes rebelles, diarrhées chroniques, hémorragies. 6. La racine sert à tanner les cuirs. La racine de la *Benoite* aquatique mérite tous les éloges que l'observation a assurés à la précédente.

Sur les Alpes du Dauphiné, à la grande Chartreuse. Vernale. *S.-Alp.*

4. BENOITE des montagnes, *G. montanum*, L. à fleurs inclinées, solitaires ; à fruit oblong ; à arêtes velues, droites.

Caryophyllata Alpina, lutea ; Benoite des Alpes, à fleur jaune. *Bauh. Pin.* 322, n.° 6. *Matth.* 697, f. 2. *Dod. Pempt.* 137, f. 2. *Lob. Ic.* 1, p. 695, f. 1 et 2. *Clus. Hist.* 2, p. 103, f. 2. *Lugd. Hist.* 686, f. 3. *Bauh. Hist.* 2, p. 398, N. ou 411, f. 1. *Camer. Epit.* 727.

Cette espèce présente une variété.

Caryophyllata Alpina, minor ; Benoite des Alpes, plus petite. *Bauh. Pin.* 322, n.° 7. *Pon. Bald.* 342, f. 2. *Barrel.* tab. 399.

Sur les Alpes du Dauphiné ; à Montpellier, en Provence. ♃ Vernale.

5. BENOITE rampante, *G. reptans*, L. à folioles uniformes, découpées, alternativement plus grandes et plus petites ; à drageons rampans.

Caryophyllata Alpina, Apii folio ; Benoite des Alpes, à feuilles d'Ache. *Bauh. Pin.* 322, n.° 8. *Bellev.* tab. 172. *Barrel.* t. 400.

Sur les Alpes du Dauphiné, de Suisse. ♃ Estivale. *Alp.*

693. DRYADE, *DRYAS.* * *Lam. Tab. Encyclop.* pl. 443.

CAL. *Périanthe* d'un seul feuillet, à cinq ou huit *segmens* profonds, ouverts, linéaires, obtus, égaux, un peu plus courts que la corolle.

COR. Cinq ou huit *Pétales*, oblongs, échancrés, ouverts, insérés sur le calice.

ÉTAM. *Filamens* nombreux, capillaires, courts, insérés sur le calice. *Anthères* petites.

PIST. *Ovaires* nombreux, entassés, petits. *Styles* capillaires, insérés sur un côté de l'ovaire. *Stigmates* simples.

PÉR. Nul.

SEM. Nombreuses, arrondies, comprimées, terminées par les styles très-longs et garnis d'une espèce de duvet.

Calice à cinq ou huit segmens peu profonds. *Corolle* à cinq ou huit pétales. *Semences* terminées par une queue, velues.

1. DRYADE à cinq pétales, *D. pentapetala*, L. à fleurs à cinq pétales; à feuilles pinnées.

Au Kamtschatka. ♃

2. DRYADE à huit pétales, *D. octopetala*, L. à fleurs à huit pétales; à feuilles simples.

Lob. Ic. 1, p. 495, f. 1 et 2. *Clus. Hist.* 1, p. 351, f. 2. *Lugd. Hist.* 1164, f. 1. *Flor. Dan.* tab. 31.

Sur les Alpes du Dauphiné, de Suisse, d'Autriche, de Lapponie. ♃ Estivale. *S.-Alp.*

694. COMARET, *COMARUM.* * *Lam. Tab. Encyclop.* pl. 444.

CAL. *Périanthe* d'un seul feuillet, très-grand, ouvert, coloré, persistant, à dix *segmens* peu profonds, alternativement plus petits, inférieurs.

COR. Cinq *Pétales*, oblongs, pointus, trois fois plus petits que le calice sur lequel ils sont insérés.

ÉTAM. Vingt *Filamens*, en alêne, insérés sur le calice, de la longueur de la corolle, persistans. *Anthères* en croissant, caduques-tardives.

PIST. *Ovaires* nombreux, arrondis, très-petits, réunis en tête. *Styles* simples, courts, placés sur un côté de l'ovaire. *Stigmates* simples.

PÉR. Nul. *Réceptacle commun des semences* ovale, charnu, très-grand, persistant.

SEM. Nombreuses, pointues, couvrant le réceptacle.

Calice à dix segmens peu profonds. *Corolle* à cinq pétales plus petits que le calice. *Réceptacle* des semences ovale, spongieux, persistant.

1. COMARET des marais, *C. palustre*, L. à tige en partie couchée; à feuilles pinnées, de cinq à sept folioles, argentées en dessous; à pétales étroits.

Quinquefolium palustre, rubrum; Quintefeuille des marais, à fleur rougeâtre. *Bauh. Pin.* 326, n.° 6. *Dod. Pempt.* 117, fig. 2. *Lob. Ic.* 1, p. 691, f. 1. *Lugd. Hist.* 1265, f. 2 et 4. *Camer. Epit.* 762. *Bauh. Hist.* 2, p. 398, C. ou 401, f. 2.

La racine colore en rouge.

Nutritive pour la Chèvre.

Linné a formé un genre particulier du *Comarum*, par la considération des pétales plus petits que le calice, et par le placenta spongieux; mais *Haller* qui n'a pas cru ces attributs suffisans, a pensé que le *Comarum* devoit rentrer dans le genre des Fraisiers. *Crantz* plus hardi encore, n'a fait qu'un seul genre des Tormentilles, Potentilles, Comarets, Fraisiers et Sibbaldie.

Au Mont-Pilat près de Lyon, au lac de Prémols aux environs de Grenoble, à Paris. ♃ Estivale.

695. CALYCANTHE, *CALYCANTHUS*. † *Lam. Tab. Encyclop.* pl. 445.

CAL. *Périanthe* d'un seul feuillet, en godet, écailleux, à *segmens* colorés, lancéolés, les supérieurs insensiblement plus grands, imitant les pétales.

COR. Nulle, (à moins qu'on ne prenne pour corolle les feuillets du calice qui imitent les pétales.)

ÉTAM. *Filamens* nombreux, en alêne, insérés sur le cou du calice. *Anthères* oblongues, sillonnées, adhérentes au sommet des filamens.

PIST. Plusieurs *Ovaires*, terminés par des *Styles* en alêne, comprimés, de la longueur des étamines. *Stigmates* glanduleux.

PÉR. Nul. Le *Calice* épaissi, en ovale renversé, en baie, renferme les semences.

SEM. Plusieurs, terminées par une queue.

Calice d'un seul feuillet en godet, à segmens colorés imitant les pétales. *Corolle* tenant lieu de calice. Plusieurs *Styles* terminés par un stigmate glanduleux. Plusieurs *Semences* terminées par une queue, nidulées dans le calice succulent.

1. CALYCANTHE fleuri, *C. floridus*, L. à pétales intérieurs plus longs.

Catesb. Carol. 1, pag. et tab. 46. *Duham. Arb.* 1, p. 113 et 114.

A la Caroline. Introduite en Europe par Catesby. ♄

2. CALYCANTHE précoce, *C. præcox*, L. à pétales intérieurs petits. *Kæmpf. Aman.* 878 et 879.

Cette espèce qui a fleuri cette année au jardin des plantes de Lyon à la fin de Mars, nous a fourni la description suivante : Calice à dix feuillets. Corolle à dix pétales, dont cinq extérieurs plus longs, roulés en dedans : cinq intérieurs, moitié plus courts, divisés au sommet en deux parties : tous réunis par les onglets, de couleur vineuse. Cinq étamines monadelphes ; cinq ou six styles. Son odeur approche de celle de la fleur d'orange.

Au Japon.

CLASSE XIII.

POLYANDRIE.

I. MONOGYNIE.

Table Synoptique ou Caractères Artificiels Génériques.

* I. *Fleurs monopétales.*

696. MARCGRAVE, *MARCGRAVIA.*	*Cal.* à six feuillets placés en recouvrement les uns sur les autres. *Cor.* fermée, à un seul pétale. *Baie* à plusieurs loges, à plusieurs battans.

* II. *Fleurs à trois pétales.*

697. TRILIX, *TRILIX.*	*Cal.* à trois feuillets. *Baie* à cinq loges, à plusieurs semences.

* III. *Fleurs à quatre pétales.*

698. RHÉÈDE, *RHEEDIA.*	*Cal.* nul. *Baie* à trois semences.
713. MAMMÉE, *MAMMEA.*	*Cal.* à deux feuillets. *Baie* à une loge. *Sem.* calleuses.
704. PAVOT, *PAPAVER.*	*Cal.* à deux feuillets. *Caps.* à une loge, couronnée.
703. CHÉLIDOINE, *CHELIDONIUM.*	*Cal.* à deux feuillets. *Fruit* à silique.
699. CAPRIER, *CAPPARIS.*	*Cal.* à quatre feuillets. *Baie* supportée par un pédicule, à écorce sèche.
700. ACTÉE, *ACTÆA.*	*Cal.* à quatre feuillets. *Baie* à une loge. *Semences* disposées sur deux rangs.
706. CAMBOGIER, *CAMBOGIA.*	*Cal.* à quatre feuillets. *Baie* à huit semences, à huit angles.

716. CALOPHYLLE, *CALOPHYLLUM*.	*Cal.* à quatre feuillets. *Drupe* arrondie. *Noyau* presque arrondi.
715. GRIAS, *GRIAS*.	*Cal.* à quatre segmens peu profonds. *Drupe* à une semence. *Noyau* marqué de huit sillons.
727. GÉROFLIER, *CARYOPHYLLUS*.	*Cal.* supérieur. *Baie* à une semence, couronnée.

* IV. *Fleurs à cinq pétales.*

724. LOOSE, *LOOSA*.	*Caps.* moitié inférieure, à une loge, à trois demi-battans, à plusieurs semences.
723. MENTZÈLE, *MENTZELIA*.	*Caps.* inférieure, à une loge, à trois battans, à plusieurs semences.
722. VATÈRE, *VATERIA*.	*Caps.* à une loge, à trois battans, à une semence.
711. SLOANE, *SLOANEA*.	*Caps.* hérissée de piquans, présentant intérieurement une baie. *Étamines* extérieures sans anthères, à marges feuillées.
728. CISTE, *CISTUS*.	*Caps.* arrondie. *Cal.* à cinq feuillets dont deux plus petits.
730. CORCHORE, *CORCHORUS*.	*Caps.* le plus souvent à cinq loges. *Cal.* à cinq feuillets, de la longueur de la corolle, caduc-tardif.
708. SARRACÈNE, *SARRACENIA*.	*Caps.* à cinq loges. *Stigmate* en bouclier. *Cal.* double : l'inférieur à trois feuillets : le supérieur à cinq feuillets.
717. TILLEUL, *TILIA*.	*Caps.* coriace, à cinq loges, à une semence. *Cal.* caduc-tardif.
714. OCHNÉE, *OCHNA*.	Cinq *Baies* dans un réceptacle charnu. *Onglets* des pétales alongés.

707. MUNTINGE, *MUNTUNGIA.* *Baie* à cinq loges, à ombilic. *Cal.* à segmens profonds, nombreux.

719. ÉLÉOCARPE, *ELÆOCARPUS.* *Drupe* à noyau crispé. *Pétales* déchiquetés.

† *Delphinium Consolida, Ajacis.*

† *Aconita nonnulla.*

* V. *Fleurs à six pétales.*

705. ARGÉMONE, *ARGEMONE.* *Cal.* à trois feuillets. *Caps.* à une loge, s'ouvrant jusqu'à la moitié en plusieurs battans.

725. LAGERSTROÉMIE, *LAGERSTROEMIA.* *Cal.* à six segmens peu profonds. Six *Étamines* extérieures plus grandes. *Cor.* frisée.

726. THÉ, *THEA.* *Cal.* à cinq ou six feuillets. *Pétales* de six à neuf. *Caps.* à trois loges. *Sem.* solitaires.

720. LÉCYTHE, *LECYTHIS.* *Cal.* à six feuillets. *Étamines* réunies au nectaire en languette. *Caps.* s'ouvrant horizontalement.

* VI. *Fleurs à huit pétales.*

701. SANGUINAIRE, *SANGUINARIA.* *Cal.* à deux feuillets. *Caps.* à deux battans, à plusieurs semences.

* VII. *Fleurs à neuf pétales.*

702. PODOPHYLLE, *PODOPHYLLUM.* *Cal.* à trois feuillets. *Baie* à une loge, couronnée.

† *Thea.*

* VIII. *Fleurs à dix pétales.*

710. ROCOU, *BIXA.* *Cal.* à dix dents. *Cor.* double, à cinq pétales. *Caps.* à deux battans.

* IX. *Fleurs à plusieurs pétales.*

709. NÉNUPHAR, *NYMPHÆA.* *Baie* à plusieurs loges, à écorce sèche. *Cal.* grand.

* X. *Fleurs apétales.*

712. TRÈWE, *TREWIA*. *Cal.* à trois feuillets. *Caps.* à trois coques.

729. PROCKIE, *PROCKIA*. *Cal.* à trois feuillets. *Baie* à cinq loges.

718. LAÉTIE, *LAETIA*. *Cal.* à cinq feuillets. *Baie* à une loge, à trois battans, à plusieurs semences.

731. SEGUIÈRE, *SEGUIERIA*. *Cal.* à cinq feuillets. *Caps.* ailée, à une semence.

721. DÉLIME, *DELIMA*. *Cal.* à cinq feuillets. *Baie* à deux semences.

† *Cratæva Marmelos.*

II. DIGYNIE.

735. CALLIGONE, *CALLIGONUM*. *Cal.* à cinq feuillets. *Cor.* nulle. *Fruit* garni de piquans en hameçon.

734. FORTHERGILLE, *FORTHERGILLA*. *Cal.* très-entier. *Cor.* nulle. *Caps.* à deux loges. Deux *Semences*.

733. CURATELLE, *CURATELLA*. *Cal.* à cinq feuillets. *Cor.* à quatre pétales. *Caps.* divisée profondément en deux parties, à deux semences.

732. PIVOINE, *POENIA*. *Cal.* à cinq feuillets. *Cor.* à cinq pétales. *Caps.* à plusieurs semences. *Sem.* colorées.

III. TRIGYNIE.

736. DELPHIN, *DELPHINIUM*. *Cal.* nul. *Cor.* à cinq pétales, le supérieur alongé en cornet. *Nectaires* assis, divisés peu profondément en deux parties.

737. ACONIT, *ACONITUM*. *Cal.* nul. *Cor.* à cinq pétales, le supérieur en casque. Deux *Nectaires* portés sur un pédicule.

† *Reseda luteola.*

† *Corchorus æstuans.*

IV. TÉTRAGYNIE.

740. CIMIFUGE, *CIMIFUGA*. *Cal.* à quatre feuillets. *Cor.* formée de quatre nectaires en godet. Quatre *Caps. Sem.* écailleuses.

738. TETRACÈRE, *TETRACERA*. *Cal.* à six feuillets. Quatre *Caps.* à une semence.

739. CARYOCAR, *CARYOCAR*. *Cal.* à cinq segmens profonds. *Cor.* à cinq pétales. *Drupe* à quatre noyaux.

V. PENTAGYNIE.

741. ANCOLIE, *AQUILEGIA*. *Cal.* nul. *Cor.* à cinq pétales. Huit *Nectaires* prolongés inférieurement en cornet.

742. NIELLE, *NIGELLA*. *Cal.* nul. *Cor.* à cinq pétales. Huit *Nectaires* terminés supérieurement en deux lèvres.

743. RÉAUMURE, *REAUMURIA*. *Cal.* à cinq feuillets. *Cor.* à cinq pétales. Dix *Nectaires* adhérens, ciliés, placés entre les divisions des pétales. *Caps.* à cinq loges, à plusieurs semences.

† *Aconita nonnulla.*

VI. HEXAGYNIE.

744. STRATIOTE, *STRATIOTES*. *Cal.* à trois segmens profonds. *Cor.* à trois pétales. *Baie* à trois loges, renfermée dans un spathe.

VII. POLYGYNIE.

762. HYDRASTE, *HYDRASTIS*. *Cal.* nul. *Cor.* à trois pétales. *Baie* formée par des grains à une semence.

753. ATRAGÈNE, *ATRAGENE*. *Cal.* nul. *Cor.* extérieure plus grande, à quatre pétales: l'intérieur à plusieurs pétales. Plusieurs *Semences* terminées par une queue.

754. Clématite, *Clematis.*	*Cal.* nul. *Cor.* à quatre pétales. *Sem.* nombreuses, à arêtes.
755. Pigamon, *Thalictrum.*	*Cal.* nul. *Cor.* à quatre ou cinq pétales. *Semences* nombreuses, nues, le plus souvent sans arêtes.
759. Isopyre, *Isopyrum.*	*Cal.* nul. *Cor.* caduque-tardive; à cinq pétales. Cinq *Nectaires.* *Caps.* à plusieurs semences.
760. Hellebore, *Helleborus.*	*Cal.* nul. *Cor.* persistante, à cinq pétales. Plusieurs *Nectaires.* *Caps.* à plusieurs semences.
761. Populage, *Caltha.*	*Cal.* nul. *Cor.* à cinq pétales, sans *Nectaires.* Plusieurs *Capsules.*
752. Anemone, *Anemone.*	*Cal.* nul. *Cor.* à six pétales. *Sem.* nombreuses.
749. Michélie, *Michelia.*	*Cal.* tronqué. *Cor.* à huit pétales. *Baies* glomérées, à quatre semences.
758. Trolle, *Trollius.*	*Cal.* nul. *Cor.* à quatorze pétales. *Nectaires* linéaires. *Caps.* à plusieurs semences.
750. Uvaire, *Uvaria.*	*Cal.* à trois feuillets. *Cor.* à six pétales. *Baies* attachées à un réceptacle alongé, à plusieurs semences.
751. Corossol, *Annona.*	*Cal.* à trois feuillets. *Cor.* à six pétales. *Baie* à écorce, enveloppée par des écailles placées en recouvrement les unes sur les autres, à plusieurs semences.
747. Tulipier, *Liriodendrum.*	*Cal.* à trois feuillets. *Cor.* à six pétales. *Sem.* nombreuses, lancéolées, placées en recouvrement les unes sur les autres.

748. MAGNOLIER, *MAGNOLIA*. *Cal.* à trois feuillets. *Cor.* à neuf pétales. *Caps.* glomérées, à deux battans. *Sem.* suspendues à un placenta.

745. DILLÈNE, *DILLENIA*. *Cal.* à cinq feuillets. *Cor.* à cinq pétales. Plusieurs *Capsules* réunies au *réceptacle* charnu.

757. RENONCULE; *RANUNCULUS*. *Cal.* à cinq feuillets. *Cor.* à cinq pétales. Plusieurs *Semences*. Un *Nectaire* sur l'onglet des pétales.

746. BADIANE, *ILLICIUM*. *Cal.* à six feuillets. *Cor.* à vingt-sept pétales. *Caps.* disposées en rond, à une semence.

756. ADONIS, *ADONIS*. *Cal.* à cinq feuillets. *Cor.* à cinq ou dix pétales. Plusieurs *Semences* anguleuses, à écorce sèche.

† *Nigellæ nonnullæ*.

POLYANDRIE.

I. MONOGYNIE.

696. MARCGRAVE, *MARCGRAVIA.* † *Plum. Gen.* 7, tab. 29. *Lam. Tab. Encyclop.* pl. 447.

CAL. *Périanthe* persistant, à six *feuillets*, en recouvrement, arrondis, concaves : les deux extérieurs plus grands.

COR. Monopétale, conique, ovale, entière, fermée comme une coiffe, se détachant à la base, caduque-tardive.

ÉTAM. Plusieurs *Filamens*, en alêne, courts, étalés, caducs-tardifs. *Anthères* droites, grandes, ovales, oblongues.

PIST. *Ovaire* ovale. *Style* nul. *Stigmate* en tête, persistant.

PÉR. *Baie* coriace, arrondie, à plusieurs loges, à plusieurs battans.

SEM. Nombreuses, petites, oblongues, nidulées dans une pulpe molle.

Calice à six feuillets en recouvrement. *Corolle* monopétale, en forme de coiffe. *Baie* à plusieurs loges renfermant chacune plusieurs semences.

1. MARCGRAVE ombellée, *M. umbellata*, L. à feuilles alternes, pétiolées, ovales, lancéolées, très-entières; à fleurs en ombelle, portées sur des péduncules nombreux, égaux.

Jacq. Amer. 156, tab. 96.

Dans l'Amérique Méridionale. ♄

697. TRILIX, *TRILIX.*

CAL. *Périanthe* à trois *feuillets*, ovales, aigus, ouverts, planes, persistans.

COR. Trois *Pétales*, lancéolés, aigus, plus petits que le calice.

ÉTAM. *Filamens* nombreux, capillaires, de la longueur de la corolle. *Anthères* arrondies, didymes, très-petites.

PIST. *Ovaire* à cinq côtés. *Style* cylindrique. *Stigmate* simple.

PÉR. *Baie* le plus souvent à cinq côtés, à cinq loges, couverte par le calice.

SEM. Nombreuses, arrondies, très-petites.

Calice à trois feuillets. *Corolle* à trois pétales. *Baie* à cinq loges renfermant chacune plusieurs semences.

1. TRILIX jaune, *T. lutea*, L. à feuilles alternes, pétiolées, comme en bouclier, en cœur, ovales, à dents de scie, aiguës, veinées, duvetées.

A Carthagène. ♄

698. RHÉÈDE,

698. RHÉÈDE, *RHEEDIA*. *Lam. Tab. Encyclop.* pl. 457. VANRHEEDIA. *Plum. Gen.* 45, tab. 18.

CAL. Nul.

COR. Quatre *Pétales*, en ovale renversé, concaves, ouverts.

ÉTAM. Plusieurs *Filamens*, filiformes, plus longs que la corolle; *Anthères* oblongues.

PIST. *Ovaire* arrondi. *Style* cylindrique, de la longueur des étamines; *Stigmate* en entonnoir.

PÉR. Ovale, petit, succulent, à une loge.

SEM. Trois, ovales, oblongues, très-grandes; marquées par des caractères.

Calice nul. *Corolle* à quatre pétales. *Baie* renfermant trois semences.

1. RHÉÈDE à fleur latérale, *R. lateriflora*, L. à feuilles opposées, pétiolées, lancéolées, très-entières, lisses; à pétioles courts, duvetés.

Plum. tab. 257.

Dans l'Amérique Méridionale. ♄

699. CAPRIER, *CAPPARIS*. * *Tournef. Inst.* 261; tab. 139. *Lam. Tab. Encyclop.* pl. 446. BREYNIA. *Plum. Gen.* 39, tab. 16.

CAL. *Périanthe* coriace, à quatre *feuillets*, ovales, concaves, bossués.

COR. Quatre *Pétales*, obtus, ouverts, très-grands.

ÉTAM. *Filamens* nombreux, filiformes, étalés. *Anthères* oblongues, versatiles, inclinées.

PIST. *Ovaire* porté sur un pédicule. *Style* nul. *Stigmate* obtus, assis.

PÉR. *Baie* à écorce qui peut se détacher, à une loge, portée sur un pédicule.

SEM. Nombreuses, en forme de rein, nidulées.

OBS. La figure du Fruit varie considérablement selon les espèces.

Calice coriace, à quatre feuillets. *Corolle* à quatre pétales. *Étamines* très-longues, formant une houppe. *Baie* revêtue d'une écorce qui peut se détacher, à une seule loge, pédunculée.

1. CAPRIER épineux, *C. spinosa*, L. à pédoncules solitaires, portant une seule fleur; à stipules piquantes; à feuilles annuelles; à capsules ovales.

Capparis spinosa, fructu minore, folio rotundo; Câprier épineux, à fruit plus petit, à feuille ronde. *Bauh. Pin.* 480, n.° 1. *Matth.* 455, f. 1. *Lob. Ic.* 1, p. 635, f. 1. *Lugd. Hist.* 155, f. 1. *Camer. Epit.* 375. *Bauh. Hist.* 2, p. 63, f. 2. *Icon. Pl. Med.* tab. 348.

Cette espèce présente une variété.

Capparis folio acuto; Càprier à feuille aiguë. *Bauh. Pin.* 480; n.° 2. *Matth.* 455, f. 2. *Dod. Pempt.* 746, f. 1. *Lob. Ic.* 2, p. 634, f. 2. *Lugd. Hist.* 155, f. 3.

1. *Capparis*; Càprier, Càpres. 2. Fruits, Écorce. 3. *Écorce*: un peu amère, austère; *Fleurs*: odeur forte, point désagréable; saveur analogue. 4. Extrait aqueux salin, extrait spiritueux. 5. Lienterie, paralysie, règles supprimées, anorexie, affection hypocondriaque, obstructions récentes, empâtemens qui succèdent avec boufissure après les fièvres intermittentes automnales; odontalgie, (màchée). 6. Les boutons des fleurs confits dans le vinaigre, sont un assaisonnement sain, agréable, usité. Comme la couleur verte est estimée dans les *Càpres*, et qu'elles la perdent en vieillissant, on accuse ceux qui les préparent de la leur donner ou de la leur rendre, en les faisant infuser dans des vaisseaux de cuivre; sophistication dangereuse, que les lois doivent réprimer ou punir, si elle existe.

En France, dans les départemens méridionaux. ♃ Estivale.

2. CAPRIER de Zeylan, *C. Zeylanica*, L. à péduncules solitaires, portant une seule fleur; à stipules piquantes; à feuilles ovales, pointues des deux côtés.

Pluk. tab. 341, pl. 2, 3 et 4.

A Zeylan. ♄

3. CAPRIER des haies, *C. sepiaria*, L. à péduncules en ombelles; à stipules piquantes; à feuilles annuelles, ovales, échancrées.

Pluk. tab. 338, f. 3.

Dans l'Inde Orientale. ♄

4. CAPRIER feuillé, *C. frondosa*, L. à péduncules en ombelles; à feuilles entassées çà et là.

Jacq. Amer. 162, tab. 104.

A Carthagène, à Saint-Domingue, dans les forêts. ♄

5. CAPRIER ferrugineux, *C. ferruginea*, L. à péduncules en ombelles; à feuilles persistantes, lancéolées, duvetées en dessous; à fleurs octandres ou à huit étamines.

Jacq. Amer. 160, tab. 100.

A la Jamaïque. ♄

6. CAPRIER Baducca, *C. Baducca*, L. à péduncules portant une seule fleur; à feuilles persistantes, ovales, oblongues, entassées d'une manière déterminée, nues.

Brow. Jam. 246, tab. 27, f. 2.

Aux Indes Orientales. ♄

7. CAPRIER des Caribes, *C. cynophallophora*, L. à péduncules portant

plusieurs fleurs, terminans ; à feuilles ovales, obtuses, persistantes ; à glandes axillaires.

Pluk. tab. 172, f. 4.

Dans l'Amérique Méridionale. ♄

8. CAPRIER très-beau, *C. pulcherrima*, L. à péduncules en grappes ; à feuilles oblongues, obtuses ; à fruits en baie.

Jacq. Amer. 163, tab. 106.

A Carthagène. ♄

9. CAPRIER linéaire, *C. linearis*, L. à péduncules comme en grappes ; à feuilles linéaires.

Jacq. Amer. 161, tab. 102.

A Carthagène. ♄

10. CAPRIER de Breyn, *C. Breynia*, L. à péduncules en grappes ; à feuilles persistantes, oblongues ; à calices et péduncules duvetés ; à fleurs octandres ou à huit étamines.

Pluk. tab. 221, f. 1. *Jacq. Amer.* 161, tab. 103.

Dans l'Amérique Méridionale. ♄

11. CAPRIER en fer de hallebarde, *C. hastata*, L. à péduncules portant plusieurs fleurs ; à feuilles en fer de hallebarde, lancéolées, luisantes.

Jacq. Amer. 159, tab. 124, f. 56.

A Carthagène dans les forêts. ♄

12. CAPRIER tortueux, *C. flexuosa*, L. à péduncules entassés, terminans ; à feuilles persistantes, oblongues, obtuses, lisses ; à rameaux tortueux.

A la Jamaïque. ♄

13. CAPRIER à silique, *C. siliquosa*, L. à péduncules portant une seule fleur, comprimés ; à feuilles persistantes, lancéolées, oblongues, aiguës, ponctuées en dessous.

Pluk. tab. 327, fig. 6.

A la Jamaïque. ♄

700. ACTÉE, *ACTÆA*. * *Lam. Tab. Encyclop.* pl. 448. CHRISTOPHORIANA. *Tournef. Inst.* 299, tab. 154.

CAL. *Périanthe* à quatre *feuilles*, arrondis, obtus, concaves, caducs-tardifs.

COR. Quatre *Pétales*, pointus aux deux extrémités, plus grands que le calice, caducs-tardifs.

ÉTAM. Plusieurs *Filamens*, (trente le plus souvent), capillaires, élargis dans leur partie supérieure. *Anthères* arrondies, didymes, droites.

PIST. *Ovaire* ovale. *Style* nul. *Stigmate* un peu épais, déprimé obliquement.

PÉR. *Baie* ovale, arrondie, lisse, à un sillon, à une loge.

SEM. Plusieurs, demi-arrondies, disposées sur deux rangs.

OBS. L'A. racemosa, *a le fruit coriace et non pulpeux.*

Calice à quatre feuillets. *Corolle* à quatre pétales. *Baie* à une seule loge renfermant des semences à moitié arrondies.

1. ACTÉE en épi, *A. spicata*, L. à fleurs en grappes ovales; à fruits en baies.

Aconitum racemosum; Aconit à fleurs en grappes. *Bauh. Pin.* 183, n.° 16. *Dod. Pempt.* 402, f. 1. *Lob. Ic.* 1, p. 682, f. 1. *Clus. Hist.* 2, p. 86, f. 2. *Lugd. Hist.* 1747, f. 1. *Bauh. Hist.* 3, P. 2, p. 660, f. 1? *Flor. Dan.* tab. 489. *Icon. Pl. Med.* tab. 176.

1. *Christophoriana*; Herbe de Saint-Christophe. 2. Racine, Baies, Feuilles. 3. *Racine*: âcre; *Baies*: nauseuses, fétides, vénéneuses; *Feuilles*: amères, âpres, un peu âcres. 5. Écrouelles, chlorose, jaunisse, asthme pituiteux, gale. 6. La décoction des feuilles tue les poux; les baies tuent les poules et les chiens.

Nutritive pour le Mouton, la Chèvre.

A Grenoble, Paris, Montpellier, etc. ♃ Vernale.

2. ACTÉE à grappes, *A. racemosa*, L. à fleurs en grappes très-longues; à fruits secs.

Pluk. tab. 383, f. 3. *Dill. Elth.* tab. 67, f. 78.

1. *Actæa*, Actée. 2. Racine. 3. Plus active *sèche* que *fraîche*; saveur et odeur un peu fétides, narcotiques, vénéneuses. 5. Pâles couleurs, fleurs blanches.

En Virginie, en Sibérie, au Canada. ♃

701. SANGUINAIRE, *SANGUINARIA.* * *Dill. Elth.* tab. 252, fig. 325, 326 et 327. *Lam. Tab. Encyclop.* pl. 449.

CAL. *Périanthe* à deux *feuillets*, ovales, concaves, plus courts que la corolle, caducs-tardifs.

COR. Huit *Pétales*, oblongs, obtus, très-ouverts : les *alternes* intérieurs, plus étroits.

ÉTAM. Plusieurs *Filamens*, simples, plus courts que la corolle. *Anthères* simples.

PIST. *Ovaire* oblong, comprimé. *Style* nul. *Stigmate* un peu épais, à deux sillons striés, de la hauteur des étamines, persistant.

PÉR. *Capsule* oblongue, ventrue, aiguë aux deux extrémités, à deux battans.

SEM. Plusieurs, rondes, pointues.

Calice à deux feuillets. *Corolle* à huit pétales. *Capsule* à deux loges renfermant chacune plusieurs semences.

1. SANGUINAIRE du Canada, *S. Canadensis*, L.

Moris. Hist. sect. 3, tab. 11, f. 1. *Dill. Elth.* tab. 252, f. 327.

Cette espèce présente deux variétés, à fleurs simple et pleine, gravées dans *Dillen Elth.* tab. 252, fig. 325 et 326.

Dans l'Amérique Septentrionale. ♃

702. PODOPHYLLE, *PODOPHYLLUM.* * *Lam. Tab. Encyclop.* pl. 449. ANAPODOPHYLLON. *Tournef. Inst.* 239, tab. 122.

CAL. *Périanthe* grand, coloré, concave, droit, à trois *feuillets*, ovales, concaves, caducs-tardifs.

COR. Neuf *Pétales*, arrondis, concaves, plissés sur les bords.

ÉTAM. Plusieurs *Filamens*, très-courts. *Anthères* oblongues, grandes, droites.

PIST. *Ovaire* arrondi. *Style* nul. *Stigmate* obtus, plissé.

PÉR. *Baie* ovale, couronnée par le stigmate, à une loge.

SEM. Plusieurs, arrondies. *Réceptacle* libre.

Calice à trois feuillets. *Corolle* à neuf pétales. *Baie* à une seule loge, couronnée par le stigmate.

1. PODOPHYLLE en bouclier, *P. peltatum*, L. à feuilles en bouclier, lobées.

Catesb. Carol. 1, pag. et tab. 24.

Dans l'Amérique Septentrionale. ♃

2. PODOPHYLLE à deux feuilles, *P. diphyllum*, L. à feuilles deux à deux, en demi-coeur.

En Virginie. ♄

703. CHÉLIDOINE, *CHELIDONIUM.* * *Tournef. Inst.* 231, tab. 116. *Lam. Tab. Encyclop.* pl. 450. GLAUCIUM. *Tournef. Inst.* 254, tab. 130.

CAL. *Périanthe* arrondi, à deux *feuillets*, comme ovales, concaves, obtus, promptement-caducs.

COR. Quatre *Pétales*, arrondis, planes, ouverts, grands, plus étroits à la base.

ÉTAM. Plusieurs *Filamens*, (trente), planes, élargis dans leur partie supérieure, plus courts que la corolle. *Anthères* oblongues, comprimées, obtuses, droites, didymes.

PIST. *Ovaire* comme cylindrique, de la longueur des étamines. *Style* nul. *Stigmate* en tête, divisé peu profondément en deux parties.

PÉR. *Silique* comme cylindrique, le plus souvent à deux battans.

SEM. Plusieurs, ovales, luisantes. *Réceptacle* linéaire, ne s'ouvrant point, enveloppé par les battans de la silique.

OBS. Ce genre diffère des Papaver *par son fruit à silique.*
Chelidonium *Tournefort : Silique à une loge.*
Glaucium *Tournefort : Silique à deux battans.*
C. hybridum L. : *Silique à trois battans.*

Calice à deux feuillets. *Corolle* à quatre pétales. *Silique* linéaire, à une seule loge.

1. CHÉLIDOINE majeure, *C. majus*, L. à péduncules portant plusieurs fleurs disposées en fausse ombelle.

Chelidonium majus, vulgare ; Chélidoine plus grande, vulgaire. *Bauh. Pin.* 144, n.° 1. *Fusch. Hist.* 865. *Matth.* 468, f. 1. *Dod. Pempt.* 48, f. 1. *Lob. Ic.* 1, p. 760, f. 2. *Clus. Hist.* 2, p. 203, f. 1. *Lugd. Hist.* 1250, f. 1. *Camer. Epit.* 402. *Bauh. Hist.* 3, P. 2, p. 482, f. 1. *Bul. Paris.* tab. 289. *Flor. Dan.* tab. 676. *Icon. Pl. Med.* tab. 22.

Cette espèce présente une variété.

Chelidonium majus, foliis quernis ; Chélidoine plus grande, à feuilles de Chêne. *Bauh. Pin.* 144, n.° 2. *Matth.* 468, f. 2. *Clus. Hist.* 2, p. 203, f. 2. *Bauh. Hist.* 3, P. 2, p. 483, f. 1. *Bul. Paris.* tab. 290.

1. *Chelidonium majus ;* Chélidoine, Éclaire. 2. Herbe, Racine, Suc. 3. *Suc :* jaune, amer, âcre, brûlant. 4. Suc résineux. 5. Ictères chroniques, empâtemens de la rate, à la suite des fièvres intermittentes, fièvres quartes, hydropisie, chlorose, extérieurement : dartres, ulcères scrophuleux, ophtalmie chronique, opacité des yeux ; mais dans ces deux dernières maladies on doit employer ce suc avec beaucoup de prudence. 6. Toute la plante teint en jaune. Le suc est assez corrosif pour faire disparoître de petites verrues.

En Europe dans les terrains incultes, sur les vieux murs, l'espèce : à Paris, la variété. ♃ Vernale.

2. CHÉLIDOINE glauque, *C. glaucium*, L. à péduncules portant une seule fleur ; à feuilles embrassant la tige, sinuées ; à tige lisse.

Papaver corniculatum, luteum ; Pavot cornu, à fleur jaune. *Bauh. Pin.* 171, n.° 14. *Fusch. Hist.* 520. *Matth.* 748, f. 1. *Dod. Pempt.* 448, f. 1. *Lob. Ic.* 1, p. 270, f. 2. *Clus. Hist.* 2, p. 91, f. 1. *Lugd. Hist.* 1712, f. 1. *Camer. Epit.* 805. *Bul. Paris.* tab. 291. *Flor. Dan.* tab. 585.

A Montpellier, Paris, Grenoble, etc. ♃ Vernale.

3. CHÉLIDOINE cornue, *C. corniculatum*, L. à péduncules portant une seule fleur ; à feuilles assises ou sans pétioles, pinnatifides ; à tige hérissée.

Papaver corniculatum, phœniceum, hirsutum ; Pavot cornu, à fleur pourpre, hérissé. *Bauh. Pin.* 171, n.° 15. *Dod. Pempt.* 449 ;

f. 1. *Lob. Ic.* 1, p. 271, f. 1. *Clus. Hist.* 2, p. 91, f. 2. *Lugd. Hist.* 1713, f. 1.

Cette espèce présente une variété.

Papaver corniculatum, phæniceum, glabrum; Pavot cornu, à fleur pourpre, lisse. *Bauh. Pin.* 171, n.° 16. *Lob. Ic.* 1, p. 271, f. 2. *Clus. Hist.* 2, p. 92, f. 1.

A Montpellier, en Provence. Cultivée dans les jardins. ☉

4. CHÉLIDOINE hybride, *C. hybridum*, L. à péduncules portant une seule fleur; à feuilles pinnatifides, linéaires; à tige lisse; à siliques à trois battans.

Papaver corniculatum, violaceum; Pavot cornu, à fleur violette. *Bauh. Pin.* 172, n.° 18. *Dod. Pempt.* 449, f. 2. *Lob. Ic.* 1, p. 272, f. 1. *Clus. Hist.* 2, p. 92, f. 2. *Lugd. Hist.* 1713, f. 2, et 1714, f. 1. *Bauh. Hist.* 3, P. 2, p. 399, f. 2. *Moris. Hist.* sect. 3, tab. 14, f. 3.

A Montpellier.

704. PAVOT, *PAPAVER*. * *Tournef. Inst.* 237, tab. 119 et 120. *Lab. Tab. Encyclop.* pl. 451.

CAL. *Périanthe* ovale, échancré, à deux *feuillets*, comme ovales, concaves, obtus, promptement-caducs.

COR. Quatre *Pétales*, arrondis, planes, ouverts, grands, plus étroits à la base, alternativement plus petits.

ÉTAM. *Filamens* nombreux, capillaires, beaucoup plus courts que la corolle. *Anthères* oblongues, comprimées, droites, obtuses.

PIST. *Ovaire* arrondi, grand. *Style* nul. *Stigmate* en bouclier, plane, en rayon.

PÉR. *Capsule* couronnée par le stigmate plane, grand, à une loge, à plusieurs demi-loges, s'ouvrant au sommet sous la couronne par plusieurs trous.

SEM. Nombreuses, très-petites. *Réceptacles* : plis longitudinaux, en nombre correspondant à celui des rayons du stigmate, adhérens à la paroi du péricarpe.

OBS. Le Péricarpe *varie par sa figure arrondie et oblongue, et par les rayons du stigmate. La division des espèces doit se prendre du péricarpe lisse ou hérissé.*

Calice à deux feuillets. *Corolle* à quatre pétales. *Capsule* à une seule loge, s'ouvrant par des pores sous le stigmate qui persiste et couvre la capsule comme le dessus d'un réverbère.

* I. PAVOTS *à capsules hérissées.*

1. PAVOT hybride, *P. hybridum*, L. à capsules arrondies, bossuées, hérissées; à tige feuillée, portant plusieurs fleurs.

Argemone capitulo breviore; Argemone à tête plus courte. *Bauh. Pin.* 172, n.° 1. *Lob. Ic.* 1, p. 276, f. 1. *Lugd. Hist.* 440, f. 3. *Bauh. Hist.* 3, P. 2, p. 396, f. 1.

En Dauphiné, en Provence, à Montpellier, etc. ⊙ Vernale.

2. PAVOT Argemone, *P. Argemone*, L. à capsules en massues, hérissées; à tige feuillée, portant plusieurs fleurs.

Argemone capitulo longiore; Argemone à tête plus longue. *Bauh. Pin.* 172, n.° 2. *Lob. Ic.* 1, p. 276, f. 2. *Lugd. Hist.* 440, f. 2. *Bauh. Hist.* 3, P. 2, p. 396, f. 2. *Bul. Paris.* tab. 292.

En Provence, à Montpellier. ⊙ Vernale.

3. PAVOT des Alpes, *P. Alpinum*, L. à capsule hérissée; à hampe nue, hérissée, portant une seule fleur; à feuilles deux fois pinnées.

Argemone Alpina, foliis Scandicis, lutea; Argemone des Alpes, à feuilles de Scandix, à fleur jaune. *Bauh. Pin.* 172, n.° 3. *Bellev.* tab. 167. *Moris. Hist.* sect. 3, tab. 14, f. 13. *Pluk.* tab. 247, f. 3. *Barrel.* tab. 764. *Seg. Ver.* 1, p. 416, esp. 2, tab. 4, f. 4. *Jacq. Aust.* tab. 83. *Crantz. Aust.* fasc. 2, p. 138, tab. 6, f. 4.

Argemone Alpina, Coriandri folio; Argemone des Alpes, à feuille de Coriandre. *Bauh. Pin.* 172, n.° 4.

Sur les Alpes du Dauphiné. ♃ Estivale. *Alp.*

4. PAVOT à tige nue, *P. nudicaule*, L. à capsules hérissées; à hampe nue, hérissée, portant une seule fleur; à feuilles simples, pinnées, sinuées.

Dill. Elth. tab. 224, f. 291. *Flor. Dan.* tab. 41.

En Sibérie; en Danemarck. ♂

* II. *PAVOTS à capsules lisses.*

5. PAVOT Coquelicot, *P. Rhœas*, L. à capsules lisses, arrondies; à tige velue, portant plusieurs fleurs; à feuilles comme pinnées, incisées.

Papaver erraticum, majus; Pavot sauvage, plus grand. *Bauh. Pin.* 171, n.° 10. *Fusch. Hist.* 515. *Matth.* 745, f. 1. *Dod. Pempt.* 447, f. 1. *Lob. Ic.* 1, p. 275, f. 1. *Lugd. Hist.* 439, f. 1. *Camer. Epit.* 802. *Bauh. Hist.* 3, P. 2, p. 395, f. 1. *Bul. Paris.* tab. 294. *Icon. Pl. Med.* tab. 157.

Cette espèce présente deux variétés.

1.° *Papaver erraticum, pleno flore*; Pavot sauvage, à fleur pleine. *Bauh. Pin.* 171, n.° 11.

2.° *Papaver erraticum, minus*; Pavot sauvage, plus petit. *Bauh. Pin.* 171, n.° 13. *Fusch. Hist.* 516. *Trag.* 120. *Lugd. Hist.* 439, f. 2; et 440, f. 1.

1. *Rhœas*; Coquelicot, Pavot rouge. 2. Fleurs. 3. *Desséchées*: inodores; *récentes*: odeur désagréable, narcotique; saveur amère.

4. Lait jaune, ayant l'odeur de l'Opium. 5. Toux convulsive, pleurésie, catarrhe, insomnie avec chaleur, coqueluche, dyssenterie, colique spasmodique. 6. Plante très-utile qui peut suppléer l'opium dans beaucoup de cas. On tire des fleurs une eau distillée inutile; une conserve très-bonne; un syrop fort usité; des infusions très-employées. Le *Coquelicot* fut introduit dans l'art vers la fin du seizième siecle.

Nutritive pour le Mouton, la Chèvre.

En Europe dans les champs de blé, dont il est le fléau. ⊙ Vernale.

6. **PAVOT** douteux, *P. dubium*, L. à capsules lisses, alongées; à tige portant plusieurs fleurs; à poils appliqués contre la tige; à feuilles comme pinnées, incisées.

Moris. Hist. sect. 3, tab. 14, f. 11. *Bul. Paris.* tab. 293.

Nutritive pour le Bœuf, la Chèvre.

En Provence, à Montpellier. ⊙ Vernale.

7. **PAVOT** somnifère, *P. somniferum*, L. à calices et capsules lisses; à feuilles embrassant la tige, incisées.

Papaver hortense, semine albo; Pavot des jardins, à semence blanche. *Bauh. Pin.* 170, n.° 1. *Fusch. Hist.* 518. *Matth.* 745, f. 2. *Dod. Pempt.* 445, f. 2. *Lob. Ic.* 1, p. 272, f. 2. *Lugd. Hist.* 1708, f. 1. *Bauh. Hist.* 3, P. 2, p. 390, et non 590 par erreur de chifres, f. 1. *Bul. Paris.* tab. 295. *Icon. Pl. Med.* tab. 371.

Cette espèce présente quatre variétés.

1.° *Papaver hortense, semine nigro;* Pavot des jardins, à semence noire. *Bauh. Pin.* 170, n.° 2. *Dod. Pempt.* 445, f. 1. *Lob. Ic.* 1, p. 274, f. 1. *Lugd. Hist.* 1710, f. 2.

2.° *Papaver cristatum, floribus et semine album;* Pavot à crête, à fleurs et semences blanches. *Bauh. Pin.* 171, n.° 5. *Dod. Pempt.* 446, f. 1. *Lob. Ic.* 1, p. 273, f. 2.

3.° *Papaver cristatum, floribus rubris, semine nigro;* Pavot à crête, à fleurs rouges, à semence noire. *Bauh. Pin.* 171, n.° 6. *Lugd. Hist.* 1709, f. 1. *Bauh. Hist.* 3, P. 2, pag. 391, f. 1.

4.° *Papaver flore pleno, album;* Pavot à fleur pleine, blanche. *Bauh. Pin.* 171, n.° 7. *Lob. Ic.* 1, p. 273, f. 1. *Lugd. Hist.* 1709, f. 2.

1. *Papaver nigrum, Papaver album;* Pavot des jardins, noir, blanc. 2. Feuilles, Têtes, Semences, Gomme-résine (*Opium*). 3. Odeur fétide, elle porte à la tête et cause l'assoupissement et des nausées; saveur âcre, amère, chaude. 4. Esprit recteur, huile essentielle, huile épaisse, substance gommeuse, substance résineuse, extraits aqueux et spiritueux: l'un et l'autre conservent l'odeur de l'Opium. 5. Insomnie, maladies douloureuses, douleurs quelconques non critiques, toutes les affections spasmodiques et convulsives, phrénésie, manie, vomissement spasmodique ou d'irritation, fièvres inflamma-

toires, fièvres intermittentes, seul ou associé au Quinquina ; épilepsie, tétanos ; toutes les coliques, principalement les spasmodiques ; avortemens habituels ; maladies vénériennes, plaies et déchirures des tendons et des aponévroses ; inflammations et tumeurs externes, non critiques ; dépôt laiteux des seins ; néphrétique, phimosis et paraphimosis inflammatoires ; plaies récentes en général, celles d'armes à feu en particulier. 6. Les graines de *Pavot* sont muqueuses, sucrées et huileuses. Dans le Nord, et sur-tout en Lithuanie, on mange à chaque repas des gâteaux faits avec les semences de Pavot. Elles fournissent l'huile d'*Œillet*, qui ne se fige pas au plus grand froid ; et c'est par cette propriété qu'on la retrouve dans l'huile d'olive lorsqu'on y a mêlée. Les enfans aiment beaucoup le marc de ces graines, après l'expression de l'huile. Du temps de *Galien*, ces graines étoient comptées au nombre des alimens, et encore aujourd'hui elles font partie de la diète des Asiatiques. Les fleurs de Pavot fournissent aux Abeilles une grande quantité de cire.

On prétend qu'il existe trois espèces d'*Opium* : la première en larmes, qu'on retire des têtes du Pavot en les incisant en croix : les grands-seigneurs Asiatiques réservent cette espèce pour leur usage ; la seconde qu'on obtient en faisant évaporer les têtes de Pavot jusqu'à consistance solide, est nommée *Opium Thébaïque* ; la troisième appelée *Meconium*, est, à ce que l'on croit, un extrait de ces mêmes têtes, peut-être même du marc, après en avoir retiré le suc. L'*Opium* à petite dose donne de la gaieté ; à dose moyenne, il endort en imitant l'apoplexie ; à haute dose, il tue. On s'accoutume facilement à cette drogue, de manière que quelques sujets en ont pris habituellement une drachme et plus sans danger.

En Europe, dans les terrains incultes. ☉ Estivale.

8. PAVOT jaune, *P. Cambricum*, L. à capsules lisses, alongées ; à tige lisse, portant plusieurs fleurs ; à feuilles pinnées ; à folioles incisées.

Papaver erraticum Pyrenaïcum, flore flavo ; Pavot erratique des Pyrénées, à fleur jaune. *Bauh. Pin.* 171, n.° 12. *Moris. Hist.* sect. 3, tab. 14, f. 12. *Dill. Elth.* tab. 223, f. 290.

Aux Pyrénées. ♃

9. PAVOT Oriental, *P. Orientale*, L. à capsules lisses ; à tiges rudes, feuillées, portant une seule fleur ; à feuilles pinnées ; à folioles à dents de scie.

Tournef. Voy. au Lev. 2, pag. et tab. 277. *Commel. Rar.* pag. et tab. 34.

En Orient. ☉

705. ARGEMONE, *ARGEMONE*. *Tournef. Inst.* 239, tab. 121. *Lam. Tab. Encyclop.* pl. 452.

CAL. *Périanthe* arrondi, à trois *feuillets*, arrondis et terminés en pointe, concaves, promptement-caducs.

COR. Six *Pétales*, arrondis, droits, ouverts, plus grands que le calice.

ÉTAM. *Filamens* nombreux, filiformes, de la longueur du calice. *Anthères* oblongues, droites.

PIST. *Ovaire* ovale, à cinq angles. *Style* nul. *Stigmate* un peu épais, obtus, renversé, persistant, divisé peu profondément en cinq parties.

PÉR. *Capsule* ovale, à cinq angles, à une loge, s'ouvrant jusqu'à la moitié en plusieurs battans.

SEM. Nombreuses, très-petites. *Réceptacles* linéaires, agglutinés sur les angles du péricarpe, ne s'ouvrant point.

Calice à trois feuillets. *Corolle* à six pétales. *Capsule* s'ouvrant jusqu'à la moitié en plusieurs battans.

1. ARGEMONE du Mexique, *A. Mexicana*, L. à capsules à six battans; à feuilles épineuses.

Papaver spinosum, Pavot épineux. *Bauh. Pin.* 171, n.° 17. *Prodr.* 92 et 93, f. 2. *Clus. Hist.* 2, p. 93, f. 1. *Bauh. Hist.* 3, P. 2, p. 397, f. 1. *Moris. Hist.* sect. 3, tab. 14, f. 5. *Barrel.* tab. 1141.

Au Mexique, à la Jamaïque; spontanée dans l'Europe Méridionale. ♂

2. ARGEMONE d'Arménie, *A. Armeniaca*, L. à capsules à trois battans.

En Arménie.

3. ARGEMONE des Pyrénées, *A. Pyrenaïca*, L. à capsules à quatre battans; à tige nue.

Aux Pyrénées.

706. CAMBOGIER, *CAMBOGIA*.

CAL. *Périanthe* à quatre *feuillets*, arrondis, concaves, caducs-tardifs.

COR. Quatre *Pétales*, arrondis, oblongs, concaves. *Onglets* oblongs.

ÉTAM. Plusieurs *Filamens*, courts. *Anthères* arrondies.

PIST. *Ovaire* arrondi, strié, *Style* nul. *Stigmate* obtus, persistant, divisé peu profondément en quatre parties.

PÉR. *Pomme* arrondie, à huit angles, à huit loges.

SEM. Solitaires, en forme de rein, oblongues, légèrement comprimées.

Calice à quatre feuillets. *Corolle* à quatre pétales. *Pomme* à huit loges. *Semences* solitaires.

1. CAMBOGIER Gomme-Gutte, *C. Gutta*, L. à feuilles lancéolées, ovales, très-entières, pétiolées; à fleurs en anneaux, assises.

Icon. Pl. Med. tab. 316.

1. *Gummi-Gutta*; Gomme-Gutte. 2. Gomme-résine. 4. Résine mêlée de très-peu de gomme : extraits aqueux et spiritueux en quantité inégale. 5. Fievre quarte, hydropisie, cachexie froide, ictère, asthme, tænia, dartres fixes. 6. Le suc épaissi colore en jaune. La *Gomme-Gutte* n'est connue en Europe que depuis le commencement du seizième siècle.

Au Malabar, à Zeylan. ♄

707. MUNTINGE, *MUNTINGIA.* † *Plum. Gen.* 41, tab. 6. *Lam. Tab. Encyclop.* pl. 468.

CAL. *Périanthe* d'un seul feuillet, concave à la base, caduc-tardif, à cinq *segmens* profonds, lancéolés, pointus, grands.

COR. Cinq *Pétales*, arrondis, ouverts, insérés sur le calice.

ÉTAM. Plusieurs *Filamens*, capillaires, très-courts. *Anthères* arrondies.

PIST. *Ovaire* arrondi, velu. *Style* nul. *Stigmate* en tête, à cinq côtés, radié, persistant.

PÉR. *Baie* arrondie, à ombilic formé par le stigmate, à cinq loges.

SEM. Nombreuses, arrondies, très-petites, nidulées.

Calice à cinq segmens profonds. *Corolle* à cinq pétales. *Baie* à cinq loges renfermant chacune plusieurs semences.

1. MUNTINGE Calabure, *M. Calabura*, L. à tige ligneuse, velue; à feuilles à dents de scie, oblongues.

Pluk. tab. 152, f. 4; et 326, f. 4. *Sloan. Jam.* tab. 194, f. 1. *Jacq. Amer.* 166, tab. 107.

A la Jamaïque. ♄

708. SARRACÈNE, *SARRACENIA.* † *Lam. Tab. Encyclop.* pl. 452. SARRACENA. *Tournef. Inst.* 657.

CAL. *Périanthe* double.

—— *Périanthe inférieur*, à trois *feuillets*, ovales, très-petits, caducs-tardifs.

—— *Périanthe supérieur*, à cinq *feuillets*, comme ovales, très-grands, colorés, caducs-tardifs.

COR. Cinq *Pétales*, ovales, courbés, couvrant les étamines. *Onglets* ovales, oblongs, droits.

ÉTAM. *Filamens* nombreux, petits. *Anthères* simples.

PIST. *Ovaire* arrondi. *Style* comme cylindrique, très-court. *Stigmate* en bouclier, à cinq angles, couvrant les étamines, persistant.

PÉR. *Capsule* arrondie, à cinq loges.

SEM. Plusieurs, arrondies, pointues, petites.

Calice double : l'*inférieur* à trois feuillets : le *supérieur* à cinq feuillets. *Corolle* à cinq pétales. *Stigmate* en bouclier. *Capsule* à cinq loges.

1. SARRACÈNE jaune, *S. flava*, L. à feuilles resserrées.

Lugd. Hist. 1754, f. 2? *Pluk.* tab. 152, f. 3 (mauvaise); et tab. 376, f. 5 (bonne).

Dans l'Amérique Septentrionale. ♃

2. SARRACÈNE pourpre, *S. purpurea*, L. à feuilles bossuées.

Limonium peregrinum, foliis forma floris Aristolochia; Behen étranger, à feuilles ayant la forme de la fleur d'Aristoloche. *Bauh. Pin.* 192, n.° 8. *Clus. Hist.* 2, p. 82, f. 1. *Pluk.* tab. 376, fig. 6.

Dans l'Amérique Septentrionale. ♃

709. NÉNUPHAR, *NYMPHÆA*. * *Tournef. Inst.* 260, tab. 137 et 138. *Lam. Tab. Encyclop.* pl. 453. NELUMBO. *Tournef. Inst.* 261. NELUMBIUM. *Lam. Tab. Encyclop.* pl. 453.

CAL. *Périanthe* inférieur, à quatre *feuillets*, grands, colorés en dessus, persistans.

COR. *Pétales* nombreux, (souvent au nombre de quinze), insérés sur le côté de l'ovaire, disposés sur plusieurs rangs.

ÉTAM. *Filamens* nombreux, (souvent au nombre de soixante et dix), planes, courbés, obtus, courts. *Anthères* oblongues, adhérentes au bord des filamens.

PIST. *Ovaire* ovale, grand. *Style* nul. *Stigmate* arrondi, plane, en rondache, assis, radié, crénelé sur les bords, persistant.

PÉR. *Baie* dure, ovale, charnue, rude, rétrécie à son cou, couronnée au sommet, à plusieurs loges, (de dix à quinze), remplies de pulpe.

SEM. Plusieurs, arrondies.

OBS. *Le* N. lutea *a le Calice à cinq feuillets arrondis, et les Pétales très-petits.*

Le N. Nelumbo *a le Fruit en toupie, tronqué, à loges à une semence, s'ouvrant sur le disque par des pores.*

Calice à quatre ou cinq feuillets. *Corolle* à plusieurs pétales. *Baie* tronquée, à plusieurs loges.

1. NÉNUPHAR jaune, *N. lutea*, L. à feuilles en cœur, très-entières; à calice de cinq feuillets plus grands que les pétales.

Nymphaea lutea, major; Nénuphar à fleur jaune, plus grand. *Bauh. Pin.* 193, n.° 1. *Fusch. Hist.* 536. *Matth.* 643, fig. 2. *Dod. Pempt.* 585, f. 2. *Lob. Ic.* 1, p. 594, f. 2. *Clus. Hist.* 2, p. 77, f. 2. *Lugd. Hist.* 1009, f. 1. *Camer. Epit.* 635. *Bauh. Hist.* 3, P. 2, p. 771, f. 1. *Bul. Paris.* tab. 296. *Flor. Dan.* tab. 603.

1. *Nymphaea lutea, alba*; Nénuphar jaune, blanc. Ce dernier est le plus usité. 2. Racine, Fleurs, sirop qu'on prépare de ces

dernières. 3. *Fleurs* : odorantes, nauséabondes; *racine* : inodore, savonneuse, âcre. 4. *Fleurs* : arome; *racines* : mucilage. 5. Des *racines* : diarrhée, gonorrhée, ardeurs d'urine, satyriasis, tuméfaction laiteuse des mamelles, hémoptisie, vomissement de sang. 6. On fait du pain avec la racine, qui contient une grande quantité de substance muqueuse nutritive. Les feuilles et la racine desséchée, peuvent fournir une abondante nourriture aux bestiaux.

Nutritive pour le Cochon.

En Europe, dans les étangs, les eaux dormantes. ♃ Estivale.

2. NÉNUPHAR blanc, *N. alba*, L. à feuilles en cœur, très-entières; à calice à quatre feuillets.

Nymphæa alba, major; Nénuphar à fleur blanche, plus grand. *Bauh. Pin* 193, n.° 1. *Fusch. Hist.* 535. *Matth.* 643, fig. 1. *Dod. Pempt.* 585, f. 1. *Lob. Ic.* 1, p. 595, figure première répétée, ic. 2, p. 279, f. 2. *Clus. Hist.* 2, p. 77, f. 1. *Lugd. Hist.* 1008, f. 2. *Camer. Epit.* 634. *Bauh. Hist.* 3, P. 2, p. 770, f. 1. *Bul. Paris.* tab. 297. *Flor. Dan.* tab. 602. *Icon. Pl. Med.* tab. 26.

En Europe, dans l'Amérique Méridionale, dans les eaux dormantes. ♃

3. NÉNUPHAR Lotier, *N. Lotus*, L. à feuilles en cœur, dentées.

Alp. Ægypt. 75, 77, 78, 80 et 195, tab. 56. *Exot.* 213, 214, 216, 218, 220, 222, 224 et 226.

En Afrique, dans l'Inde Orientale, dans l'Amérique Méridionale. ♃

4. NÉNUPHAR Nelumbo, *N. Nelumbo*, L. à feuilles en bouclier, entières sur les deux bords.

Pluk. tab. 322, f. 1 (excellente). *Herm. Parad.* pag. et tab. 205.

Cette espèce présente une variété à fleur jaune, pleine.

Aux Indes Orientales, en Perse, en Russie. ♃

710. ROCOU, *BIXA*. † *Lam. Tab. Encyclop.* pl. 469.

CAL. *Périanthe* à cinq dents, très-petit, obtus, plane, persistant.

COR. Double.

—— *extérieure*, à cinq *Pétales*, oblongs, égaux, grands, plus rudes.

—— *intérieure*, à cinq *Pétales*, semblables à ceux de la corolle extérieure, plus grêles.

ÉTAM. *Filamens* nombreux, sétacés, moitié plus courts que la corolle. *Anthères* droites.

PIST. *Ovaire* ovale. *Style* filiforme, de la longueur des étamines. *Stigmate* comprimé, divisé peu profondément en deux parties parallèles.

PÉR. *Capsule* ovale, en cœur, comprimée, enveloppée par des soies, à deux battans, s'ouvrant sur les angles, à une loge, à membrane intérieure à deux battans.

SEM. Nombreuses, en toupie, à ombilic tronqué. *Réceptacle* linéaire, longitudinal, aglutiné sur le milieu des battans.

Calice à cinq dents. *Corolle* double : l'*extérieure* et l'*intérieure* à cinq pétales. *Capsule* hérissée, à deux battans.

1. ROCOU Orellana, *B. Orellana*, L. à feuilles en cœur, éparses, supportées par des pétioles très-longs.

Arbor Mexicana, fructu Castaneæ, coccifera; Arbre du Mexique, à fruit du Châtaignier, coccifère. *Bauh. Pin.* 419, n.° 8. *Plukt* tab. 209, f. 4. *Sloan. Jam.* tab. 181, f. 1.

1. *Orleana terra*; Orléana terra. 2. Fécule. 3. Un peu amère, un peu aromatique. 5. Hémorragie, écoulemens blancs. 6. La fécule teint en rouge : les Sauvages de l'Amérique l'emploient pour se teindre le corps de cette couleur.

Au Brésil, au Mexique. ♄

711. SLOANE, *SLOANEA. Lam. Tab. Encyclop.* pl. 469. SLOANA. *Plum. Gen.* 48, tab. 15.

CAL. *Périanthe* à cinq *feuillets*, caducs-tardifs.

COR. Cinq *Pétales*.

ÉTAM. Plusieurs *Filamens*, en alêne, élargis dans leur partie supérieure, de la longueur du calice : les extérieurs stériles, feuillés. *Anthères* agglutinées sur le côté des filamens.

PIST. *Ovaire* nidulé dans le calice. *Style* en alêne, plus long que les étamines. *Stigmate* perforé.

PÉR. *Capsule* grande, arrondie, hérissonnée, en baie intérieurement, s'ouvrant.

SEM. Nombreuses. *Noyaux* oblongs.

Calice à cinq feuillets, caduc-tardif. *Corolle* à cinq pétales. *Stigmate* perforé. *Baie* à écorce qui peut se détacher, hérissonnée, renfermant plusieurs semences, s'ouvrant.

1. SLOANE dentée, *S. dentata*, L. à feuilles en cœur, ovales, dentelées ; à stipules à dents de scie.

Plum. Ic. 244.

Dans l'Amérique Méridionale. ♄

2. SLOANE échancrée, *S. emarginata*, L. à feuilles oblongues, très-entières, échancrées.

Catesb. Carol. 2, pag. et tab. 87.

A la Caroline. ♄

712. TRÈWE, *TREWIA. Lam. Tab. Encyclop.* pl. 466.

CAL. *Périanthe* à trois *feuillets*, ovales, renversés, colorés, persistans.

COR. Nulle, (à moins qu'on ne prenne le calice pour corolle.)

ÉTAM. *Filamens* nombreux, capillaires, de la longueur du calice. *Anthères* simples.

PIST. *Ovaire* inférieur. *Style* simple, de la longueur des étamines. *Stigmate* simple.

PÉR. *Capsule* en toupie, à trois faces, couronnée, à trois loges, à trois battans.

SEM. Solitaires, convexes d'un côté, anguleuses de l'autre.

Calice supérieur, à trois feuillets. *Corolle* nulle. *Capsule* à trois loges renfermant chacune plusieurs semences.

1. TRÈWE à fleur nue, *T. nudiflora*, L. à feuilles ovales, aiguës, molles; à péduncules très-longs; à fleurs axillaires.

Rheed. Malab. 1, p. 76, tab. 42.

Au Malabar, dans les sables. ♄

713. MAMMÉE, *MAMMEA.* † *Lam. Tab. Encyclop.* pl. 458. MAMMEI. *Plum. Gen.* 44, tab. 4.

CAL. *Périanthe* d'un seul feuillet, à deux *segmens* profonds, ovales, concaves, coriaces, colorés, caducs-tardifs.

COR. Quatre *Pétales*, arrondis, concaves, ouverts, plus grands que le calice.

ÉTAM. Plusieurs *Filamens*, capillaires, très-courts. *Anthères* oblongues, droites.

PIST. *Ovaire* arrondi, déprimé. *Style* cylindrique, plus long que les étamines. *Stigmate* en tête, convexe, persistant.

PÉR. *Baie* charnue, très-grande, terminée par le style pointu, sphérique, à une loge.

SEM. Quatre, comme ovales, rudes.

Calice à deux segmens profonds. *Corolle* à quatre pétales. *Baie* très-grande, à une seule loge, renfermant quatre semences.

1. MAMMÉE Américaine, *M. Americana*, L. à étamines plus courtes que la fleur.

Arbor Indica, Mammei dicta; Arbre des Indes, nommé Mamméi. *Bauh. Pin.* 417, n.° 1. *Sloan. Jam.* tab. 217, f. 3. *Jacq. Amer.* 268, tab. 181, f. 82.

A la Jamaïque. ♄

2. MAMMÉE Asiatique, *M. Asiatica*, L. à étamines plus longues que la fleur.

A Java. ♄

714. OCHNÉE,

714. OCHNÉE, *OCHNA*. † *Lam. Tab. Encyclop.* pl. 472. JABOTAPITA. *Plum. Gen.* 32, tab. 41.

CAL. *Périanthe* à cinq *feuillets*, ovales, ouverts, petits, persistans.

COR. Cinq *Pétales*, arrondis, à *onglets* de la longueur du calice, ouverts, très-obtus.

ÉTAM. *Filamens* nombreux, courts, réunis. *Anthères* arrondies.

PIST. *Ovaire* ovale, terminé par le *Style* en alêne, droit. *Stigmate* simple.

PÉR. *Réceptacle* arrondi, tronqué, charnu, très-grand, renfermant deux ou cinq *Baies*, ovales, écartées, nidulées dans sa base.

SEM. Solitaire, ovale.

Calice à cinq feuillets. *Corolle* à cinq pétales. *Baies* adhérentes à un réceptacle arrondi et très-grand, renfermant chacune une semence.

1. OCHNÉE roide, *O. squarrosa*, L. à fleurs en grappes latérales.
   Burm. Zeyl. 123, tab. 56.
   Cette espèce présente une variété à feuilles arrondies, à dentelures aiguës sur les bords; à fleurs pourpres-noirâtres, gravée dans *Plukenet*, tab. 263, f. 1 et 2.
   Dans l'Inde Orientale, l'espèce: en Afrique, la variété.

2. OCHNÉE Jabotapita, *O. Jabotapita*, L. à fleurs en grappes terminales.
   Plum. Amer. 42, tab. 153.
   Dans l'Amérique Méridionale. ♄

715. GRIAS, *GRIAS*. †

CAL. *Périanthe* d'un seul feuillet, en gobelet, à orifice à quatre dents, déchiré.

COR. Quatre *Pétales*, arrondis, concaves, coriaces.

ÉTAM. *Filamens* nombreux, sétacés, plus longs que la corolle, insérés sur le réceptacle. *Anthères* arrondies.

PIST. *Ovaire* un peu déprimé, nidulé dans le calice. *Style* nul. *Stigmate* un peu épais, à quatre côtés, excavé en croix.

PÉR. *Drupe* grande, à une loge, pointue aux deux extrémités.

SEM. *Noyau* marqué par huit sillons.

Calice à quatre segmens peu profonds. *Corolle* à quatre pétales. *Stigmate* assis, en croix. *Drupe* renfermant un noyau marqué par huit sillons.

1. GRIAS à fleurs sur la tige, *G. cauliflora*, L. à feuilles en ovale renversé; à fleurs éparses sur la tige et les rameaux.
   Sloan. Jam. tab. 217, f. 1 et 2.
   A la Jamaïque. ♄

716. CALOPHYLLE, *CALOPHYLLUM*. *Lam. Tab. Encyclop.* pl. 459. CALABA. *Plum. Gen.* 39, tab. 18.

CAL. *Périanthe* à quatre *feuillets*, ovales, concaves, colorés, caducs-tardifs, dont deux extérieurs plus courts.

COR. Quatre *Pétales*, oblongs, concaves, ouverts.

ÉTAM. Plusieurs *Filamens*, (dix selon *Jacquin*), filiformes, courts. *Anthères* droites, oblongues.

PIST. *Ovaire* arrondi. *Style* filiforme, de la longueur des étamines. *Stigmate* en tête, obtus.

PÉR. *Drupe* arrondie.

SEM. *Noix* arrondie, comme pointue, très-grande.

Calice à quatre feuillets colorés. *Corolle* à quatre pétales. *Drupe* arrondie.

1. CALOPHYLLE Inophylle, *C. Inophyllum*, L. à feuilles ovales.
Pluk. tab. 147, f. 3.
Dans l'Inde Orientale. ♄

2. CALOPHYLLE Calaba, *C. Calaba*, L. à feuilles ovales, obtuses.
Jacq. Amer. 269, tab. 165.
Aux Indes Orientales.

717. TILLEUL, *TILIA*. * *Tournef. Inst.* 611, tab. 381. *Lam. Tab. Encyclop.* pl. 467.

CAL. *Périanthe* à cinq *segmens* profonds, concaves, colorés, presque de la grandeur de la corolle, caducs-tardifs.

COR. Cinq *Pétales*, oblongs, obtus, crénelés au sommet.

ÉTAM. Plusieurs *Filamens*, (trente et au-dessus), en alêne, de la longueur de la corolle. *Stigmate* à cinq côtés, obtus.

PÉR. *Capsule* coriace, arrondie, à cinq loges, à cinq battans, s'ouvrant à la base.

SEM. Solitaires, arrondies.

OBS. *Comme il ne se développe ordinairement qu'une seule semence qui croît sur un côté de la capsule, et que les autres avortent, il paroît à ceux qui n'y regardent pas avec assez de soin, que la capsule est à une seule loge.*

T. Americana L. *présente cinq écailles qui entourent l'ovaire, et les onglets de la corolle réunis.*

Calice à cinq segmens profonds. *Corolle* à cinq pétales. *Baie* sèche, arrondie, à cinq loges, à cinq battans, s'ouvrant à la base.

1. TILLEUL d'Europe, *T. Europaea*, L. à fleurs sans nectaire.
Tilia fœmina, folio majore; Tilleul femelle, à feuille plus grande. *Bauh. Pin.* 426, n.° 3. *Fusch. Hist.* 862. *Trag.* 1110. *Matth.*

156, f. 1. *Dod. Pempt.* 838, f. 1. *Lob. Ic.* 2, p. 188, fig. 1. *Lugd. Hist.* 89, f. 1. *Camer. Epit.* 93. *Bauh. Hist.* 1, P. 2, p. 133, f. 1. *Flor. Dan.* tab. 553. *Icon. Pl. Med.* tab. 281.

Cette espèce présente plusieurs variétés.

1.° *Tilia montana, maximo folio;* Tilleul de montagne, à feuille très-grande. *Bauh. Pin.* 246, n.° 2.

2.° *Tilia fœmina, folio minore;* Tilleul des montagnes, à feuille plus petite. *Bauh. Pin.* 426, n.° 4.

3.° Tilleul à feuille d'Orme; à semence à six côtés.

4.° Tilleul à feuilles couvertes d'un duvet mou; à branches rouges; à fruit à quatre côtés.

5.° Tilleul de Bohême, à feuilles plus petites, lisses; à fruit oblong, aigu des deux côtés, très-petit, marqué par une côte. *Till. Pis.* 165, tab. 49, f. 3.

1. *Tilia;* Tilleul. 2. Fleurs, Feuilles, Écorce. 3. *Fleurs :* très-odorantes; on les emploie en infusion théiforme. 4. Esprit recteur ou arome très-abondant et se répandant au loin, mucilage. 5. Vertige, épilepsie, affections spasmodiques, hystériques, hypocondriaques. 6. Les fleurs soumises à la distillation, donnent une eau distillée tres-odorante et agréable. Les semences de *Tilleul* donnent par expression une huile qu'on a comparée au beurre de Cacao, mais qui ne le vaut pas. L'écorce moyenne préparée, fournit des cordes et des toiles d'emballage. Les paysans en Lithuanie en tressant l'écorce des jeunes branches, en font les liens de leurs traîneaux, les traits des voitures et des souliers. Le bois de *Tilleul* est blanc et léger; les Menuisiers en font grand usage pour leurs différens ouvrages; les Sculpteurs et les Graveurs en bois le recherchent, parce qu'il n'est pas sujet à être vermoulu. Dans les forêts de Lithuanie ou les Tilleuls sont très-communs, les abeilles sauvages établissent leurs gâteaux dans les vieux troncs cariés. Ce miel est supérieur à celui des Pyrénées; on en prépare un vin délicat qui est aussi agréable que les vins d'Espagne; ce vin acquiert toujours en vieillissant. On retire du tronc, par incision, une lymphe qu'on fait fermenter et qui donne une liqueur vineuse assez agréable.

En Europe, dans les bois. ♄ Estivale.

2. TILLEUL d'Amérique, *T. Americana*, L. à fleurs à nectaires.

En Virginie, au Canada. ♄

718. LAÉTIE, *LAETIA*. †

CAL. *Périanthe* à cinq *feuillets*, oblongs, concaves, renversés, colorés, se flétrissant.

COR. Nulle, ou à cinq *Pétales.*

ÉTAM. *Filamens* nombreux, capillaires, un peu plus courts que le calice. *Anthères* arrondies.

PIST. *Ovaire* oblong, terminé par le *Style* filiforme, plus long que les étamines. *Stigmate* en tête, déprimé.

PÉR. *Baie* arrondie, à trois côtés, marquée par trois lignes, à une loge, augmentée intérieurement d'une membrane cartilagineuse.

SEM. Plusieurs, nidulées, anguleuses, couvertes par un arille pulpeux.

L. completa L. *a cinq Pétales et une Capsule à trois battans.*

L. apetala L. *a une Baie charnue.*

Calice à cinq feuillets. *Corolle* à cinq pétales ou nulle. *Capsule* à une loge, à trois côtés, renfermant des semences enveloppées par un arille pulpeux.

1. LAÉTIE apétale, *L. apetala*, L. à fleurs sans pétales.
Jacq. Amer. 167, tab. 108.
Dans l'Amérique Méridionale. ♄

2. LAÉTIE complète, *L. completa*, L. à fleurs pétalées, complètes.
Jacq. Amer. 167, tab. 183, f. 60.
Dans l'Amérique Méridionale. ♄

719. ÉLÉOCARPE, *ELÆOCARPUS.* † *Lam. Tab. Encycl.* pl. 459.

CAL. *Périanthe* à cinq *feuillets*, lancéolés, aigus, égaux.

COR. Cinq *Pétales*, laciniés, déchirés, égaux, de la longueur du calice.

ÉTAM. Vingt *Filamens*, très-courts, insérés sur le réceptacle. *Anthères* linéaires, plus courtes que la corolle.

PIST. *Ovaire* pointu. *Style* filiforme, de la longueur des étamines. *Stigmate* aigu.

PÉR. *Drupe* ronde.

SEM. *Noyau* crispé, sphérique.

OBS. Ce genre présente souvent une unité de moins dans le nombre des parties de la fructification.

Calice à cinq feuillets. *Corolle* à cinq pétales divisés en lanières. *Anthères* à deux valves au sommet. *Drupe* renfermant un noyau frisé.

1. ÉLÉOCARPE à dents de scie, *E. serrata*, L. à feuilles à dents de scie; à fleurs en épis.
Burm. Zeyl. 93, tab. 40.
Dans l'Inde Orientale. ♄

720. **LÉCYTHE**, *LECYTHIS*. *Lam. Tab. Encyclop.* pl. 476.

CAL. *Périanthe* à six *feuilles*, arrondis, concaves, persistans.

COR. Six *Pétales*, oblongs, obtus, planes, très-grands, dont deux supérieurs très-ouverts.

Nectaire en forme de pétale, d'un seul feuillet, en languette, à base plane, perforée pour laisser passer l'ovaire, à bordure : *Languette* courbée en dehors sur le côté inférieur de la fleur, linéaire, convexe en dehors, épaissie au sommet, ovale, couvrant les parties de la fructification.

ÉTAM. *Filamens* très-nombreux, insérés de tous côtés sur le disque intérieur de la base du nectaire, plus épais au sommet. *Anthères* oblongues, petites.

PIST. *Ovaire* déprimé, pointu, entouré par le réceptacle de la fleur. *Style* très-court. *Stigmate* un peu obtus, conique.

PÉR. Arrondi à la base, ligneux, entouré supérieurement par les rudimens du calice, tronqué, le plus souvent à quatre loges, s'ouvrant horizontalement, à opercule arrondi.

SEM. Plusieurs, luisantes, rudes sur les bords.

Calice à six feuillets. *Corolle* à six pétales. *Nectaire* en languette, portant les étamines. *Péricarpe* s'ouvrant horizontalement ou en boîte à savonnette, renfermant plusieurs semences.

1. LÉCYTHE Ollaire, *L. Ollaria*, L. à feuilles assises ou sans pétioles, en cœur, presque entières.

Aux Indes Orientales. ♄

2. LÉCYTHE mineure, *L. minor*, L. à feuilles pétiolées, lancéolées, à dents de scie.

Jacq. Amer. 168, tab. 109.

A Carthagène, dans les forêts.

721. **DÉLIME**, *DELIMA*. *Lam. Tab. Encyclop.* pl. 475.

CAL. *Périanthe* à cinq *feuillets*, ovales, obtus, égaux, persistans.

COR. Nulle.

ÉTAM. *Filamens* nombreux, capillaires, presque de la longueur du calice. *Anthères* arrondies.

PIST. *Ovaire* comme ovale. *Style* cylindrique, de la longueur de la fleur. *Stigmate* simple, persistant.

PÉR. *Baie* plus grande que le calice, ovale, pointue, à deux valves.

SEM. Deux.

Calice à cinq feuillets. *Corolle* nulle. *Baie* renfermant deux semences.

1. DÉLIME sarmenteuse, *D. sarmentosa*, L. à feuilles ovales, rudes, à dents de scie, plissées, nerveuses, pétiolées, alternes; à fleurs en panicule.

Burm. Ind. tab. 33, f. 1.

A Zeylan. ♄

722. VATÈRE, *VATERIA*. *Lam. Tab. Encyclop.* pl. 475.

CAL. *Périanthe* à cinq *segmens* peu profonds, aigus, petits, persistans.

COR. Cinq *Pétales*, ovales, ouverts.

ÉTAM. *Filamens* nombreux, plus courts que la corolle. *Anthères* simples.

PIST. *Ovaire* arrondi. *Style* simple, court. *Stigmate* en tête.

PÉR. *Capsule* en toupie, coriace, assise sur le calice renversé, marquée par trois sutures, à une loge, à trois battans.

SEM. Une seule.

Calice à cinq segmens peu profonds. *Corolle* à cinq pétales. *Capsule* à une seule loge, à trois battans, renfermant trois semences.

1. VATÈRE des Indes, *V. Indica*, L. à feuilles oblongues, arrondies et terminées en pointe, épaisses, lisses, luisantes.

Rheed. Malab. 4, pag. 33, tab. 15.

Dans l'Inde Orientale. ♄

723. MENTZÈLE, *MENTZELIA*. *Plum. Gen.* 40, tab. 6. *Lam. Tab. Encyclop.* pl. 425.

CAL. *Périanthe* ouvert, supérieur, caduc-tardif, à cinq *feuillets* lancéolés, concaves.

COR. Cinq *Pétales*, sétacés, droits: les extérieurs membraneux dans leur partie supérieure. *Anthères* arrondies.

PIST. *Ovaire* cylindrique, très-long, inférieur. *Style* sétacé, de la longueur de la corolle. *Stigmate* simple, obtus.

PÉR. *Capsule* cylindrique, longue, à une loge, à trois battans au sommet.

SEM. Plusieurs, oblongues, anguleuses.

Calice à cinq feuillets. *Corolle* à cinq pétales. *Capsule* inférieure, cylindrique, à une seule loge, renfermant plusieurs semences.

1. MENTZÈLE rude, *M. aspera*, L. à feuilles en forme de violon.

Plum. Ic. 174, f. 1.

Dans l'Amérique Méridionale.

724. LOOSE, *LOOSA*.

CAL. *Périanthe* supérieur, persistant, à cinq *feuillets*, lancéolés, très-ouverts : les latéraux renversés.

COR. Cinq *Pétales*, comme ovales, en capuchon, grands, très-ouverts, s'amincissant à la base en onglets.

Nectaire : cinq *feuillets*, alternes avec les pétales, réunis en cône aigu, un peu plus courts que la corolle, lancéolés, ridés, à arêtes formées par un double filament.

ÉTAM. *Filamens* nombreux, capillaires, plus longs que le nectaire, de quinze à dix-sept pour chaque pétale. *Anthères* versatiles, arrondies.

PIST. *Ovaire* comme ovale, à moitié inférieur. *Style* filiforme, droit, de la longueur des étamines. *Stigmate* simple, obtus.

PÉR. *Capsule* en toupie, à une loge, à trois battans au sommet, demi-ovales, aigus, ouverts.

SEM. Plusieurs, ovales, petites. Trois *Réceptacles*, linéaires, de la longueur de la capsule.

OBS. Ce genre a de l'affinité avec le Mentzelia.

Calice à cinq feuillets. *Corolle* à cinq pétales. *Capsule* à moitié inférieure, à une seule loge, s'ouvrant à moitié, renfermant plusieurs semences.

1. LOOSE hérissée, *L. hispida*, L. à feuilles alternes, pétiolées, obtuses, rudes, pinnatifides; à pinnules elles-mêmes pinnées, dentée, sinuées.

Jacq. Obs. 2, p. 15, tab. 38.

Au Pérou.

725. LAGERSTROÉMIE, *LAGERSTROEMIA*.

CAL. *Périanthe* d'un seul feuillet, à six *segmens* peu profonds, en cloche, un peu aigus, lisses.

COR. Six *Pétales*, ovales, obtus, crépus, ondulés, tordus, à *onglets* filiformes, plus longs que le calice, insérés sur le réceptacle.

ÉTAM. Plusieurs *Filamens*, filiformes, plus longs que le calice, dont six extérieurs deux fois plus épais, plus longs que les pétales. *Anthères* ovales, versatiles.

PIST. *Ovaire* comme arrondi. *Style* filiforme, de la longueur des étamines les plus grandes. *Stigmate* simple.

PÉR. . . . . . .

SEM. . . . . . .

Calice en cloche, à six segmens peu profonds. *Corolle* à six pétales frisés. *Étamines* nombreuses, dont six extérieures plus épaisses et plus longues que les pétales.

2. LAGERSTROÉMIE des Indes, *L. Indica*, L. à feuilles opposées et quelquefois alternes, presque assises, oblongues, très-entières, lisses ; à fleurs en thyrse terminant.

Rumph. Amb. 7, p. 61, tab. 28.

A la Chine.

726. THÉ, *THEA.* † *Lam. Tab. Encyclop.* pl. 474.

CAL. *Périanthe* très-petit, plane, à cinq ou six *feuillets*, ronds, obtus, persistans.

COR. Six ou neuf *Pétales*, arrondis, concaves, égaux, grands.

ÉTAM. *Filamens* nombreux, (deux cents environ), filiformes, plus courts que la corolle. *Anthères* simples.

PIST. *Ovaire* arrondi, à trois côtés. *Style* en alêne, de la longueur des étamines. *Stigmate* triple.

PÉR. *Capsule* formée par la réunion de trois globes, à trois loges, s'ouvrant au sommet.

SEM. Solitaires, arrondies, anguleuses intérieurement.

OBS. *Tel est le caractère qu'ont fourni la plupart des fleurs ; mais j'ai vu d'autres fleurs sur un arbre distinct, appelé par* Hill, *T. viridis*, *qui présentoient le caractère suivant :*

CAL. *Périanthe* très-petit, à cinq *feuillets*, arrondis, persistans.

COR. Trois *Pétales extérieurs*, égaux, d'une grandeur moyenne : six *Pétales intérieurs*, égaux, très-grands. Trois *Styles* adhérens entr'eux.

Calice à cinq ou six feuillets. *Corolle* à six ou neuf pétales. *Capsule* à trois coques.

1. THÉ commun, *T. Bohea*, L. à fleurs à six pétales.

Chaa ; Thé. *Bauh. Pin.* 147, n.° 7. *Pluk.* tab. 88, f. 6.

1. *Thea* ; Thé bou, Thé roux. 2. Feuilles. 3. Odorant, un peu styptique. 4. Extrait spiritueux ; extrait aqueux amer, astringent, styptique. 5. Assoupissement, excès d'embonpoint, digestion laborieuse, convulsions, calcul ? 6. Presque toutes les nations usent plus ou moins du *Thé*. Chez les personnes très-sensibles il attaque communément les nerfs, sur-tout si l'on prend son infusion aussitôt qu'elle est faite ; elle irrite moins le genre nerveux si elle a séjourné quelque temps dans la théière. Dans ce dernier état elle est moins sudorifique et plus diurétique. Le *Thé* fatigue aussi les estomacs foibles. L'usage du *Thé* est utile : son abus, nuisible. Les uns ont beaucoup loué, les autres ont beaucoup blâmé le *Thé*. Il semble que les premiers n'ont considéré que l'usage, et les derniers que l'abus qu'on peut faire du *Thé*. Au reste, on se passoit fort bien du *Thé* en Europe avant 1666, époque à laquelle il y fut apporté pour la première fois. La Véronique

et la Sauge officinales peuvent le suppléer. On vend cette dernière aux Chinois, qui la préfèrent, dit-on, en certaines circonstances au meilleur *Thé*.

A la Chine, au Japon. ♄

2. THÉ vert, *T. viridis*, L. à fleurs à neuf pétales.

Pluk. tab. 405, f. 3. *Barrel.* tab. 904.

A la Chine. ♄.

727. GÉROFLIER, *CARYOPHYLLUS*. † *Lam. Tab. Encycl.* pl. 417.
CARYOPHYLLUS AROMATICUS. *Tournef. Inst.* 661, tab. 432.

CAL. *Périanthe du fruit*, supérieur, à quatre *segmens* profonds, aigus, petits, persistans.

—— *Périanthe de la fleur*, supérieur, à quatre *feuilles*, arrondis, concaves, caducs-tardifs.

COR. Quatre *Pétales*, arrondis, crénelés, plus petits que le calice de la fleur.

ÉTAM. *Filamens* nombreux, capillaires. *Anthères* simples.

PIST. *Ovaire* inférieur, oblong, grand, se terminant en calice du fruit. *Style* simple, inséré sur le réceptacle quadrangulaire. *Stigmate* simple.

PÉR. Ovale, à une loge, terminé par le calice du fruit qui se durcit, à ombilic.

SEM. Une seule, ovale, grande.

Calice double : celui du *Fruit* à quatre segmens profonds : celui de la *Fleur* à quatre feuillets. *Baie* inférieure, renfermant une seule semence.

1. GÉROFLIER aromatique, *C. aromaticus*, L. à fruits presque assis, pointus.

Caryophyllus aromaticus, fructu oblongo; Géroflier aromatique, à fruit oblong. *Bauh. Pin.* 410, n.° 1. *Lugd. Hist.* 1759, f. 1. *Camer. Epit.* 349. *Pluk.* tab. 155, f. 1. *Icon. Pl. Med.* tab. 315.

1. *Caryophyllus, Anthophyllus*; Gérofle, Clou de Gérofle ou Girofle. 2. Fruits. 3. Odeur forte, aromatique, suave; saveur chaude, âcre, légèrement amère. 4. Huile essentielle pesante, limpide, moins âcre que le Gérofle lui-même; extrait spiritueux, très-âcre, moins odorant que le Gérofle; un peu plus d'extrait aqueux que de spiritueux. 5. Atonie générale de l'estomac, paralysie, odontalgie, carie humide. 6. Condiment familier, très-convenable aux individus froids, torpides, à tous ceux qui ont habituellement besoin d'un stimulant âcre.

Aux isles Moluques, à la nouvelle Guinée. ♄

728. CISTE, *CISTUS.* * *Tournef. Inst.* 259, tab. 136. *Lam. Tab. Encyclop.* pl. 477. HELIANTHEMUM. *Tournef. Inst.* 248, t. 128.

CAL. *Périanthe* persistant, à cinq *feuilles*, arrondis, concaves, dont deux alternes inférieurs, plus petits.

COR. Cinq *Pétales*, arrondis, planes, ouverts, très-grands.

ÉTAM. *Filamens* nombreux, capillaires, plus courts que la corolle. *Anthères* arrondies, petites.

PIST. *Ovaire* arrondi. *Style* simple, de la longueur des étamines. *Stigmate* plane, arrondi.

PÉR. *Capsule* arrondie, enveloppée par le calice.

SEM. Nombreuses, arrondies, petites.

OBS. *Le caractère essentiel de ce genre consiste dans les deux feuillets du calice alternes plus petits.*

Helianthemum, *Tournefort : Capsule à une loge, à trois battans.*

Cistus, *Tournefort : Capsule à cinq ou dix loges.*

Calice à cinq feuillets dont deux plus petits. *Corolle* à cinq pétales. *Capsule* arrondie, renfermant des semences nombreuses.

* I. *CISTES Arbrisseaux, sans stipules.*

1. CISTE du Cap, *C. Capensis*, L. à tige ligneuse, sans stipules : à feuilles ovales, lancéolées, pétiolées, à trois nervures, dentelées, nues sur les deux surfaces.

Au cap de Bonne-Espérance. ♄

2. CISTE velu, *C. villosus*, L. à tige ligneuse, sans stipules; à feuilles ovales, pétiolées, hérissées.

Cistus mas, folio rotundo, hirsutissimo ; Ciste mâle, à feuille ronde, très-velue. *Bauh. Pin.* 464, n.° 1. *Lugd. Hist.* 222, f. 1. *Bauh. Hist.* 2, pag. 2, f. 1.

En Italie, à Naples, en Espagne. ♄

3. CISTE à feuilles de peuplier, *C. populifolius*, L. à tige ligneuse, sans stipules; à feuilles en cœur, lisses, aiguës, pétiolées.

Cette espèce présente deux variétés.

1.° *Cistus ledon, foliis Populi nigræ, major* ; Ciste lédier, à feuilles de Peuplier noir, plus grand. *Bauh. Pin.* 467, n.° 4. *Lob. Ic.* 2, p. 121, f. 1. *Clus. Hist.* 1, pag. 78, f. 2. *Lugd. Hist.* 233, f. 2. *Bauh. Hist.* 2, p. 9, f. 1.

2.° *Cistus ledon, foliis Populi nigræ, minor* ; Ciste lédier, à feuilles de Peuplier noir, plus petit. *Bauh. Pin.* 467, n.° 5. *Lob. Ic.* 2, p. 121, f. 2. *Clus. Hist.* 1, p. 78, fig. 2. *Lugd. Hist.* 234, fig. 1. *Bauh. Hist.* 2, p. 9, f. 2.

En Portugal. ♄

4. CISTE à feuilles de laurier, *C. laurifolius*, L. à tige ligneuse, sans stipules; à feuilles oblongues, ovales, pétiolées, à trois nervures, lisses sur leur surface supérieure; à pétioles réunis à leur base.

Cistus ledon, foliis laurinis; Ciste lédier, à feuilles de Laurier. *Bauh. Pin.* 467, n.° 3. *Lugd. Hist.* 1361, f. 1?

En Espagne. ♄

5. CISTE ladanifère, *C. ladaniferus*, L. à tige ligneuse, sans stipules; à feuilles lancéolées, lisses sur leur surface supérieure; à pétioles réunis à leur base, engainant la tige.

Cistus ladanifera, Hispanica, incana; Ciste ladanifère, d'Espagne, blanchâtre. *Bauh. Pin.* 467, n.° 2. *Dod. Pempt.* 192, fig. 1. *Lob. Ic.* 2, p. 120, f. 2. *Clus. Hist.* 1, p. 77, f. 1. *Lugd. Hist.* 231, f. 1; et 239, f. 1. *Bauh. Hist.* 2, p. 8, f. 1.

A Montpellier. ♄

6. CISTE de Montpellier, *C. Monspeliensis*, L. à tige ligneuse, sans stipules; à feuilles linéaires, lancéolées, assises ou sans pétioles, à trois nervures, velues sur les deux surfaces.

Cistus ladanifera, Monspeliensium; Ciste ladanifère, de Montpellier. *Bauh. Pin.* 467, n.° 1. *Lugd. Hist.* 230, f. 1. *Camer. Epit.* 97. *Bauh. Hist.* 2, p. 10, f. 2.

Cette espèce présente une variété.

Cistus ledon, foliis Oleæ, sed angustioribus; Ciste lédier, à feuilles d'Olivier, mais plus étroites. *Bauh. Pin.* 467, n.° 9. *Clus. Hist.* 1, p. 79, f. 1.

A Montpellier, en Bourgogne, en Dauphiné. ♄

7. CISTE à feuilles de sauge, *C. salviæfolius*, L. à tige ligneuse, sans stipules; à feuilles ovales, pétiolées, hérissées sur les deux surfaces.

Cistus fœmina, folio Salviæ; Ciste femelle, à feuille de Sauge. *Bauh. Pin.* 464, n.° 1. *Lob. Ic.* 2, p. 112, f. 2. *Clus. Hist.* 1, p. 70, f. 1. *Lugd. Hist.* 223, f. 2; et 226, f. 2. *Camer. Epit.* 95. *Bauh. Hist.* 2, p. 4, f. 2.

A Montpellier, en Provence, en Dauphiné, à Lyon. ♄ Vernale.

8. CISTE blanchi, *C. incanus*, L. à tige ligneuse, sans stipules; à feuilles en spatule, cotonneuses, ridées: les inférieures réunies à la base, engainant la tige.

Cistus mas, angustifolius; Ciste mâle, à feuilles étroites. *Bauh. Pin.* 464, n.° 3. *Lob. Ic.* 1, p. 111, f. 2. *Clus. Hist.* 1, p. 69, f. 1. *Lugd. Hist.* 225, f. 2. *Bauh. Hist.* 2, p. 2, f. 2.

En Espagne, en Italie. ♄

9. CISTE de Crète, *C. Creticus*, L. à tige ligneuse, sans stipules; à feuilles en spatule, ovales, pétiolées, sans nervures, rudes.

Cistus ledon Creticum ; Ciste lédier de Crète. *Bauh. Pin.* 467, n.° 6. *Lugd. Hist.* 223, f. 1. *Alp. Exot.* 89 et 88. *Bauh. Hist.* 2, p. 9. f. 3. *Boxb. Cent.* 3, p. 34, tab. 64, f. 1.

1. *Ladanum* ou *Labdanum* ; Ladanum ou Labdanum. 2. Gomme-résine. 3. Amere ; odeur et saveur pénétrantes. 4. Résine pure, huile essentielle, extrait aqueux inerte. 5. Douleurs de tête et de poitrine : (appliquée extérieurement). 6. Parfums.

Dans l'isle de Crète, à Naples. ♄

10. CISTE blanchâtre, *C. albidus*, L. à tige ligneuse, sans stipules ; à feuilles ovales, lancéolées, cotonneuses, blanchâtres, assises ou sans pétioles, comme à trois nervures.

Cistus mas, folio oblongo, incano ; Ciste mâle, à feuille oblongue, blanchâtre. *Bauh. Pin.* 464, n.° 2. *Dod. Pempt.* 191, fig. 2. *Lob. Ic.* 2, p. 111, f. 1. *Clus. Hist.* 1, p. 68, f. 2. *Lugd. Hist.* 225, f. 1. *Camer. Epit.* 94. *Bauh. Hist.* 2, p. 3, f. 1.

A Montpellier, en Provence, en Dauphiné. ♄

11. CISTE frisé, *C. crispus*, L. à tige ligneuse, sans stipules ; à feuilles lancéolées, duvetées, ondulées, à trois nervures.

Cistus mas, foliis Chamædrys ; Ciste mâle, à feuilles de petit Chêne. *Bauh. Pin.* 464, n.° 5. *Lob. Ic.* 2, p. 112, f. 1. *Clus. Hist.* 1, p. 69, f. 2. *Lugd. Hist.* 226, f. 1.

A Montpellier, en Provence. ♄

12. CISTE pourpier, *C. halimifolius*, L. à tige ligneuse, sans stipules ; à deux feuillets du calice très-étroits, linéaires.

Cistus fœmina, Portulacæ marinæ folio latiore, obtuso ; Ciste femelle, à feuille de Pourpier marin plus large, obtuse. *Bauh. Pin.* 465, n.° 3. *Lob. Ic.* 2, p. 113, f. 1. *Clus. Hist.* 1, p. 71, f. 1. *Lugd. Hist.* 227, f. 1.

Cette espèce présente deux variétés.

1.° *Cistus fœmina, Portulacæ marinæ folio angustiore, mucronato* ; Ciste femelle, à feuille de Pourpier marin plus étroite, terminée en pointe. *Bauh. Pin.* 465, n.° 4. *Lob. Ic.* 2, p. 113, f. 2. *Clus. Hist.* 1, p. 71, f. 2. *Lugd. Hist.* 227, f. 2.

2.° Ciste à tige ligneuse, droite ; à feuilles opposées, assises, blanchâtres sur les deux surfaces. *Mill. Ic.* 290.

En Portugal. ♄

13. CISTE libanote, *C. libanotis*, L. à tige ligneuse, sans stipules ; à feuilles linéaires, roulées ; à fleurs en ombelle.

Cistus ledon, angustis foliis ; Ciste lédier, à feuilles étroites. *Bauh. Pin.* 467, n.° 10. *Clus. Hist.* 1, p. 79, f. 2. *Lugd. Hist.* 235, f. 1. *Bauh. Hist.* 2, p. 11, f. 1.

En Espagne. ♄

* II. *CISTES Sous-Arbrisseaux, sans stipules.*

14. CISTE ombellé, *C. umbellatus*, L. à tige sous-ligneuse, couchée, sans stipules; à feuilles opposées, linéaires; à fleurs en ombelle.

Cistus ledon, foliis Thymi; Ciste lédier, à feuilles de Thym. *Bauh. Pin.* 467, n.° 14. *Lob. Ic.* 2, pag. 124, f. 1. *Clus. Hist.* 1, p. 81, f. 1. *Lugd. Hist.* 236, f. 2. *Bauh. Hist.* 2, p. 12, f. 3.

A Lyon, Paris, en Bourgogne. ♄ Estivale.

15. CISTE filiforme, *C. laevipes*, L. à tige sous-ligneuse, redressée, sans stipules; à feuilles alternes, naissant par faisceaux, filiformes, lisses; à péduncules en grappe.

Pluk. tab. 84, f. 6. *Barrel.* tab. 290. *Gerard Flor. Gallo-Prov.* 394, tab. 14. *Jacq. Hort.* tab. 158.

A Montpellier, en Provence. ♄

16. CISTE calycin, *C. calycinus*, L. à tige sous-ligneuse, redressée, sans stipules; à feuilles linéaires; à péduncules portant une seule fleur; à calices à trois feuillets.

A Naples. ♄

17. CISTE à feuilles de bruyère, *C. Fumana*, L. à tige sous-ligneuse, couchée, sans stipules; à feuilles alternes, linéaires, rudes sur les bords; à péduncules portant une seule fleur.

Chamæ-Cistus Ericæ folio, luteus, humilior; Faux-Ciste à feuille de Bruyère, à fleur jaune, moins élevée. *Bauh. Pin.* 466, n.° 12. *Lugd. Hist.* 187, f. 2. *Bauh. Hist.* 2, pag. 18, f. 3. *Pluk.* tab. 84, f. 4. *Barrel.* tab. 286, 446 et 447.

En Europe, dans les pâturages secs. ♄ Vernale.

18. CISTE blanc, *C. canus*, L. à tige sous-ligneuse, couchée, sans stipules; à feuilles opposées, en ovale renversé, velues, cotonneuses en dessous; à fleurs comme en ombelle.

Chamæ-Cistus foliis Myrti minoris, incanis; Faux-Ciste à feuilles de Myrte plus petit, blanchâtres. *Bauh. Pin.* 466, n.° 7. *Clus. Hist.* 1, p. 74, f. 1. *Bauh. Hist.* 2, p. 18, f. 2. *Jacq. Aust.* 277.

Cette espèce présente une variété Alpine à feuilles de Serpolet, obtuses, marquées de trois lignes, vertes sur les deux surfaces, décrite et gravée dans *Séguier*, ver. 3, p. 195, tab. 6, fig. 2.

A Montpellier, en Provence, en Dauphiné. ♄

19. CISTE d'Italie, *C. Italicus*, L. à tige sous-ligneuse, sans stipules; à feuilles opposées, hérissées: les inférieures ovales: les supérieures lancéolées; à rameaux étalés.

Barrel. tab. 366.

En Italie, à Naples. ♄

20. CISTE à feuilles de marum, *C. marifolius*, L. à tige sous-ligneuse, sans stipules ; à feuilles opposées, oblongues, pétiolées, aplaties, blanchâtres en dessous.

Bauh. Hist. 2, p. 18 et 19, f. 1. *Barrel.* tab. 441.

À Véronne, à Naples.

21. CISTE Anglois, *C. Anglicus*, L. à tige sous-ligneuse, sans stipules, couchée ; à feuilles opposées, oblongues, roulées, velues ; à fleurs en grappe.

En Angleterre. ♄

22. CISTE d'Œlande, *C. Œlandicus*, L. à tige sous-ligneuse, couchée, sans stipules ; à feuilles opposées, oblongues, lisses sur les deux surfaces ; à pétioles ciliés ; à pétales échancrés.

Jacq. Aust. tab. 399. *Crantz. Aust.* p. 103, tab. 6, f. 1. *Scopol. Carn.* ed. 2, n.° 643, tab. 23.

A Lyon, Grenoble, Montpellier, en Provence. ♄ Vernale.

* III. *CISTES herbacés, sans stipules.*

23. CISTE à feuilles de plantain, *C. tuberaria*, L. à tige herbacée, sans stipules, vivace ; à feuilles radicales ovales, à trois nervures, cotonneuses : celles de la tige lisses, lancéolées : les supérieures alternes.

Cistus Plantaginis folio ; Ciste à feuilles de Plantain. *Bauh. Pin.* 465, n.° 2. *Lugd. Hist.* 1099, f. 2. *Bauh. Hist.* 2, p. 13, f. 1.

A Montpellier, en Provence. ♄

24. CISTE moucheté, *C. guttatus*, L. à tige herbacée, sans stipules ; à feuilles opposées, lancéolées, à trois nervures ; à fleurs en grappes, sans bractées.

Cistus flore pallido, puniceante maculâ insignito ; Ciste à fleur pâle, marquée d'une tache pourpre. *Bauh. Pin.* 465, n.° 11. *Pon. Bal.* p. 327, f. 1. *Column. Ecphras.* 2, p. 78 et 77, f. 1. *Bauh. Hist.* 2, p. 14, f. 1.

A Montpellier, Lyon, Paris, etc. ☉ Vernale.

25. CISTE du Canada, *C. Canadensis*, L. à tige herbacée, sans stipules ; toutes les feuilles alternes, lancéolées ; à tige redressée.

Au Canada. ♃

* IV. *CISTES herbacés, à stipules.*

26. CISTE lédier, *C. ledifolius*, L. à tige herbacée, à quatre stipules, droite, lisse ; à fleurs solitaires, presque assises ; à feuilles trois à trois, opposées.

Cistus Ledifolio ; Ciste à feuilles de Lédier. *Bauh. Pin.* 465, n.° 12. *Lob. Ic.* 2, p. 118, f. 2. *Lugd. Hist.* 229, f. 1 ; et 1143, f. 1. *Bauh. Hist.* 2, p. 14, f. 2.

A Montpellier, en Provence. ☉

27. CISTE à feuilles de saule, *C. salicifolius*, L. à tige herbacée, à stipules; à rameaux étalés, ouverts, velus; à fleurs en grappe droite; à pédicules horizontaux.

Cistus folio Salicis; Ciste à feuilles de Saule. *Bauh. Pin.* 465, n.° 10. *Lob. Ic.* 2, p. 118, f. 1. *Clus. Hist.* 1, p. 76, f. 2. *Lugd. Hist.* 228, f. 3. *Bauh. Hist.* 2, p. 13, f. 3. *Seg. Ver.* 3, p. 297, tab. 6, f. 3.

A Montpellier, en Provence, à Lyon. ☉ Vernale.

28. CISTE du Nil, *C. Niloticus*, L. à tige herbacée, à stipules, droite, un peu cotonneuse; à fleurs en grappes, solitaires, assises; à feuilles opposées.

En Egypte. ☉

29. CISTE d'Egypte, *C. Ægyptiacus*, L. à tige herbacée, à stipules, droite; à feuilles linéaires, lancéolées, pétiolées; à calices enflés, plus grands que la corolle.

Jacq. Obs. 3, p. 17, tab. 68.

En Egypte. ☉

* V. *Cistes Sous-Arbrisseaux, à stipules.*

30. CISTE écailleux, *C. squamatus*, L. à tige sous-ligneuse, à stipules; à feuilles recouvertes par des écailles arrondies.

Barrel. tab. 327.

En Espagne.

31. CISTE en épi, *C. Lippii*, L. à tige sous-ligneuse, droite; à feuilles alternes et opposées, rudes; à fleurs en épis tournés d'un seul côté.

En Egypte. ♄

32. CISTE d'Angleterre, *C. Surreianus*, L. à tige sous-ligneuse, à stipules, couchée; à feuilles ovales, oblongues, un peu velues; à pétales lancéolés.

Dill. Elth. tab. 145, f. 174.

En Angleterre. ♄

33. CISTE à feuilles de nummulaire, *C. nummularius*, L. à tige sous-ligneuse, à stipules; à feuilles inférieures arrondies : les supérieures ovales.

Bauh. Hist. 2, p. 20, f. 3.

A Montpellier. ♄

34. CISTE à feuilles de serpolet, *C. serpillifolius*, L. à tige sous-ligneuse, à stipules; à feuilles oblongues; à calices lisses.

Chamæ-Cistus repens, Serpillifolia, lutea; Faux-Ciste rampant, à feuilles de Serpolet, à fleur jaune. *Bauh. Pin.* 466, n.° 11. *Clus. Hist.* 1, p. 73, f. 2. *Bauh. Hist.* 2, p. 17, f. 2.

A Montpellier. ♄

35. CISTE gluant, *C. glutinosus*, L. à tige sous-ligneuse, à stipules; à feuilles linéaires, opposées et alternes; à péduncules velus, gluans.

Barrel. tab. 415.

A Naples. ♄

36. CISTE à feuilles de thym, *C. thymifolius*, L. à tige sous-ligneuse, à stipules, couchée; à feuilles linéaires, opposées, très-courtes, entassées.

Bauh. Hist. 2, p. 19, f. 4. *Pluk.* tab. 84, f. 5. *Barrel.* tab. 440.

A Montpellier, en Dauphiné. ♄

37. CISTE velu, *C. pilosus*, L. à tige sous-ligneuse, à stipules, un peu redressée; à feuilles linéaires, blanches en dessous, et traversées par deux sillons.

Chamæ-Cistus foliis Thymi, incanus; Faux-Ciste à feuilles de Thym, blanchâtres. *Bauh. Pin.* 466, n.° 5. *Dod. Pempt.* 193, f. 1. *Lob. Ic.* 1, p. 436, f. 1, et repétée, tome 2, p. 116, f. 1. *Clus. Hist.* 1, p. 75, f. 1.

Cette espèce présente deux variétés décrites et gravées dans *J. Bauhin Hist.* 2, p. 17, f. 1; et p. 20, f. 2.

A Montpellier, en Provence, en Dauphiné. ♄

38. CISTE à grappe, *C. racemosus*, L. à tige sous-ligneuse, à stipules; à feuilles lancéolées, linéaires, cotonneuses en dessous.

Lob. Ic. 2, p. 114, f. 1. *Lugd. Hist.* 227, f. 3. *Barrel.* tab. 288 et 293.

En Espagne. ♄

39. CISTE Fleur du soleil, *C. Helianthemum*, L. à tige sous-ligneuse, couchée, à stipules lancéolées; à feuilles oblongues, roulées, un peu velues.

Chamæ-Cistus vulgaris, flore luteo; Faux-Ciste vulgaire, à fleur jaune. *Bauh. Pin.* 465, n.° 1. *Matth.* 546, f. 1. *Lob. Ic.* 2, p. 117, f. 1. *Clus. Hist.* 1, p. 73, f. 1. *Lugd. Hist.* 740, f. 3; et 869, f. 1. *Camer. Epit.* 501. *Bauh. Hist.* 2, p. 15, fig. 2. *Loës. Pruss.* 43, n.° 8. *Bul. Paris.* tab. 299. *Flor. Dan.* t. 101.

Nutritive pour le Cheval, le Mouton, la Chèvre.

En Europe, dans les pâturages secs. ♄ Vernale.

40. CISTE hérissé, *C. hirtus*, L. à tige sous-ligneuse, à stipules; à feuilles ovales; à calices hérissés.

Cistus ledon, foliis Rosmarini, subtus incanis; Ciste lédier, à feuilles de Romarin, blanchâtres en dessous. *Bauh. Pin.* 467, n.° 12. *Lob. Ic.* 2, p. 123, f. 1. *Clus. Hist.* 1, p. 80, fig. 2. *Ludg. Hist.* 235, f. 3. *Bauh. Hist.* 2, pag. 6, fig. 1. *Barrel.* tab. 488.

A Montpellier, en Provence, à Lyon, etc. ♄ Estivale.

41. CISTE des Apennins, *C. Apenninus*, L. à tige sous-ligneuse, à stipules; à rameaux ouverts; à feuilles lancéolées, hérissées.

Ment. pag. 8, f. 3.

A Paris, en Bourgogne? à Naples. ♄

42. CISTE à feuilles de poulios, *C. polifolius*, L. à tige sous-ligneuse, à stipules, couchée; à feuilles oblongues, ovales, blanchâtres; à calices lisses; à pétales dentelés.

Bauh. Hist. 2, p. 19, f. 2. *Pluk.* tab. 23, f. 6. *Dill. Elth.* tab. 145, f. 172.

En Dauphiné, à Lyon. ♄ Vernale.

43. CISTE d'Arabie, *C. Arabicus*, L. à tige sous-ligneuse, à stipules; à feuilles alternes, lancéolées, planes, lisses.

En Arabie. ♄

La Monographie des *Cistes* qui est très-difficile, à raison du grand nombre de variétés que présentent les diverses espèces de ce genre, pourra être entreprise et achevée avec succès, si les Botanistes décrivent avec soin pour chaque espèce :

1.° La tige en arbre, en arbrisseau, en sous-arbrisseau, vivace ou annuelle.

2.° La tige droite ou couchée.

3.° Les feuilles opposées ou alternes, et leurs formes.

4.° Le nombre des stipules, deux à deux ou nulles.

5.° Les péduncules portant une ou plusieurs fleurs, nus ou garnis de bractées.

6.° La figure des pétales.

7.° Les capsules à cinq loges ou à trois battans.

8.° Le calice égal ou inégal.

729. PROCKIE, *PROCKIA*. *Lam. Tab. Encyclop.* pl. 465?

CAL. *Périanthe* à trois *feuillets*, ovales, (garnis rarement de deux autres feuillets très-petits à la base).

COR. Nulle.

ÉTAM. *Filamens* nombreux, capillaires, de la longueur du calice. *Anthères* arrondies.

PIST. *Ovaire* arrondi, le plus souvent à cinq angles. *Style* filiforme, de la longueur des étamines. *Stigmate* un peu obtus.

PÉR. *Baie* à cinq angles.

SEM. Plusieurs.

Calice à trois feuillets, garni quelquefois à la base de deux autres feuillets très-petits. *Corolle* nulle. *Baie* à cinq angles, renfermant plusieurs semences.

1. PROCKIE de l'isle de Sainte-Croix, *P. Crucis*, L. à feuilles alternes, pétiolées, ovales, aiguës, à dents de scie, lisses.

Dans l'isle de Sainte-Croix. ♄

730. CORCHORE, *CORCHORUS.* * *Tournef. Inst.* 259, tab. 155. *Lam. Tab. Encyclop.* pl. 478.

CAL. *Périanthe* à cinq *feuillets*, linéaires, lancéolés, aigus, droits, caducs-tardifs.

COR. Cinq *Pétales*, oblongs, obtus, plus étroits à la base, droits; de la longueur du calice.

ÉTAM. *Filamens* nombreux, capillaires, plus courts que la corolle. *Anthères* petites.

PIST. *Ovaire* oblong, sillonné. *Style* épais, court. *Stigmate* divisé peu profondément en deux parties.

PÉR. *Capsule* oblongue, à cinq loges, à cinq battans.

SEM. Plusieurs, anguleuses, pointues.

OBS. C. siliquosus, L. *a la Silique linéaire, comprimée, à deux loges, à deux battans.*

C. capsularis et hirsutus, L. *ont les Capsules arrondies.*

C. tridens et æstuans, L. *ont trois styles divisés peu profondément en deux parties.*

Calice à cinq feuillets, caduc-tardif. *Corolle* à cinq pétales. *Capsule* à cinq loges, à plusieurs battans.

1. CORCHORE des jardins, *C. olitorius*, L. à capsules oblongues, ventrues; les dentelures des feuilles inférieures, sétacées.

Corchorus; Corchore. *Bauh. Pin.* 317. *Lob. Ic.* 1, p. 505, f. 1, *Lugd. Hist.* 565, f. 2. *Bauh. Hist.* 2, p. 982, f. 1. *Pluk.* tab. 74, f. 8. *Camer. Hort.* 47, tab. 12.

En Asie, en Afrique, en Amérique. ⊙

2. CORCHORE à trois loges, *C. trilocularis*, L. à capsules à trois loges, à trois battans, en prisme, à trois faces; à angles rudes, divisés peu profondément en deux parties; à feuilles oblongues; les dentelures inférieures sétacées.

Jacq. Hort. tab. 173.

En Arabie. ⊙

3. CORCHORE à trois dents, *C. tridens*, L. à capsules linéaires, un peu arrondies, rudes; les dentelures inférieures des feuilles, sétacées.

Pluk. tab. 127, f. 4. *Burm. Ind.* 123, tab. 37, f. 2.

Dans l'Inde Orientale.

4. CORCHORE échauffé, *C. æstuans*, L. à capsules oblongues, à trois loges, à trois battans marqués par six sillons et terminés

par six pointes ; à feuilles en cœur ; les dentelures inférieures sétacées.

Pluk. tab. 127, f. 3. *Jacq. Hort.* tab. 83.

Dans l'Amérique Méridionale. ♄

5. CORCHORE capsulaire, *C. capsularis*, L. à capsules arrondies, déprimées, ridées ; les dentelures inférieures des feuilles, sétacées.

Pluk. tab. 255, f. 4.

Dans l'Inde Orientale. ⊙

6. CORCHORE velu, *C. hirsutus*, L. à capsules arrondies, laineuses ; à feuilles ovales, obtuses, cotonneuses, dentées inégalement.

Plum. Ic. 104.

Dans l'Amérique Méridionale.

7. CORCHORE hérissé, *C. hirtus*, L. à capsules oblongues, velues ; à tige velue ; à feuilles oblongues, dentées également.

Plum. Spec. Ic. 103, f. 2.

Dans l'Amérique Méridionale.

8. CORCHORE à silique, *C. siliquosus*, L. à capsules linéaires, comprimées, à deux battans ; à feuilles lancéolées, également dentées.

Sloan. Jam. tab. 94, f. 1.

Dans l'Amérique Méridionale. ♄

731. SÉGUIÈRE, *SEGUIERA*.

CAL. *Périanthe* ouvert, à cinq *feuillets*, oblongs, concaves, colorés, persistans.

COR. Nulle, (à moins qu'on ne prenne le calice pour corolle.)

ÉTAM. Plusieurs *Filamens*, capillaires, étalés, plus longs que le calice. *Anthères* oblongues, un peu aplaties.

PIST. *Ovaire* oblong, comprimé, membraneux dans sa partie supérieure, plus épais d'un côté. *Style* très-court, situé sur le côté le plus épais de l'ovaire. *Stigmate* simple.

PÉR. *Capsule* oblongue, augmentée d'une aile fort grande, plus épaisse du côté le plus droit, garnie des deux côtés à sa base de petites ailes, à une loge, ne s'ouvrant point.

SEM. Une seule, oblongue, lisse.

Calice à cinq feuillets. *Corolle* nulle. *Capsule* entourée par une aile très-grande, garnie des deux côtés à sa base de trois petites ailes, renfermant une seule semence.

1. SÉGUIÈRE d'Amérique, *S. Americana*, L. à feuilles alternes, pétiolées, elliptiques, échancrées.

A Carthagène.

II. DIGYNIE.

732. PIVOINE, *POEONIA*. * *Tournef. Inst.* 273, tab. 146. *Lam. Tab. Encyclop.* pl. 481.

CAL. *Périanthe* petit, persistant, à cinq *feuillets*, arrondis, concaves, renversés, inégaux pour la grandeur et la situation.

COR. Cinq *Pétales*, arrondis, concaves, plus étroits à la base, ouverts, très-grands.

ÉTAM. *Filamens* nombreux, (trente environ), capillaires, courts. *Anthères* oblongues, quadrangulaires, droites, grandes, à quatre loges.

PIST. Deux *Ovaires*, ovales, droits, duvetés. *Styles* nuls. *Stigmates* comprimés, oblongs, obtus, colorés.

PÉR. Deux *Capsules*, ovales, oblongues, renversées, ouvertes, duvetées, à une loge, à un battant, s'ouvrant intérieurement dans leur longueur.

SEM. Plusieurs, ovales, luisantes, colorées, attachées à la suture qui s'ouvre.

OBS. Le nombre des Ovaires *paroît naturellement être de deux, cependant il varie selon les espèces; il est tout au plus de cinq.*

Calice à cinq feuillets. *Corolle* à cinq pétales. *Pistils* sans styles. *Capsule* à une seule loge, renfermant plusieurs semences.

1. PIVOINE officinale, *P. officinalis*, L. à feuilles oblongues.

Cette espèce se divise 1.° en Pivoine officinale femelle, *P. officinalis famina*; 2.° en Pivoine officinale mâle, *P. officinalis mascula*.

1.° *Poeonia communis, seu famina*; Pivoine commune ou femelle. *Bauh. Pin.* 323, n.° 2. *Fusch. Hist.* 202. *Dod. Pempt.* 195, f. 1. *Lob. Ic.* 1, pag. 682, f. 2. *Lugd. Hist.* 857, f. 1. *Bauh. Hist.* 3, p. 2, pag. 492, f. 2. *Theat. Flor.* tab. 60. *Icon. Pl. Med.* tab. 488.

2.° *Poeonia folio nigricante, splendido, quæ mas*; Pivoine à feuille noirâtre, brillante, ou Pivoine mâle. *Bauh. Pin.* 323, n.° 1. *Matth.* 655, f. 1. *Dod. Pempt.* 194, f. 1. *Lob. Ic.* 1, p. 684, f. 2. *Lugd. Hist.* 856, f. 1 et 2. *Bauh. Hist.* 3, p. 492, f. 1.

1. *Poeonia*; Pivoine. 2. Racines, Fleurs, Semences. 3. Odeur de la racine et des fleurs, forte, puante, narcotique; saveur un peu âcre. 4. Les *racines* fournissent un extrait aqueux presque sans odeur ni saveur; extrait spiritueux, amer et austère; les *fleurs* donnent un extrait aqueux, austère, douceâtre, mêlé d'amertume; un extrait spiritueux d'une odeur agréable et d'une saveur sucrée; on obtient des *semences* un extrait aqueux

douceâtre et un extrait spiritueux. 5. Convulsions en général, convulsions des petits enfans, menstruation difficile, épilepsie, éclampsie des enfans, danse de saint-vite, toux convulsive, vulgairement appelée *Coqueluche*, empâtemens des viscères, maladies chroniques. 6. On prépare avec la *Pivoine* une eau distillée; elle entre dans le syrop d'Armoise, la poudre de Guttète, etc.

Les Poëtes disent que la *Pivoine* tire son nom de *Pæon*, médecin Grec, qui s'en servit pour panser la plaie de *Pluton* blessé par *Hercule*.

A Montpellier, en Provence. Cultivée dans les jardins. ♃ Vernale.

2. PIVOINE anomale, *P. anomala*, L. à calice feuillé; à capsules lisses, déprimées.

Gmel. Sibir. 4, p. 184, tab. 72.

Dans toute la Sibérie. ♃

3. PIVOINE à feuilles menues, *P. tenuifolia*, L. à folioles linéaires, divisées profondément en plusieurs parties.

En Sibérie. Cultivée dans les jardins. ♃ Vernale.

733. CURATELLE, *CURATELLA.* * *Lam. Tab. Encyclop.* pl. 479.

CAL. *Périanthe* à cinq *feuillets*, arrondis, concaves, le cinquième intérieur parfaitement semblable aux pétales.

COR. Trois ou quatre *Pétales*, arrondis, concaves, parfaitement semblables au calice.

ÉTAM. Plusieurs *Filamens*, filiformes, plus courts que la corolle. *Anthères* arrondies.

PIST. *Ovaire* arrondi, divisé profondément en deux parties. Deux *Styles*, filiformes, droits, de la longueur des étamines. *Stigmates* en tête.

PÉR. *Capsule* à deux loges, divisée profondément en deux parties, à lobes arrondis, formant chacun une loge.

SEM. Deux, oblongues, luisantes.

Calice à cinq feuillets. *Corolle* à trois ou quatre pétales. *Capsule* divisée profondément en deux parties, à deux loges renfermant chacune deux semences.

1. CURATELLE d'Amérique, *C. Americana*, L. à feuilles alternes, presque assises ou à pétioles très-courts, oblongues.

Dans l'Amérique Méridionale. ♄

734. FOTHERGILLE, *FOTHERGILLA. Lam. Tab. Encyclop.* pl. 480.

CAL. Tronqué, très-entier.

COR. Nulle.

ÉTAM. Plusieurs.

PIST. *Ovaire* divisé peu profondément en deux parties. Deux *Styles*, Deux *Stigmates*.

PÉR. *Capsule* à deux loges.

SEM. Solitaires, osseuses.

OBS. Cette plante ressemble par ses feuilles et son fruit à l'Hamamelis, *mais elle en diffère par sa fleur. On ne trouve dans le* Systema Vegetabilium, *que cette description sur le caractère de ce genre.*

**Calice* tronqué, très-entier. *Corolle* nulle. *Ovaire* divisé peu profondément en deux parties. *Capsule* à deux loges renfermant chacune des semences solitaires, osseuses.

1. FOTHERGILLE de Garden, *F. Gardeni*, L. à feuilles alternes, pétiolées, en forme de coin, entières, dentelées au sommet.

A la Caroline. ♄

735. GALLIGONE, *GALLIGONUM.* † *Lam. Tab. Encyclop.* pl. 410.

CAL. *Périanthe* à cinq *feuilles*, arrondis, concaves, persistans.

COR. Nulle.

ÉTAM. Plusieurs *Filamens*, très-petits. *Anthères* didymes.

PIST. *Ovaire* ovale. *Style* nul. Deux *Stigmates*, obtus.

PÉR. Ovale, comprimé, strié, hérissé, persistant, terminé par deux pointes divisées peu profondément en deux parties.

SEM. Semblable au péricarpe, couverte.

OBS. J'ai reçu la plante dont je donne ici le caractère, de Gronovius, *qui assuroit qu'elle étoit le polygonoïde de* Tournefort, *cependant la figure de cet Auteur ne lui convient pas.* Tournefort *dans ses Voyages la décrit ainsi :*

CAL. Petit, à cinq *feuillets*, lancéolés, persistans.

COR. Cinq *Pétales*, en ovale renversé, ouverts.

ÉTAM. Cinq *Filamens*, en alêne, plus longs que la corolle. *Anthères* arrondies.

PIST. *Ovaire* supérieur, ovale, pointu. *Style* à peine visible. *Stigmate* obtus.

PÉR. Comme dans le *Calligonum*.

Voy. Mant. 11, p. 404.

Calice à cinq feuillets. *Corolle* nulle. *Pistils* sans styles. *Fruit* hérissé, renfermant une seule semence.

1. CALLIGONE à feuilles de persicaire, *C. polygonoïdes*, L. à tige et rameaux tortus.

Tournef. Voy. au Lev. 2, *pag.* et *tab.* 356.

Sur le Mont Ararat, en Sibérie. ♃

III. TRIGYNIE.

736. DELPHIN, *DELPHINIUM.* * *Tournef. Inst.* 426, tab. 241. *Lam. Tab. Encyclop.* pl. 482.

CAL. Nul.

COR. Cinq *Pétales*, inégaux, disposés en rond, dont :

A. *Supérieur* plus obtus en devant que les autres, prolongé postérieurement en cornet subulé, droit, long, obtus.

B, C, D, E. Les *autres* ovales, lancéolés, ouverts, presque égaux.

Nectaire à deux divisions peu profondes, placé antérieurement par sa partie supérieure dans le rond des pétales, prolongé postérieurement, enveloppé par le tube du pétale A, ou supérieur.

ÉTAM. Plusieurs *Filamens*, (quinze ou trente), en alêne, plus larges à la base, très-petits, inclinés vers le pétale A. *Anthères* droites, petites.

PIST. Un ou trois *Ovaires*, ovales, terminés par des *Styles* de la longueur des étamines. *Stigmates* simples.

PÉR. Une ou trois *Capsules*, ovales, en alêne, droites, à un battant, s'ouvrant intérieurement.

SEM. Plusieurs, anguleuses.

OBS. *Les deux premières espèces ont trois* Pistils, *et un* Nectaire *intérieur d'un seul feuillet.*

Plusieurs espèces ont un Nectaire *à deux feuillets, disposé comme celui des espèces qui n'ont qu'un nectaire simple.*

Calice nul. *Corolle* à cinq pétales. *Nectaire* divisé peu profondément en deux parties, prolongé postérieurement en cornet. Une ou trois *Capsules.*

* I. *DELPHINS à une capsule.*

1. DELPHIN Pied-d'Alouette, *D. Consolida*, L. à nectaires d'un seul feuillet ; à tige un peu rameuse.

Consolida regalis arvensis ; Pied-d'Alouette des champs. *Bauh. Pin.* 142, n.° 4. *Dod. Pempt.* 252, f. 2. *Lob. Ic.* 1, p. 739, f. 2. *Lugd. Hist.* 970, f. 2. *Bauh. Hist.* 3, P. 1, pag. 210, fig. 1. *Bul. Paris.* tab. 301. *Flor. Dan.* tab. 683. *Icon. Pl. Med.* 383.

2. *Consolida regalis* ; Pied-d'Alouette. 2. Fleurs. 4. Extraits aqueux et spiritueux, odorans. 6. Le suc des corolles mêlé à l'alun, donne une encre bleue, usitée. On imite avec ses fleurs le syrop de violette ; mais cette sophistication ne remplit complétement ni les vues du médecin, ni celles du chimiste.

Nutritive pour le Mouton, la Chèvre.

En Europe, dans les champs. Cultivé dans les jardins. ☉

2. DELPHIN cultivé, *D. Ajacis*, L. à nectaires d'un seul feuillet ; à tige simple.

Consolida regalis hortensis, flore majore et simplici ; Pied-d'Alouette des jardins, à fleur plus grande et simple. *Bauh. Pin.* 142, n.° 1. *Matth.* 555, f. 2. *Dod. Pempt.* 252, f. 1. *Lob. Ic.* 1, p. 729, f. 1. *Lugd. Hist.* 698, f. 1. *Bauh. Hist.* 3, P. 1, pag. 211, fig. 1.

Consolida regalis hortensis, flore minore ; Pied-d'Alouette des jardins, à fleur plus petite. *Bauh. Pin.* 142, n.° 2. *Lob. Ic.* 1, p. 740, f. 1. *Clus. Hist.* 2, p. 206, f. 1.

Cette espèce présente une variété.

Consolida regalis flore majore et multiplici ; Pied-d'Alouette à fleur plus grande et double. *Bauh. Pin.* 142, n.° 3. *Clus. Hist.* 2, p. 206, f. 2.

Cultivé dans les jardins, d'où il se resème souvent dans les campagnes. ☉ Estivale.

3. DELPHIN à fleurs d'aconit, *D. aconiti*, L. à nectaires d'un seul feuillet, antérieurement à quatre dents ; à capsules solitaires ; à rameaux portant une seule fleur.

Au détroit des Dardanelles. ☉

* II. *DELPHINS à trois capsules.*

4. DELPHIN ambigu, *D. ambiguum*, L. à nectaires d'un seul feuillet ; à corolles de six pétales ; à feuilles divisées profondément en plusieurs parties.

Linné rapporte le synonyme de *G. Bauhin*, *Consolida regalis hortensis, flore minore*, ou Pied-d'Alouette des jardins, à fleur plus petite, *Pin.* 142, n.° 2, au Delphin cultivé et au Delphin ambigu.

En Mauritanie. ☉

5. DELPHIN étranger, *D. peregrinum*, L. à nectaires de deux feuillets ; à corolles de neuf pétales ; à feuilles à plusieurs folioles obtuses.

Consolida regalis latifolia, parvo flore ; Pied d'Alouette à larges feuilles, à petite fleur. *Bauh. Pin.* 142, n.° 6. *Prodr.* 74, f. 1. *Bauh. Hist.* 3, P. 1, p. 212, f. 3. *Moris. Hist.* sect. 12, t. 4, fig. 3.

En Sicile, à Naples. ☉

6. DELPHIN à grande fleur, *D. grandiflorum*, L. à nectaires de deux feuillets entiers ; à fleurs le plus souvent solitaires ; à feuilles composées ; à folioles linéaires, divisées profondément en plusieurs parties.

Gmel. Sibir. 4, tab. 78.

En Sibérie. ♃

7. DELPHIN élevé, *D. elatum*, L. à nectaires de deux feuillets, divisés peu profondément en deux parties et barbus au sommet; à tige droite; à feuilles palmées.

Aconitum cæruleum hirsutum, flore Consolidæ regalis; Aconit hérissé, à fleur bleue de Pied-d'Alouette. *Bauh. Pin.* 183, n.° 5. *Clus. Hist.* 2, p. 91, f. 2.

En Dauphiné, aux Pyrénées. ♃

8. DELPHIN Staphisaigre, *D. Staphysagria*, L. à nectaires de quatre feuillets, plus courts que les pétales; à feuilles palmées; à lobes obtus.

Staphysagria; Staphisaigre. *Bauh. Pin.* 324. *Fusch. Hist.* 784. *Matth.* 830, f. 1. *Dod. Pempt.* 366, f. 1. *Lob. Ic.* 1, p. 689, f. 1. *Lugd. Hist.* 1629, f. 1. *Camer. Epit.* 947. *Bauh. Hist.* 3, P. 2, p. 641, f. 2; et 642, f. 1. *Icon. Pl. Med.* tab. 473.

1. *Staphysagria*; Staphisaigre. 2. Semences. 3. Amères, nauseuses; odeur foible. 4. Huile grasse; extrait aqueux et spiritueux en quantité inégale. 5. Poux, vers subcutanés, odontalgie, maladies des premières voies causées par atonie, comme diarrhées, anorexie. 6. Les semences ont empoisonné des chiens; elles enivrent le poisson.

A Montpellier, en Provence, dans les terrains ombragés. ⊙

737. ACONIT, *ACONITUM.* * *Tournef. Inst.* 424, tab. 239 et 240. *Lam. Tab. Encyclop.* pl. 482.

CAL. Nul.

COR. Cinq *Pétales*, inégaux, opposés deux à deux.

A. *supérieur* en casque, tubulé, retourné ou à sens inverse, tourné en haut par le dos, obtus, à sommet replié vers la base, pointu, auquel sommet est opposée la base qui le réunit.

B, C. *deux latéraux* larges, arrondis, opposés, réunis.

D, E. *deux inférieurs* oblongs, tournés en dehors.

Deux *Nectaires*, cachés sous le pétale A, fistuleux, penchés; à orifice oblique, à queue recourbée, portés sur de longs pédoncules en alêne.

Six *petites écailles*, très-courtes, colorées, disposées en rond avec les nectaires.

ÉTAM. Plusieurs *Filamens*, en alêne, très-petits, larges à la base, inclinés vers le pétale A. *Anthères* droites, petites.

PIST. Trois ou cinq *Ovaires*, oblongs, terminés par des *Styles*, de la longueur des étamines. *Stigmates* simples, renversés.

PÉR. Trois ou cinq *Capsules*, ovales, en alêne, droites, à un battant, s'ouvrant intérieurement.

SEM. Plusieurs, anguleuses, ridées.

Obs. Les A. Anthora *et* variegatum, *ont les Fleurs à cinq pistils.*

Les A. Cammarum *et* uncinatum, *sont le plus souvent à cinq pistils.*

Calice nul. *Corolle* à cinq pétales inégaux dont le supérieur est en voûte. Deux *Nectaires* pédunculés, recourbés. Trois ou cinq *Capsules.*

* I. *ACONITS à trois capsules.*

1. ACONIT Tue-Loup, *A. Lycoctonum*, L. à feuilles palmées, divisées peu profondément en plusieurs parties, velues.

Aconitum Lycoctonum, luteum; Aconit Tue-Loup, à fleur jaune. *Bauh. Pin.* 183, n.° 2. *Fusch. Hist.* 88. *Matth.* 763, fig. 2. *Dod. Pempt.* 439, f. 1. *Lob. Ic.* 1, p 677, f. 2. *Clus. Hist.* 2, pag. 94, f. 1. *Lugd. Hist.* 1739, f. 2; et 1741, f. 3. *Bauh. Hist.* 3, P. 2, p. 652, f. 1. *Barrel.* tab. 599 et 600? *Icon. Pl. Med.* tab. 289.

Cette espèce présente une variété à fleurs bleues.

Nutritive pour la Chèvre.

Sur les Alpes du Dauphiné, de Provence, à Montpellier. ♃ Estivale. *Alp. et S.-Alp.*

2. ACONIT Napel, *A. Napellus*, L. à divisions des feuilles linéaires, s'élargissant par le haut, et marquées par une cannelure courante.

Aconitum cæruleum seu Napellus primus; Aconit à fleur bleue ou Napel premier. *Bauh. Pin.* 183, n.° 10. *Matth.* 768, fig. 1. *Dod. Pempt.* 442, f. 1. *Lob. Ic.* 1, p. 679, f. 1. *Clus. Hist.* 2, p. 96, f. 2. *Lugd. Hist.* 1748, f. 1. *Camer. Epit.* 836. *Bauh. Hist.* 3, P. 2, p. 655, f. 1. *Icon. Pl. Med.* tab. 49.

1. *Aconitum*; Napel. 2. Herbe, son extrait. 3. Un peu styptique; saveur nauseuse, vénéneuse. 4. Extrait aqueux d'une odeur désagréable, nauséabonde, et d'une saveur âcre et salée; extrait spiritueux ayant les mêmes qualités sensibles. 5. Fievres intermittentes quartes, douleurs sciatiques, goutte, rhumatisme, ankylose, squirre, vérole, dartres, paralysie, asthme, goutte sereine, ulcères vénériens et scrophuleux. Il étoit réservé à *Storck*, savant médecin de Vienne, de faire connoître combien le *Napel*, pris intérieurement, peut être avantageux dans le traitement de plusieurs maladies très-rebelles. Ce Savant, sagement hardi, s'est servi de l'extrait de *Napel* mêlé avec du sucre, dont il a insensiblement augmenté la dose depuis un grain jusques à dix. Les trois espèces d'*Aconits*, *Napellus*, *Cammarum* et *Lycoctonum*, sont aussi énergiques l'une que l'autre, et on peut préparer indifféremment l'extrait avec une de ces trois plantes, et en obtenir les mêmes effets.

Sur les Alpes du Dauphiné, au Mont-Pilat. ♃ Estivale.

3. ACONIT des Pyrénées, *A. Pyrenaicum*, L. à feuilles à plusieurs divisions profondes, linéaires, sèches et roides, se recouvrant les unes et les autres.

Aux Pyrénées, en Sibérie, en Tartarie. ♃

* II. *ACONITS à cinq capsules.*

4. ACONIT Anthore, *A. Anthora*, L. à fleurs pentagynes ou à cinq pistils; à divisions des feuilles linéaires.

Aconitum salutiferum seu Anthora; Aconit salutaire ou Anthore. *Bauh. Pin.* 184, n.° 17. *Matth.* 769, f. 1. *Dod. Pempt.* 443, f. 2. *Lob. Ic.* 1, pag. 677, f. 1. *Clus. Hist.* 2, pag. 98, f. 2. *Lugd. Hist.* 1748, f. 2. *Camer. Epit.* 837 et 838. *Bauh. Hist.* 3, P. 2, pag. 660, f. 2. *Barrel.* tab. 609. *Icon. Pl. Med.* tab. 434.

1. *Anthora*; Anthore, Aconit salutaire, Maclou. 2. Racine. 3. Amère, âcre, inodore, vénéneuse. 4. Ceux du Napel. 5. Fievres exanthématiques?

Sur les Alpes du Dauphiné. ♃

5. ACONIT bigarré, *A. variegatum*, L. à fleurs pentagynes ou à cinq pistils; à divisions des feuilles fendues à moitié, s'élargissant par le haut.

Aconitum cæruleum minus, seu Napellus minor; Aconit à fleur bleue plus petit, ou Napel plus petit. *Bauh. Pin.* 183, n.° 14. *Dod. Pempt.* 441, f. 2. *Lob. Ic.* 1, p. 678, f. 2. *Lugd. Hist.* 1743, f. 1. *Bauh. Hist.* 3, P. 2, p. 659, f. 3.

En Italie, à Naples. ♃

6. ACONIT Cammare, *A. Cammarum*, L. à fleurs le plus souvent à cinq pistils; à divisions des feuilles en forme de coin, incisées, pointues.

Aconitum violaceum, seu Napellus secundus; Aconit à fleur bleue, ou Napel second. *Bauh. Pin.* 183, n.° 11. *Clus. Hist.* 2, p. 95, f. 2. *Bauh. Hist.* 3, P. 2, p. 656, f. 1. *Icon. Pl. Med.* tab. 299.

Cette espèce présente deux variétés.

1.° *Aconitum purpureum, seu Napellus tertius*; Aconit à fleur pourpre, ou Aconit troisième. *Bauh. Pin.* 183, n.° 12. *Clus. Hist.* 2, p. 96, f. 1. *Bauh. Hist.* 3, P. 2, p. 657, f. 2.

2.° *Aconitum cæruleo-purpureum, flore maximo, seu Napellus quartus*; Aconit à fleur bleue purpurine, très-grande, ou Napel quatrième. *Bauh. Pin.* 183, n.° 13. *Clus. Hist.* 2, p. 97, f. 2.

Sur les Alpes du Dauphiné. ♃

7. ACONIT à crochet, *A. uncinatum*, L. à fleurs le plus souvent à cinq pistils; à feuilles à plusieurs lobes; à casques des corolles très-prolongés.

A Philadelphie. ♃

IV. TÉTRAGYNIE.

738. TÉTRACÈRE, *TETRACERA.* † *Lam. Tab. Encyclop.* pl. 485.

CAL. *Périanthe* à six *feuillets*, arrondis, ouverts, persistans, les *alternes* extérieurs, plus courts.

COR. Nulle ?

ÉTAM. *Filamens* nombreux, simples, de la longueur du calice, persistans. *Anthères* simples.

PIST. Quatre *Ovaires*, ovales, s'ouvrant tour à tour entr'eux. *Styles* en alêne, très-courts. *Stigmates* obtus.

PÉR. Quatre *Capsules*, ovales, renversées, à un battant, s'ouvrant par la suture supérieure, à une loge.

SEM. Solitaires, arrondies, roulées.

Calice à six feuillets. *Corolle* nulle ? Quatre *Capsules*, à une seule loge, renfermant des semences solitaires.

1. TÉTRACÈRE roulée, *T. volubilis*, L. à feuilles à dents de scie, en ovale renversé; à fleurs en épi.

Pluk. tab. 146, f. 1 ?

Dans l'Amérique Méridionale. ♄

739. CARYOCAR, *CARYOCAR.*

CAL. *Périanthe* coloré, à cinq *segmens* profonds, obtus, concaves, caducs-tardifs.

COR. Cinq *Pétales*, ovales, concaves, grands.

ÉTAM. *Filamens* nombreux, filiformes. *Anthères* oblongues.

PIST. *Ovaire* arrondi. Quatre *Styles*, (quelques fois moins). *Stigmates* obtus.

PÉR. *Drupe* charnue, sphérique, très-grande.

SEM. *Noix* (de une à quatre), ovales, à trois côtés, à sillons en réseaux, à suture anguleuse.

Calice à cinq segmens profonds. *Corolle* à cinq pétales. *Styles* le plus souvent au nombre de quatre. *Drupe* charnue, renfermant de un à quatre *Noyaux*, à sillons en réseaux.

1. CARYOCAR porte-noix, *C. nuciferum*, L. à feuilles trois à trois.

Dans l'Amérique Méridionale. ♄

740. CIMIFUGE, *CIMIFUGA. Lam. Tab. Encyclop.* pl. 487.

CAL. *Périanthe* à cinq *feuillets*, arrondis, concaves, promptement-caducs.

COR. Quatre *Nectaires*, en forme de pétales, en godet, cartilagineux.

ÉTAM. Vingt *Filamens*, filiformes. *Anthères* didymes.

PIST. *Ovaires* de quatre à sept. *Styles* recourbés. *Stigmates* de la longueur du style.

PÉR. *Capsules* oblongues, s'ouvrant par une suture latérale.

SEM. Plusieurs, recouvertes d'écailles étalées.

Calice à quatre feuillets. *Corolle* composée de quatre nectaires en godet. Quatre *Capsules* renfermant chacune des semences écailleuses.

1. CIMIFUGE fétide, *C. fœtida*, L. à fleurs en grappes paniculées; à fruits composés de quatre capsules.

Gmel. Sibir. 4, p. 181, tab. 70.

1. *Cimifuga*; Cimifuge. 2. Racine, Herbe, Fleurs. 5. Maladies des nerfs, scrophules, hydropisie. 6. Son nom désigne la propriété qu'elle possède éminemment de chasser les punaises.

En Sibérie. ♃

V. PENTAGYNIE.

741. ANCOLIE, *AQUILEGIA*. * *Tournef. Inst.* 428, tab. 242. *Lam. Tab. Encyclop.* pl. 488.

CAL. Nul.

COR. Cinq *Pétales*, lancéolés, ovales, planes, ouverts, égaux.

Cinq *Nectaires*, égaux, alternes avec les pétales : *chacun* d'eux en cornet, élargi insensiblement dans sa partie supérieure, ascendant extérieurement par un orifice oblique, attaché intérieurement au réceptacle, se prolongeant à sa base en un tube long, aminci, obtus au sommet.

ÉTAM. *Filamens* nombreux, (de trente à quarante), en alêne, les extérieurs plus courts. *Anthères* oblongues, droites, égalant les nectaires en hauteur.

PIST. Cinq *Ovaires*, ovales, oblongs, terminés par des *Styles* en alêne, plus longs que les étamines. *Stigmates* droits, simples.

Dix *Paillettes*, ridées, courtes, séparant et enveloppant les ovaires.

PÉR. Cinq *Capsules*, distinctes, comme cylindriques, parallèles, droites, pointues, à un battant, s'ouvrant intérieurement par les sommets.

SEM. Plusieurs, ovales, en carène, annexées à la suture qui s'ouvre.

Calice nul. *Corolle* à cinq pétales. Cinq *Nectaires* en cornet, interposés entre les pétales. Cinq *Capsules* distinctes.

1. ANCOLIE visqueuse, *A. viscosa*, L. à nectaires recourbés; à tige presque nue, ne portant le plus souvent qu'une seule fleur, visqueuse, velue; à feuilles comme à trois lobes.

Reichard rapporte d'après *Lachenal* à cette espèce, le synonyme de *G. Bauhin*, *Aquilegia montana flore parvo*, *Thalictri folio*, ou Ancolie des montagnes, à petite fleur, à feuilles de Pygamon. *Pin.* 144, n.° 4, que *Linné* cite pour l'Isopyre à feuilles d'ancolie, *Isopyrum aquilegioïdes.*

A Montpellier.

2. ANCOLIE vulgaire, *A. vulgaris*, L. à nectaires recourbés.

Aquilegia sylvestris; Ancolie sauvage. *Bauh. Pin.* 144, n.° 1. *Fusch. Hist.* 102. *Matth.* 467, f. 1. *Dod. Pempt.* 181, fig. 1. *Lob. Ic.* 1, p. 761, f. 1. *Lugd. Hist.* 820, f. 2. *Camer. Epit.* 404. *Bauh. Hist.* 3, P. 2, p. 484, f. 1. *Barrel.* tab. 31 et 628. *Bul. Paris.* tab. 302. *Icon. Pl. Med.* tab. 419.

Cette espèce présente plusieurs variétés.

1.° *Aquilegia hortensis, simplex*; Ancolie des jardins, à fleur simple. *Bauh. Pin.* 144, n.° 2. *Lob. Ic.* 1, p. 761, f. 2.

2.° *Aquilegia hortensis, multiplex, flore magno*; Ancolie des jardins, à fleur double, grande. *Bauh. Pin.* 144, n.° 1. *Dod. Pempt.* 181, f. 2. *Lob. Ic.* 1, pag. 763, f. 2. *Clus. Hist.* 2, p. 204, f. 1.

3.° *Aquilegia hortensis, multiplici flore inverso*; Ancolie des jardins, à fleur double renversée. *Bauh. Pin.* 145, n.° 3. *Lob. Ic.* 1, p. 763, f. 2. *Clus. Hist.* 2, p. 204, f. 2. *Lugd. Hist.* 821, f. 1.

4.° *Aquilegia flore roseo, multiplici*; Ancolie à fleur rose, double. *Bauh. Pin.* 145, n.° 4. *Clus. Hist.* 2, p. 205, f. 1.

5.° *Aquilegia degener, virescens*; Ancolie dégénérée, verdâtre. *Bauh. Pin.* 145, n.° 5. *Lob. Ic.* 1, p. 764, f. 1. *Clus. Hist.* 2, p. 205, f. 2.

1. *Aquilegia*; Ancolie. 2. Herbe, Fleurs, Semences. 3. Odeur foible, point agréable; saveur un peu amère, nauseuse, mucilagineuse. 5. Exanthèmes, ictère? accouchement laborieux, gale, scorbut. 6. On prépare avec ses fleurs un syrop qui imite à l'œil le syrop de violettes, mais non au goût ni dans ses effets.

Nutritive pour la Chèvre.

En Europe, dans les bois. Cultivée dans les jardins, où elle donne par la culture une foule de variétés. ♃ Vernale.

3. ANCOLIE des Alpes, *A. Alpina*, L. à nectaires droits, plus courts que les pétales qui sont lancéolés.

Aquilegia montana, magno flore; Ancolie des montagnes, à grande fleur. *Bauh. Pin.* 144, n.° 3. *Bellev.* tab. 234.

Sur les Alpes du Dauphiné, de Suisse. ♂ Estivale.

4. ANCOLIE du Canada, *A. Canadensis*, L. à nectaires droits; à étamines plus longues que la corolle.

Cornut. Canad. pag. et tab. 60. *Moris. Hist.* sect. 12, tab. 2, fig. 4.

Au Canada, en Virginie, en Dautie. ♃ Vernale.

742. NIELLE, *NIGELLA.* * *Tournef. Inst.* 258, tab. 134. *Lam. Tab. Encyclop.* pl. 488.

CAL. Nul. (On doit avoir soin de ne point prendre pour le périanthe les bractées que l'on trouve dans quelques espèces).

COR. Cinq *Pétales*, ovales, planes, obtus, rétrécis à la base.

Huit *Nectaires*, très-courts, disposés en rond, *chacun* d'eux à deux lèvres: l'*extérieure* plus grande, inférieure, à deux divisions peu profondes, plane, convexe, marquée par deux points: l'*intérieure* plus courte, plus étroite, se terminant en une ligne ovale.

ÉTAM. *Filamens* nombreux, en alêne, plus courts que les pétales. *Anthères* comprimées, obtuses, droites.

PIST. *Ovaires* (cinq ou dix), oblongs, convexes, comprimés, droits, terminés par des *Styles* en alêne, anguleux, très-longs, roulés, persistans. *Stigmates* adhérens dans leur longueur.

PÉR. *Capsules* (cinq ou dix), oblongues, comprimées, pointues, réunies intérieurement par une suture, s'ouvrant au-dedans dans leur partie supérieure.

SEM. Plusieurs, anguleuses, rudes.

OBS. *La* N. Orientalis L. *a dix pistils, droits, plus longs que la corolle, et les semences à bordure membraneuse.*

Le N. Hispanica L. *a également dix pistils, de la longueur de la corolle.*

Calice nul. *Corolle* à cinq pétales. Cinq *Nectaires* divisés peu profondément en trois parties, nidulés dans la corolle. Cinq *Capsules* réunies.

* I. *NIELLES pentagynes ou à cinq pistils.*

1. NIELLE de Damas, *N. Damascena*, L. à fleurs entourées par une collerette de cinq feuillets.

Nigella angustifolia, flore majore, simplici, caeruleo; Nielle à feuilles étroites, à fleur plus grande, simple, bleue. *Bauh. Pin.* 145, n.° 3. *Matth.* 580, f. 2. *Dod. Pempt.* 304, f. 1. *Lob. Ic.* 1, p. 741, f. 2. *Lugd. Hist.* 813, f. 1 et 2. *Camer. Epit.* 552. *Bauh. Hist.* 3, P. 1, p. 207, f. 1.

Cette espèce présente une variété.

Nigella flore majore, pleno, caeruleo; Nielle à fleur plus grande, pleine, bleue. *Bauh. Pin.* 145, n.° 4. *Clus. Hist.* 2, p. 208, fig. 1.

A Montpellier, en Provence, en Dauphiné, etc. ⊙ Vernale.

2. NIELLE cultivée, *N. sativa*, L. à fleurs à cinq pistils; à capsules hérissées de piquans arrondis; à feuilles un peu velues.

Nigella flore minore, simplici, candido; Nielle à fleur plus petite, simple, blanche. *Bauh. Pin.* 145, n.° 5. *Matth.* 580, f. 1. *Dod. Pempt.* 303, f. 1. *Lob. Ic.* 1, p. 740, f. 2. *Lugd. Hist.* 812, f. 1. *Camer. Epit.* 551. *Bauh. Hist.* 3, P. 1, p. 208, f. 1.

Cette espèce présente une variété.

Nigella flore minore, pleno et albo; Nielle à fleur plus petite, pleine et blanche. *Bauh. Pin.* 146, n.° 6. *Lob. Ic.* 1, p. 741, f. 1. *Clus. Hist.* 2, p. 207, f. 2. *Lugd. Hist.* 812, f. 2.

1. *Nigella*; Nielle. 2. Semences. 3. Plante odorante, âcre, vénéneuse. 4. Huile essentielle, huile grasse; extraits aqueux et spiritueux en même proportion. 5. Ozène, catarres, coliques, rage. 6. Dans le Levant on mêle les semences de la *Nielle* avec le pain.

En Egypte, dans l'isle de Crète. ☉

3. NIELLE des champs, *N. arvensis*, L. à fleurs à cinq pistils; à pétales entiers; à capsules en toupie.

Nigella arvensis, cornuta; Nielle des champs, cornue. *Bauh. Pin.* 145, n.° 1. *Matth.* 580, f. 3. *Dod. Pempt.* 303, f. 2. *Lob. Ic.* 1, p. 742, f. 1. *Lugd. Hist.* 813, f. 3. *Camer. Epit.* 553.

En Europe, dans les champs. ☉ Estivale.

* II. *NIELLES décagynes ou à dix pistils.*

4. NIELLE d'Espagne, *N. Hispanica*, L. à fleurs à dix pistils de la longueur de la corolle.

Nigella latifolia, flore majore, simplici, cæruleo; Nielle à feuilles étroites, à fleur plus grande, simple, bleue. *Bauh. Pin.* 145, n.° 2. *Prodr.* 75, n.° 2, f. 1. *Moris. Hist.* sect. 12, tab. 18, f. 8.

En Espagne. ☉

5. NIELLE d'Orient, *N. Orientalis*, L. à fleurs à dix pistils plus longs que la corolle.

Moris. Hist. sect. 12, tab. 18, f. 10.

Aux environs d'Alep. ☉

743. RÉAUMURE, *REAUMURIA*. *Lam. Tab. Encyclop.* pl. 489.

CAL. *Périanthe* rude, à cinq *feuillets*, en alêne, pointus, persistans; les plus petits placés en recouvrement les uns sur les autres.

COR. Cinq *Pétales*, oblongs, égaux, assis, à peine plus grands que le calice, recourbés au sommet.

Cinq *Nectaires*, entre les divisions des pétales, formés par une lame à demi-lancéolée adhérente au côté inférieur des pétales, opposés, à marge ciliée d'un côté.

ÉTAM.

ÉTAM. *Filamens* nombreux, de la longueur du calice. *Anthères* arrondies.

PIST. *Ovaire* arrondi. Cinq *Styles*, filiformes, droits, rapprochés, de la longueur des étamines. *Stigmates* simples.

PÉR. *Capsule* ovale, à cinq loges, à cinq battans.

SEM. Nombreuses, oblongues, garnies des deux côtés d'une laine droite.

Calice à cinq feuillets. *Corolle* à cinq pétales. *Capsule* à cinq battans, à cinq loges renfermant chacune plusieurs semences.

1. RÉAUMURE vermiculée, *R. vermiculata*, L. à feuilles éparses, linéaires, charnues, convexes en dessous, pointues, assises, étalées.

Sedum minus, fruticosum; Orpin plus petit, ligneux. *Bauh. Pin.* 284, n.° 10. *Lob. Ic.* 1, pag. 380, f. 2. *Lugd. Hist.* 1132, f. 3. *Moris. Hist.* sect. 12, tab. 9, f. 6. *Barrel.* tab. 888.

En Egypte, en Syrie, à Naples.

VI. HEXAGYNIE.

744. STRATIOTE, *STRATIOTES.* * *Lam. Tab. Encyclop.* pl. 489. ALOÏDES. *Vaill. Mém. de l'Acad.* 1719, p. 20, tab. 1, f. 4.

CAL. *Spathe* de deux feuillets, à une fleur, comprimés, obtus, réunis, en carène des deux côtés, persistans.

—— *Périanthe* d'un seul feuillet, à trois *segmens* profonds, droits, caduc-tardifs.

COR. Trois *Pétales*, en cœur renversé, droits, ouverts, deux fois plus grands que le calice.

ÉTAM. Vingt *Filamens*, de la longueur du périanthe, insérés sur le réceptacle. *Anthères* simples.

PIST. *Ovaire* inférieur. Six *Styles*, de la longueur des étamines, divisés profondément en deux parties. *Stigmates* simples.

PÉR. *Baie* couverte par une capsule, ovale, amincie à ses deux extrémités, à six pans, à six loges.

SEM. Plusieurs, oblongues, recourbées, presque ailées.

OBS. Bergen, Zinn, Fabricius, *et autres Botanistes, ont observé en Allemagne des Fleurs dioïques dans ce genre.*

Spathe de deux feuillets. *Périanthe* à trois segmens peu profonds. *Corolle* à trois pétales. *Baie* inférieure, à six loges.

1. STRATIOTE aloës, *S. aloïdes*, L. à feuilles en lame d'épée, triangulaires, ciliées, piquantes.

* *Aloës palustris* ; Aloës des marais. *Bauh. Pin.* 286, n.° 4. *Dod. Pempt.* 588, f. 3; et 589, f. 1. *Lob. Ic.* 1, pag. 375, f. 2. *Lugd. Hist.* 1061, f. 1. *Bauh. Hist.* 3, P. 2, p. 786 et 787, f. 1.
En Bourgogne? en Alsace. ♃
2. STRATIOTE fluteau, *S. alismoïdes*, L. à feuilles en cœur.
Rheed. Malab. 11, p. 95, tab. 46.
Dans l'Inde Orientale. ♃

VII. POLYGYNIE.

745. DILLÈNE, *DILLENIA.* † *Lam. Tab. Encyclop.* pl. 492.

CAL. *Périanthe* à cinq *feuillets*, arrondis, concaves, coriaces, grands, persistans.

COR. Cinq *Pétales*, arrondis, concaves, presque coriaces, grands.

ÉTAM. *Filamens* très-nombreux, imitant un globe. *Anthères* oblongues, droites.

PIST. *Ovaires* (au nombre de vingt ou environ), ovales, oblongs, pointus, comprimés, réunis intérieurement. *Styles* nuls. *Stigmates* lancéolés, planes extérieurement, grands, persistans, formant par leur réunion une étoile.

PÉR. Arrondi, couvert extérieurement de capsules en nombre correspondant à celui des ovaires, oblongues, longitudinales, divisées par un sillon, attachées intérieurement à un réceptacle en colonne, très-grand, pulpeux.

SEM. Nombreuses, très-petites, nidulées sous les capsules.

Calice à cinq feuillets. *Corolle* à cinq pétales. *Capsules* réunies, remplies de pulpe, renfermant chacune plusieurs semences.

1. DILLÈNE des Indes, *D. Indica*, L. à feuilles oblongues, arrondies, nerveuses, luisantes en dessus, noires et verdâtres en dessous.
Au Malabar. ♄

746. BADIANE, *ILLICIUM. Lam. Tab. Encyclop.* pl. 493.

CAL. *Périanthe* caduc-tardif, à six *feuillets* dont trois inférieurs ovales, trois supérieurs alternes, plus étroits, semblables aux pétales.

COR. Vingt-sept *Pétales*, disposés sur trois rangs : neuf inférieurs, obtus, concaves : neuf intermédiaires, plus courts, plus étroits : neuf du côté des ovaires, encore plus courts et plus étroits.

ÉTAM. Plusieurs *Filamens*, (trente), courts, déprimés. *Anthères* droites, oblongues, obtuses, échancrées.

PIST. Plusieurs *Ovaires*, (vingt), disposés en rond, terminés par des *Styles* très-courts, étalés. *Stigmates* oblongs, placés sur le côté supérieur des styles.

PÉR. Plusieurs capsules, ovales, comprimées, dures, disposées en rond, à deux battans.

SEM. Solitaires, ovales, un peu comprimées, luisantes.

Calice à six feuillets. *Corolle* à vingt-sept pétales. Plusieurs *Capsules* disposées en rond, à deux battans, renfermant chacune une seule semence.

1. BADIANE anisé, *I. anisatum*, L. à fleurs jaunâtres.

Kæmpf. Amæn. 880 et 881.

1. *Anisum stellatum*; Anis étoilé, Anis de la Chine, Badiane. 2. Semences. 3. Odeur agréable, assez semblable à celle du Fenouil et de l'Anis; saveur aromatique. 4. Extrait aqueux inerte; extrait spiritueux aromatique. 5. Toux, calcul à

Au Japon, à la Chine, aux Philippines. ♄

2. BADIANE de la Floride, *I. Floridanum*, L. à fleurs rouges.

Ellis. Act. Angl. 1770, vol. 60, p. 254, tab. 12.

A la Floride.

747. TULIPIER, *LIRIODENDRUM.* * *Lam. Tab. Encyclop.* pl. 491.

CAL. *Collerette* propre de deux *feuillets*, à trois angles, planes, caducs-tardifs.

——*Périanthe* à trois *feuillets*, oblongs, concaves, ouverts, en forme de pétales, caducs-tardifs.

COR. En cloche, à six *Pétales*, en spatule, obtus, creusés en gouttière à la base, dont trois extérieurs caducs-tardifs.

ÉTAM. *Filamens* nombreux, plus courts que la corolle, linéaires, insérés sur le réceptacle de la fructification. *Anthères* linéaires, agglutinées dans leur longueur sur les côtés des filamens.

PIST. *Ovaires* nombreux, réunis en cône. *Style* nul. Chaque *Stigmate* arrondi.

PÉR. Nul. Les *Semences* placées en recouvrement, forment un corps qui imite la figure d'un cône.

SEM. Nombreuses, terminées par une écaille lancéolée, formant un angle aigu près de la base de l'écaille sur le côté intérieur, comprimées à la base, aiguës.

Calice à trois feuillets. *Corolle* à six pétales. *Semences* placées en recouvrement, formant un corps qui imite la figure d'un cône.

1. TULIPIER porte-tulipe, *L. tulipifera*, L. à feuilles lobées.

Pluk. tab. 117, f. 5. *Duham. Arb.* 2, pag. 347, tab. 102.

Cette espèce présente une variété à feuilles plus grandes et plus anguleuses, gravée dans *Plukenet*, tab. 68, f. 3.

Dans l'Amérique Septentrionale. ♄

2. TULIPIER porte-lis, *L. lilifera*, L. à feuilles lancéolées.

Rumph. Amb. 2, p. 204, tab. 69.

A Amboine. ♄

748. MAGNOLIER, *MAGNOLIA* * *Plum. Gen.* 38, tab. 7. *Dill. Elth.* tab. 168, f. 205. *Lam. Tab. Encyclop.* pl. 490.

CAL. *Périanthe* à trois *feuillets*, ovales, concaves, en forme de pétales, caducs-tardifs.

COR. Neuf *Pétales*, oblongs, concaves, obtus, plus étroits à la base.

ÉTAM. *Filamens* nombreux, courts, pointus, comprimés, insérés sur le réceptacle commun des pistils au-dessus des ovaires. *Anthères* linéaires, aglutinées des deux côtés sur le bord des filamens.

PIST. *Ovaires* nombreux, ovales, oblongs, couvrant le réceptacle fait en forme de massue. *Styles* recourbés, contournés, très-courts. *Stigmates* recourbés, tordus, velus.

PÉR. Cône ovale, couvert par des *Capsules* comprimées, arrondies; à peine en recouvrement, entassées, aiguës, à une loge, à deux battans, assises, s'ouvrant extérieurement, persistantes.

SEM. Solitaires, arrondies, en baie, suspendues par un filament à la base de chaque écaille du cône.

Calice à trois feuillets. *Corolle* à neuf pétales. *Cône* ovale; couvert par des *Capsules* à deux battans, placées en recouvrement. *Semences* en baie, suspendues par un filament à la base de chaque écaille du cône.

1. MAGNOLIER à grande fleur, *M. grandiflora*, L. à feuilles lancéolées, persistantes.

Catesb. Carol. 2, pag. et tab. 61. *Duham. Arb.* 2, pag. 1, tab. 1.

A la Caroline, à la Floride. ♄

2. MAGNOLIER glauque, *M. glauca*, L. à feuilles ovales, oblongues, glauques sur leur surface inférieure.

Pluk. tab. 68, f. 4.

1. *Augustura, Augustura cortex, cortex Augustinus*; Tulipier glauque, Augusture. 2. Écorce (moyenne) de l'arbre avancé en âge. 3. Aromatique. 4. Extrait résineux amer; extrait gommeux. 5. Digestion difficile, diarrhée, dyssenterie, fièvres intermittentes, céphalalgie, odontalgie, etc. 6. Bel arbre d'ornement qui réussit très-bien en France. Les fleurs de la *Magnolia* de *Plumier* donnent aux fameuses *liqueurs de la Martinique*, le parfum et le goût délicieux qu'on leur connoît. Tout porte à

présumer que les fleurs de la *Magnolia glauca* produiroient le même effet ; leur odeur et leur saveur ne le cédant en rien à celle de la *Magnolia* de *Plumier*.

En Virginie, en Pensylvanie, à la Caroline. Ewer et Williams, médecins à l'isle de la Trinité, firent connoître les premiers l'écorce d'Augusture en 1789.

3. MAGNOLIER aigu, *M. acuminata*, L. à feuilles ovales, oblongues, aiguës.

Catesb. Carol. 3, pag. et tab. 15.

En Pensylvanie. ♄

4. MAGNOLIER à trois pétales, *M. tripetala*, L. à feuilles lancéolées ; les pétales extérieurs pendans.

Catesb. Carol. 2, pag. et tab. 80.

A la Caroline, en Virginie. ♄

749. MICHÉLIE, *MICHELIA*. † *Lam. Tab. Encyclop.* pl. 493.

CAL. *Périanthe* à trois *feuillets*, en forme de pétales, oblongs, concaves, caducs-tardifs.

COR. Quinze *Pétales*, lancéolés, les extérieurs plus grands.

ÉTAM. Plusieurs *Filamens*, en alêne, très-courts. *Anthères* droites, aiguës.

PIST. *Ovaires* nombreux, en recouvrement sur un épi oblong. *Styles* nuls. *Stigmates* renversés, obtus.

PÉR. *Baies* en nombre correspondant à celui des ovaires, arrondies, à une loge, disposées en grappe.

SEM. Quatre, convexes d'un côté, anguleuses de l'autre.

Calice à trois feuillets. *Corolle* à quinze pétales. *Baies* nombreuses renfermant chacune quatre semences.

1. MICHÉLIE Champaca, *M. Champaca*, L. à feuilles lancéolées.

Rheed. Malab. 1, p. 31, tab. 19. *Rumph. Amb.* 2, p. 199, tab. 67 et 68.

Dans l'Inde Orientale. ♄

2. MICHÉLIE Tsiampaca, *M. Tsiampaca*, L. à feuilles lancéolées, ovales.

Rumph. Amb. 2, p. 202, tab. 68.

Dans l'Inde Orientale. ♄

750. UVAIRE, *UVARIA*. † *Lam. Tab. Encyclop.* pl. 495.

CAL. *Périanthe* plane, à trois *feuillets*, ovales, aigus, persistans.

COR. Six *Pétales*, lancéolés, assis, ouverts, plus longs que le calice.

ÉTAM. *Filamens* nuls. *Anthères* nombreuses, tronquées, oblongues, couvrant l'ovaire sur lequel elles sont insérées.

PIST. *Ovaire* ovale, couvert par les anthères. *Styles* nombreux, de la longueur des anthères, terminant la tête de l'ovaire. *Stigmates* obtus.

PÉR. *Baies* nombreuses, distinctes, arrondies, pédunculées, attachées au *Réceptacle* qui s'alonge.

SEM. Plusieurs.

Calice à trois feuillets. *Corolle* à six pétales. *Baies* nombreuses, pédunculées, attachées au réceptacle qui est alongé.

1. UVAIRE de Zeylan, *U. Zeylanica*, L. à feuilles très-entières.
Rheed. Malab. 2, p. 11, tab. 9. *Rumph. Amb.* 5, p. 78, tab. 42.
A Zeylan. ♄

2. UVAIRE du Japon, *U. Japonica*, L. à feuilles à dents de scie.
Kæmpf. Amœn. 476 et 477.
Au Japon. ♄

751. COROSSOL, *ANNONA*. † GUANABANUS. *Plum. Gen.* 42, tab. 10. *Lam. Tab. Encyclop.* pl. 494.

CAL. *Périanthe* petit, à trois *feuillets*, en cœur, concaves, pointus.

COR. Six *Pétales*, en cœur, assis : trois *alternes* intérieurs plus petits.

ÉTAM. *Filamens* à peine visibles. *Anthères* très-nombreuses, insérées sur le réceptacle.

PIST. *Ovaire* arrondi, porté sur le réceptacle arrondi. *Styles* nuls. *Stigmates* obtus, nombreux, couvrant entièrement l'ovaire.

PÉR. *Baie* très-grande, arrondie, enveloppée par une écorce écailleuse, à une loge.

SEM. Plusieurs, dures, ovales, oblongues, disposées en rond, nidulées.

Calice à trois feuillets. *Corolle* à six pétales. *Baie* arrondie, enveloppée par une écorce écailleuse, renfermant plusieurs semences.

1. COROSSOL tuberculeux, *A. muricata*, L. à feuilles ovales, lancéolées, lisses, luisantes, planes ; à pommes tuberculeuses.
Pluk. tab. 134, f. 2 ; et 135, f. 1. *Sloan. Jam.* tab. 225.
Dans l'Amérique Méridionale. ♄

2. COROSSOL écailleux, *A. squamosa*, L. à feuilles oblongues, presque ondulées ; à fruits couverts d'écailles obtuses.
Pluk. tab. 134, f. 3. *Sloan. Jam.* tab. 227.
Dans l'Amérique Méridionale. ♄

3. COROSSOL à réseau, *A. reticulata*, L. à feuilles lancéolées ; à fruits ovales, en réseaux à aréoles.

Sloan. Jam. tab. 226.

Dans l'Amérique Méridionale. ♄

4. COROSSOL des marais, *A. palustris*, L. à feuilles oblongues, un peu obtuses, lisses; à fruits marqués par des areoles.

Pluk. tab. 135, f. 1; et 240, f. 6. *Sloan. Jam.* 228, f. 1.

Dans l'Amérique Méridionale, dans les marais. ♄

5. COROSSOL lisse, *A. glabra*, L. à feuilles lancéolées, ovales; à fruits en cône, lisses.

Catesb. Carol. 2, pag. et tab. 64.

A la Caroline. ♄

6. COROSSOL à trois lobes, *A. triloba*, L. à feuilles lancéolées; à fruits à trois divisions peu profondes.

Catesb. Carol. 2, pag. et tab. 85. *Duham. Arb.* 1, pag. 56, tab. 19 et 20.

A la Caroline. ♄

7. COROSSOL d'Asie, *A. Asiatica*, L. à feuilles lancéolées, lisses; luisantes, marquées par des lignes.

Pluk. tab. 134, f. 4.

A Zeylan. ♄

8. COROSSOL d'Afrique, *A. Africana*, L. à feuilles lancéolées; duvetées.

Dans l'Amérique Méridionale. ♄

752. ANEMONE, *ANEMONE*. * *Tournef. Inst.* 275, tab. 147. *Lam. Tab. Encyclop.* pl. 496. PULSATILLA. *Tournef. Inst.* 284, tab. 148.

CAL. Nul.

COR. *Pétales* oblongs, disposés sur deux ou trois rangs, trois à chaque rang.

ÉTAM. *Filamens* nombreux, capillaires, moitié plus courts que la corolle. *Anthères* didymes, droites.

PIST. *Ovaires* nombreux, réunis en tête. *Styles* aigus. *Stigmates* obtus.

PÉR. Nul. *Réceptacle* arrondi ou oblong, à excavations ponctuées.

SEM. Plusieurs, pointues, terminées par le style.

OBS. Hepatica, *Dillen : Collerette à trois feuillets, éloignée de la fleur.*

Pulsatilla, *Tournefort : Collerette feuillée à plusieurs divisions peu profondes; Semences terminées par une queue, à poils.*

Anemonoïdes, *Dillen*, et Hepatica, *Dillen : Semences nues, sans queue plumeuse.*

Calice nul. *Corolle* de six à neuf pétales. Plusieurs *Semences* nues.

* I. *ANEMONE HÉPATIQUE à fleurs soutenues par un calice contigu à la corolle.*

1. ANEMONE Hépatique, *A. Hepatica*, L. à feuilles à trois lobes; très-entières.

Trifolium hepaticum, flore simplici; Trèfle hépatique, à fleur simple. *Bauh. Pin.* 330, n.° 1. *Matth.* 610, f. 2. *Dod. Pempt.* 579, f. 2. *Lob. Ic.* 2, p. 34, f. 2. *Clus. Hist.* 2, p. 247, f. 3. *Lugd. Hist.* 1274, f. 1. *Camer. Epit.* 585. *Bauh. Hist.* 2, p. 389, figure 2, répétée pag. 398, lettre 1, ou 409, f. 1. *Theat. Flor.* tab. 67. *Bul. Paris.* tab. 305. *Icon. Pl. Med.* tab. 5.

Cette espèce présente une variété.

Trifolium hepaticum, flore pleno; Trèfle hépatique, à fleur pleine. *Bauh. Pin.* 330, n.° 2. *Lob. Ic.* 2, pag. 35, f. 1. *Clus. Hist.* 248, f. 2. *Lugd. Hist.* 1274, f. 2. *Bauh. Hist.* 2, p. 391, f. 1.

1. *Hepatica nobilis*; Hépatique, Herbe de la Trinité. 2. Herbe, Fleurs. 3. Inodores, insipides; plante inerte, superflue.

A Montpellier, en Provence, en Bourgogne. ♃ Vernale.

* II. *ANEMONES PULSATILLES à péduncules enveloppés par une collerette; à semences à queue.*

2. ANEMONE ouverte, *A. patens*, L. à péduncule enveloppé par une collerette; à feuilles digitées, à plusieurs divisions peu profondes.

Pulsatilla folio Anemones secunda, seu subrotunda; Pulsatille à feuille d'Anemone seconde, ou arrondie. *Bauh. Pin.* 177, n.° 7. *Helw. Puls.* 52, tab. 2 et 3.

En Lithuanie, en Sibérie. ♃

3. ANEMONE soufrée, *A. sulphurea*, L. à péduncule enveloppé par une collerette; à feuilles trois fois pinnées; à folioles velues, planes, à divisions aiguës; à semences à queue.

Pulsatilla lutea, Apii hortensis folio; Pulsatille à fleur jaune, à feuille d'Ache des jardins. *Bauh. Pin.* 177, n.° 10.

Sur les Alpes de Suisse. ♃

4. ANEMONE du Mont-Baldo, *A. Baldensis*, L. à feuilles deux fois trois à trois, hérissées.

Anemone Alpina, alba, minor; Anemone des Alpes, à fleur blanche, plus petite. *Bauh. Pin.* 176, n.° 4. *Allion. Flor. Pedem.* n.° 1928, tab. 44, f. 3.

Sur les Alpes du Dauphiné, de Suisse. ♃ Estivale. *Alp*

5. ANEMONE printanière, *A. vernalis*, L. à péduncule enveloppé par une collerette; à feuilles pinnées; à fleur droite; à pétales velus.

Pulsatilla Apii folio, vernalis, flore majore; Pulsatille à feuille d'Ache, printanière, à fleur plus grande. *Bauh. Pin.* 177, n.° 4. *Bellev.* tab. 185. *Flor. Dan.* tab. 29.

Sur les Alpes du Dauphiné, de Provence. ♃ Estivale.

6. ANEMONE Coquelourde, *A. Pulsatilla*, L. à péduncule enveloppé par une collerette; à pétales droits; à feuilles deux fois pinnées.

Pulsatilla folio crassiore, et majore flore; Pulsatille à feuille plus épaisse, et à fleur plus grande. *Bauh. Pin.* 177, n.° 1. *Math.* 462, f. 2. *Dod. Pempt.* 433, f. 1. *Lob. Ic.* 281, f. 2. *Clus. Hist.* 1, p. 246, f. 1. *Lugd. Hist.* 849, f. 1. *Camer. Epit.* 392. *Bellev.* tab. 186. *Bul. Paris.* tab. 306. *Icon. Pl. Med.* tab. 76. *Flor. Dan.* tab. 153.

1. *Pulsatilla*; Pulsatille, Coquelourde, Herbe au vent. 2. Herbe. 3. Très-âcre, vénéneuse; racine un peu douce. 5. Fièvres intermittentes, extérieurement en épicarpe, de manière que son action se développe au commencement de l'accès en froid? affection de poitrine (en Prusse). 6. Sa fleur teint en vert; on en fait de l'encre de cette couleur. Les Hippiatres l'emploient fréquemment contre les ulcères rebelles des chevaux.

Nutritive pour le Mouton, la Chèvre.

A Montpellier, en Provence, à Lyon, etc. ♃ Vernale.

7. ANEMONE des prés, *A. pratensis*, L. à péduncule enveloppé par une collerette; à pétales renversés au sommet; à feuilles deux fois pinnées.

Pulsatilla flore minore, nigricante; Pulsatille à fleur plus petite, noirâtre. *Bauh. Pin.* 177, n.° 3. *Dod. Pempt.* 433, f. 2. *Lob. Ic.* 1, p. 283, f. 1. *Clus. Hist.* 1, p. 246, f. 2. *Lugd. Hist.* 850, f. 2. *Bellev.* tab. 184. *Flor. Dan.* tab. 611. *Icon. Pl. Med.* tab. 439.

A Lyon, en Auvergne. ♃ Vernale.

* III. *ANEMONES à tiges feuillées; à semences à queue.*

8. ANEMONE des Alpes, *A. Alpina*, L. à feuilles de la tige trois à trois, réunies par la base, décomposées par le haut, à plusieurs divisions peu profondes; à semences à queues, hérissées.

Pulsatilla flore albo; Pulsatille à fleur blanche. *Bauh. Pin.* 177, n.° 9. *Lob. Ic.* 1, p. 182, f. 2. *Clus. Hist.* 1, p. 245, f. 1. *Lugd. Hist.* 849, f. 2.

Cette espèce présente une variété.

Anemone Alpina, alba, major; Anemone des Alpes, à fleur blanche, plus grande. *Bauh. Pin.* 176, n.° 3.

On la trouve à fleur jaune sur les Alpes granitiques.

Sur les Alpes du Dauphiné, de Provence. ♃ Vernale *sur les Alpes calcaires*; Estivale *sur les Alpes granitiques.*

9. ANEMONE des couronnes, *A. coronaria*, L. à feuilles radicales trois à trois, décomposées ; à collerette feuillée.

Anemone tenuifolia, simplici flore ; Anemone à feuilles menues, à fleur simple. *Bauh. Pin.* 174, n.° 2 jusques et compris le n.° 23.

Cette espèce présente une variété.

Anemone tenuifolia, multiplex, rubra ; Anemone à feuilles menues, à fleur multiple, rouge. *Bauh. Pin.* 176, n.° 8. *Lob. Ic.* 1, p. 277, f. 2. *Clus. Hist.* 1, p. 263, f. 1.

A Montpellier. ♃ Vernale.

10. ANEMONE des jardins, *A. hortensis*, L. à feuilles digitées ; à semences laineuses.

Anemone Geranii rotundo folio, purpurascens ; Anemone à feuille de Bec-de-Grue ronde, à fleur pourpre. *Bauh. Pin.* 173, n.° 28. *Dod. Pempt.* 434, f. 1. *Lob. Ic.* 1, p. 279, f. 1. *Clus. Hist.* 1, pag. 249, f. 2. *Lugd. Hist.* 845, f. 1. *Bauh. Hist.* 3, P. 2, pag. 402, f. 2.

A Montpellier, en Provence. ♃

11. ANEMONE palmée, *A. palmata*, L. à feuilles en cœur, comme lobées ; à calice à six feuillets colorés.

Anemone Cyclaminis seu Malvæ folio, lutea ; Anemone à feuille de Cyclame ou de Mauve, à fleur jaune. *Bauh. Pin.* 173, n.° 1. *Lob. Ic.* 1, p. 279, f. 2. *Clus. Hist.* 1, p. 248, f. 2. *Lugd. Hist.* 846, f. 2. *Bauh. Hist.* 3, P. 2, pag. 401, fig. 1. *Moris. Hist.* sect. 4, tab. 25, f. 3.

En Portugal. ♃

* IV. *ANEMONES RENONCULES à fleurs nues ; à semences sans queue.*

12. ANEMONE de Sibérie, *A. Sibirica*, L. à tige portant une seule fleur ; à collerette feuillée, obtuse.

Gmel. Sibir. 4, p. 199, n.° 41.

En Sibérie. ♃

13. ANEMONE sauvage, *A. sylvestris*, L. à péduncule nu ; à semences sans queue, arrondies, hérissées.

Anemone sylvestris, alba, major ; Anemone sauvage, à fleur blanche, plus grande. *Bauh. Pin.* 176, n.° 1. *Dod. Pempt.* 434, f. 4. *Lob. Ic.* 1, p. 280, f. 2. *Clus. Hist.* 1, p. 244, f. 1. *Lugd. Hist.* 843, f. 2. *Bauh. Hist.* 3, P. 2, p. 411, f. 1. *Bal. Paris.* tab. 307.

Cette espèce présente une variété.

Anemone sylvestris, alba, minor ; Anemone sauvage, à fleur blanche, plus petite. *Bauh. Pin.* 176, n.° 2.

A Lyon, à Paris, en Auvergne. ♃ Vernale.

14. ANEMONE de Virginie, *A. Virginica*, L. à pédoncules alternes, très-longs; a fruits cylindriques; à semences sans queue, hérissées.

Herm. Parad. pag. et tab. 18.

En Virginie.

15. ANEMONE à dix pétales, *A. decapetala*, L. à tige portant une seule fleur à dix pétales; à feuilles radicales trois à trois, lobées.

Ard. Spec. 2, p. 27, tab. 12.

Au Brésil. ♃

16. ANEMONE de Pensylvanie, *A. Pensylvanica*, L. à tige dichotome; à feuilles assises, embrassantes: les inférieures trois à trois, découpées, à trois divisions peu profondes.

Au Canada. ♃

17. ANEMONE dichotome, *A. dichotoma*, L. à tige dichotome; toutes les feuilles assises, opposées, embrassantes, découpées, à trois divisions peu profondes.

Au Canada, en Sibérie. ♃

18. ANEMONE à trois feuilles, *A. trifolia*, L. à feuilles trois à trois, ovales, entières, à dents de scie; à tige portant une seule fleur.

Dod. Pempt. 436, f. 1. *Lob. Ic.* 1, p. 281, f. 1. *Lugd. Hist.* 847, f. 2. *Bauh. Hist.* 3, P. 2, p. 413, f. 1. *Moris. Hist.* sect. 4, tab. 25, f. 1.

A Montpellier, à Paris.

19. ANEMONE à cinq feuilles, *A. quinquefolia*, L. à feuilles cinq à cinq, ovales, à dents de scie; à tige portant une seule fleur.

Pluk. tab. 106, f. 3.

Au Canada, en Virginie.

20. ANEMONE des bois, *A. nemorosa*, L. à semences aiguës; à feuilles incisées; à tige portant une seule fleur.

Anemone nemorosa, flore majore; Anemone des bois, à fleur plus grande. *Bauh. Pin.* 176, n.° 5. *Fusch. Hist.* 161. *Dod. Pempt.* 435, f. 2. *Lob. Ic.* 1, p. 673, f. 2. *Clus. Hist.* 1, p. 247, fig. 1. *Lugd. Hist.* 847, f. 1; et 1030, f. 2. *Bauh. Hist.* 3, P. 2, p. 412, f. 2. *Bul. Paris.* tab. 308. *Flor. Dan.* tab. 549. *Icon. Pl. Med.* tab. 317.

1. *Ranunculus albus*; Anemone des bois. Tout le reste comme dans l'Anemone Coquelourde, mais plus foible et encore moins usitée.

Nutritive pour le Mouton, la Chèvre.

En Europe, dans les bois. ♃ Vernale.

21. ANEMONE des Apennins, *A. Apennina*, L. à semences aiguës; à folioles incisées; à pétales lancéolés, nombreux.

Anemone Geranii Robertiani folio, carulea; Anemone à feuille d'Herbe à Robert, à fleur bleue. *Bauh. Pin.* 174, n.° 1. *Dod. Pempt.* 434, f. 2. *Lob. Ic.* 1, p. 280, f. 1. *Clus. Hist.* 1, p. 254, f. 2. *Bauh. Hist.* 3, P. 2, p. 405, f. 2.

A Naples, à Rome, sur les Apennins. ♃

22. ANEMONE renoncule, *A. ranunculoïdes*, L. à semences aiguës; à folioles incisées; à pétales arrondis; à tige portant une ou deux fleurs.

Ranunculus nemorosus, luteus; Renoncule des bois, à fleur jaune. *Bauh. Pin.* 178, n.° 1. *Fusch. Hist.* 162. *Lob. Ic.* 1, p. 674, f. 1. *Lugd. Hist.* 1030, f. 3. *Flor. Dan.* tab. 140.

A Lyon, Grenoble, Paris, etc. ♃ Vernale.

23. ANEMONE narcisse, *A. narcissiflora*, L. à fleurs en ombelle; à semences aplaties, ovales, nues.

Ranunculus montanus, hirsutus, humilior, Narcissi flore; Renoncule des montagnes, hérissée, moins élevée, à fleur de Narcisse. *Bauh. Pin.* 182, n.° 5. *Clus. Hist.* 1, p. 235, f. 1.

Caryophyllata Alpina, quinquefolia; Benoite des Alpes, à cinq feuilles. *Bauh. Pin.* 322, n.° 9. *Lob. Ic.* 1, p. 696, f. 1.

Sur les Alpes du Dauphiné, de Provence, en Auvergne. ♃ Vernale *sur les Alpes calcaires*; Estivale *sur les Alpes granitiques.*

24. ANEMONE en faisceaux, *A. fasciculata*, L. à fleurs en ombelle, entassées; à feuilles à plusieurs divisions peu profondes.

Tournef. Voy. au Lev. 2, pag. et tab. 245.

Haller regarde cette espèce comme une variété de la précédente.

En Orient.

25. ANEMONE pigamon, *A. thalictroïdes*, L. à fleurs en ombelle; à feuilles de la tige simples, en anneaux : les radicales deux fois trois à trois.

Pluk. tab. 106, f. 4.

Au Canada, en Virginie.

753. ATRAGÈNE, *ATRAGENE.*

CAL. *Périanthe* à quatre *feuillets*, ovales, ouverts, obtus, caducs-tardifs.

COR. Douze *Pétales*, linéaires, très-étroits à la base, obtus, ouverts.

ÉTAM. Plusieurs *Filamens*, très-courts. *Anthères* oblongues, pointues, plus courtes que le calice.

PIST. Plusieurs *Ovaires*, oblongs. *Styles* velus. *Stigmates* simples, de la longueur des anthères.

PÉR. Nul.

SEM. Plusieurs, terminées par une queue à poils.

Obs. L'A. capensis L. *a environ vingt pétales.*

Calice à quatre feuillets. *Corolle* à douze pétales. *Semences* terminées par une queue.

1. ATRAGÈNE des Alpes, *A. Alpina*, L. à feuilles deux fois trois à trois, à dents de scie ; les pétales extérieurs au nombre de quatre.

Clematis Alpina, Geranii folia ; Clématite des Alpes, à feuilles de Bec-de-Grue. *Bauh. Pin.* 300, n.° 7. *Pon. Bald.* 335, f. 1. *Bauh. Hist.* 2, pag. 129, f. 2. *Bellev.* tab. 173. *Moris. Hist.* sect. 15, tab. 2, fig. dernière. *Jacq. Aust.* tab. 241.

Sur les Alpes du Dauphiné, de Provence. ♃ Estivale.

2. ATRAGÈNE du Cap, *A. Capensis*, L. à feuilles trois à trois ; à folioles incisées, dentées ; à pétales extérieurs au nombre de cinq.

Burm. Afric. 148, tab. 52.

Au cap de Bonne-Espérance. ♄ ♃

3. ATRAGÈNE de Zeylan, *A. Zeylanica*, L. à vrilles portant deux feuilles ; à pétales extérieurs au nombre de quatre.

A Zeylan. ♄

754. CLÉMATITE, *CLEMATIS.* * *Lam. Tab. Encyclop.* pl. 497. CLEMATITIS. *Tournef. Inst.* 293, tab. 150.

CAL. Nul.

COR. Quatre *Pétales*, oblongs, peu serrés.

ÉTAM. Plusieurs *Filamens*, en alêne, plus courts que la corolle. *Anthères* aglutinées sur le côté des filamens.

PIST. Plusieurs *Ovaires*, arrondis, comprimés, terminés par des *Styles* en alêne, plus longs que les étamines. *Stigmates* simples.

PÉR. Nul. *Réceptacle* petit, en tête.

SEM. Plusieurs, arrondies, comprimées, garnies d'un style dont la figure varie.

OBS. Clematitis, *Tournefort : Pétales lancéolés ; Semences terminées par une soie velue, très-longue.*

Flammula : *Huit Pistils ; Semences orbiculaires, terminées par une plume très-longue.*

Viticella : *Pétales delthoïdes ; Semences terminées par un crochet nu.*

Virginiana *et* Dioïca : *Dioïques.*

Calice nul. *Corolle* à quatre, cinq ou six pétales. *Semences* terminées par une queue.

* I. *Clématites à tiges grimpantes.*

1. CLÉMATITE à vrilles, *C. cirrhosa*, L. à feuilles simples; à tige grimpante, munie de vrilles opposées; à péduncules latéraux, portant une seule fleur,

Clematis peregrina, foliis Pyri, incisis; Clématite étrangère, à feuilles de Poirier, incisées. *Bauh. Pin.* 300, n.° 3. *Lob. Ic.* 1, p. 628, f. 2. *Clus. Hist.* 1, p. 123, f. 1. *Lugd. Hist.* 1434, f. 1. *Bauh. Hist.* 2, p. 126, f. 1.

Dans la Bœtie. ♃

2. CLÉMATITE Viticelle, *C. Viticella*, L. à feuilles composées et décomposées; à folioles ovales, comme lobées, très-entieres.

Clematis cærulea vel purpurea, repens; Clématite à fleur bleue ou pourpre, rampante. *Bauh. Pin.* 300, n.° 9. *Matth.* 680, f. 1. *Dod. Pempt.* 406, f. 2. *Lob. Ic.* 1, p. 626, f. 2. *Clus. Hist.* 1, p. 122, f. 1. *Lugd. Hist.* 1430, f. 2. *Camer. Epit.* 696. *Bauh. Hist.* 2, pag. 128, f. 1.

Cette espèce présente une variété.

Clematis cærulea, flore pleno; Clématite à fleur bleue, pleine. *Bauh. Pin.* 301, n.° 10. *Bauh. Hist.* 2, p. 129, f. 1.

En Italie, en Espagne.

3. CLÉMATITE Viorne, *C. Viorna*, L. à feuilles composées et décomposées; à folioles à trois divisions peu profondes.

Dill. Elth. tab. 128, f. 144.

En Virginie, à la Caroline.

4. CLÉMATITE frisée, *C. crispa*, L. à feuilles simples et trois à trois; à folioles entières ou à trois lobes.

Dill. Elth. tab. 73, f. 84.

A la Caroline.

5. CLÉMATITE Orientale, *C. Orientalis*, L. à feuilles composées; à folioles incisées, anguleuses, lobées, en forme de coin; à pétales velus intérieurement.

Dill. Elth. tab. 119, f. 145.

En Orient, en Russie.

6. CLÉMATITE de Virginie, *C. Virginiana*, L. à feuilles trois à trois; à folioles en cœur, comme lobées, anguleuses, s'entortillant par les pétioles; à fleurs dioïques.

Pluk. tab. 389, f. 4.

Dans l'Amérique Septentrionale. ♄

7. CLÉMATITE dioïque, *C. dioïca*, L. à feuilles trois à trois, très-entières; à fleurs dioïques.

Sloan. Jam. tab. 128, f. 1.

Dans l'Amérique Méridionale.

8. CLÉMATITE des haies, *C. Vitalba*, L. à feuilles pinnées; à folioles en cœur, s'entortillant par les pétioles.

Cette espèce présente deux variétés.

1.° *Clematis latifolia, integra*; Clématite à feuilles larges, entières. *Bauh. Hist.* 2, p. 125, f. 1.

2.° *Clematis sylvestris latifolia*; Clématite sauvage à larges feuilles. *Bauh. Pin.* 300, n° 1. *Matth.* 680, f. 2. *Dod. Pempt.* 404, f. 1. *Lob. Ic.* 1, p. 626, f. 1. *Lugd. Hist.* 1408, f. 1. *Bauh. Hist.* 2, p. 125, f. 2.

1. *Clematis*; Herbe aux gueux, Viorne. Cette plante a les mêmes propriétés que la Clématite droite, mais plus foibles. 6. On a trouvé le moyen de faire avec les aigrettes de ses semences d'assez beau papier.

En Europe, dans les haies. ♃ Estivale.

9. CLÉMATITE Flammule, *C. Flammula*, L. à feuilles inférieures pinnées, laciniées : les supérieures simples, très-entières, lancéolées.

Clematis sive Flammula repens; Clématite ou Flammule rampante. *Bauh. Pin.* 300, n.° 4. *Dod. Pempt.* 404, f. 2. *Lob. Ic.* 1, p. 627, f. 1. *Lugd. Hist.* 1171, f. 1. *Bauh. Hist.* 2, p. 127, fig. 1.

En Europe, dans les haies. ♄ Estivale.

* II. *CLÉMATITES à tiges droites.*

10. CLÉMATITE maritime, *C. maritima*, L. à feuilles pinnées; à folioles linéaires; à tiges simples, hexagones.

Clematis maritima repens; Clématite maritime rampante. *Bauh. Pin.* 300, n.° 5.

Sur les bords de la mer Adriatique.

11. CLÉMATITE droite, *C. erecta*, L. à feuilles pinnées; à folioles ovales, lancéolées, très-entières; à tige droite; à fleurs à quatre et à cinq pétales.

Flammula recta, Flammule droite. *Bauh. Pin.* 300, n.° 6. *Matth.* 680, f. 3. *Dod. Pempt.* 405, f. 1. *Lob. Ic.* 1, p. 627, f. 2. *Clus. Hist.* 1, p. 124, f. 1. *Lugd. Hist.* 1171, f. 2. *Camer. Epit.* 698. *Bauh. Hist.* 2, p. 127, f. 2. *Jacq. Aust.* tab. 291. *Icon. Pl. Med.* tab. 441.

1. *Flammula Jovis*; Clématite droite, Flammule. 2. Herbe, Fleurs. 3. Odeur foible, saveur âcre. 5. Ulcères malins, vénériens, ulcères sordides, fongueux, carcinomaux, carie des os, cancers aux lèvres, ulcères de l'urètre, gale, carcinomes, goutte vague ou répercutée, nodosités et douleurs des os causées par le virus siphylitique. 6. Cette plante ainsi que la Clématite des haies, sert aux mendians à se faire et à entre-

tenir les ulceres qu'on leur voit aux jambes et sur les différentes parties de leur corps.

A Montpellier, en Provence. ♃ Estivale.

12. CLÉMATITE à feuilles entières, *C. integrifolia*, L. à feuilles simples, assises, ovales, lancéolées; à fleurs inclinées.

Clematis cærulea, erecta; Clématite à fleur bleue, à tige droite. *Bauh. Pin.* 300, n° 8. *Lob. Ic.* 1, p. 628, f. 1. *Clus. Hist.* 1, p. 123, f. 2. *Lugd. Hist.* 1434, f. 2. *Bauh. Hist.* 2, p. 129, f. 3. *Theat. Flor.* tab. 56, f. 1. *Barrel.* tab. 397. *Jacq. Aust.* tab. 363.

En Hongrie, en Tartarie. Cultivée dans les jardins. ♃ Vernale.

715. PIGAMON, *THALICTRUM*. * *Tournef. Inst.* 270, tab. 143. *Lam. Tab. Encyclop.* pl. 497.

Cal. Nul, (à moins qu'on ne prenne la corolle pour calice.)

Cor. Quatre *Pétales*, arrondis, obtus, concaves, promptement-caducs.

Étam. Plusieurs *Filamens*, élargis dans leur partie supérieure, comprimés, plus longs que la corolle. *Anthères* oblongues, droites.

Pist. Plusieurs *Styles*, très-courts. Plusieurs *Ovaires*, le plus souvent portés sur un pédicule, arrondis. *Styles* nuls. *Stigmates* un peu épais.

Pér. Nul.

Sem. Plusieurs, sillonnées, ovales, sans queue.

Obs. *Les* T. tuberosum *et* cornutum, *ont une Corolle à cinq pétales.*

Le T. dioïcum, *a des Fleurs dioïques.*

Les T. aquilegifolium *et* contortum, *ont les Semences portées sur un pedicule, pendantes, à trois faces ailées.*

Le nombre des étamines et des pistils varie selon les espèces.

Calice nul. *Corolle* à quatre ou cinq pétales. *Semences* sans queue ou nues.

1. PIGAMON des Alpes, *T. Alpinum*, L. à tige très-simple, presque nue; à fleurs en grappe simple, terminale.

Moris. Hist. sect. 9, tab. 20, f. 14. *Flor. Dan.* tab. 11.

Sur les Alpes de Lapponie. ♃

2. PIGAMON fétide, *T. fœtidum*, L. à tige en panicule, filiforme, très-rameuse, feuillée.

Thalictrum minimum, fœtidissimum; Pigamon très-petit, très-fétide. *Bauh. Pin.* 337, n.° 9. *Moris. Hist.* sect. 9, tab. 20, f. 13. *Pluk.* tab. 65, f. 4.

A Montpellier, en Dauphiné. ♃

3. PIGAMON

3. PIGAMON tubéreux, *T. tuberosum*, L. à fleurs à cinq pétales; à racine tubéreuse.

Œnanthe Hederæ foliis; Œnanthe à feuilles de Lierre. *Bauh. Pin.* 163, n.° 5. *Lugd. Hist.* 783. f. 2. *Bauh. Hist.* 3, P. 2, pag. 193, f. 1. *Moris. Hist.* sect. 4, tab. 28, f. 13.

En Espagne, aux Pyrénées. ♃

4. PIGAMON de Cornuti, *T. Cornuti*, L. à fleurs à cinq pétales; à racine fibreuse.

Cornut. Canad. pag. 186 et 187.

Au Canada. ♃

5. PIGAMON dioïque, *T. dioïcum*, L. à fleurs dioïques.

Au Canada.

6. PIGAMON petit, *T. minus*, L. à feuilles à six divisions profondes; à fleurs inclinées.

Thalictrum minus; Pigamon plus petit. *Bauh. Pin.* 337, n.° 8. *Dod. Pempt.* 58, f. 2. *Lob. Ic.* 2, pag. 56, f. 2. *Lugd. Hist.* 1081, f. 1. *Bauh. Hist.* 3, P. 2, pag. 487, f. 3. *Flor. Dan.* tab. 244.

A Montpellier, Lyon, Paris, etc.

7. PIGAMON de Sibérie, *T. Sibiricum*, L. à feuilles à trois divisions profondes; à folioles un peu renversées, découpées; à fleurs inclinées.

En Sibérie.

8. PIGAMON pourpre, *T. purpurascens*, L. à feuilles à trois divisions profondes; à tige deux fois plus haute que les feuilles; à fleurs inclinées.

Au Canada. ♃

9. PIGAMON à feuilles étroites, *T. angustifolium*, L. à folioles lancéolées, linéaires, très-entieres.

Thalictrum pratense, angustissimo folio; Pigamon des prés, à feuille très-étroite. *Bauh. Pin.* 337, n.° 7. *Prodr.* 146, n.° 1, f. 1. *Pluk.* tab. 65, f. 6.

A Montpellier, en Dauphiné, en Provence, etc. ♄

10. PIGAMON jaunâtre, *T. flavum*, L. à tige feuillée, sillonnée; à panicule très-composé, droit.

Thalictrum majus, siliquâ angulosâ aut striatâ; Pigamon plus grand, à silique anguleuse ou striée. *Bauh. Pin.* 336, n.° 1. *Dod. Pempt.* 58, f. 1. *Lob. Ic.* 2, pag. 56, f. 1. *Lugd. Hist.* 1080, f. 2. *Bauh. Hist.* 3, P. 2, p. 486, f. 1. *Icon. Pl. Med.* t. 406.

Cette espèce présente une variété.

Thalictrum majus, flavum, staminibus luteis, vel glauco folio; Pigamon plus grand, à fleurs et étamines jaunes ou à feuille glauque. *Bauh. Pin.* 336, n.° 3.

La racine colore en vert.

Nutritive pour le Cheval, le Bœuf, le Mouton, la Chèvre.

En Europe, dans les prés, les lieux humides. ♃

11. PIGAMON simple, *T. simplex*, L. à tige feuillée, très-simple, anguleuse.

Flor. Dan. tab. 244.

En Suède, en Danemarck. ♄

12. PIGAMON luisant, *T. lucidum*, L. à tige feuillée, sillonnée; à feuilles linéaires, charnues.

Pluk. tab. 65, f. 5.

A Paris, en Bourgogne. ♃

13. PIGAMON à feuilles d'ancolie, *T. aquilegifolium*, L. à fruits pendans, triangulaires, portés sur un pédicule; à tige arrondie.

Thalictrum majus, florum staminibus purpurascentibus; Pigamon plus grand, à étamines des fleurs tirant sur le pourpre. *Bauh. Pin.* 337, n.° 4. *Bauh. Hist.* 3, P. 2, pag. 487, f. 2. *Jacq. Aust.* tab. 318.

Nutritive pour le Cheval, le Bœuf, le Mouton, la Chèvre.

A Lyon, Grenoble, en Provence. ♃ Vernale.

14. PIGAMON tordu, *T. contortum*, L. à fruits pendans, triangulaires, tordus; à tige comme à deux tranchans.

En Sibérie. ♃

15. PIGAMON de Daurie, *T. petaloideum*, L. à hampe comme en ombelle; à filamens des étamines dilatés au sommet, colorés, plus larges que l'anthère.

En Daurie. ♃

756. ADONIS, *ADONIS.* * *Lam. Tab. Encyclop.* pl. 498.

CAL. *Périanthe* à cinq *feuillets*, obtus, concaves, légèrement colorés; caducs tardifs.

COR. *Pétales* de cinq à quinze, oblongs, obtus, luisans.

ÉTAM. Plusieurs *Filamens*, très-courts, en alêne. *Anthères* oblongues, recourbées.

PIST. *Ovaires* nombreux, réunis en tête. *Styles* nuls. *Stigmates* aigus, renversés.

PÉR. Nul. *Réceptacle* oblong, en épi.

SEM. Nombreuses, irrégulières, anguleuses, bossuées à la base; renversées au sommet, un peu saillantes, sans arêtes.

Calice à cinq feuillets. *Corolle* à cinq ou à plus de cinq pétales, sans nectaires. *Semences* nues.

1. ADONIS d'été, *A. æstivalis*, L. à fleurs à cinq pétales; à fruits ovales.

Adonis sylvestris, flore phœniceo, ejusque foliis longioribus; Adonis sauvage, à fleur pourpre et à feuilles plus longues. *Bauh. Pin.* 178, n.° 4. *Matth.* 650, f. 1. *Lugd. Hist.* 970, f. 1.

Cette espèce est à peine distinguée de la suivante.

En Provence, en Dauphiné, à Lyon, etc. ⊙ Vernale.

2. ADONIS d'automne, *A. autumnalis*, L. à fleurs à huit pétales; à fruits comme cylindriques.

Adonis flore majore; Adonis à fleur plus grande. *Bauh. Pin.* 178, n.° 2. *Lugd. Hist.* 971, f. 1.

Adonis hortensis, flore minore atro-rubente; Adonis des jardins, à fleur plus petite d'un noir rougeâtre. *Bauh. Pin.* 178, n.° 3. *Dod. Pempt.* 260, f. 3. *Lob. Ic.* 1, p. 283, f. 2. *Clus. Hist.* 1, p. 336, f. 1. *Bauh. Hist.* 3, P. 1, pag. 125 et 126, f. 3.

A Lyon, Grenoble, Paris, etc. ⊙ Estivale.

3. ADONIS printannier, *A. vernalis*, L. à fleurs à douze pétales; à fruit ovale.

Helleborus niger, tenuifolius, Buphthalmi flore; Hellébore noir, à feuilles menues, à fleur de Buphthalme. *Bauh. Pin.* 186, n.° 9. *Matth.* 846, f. 1. *Dod. Pempt.* 261, f. 1. *Lob. Ic.* 1, p. 784, f. 1. *Clus. Hist.* 1, pag 333, f. 1. *Lugd. Hist.* 863, f. 2, et 1638, f. 1. *Camer. Epit.* 942. *Barrel.* tab. 1178. *Icon. Pl. Med.* tab. 182.

A Montpellier. ♃ Vernale.

4. ADONIS des Apennins, *A. Apennina*, L. à fleurs à quinze pétales; à fruit ovale.

Mentz. Pug. tab. 3, f. 1.

Aux Pyrénées; sur les montagnes de la Lozère. ♃

5. ADONIS du Cap, *A. Capensis*, L. à fleurs à dix pétales; à fruits déprimés; à feuilles deux fois trois à trois; à folioles à dents de scie, en cœur.

Pluk. tab. 95, f. 2. *Burm. Afric.* 147, tab. 51.

Au cap de Bonne-Espérance. ♃

757. RENONCULE, *RANUNCULUS.* * *Tournef. Inst.* 285, t. 149. *Lam. Tab. Encyclop.* pl. 498. RANUNCULOÏDES. *Vaill. Mém. de l'Acad.* 1719, pag. 36, tab. 4, f. 4.

CAL. *Périanthe* à cinq *feuillets*, ovales, concaves, légèrement colorés, caducs-tardifs.

COR. Cinq *Pétales*, obtus, luisans. *Onglets* petits.

Nectaire: fossette au-dessus de l'onglet de chaque pétale.

ÉTAM. Plusieurs *Filamens*, moitié plus courts que la corolle. *Anthères* droites, oblongues, obtuses, didymes.

PIST. *Ovaires* nombreux, réunis en tête. *Styles* nuls. *Stigmates* renversés, très-petits.

PÉR. Nul. Les semences sont attachées au *Réceptacle* par des pédoncules très-petits.

SEM. Plusieurs, irrégulières, d'une figure indéterminée, nues, hérissonnées, recourbées au sommet.

OBS. Le caractère essentiel des Renoncules consiste dans le Nectaire. *Les autres parties de la fructification varient toujours, de là vient que l'existance méconnue du nectaire a occasionné une grande confusion dans les espèces de ce genre.*

Le Nectaire *est selon les espèces, un pore nu, ou ceint par une marge cylindrique, ou formé par une petite écaille échancrée.*

Dans le R. ficaria, L. *le Calice est à trois feuillets, et la Corolle à plusieurs pétales.*

Dans le R. hederaceus, L. *les Étamines sont ordinairement au nombre de cinq.*

Dans le R. falcatus, L. *les Semences sont terminées par une queue en lame d'épée; le Calice est garni à sa base d'un appendice.*

Dans le R. sceleratus, L. *le Réceptacle est en alêne et le Fruit en épi.*

Dans quelques espèces les Semences *sont arrondies; dans quelques autres déprimées, hérissonnées, en petit nombre, etc.*

Calice à trois ou cinq feuillets. *Corolle* à cinq ou plus de cinq pétales remarquables par un nectaire sur l'onglet, en cornet, en écaille, en fossette, en vessie, etc. *Semences* nues.

* I. RENONCULES *à feuilles simples.*

1. RENONCULE petite Douve, *R. Flammula*, L. à feuilles ovales, lancéolées, pétiolées; à tige basse, lisse, inclinée.

Ranunculus longifolius, palustris, minor; Renoncule à longues feuilles, des marais, plus petite. *Bauh. P n.* 180, n.° 2. *Dod. Pempt.* 432, f. 1. *Lob. Ic.* 1, pag. 670, f. 1. *Lugd. Hist.* 1035, f. 2. *Bauh. Hist.* 3, P. 2, pag. 864, f. 3. *Moris. Hist.* sect. 4, tab. 29, f. 34. *Bul. Paris.* tab. 310. *Flor. Dan.* tab. 575. *Icon. Pl. Med.* tab. 326.

Cette espèce présente une variété.

Ranunculus palustris, serratus; Renoncule des marais, à feuilles à dents de scie. *Bauh. Pin.* 180, n.° 3. *Dod. Pempt.* 432, f. 2. *Lob. Ic.* 1, p. 670, f. 2. *Lugd. Hist.* 1042, f. 1. *Moris. Hist.* sect. 4, tab. 29, f. 35.

En Europe, dans les marais. ♃ Vernale.

2. RENONCULE rampante; *R. repens*, L. à feuilles linéaires; à tige rampante, produisant des racines de ses nœuds inférieurs.

Amm. Ruth. n.° 106, tab. 13, fig. 1. *Flor. Lappon.* n.° 236, tab. 3, f. 5.

Cette espèce paroît n'être qu'une variété de la précédente.

Nutritive pour l'Oie.

En Europe, dans les marais. ♃ Vernale.

3. RENONCULE grande Douve, *R. Lingua*, L. à feuilles lancéolées, légèrement dentées; à tige droite.

Ranunculus longifolius, palustris, major; Renoncule à longues feuilles, des marais, plus grande. *Bauh. Pin.* 180, n.° 1. *Lugd. Hist.* 1037, f. 1. *Bauh. Hist.* 3, P. 2, pag. 865, f. 1. *Moris. Hist.* sect. 4, tab. 29, f. 33. *Flor. Dan.* tab. 755.

Cette espèce présente une variété à grandes feuilles de Plantain velues sur les bords.

A Montpellier, Lyon, Paris, en Dauphiné, etc.

4. RENONCULE nodiflore, *R. nodiflorus*, L. à feuilles ovales, pétiolées; à fleurs assises.

Petiv. Gaz. tab. 25, f. 4. *Vaill. Mém. de l'Acad.* 1719, pag. 52, tab. 4, f. 4.

Cette espèce présente une variété de Sicile, à feuilles arrondies, à peine dentelées, gravée dans *Petiver Gaz.* tab. 24, f. 9.

A Paris. ⊙ Estivale.

5. RENONCULE graminée, *R. gramineus*, L. à feuilles lancéolées, linéaires, sans divisions; à tige droite, très-lisse, portant un petit nombre de fleurs.

Ranunculus montanus, gramineo folio; Renoncule des montagnes, à feuille graminée. *Bauh. Pin.* 180, n.° 5. *Lob. Ic.* 1, p. 671, f. 1. *Lugd. Hist.* 1038, f. 1.

Cette espèce présente deux variétés.

1.° *Ranunculus gramineo folio, bulbosus*; Renoncule à feuille graminée, bulbeuse. *Bauh. Pin.* 181, n.° 7.

2.° *Ranunculus montanus, folio gramineo, multiplex*; Renoncule des montagnes, à feuille graminée, à fleur double. *Bauh. Pin.* 181, n.° 6. *Dod. Pempt.* 428, f. 2. *Lob. Ic.* 1, p. 671, f. 2. *Bauh. Hist.* 3, P. 2, pag. 866, f. 1.

A Montpellier, Lyon, Paris, etc. ♃ Vernale.

6. RENONCULE des Pyrénées, *R. Pyrenæus*, L. à feuilles linéaires, sans divisions; à tige droite, striée, portant une ou deux fleurs.

Lugd. Hist. 1036, f. 1? *Bauh. Hist.* 3, P. 2, pag. 866, f. 3. *Jacq. Aust.* tab. 18, f. 1.

Sur les Alpes du Dauphiné, de Provence. ♃ Estivale. *Alp. et S.-Alp.*

7. RENONCULE à feuilles de parnassie, *R. parnassifolius*, L. à feuilles presque ovales, nerveuses, marquées par des lignes, très-entières, pétiolées; à fleurs en ombelle.

Sur les Alpes du Dauphiné, au Mont-de-Lans, au-dessous de la belle Étoile, aux Pyrénées. ♃ Estivale. *Alp.*

8. RENONCULE à feuilles embrassantes, *R. amplexicaulis*, L. à feuilles ovales, aigues, embrassantes; à tiges portant plusieurs fleurs; à racine en faisseau.

Ranunculus montanus, folio Plantaginis; Renoncule des montagnes, à feuilles de Plantain. *Bauh. Pin.* 180, n.° 4. *Moris. Hist.* sect. 4, tab. 30, f. 36.

A Montpellier. ♃

9. RENONCULE à bulles, *R. bullatus*, L. à feuilles ovales, à dents de scie; a hampe nue, portant une seule fleur.

Ranunculus latifolius, bullatus, Asphodeli radice; Renoncule à larges feuilles, à bulles, a racine d'Asphodèle, *Bauh. Pin.* 181, n.° 12. *Dod. Pempt.* 429, f. 1. *Lob. Ic.* 1, p. 673, f. 1. *Clus. Hist.* 1, pag. 238, fig. 1 et 2. *Lugd. Hist.* 1033, f. 1. *Bauh. Hist.* 3, P. 2, pag 867, f. 1 et 2.

Cette espèce présente une variété à fleur pleine et prolifère, gravée dans *Morison Hist.* sect. 4, tab. 31, f. 49, 50 et 51.

En Portugal, dans l'isle de Crète. ♃

10. RENONCULE Figuière, *R. Ficaria*, L. à feuilles en cœur, anguleuses, pétiolées; à tige portant une seule fleur.

Chelidonia rotundifolia, minor; Chélidoine à feuilles rondes, plus petite. *Bauh. Pin.* 309, n.° 2. *Fusch. Hist.* 867. *Matth.* 468, f. 1. *Dod. Pempt.* 49, f. 1. *Lob. Ic.* 1, pag. 593, fig. 2. *Lugd. Hist.* 1036, f 3; et 1048, f. 1. *Camer. Epit.* 403. *Bauh. Hist.* 3, P. 2, pag. 468, f. 1. *Bul. Paris.* tab. 311. *Flor. Dan.* tab. 499. *Icon. Pl. Med.* tab. 66.

Cette espèce présente une variété.

Chelidonia rotundifolia, major; Chélidoine à feuilles rondes, plus grande. *Bauh. Pin.* 309, f. 1.

La corolle présente quelquefois douze pétales, et le calice cinq feuillets; les feuilles sont entières, arrondies, alongées, palmées, dentées, etc.

1. *Chelidonium minus*; Petite Chélidoine, Herbe aux hémorrhoïdes. Cette plante inusitée en médecine, doit sa dénomination et l'idée prononcée de sa vertu *antihémorrhoïdale*, à la forme des bulbes de sa racine, qui ne ressemblent pas mal à des fics ou à des hémorrhoïdes naissantes.

En Europe, dans les fossés, les lieux humides. ♃ Vernale.

11. RENONCULE Thora, *R. Thora*, L. à feuilles en forme de rein,

comme à trois lobes, crénelées : celles de la tige assises ; à pétales lancéolés ; à tige portant une ou deux fleurs.

Aconitum Pardalianches primum seu Thora major ; Aconit Scorpion premier ou Thora plus grand. *Bauh. Pin.* 184, n.° 1. *Mauh.* 766, f. 3. *Lob. Ic.* 1, p. 604, f. 1. *Clus. Hist.* 1, pag. 239, f. 3. *Lugd. Hist.* 1739, f. 1. *Bauh. Hist.* 3, P. 2, pag. 650, fig. 1.

Cette espèce présente une variété.

Aconitum Pardalianches alterum, sive Thora minor ; Autre Aconit Scorpion ou Thora plus petit. *Bauh. Pin.* 184, n.° 2. *Mauh.* 767, f. 1. *Dod. Pempt.* 443, f. 1. *Clus. Hist.* 1, pag. 239, f. 2. *Lugd. Hist.* 1738, f. 2.

Haller réunit ces deux variétés sous une seule et même espèce, *Seguier* les sépare ; mais nous croyons qu'*Haller* a eu raison, la différence de grandeur n'étant produite que par le terrain, ainsi que nous nous en sommes assurés sur les Alpes, où nous avons trouvé sur les mêmes lieux des individus depuis deux jusqu'à dix pouces. On assure que les Anciens se servoient du suc âcre et caustique de cette plante pour empoisonner leurs fleches.

Sur les Alpes du Dauphiné, des Pyrénées. ♃ Vernale. *S.-Alp.*

* II. *RENONCULES à feuilles disséquées et divisées plus ou moins profondément.*

22. RENONCULE de Crète, *R. Creticus*, L. à feuilles radicales en forme de rein, crénelées, comme lobées : celles de la tige à trois divisions profondes, lancéolées, très-entières ; à tige portant plusieurs fleurs.

Ranunculus Asphodeli radice, Creticus ; Renoncule à racine d'Asphodele, de Crète. *Bauh. Pin.* 181 ; n.° 11. *Clus. Hist.* 1, pag. 239, f. 1.

Dans l'isle de Crète. ♃

23. RENONCULE de Cassubie, *R. Cassubicus*, L. à feuilles radicales arrondies, en cœur, crénelées : celles de la tige digitées, dentées ; à tige portant plusieurs fleurs.

Bellev. tab. 176. *Pluk.* tab. 311, f. 6. *Loës. Pruss.* 225, n.° 72.

En Prusse, en Sibérie, en Cassubie. ♃

24. RENONCULE douce, *R. auricomus*, L. à feuilles radicales en forme de rein, crénelées, incisées : celles de la tige linéaires ; à tige portant plusieurs fleurs.

Ranunculus nemorosus seu sylvaticus, folio rotundo ; Renoncule des bois ou des forêts, à feuille ronde. *Bauh. Pin.* 178, n.° 2. *Fusch. Hist.* 156. *Lob. Ic.* 1, p. 669, f. 2. *Lugd. Hist.* 1029, f. 4. *Bauh. Hist.* 3, P. 2, pag. 841, f. 3. *Flor. Dan.* tab. 665.

Nutritive pour le Bœuf, la Chèvre.

En Provence, en Bourgogne, en Dauphiné. ♃

15. RENONCULE avortante, *R. abortivus*, L. à feuilles radicales en cœur, crenelées : celles de la tige trois à trois, anguleuses ; à tige portant le plus souvent trois fleurs.

Au Canada, en Virginie.

16. RENONCULE scélérate, *R. sceleratus*, L. à feuilles inférieures palmées : les supérieures digitées ; à fruits alongés.

Ranunculus palustris, Apii folio, lævis ; Renoncule des marais, à feuille d'Ache, lisse. *Bauh. Pin.* 180 ; n.° 1. *Fusch. Hist.* 159. *Matth.* 457, f. 3. *Dod. Pempt.* 426, f. 2. *Lob. Ic.* 1, pag. 669, f. 1. *Lugd. Hist.* 1027, f. 1. *Camer. Epit.* 380. *Bauh. Hist.* 3, P. 2, pag. 858, f. 1. *Moris. Hist.* sect. 4, tab. 29, f. 27 et 28. *Bul. Paris.* tab. 312. *Flor. Dan.* tab. 571.

La causticité de cette plante est telle, que l'on peut regarder son usage intérieur comme un poison. Pilée et appliquée, elle peut, suivant quelques auteurs, résoudre les tumeurs scrophuleuses ; on prétend qu'elle tue les brebis.

Nutritive pour la Chèvre.

En Europe, dans les terrains humides et marécageux. ☉ Estivale.

17. RENONCULE à feuilles d'aconit, *R. aconitifolius*, L. toutes les feuilles cinq à cinq, lancéolées, incisées, à dents de scie.

Ranunculus montanus, Aconiti folio, albo flore, majore ; Renoncule des montagnes, à feuille d'Aconit, à fleur blanche, plus grande. *Bauh. Pin.* 182, n.° 8. *Dod. Pempt.* 429, f. 2. *Lob. Ic.* 1, pag. 668, f. 2. *Lugd. Hist.* 1031, f. 1. *Bauh. Hist.* 3, P. 2, pag. 859, f. 2. *Barrel.* tab. 88.

Cette espèce présente une variété.

Ranunculus folio Aconiti, flore albo, multiplici ; Renoncule à feuille d'Aconit, à fleur blanche, double. *Bauh. Pin.* 179, n.° 6. *Lob. Ic.* 1, p. 667, f. 2. *Clus. Hist.* 1, pag. 236, fig. 2. *Lugd. Hist.* 1035, f. 1.

Sur les Alpes du Dauphiné, de Provence, etc. Vernale. *S.-Alp.*

18. RENONCULE à feuilles de platane, *R. platanifolius*, L. à feuilles palmées, lisses, incisées ; à tige droite ; à bractées linéaires.

Ranunculus montanus, Aconiti folio, albus, flore majore ; Renoncule des montagnes, à feuille d'Aconit, à fleur blanche plus grande. *Bauh. Pin.* 182, n.° 7. *Matth.* 458, f. 3. *Dod. Pempt.* 429, f. 2. *Lob. Ic.* 1, pag. 668, f. 1. *Clus. Hist.* 1, pag. 236, f. 1.

Sur les Alpes du Dauphiné, de Provence. ♃

19. RENONCULE d'Illyrie, *R. Illyricus*, L. à feuilles trois à trois, très-entières ; lancéolees.

Ranunculus lanuginosus, angustifolius, grumosâ radice, major ; Renoncule à feuilles laineuses, étroites, à racine grumelée, plus grande. *Bauh. Pin.* 181, n.° 1.

Ranunculus lanuginosus angustifolius, grumosâ radice, minor; Renoncule à feuilles laineuses, étroites, à racine grumelée, plus petite. *Bauh. Pin.* 181, n.° 2. *Dod. Pempt.* 428, f. 1. *Lob. Ic.* 1, pag. 672, f. 1. *Clus. Hist.* 240, f. 1. *Bauh. Hist.* 3, P. 2, pag. 863, fig. 1.

A Montpellier, en Provence, en Dauphiné. ♃ Vernale.

20. RENONCULE d'Asie, *R. Asiaticus*, L. à feuilles deux à deux ou trois à trois; à folioles à trois divisions peu profondes, incisées; à tige rameuse par le bas.

Ranunculus grumosâ radice, ramosus; Renoncule à racine grumelée, à tige rameuse. *Bauh. Pin.* 181, n.° 6. *Clus. Hist.* 1, p. 241, f. 1.

Cette espèce présente huit variétés.

1.° *Ranunculus grumosâ radice, flore flavo, vario*; Renoncule à racine grumelée, à fleur jaune, variée. *Bauh. Pin.* 181, n.° 7.

2.° *Ranunculus grumosâ radice, flore albo*; Renoncule à racine grumelée, à fleur blanche. *Bauh. Pin.* 181, n.° 8. *Clus. Hist.* 1, pag. 241, f. 2.

3.° *Ranunculus grumosâ radice, flore albo, leviter crenato*; Renoncule à racine grumelée, à fleur blanche, légèrement crénelée. *Bauh. Pin.* 181, n.° 9.

4.° *Ranunculus grumosâ radice, flore niveo*; Renoncule à racine grumelée, à fleur très-blanche. *Bauh. Pin.* 181, n.° 10.

5.° *Ranunculus grumosâ radice, flore phœniceo, minimo, simplici*; Renoncule à racine grumelée, à fleur pourpre, très-petite, simple. *Bauh. Pin.* 181, n.° 5. *Clus. Hist.* 1, pag. 240, f. 2.

6.° *Ranunculus Asphodeli radice, flore sanguineo*; Renoncule à racine d'Asphodèle, à fleur couleur de sang. *Bauh. Pin.* 181, n.° 1. *Dod. Pempt.* 430, f. 2. *Lob. Ic.* 1, p. 672, f. 2. *Clus. Hist.* 1, pag. 242, f. 1. *Lugd. Hist.* 1034, f. 2.

7.° *Ranunculus Asphodeli radice, flore subphœniceo, rubente*; Renoncule à racine d'Asphodèle, à fleur comme pourpre, rougeâtre. *Bauh. Pin.* 181, n.° 2. *Clus. Hist.* 1, pag. 243, f. 1.

8.° *Ranunculus Asphodeli radice, prolifer, miniatus*; Renoncule à racine d'Asphodèle, prolifère, à fleur couleur de minium. *Bauh. Pin.* 181, n.° 3. *Clus. Hist.* 1, pag. 243, f. 2.

En Asie, en Mauritanie. ♃

21. RENONCULE à feuilles de rue, *R. rutæfolius*, L. à feuilles décomposées par le haut; à tige très-simple, ornée d'une seule feuille et portant une seule fleur; à racine tubéreuse.

Ranunculus rutaceo folio, flore suavè rubente; Renoncule à feuille de Rue, à fleur d'un rouge agréable. *Bauh. Pin.* 181, n.° 1. *Clus. Hist.* 1, p. 232, f. 1. *Pon. Bald.* 341, f. 1. *Moris. Hist.*

sect. 4, tab. 31, f. 34. *Allion. Flor. Pedem.* n.° 1451, tab. 67, fig. 1.

Sur les Alpes du Dauphiné, de Suisse. ♃ Estivale. *Alp.*

22. RENONCULE glaciale, *R. glacialis*, L. à calices hérissés; à tige portant deux fleurs; à feuilles à plusieurs divisions profondes.

Bauh. Hist. 3, P. 2, p. 862, f. 3. *Barrel.* tab. 456. *Flor. Lappon.* n.° 233, tab. 3, f. 1. *Flor. Dan.* tab. 19.

Nous observerons que le nombre des fleurs dans cette espèce varie prodigieusement, puisque nous avons trouvé sur les Alpes des pieds de cette Renoncule qui portoient jusqu'à vingt-deux fleurs. La couleur de la fleur varie; elle est blanche ou rose vineux.

Sur les Alpes du Dauphiné, de Suisse. ♃ Estivale. *Alp.*

23. RENONCULE des neiges, *R. nivalis*, L. à calices hérissés; à tige portant une seule fleur; à feuilles radicales palmées: celles de la tige assises, à plusieurs divisions profondes.

Flor. Lappon. n.° 232, t. 3, f. 2. *Jacq. Aust.* tab. 325 et 326.

Cette espèce présente une variété naine, décrite et gravée dans la *Flora Lapponica*, n.° 232, tab. 3, f. 3.

Dans cette espèce le nombre des fleurs varie de une à cinq, et la grandeur de la tige d'un pouce à six.

Sur les Alpes du Dauphiné, de Suisse, de Lapponie. ♃ Vern. *S.-Alp.*

24. RENONCULE des Alpes, *R. Alpestris*, L. à feuilles radicales presque en cœur, obtuses, divisées en trois lobes qui sont eux-mêmes sous-divisés en trois: la feuille de la tige lancéolée, très-entière; à tige portant une ou deux fleurs.

Ranunculus Alpinus, humilis, rotundifolius, flore minore; Renoncule des Alpes, naine, à feuilles rondes, à fleur plus petite. *Bauh. Pin.* 181, n.° 2. *Clus. Hist.* 1, pag. 234, f. 1. *Bauh. Hist.* 3, P. 2, pag. 861, fig. 4, n.° 1.

Ranunculus Alpinus, humilis, rotundifolius, flore majore; Renoncule des Alpes naine, à feuilles rondes, à fleur plus grande. *Bauh. Pin.* 181, n.° 3. *Dod. Pempt.* 429, f. 3. *Clus. Hist.* 1, p. 234, fig. 2. *Bauh. Hist.* 3, P. 2, pag. 861, fig. 4, n.° 2.

Le nombre des pétales varie de cinq à douze.

Sur les Alpes de Provence, du Dauphiné, à la grande Chartreuse sur le grand-Som. Estivale. *S.-Alp.*

25. RENONCULE de Lapponie, *R. Lapponicus*, L. à feuilles divisées profondément en trois lobes obtus; à tige presque nue, portant une seule fleur.

Flor. Lapp. n.° 231, tab. 3, f. 4. *Flor. Dan.* tab. 144.

Sur les Alpes de Lapponie.

26. RENONCULE de Montpellier, *R. Monspeliacus*, L. à feuilles à trois divisions profondes, crénelées; à tige simple, velue, presque nue, portant une seule fleur.

Ranunculus saxatilis, magno flore; Renoncule des rochers, à grande fleur. *Bauh. Pin.* 182, n.° 1.

A Montpellier, en Dauphiné.

27. RENONCULE bulbeuse, *R. bulbosus*, L. à calices renversés en dehors; à péduncules sillonnés; à tige droite, portant plusieurs fleurs; à feuilles composées.

Ranunculus pratensis, radice verticilli modo rotundâ; Renoncule des prés, à racine arrondie en forme de verticille. *Bauh. Pin.* 179, n.° 4. *Matth.* 419, f. 1. *Dod. Pempt.* 431, f. 1. *Lob. Ic.* 1, p. 667, f. 1. *Lugd. Hist.* 1029, f. 2; et 1034, f. 1. *Camer. Epit.* 384. *Bauh. Hist.* 3, P. 2, pag. 417, f. 4. *Bul. Paris.* tab. 313. *Flor. Dan.* tab. 551.

En Europe, dans les prés et les pâturages. ♃ Vernale.

28. RENONCULE couchée, *R. repens*, L. à calices ouverts; à péduncules sillonnés; à drageons rampans; à feuilles composées.

Ranunculus pratensis, repens, hirsutus; Renoncule des prés, rampante, velue. *Bauh. Pin.* 179, n.° 3. *Dod. Pempt.* 425, fig. 1. *Lob. Ic.* 1, p. 664, f. 2. *Lugd. Hist.* 1031, f. 3. *Bauh. Hist.* 3, P. 2, pag. 419 et 420, f. 1. *Bul. Paris.* tab. 314.

Nutritive pour la Chèvre, l'Oie.

En Europe, dans les prés. ♃ Vernale.

29. RENONCULE à plusieurs fleurs, *R. polyanthemos*, L. à calices ouverts; à péduncules sillonnés; à tige droite; à feuilles à plusieurs divisions profondes.

Lob. Ic. 1, pag. 666, f. 1?

A Paris, en Dauphiné. ♃

30. RENONCULE âcre, *R. acris*, L. à calices ouverts; à péduncules arrondis; à feuilles divisées profondément en trois lobes, qui sont eux-mêmes sous-divisés en plusieurs folioles; les feuilles du haut de la tige linéaires.

Ranunculus pratensis, erectus, acris; Renoncule des prés, à tige droite, âcre. *Bauh. Pin.* 178, n.° 1. *Dod. Pempt.* 426, f. 1. *Lob. Ic.* 1, p. 665, f. 1. *Bauh. Hist.* 3, P. 2, p. 416, f. 1. *Icon. Pl. Med.* tab. 194.

Cette espèce présente une variété.

Ranunculus hortensis, erectus, flore pleno; Renoncule des jardins, à tige droite, à fleur pleine. *Bauh. Pin.* 179, n.° 1. *Bauh. Hist.* 3, P. 2, pag. 416, la description seulement.

Nutritive pour le Mouton, la Chèvre, l'Oie.

En Europe, dans les prés. ♃ Vernale.

31. RENONCULE velue, *R. lanuginosus*, L. à calices ouverts; à péduncules arrondis; à tige et pétioles hérissés; à feuilles divisées peu profondément en trois lobes crénelés, soyeuses.

Ranunculus montanus, lanuginosus, foliis Ranunculi pratensis repentis; Renoncule des montagnes, laineuse, à feuilles de Renoncule des prés rampante. *Bauh. Pin.* 182, n.° 14. *Prodr.* 96, n.° 6, f. 1. *Baun. Hist.* 3, P. 2, pag. 417, f. 2. *Bellev.* tab. 174. *Flor. Dan.* tab. 397.

Cette espèce présente une variété.

Ranunculus montanus, subhirsutus, Geranii folio; Renoncule des montagnes, un peu hérissée, à feuille de Bec-de-Grue. *Bauh. Pin.* 182, n.° 13. *Bellev.* tab. 175. *Loës. Pruss.* 220, n.° 71.

A Lyon, Paris, Grenoble, etc. Estivale.

32. RENONCULE à feuilles de cerfeuil, *R. chærophyllos*, L. à calices renversés en arrière; à péduncules sillonnés; à tige droite, portant une, deux ou trois fleurs; à feuilles composées; à folioles linéaires, divisées peu profondément en plusieurs parties.

Ranunculus grumosâ radice, folio Ranunculi bulbosi; Renoncule à racine grumelée, à feuille de Renoncule bulbeuse. *Bauh. Pin.* 181, n.° 4.

Ranunculus Chærophyllos, Asphodeli radice; Renoncule à feuille de Cerfeuil, à racine d'Asphodele. *Bauh. Pin.* 181, n.° 13. *Column. Ecphras.* 1, pag. 312 et 311.

Les feuilles radicales sont ovales, à dents de scie, et paroissent avant la floraison : elles manquent dans la figure de *Columna*.

A Lyon, Montpellier, Paris. ♃ Vernale.

33. RENONCULE naine, *R. parvulus*, L. à tige hérissée; à feuilles à trois lobes incisés; à tige droite ne portant le plus souvent qu'une seule fleur.

Ranunculus arvensis, parvus, folio trifido; Renoncule des champs, petite, à feuille à trois divisions. *Bauh. Pin.* 179, n.° 5. *Column. Ecphras.* 314 et 316, fig. 1.

Ranunculus saxatilis, minimus, hirsutus; Renoncule des rochers, très-petite, à tige hérissée. *Bauh. Pin.* 182, n.° 3.

A Naples, en Russie.

34. RENONCULE des champs, *R. arvensis*, L. à semences piquantes; à feuilles supérieures décomposées; à folioles linéaires.

Ranunculus arvensis, echinatus; Renoncule des champs, à semence hérissonnée. *Bauh. Pin.* 179, n.° 1. *Fusch. Hist.* 157. *Dod. Pempt.* 427, f. 2. *Lob. Ic.* 1, p. 665, f. 2. *Lugd. Hist.* 1030, f. 1. *Bauh. Hist.* 3, P. 2, pag. 859, f. 1. *Moris. Hist.* sect. 5, tab. 29, f. 23. *Bul. Paris.* 315. *Flor. Dan.* tab. 219.

En Europe, dans les champs. ⊙ Vernale.

35. RENONCULE hérissonnée, *R. muricatus*, L. à semences piquantes; à feuilles simples, lobées, obtuses, lisses; à tige diffuse.

Ranunculus palustris, echinatus; Renoncule des marais, à semence hérissonnée. *Bauh. Pin.* 180, n.° 4. *Clus. Hist.* 1, pag. 233, f. 2. *Bauh. Hist.* 3, P. 2, pag. 858, fig. 2. *Alp. Exot.* 263 et 262.

Linné a cité pour inventeur de cette plante *J. Bauhin*. Mais *l'Écluse* en avoit donné le premier une figure et une bonne description, qui a été copiée par *J. Bauhin* qui n'avoit pas vu cette espèce, et qui en a donné une seconde figure moins exacte que celle de *l'Écluse*.

A Montpellier, en Provence. ⊙ Vernale.

36. RENONCULE à petite fleur, *R. parviflorus*, L. à semences hérissées; à feuilles simples, laciniées, aiguës, hérissées; à tige diffuse.

Moris. Hist. sect. 4, tab. 28, f. 21. *Pluk.* tab. 55, f. 1.

A Montpellier, Paris, en Dauphiné. ⊙

37. RENONCULE d'Orient, *R. Orientalis*, L. à semences piquantes, en alêne, recourbées; à calices renversés; à feuilles à plusieurs divisions peu profondes.

En Orient.

38. RENONCULE à grande fleur, *R. grandiflorus*, L. à tige droite, portant deux feuilles divisées peu profondément en deux parties: les feuilles de la tige alternes, assises ou sans pétioles.

En Orient. ♄

39. RENONCULE en faucille, *R. falcatus*, L. à feuilles filiformes, ramifiées; à semences en faucille; à hampe nue, portant une seule fleur.

Melampyrum luteum, minimum; Mélampyre à fleur jaune, très-petit. *Bauh. Pin.* 234, n.° 6. *Lob. Ic.* 1, pag. 37, f. 2. *Lugd. Hist.* 420, f. 1. *Moris. Hist.* sect. 4, tab. 28, f. 22. *Boccon. Sicul.* 28, tab. 14, f. 111. N. *Jacq. Aust.* tab. 48.

A Montpellier, en Provence, en Dauphiné. ⊙ Vernale.

40. RENONCULE lierrette, *R. hederaceus*, L. à feuilles arrondies, à trois lobes, très-entières; à tige rampante.

Ranunculus aquaticus, hederaceus, luteus; Renoncule aquatique, à feuilles de Lierre, à fleur jaune. *Bauh. Pin.* 180, n.° 3. *Lugd. Hist.* 1031, f. 2. *Bauh. Hist.* 3, P. 2, pag. 782, f. 2. *Moris. Hist.* sect. 4, tab. 29, f. 29. *Flor. Dan.* tab. 321.

A Lyon, Paris, en Bourgogne. ⊙ Estivale.

41. RENONCULE aquatique, *R. aquatilis*, L. à feuilles submergées composées de segmens capillaires : les feuilles au-dessus de l'eau, en bouclier.

Renunculus aquaticus, folio rotundo et capillaceo; Renoncule aquatique à feuille ronde et capillacée. *Bauh. Pin.* 180, n.° 5. *Dod. Pempt.* 587, f. 2. *Lob. Ic.* 2, pag 35, f. 2. *Lugd. Hist.* 1021, fig. 2. *Bauh. Hist.* 3, P. 2, pag. 781, fig. 1. *Barrel.* tab. 565.

Cette espèce présente plusieurs variétés.

1.° *Millefolium aquaticum, cornutum, majus*; Millefeuille aquatique, cornue, plus grande. *Bauh. Pin.* 141, n.° 9.

2.° *Millefolium aquaticum, foliis Abrotani, Ranunculi flore et capitulo*; Millefeuille aquatique, à feuilles d'Aurone, à fleur et tête de Renoncule. *Bauh. Pin.* 141, n.° 6. *Lob. Ic.* 2, p. 791, fig. 1.

Ranunculus aquaticus capillaceus; Renoncule aquatique, à feuilles capillacées. *Bauh. Pin.* 180, n.° 6. *Column. Ecphras.* 1, p. 315 et 316, f. 3.

3.° *Millefolium aquaticum, foliis Fœniculi, Ranunculi flore et capitulo*; Mille feuille aquatique, à feuilles de Fenouil, à fleur et tête de Renoncule. *Bauh. Pin.* 141, n.° 7. *Lugd. Hist.* 1023, fig. 3.

En Europe, dans les rivières et eaux stagnantes. ♃ Vernale.

758. TROLLE, *TROLLIUS.* * *Lam. Tab. Encyclop.* pl. 499.

CAL. Nul.

COR. Quatorze *Pétales* ou environ, comme ovales, caducs-tardifs; au nombre de trois dans les trois rangs extérieurs, de cinq dans le rang intérieur.

Neuf *Nectaires*, linéaires, planes, courbés, perforés intérieurement à la base.

ÉTAM. *Filamens* nombreux, sétacés, plus courts que la corolle. *Anthères* droites.

PIST. *Ovaires* nombreux, assis en colonne. *Styles* nuls. *Stigmates* terminés en pointe, plus courts que les étamines.

PÉR. *Capsules* nombreuses, réunies en tête, ovales, recourbées à la pointe.

SEM. Solitaires.

Calice nul. *Corolle* composée environ de quatorze pétales. Plusieurs *Capsules* ovales, renfermant chacune plusieurs semences.

1. TROLLE d'Europe, *T. Europœus*, L. à pétales réunis; à nectaires de la longueur des étamines.

Ranunculus montanus, Aconiti folio, flore globoso; Renoncule des montagnes, à feuille d'Aconit, à fleur en boule. *Bauh. Pin.* 182, n.° 9. *Matth.* 459, f. 2. *Dod. Pempt.* 430, f. 1. *Lob. Ic.* 1, p. 675, f. 1. *Clus. Hist.* 1, pag. 237, f. 1. *Lugd. Hist.* 1739, f. 3. *Camer. Epit.* 385. *Bauh. Hist.* 3, P. 2, p. 419, f. 1. *Flor. Dan.* tab. 133.

Nutritive pour le Mouton, le Cochon, la Chèvre.

Sur les Alpes du Dauphiné, de Provence. ♃ Vernale *sur les Alpes calcaires;* Estivale *sur les Alpes granitiques.*

2. TROLLE d'Asie, *T. Asiaticus*, L. à pétales ouverts; à nectaires plus longs que les étamines.

Buxb. Cent. 1, pag. 15, tab. 22.

En Sibérie, en Cappadoce. ♃

759. ISOPYRE, *ISOPYRUM.* * HELLEBORUS. *Lam. Tab. Encyclop.* pl. 499.

CAL. Nul.

COR. Cinq *Pétales*, ovales, égaux, ouverts, caducs-tardifs.

Cinq *Nectaires*, égaux, tubulés, très-courts, à *orifice* à trois lobes, l'extérieur plus grand, insérés sur le réceptacle parmi les pétales.

ÉTAM. *Filamens* nombreux, capillaires, plus courts que la corolle. *Anthères* simples.

PIST. Plusieurs *Ovaires*, ovales. *Styles* simples, de la longueur de l'ovaire. *Stigmates* obtus, de la longueur des étamines.

PÉR. Plusieurs *Capsules*, en croissant, recourbées, à une loge.

SEM. Plusieurs.

OBS. Ce genre a de l'affinité avec les Hellébores, *mais il en diffère par le port.*

L'I. thalictroïdes, L. *a deux ou trois ovaires.*

Calice nul. *Corolle* à cinq pétales. *Nectaires* tubulés, divisés peu profondément en trois lobes. *Capsules* recourbées, renfermant chacune plusieurs semences.

1. ISOPYRE à feuilles de fumeterre, *I. fumarioïdes*, L. à stipules en alêne; à pétales aigus.

Ammann Ruth. n.° 100, tab. 12.

En Sibérie, dans les bois.

2. ISOPYRE à feuilles de Pigamon, *I. thalictroïdes*, L. à stipules ovales; à pétales obtus.

Ranunculus nemorosus, Thalictri folio; Renoncule des bois, à feuilles de Pigamon. *Bauh. Pin.* 178, n.° 3. *Clus. Hist.* 1, pag. 233, f. 1. *Lugd. Hist.* 821, f. 2. *Moris. Hist.* sect. 4, tab. 28, f. 12. *Jacq. Aust.* tab. 105.

A Lyon, Grenoble. ♃ Vernale.

3. ISOPYRE à feuilles d'Ancolie, *I. aquilegioïdes*, L. à stipules irrégulières.

Aquilegia montana, flore parvo, Thalictri folio; Ancolie des montagnes, à petite fleur, à feuille de Pigamon. *Bauh. Pin.* 144, n.° 4.

Sur les Alpes de Suisse, d'Italie.

760. HELLÉBORE, *HELLEBORUS*. * *Tournef. Inst.* 271, tab. 144. *Lam. Tab. Encyclop.* pl. 499.

CAL. Nul, (à moins qu'on ne regarde comme calice la corolle persistante dans quelques espèces.)

COR. Cinq *Pétales*, arrondis, obtus, grands.

Plusieurs *Nectaires*, très-courts, disposés en rond, d'un seul feuillet, tubulés, rétrécis à la base, à *orifice* droit, échancré, à deux lèvres dont l'intérieure est plus courte.

ÉTAM. *Filamens* nombreux, en alêne. *Anthères* comprimées, plus étroites à la base, droites.

PIST. *Ovaires* le plus souvent au nombre de six, comprimés. *Styles* en alêne. *Stigmates* un peu épais.

PÉR. *Capsules* comprimées, à deux *Carènes*: l'*inférieure* plus courte: la *supérieure* convexe, s'ouvrant.

SEM. Plusieurs, rondes, attachées à la suture.

L'H. hyemalis, L. *perd ses pétales qui sont jaunes; les autres espèces les conservent verts.*

Calice nul. *Corolle* à cinq et à plus de cinq pétales. *Nectaires* tubulés, à deux lèvres. *Capsules* droites, renfermant chacune plusieurs semences.

1. HELLÉBORE d'hiver, *H. hyemalis*, L. à fleur assise ou reposant sur la feuille.

Aconitum unifolium, bulbosum, luteum; Aconit à une seule feuille, bulbeux, à fleur jaune. *Bauh. Pin.* 183, n.° 1. *Dod. Pempt.* 440, f. 1. *Lob. Ic.* 1, pag. 676, f. 1 et 2. *Lugd. Hist.* 1509, f. 1; et 1742, f. 1 et 2. *Camer. Epit.* 828. *Bauh. Hist.* 3, P. 2, pag. 414, f. 1. *Moris. Hist.* sect. 12, tab. 2, f. 4. *Theat. Flor.* tab. 66, f. 4. *Garid. Aix.* 7, tab. 3. *Jacq. Aust.* tab. 202.

A Lyon, Paris, en Provence. ♃ Vernale.

2. HELLÉBORE noir, *H. niger*, L. à hampe portant une ou deux fleurs, presque nue; à feuilles portées sur un pétiole roide.

Helleborus niger, flore roseo; Hellébore noir, à fleur rose. *Bauh. Pin.* 186, n.° 4. *Matth.* 843, f. 2. *Dod. Pempt.* 385, fig. 2. *Lob. Ic.* 1, p. 681, f. 1. *Clus. Hist.* 1, pag. 274, f. 2. *Lugd. Hist.* 1634, fig. 1; et 1636, fig. 1. *Camer. Epit.* 940. *Bauh.*

Hist.

Hist. 3, P. 2, pag. 635, f. 2. *Theat. Flor.* tab. 66, f. 2 et 3. *Icon. Pl. Med.* tab. 185. *Schmid. Icon.* pag. 26, tab. 6.

1. *Helleborus niger*; Hellébore ou Ellébore noir. 2. Racine avec les radicules. 3. La plante entière, sur-tout la racine nauseuse, légèrement amère, persistante; *fraîche*: plus âcre, étourdissante; elle perd son âcreté en vieillissant. 4. Parties résineuse et gommeuse; extraits aqueux et spiritueux en quantité inégale. 5. Mélancolie avec manie, pâles couleurs, vers, épizootie, maladies causées par l'atonie des viscères, par l'épaississement des humeurs, dans celles qui sont accompagnées d'épanchement lymphatique, soit dans le tissu cellulaire, soit dans les cavités; chlorose avec atonie, suppression des règles, hémorrhoïdes, affections hypocondriaques simples, hydropisies sans squirre des viscères, fièvres quartes, dartres, asthme pituiteux, paralysie, rhûmatisme chronique, obstructions commençantes. 6. Les sétons que l'on fait avec les filets de la racine, sont aussi efficaces que ceux que l'on fait aujourd'hui avec l'écorce du Garou; on les emploie pour le bétail.

Les racines de l'*Hellébore vert* et du *Pied-de-Griffon*, bien mariées, offrent aux Praticiens les mêmes ressources, soit dans les feuilles, soit dans les racines que l'*Hellébore noir*. On peut les employer dans les maladies ci-dessus mentionnées avec le même avantage. Mais sur tous les sujets, il faut commencer par de très-petites doses, soit comme altérant, soit comme évacuant.

En Autriche, en Etrurie. ♃ Hivernale.

3. HELLÉBORE vert, *H. viridis*, L. à tige divisée peu profondément en deux rameaux feuillés, portant le plus souvent deux fleurs; à feuilles digitées.

Helleborus niger, hortensis, flore viridi; Hellébore noir, des jardins, à fleur verte. *Bauh. Pin.* 185, n.° 2. *Fusch. Hist.* 274. *Matth.* 844, f. 1. *Dod. Pempt.* 385, f. 2. *Lob. Ic.* 1, p. 680, f. 2. *Clus. Hist.* 1, p. 275, f. 1. *Lugd. Hist.* 1635, f. 1; et 1637, f. 1. *Camer. Epit.* 941. *Bauh. Hist.* 3, P. 2, pag. 636, f. 1. *Jacq. Aust.* tab. 106.

A Montpellier, en Provence, en Dauphiné. ♃ Vernale.

4. HELLÉBORE Pied-de-Griffon, *H. fœtidus*, L. à tige feuillée, portant plusieurs fleurs; à feuilles portées sur un pétiole roide.

Helleborus niger, fœtidus; Hellébore noir, fétide. *Bauh. Pin.* 185, n.° 1. *Fusch. Hist.* 275. *Dod. Pempt.* 386, f. 1. *Lob. Ic.* 1, p. 679, f. 2; et 680, f. 1. *Lugd. Hist.* 1637, f. 2; et 1638, f. 2. *Bauh. Hist.* 3, P. 2, pag. 880, f. 1. *Bul. Paris.* tab. 317. *Icon. Pl. Med.* tab. 452.

Cette espèce présente une variété à trois feuilles, décrite et gravée dans *Morison Hist.* 3, pag. 460, sect. 12, tab. 4, f. 7.

En Europe, sur les lisières des bois. ♂ ♃ Hivernale.

3. HELLÉBORE à trois feuilles, *H. trifolius*, L. à hampe portant une seule fleur; à feuilles trois à trois.

Amœn. Acad. 2, pag. 355, tab. 4, f. 18. *Flor. Dan.* tab. 566.

Au Canada, en Sibérie.

961. POPULAGE, *CALTHA.* * *Lam. Tab. Encyclop.* pl. 500. POPULAGO. *Tournef. Inst.* 273, tab. 145.

CAL. Nul.

COR. Cinq *Pétales*, ovales, planes, ouverts, grands, caducs-tardifs.

ÉTAM. *Filamens* nombreux, filiformes, plus courts que la corolle. *Anthères* comprimées, obtuses, droites.

PIST. *Ovaires* de cinq à quinze, oblongs, comprimés, droits. *Styles* nuls. *Stigmates* simples.

PÉR. *Capsules* de cinq à quinze, courtes, pointues, étalées, à deux carènes, s'ouvrant par une suture supérieure.

SEM. Plusieurs, arrondies, augmentées, attachées à la suture supérieure.

Calice nul. *Corolle* à cinq pétales. *Nectaires* nuls. Plusieurs *Capsules* renfermant chacune plusieurs semences.

1. POPULAGE des marais, *C. palustris*, L. à feuilles pétiolées, entières, arrondies, presque en forme de rein, crénelées: les inférieures arrondies, portées par des pétioles plus longs.

Caltha palustris, flore simplici; Souci des marais, à fleur simple. *Bauh. Pin.* 276, n.° 9. *Matth.* 616, f. 1. *Dod. Pempt.* 598, f. 1. *Lob. Ic.* 1, pag. 594, f. 1. *Clus. Hist.* 2, pag. 114, fig. 1. *Lugd. Hist.* 1049, f. 1. *Camer. Epit.* 594. *Bauh. Hist.* 3, P. 2, pag. 470, f. 1. *Bul. Paris.* tab. 318. *Flor. Dan.* tab. 668.

Cette espèce présente deux variétés.

1.° Populage à feuilles arrondies, en cœur, crénelées, à fleur plus petite; *Mill. Dict.* n.° 2.

2.° *Caltha palustris, flore pleno*; Souci des marais, à fleur pleine. *Bauh. Pin.* 276, n.° 10. *Matth.* 616, f. 2. *Clus. Hist.* 2, pag. 114, f. 2. *Bauh. Hist.* 3, P. 2, pag. 471, f. 1.

Le suc des corolles colore en jaune. On croit que les fleurs rendent le beurre plus jaune. Les boutons des fleurs macérés dans du vinaigre, peuvent remplacer les câpres. On se sert des feuilles et des fleurs contre les ulcères et les érysipèles.

Nutritive pour le Bœuf, le Mouton, la Chèvre.

A Lyon, Grenoble, Paris, dans les marais. ♃ Vernale.

762. HYDRASTE, *HYDRASTIS*. *Lam. Tab. Encyclop.* pl. 500.

CAL. Nul.

COR. Trois *Pétales*, ovales, réguliers.

ETAM. *Filamens* nombreux, linéaires, comprimés, un peu plus courts que la corolle. *Anthères* comprimées, obtuses.

PIST. *Ovaires* nombreux, ovales, réunis en tête ovale. *Styles* très-courts. *Stigmates* un peu élargis, comprimés.

PÉR. *Baie* composée de grains oblongs.

SEM. Solitaires, oblongues.

Calice nul. *Corolle* à trois pétales. *Nectaires* nuls. *Baie* composée de grains renfermant chacun une seule semence.

1. HYDRASTE du Canada, *H. Canadensis*, L. à feuilles deux à deux, pétiolées, échancrées à la base, palmées, à dents de scie. *Mill. Ic.* 190, tab. 285.
Au Canada, dans les lieux aquatiques. ♃

FIN du Tome second.

www.ingramcontent.com/pod-product-compliance
Lightning Source LLC
Chambersburg PA
CBHW060516220326
41599CB00022B/3341